信息化历程上的脚印

FOOTPRINTS ON THE INFORMATIZATION WAY

侯炳辉 ◎ 编著

清华大学出版社
北 京

内容简介

本书是作者亲身经历的我国信息化历程的记录。从20世纪70年代末以来的30多年时间内，作者从首都北京、清华大学的视角出发，以亲身体会，将所见所闻、所议所论的文章在40多种刊物上发表，陆陆续续地记录了我国信息化过程中的事件、成功与失败的经验教训等。这些零星的“脚印”，串联起来形成了本书。全书共分三篇，分别是信息化论述，信息化实践和信息化教育。内容涵盖管理信息系统原理、信息系统分析与设计、信息化战略战术、企业信息化、信息化普通教育与社会教育等。

图书在版编目(CIP)数据

信息化历程上的脚印/侯炳辉编著.--北京：清华大学出版社，2011.3

ISBN 978-7-302-24242-0

Ⅰ.①信…　Ⅱ.①侯…　Ⅲ.①信息工作—中国—文集　Ⅳ.①G203-53

中国版本图书馆CIP数据核字(2010)第249576号

责任编辑：高晓蔚

责任校对：宋玉莲

责任印制：李红英

出版发行：清华大学出版社　　**地　址**：北京清华大学学研大厦A座

http://www.tup.com.cn　　**邮　编**：100084

社 总 机：010-62770175　　**邮　购**：010-62786544

投稿与读者服务：010-62776969，c-service@tup.tsinghua.edu.cn

质 量 反 馈：010-62772015，zhiliang@tup.tsinghua.edu.cn

印 装 者：清华大学印刷厂

经　销：全国新华书店

开　本：185×260　**印　张**：38　**插　页**：1　**字　数**：921千字

版　次：2011年3月第1版　　**印　次**：2011年3月第1次印刷

印　数：1～2000

定　价：55.00元

产品编号：038172-01

前言

FOREWORD

2009年春季，不知为什么，我突然感到时光如此飞逝。感到还没有干多少事情，一生很快就要过去了。3月初的某一清晨，我突然写了一首诗，其中有一段是“昔孟德暮年，壮心犹旺；吕尚八秩，才辅文王。吾心有余也，力也尚强。老骥未伏枥，怎甘无蹄响？”表达了不甘寂寞的心情，但也明显有悲秋情怀。是年，我年届96岁的老母与世长辞，更感岁月无情。于是我将自编的散文、随笔、诗词结集付印，名为《曲径偶拾》，这是留给我自己和家人的小册子，虽是非正式出版物，但清华大学图书馆特藏部却破例收藏了。作为一个理工科出身的教师，也居然有了一本“文学著作”，似有一些成就感。于是引起我一个想法，我是否可将公开发表的100多篇有关信息化的文章，也予以结集出版呢？实际上，起初这个想法也只是一闪念而已，因为我自己也一直在怀疑，这个做法有没有实际意义。科技文章时效性很强，不像文学作品也许有长远的意义；而且，本人只是一个普通教授，一个小人物，又难有真知灼见，即使出版了，读者也不会青睐的……另一方面，整理这些文章工作量也实在太大，太烦琐，我也怀疑自己能否有毅力和精力完成此项“工程”，所以我多次将“工程”拿起来又放下了。但经不起友人的鼓励和“忽悠”，放下了又拿了起来……

如此反复多次，我忽然感到也许出版这个文集有潜在的意义。因为，我是始终紧跟我国信息化进程的一个小兵。在这30多年波澜壮阔的信息化历程中，我与时同步地记录了我的所见所闻，发表了我的所议所论。我以一个时代的观察者，站在首都北京和清华大学的视角，将我经历和观察到的东西记录下来，难道没有存档的意义吗？

其次，考虑到我国各地区经济和社会发展的差异、信息化建设的不平衡，我的一些信息化论述、经验教训的总结，有关信息化的教育与培训，应当在相当长的时间内仍然有意义。

再进一步，在这长达30多年的历程中，将我这些随机的、离散的“脚印”连接起来，并予以拟合，得到一条“轨迹”，也就是说，将“数据”(脚印)处理(加工)成了“信息”(轨迹)。于是在这条“轨迹”上，我们将会发现一些规律性的东西，从而指导仍在进行的我国的信息化，尤其是中西部地区的信息化和中小企业的信息化、农村和社区的信息化，以及培养信息化人才等，这不是更有意义吗？

就这样，我明白了。出版这本文集不应是我个人的事情，而是有历史意义和现实意义的事情。据此，我在犹豫不决多次之后，才下定决心完成此项工作，以不辜负友人的鼓励和自己的苦苦思虑，就断断续续地干了将近一年的时间，提出了初稿。

全书由三篇组成，第一篇是信息化论述，包括信息化战略战术、信息化管理、管理信息系统原理、信息系统的建设方针、信息化的制度建设、信息资源管理等。第二篇是信息化(包括自动化)实践。这一篇公开发表的文章不多，因为大多数实践项目都以科研报告的形式存档，不可能每个项目都公开发表。第三篇是信息化教育。教育是我的老本行，从 1980 年创建我国工科高校第一个管理信息系统（MIS）专业起，直至现在，我还从事信息化教育与培训工作，既涉及公办全日制本科教育，也涉及自学考试、等级考试、民办教育、远程教育、社会考试等等，所以这方面的文章也比较丰富。

总之，这本文集的内容是丰富而又烦杂的，有些重要观点可能有重复而多次强调，这也许是必要的。本书并不是我一人的东西，事实上包含着许多专家、学者、朋友、同仁、记者以及学生的观点或成果。对此多达数十上百人的名单，我不可能将他们一一列出，在此我只能对他们表示深深的敬意和歉意。

特别感谢中国交通科学研究院信息资源研究室王辉主任的慷慨支持。尤其要感谢清华同方知网政府事业部总经理赵正青及其同事谢敬的帮助，他们不知道花费了多少业余时间为我整理资料、编辑文稿。

衷心感谢清华大学出版社编辑对本书不厌其烦地、认真地、严格地编辑和润色。

侯炳辉

2011 年 1 月于清华园

目录 CONTENTS

第一篇 信息化论述

第二篇 信息化实践

第三篇 信息化教育

第一篇 信息化论述

本篇共有80多篇文章，主要发表于《清华大学学报》、《管理工程学报》以及其他信息技术类报刊，也有少数几篇是在有关会议上的谈话摘录。时间跨度达31年。

文章大概分为五大类，第一类是有关我国信息化的宏观问题，其代表作有《我国信息系统基本结构及开发策略研究》、《关于发展民族软件产业的问题》、《美国政府信息化的主要法律和启示》等。

第二类是有关信息化的建设方针的文章，代表作有《MIS开发与MIS民族产业》、《关于"MIS实验工厂"的构想》、《再论MIS工厂化生产及其管理》、《论厂长(经理)在企业管理计算机应用中的作用》、《提高企业效益是硬道理》、《再论提高企业效益是硬道理》、《论管理信息系统开发的全面质量控制》等。

第三类是关于信息化和管理信息系统的理论和技术，代表作有《信息化与信息高速公路》、《信息化与信息系统建设》、《信息系统评价体系及评价方法》、《MIS的根本问题》、《MIS的开发艺术》、《管理信息系统中人是第一重要因素》、《MIS——以计算机为核心的人/机工程》、《广域专家系统初探》、《信息系统工程是典型的"三理"工程》、《MIS开发中的"即插即用"编程技术》、《试述MIS的专业测试》以及一组有关计算机信息系统开发的文章。

第四类是关于企业信息化的文章，主要有《企业信息化的战略战术》、《刍议企业信息化》、《企业信息化的问题及其对策》、《侯炳辉教授谈中小企业的MIS建设》、《中小企业信息化总体方针》、《BPR是无辜的》、《海尔与联想的企业信息化》等。企业信息化的文章比较多，有些观点可能在不同的文章中有所重复，表明该观点十分重要，需有必要的重复。

第五类为大杂类，包括各方面文章，如《信息在宏观经济调控中的运用》、《信息资源管理考验中国信息化》，关于"金系列工程"的论述，关于北京、福建、河北、大连等地信息化的论述等。

总之，本篇是内容最多也是最有参考价值的文章。也许这些文章在我国信息化过程的相当长的时间内，具有理论和实际意义。

01 我国信息系统基本结构及开发策略研究

1. 我国信息系统的含义

我国信息系统是一个宏观的概念，这里指我国所有信息系统的总和。可用下式描述：

$$\mathrm{NIS}=(A,B,C,D,E,\cdots)$$

其中，NIS——我国信息系统；

A——中央直属综合信息系统；

B——国家各部委信息系统；

C——地区、城市信息系统；

D——企业信息系统；

E——独立部门信息系统。

由上可见，NIS 是一个信息系统集，而我国各部门的信息系统都是 NIS 的一个子集。

2. 我国信息系统的分类

（1）按隶属关系分类

按隶属关系分类即根据现行管理体制及组织机构划分信息系统。按照 1989 年出版的《中国政府机构名录》，将国家 55 个部委级机构及相关部门分类整理成如图 1 的分类体系。此分类方法和组织机构一致，容易被领导和用户理解、接受，其缺点是当政府机构调整（合并、取消、增添）时，分类体系亦随之变化。

（2）按职能分类

由于业务职能不易受组织机构变化的影响，按信息系统的职能分类是一种比较切合实际的分类方法（见图 2）。这种分类方法的缺点是信息系统之间不易联系，信息较难共享，有可能重复建设，并造成资源浪费。

（3）按信息系统技术的特征分类

按信息系统技术的特征可以分为结构化信息系统、半结构化信息系统和非结构化信息系统三类。结构化指处理的信息具有固有规律性。结构化不同，采用的计算机技术和处理方式也不同。这种分类法见图 3。

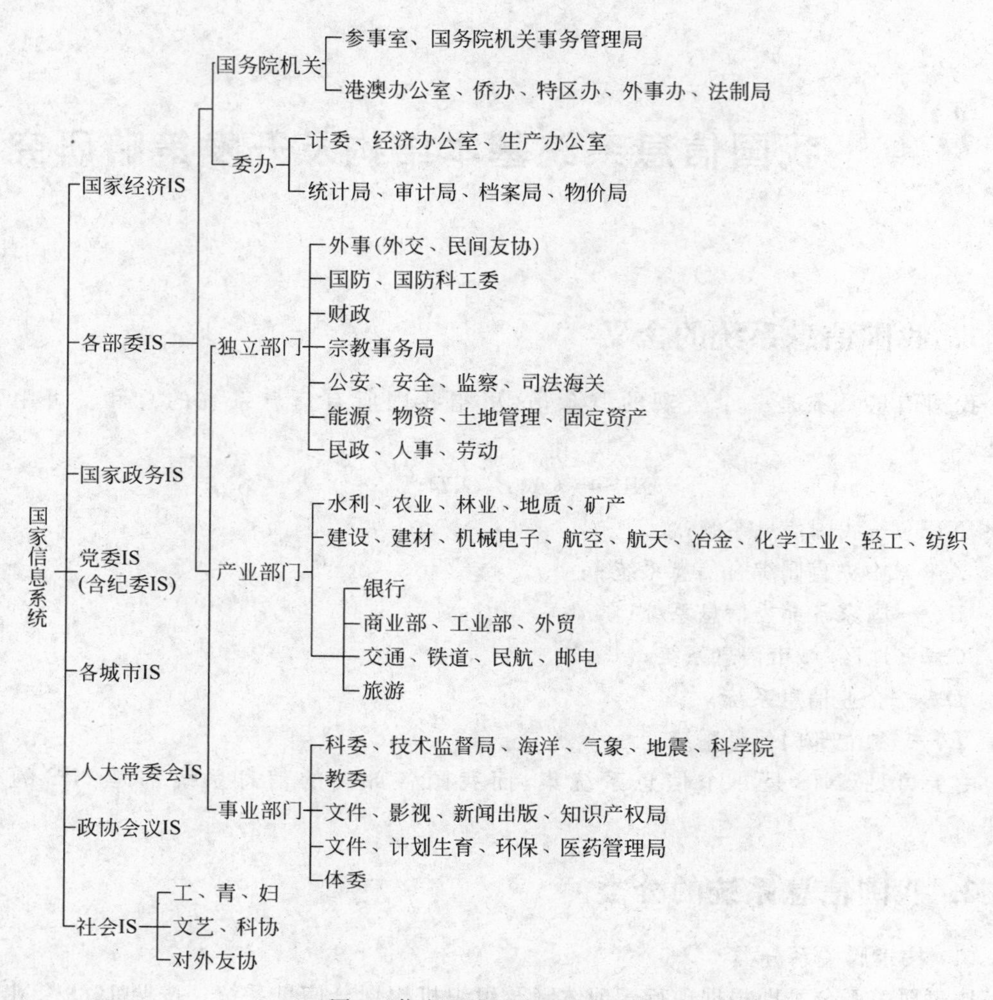

图 1　信息系统按隶属关系分类

3. 我国信息系统的基本结构

我国政治、经济体制的模式决定了我国信息系统基本结构是有明显的层次性和相关性。据此，我们提出图 4 所示的我国信息系统的基本结构。这是一个立体网状型三维结构，姑且称之为“山峰 ”模型。峰顶代表国家最高决策层信息系统，包括党中央、国务院、人大常委会的信息系统，然后分两路依次从高到低向下分解，一路为省、地、县、基层信息系统，另一路按部委系统逐层分解。图 4 中带箭头的实线表示层次间的调用关系。同时也表示相互间的信息关联。每个椭圆代表相同类型的信息系统集合。椭圆间的双向虚线则表示相互间的信息联系。

由于我国信息系统的基本结构模型还不能充分描述各专业信息系统之间的信息联系，因而采用相关分析图补充。图 5 是简化后的相关分析示意图。实际上，图中各个宏观信息系统同时排列在图的最左列和最上边。若第 j 列信息系统给第 i 行信息系统输出信息，则在第 i 行与第 j 列交点画“1”，这样逐行逐列进行识别，并不断调整信息系统排列次序，

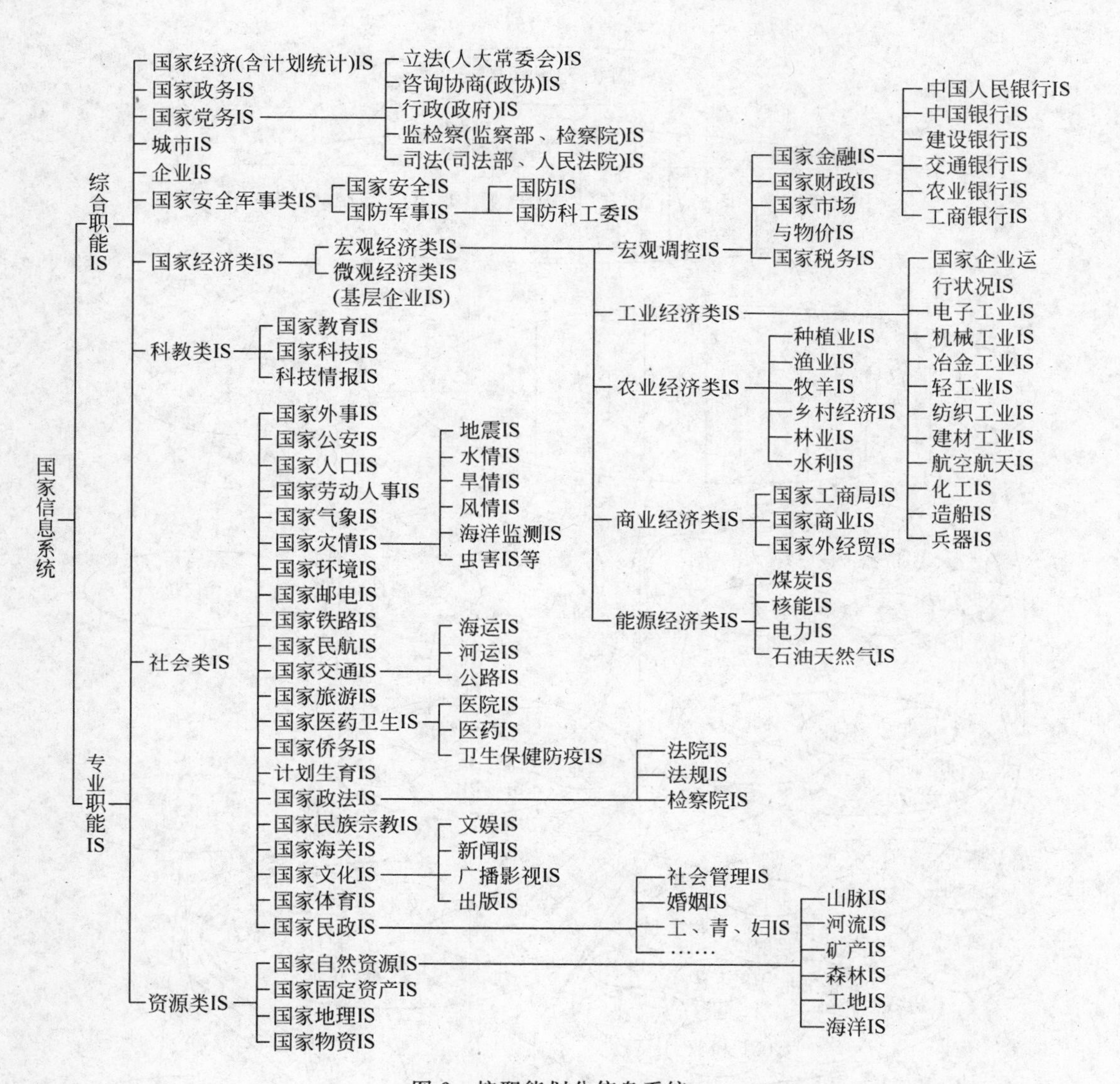

图 2 按职能划分信息系统

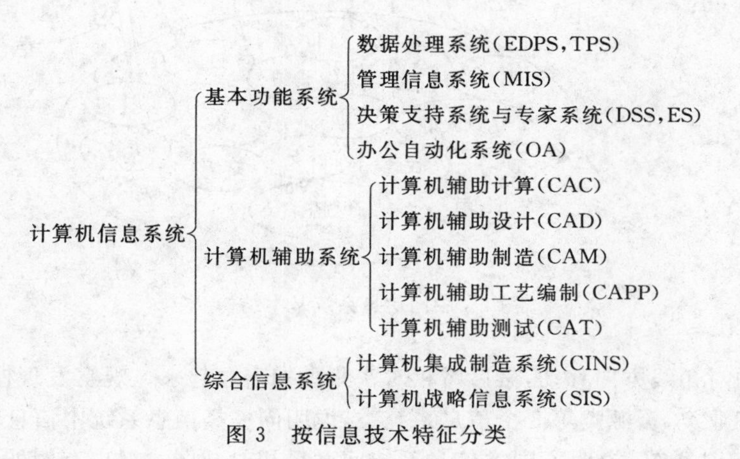

图 3 按信息技术特征分类

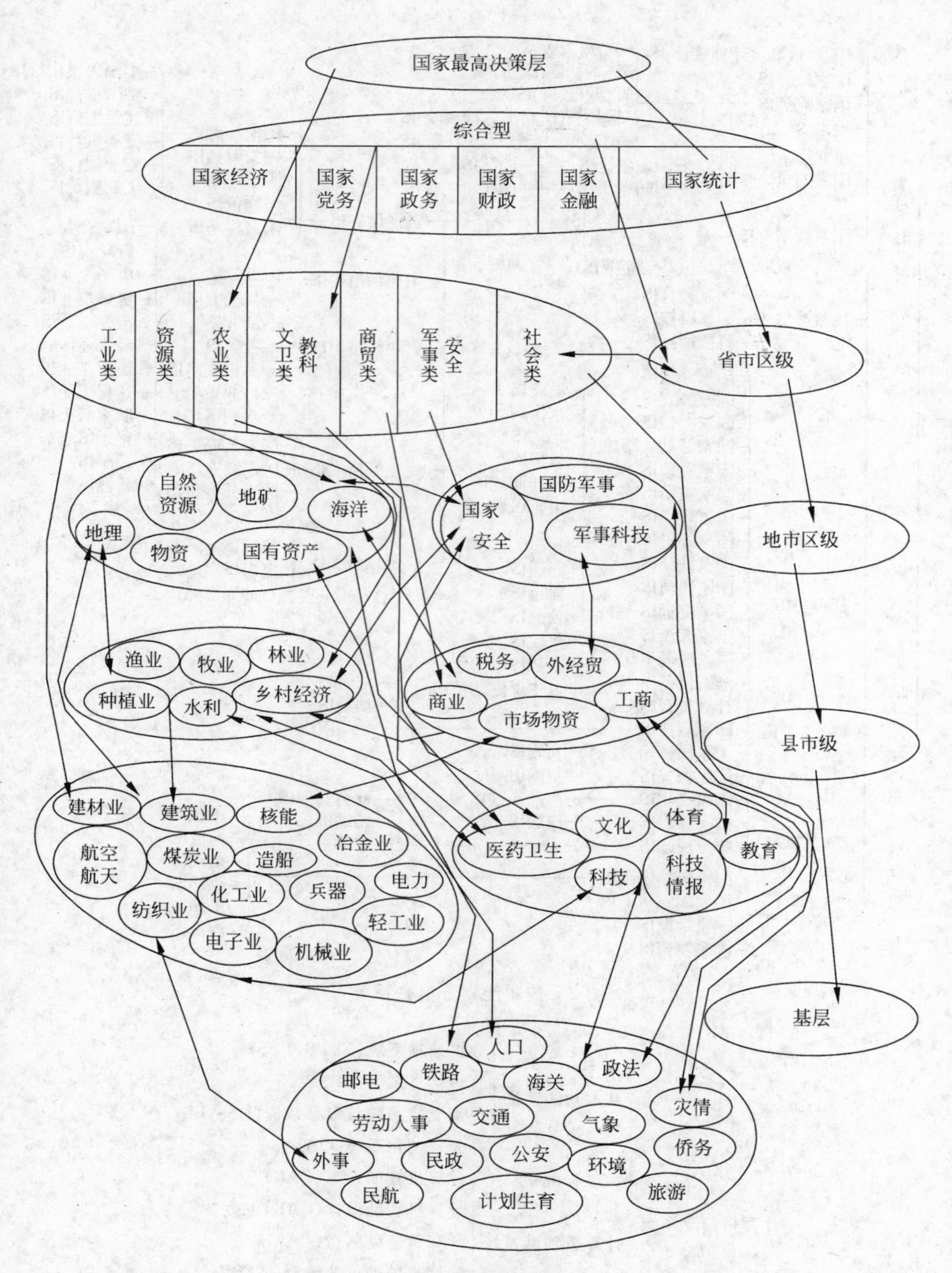

图 4　中国信息系统基本结构

使“1”尽可能向对角线方向移动，然后将相对密集的“1”框起来。观察发现框内恰好是图 4 中的综合型、工业类、资源类等 8 个信息系统类，说明同一类信息系统中信息联系相对密切，而方框外“1”相对稀疏，说明不同类信息系统间联系相对减弱。但也有例外，如综合型信息

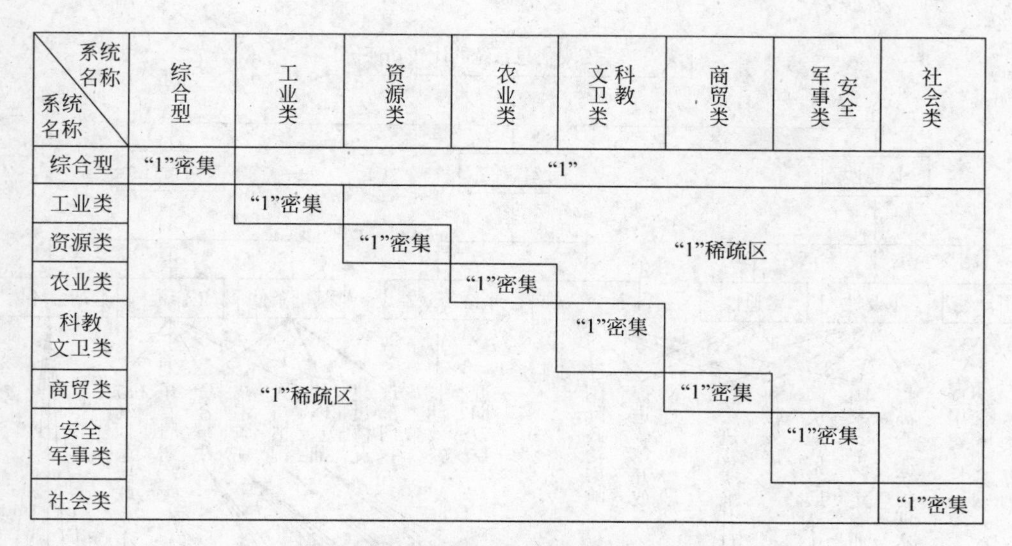

图 5　我国宏观信息系统相关分析示意图

系统几乎和各个信息系统都有联系，这正说明综合信息系统的特征。

总之，相关分析图提供了如下作用：(1)图 5 和图 4 一起描述了我国信息系统的基本结构；(2)便于领导直观了解各信息系统的相互需求关系；(3)根据相关分析，为选择重点开发项目提供参考。

4. 我国信息系统的开发策略研究

在现有国力条件下，优先开发哪些信息系统能使国家在几年内花较少的代价取得最大的效益，是十分重要而有意义的事情。为此，首先应该确定一个开发信息系统的目标体系，制定评价指标，通过专家打分进行科学的定量分析，从而获得比较客观的适合国情的我国信息系统开发策略。

(1) 评价目标体系

建设我国信息系统是一个多目标问题，可定性描述为：

① 国家的安全与稳定

② 国民经济的发展；

③ 社会进步；

④ 科技教育的发展；

⑤ 国防的巩固；

⑥良好的国际政治影响。

(2) 评价指标体系

优先开发宏观信息系统评价指标体系的基本思想由三大部分组成：①必要性，即开发该信息系统的重要性、紧迫性和引导性(具有示范引导作用)；②可行性，即有没有条件开发；③效益性，即开发的效果和意义。将指标体系逐层分解，得到图 6 的评价指标体系。

图 6 指标体系共分 5 层，存在交叉，即同一个下层指标可能属于不同的上层指标，例如生活水平提高既属于国家安全稳定指标，也属于国民经济发展指标。这是一个混合型指标

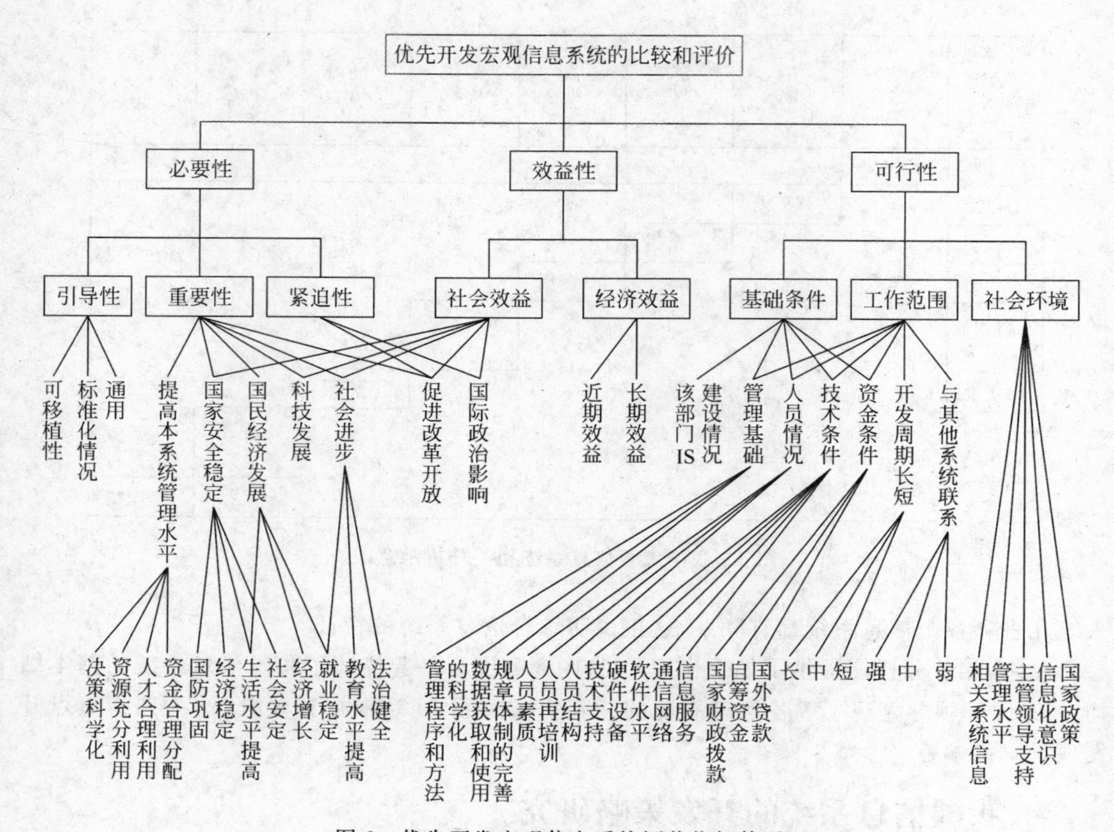

图 6　优先开发宏观信息系统评价指标体系

体系，它将需求（必要性）、条件（可行性）以及意义（效益性）综合在一起，有利于提炼出便于定量处理的指标（见表 1）。表 1 中的指标不仅概括了目标体系的基本思想，而且比仅有定性评价更科学。

（3）多因素加权平均法评价方法

根据图 6 评价指标体系进行抽象归纳，可得国家安全稳定、经济效益等 15 个评价指标。表 1 是多因素加权平均法评价表。表左边第一列是待分析评价的宏观信息系统，表的第一行是 15 个评价指标，指标的下面一行为指标权重，它描述各指标在评价中的重要程度，由专家打分确定，最高分为 10 分，最低 1 分。以下每一行将由专家根据该信息系统对各项指标的重要性打分，最高 5 分，最低 1 分。

表 1　多因素加权平均法打分表

指标	经济效益	国家安全稳定	国家经济发展	社会进步	科技发展	促进改革开放	提高本系统管理水平	人员情况	社会环境	技术条件	资金因素	管理基础	主要领导支持	原系统建设情况	开放难易程度	加权平均分
指标权重																

该表最右边一列是专家对系统的评分，即加权平均分。每一个加权平均分计算方法如下：

$$A_i = \sum_{j=1}^{n}(W_j X_{ij}) / \sum_{j=1}^{n} W_j; \quad i = 1,2,\cdots,m$$

其中，A_i——第 i 个信息系统的加权平均分；

m——被评价的信息系统数；

n——确定的指标数；

W_j——第 j 个指标的权重值，$j=1,2,\cdots,n$；

X_{ij}——第 i 个信息系统的第 j 个指标的专家打分值。

A 值越高，说明开发该信息系统的必要性、可行性以及效益性的综合评价越高。

每张评价表反映一个专家对 m 个信息系统开发策略的排序，p 个专家则得到 p 种开发策略。为了得到 p 个专家的综合评价，还需要作进一步处理。首先，分别赋予专家一个权值，p 个专家分别为 $ZW_1, ZW_2, \cdots, ZW_p$。权值大小根据专家的权威性，即由专家的知识面和经验丰富程度决定，可求得所有专家对某信息系统的综合平均分 $\sum A_i$。计算方法如下：

$$\sum A_i = \sum_{k=1}^{p}(ZW_k A_{ki}) / \sum_{k=1}^{p} ZW_k; \quad i = 1,2,\cdots,m$$

其中，A_i——一个专家对第 i 个信息系统的综合平均分，$i=1,2,\cdots,p$；

ZW_k——第 k 个专家的权重值，$k=1,2,\cdots,p$；

A_{ki}——第 k 个专家对第 i 个系统的加权平均分。

由于加权平均分 A_{ki} 的算法计入了每个指标的权重对系统的影响，而每个系统的综合平均分 $\sum A_i$ 既平均了所有专家的打分结果，也充分考虑了专家的权威性对最后结果的影响作用，所以最后的综合评分值比较全面地反映了每个信息系统的实际情况。我们曾对数十个宏观信息系统进行了统计和处理，结果基本符合实际情况，可以提供有关领导参考。

(4) 几点政策建议

- 设置一个权威性的信息资源管理机构，直属中央领导。该机构统一领导、协调、组织全国信息化过程，制定法规、制度、安全等标准化规范。
- 建立中央各部委信息中心之间以及各部委与中央之间的信息网络，实现中央领导及宏观信息系统对信息的共享要求。
- 在信息资源管理机构成立之前，委托国务院电子办调查、掌握我国信息系统现状，以便有领导地协调、平衡信息系统在“八五”十年中的发展，尤其是在投资、技术、效益等方面有一个比较实际的分析。

我们希望 2000 年前我国信息化进程有一个大的飞跃。

（侯炳辉　曹慈惠　程佳惠）

* 原载《中国计算机用户》1992 年 5 月。1992 年，本文作者参加原国务院电子办软科学项目《我国信息系统基本结构及开发策略研究》，其成果经张效祥、杨芙清院士等专家评审，认为达到国内领先水平，并多次被人引用。

02 我国信息系统发展道路与模式的探讨

【摘　要】 本文论述了在加速我国信息化进程时，研究信息系统的基本结构及开发策略的重要性。主要内容为：(1)发展信息系统必须走国产化道路；(2)必须跨越时代，发展综合信息系统；(3)必须跟踪世界，发展智能信息系统；(4)提出我国信息系统的基本模式；(5)提出适合我国信息系统的开发方法——改进原型法。

【关键词】 信息系统，发展道路，系统模式，综合信息系统，智能信息系统，改进原型法

0. 前言

信息技术已公认为当代最核心的高技术之一。国家信息化是一个漫长而艰巨的历程，西方经过了将近半个世纪的时间，消耗了巨额投资，才达到了今天的水平。我国由于工业基础薄弱、科技教育落后、经济不发达，以及其他种种原因，信息化进程尚难令人满意。种种矛盾说明，对我国信息化的难度和所需时间要有足够的估计，形势是严峻的。但是，在我们面前，也存在着有利的条件和机遇，改革开放，使我们接触到世界的脉搏，了解到国外信息技术的现状与发展，吸取了经验和教训。10 年来我国信息技术也获得较快的发展，今天已有年产数万台微机的能力，能生产磁介质、光纤电缆、汉字打印机等，而且，在某些高技术如汉字处理技术等方面达到了世界领先的地位。我国领导人也很重视发展信息技术。在这样的形势下，走什么样的信息化道路，采取什么样的发展模式，就成为十分迫切和重要的研究课题。

1. 依靠自己的力量走信息系统国产化道路

信息系统必须国产化，这是由于信息系统本征决定的。有关信息系统的技术称信息技术，信息技术不完全是一项工程技术，它既有一般工程技术的内涵(如信息技术中硬件的制造与研究)，又有和一般工程技术不同的特征，它涉及国家的管理体制以及诸如法律、观念等上层建筑，因此中国信息化进程既有和国外相同的地方(如使用计算机和通信等技术手段)，又有不同的特点(如中国的社会制度、文化背景、经济发展程度等)，因此，中国的信息化进程就不可能照抄西方信息化道路。有一句名言："人们可以购买一个计算机系统，却不能购买一个信息系统。"当然并不是说一切都国产化，在系统中个别计算机或其他先进设备或先进技术的引进是必要的，也不排斥借鉴国外的管理和开发经验，使之化为中国信息系统的一部分。事实表明，我国任何一个大型信息系统的建成，即使如武钢、宝钢那样的联合企业，尽管设备(包括计算机)是引进的，也吸取了先进的管理经验。但信息系统的立足生根，仍然是主要依靠本国的科技人员去消化、吸收，去改进、改造，去运行、维护。

实现信息系统“国产化”还必须做好与之有关的工作，如发展信息产业，研究系统模式，培养人才，筹措资金等等。所谓信息产业主要包括与信息系统有关的计算机及通信网络的软硬件以及信息服务业。中国信息产业的发展首先必须和应该为我国信息系统国产化服务。我国信息化进程的需求始终是我国信息产业发展的动力和归宿。在过去的十多年中，根据国情的需要，我国重点发展了微机，发展了汉字技术，为信息系统的国产化作出了贡献，但是从总体来说，我国信息产业的发展如何为我国信息系统国产化服务缺乏系统的和自觉的研究。

2. 建造综合信息系统与智能信息系统

信息系统趋向综合化和智能化方向发展是历史发展的必然。计算机早期应用是科学计算和过程控制，20 世纪 50 年代计算机初次应用于管理是计算工资，打印工资报表，后来各单项事务管理系统（如财务会计、库存管理等应用）发展十分迅速，这种应用被称为电子数据处理系统（EDPS）或事务处理系统（TPS），大大提高了工作效率。自 60 年代开始，发展以覆盖整个组织为目标的管理信息系统（MIS），目的是全组织信息共享，支持各级管理，但处理时问题主要限于结构化问题。进入 70 年代，决策支持系统（DSS）无论从理论到实践，成为许多学者研究的热门课题，并不断向更高层次发展，如集体决策支持系统（GDSS），智能决策支持系统（IDSS）以及将人工智能（AI）、专家系统（ES）以及模拟系统（SS）等结合起来，使信息系统的概念远非能用单纯的 EDPS、MIS 或 DSS 来描述了。以现代企业信息系统为例，从产品的市场预测、订货到产品出厂的全过程全部计算机化了，包括计算机辅助技术（如计算机辅助设计 CAD、计算机辅助制造 CAM、计算机辅助工艺编制 CAPP，以及计算机控制、自动检测、自动采集数据和处理数据等）；计算机辅助管理（如预测与订货管理、计划管理、财务管理、销售管理、人事管理等）；计算机辅助决策与办公自动化（如通过人机对话调用 DSS 进行决策，利用电子网络进行电子办公、电子邮政等），所有这些都是以计算机及通信技术为基础且在同一个组织内实现的，形成了一个整体，故被称为计算机集成制造系统（CIMS）。CIMS 是目前在企业中迅速发展和得到应用的典型的综合信息系统。除企业信息系统以外，一些在地理上（物理上）或逻辑上涉及全国或跨大区的大型信息系统，如国家政务信息系统、国家经济信息系统、全国性或地区性行业系统（如铁路、民航，金融等信息系统）也无不具有数据处理、信息管理、决策支持等综合的特征，也就是说这些信息系统的最终实现也是综合信息系统。

生产和社会实践说明，综合信息系统是生产技术和信息技术发展、“进化”的结果，是事物内在联系发展的必然规律。早期，由于生产力水平和认识水平的局限性，人们将专业技术划得过细。随着科学技术的进步，在现代企业中，设计自动化（CAD）、生产自动化（CAM）和管理自动化（MIS）之间的界限越来越模糊了，它们之间的联系越来越紧密了，例如，在计算机网络的工作站上，既可以用于 CAD 和 CAM，也可以用于管理，在计算机网络上传输的信息既可以是技术信息，也可以是管理信息，信息技术本身已打破了专业界限，信息系统也就自然地进化为综合信息系统。因此，应该从高处着眼，以 20 世纪 90 年代的新技术新成果为起点，运用综合化信息系统的观点和集成化技术，瞄向综合系统的目标，使得整个系统布局合理，减少重复，节省投资，以加快信息化的步伐。

智能化信息系统就是将人的聪明才智以及计算机的智能推理应用于信息系统之中，从而提高系统的智能程度。计算机本身既能存储和显示信息，又能如人脑一样具有信息的转换功能，这是当今唯一能模拟人脑思维的机器，故被称为电脑，为此科学家和工程师受到极大鼓舞，为之竭尽全力研究其模拟人脑思维的潜力。经过70年代、80年代的研究和发展，在人工智能、专家系统、智能决策支持系统等方面取得了突飞猛进的学术成就和实际的应用成果，尤其是人工智能在决策支持系统的数据管理、模型管理以及对话系统中都得到了广泛的应用。近10年来，人工智能在信息系统中应用是最为活跃的领域。但是，迄今为止，计算机本身仍然是一个“快速而准确”地按人已知规律办事的机器。人们一直在追求使计算机能自动模拟人的思维和神经活动，实现计算机的智能化。20世纪80年代在这方面也取得了一定的进展。例如，现代计算机不仅能处理文字和数字，还能处理声音、符号、形状、图像等其他类型的数据，以便模拟人的听觉、视觉以及人脑思维与行动。随着90年代“智能计算机”、“神经网络”等技术的进展，并将及时应用予信息系统之中，信息系统的智能化必将大大增强，也许到90年代中后期，智能化信息系统将出现突破性的进展。我国信息化进程中必须随时跟踪智能技术的发展，跟踪智能信息系统，发展智能信息系统，其意义之大无论怎么估计都不会过分。

3. 我国信息系统的模式初探

根据国外的经验以及本国的实际情况，研究我国信息系统的模式和开发方法是非常重要的。综合化的信息系统一般由如图1的主计算机、通信网络、软件包、终端机四部分组成。

（1）主计算机

主计算机是综合信息系统的依托和主要技术基础，一个大型系统可能有几十台甚至上百台主机，一个小型系统也要1～2台计算机支持。这里的主计算机包括硬件设备以及操作系统、数据库和网络等系统软件在内。

（2）通信网络

现代化综合信息系统都是面向社会的、开放的，一般都要求通信网络的支持，可以是局域网或广域网，大型系统既有局域网，也要接广域网。信息在网络环境下传输、调用和共享，大大增加其社会效能和应用价值。图1所示的通信网络的拓扑结构可以是总线式、环式、星形或任意网状，范围可以是局域的和广域的。

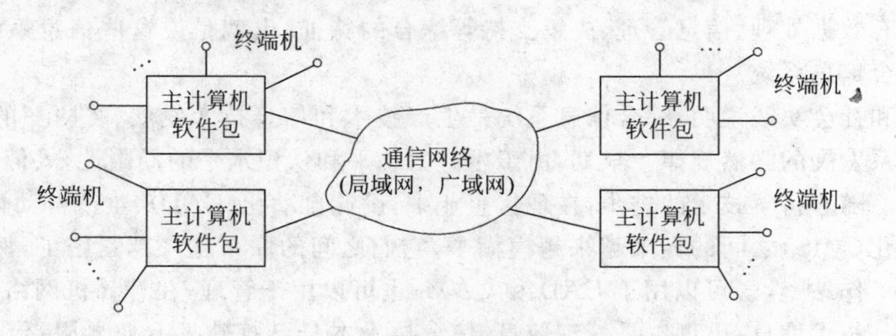

图1 综合信息系统的一般结构

（3）软件包

综合信息系统的应用软件包是整个系统中最关键最有特征的部分，由它体现综合信息系统的各种功能。软件包宿主于各主计算机之中。在综合信息系统中，应用软件可分三个层次：基本业务、事务操作管理层、高级管理层和决策支持层。

基本业务、事务管理层处理日常的业务。进行日常的事务管理。这种业务事务通常由各职能部门分别进行，彼此自动联系，企业生产部门的生产、统计管理，技术部门的CAD/CAM，生产部门的过程控制等也在其列。

高级管理层，指需要定期或随机的协调、控制整个系统的那些管理功能。

决策支持层，指需要预测、决策等重大事件或行动的功能，该层软件包一般具有决策支持系统的结构，不仅具有数据和模型支持，还必须有良好的人/机对话系统。

(4) 终端机

综合信息系统的终端机或叫工作站，大多数是办公(OA)型的，也有少数为工程工作站，用于CAD/CAM。其数量可能很多，按地区和功能的需要分布于各地区及主计算机的周围。工作人员通过它与系统终端发生联系，使用系统的各项功能。它可以是简单的字符终端或图形终端，也可能是处理数据、文字、图像、语音的多功能微型计算机。

图1中的综合信息系统的结构在功能上和地理上通常是分布式的，主机以及软件包，许许多多的工作站可能分布于不同的地区和不同的部门，彼此通过网络相联结。其中主计算机通常要求有相对集中的处理能力，要求能大量贮存并快速处理信息，因此综合信息系统应是集中与分布相结合的结构。

4. 我国信息系统的开发方法

西方国家在信息化进程中研究和总结了很多开发方法，如结构化生命周期法(SDLC)、BSP法和Prototyping法等、我国从20世纪70年代末开始引进了这些方法。经过十多年的实践证明，这些从哲学意义上说带有方法论的开发方法和每个国家的国情和历史发展时期有关，不可能完全适应中国的现状、我们也必须认真总结中国十多年来自己的经验、教训，从我国的社会、经济、历史条件等诸方面出发，研究出适合中国信息系统的开发方法。我们认为中国信息系统开发比较适合采用改进原型法(improvement-prototyping，IP)。我们首次于1991年3月9日在国务院电子办召开的全国电子信息系统工作会议上提出，1991年10月8日在国务院电子办主办的亚太地区促进信息化研讨会上我们重提了这个方法。图2是IP法的示意图，图中1是系统基本分析部分，类似于生命周期法进行的系统分析和总体规划，确定系统的基本功能、基本配置以及基本投资等。2为判断是否有一个复用模型，即是否存在一个类似的信息系统，如果类似度达到75%以上，即类似的系统具有75%以上的复用性，则直接用该系统作为初始原型并运行，然后在运行中分析、评价、修改、提高，使之成为完全可用的本系统原型。将"系统复用"的思想引入原型法中有很大的意义，我国社会主义制度有可能将"系统复用"思想得以有力的实现。在系统复用的前提下，当然可尽量多地复用已有的程序(只要修改本部门有关数据)，力求加快速度，缩减投资。图2中3和4为引用"参考模型"，如果已有系统相似度在50%左右，则也不妨用于参考，并改进之，使之成为本系统的初始原型。这样可缩短建立初始原型的时间。5表示既没有复用模型，又无参考模型，就只好设计一个初始原型。6为运行初始原型；7为评价、分析原型；8为判断原型，如原型可用而不满意，则需修改完善至9，若不可用，则回到2，或者再寻找一个复用模型，或者再找到一个参考模型，或者再重新设计一个初始原型。如原型运行、分析、评价后觉得满意，则可运行维护该原型。

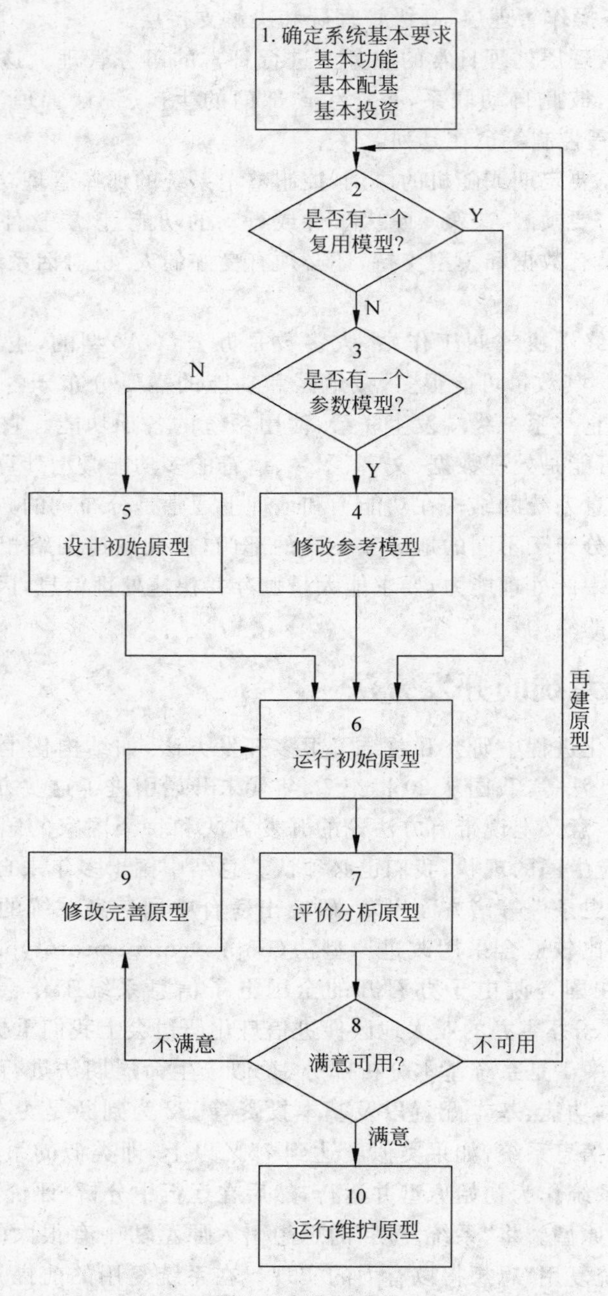

图 2 改进原型法

作为方法论，改进原型法不只是吸取了结构化生命周期法及快速原型法的优点，避免了它们的不足，而且是结合中国实际的产物，例如中国改革开放的实际、中国企业管理人员的素质、中国社会制度及文化背景等等。除此以外，改进原型法还提出“系统复用”的重要思想。当然改进原型法实践还不多，有待进一步完善。

5. 结束语

关于我国信息系统的发展道路与模式的研究是一个极为广泛而深入的课题，涉及的问题和部门都很多。我们提出了一些观点，目的在于和同行们讨论、研究，以便找出一种加快我国信息化进程的道路，不妥之处，恳请指教。

参考文献

1 吕文超，侯炳辉．计算机综合信息系统及其建造与开发．国务院全国电子信息系统推广应用工作会议，1991-03，北京．

2 侯炳辉．论 MIS 的总体设计．清华大学学报(哲学社会科学版)，1991，6(1)：99-102．

3 侯炳辉．管理信息系统的开发策略与开发方法．计算机世界报，1991-02-06．

4 侯炳辉等．MIS 的开发策略——研究开发北京送变电公司 MIS 的启示．第 4 届全国管理信息系统学术会议论文集，1989-10，西安．

（侯炳辉　吕文超）

* 原载《清华大学学报(自然科学版)》1993 年第 3 期。本文作者曾联合于 1991 年 10 月 8 日至 11 日，由原国务院电子办在上海召开的《亚太地区促进信息化研讨会》上做了主题发言，在此发言的基础上加工成此文。

03 信息系统评价体系及评价方法

【摘　要】 本文认为对信息系统的评价应从三个角度考虑：(1)从信息系统主体即系统的建造、运行、管理和维护者的角度评价；(2)从信息系统的客体即用户的角度评价；(3)从信息系统的环境即系统外部社会的角度评价。本文提出了由20个指标组成的评价指标体系。提出简单易用的“多因素加权平均法”评价方法以及“层次分析法(AHP)”评价方法。论文介绍了这两种方法对我国宏观信息系统的评价。

【关键词】 信息系统，评价体系，评价方法

一、前言

管理信息系统的评价历来是一项困难的工作。其所以困难是因为信息系统本身的诸多特点造成的。首先，建造信息系统的工程和一般的工程不一样，其投资不可能一次性，也不可能只是看得见的硬件投资，随着系统的建设和运行，将有一系列其他不明显的费用投资(如开发费用、软件费用、维护费用、运行费用等等)，且这些费用的比例越来越大。其次，信息系统的见效有着强烈的滞后性、相关性以及不明显性。信息系统的见效要在系统建成之后相当一段的使用时间之后，而且，信息系统的效益和管理体制、管理基础、用户的使用积极性、用户的技术水平(尤其是懂得计算机的技术人员)等具有强烈的相关性。由此可见，信息系统的好与坏，成功与失败的因素多，定性的、定量的因素，技术的、艺术的、观念的因素等等交叉在一起，于是如何评价一个信息系统就成为复杂的课题。

有鉴于此，研究信息系统的科学评价方法无论对促进信息系统的建设，加速国家和社会信息化的进程都有十分重要的意义。本文是在1992年国务院电子办下达的重大软科学课题“我国信息系统基本结构及开发策略”的研究基础上写成的，该课题已通过专家评审。

二、评价指标体系

在评价一个信息系统时，最重要的事情是建立评价指标体系。这个评价指标体系既包括了信息系统开发运行者，也就是信息系统主体，也包括信息系统的直接用户即信息系统的客体，更包括对外部社会的影响，即环境，也就是说评价体系如图1的结构。其中环境的范围很大，从理论上讲对环境的影响可能是无限的，时间上如此，空间上也如此。

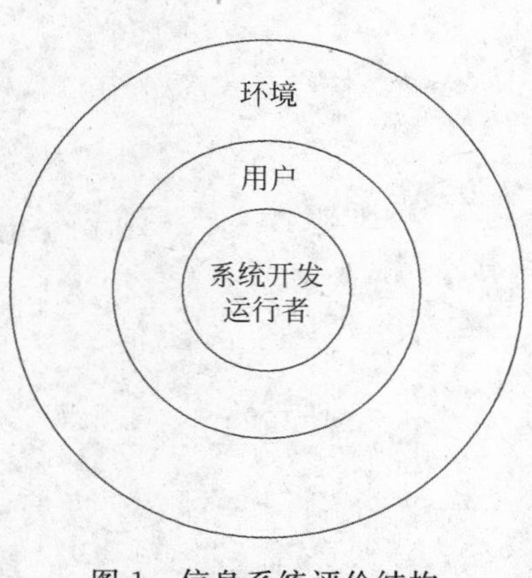

图1　信息系统评价结构

图2是信息系统的评价指标体系，该指标体系从三个角度来考虑：(1)从信息系统主体即信息系统的建造、运行、管理和维护者的角度评价；(2)从信息系统的

客体即信息系统的直接用户，包括信息系统的上层用户(决策者)和基层用户(管理、操作层)的角度评价；(3)从信息系统的环境即信息外部社会的角度评价。

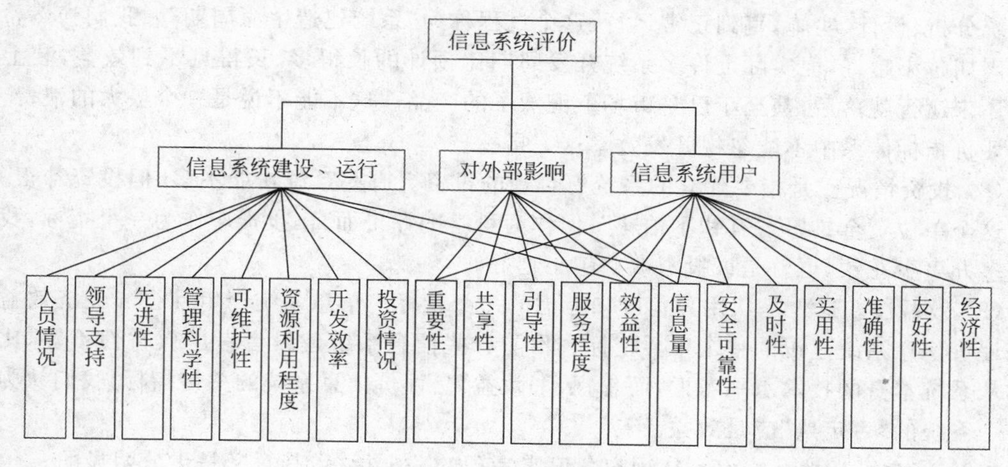

图2　信息系统评价指标体系

1. 从信息系统建造和运行维护角度评价的指标

目前，大多数信息系统的建造者和运行维护者是由信息中心承担的，因此我们这里将信息系统的建造、运行、维护与管理放在一起考虑。其评价指标有：

(1) 人员情况。包括信息系统所配置的人员的数量、质量及结构。足够的数量、一定的质量以及合理的结构可保证信息系统建设质量以及运行维护水平。

(2) 领导支持。信息系统主管领导对系统的建设、运行维护的支持是保证系统建设成功的极为重要因素，也是系统正常运行、生产效益的重要因素。因为即使在系统建成后的运行过程中仍然可能涉及管理体制的变化，也经常需要运行维护费用，因此，领导不支持，即使建成了一个系统也不会产生足够的效益，甚至连正常运行都会遇到困难。

(3) 先进性。先进性的含义是所建设的信息系统在总体上是先进的，是能产生较大效益的，且具有较长的生命周期。所以，这里讲的总体先进性意味着不能只考虑硬件或软件的先进性，而是指整个系统的方案、结构、功能、通信、使用、安装可靠等综合起来是先进的，而不是片面追求硬件指标或软件指标的局部技术先进性。

(4) 管理科学性。信息中心的良好运行并产生效益不只决定于系统本身，管理是极为重要的因素，向管理要效率，向管理要质量的观念越来越被人接受了，所谓管理科学性，是指是否有完整的规章制度、系统运行维护制度等等。

(5) 可维护性。这是明显的一个指标，系统的维护、扩充、修改是绝对的、经常的，如果系统可维护性差，则系统的生命力就较差。

(6) 资源利用程度。信息系统集中了许多高附加值的设备(硬、软件及其构成的系统)以及信息和人力资源，这三大资源中最重要的是信息的利用，目前有些信息系统的数据库不能产生效益，成为“死库”，不能为社会服务，这就是信息利用率不高的表现，也有一些信息系统硬件、软件设备利用率很低，人力浪费，这些情况相当普遍和严重。因此，信息资源(设备人力、信息)的利用程度应是一个极为重要的指标。

(7) 开发效率。这是指信息系统的建设速度。一个信息系统从规划、可行性研究开始，到系统分析、设计、实施，直到正常运行，这个过程称为“系统建造生命周期”。我们当然希望这个周期越小越好，但实际上许多系统开发周期比预计的长得多，长得见不到效益，装上的设备还未运行就落后，甚至于已是市场上淘汰了的产品。这不能不说是一个极大的浪费，因此在评价指标体系中不能忽视开发效率这一指标。

(8) 投资情况。是指要建立的系统有合理的投资。有些系统功能不多，但投资却很大，尽管这个单位资金雄厚，“有钱不怕花”，但作为科学的评价而言，投资应作为一个指标，我们倾向多办事少花钱，也就是说投资效益越小越好。

(9) 效益性。这也是从用户角度来考虑的一个指标。信息系统产生社会和经济效益当然是评价信息系统建设的一个重要指标。目前有些信息系统建设者考虑效益性不够，比较多的从系统本身的技术水平考虑，而忽视了“效益”是评价信息系统的关键指标，我们认为评价一个系统的“否定票”应是效益。

(10) 安全可靠性。这也是从用户角度来考虑的一个指标，其意义是十分明显的。

以上是对信息系统建造者来考虑的，共有 10 个指标。

2. 从信息系统的用户角度考虑的指标

这里所指的信息系统的用户是直接用户，包括领导者和中下层管理者和操作者，也有 10 个指标。

(1) 重要性。信息系统对用户来说处于什么地位？是不可缺少的呢，还是可有可无的？是迫切需要的呢，还是不那么紧迫的？这对一个信息系统的用户来说是评价系统的重要指标。如果说，一个信息系统的用户认为该系统对他们无关紧要或者至少说紧迫性不大，那么这个信息系统的建造时机还未成熟。

(2) 经济性。用户使用信息系统需要支付费用，如果费用很高，用户承担不起，或者说用户感到经济上太不合算，情愿用手工管理也不愿意使用信息系统，这个信息系统的吸引力就不那么强了。

(3) 及时性。对信息系统用户来说，信息的及时提供并得到使用是用户极为关心的事情，由于信息有时效性，及时提供信息，决策者就可以及时做出决策，过时的信息可能是“马后炮”。

(4) 友好性。所谓友好性，这是一个专用名词，是用户使用信息系统很方便，要人机界面良好的意思。用户，尤其是高层领导，通常不太了解信息技术，他们需要的是方便，越方便越好，比如像使用电视机、“傻瓜照相机”那样方便就好了，对用户来说，设计的信息系统是一个“傻瓜信息系统”，那是很有吸引力的。

(5) 准确性。信息系统提供的信息必须真实。真实性是信息的第一原则。不真实或不够真实的信息要贻误决策，尤其是伪信息，不如没有信息。

(6) 实用性。建立信息系统的根本目的是实际使用，水平再“高”的信息系统，缺乏实际使用还不如不建造，因此实用性是衡量一个信息系统十分重要的标志，对用户来说，没有必要关心其技术的先进和复杂的程度，他们最感兴趣的是实际使用，产生效益，也就是在日常事务中对决策和管理的支持。

(7) 安全可靠性。这也是信息系统建造者的一个指标,对用户来说同样重要。

(8) 信息量。所谓信息量是指信息系统能提供的信息的数量。信息量太少,信息系统效率不高,实用性也会随之下降。从用户角度考虑应有尽可能多的信息量。

(9) 效益性。从用户来说,信息系统能产生的经济效益和社会效益越大越好。由于信息系统的效益评价较困难,也许这个指标很难用定量描述,用定性描述也很困难,尤其是社会效益。

(10) 服务程度。这里主要是指对各级管理人员和决策者的服务程度。对用户来说,信息系统应是他们最好的服务工具;信息系统应积极、主动地做好服务工作,如其他服务业一样,信息系统应以全心全意的热情为用户服务。

以上 10 个指标主要是从用户角度考虑的,可能有遗漏或重复,指标之间存在相关性或矛盾性,但这不影响评分。

3. 从信息系统对外部影响角度考虑的指标

任何一个信息系统的建设必然对外部产生影响,这种影响也很难定量描述,需要定性打分,使定性问题定量化,共有 6 个指标:

(1) 共享性。即本系统信息的共享程度,信息系统之间共享性是一个重要指标,目前我国在这方面的重视不够,重复建造的现象不少,一个信息系统的信息主要为本系统服务,自产自销,缺乏市场效果。信息必须走向市场,如其他商品一样,只有放到市场上去以后才能增加其附加值。

(2) 引导性。这里讲的引导性是指示范引导的意思,某一信息系统的建设应对未建系统产生示范引导作用,这从一定意义上来说也具有市场性质,无论是建造经验、开发方法以及具体的技术方案,都应放到市场上去,供大家借鉴、使用。

(3) 重要性。这里讲的重要性是对外部环境而言的,有些信息系统,如气象信息系统对外部环境影响很大,农业、交通、航海、人民生活等等几乎所有领域产生影响。又如人口信息系统,对国民经济、社会发展、治安、交通、供应等产生影响。

(4) 效益性。指该系统对外部社会产生的社会效益和经济效益。

(5) 信息量。该系统对社会提供的信息量。

(6) 服务程度。该系统对社会服务的态度及程度。

从上述三个角度考虑的指标共 20 个,组成指标体系。

三、多因素加权平均法评价方法

这里我们介绍一种简单易用的综合评价方法——多因素加权平均法评价方法。该法在我们研究的国务院电子办下达的项目中得到了成功的应用,现在我们把它介绍如下:

首先把上述 20 项指标列成表 1 所示的最上层,然后请专家对每个指标按其重要性打一个权重,权重最高分为 10 分,最低为 1 分,再请每个专家分别对被评价系统的 20 个指标打分,最低分 1 分,其打分表见表 1。

表 1 专家打分表

专家权重：

指标 / 评分	重要性	实用性	准确性	及时性	友好性	经济性	安全可靠性	信息量	效益性	服务程度	投资情况	开发效率	资源利用率	人员情况	共享性	先进性	管理科学性	可维护性	领导支持	引导性
权重 W（满分 10 分）																				
评分 X（满分 10 分）																				

专家权重是指专家的权威性，权值大小由评价者根据专家的知识面和经验丰富程度决定。根据几个专家的打分表以及专家本人的权重，求得每个指标的权重值，计算方法如下：

（1）求第 j 个指标的权值（加权平均值）W_j

$$W_j = \sum_{i=1}^{p}(W_{i,j}E_i) / \sum_{i=1}^{p}E_i, \quad j = 1,2,\cdots,p \tag{1}$$

其中，W_j——第 j 个指标的权值（加权平均值）；

$W_{i,j}$——第 i 个专家对第 j 个指标的权重打分值；

E_i——第 i 个专家的权值；

p——专家数。

（2）求第 j 个指标的评分值（加权平均值）X_j

$$X_j = \sum_{i=1}^{p}(X_{i,j}E_i) / \sum_{i=1}^{p}E_i, \quad j = 1,2,\cdots,p \tag{2}$$

其中，X_j——第 j 个指标的权值（加权平均值）；

$X_{i,j}$——第 i 个专家对第 j 个指标的权值打分值；

E_i——第 i 个专家的权值。

由式(1)和(2)我们得到如表 2 所示的矩阵表。

表 2 指标权重及指标打分表

指标 / 评分	重要性	实用性	准确性	及时性	友好性	经济性	信息量	效益性	服务程度	投资情况	开发效率	资源利用率	人员情况	共享性	先进性	管理科学性	可维护性	领导支持	引导性	综合评分
W_j																				
X_j																				

（3）求该信息系统的综合加权平均值 A

$$A_j = \sum_{j=1}^{20}(W_jX_j) / \sum_{j=1}^{20}W_j \tag{3}$$

其中，A——某信息系统的综合评分值；

W_j——第 j 个指标的权值加权平均；

X_j——第 j 个指标的评分值(加权平均)。

显然专家数越多越好(样本数越多),评价越接近实际。综合评分越高,说明系统越好。一般来说,综合评分不可能达到 10 分,也不可能为 1 分。

我们规定,综合评分达到 9 分以上者为极好系统;8 分以上 9 分以下的为优秀系统;6 分以上,8 分以下为良好系统;4 分以上,6 分以下为一般系统;2 分以上,4 分以下为差系统;2 分以下为极差系统,如表 3 所示。

表 3　评　分

分　数	等　级
10 9	极好系统
9 8	优秀系统
8 7 6	良好系统
6 5 4	一般系统
4 3 2	差系统
2 1	极差系统

若同时评价若干个可比系统,则这种方法也是可用的,但计算将会复杂些,专家的打分表将会改成如表 4 那样,每个专家打一张打分表,然后首先求出每张表(即每个专家打分的表)对每个信息系统的加权平均 $A_{k,i}$ 计算方法如下:

表 4　多系统评价打分表　　专家权重

指标 / 权重及信息系统	指标 1	指标 2	……	指标 n	加权平均分 $A_{k,i}$
权重 W	W_1	W_2	……	W_n	
系统 1(评分 X_1)	$x_{1,1}$	$x_{1,2}$	……	$x_{1,n}$	
系统 2(评分 X_2)	$x_{2,1}$	$x_{2,2}$	……	$x_{2,n}$	
…	…	…	……	…	
系统 m(评分 X_m)	$X_{m,1}$	$X_{m,2}$	……	$X_{m,n}$	

$$A_{k,i}\sum_{j=1}^{n}(W_{k,j}X_{i,j})/\sum_{j=1}^{n}W_{k,j},\quad i=1,2,\cdots,m$$

其中,$A_{k,i}$——第 k 个专家对第 i 个系统的加权平均分;

$W_{k,j}$——第 k 个专家对第 j 个指标权值;

$X_{i,j}$——第 k 个专家对第 i 个系统,第 j 指标的打分值;

m——被评价信息系统数；

n——指标项数；

若有专家 p 个，则 p 个专家对第 i 个系统的综合评分为：

$$ZA_i = \sum_{k=1}^{p}(A_{k,i}E_k)/\sum_{k=1}^{p}E_k, \quad i=1,\cdots,m$$

其中，ZA_i——p 个专家对第 i 个系统的综合评分值；

$A_{k,i}$——第 k 个专家对第 i 个系统的加权评分；

E_k——第 k 个专家的权值；

p——专家数。

将所有 ZA_i 求得后进行由大到小排序，得到各系统好坏的排序表。多因素加权平均法评价多个信息系统方法的程序流程图如下。

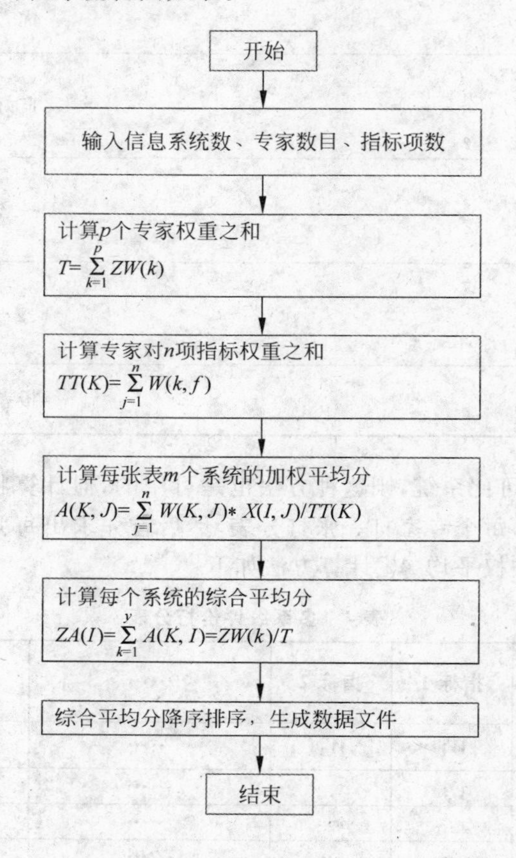

四、层次分析法(AHP)评价方法

层次分析法是一种实用的多准则决策方法，用于解决难以用其他定量方法进行决策的复杂系统问题。它将定量与定性相结合，充分重视决策者和专家的经验与判断，将决策者的主观判断用数量形式表达和处理，大大提高决策的有效性、可靠性和可行性。因此 AHP 法非常适合于信息系统的评价，尤其适合于多个信息系统的比较。但是 AHP 法要比前述多因素加权平均法评价方法的技术复杂些，目前已有现成的 AHP 软件，不需要自己编写程序。

鉴于AHP法本身有众多介绍，这里不再赘述。我们使用的AHP软件称“专家选择软件包”(Expert Choice Software Package，EC)，这是美国弗吉尼亚决策支持软件公司(Decision Support Software Inc)开发研制的，我们在使用时进行了改进及完善。

EC采用图形建模，人机对话的直观生动模式并有许多辅助功能，如联机帮助、窗口分析等。

我们用AHP法对35个国家级信息系统进行评价和排序结果表明，AHP法和多因素加权平均评价方法基本一致，这两种方法互相配合和验证，以提高评价结果的可信度。

五、结束语

信息系统的评价是一项困难而重要的课题，目前这方面的研究和实践还很少。这是因为我国信息化不发达所致。但随着信息化的进程，信息系统越来越多，对信息系统的建造、应用以及对外部影响的评价将愈益重要。

(侯炳辉　程佳惠　曹慈惠)

*原载《中国管理科学》1993年第3期；《计算机世界》1993年10月20日；《当代计算机技术》1994年。本文是一篇较为重要的理论性文章，其成文基础也和原国务院电子办软科学有关，文章发表后受到广泛重视，多个刊物予以刊登。

04 我国MIS开发的若干问题研讨提纲

问题的引出

两年前某颇有影响的小报报道：中国MIS 80%是失败的；1993年4月丹麦一学者评中国计算机的利用率："仅为20%～30%，意味着250亿投资被浪费"；现在似乎都认为中国MIS比国外差20年。问题的严重性更在于"差距在继续扩大"！

问题一：中国MIS的先天不足（理论、方法、工具）

A. 缺乏自己的理论体系。人云亦云。某些概念不清：MIS、软件系统、计算机应用等，它们之间的异同是什么？

B. 缺乏适合国情的开发方法：对"舶来品"生吞活剥。道听途说，不求甚解。

C. 计算机硬软件基础太弱，开发工具几近空白。

问题二：严重的非技术冲突（组织与个人的行为、小生产者经营）

A. 与中国传统的管理体制的冲突——组织行为。

B. 与管理者观念与利害的冲突——人的行为。

C. 一定是小生产者的经营方式吗？——市场非常脆弱，缺乏商品意识。

问题三：应用危机在继续

A. 计算机硬件、软件，通信网络技术的发展之快令人目瞪口呆，应用的滞后性在拉大。

B. 缺乏"双肩挑"的人才：既懂系统、管理、心理又懂计算机硬件、软件、通信网络的人仍然寥若晨星。

C. 直接终端用户水平不高。

问题四：开发误导与评价异化

A. 开发周期轻视"两头"，后患无穷

  a. 看不起系统分析，"干什么"都不清楚，能不失败吗？

  b. 鄙薄系统维护。系统的变更、扩充、修改是绝对的，系统维护始终与系统运行联系在一起。没有维护等于没有运行——系统夭折了。数据维护始终与系统运行联系在一起。没有数据维护，也等于不可能长期运行。

  c. 开发成功只是成功的50%；有人统计维护工作量及费用在60%以上。

B. 一些企业开发MIS不够严肃

  a. 是否非开发一个MIS不可？能说出几条过硬的理由来吗？

  b. 是否认为系统必能成功？采取了什么过硬措施吗？

c. 对失败的MIS能说出道理吗？总结教训也好。

C. MIS的评价异化问题

a. 传统经济学观点：从成本、费用出发，着眼于效率，经济学家认为花费大量投资得不偿失。

b. 信息经济学观点：从经营决策出发，着眼于效益。

c. 评价体系与方法的研究还在起步。

问题五：对迎接信息社会到来的思考

a. 整个社会生活方式的变更：在未来的信息社会里，在家可以听最好大学的课程，可以购物，可以就医，可以看到处在任何地方的亲人。那么行政系统、交通系统、教育系统、社会保健系统的组织是什么样子？领导者扮演什么角色？

b. 美、日、韩、欧、新、加等都在谈论信息高速公路，中国也有金桥、金卡、金关、金税工程等等，如何在思维上，物资上、人才(科技教育)上落实？

中国发展MIS的问题很多，但并不可怕，可怕的是缺乏清醒的头脑，丢掉机遇。实际上，最近几年我国信息系统还是有很大进步的，中央也在重视且有部署，各地方也有一些明显的大动作。前途是光明的，充满希望。

* 在清华大学校庆科研报告的发言，1994年4月。

05 我国信息系统建设的现状与对策

一、我国信息系统建设现状

我国信息系统建设起始于20世纪70年代末80年代初。“六五”期间是起步阶段，“七五”期间是打基础阶段，“八五”期间要上新台阶。

从总体上看，十多年来，我国信息系统建设有了长足的进展，但与国外相比差距仍然很大。

1. 信息系统的建设概况

“六五”之前(1980年以前)，计算机在管理中的应用还为数极少，主要在机电类企业作试点，如南京714厂的计划管理，沈阳第一机床厂的车间管理，起点也比较低，如714厂用国产DJS-130计算机，内存32K，用机器语言编程。沈阳第一机床厂引进IBM4331，内存2MB，采用德国工程师协会的文件系统。

“六五”期间，在改革开放的推动下，计算机应用有了一个良好的开端，大中小型机达7 000多台，微机13万台，从事计算机的科技人员达10万人。工业、邮电、经济、银行、铁路、电网监控、科技情报、航天测控、石油地质数据处理等领域开始了信息系统的建设。

“七五”期间是信息系统建设重要发展时期，在这五年中：①电子信息基础设施有了较大的改善，大、中、小型机装机容量达8 000台(另说10 000台)，微机50万台(另说60万～80万台)，全国电话普及率达1.1%(见表1)。卫星通信、光纤通信成为重要的数据传输方式，程控交换机发展迅猛，分组交换网投入运行，电子邮政正在酝酿之中。②传统产业的电子信息化取得明显的经济效益和社会效益，新增产值40亿，新增利税16亿，在20个行业、27个中心城市和地区中有3 000多个项目。在节能、节材、提高产品品质和劳动生产率等方面效果显著。③国务院确定的国家经济信息系统等12个重点信息系统建设已初具规模，发挥了作用，取得了效益。④中央各部委及20多个省市成立了信息中心，完善了信息系统建设的组织机构。⑤城市信息系统开始建设，企业及行业信息系统有了较大的发展。信息服务如EDI、e-mail、Videotex、Bar-code等正在组织推广，城市信息系统建设效果显著。

2. 信息系统结构分析

中国是社会主义国家，实行社会主义市场经济。因此，信息系统的结构必须与之适应，具有中国的特色。这种运行体制是在中央集中领导及指导下，通过综合经济部门如国家计委、国家统计局、中央银行，财政都等宏观调控下，条块结合，协调运行；条者指中央各部门，块者指行政区划。同时，条条之间、条块之间、块块之间产生联系。中央各部委成立信息中心，实行条或行业调控，各地区也成立信息中心，实行块或地区调控。

表 1 信息基础设施与人员数据

项 目	1980 年以前	1981—1985 年	1986—1990 年
大、中,小型计算机/台	2 900	7 000	8 000～10 000
微型机/台	600	130 000	600 000～800 000
信息技术人员/人	—	100 000	600 000

3. 现行信息系统建设的资源分析

值得注意的是,我国现有信息资源利用率不高,其中 IBM4300 系列 20 多台,每台 100 多万美元,加上昂贵的软件租用费和外围设备,维护费用大,技术要求复杂,许多软件不兼容。此外,还有的购买几十台王安机,情况也类似。

二、关于中国信息化的战略与策略

关于中国信息化的战略与策略是一个大题目,这里无法详尽描述,我们试图在最主要的几个方面谈谈看法。

我国领导人很早以前就明确指出了信息化的重要性。早在 1984 年,邓小平就提出"开发信息资源,服务四化建设"(为《经济参考》创刊两周年题词)。1989 年,江泽民在上海交通大学学报上发表论文指出:"振兴我国经济,电子信息技术是一种有效的倍增器,是现实能够发挥作用最大、渗透性最强的新技术;要进一步把大力推广应用电子信息技术提到战略高度,充分发挥电子信息技术时经济的倍增作用。"1985 年李鹏在人民日报发表文章,指出:"电子和信息是一个新兴产业,代表了新一代的技术和新一代的生产力,它的发展和振兴必将对加快我国四个现代化的进程,振兴我国经济起到不可估量的重大作用。"我国领导人具有高瞻远瞩的战略眼光,问题是如何实现这些战略思想,为此,有关研究机构进行了广泛的课题研究,我们也在国务院电子办下达的重大软科学研究中提出了自己的看法,现综合如下。

1. 必须制定有关信息化的整体发展的法案

中央领导的指示和思想,学术机构的研究成果,只有通过相应的立法或政府决议才能形成效力。世界上发达国家的信息化都无不通过立法或政府行政干预加以推进的。最典型的是日本,20 世纪 70 年代,日本把"信息社会"作为发展蓝图,并作为国家发展战略贯彻到政府的各项工作中去。日本凝聚了全民族的意志,举国上下,一致行动,有章有法,逐步实现信息化。如 1970—1980 年发展基础产业,包括硬件制造业、通信网络业、信息服务业。70 年代末日本基础产业达到了世界前列。80 年代,日本发展重点是地方信息化和产业信息化。90 年代,日本发展重点是教育(包括小学、中学、大学)信息化和家庭个人信息化。

美国虽然崇尚"自由发展",信息化开始于"自然演化",但迫于市场竞争,政府与国会也不得不争取行政和法律手段推进信息化进程。如 1989 年的《贸易技术振兴法》、《高技术振兴法》等。据统计,从第 95 届国会到第 98 届国会,美国共颁布了 92 项有关政府信息系统建设、利用等法案。欧共体也不例外,为了实现共同体国家不同网络的连接,欧共体共同投资和建设高级信息网络。

我国在信息立法方面，虽有《专利法》、《软件保护条例》、《著作权法》等，但这些都是具体的、局部的法案，从整体上来说，我们需要信息化的整体法案。好像一个国家，光有具体法律不行，必须有宪法一样。当然。有人会说，我们现在还处于工业化时期，不像发达国家，从后工业社会向信息化过渡时立法那么迫切，我们的时机和条件还不成熟。对于这些论点，很多学者和有识之士都已指出，中国所处的时代必须工业化与信息化并举。走西方老路，工业化了再信息化，时机已不允许了。当然，制定信息化整体策略除决心之外，实际的困难也很多，目前至少可以做这样的工作：设置一个权威性的高层信息资源管理机构，统一研究与领导信息化过程中的重大决策问题，包括研究制定整体战略法案。

2. 促进信息技术的发展必须实行市场机制

由国内和国际市场的需求、推动和拉动信息技术的发展。我们要研究和开发的一切信息技术都要有高附加值的，即有高市场需求的。

这里谈的市场是指国内外市场，我们的眼睛要尽可能向外看，光靠国内市场就不可避免地要拉大与国外的差距，我国的信息技术必须到国外去竞争，通过对外交流才能逐步缩小与国外的差距。

3. 培养人才

我国人力资源丰富，但不强。信息技术产业是高新产业。必须通过培训、教育，积聚大量应用人才。在办好全日制大学的信息技术专业以外，还要通过诸如民办大学、成人教育、业余教育、自学考试等大规模培养信息人才。教育也要符合市场机制，市场有需求就放手办。教育效应有滞后性，是千秋万代的事业。我国信息化能否成功，归根结底是人才问题。

* 原载《信息与电脑》1992 年第 5—6 期。

06 关于发展民族软件产业的问题

为了维系国家的安全和经济的高速增长，必须有自己的软件产业，即民族软件产业。有关发展民族软件产业的思想是在一次座谈会上受到启发而形成的，还很不成熟，希望领导和专家指正。

一、软件产业的界定

何谓软件产业？这是一个急需界定的问题。按照我的理解，软件产业是信息产业的核心和灵魂。图1所示软件产业是计算机产业和信息服务业的交集，而信息产业是由上述三者组成的。离开了软件产业，计算机产业和信息服务业就没有了联系和灵魂，信息产业也就形成"空壳"，由此可见软件产业的重要地位。所谓国家和社会信息化，其核心也需要拥有发达的软件产业。

软件和软件产业应是广义的概念，既包括通常所指的计算机的系统软件和应用软件，还应包括非程序化的软件。从广义上来说，软件应由下列五个方面组成：

(1) **套装软件** 即应用软件包，如MRP、MRPⅡ、ERP和用友财务软件等；

(2) **定制软件** 即根据用户需求，特定开发的软件；

(3) **系统集成** 即将应用系统的硬件、软件、通信网络等集成一个信息系统，如管理信息系统(MIS)、办公自动化系统(OA)等；

(4) **数据处理** 如将数据录入计算机或转录等；

(5) **专门服务** 如进行培训、咨询、管理和维护等。

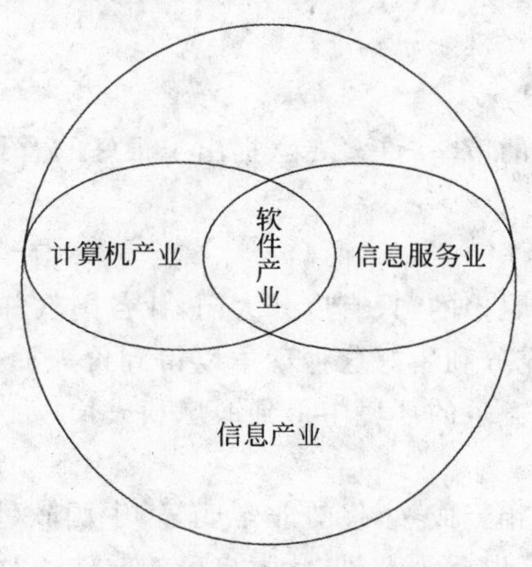

图1 软件产业的界定

特别指出的是，上列第5项往往不被重视。实际上这些"软件"更为重要，离开了软件开发、运行、管理、维护的人，再好的软件也只能制作并不精彩的展览品，人是需要培训、咨询的。谈到一个公司的软件、水平的实力，本质上就是指是否拥有高水平的软件人员。

我国的软件产业还非常幼小。1992年世界软件市场的绝对值为1 000亿美元，而中国的软件出口值仅为2 000万美元，占万分之二。我国软件产业还面临着外国软件大军的进逼。近年来，为了争夺中国软件市场，几乎所有软件强国云集这块热土，正在或正准备大举进军，充满着商业竞争的火药味。面临着外国软件的大军压境和为争夺中国软件市场而竞争白炽化的局面，中国的软件产业将采取何等策略，这是大家都十分关切的大事。中国的民族软件产业正面临着严峻的挑战和历史性的机遇。

二、发展民族软件产业的必要性和关键

要不要迎接挑战，把握机遇，加速发展民族软件产业的问题恐怕已无异议。有点常识的人都清楚，软件对维系国家的独立、安全和社会的稳定具有特殊的作用。20世纪90年代伊始，震撼世界的海湾战争还记忆犹新。因此，凡涉及国防安全和政经命脉的要害部门必须要有自己的软件，长期受制于人十分危险。

在信息社会里，软件产业已成为如工业社会中的钢铁、石油那样重要的支柱产业、基础产业，任何一个国家都不会轻易丧失这个附加值极高的支柱产业。软件产业已经并将继续以极大的速率渗透到社会的所有政治、经济、教育、科技甚至家庭的每一个角落。毫不夸张地说，软件以及整个信息产业越来越体现了一个国家的综合国力。因此，加速发展我国软件产业已迫在眉睫。

发展民族软件产业的关键还是“改革、开放”。目前主要是软件产业的管理体制需要改革，软件人员的积极性没有凝聚、迸发出来，软件的侵权现象积重难返，法制不健全且执行不力。软件侵权现象如毒瘤那样极大地侵蚀着民族软件的灵魂和肌肤。对软件侵权行为绝不能姑息。如一个家庭的孩子：犯了小偷小摸的错误，被凶狠的邻居揍了一顿，聪明的家长一定会醒悟过来，利用惨痛的教训教育孩子彻底改掉毛病，同时也理直气壮地警告邻居。既不护短，也不示弱。目前的危险性还在于大多数侵权者不以为错，且形成了习惯和风气，对其严重性缺乏严肃的态度和清醒的认识。

三、几个策略建议

关于发展民族软件产业的策略，许多专家提出了很好的意见，现提出几条尚不成熟的想法，供有关部门参考。

(1) 广开大门，开展竞争

国外软件的进入是不可阻挡的，只有广开大门，让各国软件公司在这里展开竞争。政府已洞开大门，关键问题是要充分利用好这种竞争以得到价廉而优秀的软件，为我所用，以及如何使我们的软件公司在此竞争的环境中得到锻炼和成长。

(2) 联合经营，共享利益

由于外国软件已发展得相当成熟，优势非常明显，中国软件公司不妨与之合作或合资，共同分享中国市场的一部分，以此为契机，壮大自己的软件产业。

(3) 集中民族精华，培育“软件巨人”

许多外国软件公司中拥有大量的华人科学家和软件人员，说明华人具有突出的聪明才智。政府应下决心集中民族精华，给予重任务、高信任和必要的待遇，重点培育若干“软件巨

人”。政府可以采取购买的形式，给予投资倾斜，让他们在吸收、消化国外软件以及与外国软件公司合作的基础上，站在外来“巨人”的肩膀上成长起来。

(4) 用己之长，重点发展中文及应用软件

中国特殊的文化、文字背景是任何外国人不可能彻底掌握的，这是我们的优势，狠抓这个优势，发展中文及应用软件以带动整个软件产业的发展。

(5) 克服传统观念，改革软件生产模式

在传统上，软件尤其是 MIS 是个体生产的，这极大地阻碍着软件生产力的发展，要用改革的精神，创造 MIS 工厂化生产的模式，开始可先试办 MIS 实验工厂，取得经验后尽速推广，定可加速我国软件产业的发展和信息化进程。

* 原载《电子展望与决策》1994 年第 6 期。20 世纪 90 年代，鉴于国外大批软件公司“入侵”中国，业界纷纷议论，种种观点都有，北京软件行业协会组织了几次座谈，本人坚定认为必须发展民族软件产业，这就是本文发表的背景。

07 关于“MIS实验工厂”的构想

一、概述

管理信息系统(management information system,MIS)是以计算机和通信技术为核心的人/机系统,MIS是为管理服务的,解决管理自动化的问题。因此,MIS既包括了计算机(硬件、软件)等技术因素,又包括了管理体制、组织机构以及各层管理者——人等非技术因素。由此,传统上建造MIS非常困难,虽有不少成功的MIS,但失败的也不乏其例,中国、外国概莫除外。也正由于上述原因,传统上的MIS建造大多是单个开发的、效率很低。本文提出一种新的构想,即MIS能否进行批量的、序列的生产,这首先要进行试验,用“MIS实验工厂”试验。

“MIS实验工厂”的含义是:

(1) 将MIS作为一种产品看待,也就是说“MIS工厂”中有各种序列,适合于各类组织(企业)的MIS产品。

(2) 由于“MIS工厂”还在研究和发展之中,MIS本身的特殊性、复杂性、开发的困难性决定了“MIS工厂”远比生产其他产品(如汽车)的工厂更为复杂,因此,在目前这样的工厂应具有试验、研究性质,故称实验工厂。但必须明确,它不是一个研究所,不是只研究不生产,它必须是边研究边生产。生产商品,走向市场,产生社会和经济效益是它最高的目的。当然,它也应该产生出研究成果(包括经验),但这不是主要的。

(3) “MIS实验工程”是指以工程项目来对待MIS,这里类同于“CIMS实验工程”。但要注意,这里主要研究的是MIS的开发方法,MIS的基本结构,MIS的开发策略与步骤,MIS如何影响组织体制等,也就是更重视模式的研究。在方法论、开发策略的指导下集成或开发出适合于不同行业、不同规模的MIS产品及其零部件,包括采用什么样的硬件及网络结构、数据库及操作系统、通道接口、应用软件、输入和输出界面,装配、加工成一个可用的MIS产品。整个MIS是一个有机的整体。正如自动生产线一样,有各种各样的自动生产线(其产品之多很难统计),也有各种各样的MIS(其产品之多更难统计),但所有MIS必然有一些共同的本质的东西(这里限于篇幅不讨论这些共同的、本质的东西的内容)。而且正如生产自动线一样,每条生产线必须是一些零部件装配连接而成,MIS也必然可用各种规格的“零部件”装配连接而成。因此,MIS实验工程,除研制MIS“整机”以外,也要研制标准“零部件”。这里的“零部件”不限于硬件、系统软件,也包括应用软件、接口软件、集成软件、总控软件和连接软件。

二、必要性与可行性

1. 必要性

众所周知，MIS是一个人/机系统，建造MIS有很多困难，除技术因素以外，还有管理因素，还有诸如文化、体制、行为等许多其他因素。因此，传统上MIS的开发大多是单个开发的，建造每一个MIS都是从分析开始，然后设计、实验、测试、试运行等等，好像古代制造服装那样，针对每一个人的服装都是定制的。在信息化社会的今天，这样建造MIS的方法效率实在太低，今天如果没有服装厂大批量生产多品种的各类服装，就不可能有当前绚丽灿烂的服装文化。MIS也一样，必须有自己的工厂大批量、多品种的生产各种各样的MIS，使信息系统也绚丽灿烂起来，这是加速我国信息化进程的必要，也是经济和社会发展的必要。

2. 可行性

建设MIS工厂，应该提到议事日程上来了。20世纪70年代提出软件工程的思想，而后出现了众多的应用软件产品，如MRP、MRPⅡ……这些软件产品实际上也是软件工厂——软件公司开发的。而MIS则和国家与民族的文化（包括语言、文字、观念、体制、行为心理、人际关系、人员素质）有关，因此"MIS工程"以及"MIS工厂"就远比软件工程和软件工厂复杂。不过，我认为我们建立MIS工厂的时机正在成熟。表现为：

(1) 从中央部门到社会各界，人们的信息意识和建立MIS必要性的认识都有很大提高。

(2) 经过十多年来MIS的研究与开发，已经有了一支比较成熟的研究开发队伍，从理论和实践的结合上，认识到建立MIS工厂是可行的。

(3) MIS的开发工具日益完善和先进，如国外的Oracle、Sybase（都已汉化）以及其他开发工具（如Windows）均可支持MIS产品的快速生成。

(4) 中国经济的高速、持续地发展，市场经济体制的建立，为MIS产品的开发规定了明确的方向，并提供了广阔的市场。市场的旺盛需求是推动MIS产品的力量源泉。

当然，不可不提醒，当前在我国建立MIS工厂仍然有相当的困难，包括资金、人才以及环境等因素的制约，而且理论还不够完善。因此，目前不可能建立众多MIS工厂，需要建一些试验性的实验工厂。

三、"MIS实验工厂"的框架模式

"MIS实验工厂"不仅仅是一个研究单位，而且是一个产业部门的生产实体，因此：

(1) "MIS实验工厂"不宜建立在学校或研究机构内。"MIS实验工厂"必须是一个独立的企业，可以依托在高技术企业内。但"MIS实验工厂"可以和高校挂钩，争取高校在MIS理论和智力上的支持。

(2) "MIS实验工厂"生产的产品必须是根据需求有目的地进行生产，也就是说不必强调"全通用"，实际上的全通用也不可能存在。"MIS实验工厂"必须面对具体行业类、具体企业类建造MIS产品，开始规模小些，根据市场需求，逐步扩大产品品种和规模。

(3) "MIS实验工厂"的组织机构和管理方式应完全有别于一般企业，它是高科技工厂，R&D要放到相当重要的地位。

（4）“MIS 实验工厂”的队伍组成

① 高级系统咨询和分析人员。这由“MIS 实验工厂”的顶层领导、高级系统分析员，也可聘请高校的教授组成。

② 生产人员。承担 MIS 的系统设计和施工（编程、调试）人员，这是数量最多，直接生产产品的“产业职工”。

③ 技术服务和行销人员。由于 MIS 的技术服务远比一般企业的技术服务复杂和重要，没有很好的服务，就不可能赢得用户的信任。因此必须有一支综合的技术服务和行销队伍，包括：硬件人员、软件人员等。行销和服务始终是连在一起的，这是一支十分重要的队伍，素质要好。

④ R&D 人员。因为“MIS 实验工厂”是高科技产业，信息技术一直是最活跃的技术，没有一支 R&D 跟踪世界信息产业的发展，并不断提出新思想。研究开发新产品、新技术的技术队伍，就不可能使“MIS 实验工厂”持续发展。

⑤ 后勤服务人员。和所有企业一样，后勤服务队伍是一支重要的保障力量，作为“MIS 实验工厂”的后勤服务人员，应具有更高的素质，应有更多的创造性。

“MIS 实验工厂”实行现代企业制度，积极创造条件，实现股份制。

四、“MIS 实验工厂”与高校 MIS 专业的教学改革

建造“MIS 实验工厂”及其 MIS 产品的关键是 MIS 专业人才的培养。我国高校已有为数众多的 MIS 专业，包括工科类、经济类的不下几百所学校，这是一支重要的力量，它源源不断地向“MIS 实验工厂”输送人才，“MIS 实验工厂”也为他们提供了一个良好的科研、实验的基地。为适应这种关系，目前的 MIS 专业需要改革。清华大学 MIS 专业是 1980 年首先创办的，专业初创时受其他专业框框影响，已越来越不适应专业特点和形势的需要。大学 MIS 专业在低年级时打好数学、外语、人文经管的基础是非常必要的，并必须从低年级开始强化计算机应用能力的训练。但是过去的经验表明，《管理信息系统》、《系统分析与设计》等专业课教学效果不够理想。为此，在讨论建造“MIS 实验工厂”时，很自然地想到 MIS 专业教学的改革。为此建议：在进行专业课教学之前，学生先去“MIS 实验工厂”从事程序设计和调试工作，一方面，使学到的计算机知识提前到实际中使用；另一方面，使学生从低年级起就可获得 MIS 的感性知识，到高年级时可以参加系统分析和设计。在进行专业课理论教学时，课程教学应以自学为主，讲课要少而精，多开展讨论。设想参加“MIS 实验工厂”的学生从二年级开始，组成高、中、低年级的层次结构的队伍，由教师及高年级学生带领承接“MIS 工厂”的某一产品的整体或部分开发任务。其中教师和毕业班学生承担分析与设计任务（相当于系统分析员级的工作），中年级学生承担数据库设计和实验工作（相当于高级程序员级的工作），低年级学生相当于程序员级的工作。然后每年如此递推，可以源源不断地从“MIS 实验工厂”中生产出 MIS 产品和培养出 MIS 人才。

五、结束语

关于建造“MIS 实验工厂”的思想是大概两年前我参加原国务院电子办重大软科学研究时酝酿萌发的。两年多来，形势的发展以及国际上信息技术的高速进步，更激发了我实践这种工厂的想法。目前，国外许多计算机大公司无不看准中国这个又大又好的市场，各公司

的总裁接踵来华推销其产品，寻找机会，他们想利用中国知识分子的学识和技术，为他们生产中国需要的产品，以获取更多的利润。我想，中国自己的高科技产业必须在中国这个大市场上脱颖而出并占有一席之地，在政府政策的倾斜支持下，一定可以发展民族信息产业，把信息产业的命运牢牢地掌握在自己的手中。这就是拟写本文的出发点和初衷。

* 原载《电子展望与决策》1994年10月。20世纪90年代，鉴于我国信息化严峻而迫切的形势，而MIS又无法加速建设，本人确实比较着急，于是联想到服装可以批量生产，为什么MIS不能批量生产呢？于是发表了这篇文章，并首先征求原国务院电子办副主任陈正清的意见，陈主任予以热情鼓励。现在已经证明，MIS确实可以批量生产的，如ERP软件就是批量产品。

08 MIS 开发与 MIS 民族产业

【摘　要】 本文根据当前信息技术和我国经济高速发展的形势，提出加速中国信息化的一些策略性思想，包括关于 MIS 开发思想的转折，关于 MIS 工厂化建造的构想，关于发展民族 MIS 产业问题等。

【关键词】 管理信息系统，开发思想，工厂化建造，MIS 民族产业

1. 引言

MIS 是已被广泛接受和受到青睐的时髦名词了。我国十多年来，MIS 从无到有，从少到多，有不少成功的例子，但失败的也不乏其例。20 世纪即将过去，一个崭新的信息社会即将到来，并以极其迅速的步伐走向成熟。占世界人口近 1/4 的中国，将不可避免地建造成千上万个各种各样的 MIS，其数量之多，投资之大，极大地吸引着外国计算机公司。虽然中国的信息化不可能一蹴而就，中国还在工业化，但中国必须在工业化的同时加快信息化，只有加速追上世界潮流才有希望，竞争是那么的激烈。追赶，意味着要具有更大的加速度。中国的经济实力尚不够强大，又要受到资金的制约。花钱要少，工作要多做，就要充分发挥智慧和毅力。本文提出的一些策略性的想法就是源于上述背景。

2. 关于 MIS 开发思想的转折

MIS 的研究与开发已经历了 30 年左右的历程，我国也有 15 年的开发史了。MIS 经历了风风雨雨，现在还在发展。20 世纪最后 20 多年是信息技术的飞速发展时期，新技术层出不穷，充满着革命性变革。但是，在我们的开发思想和观念上却显示着通常的惰性。我们现在使用的 MIS 教科书不少是十多年前甚至更多年前的内容，所使用的开发方法大多是一二十年前国外的方法，所有这些都与当前信息技术的高速发展不相适应。MIS 的开发方法论具有哲学的意义。“存在决定意识”。当代经济、社会的发展，信息技术的进步是客观存在，而开发 MIS 的思想观念和方法论是意识，意识反映存在、落后于存在。问题是现在“存在”发展太快，“意识”落后太多，相位差越来越大，尤其是对以稳重著称的东方人来说，问题更严重，已明显地影响着信息化的进程。因此，MIS 开发思想、开发方法和开发技术的转折已迫在眉睫。

转折，首先是思想的转折。思想转折之一是从迷信书本中解放出来。由于我国 MIS 开发的时间不长，经验不多，容易出现盲目性，过分迷信于教科书和外国的经验。这里，我们绝不意味着排斥学习人家好的经验，我们反对的是盲目性。外国的经验、方法都是宝贵的财富，值得借鉴的尽可拿来借鉴。但是也要注意，外国的经验和方法是在那一个时空条件下产生的，在彼时、彼地的经验和方法不一定适合此时此地的中国，甚至也不一定适合外国的今天。例如 20 年前提出的结构化生命周期方法论是在那时的认识基础和技术背景下提出的，

是否完全适合今天的中国实际就需要分析。

思想转折之二就是要克服自卑心理，虽然我国开发 MIS 的历史不长，经验不多，但我们绝不能因此而胆怯，要有信心和勇气使自己成长起来。在信息化道路上我们无须步前人的后尘，信息技术是那么的活跃，步人后尘简直是异想天开，相信我们通过艰苦奋斗，能自力更生地成为信息巨人。

思想转折之三就是要克服开发 MIS 只是技术人员的工作的思想。由于传统上计算机应用项目的开发大多是技术人员的工作，故人们一提 MIS 就认为这是技术人员的事，甚至只是从事计算机工作人员的事。其实不然，MIS 的成功与失败更主要的因素是非技术因素，其中关键是用户自己。因此，MIS 的开发必然包括用户自己，用户不仅是使用 MIS 的主人，也是开发 MIS 的主人。

思想转折之四是放弃 MIS 只能单个生产的概念，MIS 也必须可以工厂化批量生产，这一部分下面要详细论述。

其次是方法论的转折。在国外，MIS 开发方法论多种多样，传统的、主流的开发方法论有结构化生命周期方法(SDLC)、企业系统规划法(BSP)、战略数据规划法(SDP)，等等。

结构化生命周期法是在十多年前产生的，在当时的认识和技术背景下，产生的这种方法曾为 MIS 的发展作出了贡献。而且，某些精华今天仍要继承。但是，它的致命的弱点已使无数 MIS 的建造者和用户吃尽苦头，现在已越来越不适应当前的形势了。由于技术的进步，新的方法论将逐步融合、改进或代替旧的方法，于是原型化方法，战略数据规划方法，面向对象方法等相继问世。尽快吸收各种方法的精华，综合应用于中国，已是当务之急。

“软件工程”的思想在历史上立下了丰功伟绩。它曾为缓解 20 世纪 70 年代出现的“软件危机”而驰名于世，但是编写数以万条语句的软件技术人员以及维护人员常常叫苦不迭。4GL、CASE 以及各种程序生成器的出现，在实现 MIS 时提供了转折的机会。我们要用“自动化的自动化”来代替编写程序。

最后是技术的转折。从来没有像信息技术那样具有青春的活力。在信息技术领域内，新技术日新月异、瞬息万变，在开发 MIS 时必须时刻跟踪采用成熟的最新技术，使之改进系统性能，提高开发效率，方便用户，易于扩充和维护。

3. 关于 MIS 工厂化建造的构想

由于 MIS 是一个以计算机为核心的人/机工程，涉及许多非技术因素，好像衣服一样，和个人的高矮胖瘦、年龄大小、爱好各异等有关，因此传统上建造 MIS 似乎是单个开发的，效率很低。这么大的中国，几百万个各类企业，每个 MIS 都从头做起，什么时候才能完成信息化呢？为此，本文提出一种构想，即批量、系列地生产 MIS 的构想。

在自然界总存在着许多相似的东西，相似性原理是自然界的一个基本原理。即使是人在日常生活中的爱好，如穿衣戴帽也有相似的地方。由于相似，才有绚丽璀璨的服装文化、制鞋工业。同样，MIS 也必然有共性的东西，尽管企业大小不同，类型各异，但一定有相似的地方。相似不等于等同，差别总是存在的。这种差别不应成为一定要单个建造的理由，正如人一样，不可能有完全等同的两个人，但可以穿同样的衣服。相似原理是 MIS 可以批量建造的理论依据。

批量建造 MIS 的前提是对用户进行分类。正如人一样，可以分成童年、青年、中年、老年、男人、女人，等等，然后服装厂按类生产各种尺寸、各种款式、适于春夏秋冬的服装。在批量生产 MIS 时，也要对用户进行分类，从大的方面可以分为宏观信息系统、行业信息系统、城市信息系统、企业信息系统等。在企业信息系统中还能分为大、中、小型的各类企业，如工业企业、商贸企业、服务企业，等等。在同一类企业中还可适当区分不同的行业，如轻工企业中的酿造企业就可作为一个小类。总之企业分类是批量制造 MIS 的基础性工作。

批量制造 MIS 的机构我们可称之为“MIS 工厂”，把 MIS 作为一个产品，包括 MIS 的体系结构、硬件、软件、网络、数据库，还包括整套文档、操作手册、管理规范和培训、服务。也就是说，MIS 产品是一个集成产品，或称广义产品，既有物，还有管理（如规范、培训和服务等）。MIS 工厂的最终产品是一个集成的 MIS 系统，但在这个工厂中可以生产 MIS“部件”、“零件”。MIS 部件也是一个应用系统，如一个财务信息系统、销售信息系统等。部件是由零件装配而成的，零件即软件模块，如财务会计中的记账、报表处理模块。MIS 工厂也可以把零、部件作为商品。零件装配成部件，部件装配成品（MIS），在 MIS 工厂中也可设置成品库、部件库和零件库，用户需要 MIS 成品或某一部件或某一零件时，可按类去库中选择，或由 MIS 工厂根据用户需要进行装配。

MIS 工厂是一个实实在在的企业，而不仅是一个研究机构。生产产品，满足社会需要，获取利润，兼顾产生经济和社会效益是它的根本目的。因此，MIS 工厂必须具有独立的法人地位，实行现代企业制度，创造条件，实现股份制。

关于 MIS 工厂的框架模式已在“电子展望与决策”上发表。MIS 工厂的管理和组织模式有别于一般工厂，也不同于一般软件公司，或者说应比软件公司更加规范化：

（1）MIS 工厂不仅仅是软件公司，而是一个全方位的企业，既有 MIS 集成产品，也有 MIS 零部件产品，还包含方法论、文档、培训和服务。

（2）MIS 工厂的组织和管理模式既不同于一般的工厂也不同于软件公司。例如，MIS 工厂中可设总装配师，它和一般工厂的总工程师不完全相同，这是高级系统分析员，是既懂管理又懂技术的复合型人才。

（3）MIS 工厂中职工的组成包括：“生产工人”（即编程人员）、研究人员、营销人员和服务人员，他们都是技术人员，只是分工不同而已。因此，MIS 工厂的技术和智力密度极大。

MIS 工厂化生产的条件渐趋成熟。表现在：

（1）从中央到社会各界，人们的信息意识和对建立 MIS 的必要性的认识已有很大提高；

（2）经过十多年 MIS 的研究开发，已有一支有一定实践经验的研究开发队伍；

（3）MIS 开发工具日益完善和先进，如 Oracle、Sybase 以及 PowerBuilder、Windows 等均可支持 MIS 产品的快速生成；

（4）中国经济的持续、高速发展，市场经济体制的建立为 MIS 产品的开发明确了方向，提供了广阔的市场。

当然，上述关于 MIS 批量生产的设想问题还很多，需要实践检验。

MIS 工厂为高校 MIS 专业的教学找到了实习场所。早先的 MIS 专业受其他专业框框的影响，办学模式已越来越不适应 MIS 专业特点及形势的需要，我们设想，MIS 专业学生在学完基础课和计算机基本知识（如计算机语言、计算机操作基础等）后，到 MIS 工厂中当“工人”，参加程序设计，一方面使他们学到的知识真刀真枪使用；另一方面让他们从感性上了解 MIS 的概念。中年级学完数据库后可以参加一些数据库设计，进一步提高对 MIS 的了解，高年级毕业设计时参与系统分析。这样的教学模式肯定比只在学校课堂教学的效果要好。学生既学到了知识，锻炼了能力，又增加了收入，而 MIS 工厂也可以获得源源不断的人力资源。

4. 关于发展民族 MIS 产业问题

MIS 产业是信息产业的一部分。MIS 中的软件主要是指应用软件（当然还有支撑软件），MIS 除需要硬件、系统软件和通信网络等支持以外，还有许多其他内容，如应用软件的开发、文档的建立、用户的培训、系统的维护，等等。正因为 MIS 为管理服务，涉及管理体制、机构、管理人员，因此 MIS 与一个国家和民族的特点、文化背景紧密相连，它深深扎根于民族之中。中国数千年的文化沉积是任何外国人都不能彻底掌握的。MIS 的开发、应用、维护应该主要靠自己。

信息产业是当代最积极最有生命力的社会生产力。提高综合国力，参与世界竞争必须信息化，必须有自己的 MIS 产业。一方面，信息产业具有极高的附加值，因此信息产业绝不能轻易丧失，拱手让人；另一方面，信息对维系国家的独立、安全和社会稳定具有特殊的作用。因此，涉及国家安全和政治经济命脉的 MIS 必须是我们自己的产品。长期受制于人十分危险。因此，我们提倡发展民族信息产业。

发展民族信息产业既是必要的，又是可行的，但困难也较大。一是信心问题；二是体制问题。早先由于我国计算机基础产业（半导体芯片及整机）在长时期内追不上人家，最后凋敝了，造成似乎"中国计算机基础产业已没有希望"的局面；而后，在数据库管理系统和操作系统方面，我们又遇到了如硬件相同的境遇，对于大型数据库管理系统以及操作系统，又出现了"追之不及"的局面，在外国硬件、软件巨人的项背后面唯有叹息，极大挫伤了我们的自信心。现在，在应用领域中，几乎外国所有计算机公司、咨询公司进军中国，竞争承包中国"金系列"工程，来势甚为凶猛。而且，这些外企公司无不用高价招聘中国计算机人才，为其服务，"用华人智慧赚中国的钱"，在这样的背景下，一些言语似乎又在耳边想起来了，什么"中国的信息系统也只能由外国公司建造"，等等。对自己缺乏信心。人们不得不思考，同样是炎黄子孙，为什么在外国公司内受重用，工作很卖力，而在本国就不能建造自己的信息系统？作为一个有着五千年历史的民族，其文化积淀之深厚，外国人无论如何是不能掌握的。最近的信息界在争论要不要发展中文平台的问题。由于微软新的中文 Windows 系统（Windows NT）的推出，又引起了国内一些人士的忧虑、犹豫和思考。争论大概是在这样的背景下展开的。其实，这有什么好争论的？中国人不搞中国文字处理，真是咄咄怪事！回忆二十年前汉字没有进入计算机时各种议论都有，甚至有人要把汉字"枪毙"了，用拼音代替，但就是有一些人不信这一套，抓住汉字处理不放，把汉字装进了计算机，其中以王选教授为代表的一批汉字处理专家不愧为我们知识分子的楷模、民族的骄傲。事实上，中国的计算机应用离开了汉字就别想有立足之地，拼音也不行，英文更不行，即使懂英文的中国人也习惯用汉语。因此，我们就有许多理由说明，计算机在中国的应用、MIS 的开发，其主人是中国人，不必客气，也不必心虚。理直气壮地说，中国的 MIS 我们自己可以干。国际电子报发表了署名"川山"的一篇好文章，议论了中文平台要不要搞的问题，写得很好，我抄录一段，供大家一起享受："诚然，外国人有技术优势，但在汉字处理这一特定领域，这种优势已经非常淡化。外国人可以财大气粗，用重金挖走你的技术人才为他们打工，但这种重金买不走历史积淀下来的文化。而中文处理的技术一旦离开文化的滋养，很难说不会枯萎。外国人也不可能处处为你中国用户着想。处处依你中国人习惯，如果他们真能做到这样，那我们倒不妨委托他们去做好了，必要的时候，我们还可以主动帮助他们一把。好了，既然这都是不可能的，我们自然也不能授人以柄。"写得多么好啊！在此，我要呼吁学术界、企业界和有关部门，挺起腰来，多信任一下自己的同胞吧！

问题又要绕回去了。那么为什么我们留不住人才搞技术？为什么不能顺利地建设MIS呢？还是体制问题。我们的国营软件公司为找项目而苦恼，为发奖金而奔波。优秀人才出国了，被挖走了。留下的也三个五个人、十个八个人开起小公司，当起小老板来，力量分散，小公司之间你斗我打，成得了大气候吗？倒买倒卖，赚几个小钱，怎么能担当得起中国信息化的大任呢？我们的目的是要有自己的"信息巨人"。"长城"、"联想"、"方正"、"巨人"、"四通"，它们都是吃汉字的饭长起来的，但现在还不够高大，它们还困难重重，为生存而艰苦地斗争，体制在起着作用。

现在，世界的眼睛都在注视着中国这片热土，国外的计算机巨人们已云集此地，一场腥风血雨的竞争即将来临，"山雨欲来风满楼"，中国信息界怎么办？这既是严峻的挑战，又是难得的机会，与其坐山观虎斗，不如参加进去，或结盟竞争，在竞争中锻炼自己，攀着"巨人"的肩膀，蹬上去站起来，这是策略一，即利用竞争，联合经营壮大自己。其二，采取果断措施，从体制上着手，集中精华，赋予高信任、重任务和必要待遇，培养自己的信息巨人。其三，采取购买方式的投资倾斜，如原来聘请外国公司需 1 000 万美元的项目，将此投资的一半即500 万美元给中国公司，相信中国公司会高兴得不得了，以此来培育信息巨人。其四，克服传统观念，改革 MIS 生产模式，试办几个"MIS 工厂"，批量生产 MIS 的产品、部件、零件。其五，抓住中文平台不放，一抓到底，以此带动信息产业。总之，一定要发展我们民族的信息产业。

"天下兴亡，匹夫有责"，希望大家都来关心民族 MIS 产业。

参 考 文 献

[1] 侯炳辉. 关于 MIS 实验工厂的构想. 电子展望与决策，1994，(4).
[2] 侯炳辉. 关于发展民族软件产业问题. 电子展望与决策，1994，(6).
[3] 侯炳辉. 关于 MIS 开发的三个转折. 电子展望与决策，1995，(1).
[4] 高复先等编译. 信息工程与总体数据规划. 北京：人民交通出版社，1991.
[5] 川山. 安能授人以"柄". 国际电子报. 1994，第 40 期，第 35 版.

* 原载《决策与决策支持系统》1995 年第 2 期。这篇文章首先是在清华大学召开的一个学术会议上的发言稿。文章比较系统地阐述了 MIS 建设的战略方针，在学术界受到较大反响。

09 信息化与信息高速公路

一、信息化势在必行

国家和社会信息化是历史发展的必然趋势。美国于 1993 年抛出“国家信息基础结构(NII)行动计划”。之后，日本、欧共体、加拿大、韩国、新加坡和俄罗斯等国家(组织)相继推出各自的“信息高速公路”计划。中国于 1993 年 12 月成立了以邹家华副总理为首的“国民经济信息化联席会议”，正式实施“三金”工程。此后一年多的时间内，各新闻媒介对“信息高速公路”进行了许多报道，专家学者们发表了许多意见，说明大家在关心中国的信息化，这是一个很好的现象。实际情况也是这样，中国从来没有像今天这样重视信息化，宣传信息化，议论信息化，说明信息化势在必行的思想已深入人心。

二、中国的信息化必须量力而行

在西方国家，信息化是在工业化之后。中国正在进行四个现代化建设，农业、工业都还没有真正的现代化。国情告诉我们，中国不可能也没有必要步西方国家信息化的后尘，也没有必要与其并驾齐驱。中国的人口已超过了 12 亿，其中 9.5 亿是农民。人均国民生产总值 500 美元左右，尚有 8 000 多万农民生活在贫困线以下，农业基础薄弱，抵御自然灾害能力很弱。工业化还在进行，传统产业的技术改造还差得很远。其他如交通、邮电等都需要现代化，中国需要太多的资金。因此，中国不可能投太多的资金于信息化，也没有必要在当前建设美国那样的信息高速公路，要量力而行。

三、信息化不等于建设信息高速公路

对“信息高速公路”的宣传是必要的，已取得了较好的效果，但是建设信息高速公路仅仅是信息化的基础，过分强调“路”的建设必然会削弱另一些东西，中国本来存在“重硬轻软”的思想，一些单位兴奋点容易集中到“铺路”、“架桥”上去，而忽视了“通车”、“拉货”的问题。如果没有信息系统，没有信息源，信息高速公路只是空架子，不能发挥作用、产生效益。

实际上，信息化涉及的内容很多，例如：

(1) 信息化基础设施的建设——用于获取、传输、处理和利用信息的各种物理设备的配置；

(2) 信息网络的实现——将各种信息系统互联互通以构成网络体系以及网络标准、协议操作规范和传输编码等；

(3) 信息系统的建设——开发各种信息源的应用系统和软件；

(4) 信息资源的应用——各种信息源，如数据库的建立和应用；

(5) 信息主体的培训和使用——信息系统的开发者、管理者和应用者的培训、教育和使用；

(6) 信息法规的建立——各种规范、标准、文件的制定和使用。

所有这些都是信息化要做的工作，其中有些工作难度相当大，而出钱买设备和铺电缆倒是最容易的。

四、国家信息化任重而道远

国家信息化是一个漫长而艰巨的历程。仅以“金桥”工程为例，我国“金桥”工程是以卫星综合数字网为基干网、并与邮电部分组数字数据网互为补充互为备用的中速信息国道。规划中的“金桥工程”要与12 000个大中型企业相连，与30个省(市、区)会相连，与数十个部委相连，与200多个中心城市相连，与国家重点工程相连。“金桥工程”的建成将大大提高我国信息化水平。但是，要建设12 000个企业的MIS系统，200多个城市的MIS系统以及全国性的行业信息系统需要投入很大人力、物力、财力，与之相配套的还有诸如体制、观念、管理基础、人的行为等等，因此，我国信息化的任务极其艰巨，任重而道远。

五、我国信息化的几个策略

面对信息化，笔者提出以下几个策略，与大家商讨。

1. 在发展道路上，应工业化与信息化并举

我国正在搞工业化，在工业化的同时必须以较高的速度信息化，否则就不可能有效地巩固国防、促进经济的高速增长和社会的进步，这一点现在大家认识比较一致。

2. 在技术上，采取“跨越式”发展

我们无须步西方国家信息化的后尘，应以先进技术为起点，跨越时代，直接进入信息时代。

3. 在布局上，采取“不平衡”发展

信息化需要大量资金，需有较好的管理基础和人员素质等社会基础，需要信息技术人才。在客观上，我国东部沿海有明显的优势，应该首先集中力量在这些经济、文化发达地区实现信息化，然后在东部的带动下，逐步向西部点、线、面辐射扩展，最后达到全国信息化。

4. 在时间上，采取“渐近式”模式

信息化也有其自身的规律，水到才能渠成，勉强不得，只能采取“渐近式”的发展模式。因此，不能指定一个早晨就实现信息化，要有长期的规划、计划，但在渐近的各个时间阶段都要“只争朝夕”。

5. 培养民族信息产业大军

发展信息产业，必须要有自己的信息化大兵团、正规军。要有我们自己的经济和技术力量，要有十分强大的软件巨人、信息巨人，要培训民族信息产业大军。

* 原载《电子展望与决策》1995年第2期。

10 “九五”期间中国信息系统建设形势

第一部分　中国信息系统建设简单回顾

从改革开放至今，中国信息系统建设大概经历了三个阶段。

一、起步阶段——1978—1985 年

1. 1978—1983 年：少数大型企业以中型机（如 IBM4300 系列）为主机的集中式管理，代表企业：沈阳第一机床厂等。

2. 1984—1985 年：较多企业引进个人计算机，单项单机应用为主。

二、建立基础阶段——“七五”（1986—1995 年）

1. 12 个重点宏观信息系统取得重大进展。
2. 在国家信息中心下面建立了各部、委和省市信息中心（共 50 个）。
3. 政务信息系统有重大进展，如国务院、上海市、江苏省等。
4. 城市信息系统有重大进展，如上海、北京、广州、无锡、大连、常州、苏州等。
5. 行业信息系统，银行、旅游、医院等。
6. 企业信息系统，若干重点企业取得重大成果。

三、总结提高阶段——“八五”（1991—1990 年）

1. “七五”建设的系统充实完善、巩固提高。
2. 总结企业信息系统失败的教训。
3. 机构改革管理力度减弱（如取消国务院电子办）。
4. 国家精力集中于金融、财政、税收、外汇等改革。
5. 企业经济效益不高，管理滑坡。
6. 国家信息化方针调整。

第二部分　“九五”中国信息系统建设形势

1996—2000 年是中国第九个五年计划，这是一个重要时期，是中国信息化关键时期，中国信息化也将有大的发展，则也可以和前面连接起来，称为第四阶段，即发展阶段。种种迹象表明，中国将面临信息系统建设高潮。

一、世界范围内信息革命浪潮的冲击

1993年以美国为首的“信息高速公路”浪潮。

各国建设高速公路计划和投资如下：

(1) 1993年9月，美国克林顿政府提出的NII计划，投资4 000亿美元；

(2) 欧共体，5年内投资5 000亿美元；

(3) 英国，将投资100亿英镑；

(4) 法国，1995年光纤通信网达3万公里；

(5) 加拿大，10年内投资7.5亿加元；

(6) 韩国，到2015年投资550亿美元；

(7) 我国台湾，到2000年投资5 560亿新台币；

(8) 新加坡，到2000年建成智慧岛。

二、西方七国的“信息社会”部长会议

1995年2月25—26日，在比利时首都召开西方七国（美、日、意、英、德、法、加）“信息社会”部长会议。首先，从政治上确定了“全球信息社会”的构想和方向，具体磋商了发展全球信息基础设施，全球信息社会的运作，信息技术对人类社会及经济的影响。会议通过了8项原则和11项示范计划。这是信息史上具有划时代意义的事件。

三、1993—1994年世界上主要计算机厂商云集中国

在这一年中，IBM、DEC、HP、APPLE、SSA、CA、GE、SAP、MS、ORACLE、SYBASE、INFORMIX、C&L、ANDASION公司首脑来华，毫无例外地受到中国领导人的接见。这些公司来华寻找商机，承包工程，销售产品，开发软件等等。有人称这是“八国联军”进军中国，中国除硬件、系统软件以外，应用软件的开发是否也要“拱手让人”？表达了忧虑和振兴民族信息产业的迫切心情。

四、中国政府的若干重要措施

1. 1993年中国政府提出“三金”工程

“三金”工程即“金桥”工程、“金卡”工程、“金关”工程。

“金桥”工程：中国的“信息高速公路”——国家信息网络，以光纤电缆、卫星微波、程控、无线移动等方式及手段，要与12 000多个大中型企业相连，与30多个省、市、区相连，与数十个部委相连，与国家重点工程相连。从地域上说，西到伊犁边疆，南到海南岛，北到黑龙江，地跨整个中国。

“金卡”工程：电子货币工程，在8～10年，首批试点沿海12个省市3亿人口中实现现金卡和信用卡。在未来10年内“金卡”市场达4 000亿元。到2010年推广到400个城市，发卡2亿张，并与国际接轨。

“金关”工程：国家外贸信息网工程，实现海关报关业务自动化、EDI等，由海关总署、经贸委等实施。

“三金”工程由“国家经济信息化联席会议”下设的办公室负责，办公室主任是一个电子

部副部长，由他具体协调、实施“三金”工程。

2. 其他金系列工程的陆续出台

在提出“三金”工程之后，又提出了一系列其他金系列工程，它们是：

“金税”工程：实现增值税发票稽核，总中心设在北京，一期工程为50个中心城市，通过卫星网络系统，全国400多个卫星小站，795个区县级税务部门增值税发票进入稽核网络。

“金融”工程：建立金融卫星网，由一个卫星总站，最终目标建成3 000个数话兼容的卫星小站，覆盖400个城市，2 000多个县进入清算系统，建立现代化支付系统。

“金卫”系统：建立国家医疗卫生信息网，5 000家大医院入网。

“金智”工程：建立国家教育科研网(CERNET)，中心设在清华大学，采用三级网络结构，包括网络中心、地区网络中心和高校校园网。最终目标连接所有大、中、小学。

“金农”工程：农业信息系统建设。

“金宏”工程：宏观经济信息系统。

“金水”工程：水利信息系统。

“金盾”工程：公安信息系统。

五、组织机构的落实

1993年，国务院机构改革，成立电子工业部，下设两个机构负责信息系统建设：“计算机与信息化推进司”、“全国电子信息系统推广应用办公室”，新的“电子部”、“电子办”和“计算机司”的成立，从组织机构上加强了信息系统建设的领导。

1995年5月6日，中共中央、国务院发布“关于加速科技进步的决定”，号召“科教兴国”，同年5月25日，召开“全国科学技术大会”，江泽民号召“加速实现我国经济和社会的信息化、自动化和智能化”。

六、“九五”信息系统建设的大发展物质准备已趋成熟

1. “三金”工程进展迅速

(1) “金桥”工程，1995年将完成3.2万公里，共11条主干光缆。

(2) “金卡”工程，1993年年底已发卡400多万张，总交易2000多亿元。

(3) “金关”工程，网控中心和E-mail/EDI增值交换平台已初步建成。

2. 电子部“九五”规划将投资5 000亿元于网络系统建设，这样的投资前所未有。

3. 国家经济信息系统第三期日元贷款及配套人民币20多亿元，将于1996年起用，目前已完成基本设计，即将评定设备招标任务。

4. 一些自筹资金大型项目已经正在启动。

七、结论

1. “九五”中国信息系统建设将有重大发展，规模宏大，任务很重。

2. 中国信息系统市场是“八国联军”的必争之地，都想分得一杯羹。

3. 管理、组织、培养民族信息大军已迫在眉睫。

4. 天下炎黄子孙振兴中华的时机已经来到，信息界的朋友们更应携起手来，为中国信息化助一臂之力。

* 这是1995年6月在香港中文大学的演讲提纲，它记载了我国改革开放的前17年信息化的过程，展望了20世纪末我国最后一个五年计划内经济社会和信息化的发展形势，这是一个很有意义的历史文件。像这样具有档案意义的文件，是很稀少的。

11 中国情报产业现状与政策

信息产业作为高新技术产业的龙头，在国民经济现代化建设中起着举足轻重的作用。中国政府明确提出把发展计算机和通信网络等高新技术产业摆在国家产业政策和发展规划的优先地位，在财税、信贷和流通政策上给予重点扶植。还特别强调逐步建立现代化信息网络，加快国民经济信息化建设，扩大电子信息技术在生产、管理、服务等领域的应用，用先进的电子信息技术武装国民经济各个部门，逐步建立国家经济信息系统。为此，在20世纪70年代国务院成立了计算机与大规模集成电路领导办公室；80年代国务院成立了电子振兴领导小组，后改为国务院电子信息推广应用办公室；1993年又成立了国家经济信息化联席会议，都有一位副总理分管，统一制定发展规划及方针、政策，协调各方面关系，推动和促进信息化工程的建设。

中国电子信息行业是由计算机应用和计算机产业两大部门组成。

一、计算机应用部门

在20世纪80年代以国务院各部、委为主，先后建立了数十个国家重点信息系统。如国家经济信息系统、银行业务信息系统、铁路运营管理信息系统、电网调度监控系统、民航旅客服务信息系统、天气预报信息系统、科技情报信息系统、国家统计信息系统、财政税收信息系统、海关业务信息系统和邮电通信系统以及全国防汛信息系统等。这些信息系统都有一定规模，如铁路运营管理信息系统已配置了近千台中小型电子计算机、4万多套微型电子计算机和为数众多的汉字终端设备，1986年实现了铁道部至12个铁路局和57个铁路分局的计算机联网。这些信息系统的建立，为中国进入信息化社会奠定了良好的基础。

地方各省、市、自治区针对我国传统产业比重较大这一现实，以节能降耗、提高质量、发展品种、迅速提高经济效益为主要目标，以计算机辅助设计和辅助制造(CAD/CAM)以及建立企业管理信息系统(MIS)为主要内容，对传统产业进行改造，向产品设计电脑化，生产过程自动化、企业管理现代化的方向迈进。我国有12 000家大中型企业，是国民经济的支柱，因此对传统产业改造的任务十分艰巨。此项工作虽初见成效，但总的说尚处在起步阶段，展望未来是任重而道远。

进入20世纪90年代，我国开始实施规模更庞大、投资更集中、技术更先进并作为国民经济信息化基础的金系列工程。在此简要介绍如下。

1. “金桥”工程

“金桥”工程属于信息化的基础设施，将为其他金字系列工程提供技术上比较先进、经济上比较合理的公用信息通道，是公用基干网，因此，称为国家公用经济信息网。该网覆盖全国，与国务院各部委专用网相连，并与30个省市、自治区、500个中心城市、12 000个大中型企业相连，是一个公专结合、天地一体的大型计算机网络系统。

2. “金卡”工程

“金卡”工程，即电子货币工程，是实现金融电子化、商业流通和社会服务现代化的重要工程项目。已选定北京、天津、上海、辽宁、山东、江苏、广州、青岛、大连、海口、厦门和杭州等12个单位进行试点，在取得经验后逐步推广。

3. “金关”工程

“金关”工程实现外贸企业的信息系统联网，积极推进电子数据交换（EDI）业务，并与国际EDI通关业务接轨，最终实现货物通关自动化和国际贸易无纸化。

4. “金税”工程

“金税”工程已建立了北京稽核中心与50个中心城市的卫星网系统，近期将启动100个中心城市与1 000个基层税务所的联网。

5. “金宏”工程

“金宏”工程以国家信息中心为枢纽，连接国务院各部委和全国各省市、自治区信息中心，为各级政府部门决策提供咨询服务。近期重点建立宏观经济预测、企业和产品信息、价格和市场信息、国际经济信息、经济法规信息以及国外贷款项目和固定资产投资项目等管理信息系统。

随着“金”字系列工程的启动和实施，必将推动我国信息技术的发展和信息产业的繁荣，也为国外计算机厂商开辟了广阔的信息产业市场，提供了公平竞争的机会。

二、计算机产业部门

在市场的驱使下，中国计算机信息产业自20世纪80年代起有了迅速发展。

(1) 一批集团化的大型企业已经形成，在微机领域有中国“长城计算机集团公司”、“联想计算机集团公司”、“浪潮电子信息产业集团公司”、“长江计算机集团公司”；在文字处理和系统集成领域有“四通集团公司”；在轻印刷领域有“北大方正集团公司”和“华光电子集团公司”等。这些大型企业一般拥有数十个分公司及海外公司，有自己的生产厂家和研究所，有覆盖全国的销售网、维修部门和培训系统，能为广大用户提供广泛的售后服务。

(2) 出现了一批适合中国国情的计算机外部设备公司。在汉字终端领域有常州电子计算机厂、湖南计算机厂、福建实达电脑股份有限公司和河北聚星电脑公司等；在打印机领域有上海长江打印机厂、南京有线电厂、江门天翔外部设备公司等。

(3) 在我国东南沿海大中型城市普遍建立了开发和销售电子产品为主的高科技园区，在北京有闻名全国中关村电子一条街，四通、联想、方正三大企业集团都在此街。中国政府为促进高科技园区的繁荣和发展，都给予优惠的税收政策。

三、中国信息市场概况

近几年中国信息市场持续高速增长，1993年的增长率为42.7%，1994年的增长率为

43.45%。从1994年的市场销售情况看，计算机硬件占74%，其中微机占27.2%，增长率为74.4%；小型机（含工作站）占6.6%，增长率为127.6%；打印机占6.14%，增长率为68.3%；显示器占3.45%，增长率为75%。计算机软件和信息服务业分别占12%和14%。

由于中国信息市场的持续增长和实行开放政策，给国外的计算机厂商提供了公平竞争的机会。在通用机（大、中、小型机）领域，美国IBM、DEC、HP和UNISYS等公司占有一定市场份额；在工作站领域，美国SUN、SGI、INTERGRAP、HP、DEC等公司占有一定市场份额；在微机领域，美国COMPAQ、AST、IBM、DEC、DELL和中国台湾宏碁等公司占有一定市场份额；在打印机领域，EPSON、STAR、FUJITSU、OKCOOL、IVETTE、CANON、HP等公司占有一定市场份额；在硬盘机领域，NNER、QMANTUN、SEAGATE等公司占有一定市场份额；在软盘机领域的TEAC公司和大屏幕显示领域的贵国三星公司也占有一定市场份额。由于市场的扩大，外商纷纷来华设厂，产品本地化是大势所趋，与国内大企业集团合作经销也是一个趋势。

四、政府、产业部门和应用部门间的桥梁

中国电子工业部计算机与微机电子发展研究中心（CCID），是电子工业部重要的支撑机构，也是电子行业权威的决策咨询和信息服务机构，与政府、行业主管部门、产业界和应用部门保持着紧密的联系和广泛的合作，对中国电子信息部门产业政策和发展规划的研究和制定，对中国计算机市场的分析和预测有丰富的经验。以中国计算机用户为主体的中国计算机用户协会、以中国计算机生产和销售厂商（公司）为主体的中国计算机行业协会和以从事软件产品研究、开发、销售、服务的企、事业单位主体的中国软件行业协会等社团组织的常设机构部都设在CCID。在海内外享有盛誉的《中国计算机报》、《中国计算机用户》杂志是CCID的出版刊物。

主宰中国计算机市场，推动和促进中国计算机产业迅速发展的是中国计算机应用部门，包括中央各部、委和地方各省、市、自治区的广大用户；沟通产业部门和应用部门的联系，维护用户基本权益的社团组织是中国计算机用户协会。该协会现有30个地方分会，分布在全国各地，有50多个专业分会，覆盖了大、中、小型计算机、微型计算机、工作站、外部设备、计算机软件、计算机网络和系统集成等各个领域，联系着广大用户和计算机厂商，是中国成立最早、规模最大的社团法人组织之一。

祝中韩信息产业合作委员会第一次会议取得圆满成功。

*在“第一次中韩信息产业合作委员会”上代表中方的报告。原稿由施雨农起草，1995年10月11日，韩国，首尔。

12 中国企业信息化存在的问题

企业信息化是国民经济和社会信息化的重要方面。从一定意义上来说，只有实现了企业信息化，才真正称得上国民经济信息化了。另外，企业信息化又极端困难和复杂，这不仅是因为企业数量浩大、种类繁多，而且技术要求也高。到目前为止，虽然经过了 17 年的企业信息化建设，但从根本上来说，还差得很远。两年前有一个较有影响的小报说，我国企业信息系统建设失败的占 80%，我们且不评价这种估计的正确程度，至少可以说明我国企业信息系统建设极不尽如人意。为什么造成这种情况，还缺乏系统的总结。现在，一个新的企业信息化的高潮即将到来，这些问题的研究就愈显得迫切而重要。

一、时机问题

国民经济和社会信息化势在必行。20 世纪 90 年代以来，全球信息化的步伐明显加快，从 1993 年提出的信息高速公路计划到 1995 年召开的西方七国信息化部长会议，说明全球信息化已从议论走向了务实阶段。中国以“三金”工程为代表的信息化规划也已在紧锣密鼓中实施。在这样的背景下，企业信息化当然不甘落后，有关部门提出了“金企”工程。以上种种说明，我国企业信息化的时机似乎已经成熟。果真如此吗？

二、动力问题

我国生产和信息技术总体来说比较薄弱，传统的计划经济体制影响还存在，因此，我国企业信息化的动力就不可能与西方先进国家及新兴国家相比。西方先进国家工业化和信息化历史较长。受高额利润的驱动，西方或新兴国家企业信息化的动力来自企业内部。生产高度现代化，国际竞争的加剧，信息已成为企业生产和发展的战略资源，企业主迫不及待地需要加速信息化。再加上国家的支持，一推一拉两个原动力，企业信息化就有很快的加速度。例如在韩国，许多大财团(如大宇、现代、浦项、三星等)就是如此。三星电子是韩国三星集团的一个世界级电子企业，1994 年营业收入 146.2 亿美元，生产的电子产品占全球 12.7%，三星电子一个彩电车间有 22 条生产线，从零件到产品包装出厂全部自动化，每 30 秒钟出厂一台产品，它用 MRPⅡ实现了全车间的管理自动化。

我国企业信息化的动力就比较复杂。首先是国有企业，由于产权、体制等原因，长期困扰着生产的发展。有些企业效益不好，大幅度亏损，有些企业存在短期行为，它们谈不上有多少信息化的动力。也有一些效益好的大型国有企业，由于企业领导的责任感和高瞻远瞩以及国家的支持，也能较快较好地实现了信息化，例如“华录”，1992 年引进 MRPⅡ，正式运行以来资金周转时间减少 15～20 天，库存积压成倍降低，节省流动资金 4 500 万元，管理人员由 15%减少到 8%，效益极为明显。研究一下“华录”信息化的动力机制是很有意义的。

我国私营企业虽有几十万个，但技术和管理水平都较差，目前还谈不上有动力问题。南方的某些乡镇企业集团很有活力，不仅有较高的生产技术水平，而且还凝聚了一大批高技术人才，例如广东“科隆”集团，他们将数以千万计资金投资于企业计算机辅助管理，MRPⅡ软件的应用水平被美国公司评为A级（最高级），他们的经验值得研究。

外资、合资企业可能带头实现企业信息化，但是外国企业主最讲实惠，他们的算盘是打得很精的。1990年我到北京某合资厂联系开发MIS，该厂外方老板回答得很干脆，他首先要做的是实现自动化。

以上是分析我国各类企业内部动力问题，至于我国企业信息化的外部动力是来自政府主管机关，实践证明，这些动力的作用有一定的局限性，弄得不好，可能适得其反，如“企业升级”推动信息化就不太妥当。

三、资金投向问题

资金是企业信息化的首要条件，购置计算机、通信设备，开发、维护信息系统都需要大量资金。有两种资金来源：国家投入和自筹，由于国力所限，国家投入的资金一定要慎而又慎，其投向有这样的倾向性：

(1)投资于有发展前途的传统产业产品结构技术改造和节能降耗。我国许多企业技术水平落后，产品质量和成本缺乏竞争力。以机床为例，我国1994年出口机床433 724台，外汇收入3 077万美元，同年进口机床3 262台，外汇支出11 586万美元。出口机床台数是进口的132.96倍，而外汇的支出是收入的3.77倍，反差如此之大的原因就是我国出口的是普通机床，数控机床很少，而进口的机床技术含量高，附加值大。另外，我国产品的能耗大、成本高，“七五”期间我国单位国民生产总值的能耗为法国的5倍，日本的4倍，印度的2倍，而我国的人均商业能源只有美国的1/19，因此节能降耗的任务十分严重。

(2) 投资于在国民经济中具有举足轻重地位的重点企业。企业信息化需要的投资是一个“无底洞”，有限的资金不可能平均分配，与其什么也办不好，不如集中投资于几个与国民经济有举足轻重地位的重点企业。

四、开发力量问题

企业信息化（包括传统产业的改造）归根结底是人才问题，而且这类人才又是复合型的高技术人才。例如管理信息系统的建设，涉及企业的管理体制、组织行为等一系列中国的文化背景，所以信息系统建设既不能靠购买现成的产品也不能只靠外国人。企业信息化主要依靠本国人才，而且还主要依靠本企业的人才，只有企业内部人才参与了系统开发才能易于应用、维护和扩充自己的系统。信息系统总是要维护的，需求会不断变更、扩充，运行中还会发现错误和不足，如此等等。如果没有企业自己的维护人员是不可想象的。所以，如果一个企业没有自己的开发、应用和维护力量，企业信息化也是不可能的。有些软件公司或科研机构，出于利益机制或好心，经常拍胸脯地保证“交钥匙”式开发，这是很不现实的。

谈到企业人才问题，必然会联系到人才的培养和凝聚问题，这方面的工作还有许多事情要做。

五、策略问题

从根本上来说，一个企业的信息化与其说是技术倒不如说是管理。现在我们归纳一下我国企业信息化的策略问题：

(1) 做好规划，防止一哄而上。先做好基础性工作，培养人才、提高生产技术水平、节能降耗，降低生产成本；

(2) 集中力量支持一批重点企业首先实现信息化，作为样板带动其他企业信息化；

(3) 充分利用已有资源，将这些“遗产”继承下来。进行集成；

(4) 注意系统开发中的开发思想、开发方法和开发技术的转折，要适应信息技术日新月异的变化，包括开放系统，面向对象的技术以及多媒体技术等应用于企业信息系统；

(5) 改变信息系统传统定制式生产模式，以工厂化模式生产 MZS，在加速企业信息化的同时，振兴民族信息产业。

（侯炳辉　侯宇燕）

* 原载《中国科技信息》1996 年第 2 期。

13 信息化与信息系统建设

20世纪后半叶，计算机和微电子技术飞速发展。80年代初个人计算机的出现，使经济和社会发生了深刻变革，于是在80年代中期出现了第一次世界范围内的“信息热”。进入90年代，震惊世界的海湾战争、苏欧的社会剧变、1993年美国提出的NII（国家信息基础设施）计划，以及随之而来的1995年2月2日至27日西方七国召开的讨论全球信息化GII的部长会议……掀起了在世界范围内的第二次“信息热”高潮。值得注意的是，两次信息热居然时隔仅10年左右，但无论是从规模还是到内涵，都有很大不同。第一次“信息热”只是学术上的探讨和未来学家的预测，而第二次“信息热”却是现实的和可操作性的实践。在这样背景下，中国从学术界到产业界，从经济部门到政府部门，都采取了许多重大措施。我国以“三金”工程为首的一系列金字工程紧锣密鼓地快速实施，“信息化”或“信息高速公路”深入人心，成为日常议论的时髦名词。本文作者曾在《电子展望与决策》1995年第2期撰写了“信息化与信息高速公路”一文，引起了较大反响，但似乎言犹未尽，故不吝再次抛砖，奉献于广大读者。

一、关于“信息化”的含义

什么是信息化？似乎没有一个确切的定义。西方国家从经济角度为信息化社会下了一个指标：信息产业超过国民生产总值(GNP)的50%，从事信息的劳动者超过总工作人员的50%。这只是从经济角度上的描述，显然是非常不够的。我国学者钟义信教授对信息化的说法是“全面地发展和利用现代信息技术，以创造智能工具，改造更新和装备国民经济各部门和社会活动的各个领域（包括家庭），从而大大地增强人们的工作效率、学习效率和创新能力，使社会物质文明和精神文明空前高涨的过程”（《电子展望与决策》，1995年第2期）。钟义信的描述很全面，他认为信息化是一个“过程”，是全面利用信息技术于所有经济和社会各个部门，涉及所有人的过程。它是动态的、不断发展和变化的，其目的是提高物质和文化生活水平。国家信息中心高新民主任认为，信息化应包含三个要素：一是利用现代信息技术；二是信息资源共享；三是要产生社会和经济效益（《信息与电脑》，1995年第3期）。高主任和钟教授的见解不谋而合，不过高主任补充强调了“信息资源共享”这一极其重要的条件。也就是说，信息化的核心是信息及其共享，没有信息，一切都将落空。

二、信息化的关键是建设信息系统

由上可见，信息化是十分宽广的概念，它既涉及计算机、通信网络等技术问题，还涉及诸如国家体制、规章制度、组织机构、心理行为等社会问题、信息化的关键是信息系统建设、用以获取和处理信息。众所周知，在信息时代，信息量急剧增长，也由此使信息成为经济和社会加速发展的战略资源。在概念上，信息和数据不同。信息是数据加工的结果，原始数据或低层信息不能成为高层决策者的决策信息，只有经过加工（如统计、分析、排序、综合等）之后的信息才能用于决策。也就是说，将浩如烟海的数据收集、存储、加工、传输以及整理，使之在形式和内容上形成易于接受的信息时，才能为决策者所用并产生效益。信息系统就是信息的加工厂，它将浩如烟海的原材料数据经过千千万万个加工厂处理，从而使得到的信息产品成为战略资源。因此，信息系统的建设就成为信息化的关键问题。

但是，由于各种各样的信息系统都是人/机系统，它属于社会系统工程，具有自然和社会两种属性，涉及多种学科的交叉、多种高新技术的应用，所以建造各种信息系统的任务极其繁重和困难。

三、我国信息系统建设的基本模式

为实现我国信息化的伟大任务，最困难的并不是通信和信息网络的建设，而是千千万万个各种规模和各种类型的信息系统建设。为此，研究和讨论信息系统基本模式和开发策略就显得非常重要。整个信息系统是一个大概念，种类繁多、规模各异，凡是用计算机进行信息处理和管理的系统都被称为信息系统。信息系统建设和国情的关系很密切，尽管在信息系统中用到的硬件或系统软件有许多共性，可以引进、购买，但作为与管理密不可分的应用系统却无法如购买一台计算机那样所能买到的，它和一个国家、一个民族甚至是一个企业的体制和文化背景有关。因此，中国各行各业、各种类型的应用系统必须在符合中国的实际情况下进行开发、运行和维护。中国信息系统建设应在上下互为结合的基础上做文章，整个系统大体上可分三个层次和四大类型。

最高层——国家级综合信息系统。如国家经济信息系统、国家政务信息系统、国家军事信息系统等。

第二层——国家级行业信息系统。如金融信息系统、财政信息系统、民航信息系统、铁路信息系统、税务信息系统、商贸信息系统、科教信息系统、电力信息系统、农业信息系统、卫生保健信息系统、旅游信息系统等。这些信息系统的行业特点很强，以“条条”管理形式，独立自成体系。建设行业信息系统可以很快见到效益。

第三层——企业信息系统。这是数量极多、差异极大的信息系统。

除以上三个层次以外，还有以城市为中心的相对独立的城市信息系统，包括大、中、小城市以及城镇信息系统，数量也很大。

中国的信息化是一个艰巨而漫长的过程，既不能一蹴而就，也不能任其自然，需要有一个良好的规划和决策，要讲究最好的效益。

首先，建设好国家级综合信息系统，这是从宏观上考虑国家的安全、稳定和经济发展的战略信息系统建设。现在的“金桥”工程正是为国家级综合信息系统以及国家级行业信息系统构筑平台。

其次，建设与国家级综合信息系统同等重要的国家级行业信息系统。它们不仅决定着国家的经济命脉，而且易于见到巨大的经济和社会效益。这种大系统的建设还可以调用本行业自己的积极性，包括投资和技术力量。

企业信息系统极为复杂，一定要有计划、有步骤地逐步进行，切忌一哄而起。但是，从根本上来说，信息化的最终目标是涉及所有企业、事业甚至家庭；从一定意义上来说只有实现了企业信息化，才真正称得上国民经济的信息化。只有实现了城市、各企事业单位甚至家庭信息化，也才能实现全社会的信息化。这个过程是漫长的，所以将信息化称为一个“过程”就十分贴切。

四、结束语

信息化是一篇大文章，围绕信息化需要做的工作实在太多了，如基础设施的建设，规范的制定，人才的培训，管理的规范化、科学化以及其他与之有关的工作。所有这一切都围绕着“生产”和使用信息，也就是说，最终落实到建造成千上万个各类信息“加工厂”——信息系统上来。本文的重点是论述在国家信息化建设中，建造信息系统的至关重要性，而这种重要性以及困难性，目前还未被多数人所认识，所以对信息系统的宣传和培训的任务还很重。

* 原载《电子展望与决策》1996 年第 5 期。

14 再论 MIS 工厂化生产及其管理

【摘　要】 MIS 工厂化生产是一个崭新的观念。本文再论了 MIS 工厂及其产品特征，MIS 工厂化生产的必要性与可能性，MIS 工厂化生产（装配）的三维模式以及 MIS 工厂的管理模式。

【关键词】 MIS 工厂，生产管理

一、引言

早在 1994 年，我们曾提出建造“MIS 实验工厂”的构想。两年多来，MIS（管理信息系统）工厂化生产的思想逐渐被人们理解和接受，实际上也已有一些计算机公司（尤其是软件公司）采取工厂化模式开发 MIS，但目前的 MIS 工厂化生产还远远不够，而且“MIS 工厂”的概念和内涵也远远没有描述清楚。因此有必要继续就此论题与同行们研究，希望引起讨论。

二、再论 MIS 工厂及其产品特征

从概念上来说，MIS 工厂是一个崭新的观念。MIS 工厂既不是计算机工厂，也不是通常意义上的软件公司。通常意义上的计算机工厂是指生产计算机主机、配件和外围设备的工厂。而通常意义上的软件公司，其主业是生产软件产品。进一步讲，MIS 工厂也不是我们当前经常听到的系统集成商，当前的系统集成商的主要兴趣在于硬件设备、网络、数据库和系统软件的集成，没有或很少涉及应用中的深层次问题，所以仍然不能称为 MIS 工厂，那么究竟什么是 MIS 工厂呢？我们认为 MIS 工厂至少应具有下列特征：

(1) MIS 工厂生产的产品是广义产品，它不仅包含了计算机硬件、软件、网络、数据库和各种系统软件（即 MIS 产品的技术），而且还包含配套于上述信息技术的应用软件。此外，MIS 产品还涉及用户的管理体制和组织机构。也就是说，使用 MIS 产品的前提首先是进行业务流程再造（business process reengineering，BPR），使之适应于 MIS，而不仅仅是安装计算机设备及用计算机代替手工劳动。

(2) MIS 工厂生产的产品必须与全方位管理层发生密切关系，从高层（决策层）到底层（操作层）的管理人员毫无例外地要从思想观念上、工作习惯上以及操作技术上与 MIS 产品相适应。

(3) MIS 产品的生产过程不仅技术密集，而且智慧密集。例如，需要一整套正确的策略、方法和系统工程的思想。

(4) MIS 产品赖以生存的源泉是数据（data），没有数据等于机械工厂没有钢铁等原材料。数据是 MIS 的血液，没有数据的 MIS 就无法正常运转。设想一个管理基础很差，数据极端混乱的组织，开发 MIS 除了浪费外还有什么呢？

（5）MIS产品远比机械产品“鲜活”，在生命周期内它会不断地“成长”和变化，因此对MIS就必须进行动态地维护，不仅因管理需求而使功能增减，技术更新、升级也会使MIS发生变化。

（6）用户掌握、使用MIS远比掌握一台机器要困难得多，因此MIS工厂有责任对用户进行设计思想、系统功能、系统结构、操作方法、维护技术、安全保护和管理制度等方面的培训。有人认为：“与其说开发一个MIS，不如说买一个服务。”就是这个道理。

由于MIS产品具有以上特性，我们就自然就会提出MIS工厂化生产的可能性问题。

三、再论MIS工厂化生产的必要性与可能性

非常明显，欲立足于世界民族之林，中国必须在工业化的同时有序地加速信息化。但中国的信息化又不能走西方的道路，走西方的渐进式信息化道路只能永远望其项背，只能是打破常规，走平行、跳跃式的信息化道路，进行信息系统工厂化的建造。

最近两年多来，MIS工厂化生产的可能性已越来越被人认识了，这种可能性的理论基础是相似原理，不同组织尽管不可能完全相同，但总会有相似的地方，或性质相似，或功能相似，或规模相似……因此，就可以生产各种相似企业的MIS原型，这样相似的同类企业只要稍加修改MIS原型，就可以方便地生成一个可用的MIS。MIS工厂化生产的关键是将组织（用户）进行分类，这种分类并不困难，分类的方法也很多。对MIS能够工厂化生产的认识是认识论的飞跃，具有极大的理论和实际意义。现在广大用户越来越认识到引进一个现成的MIS或者修改一个MIS原型要比定制一个MIS合算得多，用户已越来越“精明”起来，不会随便找一个“裁缝店”式的计算机公司定制MIS了。软硬件商人也敏感地认识到，只推销信息技术产品，不考虑用户需求的生意已越来越难做了。因此也期望着能批量生产MIS产品或其配件，以便获取更大的利润。

在实践方面，近两年已出现了不少MIS工厂的雏形。例如，出现了多家版本的“MIS程序生成器”、“MIS系统生成器”；出现了兼有硬、软件开发一体化的系统集成商以及一批行业性“MIS工厂”，如面向财务的MIS企业，面向教育的MIS企业，面向印刷排版的MIS企业，面向档案的MIS企业，面向烟草行业、旅店行业的MIS企业等等。显然这些“MIS工厂”还没有完全成形，生产规模也不大。但是，毫无例外地，这些MIS企业都收到了明显的经济效益和社会效益（如苏州的“智慧”MIS、大连的“王特”MIS等）。

四、MIS工厂的生产模式

MIS工厂中生产的产品不仅是MIS成品，也许更主要的是MIS子系统、“部件”和“零件”。MIS子系统也是一个系统，既可独立使用也可以和其他系统联合使用。而部件是比子系统更小的分系统，零件是MIS中的模块。MIS工厂中生产的软件产品必须加载于具体的平台上，包括硬件平台、数据库、操作系统和网络平台，甚至于现存的软件工具平台。MIS工厂中生产的产品总是为某一领域的组织管理服务的，因此，当谈到一个具体的MIS产品时总不能离开三个方面的因素：应用领域、应用平台和应用软件，于是形成如图1所示的三维模型，可简称为DPS模型。

D是领域，即业务领域，包括行业领域（如餐饮业、金融业、保险业、医院管理、学校管理和工厂管理等等）。领域还可分为子领域，如工厂管理还可分为车间管理和班组管理等。领

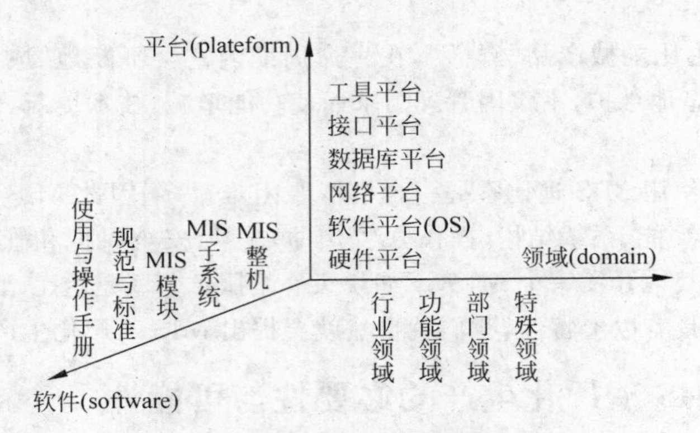

图1 MIS生产的三维模式

域还可以根据管理功能划分,称为功能领域,如财务管理,工资管理,人员管理、计划管理和物资管理等等。领域还可以按部门或地域划分,如城市、地区等。还有一些特殊领域,如治安、灾害、国防、外交、首脑机关的管理等等。领域的分类是一个细致、复杂和十分重要的工作,这是MIS工厂化生产的前提,正如服装厂生产中分为冬装、夏装、春秋装,以及分为男服、女装、童装等等。

P是平台,即支撑环境,包括硬件系统平台、软件和开发工具等。这也是一个极其广泛的内容,如主机(服务器),可以用小型机工作站或微型机工作站;客户机(用户)型号也非常多。网络平台包括网络型号和版本、拓扑结构以及网络软件。接口平台也可以细分。还有各种各样的数据库,如Oracle、Sybase、DB2、FoxPro、Paradox、Access等,操作系统也很多,在微机上的DOS、Windows3x、Windows 95、OS2、Xenix等等,通用的操作系统Unix、Windows NT等,开发工具如Power-builder、VB、Delphi等所有这些平台,需要整理分类,将其功能、性能、厂家、价格、条件等一一列出,放在MIS工厂的平台库中,以备选择。

S即已有规范、标准、文档及应用软件,包括MIS整机或MIS子系统部件或模块(零件)。可以根据不同功能、不同规范、不同版本和不同支撑环境的各种软件分门别类放在"软件库"中,需要时取出使用。

需要特别指出的是,在DPS的软件库中还应包括更"软"的软件,即MIS的开发方法、规范、标准、使用说明、操作手册、培训教材、资料文献等一系列文档,这些文档应当与软件模块配合,分门别类存放于文档库中,以便与软件模块装配和销售时一起交给用户。

DPS模型告诉我们:根据某一领域提出的需求进行分析和设计,产生用户的分析和设计报告,然后到平台库选择软硬件环境,然后再到软件库选择相应的软件作为原型,经过装配成所需的MIS,再经调试、切换和运行。

五、MIS工厂的管理模式

MIS工厂的管理模式还在摸索之中,究竟对于这种特殊性质的工厂采用什么模式,具有什么样的企业文化,不仅是计算机界还是管理学界都是很感兴趣的课题,图2是一种建议的MIS组织模式,在MIS工厂的总裁(即"厂长")之下,有两种关键人才,一种是总装配师,这是地道的复合型人才,既懂计算机技术,又懂管理的高级系统分析员。另一种是精通计算机软硬件的总设计师,这也是系统分析员级的人才,至少是高级程序员级的人才。在总裁与总装配师和总设计师的领导之下再分5个部,它们是技术支持与R&D(研究与开发)、市场与服务、设计与生产、测试与质量控制以及财务与行政后勤。技术支持与 R&D 是 MIS 工厂中极为重要的一个部，由于信息技术的发展极其迅速，必须时刻跟踪国际最新技术的发展；努力创造自己的新技术，要大力鼓励创新，鼓励"标新立异"，要解决设计生产部门以至用户提出的技术难题。市场和服务部实际上是负责经营决策，制定计划，销售产品，接收任务以及用户服务（包括维护和培训）。设计和生产部任务比较单一，当接到用户订单时，首先对用户进行调查和需求分析，提出逻辑模型设计，根据设计选择产品以及编制接口软件或补充软件、特殊需求软件等。测试与全面质量控制部（TQC）非常重要，因为软件生产人员往往对自己的产品有所偏好，不易发现问题，而 MIS 产品生产（包括装配）的全过程必须进行质量控制，独立建立 TQC 体系以保证质量控制的实施。财务与行政部是后勤系统，其中财务管理的功能大家都比较熟悉，行政办公部门负责日常事务性工作，如安排办公会议，管理文档等等，MIS 工厂本身必须实现办公自动化（OA）。最后，MIS 工厂应有一个高级顾问班子，人数可能很少，这个班子专门从宏观上或方向上为总裁提供咨询意见。

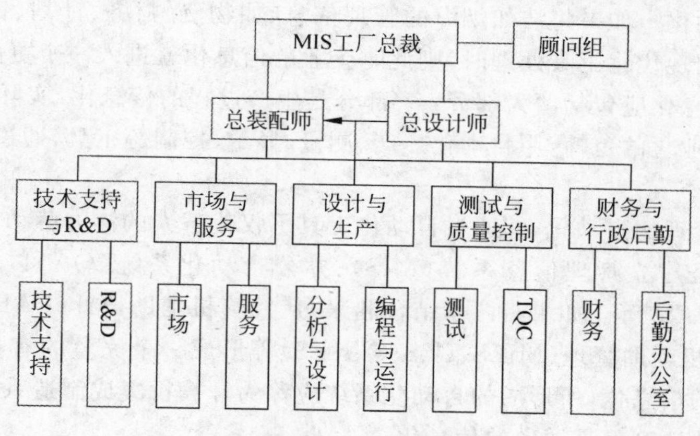

图 2　MIS 工厂的组织模式

六、结论

MIS 工厂的生产和管理是一个大题目，需要不断地深入研究和广泛地实践总结。中国的信息系统建设以及振兴我国 MIS 民族产业必须也应该实现 MIS 工厂化生产，期望着成百成千的 MIS 工厂的诞生。

（侯炳辉　郭荣）

＊原载《电子展望与决策》1997 年第 4 期。

15 企业信息化的问题及其对策

一、企业信息化的内容

企业信息化是一个概括的称谓。广义地说，企业信息化是指广泛利用电子信息技术，使生产、管理实现自动化。在现代化生产中，生产的控制、测量、加工以及产品的设计等无不采用信息技术，始终伴随生产过程的生产信息不断地被收集、传输、加工、存储和使用，使整个生产过程达到自动化。如果将浩如烟海的管理信息，如物资、财务、计划、销售、库存等由人工处理的信息也用现代化工具处理时，则此时企业的信息化就进入一个更高的层次。

因此，企业信息化应包括两大部分：一部分是生产过程的信息化，实际上是生产过程的自动化，应属于工业化的范畴，用自动化生产、测量、显示、控制等工具，通过生产信息达到生产的自动化。

另一部分是管理的自动化，即通过自动化工具不仅代替人的体力劳动，而且代替人的脑力劳动。后者就是建立管理信息系统（MIS）、办公自动化系统（OA）以及决策支持系统（DSS）、专家系统（ES）等。如果将两者结合起来，从计算机辅助设计（CAD）、计算机辅助生产（CAM）到计算机辅助管理（MILS、DSS、OA、ES）等形成一个完整的有机的整体，那么企业就达到最高级的信息化，所形成的自动化系统应称为计算机集成制造系统（CIMS）。我们的理想是希望企业达到最高层次的信息化。

二、对企业信息化现状的估计

我国企业的数量之多是世界罕见的，共有国有大中型企业 1.4 万多家，独立核算企业 37 万家，各类企业总数达到 860 万家。仅 1.4 万多家大中型国有企业的信息化任务就极其艰巨，如果每个企业信息化平均投资为 500 万元，则总投资就达到 700 亿元；如果每个企业的信息化需要信息 20 个技术人才（这是最起码的），则需要 28 万人。而目前全国的软件人才只有 10 万人，远远不能满足需要。

此外，我国企业的自动化水平总体而言还远远没有达到进入信息社会的水平。以机床为例，我国 1994 年出口机床 43.37 万台，外汇收入 3 077 万美元；同年进口机床 3 262 台，支出外汇 1.1 亿美元，出口机床台数是进口的 132.96 倍，而外汇支出是收入的 3.77 倍。反差如此之大，其根本原因是我国出口的是普通机床，数控机床很少，而进口机床的技术含量高，附加值大。另一方面，由于我们传统产业方面的信息化程度不高，产品的能耗大，成本高，已到了不能容忍的地步。

在管理自动化方面，我们虽然在 20 世纪 70 年代末 80 年代初一些企业就开始了信息化建设。经过多年的努力，一些企业建成了管理信息系统，但总体上说是硬件设备安装得多，软件应用得少；在应用方面，是简单的单项应用多，而能支持管理和决策的应用少。在 90

年代初，有人估计我国企业 MIS 建设成功与失败之比是 1∶8。不管这一估计是否合理和精确，但无论是从学术界还是从企业界都普遍承认我国 MIS 建设成功的远少于失败的，我国 MIS 的建设难尽如人意。如何正确估计我国企业信息化的现状，总结企业信息化成功的经验与失败的教训意义重大。然而这个工作却没有真正深入、认真地去做，也不知道应由谁去做，谁来投资做这个总结性的软科学工作。现在某些企业继续热衷于购买硬件，建设网络，看上去轰轰烈烈。实际效果却远远没有达到。

三、企业信息化的条件

1. 企业的信息化的需求欲望

企业信息化的首要条件是企业真正具有信息化的需求欲望。企业信息化尤其是开发管理信息系统，投资巨大，技术高新，社会关系复杂(有管理、体制、机构和人的习惯观念、利益机制等社会因素)，难度很大。

很明显，一个要求信息化的企业领导不仅要有开发、应用信息系统的勇气和决心，而且还应有高瞻远瞩的眼光。即他真切地感到必须实现信息化，才能满足企业当前以及未来战略性发展的需要，从而以百折不挠的决心和恒心实现企业的信息化。例如，某飞机制造企业要和外国航空企业合作开发、生产某一飞机零件，这些零件精度要求极高，市场需求又瞬息万变，无论是从技术还是从市场都要求企业生产(包括设计)高度自动化，要求管理也自动化。这样的企业就一定能够克服一切困难，建设和使用信息系统。相反，如果一些企业没有信息化的需求欲望，勉强进行信息化，则必然达不到预期效果，甚至失败。

2. 有自己的技术和管理人才

企业信息化是充分利用高新技术的过程，而所使用的高新技术不是一次购买、一直使用的技术。从项目立项、开发，到投入使用以及以后的维护，技术总在变化、升级和更新，信息系统也就不得不升级和更新。管理本身及人员使用要求的变化，也会影响到信息系统的建设。

那么，用户如何适应这种变化，如何处理和对付这种变化？当然，开发单位应当考虑这种变化因素，以便使 MIS 在设计时就具有应变性。但无论怎么考虑，它总不能代替用户的逻辑(包括用户的思想)，所以企业必须有自己的技术力量，在开发、应用和维护阶段都必须有自己的技术人才。用户既不能幻想购买一个一劳永逸的如电视机那样的 MIS，也不能幻想开发单位会无穷无尽地为您维护服务。

由于 MIS 客观上或者本质上是一个“不完整产品”，它的功能可能随着管理体制的变化而增减，它的应用可能随着用户的思维变化而提出新的要求，它的技术由于时间的推移需要更新，它的某些缺陷可能在日后暴露，等等。这个“不完全产品”总需要人维护，且维护次数有时可能很高，技术要求也很大。试想没有自己的技术人才(包括用户本身)维护，谁能承受此频繁、麻烦的维护服务？

3. 技术和管理基础

企业信息化是建立在工业化的基础上的，因此，企业首先应有一定的工业现代化和自动化的基础才能谈得上信息化。如果企业技术基础很落后,机械化和自动化水平很低,那么企业就不可能实现信息化,这时应当在机械化和自动化上下工夫,而不是奢谈信息化。

管理信息系统的建立不仅要有技术基础,还要有管理基础。首先是企业管理人员,尤其是主要领导人是否确实加强信息化管理的意识,有没有这方面的需求欲望;其次是管理制度是否完善,管理机构是否稳定和合理。管理数据是否完整科学。如果当前的管理就很混乱,则谈不上现代化管理。否则,即使勉强搞管理信息系统,那么也不可能顺利开发;即使开发成功,也不可能有效运行。

四、我国企业信息化的对策

1. 重点搞好生产自动化和智能化

当前,企业信息化的重点仍然是生产过程的信息化,如机电一体化、生产的自动化和智能化。在生产和服务的各个环节广泛应用电子信息技术,使之在各个方面达到节能、节电、节水、节气,降低消耗,节省成本,提高企业的效益。这方面的潜力非常大。不应当把信息化描绘成高不可攀的神乎其神的事情,信息化是和日常生产、生活息息相关的事业,不要轻视小问题,在小问题上可以做大文章。

2. 少数重点企业应首先实现信息化

对于管理信息系统的开发,不宜全面铺开,应坚持少数重点企业先实现信息化。这些企业必须是十分迫切又有可能开发管理信息系统的。所谓十分迫切,是指不开发信息系统已难以运转甚至生存(如高度现代化生产的企业、高精尖要求的企业等),或将造成巨大的损失(如银行、税务、保险等企业)。还有一些影响社会服务的企业(如邮政、民航、交通、铁路等企业)。所谓可能,是指这些企业在资金技术、人力以及管理基础等方面可以承担信息系统的开发。在少数重点企业开发、运行 MIS 的基础上,逐步带动其他企业开发信息系统。

3. MIS 开发工厂化

要创建面向行业的各种大软件公司——MIS 工厂。

我国企业具有鲜明的行业特征,每个行业的企业数量都很可观,不论是工业企业(如电力、机械、化工等),还是商业企业(如各种规模的商场),或者服务企业(如邮电、银行、餐饮、旅店)都是数以万计,每个行业每类企业的信息化市场都非常的。因此,从事开放 MIS 的软件公司业不妨实行行业化和专业化生产。事实也证明,凡是实行行业化的软件公司都具有巨大的生命力(如用友的财务软件,北大方正的排版软件等)。

软件开发实现行业化就可以批量生产可重用的各类 MIS 及其“零部件”,从而使 MIS 的开发摆脱“裁缝店”生产模式,进化为“服装厂”生产模式。如果我们拥有了各种类型的 MIS 工厂,则我国的信息化步伐就会突飞猛进,软件公司也不会像今天那样效益低,利润不高,又背负着由于定制管理信息系统而造成的被动局面。

* 原载《计算机世界》1998 年 1 月 12 日。

16 首都信息化的特征、目标和方针策略

阳春三月，记者来到美丽的清华园，采访了清华大学经济管理学院教授侯炳辉先生。1994年，记者在从事利用日元贷款建设北京市经济信息系统项目管理工作时，侯教授是日贷项目专家组成员，彼此有过工作上的交往。几年不见后重逢，在简短的寒暄之后，侯教授应记者的要求，以其MIS专家特有的视角，就首都信息化的特征、目标和方针策略等方面的问题谈了他的看法。

一、首都信息化的特征、目标和方针策略

侯教授指出，北京是中华人民共和国的首都，是全国的政治中心和文化中心，推动北京的信息化就要很好地服务于这两个中心。侯教授认为，首都信息化和北京信息化的概念不同。北京信息化是地方(地域)信息化的概念，或者说是城市信息化的概念，类似于上海、天津、深圳、大连等城市的信息化。而首都信息化是为国家的首都进行的信息化，国家的首都是唯一的、特有的，其他城市无法与之相比。因此首都信息化首先要抓住其特征而不是泛泛而谈的一般的城市信息化。那么，首都信息化的特征是什么呢？侯教授认为，首都信息化的目标和其他城市的信息化目标不尽相同。首先，首都信息化应为国家首脑机关服务，确保国家和北京市的党、政、军、人大、政协等首脑机关的安全高效运转。除此以外，还必须确保国防、外交、经济、金融等部门以及文教、科技、宗教社团等安全运行。接着，侯教授谈了首都信息化的目标和方针策略。他认为，首都信息化的目标体系远比一般城市信息系统复杂，首都信息化高层目标是做好服务，确保首脑机关以及中央其他机关团体的安全高效运转。为了实现这个总目标就必然有许许多多分目标予以保证，如城市的治安、交通、物资流动、市场物价、金融流通、环境保护等等二级目标，在此之下还有更低一层次的目标，形成目标体系。

侯教授强调指出，首都信息化的最终结果是全面完成目标体系。但是全面完成目标体系是一个过程，不可能同时完成，何况目标之间还有互相矛盾和不一致的地方，需要协调。因此，首都信息化的方针应是：全面规划、重点突出，逐步实现。像首都信息化这样复杂的工程，不做好全面规划，不考虑各部门之间的相互联系，而是头痛医头，脚痛医脚，必然事倍功半，甚至事而无功。全面规划才能理清各部门的相互关系，确定轻重缓急、制定实现策略。战略是实现首都信息化的高层目标，不能轻易变化的，而策略是动态的，需要不断调整。

二、首都信息化的有利因素和难点

谈到首都信息化的有利因素时，侯教授指出，首都信息化具有得天独厚的有利条件，首先，首都信息化直接受到党中央、国务院重视和支持，这是任何城市都难以项背的。其二，技

术基础雄厚，首都集中了中央各部委的计算中心、信息中心，各种大、中、小计算机和通信网络设备，同时许多外国信息企业在华的办事处和分公司总部都设在北京，中国的最高水平的信息企业和科研机构、大专院校也大多在北京。其三是人才济济，首都集中了全国40%的高级人才，有中科院和许多科研机构、大专院校的专家教授以及中外企业事业单位的工程师、技术员。其四，首都信息化的资金相对来说较为充裕。

在谈完首都信息化的有利因素之后，侯教授又指出了首都信息化的困难所在。他说，前已述及，首都信息化远比天津、上海等特大城市的信息化困难，更不要说与大连、深圳等城市信息化相比了。一个宏大的信息化工程并不是有了钱就能办好的，钱是物质因素，是必要条件，但不是充分条件。实现首都信息化的最大困难是理清关系和制定策略。首都不仅是北京人民的首都，而且是全国人民的首都。北京集中了党、政、军、人大、政协的首脑机关。集中了国防、外交、公安、经济、财政、金融、文教、科技等等许多中央机关，因此首都信息化的任务就很难由北京市一家完成。既然如此，理清首都信息化的目标，内容、制约因素、相互分工和配合等等的关系就极其重要而复杂。从局部来看，每一个部门都十分重要，而从全局来看总是有先有后，有轻重缓急之分，局部服从全局，即使局部有些牺牲也值得的，问题是又很难弄清谁先谁后、谁轻谁重，不同的人有不同的想法，不同时期又有不同的排序，随意性很大，所以实现首都信息化就往往由于各种关系难以协调而阻力重重。

三、关于首都信息化的切入点

侯教授指出，建立一个信息系统，以及一个宏大的信息化工程，找好切入点是至关重要的，但很难说出哪些是见到巨大效益的信息化工程。现在北京市信息办正在建设北京市跨部委的信息平台，这是非常必要的信息化基础工程，但还不能说“有了舞台就有戏演”，开发了真正能见到效益的信息系统工程才是核心问题，那么什么是切入点呢？对此，侯教授建议，要召集有关专家，展开深入的讨论，得出科学的结论，以利于首都信息化的实施。

四、首都信息化的领导体系和实施

谈到首都信息化的领导体制和实施机构，侯教授指出，鉴于首都信息化和北京市信息化的概念有所区别。所以从领导体系来说，也应有所不同。多年来，北京市信息化的领导体系有些分散，似乎有多个部门领导着首都信息化工作，这种分散的领导体系导致难以形成一个完全一致的目标体系和策略体系，力量也比较分散。所以应有一个统一有权威的领导机构，能从全局出发领导首都信息化。这个领导机构不应是一个临时机构，要对有关首都信息化的人、财、物、战略、策略等一切重大问题有确定的决策权。侯教授认为，首都信息化最好有一个实体的机构来实施，该实体包括管理业务人员、系统分析人员、数学模型专家、计算机硬件、软件、网络工程师、程序编制人员以及行政后勤人员。由该实体负责首都信息化的规划、设计和实施。

五、首都信息化与国家信息化的关系

最后，侯教授谈到了首都信息化与国家信息化的关系，他认为，首都信息化是国家信息化的一部分，而北京市信息化又是首都信息化的一部分。首都信息化与国家首脑机关以及各部委有千丝万缕的联系，如何理清这种联系，明确分工与协作是系统分析中的重要任务，也是很困难的工作，但一定要做。

（记者　蒋向东）

*原载《首都信息化》1998年第3期。北京信息化有其特殊性，它和其他城市的信息化既有共性但更有个性，所以研究北京信息化就尤其认真分析，本人受《首都信息化》记者的邀请详细论述了其特殊性，故命题为“首都信息化”，而不称“北京信息化”。

17 企业信息化你往何处去

随着国企改革的加快发展，企业信息化再次成为人们关注的焦点。20世纪80年代以来，企业信息化得到了各界的重视，也作了一些努力。前几年有关方面曾有过企业升级到二级企业必须信息化的考核要求，并规定了硬指标。实践证明，这种做法并不成功，存在诸多问题，致使许多企业盲目上马，又无所收获，造成了很大的浪费，连带产生了一些负面影响。在今天的市场经济环境中，跨地区、跨行业的企业重组对企业的信息化提出了更大的挑战。现在可以说已掀起了第二个高潮，在新一轮企业信息化过程中，企业应该更加理智一些、成熟一些。盲目跟风，追求虚名，搞不好还要走弯路。应该如何更好地总结经验教训，如何更好地促进当前的企业信息化建设已成为当务之急。

一、分三步走

在采访MIS权威、清华大学经济管理学院侯炳辉教授时，侯教授认为，企业信息化是一个很宽泛的概念，总的来说，就是广泛利用信息技术，使企业在生产、管理等方面实现信息化。具体可以分为三个层次。第一层是企业在生产当中广泛运用电子信息技术，实现生产自动化。如生产设计自动化(CAD)、自动化控制、智能仪表、单板机的运用等等，凡是用到电子信息技术的都是企业信息化的一部分。第二层是企业数据的自动化、信息化。用电子信息技术对生产、销售、财务等数据进行处理，这是最基础的、大量的数据信息化过程。第三层是更高层次的辅助管理、辅助决策系统，Intranet、Extranet、制造资源计划(MRPⅡ)、计算机集成制造系统(CIMS)、OA等都是用来辅助管理、辅助决策的，这是更高层次的信息化。如今企业更为重视的是资本运营，跨地区的企业内部之间的资金运作、财务管理、人事管理都需要决策、管理系统强有力的支持，因而需要建立智能化、网络化的信息管理系统为企业自身的发展求得更大的空间。

二、困难重重

与西方国家相比，我国的情况呈现出极不相同的特征，主要表现在前者为自然内发的递进生长型，而我国是外在驱动的同步并进型。我国的企业是信息化与工业化并进发展，工业化的同时必须同步进行信息化。随着经济的全球化趋势，如果没有信息化，企业的改造、重构、工业化的过程就会更慢，企业的生存和发展就会成为大问题。不同发展阶段的不同课题，同时变成我们必须同步完成的作业，其难度可想而知。目前，我国企业信息化所面临的问题令人担忧，侯教授谈了他的看法。从企业角度看，困难主要包括：(1)企业缺少资金；(2)企业的基础结构还达不到信息化的要求，因为生产技术还比较落后，基本的自动化生产尚不健全，导致很多企业建了MIS却根本没有发挥作用；(3)缺乏专业的技术人才，目前企业建网基本采用的是当今比较先进的技术，如Intranet、Extranet等，但相应的计算机人才水平不高，在企业信息化系统的后续开发、应用上比较慢，也使系统的效益没有真正发挥出来。青岛海尔集团在企业信息化工作中，共投入 3 500 多万元资金，用了 7 年多时间，建立了 CAD/CAM/CAE 系统、电话服务中心、营销网络通信系统等工程，大大加强了海尔的竞争能力。海尔集团信息中心的史春洁女士谈及发展之时，特别强调的一点就是信息人才缺乏，能熟练掌握计算机系统的人少，能进行应用开发的人更少。但从社会大环境来看，笔者认为，更大的问题还在于缺乏一个良性循环，缺乏一个相互促进的大背景。社会信息化程度不够、水平不高，必然影响企业信息化的内在驱动，致使近年来一些努力并没有落到实处。

三、有所为，有所不为

为什么要信息化？这是解决我国企业信息化问题的关键。企业信息化的根本目标是提高企业的经济效益，增强企业的竞争能力。这里的经济效益不仅是指当前的经济效益，还要着眼于潜在的经济效益。从普遍意义上讲，企业实现信息化，从而提高产品质量、降低生产成本、提高劳动生产率，使企业在市场上有竞争能力。侯教授认为："只有从这个观点出发，企业才会以自身的经济发展为基础，做信息化的效益分析，为实现企业的经济效益而信息化，就不会出现盲目，甚至为图虚名而搞信息化这样的怪事。"只有企业的信息化由外在的虚荣变为内在的需求，它才能成为真正意义上的信息化。侯教授指出：企业信息化从根本上来说是企业行为，不是国家行为。国家可以从宏观上指导，引导、推动有条件的企业进行信息化，但国家不能越俎代庖。作为市场经济的主体，企业只能主动出击，而不能消极等待。如何真正实现企业的信息化，这也是大家最为关注的问题。

侯炳辉教授和史春洁女士都就这个问题发表了颇有见地的看法：

1. 有重点、有层次地逐步实施企业信息化

目前我国企业信息化发展最重要的就是策略问题，究竟该怎样实现企业的信息化。首先是有序化地发展，而不能消极等待或盲目乱上。一个是要有重点，有所不为才能有所为。部分有条件的企业优先发展，以点带面，逐步推广。只有部分企业先走信息化之路，并不断取得成效，才能真正地带动企业信息化的逐步扩展。这里有个先行者收益产生示范效应，从而使后来者跟进的问题。

另一个是要有层次，就是分类发展，不同发展类型的企业可以有不同程度的信息化。按照信息化定义的三个层次，在生产服务过程上先进行信息化，如果生产的自动化都没有解决，管理决策的信息化也就根本谈不上。其次是数据处理的信息化，最后发展整个企业的管理信息化，建立内部网、利用网络辅助决策。要真正以企业的效益为根本，分析、规划，有层次地、逐步地实施企业的信息化战略。

2. 社会大环境的发展

发展企业信息化需要有整个社会环境的基础支持保障。企业的信息化是企业自己的事情，但从整个大环境来看，它又不仅仅是单一的企业行为，企业信息化必须有根有源，是依托在整个社会信息化这个母体上的。

3. 网上信息的开发和拓展亟待加速

企业信息化还要克服一些根深蒂固的观念，诸如重技术、轻管理，重开发、轻维护，重系统、轻数据。许多企业一想到信息化马上就是计算机、就是网络，这些都是重要的，但不是最主要的，没有系统不行，但系统只是一个加工厂，要加工的是数据，处理、传输、存储数据，形成有用的信息。许多企业往往把技术的因素考虑得太多，以为建好网络就可以了，而忽视了企业信息的建设，“路”修好了，还要有“车”，要有深加工的、准确、全面的信息，为企业的管理、决策服务，真正使系统为人所用，不能开发完成就算大功告成。

4. 现代化技术要有现代化的人

企业信息化一个重要的决定因素在于企业的领导层、决策层，领导者的意识也要向信息化发展，充分认识到信息化的重要性。企业信息化的动力不能是来自外界的，而应是来自内在的需求。企业信息化从根本上来讲，也是人的思维、意识的信息化，因为管理上完全是人在操作。在信息化上，我国的人才储备十分不足，如美国信息产业从业人员为 8 000 万，中国仅有 100 万，实在是无力完成如此艰巨的任务。企业信息化首先是人的信息化，有的企业上了信息化的硬件却无信息可化，无能力去化，常常无功而返，做无用功。系统建成之后，仍需维护、升级、改造、管理，还要依靠企业自己的力量，这就要求加强对信息从业人员的培训和储备，因此企业最高信息主管(CIO)的设立不仅是必要的，而且非常重要。

5. 恶习不丢事难成

企业信息化过程中，在系统建设上存在许多习惯性弊病，如肥水不外流就是个不良习惯。有的企业有人才、技术力量雄厚，可以自己来开发。但如果没有这个条件，专业公司的参与必不可少。专业公司不仅有相对比较成熟的产品和方案，而且有雄厚的技术力量和维护力量。克服恶习的目的，是不能再重复建设了，不能再浪费资金了，否则将人为地阻碍企业信息化正常、有效的发展。

* 原载《中国计算机报》1998 年 7 月 9 日，记者报道。

18 ERP与提高效益

企业管理信息化与MRPⅡ/ERP的关系十分密切。《电子与信息化》1999年第10期专题研讨栏目集中讨论了MRPⅡ/ERP的应用，参加专题讨论的文章共8篇，其中4篇是专题访问和讨论，4篇分别是企业管理人员、CIO、IT企业经理以及咨询公司的文章。尽管这方面的讨论还远没有完成，但从本次讨论可以看出涉及的内容广泛而深入，一些见解异常深刻，值得国人思考和借鉴，从而对加深企业对ERP的认识，促进MRPⅡ/ERP在企业的有效应用，具有深远的现实意义。

起源于西方企业管理的ERP软件无疑是一个IT精华，它集管理、人文、技术于一体，是在许多企业行之有效的"优良品种"。这个优良品种能否在中国土地上开花结果？正如郑荆陵所述，"若给错了人，一定被废掉"。同样，如"土壤"不适合或培育不好，这个优良品种也会被废掉。所以企业应用MRPⅡ/ERP第一要有好的"品种"；第二要有人才；第三要有环境，即领导给予机会。

企业使用MRPⅡ/ERP，或必须"削足适履"，或必须"削履适足"。两者都将花费巨大的代价和承担巨大的风险。前者指实施MRPⅡ/ERP必须"对原有企业业务流程进行合理重组(BPR)、优化和建立新的管理秩序"，这何止于简单的"削足适履"？简直是"伤筋动骨"！后者指改造ERP以适应原有的企业管理模式，这不仅将遇到浩繁的技术困难，更由于管理改革得不彻底而后患无穷！

对企业来说，提高效益是硬道理。目的(提高效益)一个，手段多样。IT厂商和宣传媒体对ERP的宣传是否有些玄乎？对此，企业要有清醒的认识，企业管理信息化不等于ERP化，手段多种多样，只要能实现企业管理信息化的都可以去试。据张鸿文的文章介绍，美国的著名公司如克莱斯勒、戴尔、联邦快递以及日本的一些大公司都没有用ERP，甚至财富500强的90%也没有用ERP，值得深思。

总之，专题所选择的文章既有理论分析，又有实际应用的体会，内容丰富，分析透彻，具有很好的参考价值。

* 原载《电子与信息化》1999年第10期。20世纪末21世纪初，我国经济建设取得了很大成就，一些企业的财力获得了提高，国内外ERP厂商积极地宣传推广产品，不少企业盲目采购，造成大量浪费。《电子与信息化》做了调查，发现问题较大，让我对调查情况做一评论，这就是本文的写作背景。与此同时，其他报刊也做了调查，情况也如此。因此，在《中国计算机》报上，我又连续发表了主题为"提高效益是硬道理"的两篇文章，本文原来的标题也是《提高效益是硬道理》，收入本书时改为《ERP与提高效益》。虽然这三篇文章主题相同，但内容不同，每次都有所深化。

19 MIS 工厂化生产的若干问题

【摘　要】 介绍了 MIS 工厂的概念和 MIS 产品的特征，从理论上和实践上论述了 MIS 工厂化生产是可能的，并介绍了 MIS 工厂的生产模式和管理模式。

【关键词】 MIS 工厂，生产模式，管理模式

1. 问题的提出

传统上，似乎 MIS 只能"裁缝店"式地定制，而且实际上许多 MIS 的开发都是定制的，这对中国信息化问题提出了严峻的挑战：

(1) 中国信息化本来就落后，传统方式实现信息化实际上已不允许。

(2) 中国是世界上最大的发展中国家，上千万企业，内地 31 个省(市、自治区)，2 000 多个县以及无数机关、医院、学校等事业单位，传统方式实现信息化的任务极其艰巨。

(3) 中国人才缺乏，美国直接从事 IT 的人才达 2 000 万，占总人口的 7.8%，而中国从事 IT 的人充其量为 100 万，占总人口的万分之七，不及美国的 1%，传统方式实现信息化的任务很难胜任。

(4) 中国实现信息化缺乏资金，传统方式实现信息化必然是低水平重复，资金严重浪费。于是，必然会提出如何才能快速、便宜以及方便地实现信息化的任务。即是否不用传统的"裁缝店"方式，而是用新的"服装厂"方式建造信息系统？即能否建造"MIS 工厂"？

2. MIS 工厂的概念

(1) MIS 工厂不是计算机工厂。

(2) MIS 工厂不是软件公司。

(3) MIS 工厂不是当前理解的系统集成商。

(4) MIS 工厂是生产 MIS 整机及其零部件的工厂。

MIS 产品的特征如下：

(1) MIS 产品是"广义"产品，它含有硬件、系统软件、应用软件、一套规范。

(2) MIS 产品是"高技术"产品，它含有管理科学和系统科学的内容，含有计算机、通信、网络等高技术。

(3) MIS 产品是个"全局"性产品，该产品是组织全体职工共享和共同使用的产品，无论是高级、中级还是基层管理人员、生产人员、办公人员都要使用 MIS 产品。

(4) MIS 产品是一个"柔性"产品：它有伸缩性，面对不同的体制、管理思想和管理人员，产品的功能和形态将会动态性变化，即随着时间的推移，MIS 产品必然要变化。所以 MIS 产品不是刚性产品，是软性产品。

3. MIS 工厂化生产的必要性与可能性

必要性：中国的信息化必须要走多快好省的“蛙跳式”捷径。

可能性：

(1) 理论根据：自然界的相似性原理。MIS 产品和衣服一样。不可能有完全相同的人和完全相同的组织，但一定有相似的组织，正如一定有相似的人：年龄、性别、体形、爱好等相似，于是这些相似的人去购买相同的衣、帽、鞋、袜，于是就有各种服装厂、鞋帽厂。

(2) 可能性的关键是将组织分类。根据组织的性能、功能、规模等分类，如企业、行业分类、机关分类、事业单位分类，于是按照分类特征制造各种 MIS 产品或 MIS 部件、零件，形成批量，放在 MIS 产品库、部件库、零件库中，需要时按类选择 MIS 整机作为原型，移植到个性后直接使用，或根据需要，购买 MIS 产品的部件、零件，装配成一个“按需装配”的 MIS 原型，提供给组织修改使用。

(3) 实践根据：实际上中国已有一些成熟的 MIS 产品如“用友财务软件”、“金蝶财务软件”、“安易财务软件”等。

4. MIS 工厂的生产模式——DPS 模式

在 MIS 工厂中形成(生产、装配)一个 MIS 产品需满足 DPS 三维模式(见图 1)。

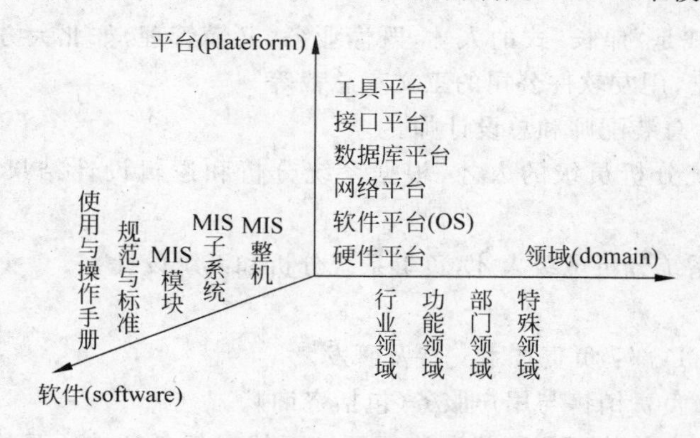

图 1 DPS 模型

D 是 MIS 的应用领域：可以按行业划分(如工业、农业、科技、教育、医疗等)；按功能划分(财务、供销、人事、计算等)；按部门划分(如城市、区域等)；还包括一些特殊领域(如治安、国防、外交、灾害、首脑机关等)。

P 是平台，即支撑环境、技术支持，包括硬件平台、软件平台、开发工具、数据库平台、网络平台。

S 是已有应用软件、规范、标准、文档等，其中文档包括操作手册、使用手册、培训教材、资料文献等。

如何使用 DPS?

(1) 要逐步建立 DPS 库：即积累资料，包括硬件、软件、领域以及应用软件和文档等资料。

(2) 对一具体的组织(企业、事业)来说,首先进行系统分析,弄清其领域需要的硬软件,然后到 MIS 工厂的 DPS 库中去适配,有 MIS 整机的很好,没有的也可购买零部件。

5. MIS 工厂的管理模式

图 2 为 MIS 工厂的管理模式。

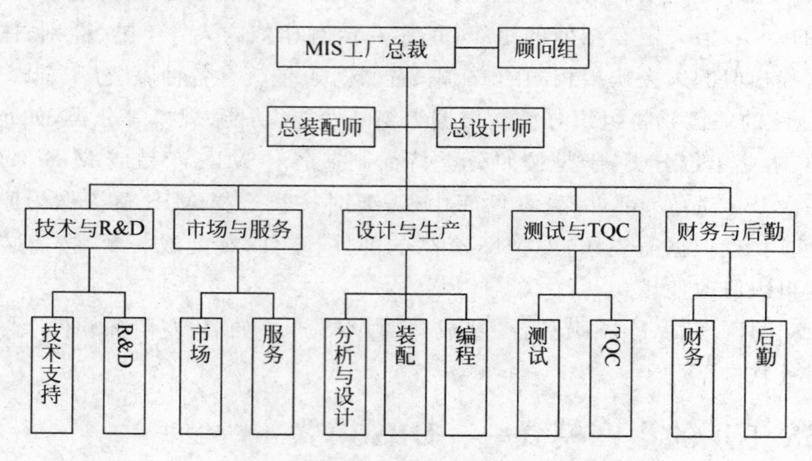

图 2 MIS 管理模型

MIS 工厂的总裁是“船长”式的人才,既懂业务,又懂管理,如北大方正的王选教授,东大阿派的刘积仁博士,用友软件公司的王文京总裁等。

两个关键人物:总装配师和总设计师。

总装配师是系统分析员级的人才,根据系统分析和逻辑设计结果,进行装配成一个 MIS 产品。

总设计师也是系统分析员级人才,负责系统分析和系统设计。

下设 5 个部门:

技术支撑和 R&D 部:负责技术支持及研发。

市场与服务部:负责销售与用户服务(包括咨询)。

设计与生产部:在总装配师和总设计师领导下根据任务的性质具体设计一个 MIS 的应用软件(部件或零件或接口程序),然后予以实现,或者根据系统分析与设计的结果,装配(集成)一个 MIS 产品。

测试与质量控制部:要独立成立一个测试和质量控制部。质量控制和测试既要和开发人员合作,但必须保有独立的职责。

财务与行政后勤部:负责日常的内部财务与行政管理。

顾问组:从宏观上或方向上为总裁提供咨询意见。

6. 一些 MIS 工厂的例子及结论

(1) 用友软件集团有限公司

这是一个比较典型的 MIS 工厂,1997 年销售额突破 2 亿元,用户总量已达 10 万多户,行业覆盖率达 99%,是中国最大的独立软件厂商。公司总部在北京上地信息产业基地,有员工 500 多人，专职开发人员 200 多人，在全国范围内营销服务超过 3 000 多人。

（2）东大阿尔派

东大阿尔派公司是东北大学软件中心的一个软件企业，它是一个典型的 MIS 工厂，是上市企业，股票市值达 20 亿元人民币，已有产品 20 多种，连续 5 年以 100％以上的速度增长。同样在大学，东大为什么能成功，关键是策略上的正确。早在 10 年前他们就认识到高校和科研单位只注重成果而很少顾及应用，而现有企业缺乏技术，产品后劲不足，缺乏市场竞争力，所以他们将研究与产业之间的缝隙填满。从东北大学软件中心获得源源不断的技术源泉，而东软集团的企业进行技术转移，开发成社会产品，企业取得的效益再来支持研究与开发，形成良性循环。

7. 结论

从理论上和实践上表明 MIS 工厂化生产是可能的，我国国民经济和社会信息化需要成百成千个各种各样的开发 MIS 的专业公司，这些专业公司必须走工厂化生产的道路才能迅速成长起来，也才能真正加速中国国家信息化。

参考文献

1　侯炳辉. 关于 MIS 实验工厂的构想. 电子展望与决策，1994，(4).
2　侯炳辉. MIS 开发与 MIS 民族产业. 决策与决策支持系统，1995，(2).
3　侯炳辉，郭荣. 再论 MIS 工厂化生产及共管理. 电子展望与决策，1997，(4)

* 原载《中南工业大学学报》1999 年第 30 卷。

20 刍议企业信息化

企业信息化是一个很老、很有意义、很有难度并且要持续讲下去的议题。企业是国民经济的细胞，没有企业信息化就谈不上国民经济的信息化，没有国民经济的信息化，国家信息化就没有意义。更谈不上国家信息化。企业信息化谈了很长时间了，只是近来又加以突出；这是一个老问题，炒得很滥了，但它始终没有炒熟，还得炒下去。其所以如此，因为企业信息化的难度太大，中国有 1 000 万个各类企业，还有 1 000 万个乡镇企业，什么时候都信息化了？不要说需要天文数字的资金，就是有钱也不可能有这么多的技术人员进行开发、运行和维护，何况许多企业的管理基础还如此之差，技术水平还如此的不平衡，因此，就不能笼统地谈企业信息化，应该进行认真的分析。

一、企业信息化的概念

企业信息化是一个广泛的概念。企业信息化不等于企业 MIS 化，更不等于 CIMS 化，企业信息化有一个层次，从广义上来说凡是企业应用电子信息技术和产品的都是企业信息化的一部分。因此，企业信息化应有三个层次：

(1) 技术的信息化

技术的信息化，即企业广泛应用电子信息技术于生产过程，包括产品设计的自动化(CAD)，生产过程的自动化(CAM)和自动化测量、自动化包装、自动化运输等等。实际上这是和工业化没有多大的差别，也就是用电子信息技术促进工业的现代化。可惜在这一方面我们还做得很差。1994 年我国出口各种机床台数共 433 724 台，创汇 3 077 万美元，而进口各种机床 3 262 台，支出外汇达 11 586 万美元，出口机床的台数是进口机床台数的 133 倍，而收入的外汇仅为支出的外汇 27%，反差如此之大。原因就是技术低、附加值小。另一方面，我国工业的物耗、能耗浪费惊人。有资料介绍，每 100 美元 GDP 的物耗、电耗是衡量粗放与集约的主要标志，世界平均物耗是 44.6 千克，而中国是 227.4 千克；世界平均电耗为 50.3 千瓦时，而中国是 117.3 千瓦时，甚至我国的物耗和电耗比印尼、墨西哥等国家还多 4～5 倍，更不要说先进的工业国家了。我们各种媒体在着力宣传信息化、网络化的同时，是否应多花一些笔墨宣传一下用信息化促进工业化，甚至于应大声疾呼应用电子信息技术改造我们的传统产业，提高我们产品的科技附加值和产品质量以及降低成本，也许这是提高企业竞争力的最基础性工作。

(2) 管理的信息化

管理的信息化也分层次，包括基础数据处理(EDP)的电子计算机化以及计算机辅助管理(MIS)，更高层次的计算机辅助决策(DSS)以及办公自动化(OA)等。这些内容大家非常熟悉，似乎一谈到管理信息化就越高级越好。早先有人把 MIS 看得很高，认为 EDP 太低级，不屑推广；后来，国外在 20 世纪 70 年代提出决策支持系统(DSS)以后，国内也风起云涌，把 DSS 又炒得沸沸扬扬，认为 DSS 可以解决决策问题，谁知这几年 DSS 不太景气，刚要沉默下来，数据仓库一出现为 DSS 打了一剂强心针，DSS 好不容易又时兴了一点；20 世纪 90 年代初、中期，舆论界又掀起了 CIMS 热，似乎 CIMS 是万能技术，什么企业都可以推广 CIMS 技术，这显然是一种误导；"九五"计划时期，从中央到地方各级领导重视企业信息化，这显然是企业信息化的极好的有利条件，于是 MRPⅡ以及 ERP 的商人们又热烈躁动起来，MRPⅡ和 ERP 似乎得到了极大的复苏性的膨胀：MRPⅡ和 ERP 无疑具有科学的管理思想和哲理(CIMS 也是)，但是无论 MRPⅡ、ERP 还是 CIMS，他们的发源地都不在中国，统统是"舶来品"，这些管理软件无一不和本国的管理思想，管理体制以及文化背景有千丝万缕的联系，因为它们是管理软件，而不是纯计算机软件，所以生搬硬套到其他国家必然有悖于宣传、引进、推广者的初衷。18 年来我国进口了数以几百套的 MRPⅡ软件，真正有效应用的却不多，有人说浪费了 70 多亿，这不能不说是一个巨大的教训。我国管理信息化经历了极其曲折的道路，无论学术界还是企业界都缺乏深入的、恰如其分的分析。例如长期以来被轻视的 EDP 恰恰是一切企业信息化的基础，任何"高级"的管理系统都离不开数据处理，MIS、DSS、ES、MRPⅡ，ERP、DSS 等毫无例外。

(3) 企业办公的信息化

企业办公与管理的信息比与一般企业管理信息化不同，前者主要是为高层及中层的办公管理服务。后者主要是业务管理(如人、财、物、产、供、销、管理)，而办公管理的主要内容包含办公人员的各项管理、如电子会议、日程安排、文档管理、公文管理、会议记录以及电子邮件、图文传真和轻印刷等。

办公信息是非结构信息，公文的到达与下发，会议记录的内容，电子邮件的来往时间和内容等等都是不确定的，所以这些管理不可能以结构化信息管理为主的 MIS 解决，它有另一种思维方式和设计思想，近年来，办公自动化在机关中得到了快速推广，我国许多部委和政府机关迅速建立了 OA 系统，再加上与互联网的结合，极大地支持了办公人员以及高层管理人员的工作，成为信息化中一枝秀丽的花朵。在经济全球化以及我国改革开放和市场经济的建立，无疑地办公自动化也受到了企业的欢迎，从发展趋势看，甚至有可能成为推动我国企业信息化的触媒剂，因为企业尤其是大中型企业，领导集团的作用非常关键，他们使用了办公自动化系统，感到有用并在实际中创造了效益，就能提高他们建设信息系统的积极性。90 年代中掀起的网络化高潮更在物质上提供了办公自动化的条件。实际上不少企业已建立了局域网，甚至内部网(Intranet)，这种与国外企业信息化的步骤正好相反的策略也许正是我国企业信息化的一个契机；即先从上层开始，利用网络和办公自动化软件，建立办公信息系统以及高层查询与分析系统，利用浏览器和服务器系统(B/S 系统)，使得每个企业的高层管理人员获得网络上的共享信息，以支撑日常的管理和决策以及办公事务，进一步再由下而上地建立各业务子系统，将信息放到 B/S 系统的数据库中，集成一个完整的多级客户机/服务器系统结构的信息系统。如果，再和设计、制造过程中的技术信息集成起来，那么如 CIMS 所描述的将实现整个企业的信息化。

二、我国企业信息化的形势分析

如果从改革开放的 1978 年算起，我国企业信息化已有 20 多年的历史了。这 20 多年企业信息化的成功与失败、经验与教训都是宝贵的财富。

(1) 如何评价20世纪80年代的企业信息化?

应该说在20世纪80年代我国企业信息化是有相当大的成绩的,也有相当程度的失败。80年代我国企业在推广CAD以及以改造窑炉为主的传统产业的改造方面成绩是显著的,当时的国家信息化领导机构——国务院电子信息系统推广应用办公室的思想是明确的。重点在于传统产业的改造,但由于我国底子太薄,这方面的差距还很大。80年代我国企业信息系统建设方面不尽如人意,MIS开发应用成功的少,失败的多,有人估计失败的占总数的70%~80%,付出了巨大的代价。

80年代我国企业管理信息系统建设缺乏整体的思想指导,理论指导不足;实践经验总结不够。从某种意义上说有一定的盲目性,或说是探索性,例如,80年代初,国家扶植一些企业信息化,如沈阳第一机床厂、沈阳鼓风机厂等,花了很多钱,职工也很努力,但成效不够理想,80年代中,国家有关部门提出企业升级标准中,凡升一二级企业的,必须有计算机管理,于是不少企业买了计算机作为摆设,形成很大浪费。

(2) 20世纪90年代我国企业管理信息化的态势

进入20世纪90年代,尤其是90年代初的几年,企业管理信息系统建设有所停顿,似乎在对80年代MIS建设的总结和反思,但这种总结是不系统的,反思是不深刻的,所以没有得到应有的结论。

90年代企业管理信息系统建设开始了一个新的谨慎的小高潮,一些条件较好的企业敢于投巨资于信息系统建设,他们目标比较明确、措施得力、投资充分,取得了较好的效果。

90年代企业管理信息系统建设的另一个特点是用户青睐于“系统集成商”,倾向于购买成熟的商品软件,这两点反映了企业的成熟。他们比较清楚MIS开发的难度,不仅要有巨大的投资,而且要由高水平的专业人员和采用成熟的信息技术商品。“信息系统集成商”就是在这样的背景下如雨后春笋般地大量涌现了出来,而系统集成商所承包的信息系统,仍然有许多并不成功。其原因是,一些“集成商”所标榜的系统集成,实际上仅仅是计算机系统的集成,甚至于有些只是计算机硬件及网络的集成,即只是信息系统平台的集成,至于信息系统的功能、数据以及涉及管理的人员、机构等集成没有做。因此这些集成商提供的产品和技术也许是很先进和昂贵的,但并不实用。“系统集成商”从硬件和网络的“集成”中赚到了钱,而用户仍然只看到琳琅满目的设备,而没有见到真正的效益。同样,在购买商品软件时.也是只见到软件本身,至于是否适用于企业也没有人去做。总之一句话,这些“系统集成商”没有去做系统调查和分析等属于管理领域的工作,所以也就没有做好系统要“做什么”和“怎样做”的分析设计工作,更谈不上对管理业务的重构(BPR)工作了。这样的“系统集成”当然只有其名,而无其实,不可避免地令企业困惑和不满。

(3) 20世纪90年代末,也就是当前一两年的企业信息化的态势

这一时期我国企业信息化正如国营企业改革那样,既迫切又艰难。经济愈益全球化,竞争愈益激烈。企业要生存、要发展必须依赖信息技术和信息系统。产品质量要提高、成本要降低、服务要周到,以及适应市场经济的买方市场,必须采用现代信息技术。与此同时,政府也十分重视企业信息技术应用和信息系统建设,以便促进国营企业走出困境和加速国民经济信息化的步伐。在这国内外双重压力下,一些企业感到了信息化的迫切性。另一方面,信息技术本身的发展,Internet/Intranet的推广应用电子商务(EC)的崛起为企业信息系统建设提供了新的思路和契机,也许正如前述,中国信息系统建设将从这一条思路,即由上而下

地建设信息系统,从而加速企业信息化。近年来一些行业如电力、铁路、民航、电子、交通等部门开始了大规模的信息系统建设,又如联想、宝钢、康佳、海尔等知名企业不惜投巨资建设全企业的信息系统。一些大型连锁店和百货公司更是如此。而金融、保险、证券、税务、邮电、工商等企业的信息系统建设更是我国企业信息化的先锋。总之,我国企业信息化的高潮正在掀起。抓住这个机遇、精心组织、做好规划,扎扎实实地一步一个脚印。使企业信息化有一较大的突破,不是没有希望的。

三、企业信息化目标、动力和主力军

(1) 企业信息化的目标

对于一个具体企业来说,其信息系统建设的目标必须非常明确,而这些目标必须是企业本身需要的,既不是上级机构提出的,也不是如企业升级那样强制要求的,一个企业提出要建立信息系统,它必然有如下几种原因:①认为当前手工或现有信息系统不能胜任业务处理的要求,需要利用信息系统提高工作效率。②企业通过信息系统提高管理水平以取得效益。③提高企业的竞争能力和适应环境。企业建立信息系统的目标不仅系统开发人员清楚,更重要的是企业主管人员有清醒的头脑,有深入的了解。如果企业主管人员不明白企业信息系统能够解决那些问题,不利用信息系统就达不到企业的目标,那他就是在盲目地建设信息系统。

(2) 企业信息化的动力和主力军

企业信息化的动力分为外部动力和内部动力,外部动力是国家的推动和市场的作用,国家推动力的作用在计划经济时非常明显,但在市场经济条件下国家只能起引导作用,企业是否建设信息系统由企业本身决定,外部市场的作用反映在企业之间交往的需要,如 EDI 的使用,或需要利用电子商务以寻求商机。

企业信息化的根本动力来自企业内部,强有企业自身感到非建立信息系统不可时,企业信息化才有恒久的动力。企业信息化是企业行为,而不是国家行为。企业信息化的主力军有三种力量:①中坚力量——企业自身的管理和技术力量;②基本力量——开发信息系统的专业公司;③创新力量——高校科研机构。企业自己的管理人员和技术人员为什么被称为中坚力量呢?因为从根本上来说,企业信息化是企业行为,企业信息化是涉及企业生存和前途的工程,没有高瞻远瞩的企业领导人以及高水平的管理人员,企业信息系统就很难顺利建设。

开发信息系统是一个专业性很强的工程,应由专业公司完成。信息系统开发的基本力量,即专业公司应是真正的系统集成商,他们应有丰富的开发经验,技术力量比较雄厚,因此能保证质量和速度、而一般来说企业缺乏这方面的优势。开发商必须密切和企业管理人员及技术人员相结合,了解企业的需求,培养企业的技术力量,而企业的管理人员和技术人员必须始终关心和参与开发过程,只有这样,双方才能有共同语言,才能完成为管理服务的人/机工程,也才能保证以后的成功运行和维护、升级工作。高校和科研机构中从事信息系统教学和研究的科技人员是企业信息化的创新力量。信息技术是发展最快的高技术,正所谓日新月异和瞬息万变。高校和科研机构人员往往站在高处,从宏观上了解技术前沿和发展方向,因此由他们做咨询指导可以避免少走弯路,保证开发的系统既能实用又不至于技术过时。另一方面,他们有一定的理论基础,思想比较活跃,接触面又广,往往能提出一些创新思想,所以称他们为创新力量。

四、我国企业信息化的一些深层次问题

我国企业信息化的几起几落和历尽艰辛是有其深层次的历史原因和现实原因的。

(1) 企业信息化的环境问题

企业信息化的环境主要是管理，包括企业的管理思想、管理体制、管理组织机构和管理人员。实际上企业信息化的指挥者是“管理”，即受管理的约束，所以与其说企业信息化是技术问题，倒不如说是管理问题，过去企业 MIS 的失败主要原因往往不是技术问题，而是管理问题。当前我国正在进行国营企业改革、管理在动荡之中，在这种情况下，企业信息系统建设既是一个契机，又是一个险境。说是契机，可利用企业改革的机会，重组企业的产品结构及业务流程，使 MIS 一开始就建筑在 BPR 基础之上，建立一个科学的高水平的 MIS。说险境，即企业在改革之中，管理体制、管理机构以及管理者都在动荡之中，那么建立在这样一个管理基础上的 MIS 无异于将房子建筑在流动的基础上，其险情就可想而知。管理者尤其是企业领导人的信息意识具有举足轻重的作用，企业的各级领导是 MIS 的直接使用者，他们的管理思想以及素质是企业信息系统能否成功建设，运作以及产生效益的重要条件。

(2) 企业信息化的人才问题

信息技术是高技术，需要高技术人才。企业信息化还要具有高素质的管理人才。我国信息人才的缺乏可能是制约我国企业信息化的长期因素。据估计，我国各类 IT 约 100 万，其中软件人员 15 万左右，100 万 IT 人才只占我国人口的万分之七左右，而美国直接从事 IT 的技术人员为 2 000 万，占美国人口的 8%左右，比我国多 100 多倍。更为严重的是我们十分缺乏高水平的管理和技术人才，如信息系统的项目负责人、系统分析人员和系统设计人员。问题是，有多数的高水平人员还没有得到很好的利用，由于种种原因他们或被国外企业挖走了，或在国内的外资企业打工去了。一些国营企业成了某些 IT 人员的“暂安处”和培训实验基地，一旦有了本领，他们就投人外企怀抱。我们的高校成了外企人员培养人员的摇篮，我们一些企业的信息中心成了外企人员的实验室，这岂非是一件怪事。

(3) 克服一些影响信息化的弊病

在谈到企业信息化的一些深层次问题时，我们不得不提出在信息化过程中一些不正确的东西，乍看起来这些弊病不是大病，实际上却危害不小，不妨列举出来，以便引以为鉴。

1) “肥水不流外人田”

MIS 是一个投资不小的工程，谁开发这个系统是一块不小的“肥肉”，所以一旦申请该项目时，本部门绝不轻易交给别人，此曰“肥水不流外人田”。如果本部门能开发，且开发的水平很高，则当然可以自己开发，但若本单位技术力量薄弱，那么“肥水”不仅不肥田，相反地，会毁了自已的田。所以我们不赞成这个小生产者的口号。

2) 所谓的“系统集成商”

管理信息系统集成不仅包括信息技术(计算机硬软件及通信网络)的集成，还包括功能的集成、数据的集成、机构的集成、各种人员的集成等等，以构成一个有机的整体；但是目前系统集成商不少只完成技术的集成，甚至于只是硬件的集成，这当然和货真价实的系统集成有千差万别。所以企业进行信息化时必须注意一个什么样的“系统集成商”的问题。

3) 人/机工程来不得“急性病”

开发企业信息系统是一个细致的工作，尤其是前期的需求分析和系统设计时要涉及管

理的诸问题，领导对 MIS 的需求，系统逻辑模型的抽象等等是“慢功夫”，急火是“煮”不好这些看似软科学的硬任务的。当然这并不是说不抓紧时间，信息技术日新月异，必须只争朝夕。问题是有些工作必须细致、舍得花时间，不是靠加班加点能突击出来的。

4）不要赶时髦，防止消化不良

信息技术是当前最活跃的技术，发展极其迅速。媒体的炒作更是不亦乐乎。而开发一个 MIS 又要有相对较长的周期，这就形成了矛盾。如果开发单位老是恐怕技术落后，不停地追新，前一个版本没有消化，新版本又换上了，如此反复必然“消化不良”。如何克服技术飞快进步又不至系统落后？这里既有观点问题，又有策略问题。观点问题是：评价一个系统的先进标准不能只看某项技术、某个设备是否最先进，应从整个系统来看是否最有效，所谓策略问题是系统必须具有开放性与可扩性，且不要在开发时急于购买设备，应待开发成功时再购买最新的技术和设备。这样不仅省钱，而且也保证技术不会很快过时。

五、我国企业信息化的战略与策略

我国企业信息化是一篇大文章，要持久地做下去。所以其战略和策略也是一个大题目而且也许在各个时期还有所变化，目前的战略与策略是否应该是：

（1）战略上的持久战与战术上的速决战

企业信息化是一个漫长的过程，我国有各类企业 1 000 万，还有乡镇企业 1 000 万。无论是从管理基础还是从投资经费、技术人才等诸方面考虑，任务极其艰巨和庞大，需要相当长的时间，必须做好持久战的准备。但是，一旦着手某个行业、某个业进行信息系统建设时，那就要集中兵力打歼灭战，尽快予以实理现（但不能犯急性病），尽快见到效益，在战术上必须打速决战，切忌马拉松式的开发，更要防止有始无终地开发项目。

（2）有所为有所不为

中国的企业不仅数量多，而且很不平衡，先进的非常先进，落后的十分落后，不同地区、不同行业的企业差距很大，且资金、人力有限，所以只能有所为有所不为。有条件且已经上马者一定要搞好，无条件的绝不开发，这里没有平均主义，只能一部分地区、一部分行业、一部分企业先信息化，再带动其他地区、部门和企业进行信息化。

（3）采取非常措施培养、凝聚和使用信息人才

关于培养和使用信息人才的问题，我国已采取了一些措施，但还远远不够，尤其是如何凝聚和使用好已有的信息人才，还缺乏有力的政策和措施。扶植我国信息化专业公司的关键是如何凝聚这些公司的信息人才。

（4）应有一套完整的企业信息化的新思路

当前还缺乏我国实现企业信息化的一套新思路，如怎样加速传统产业的改造，加速传统产业的电子信息技术的应用；如何抓住当前网络化的契机，加速有条件的企业实现管理信息化；如何尽快出台有关企业信息化的标准、规范；成立全国性的企业信息化的指导，咨询机构等等。

总之，企业信息化是一个大题目、难题目，重要的题目，需要长期地讨论下去。前途光明，道路曲折。

＊原载《电子展望与决策》2000 年第 2 期。这是一篇全面论述企业信息化的大文章，既有宏观视角的战略战术问题，也有具体的策略问题，甚至于还有一些经验教训等内容，此文的发表无疑对企业信息化具有一定的指导作用。

21 老调新谈，中国企业信息化之路

【编者按】 如果从1978年开始算起，我国企业信息化已有20多年的历史了。在这20多年中，企业信息化也经历了成功与失败、收获与辛酸。面对21世纪的机遇与挑战，我们不应该放弃任何一个可能提供发展的机会，同时也要注意其中夹带的负面影响。占据时代的制高点，企业信息化将是一个不可忽略的问题，只有实现企业信息化，才有可能实现国民经济信息化，直至国家信息化。

企业信息化已经谈了很久了，让人们有一种谈滥了的感觉。但是，这个世界是瞬息万变的，信息对于每一个人。每一个企业都是非常重要的，一旦发生信息滞障，很快就会被社会远远地抛在后面。更何况我国企业信息化的程度还是很低下的，并没有达到不必再谈的地步。所以我们还是要谈企业信息化，而且要持续谈下去，直到我们实现了国家信息化，或者世界不再需要信息，到达另一种境界。为此，我们不吝老调重弹，专门采访了清华大学经济管理学院MIS教授侯炳辉先生，共同探索在新的历史条件下我国企业信息化的道路。

记者：相对而言，企业信息化是一个比较老的话题，甚至有人觉得没有什么新意了，但实际上它还是一个非常重要的议题，不知您对企业信息化是如何理解的？

侯教授：企业信息化是一个广泛的概念，它不等于企业MIS化，更不等于CIMS化。我们可以从三个方面来理解企业信息化。

1. 技术的信息化。即企业应广泛应用电子信息技术于生产过程。它包括产品设计的自动化(CAD)，生产过程的自动化(CAM)和自动化测量、自动化包装、自动化运输等等。只是在这些方面我们仍做得很差，所以我们各种媒体在着力宣传信息化、网络化的同时，也应该多花点笔墨宣传一下由信息化促进工业化。甚至应该呼吁用电子信息技术改造我们的传统产业，改造我们的工业窑炉，提高我们产品的科技附加值和产品质量以及降低成本。这是提高我国企业竞争力的最基础性工作。

2. 管理的信息化。它包括有基础数据处理(EDP)的电子计算机化、计算机辅助管理(MIS)、更高层次的计算机辅助决策(DSS)以及办公自动化(OA)等。我国在这方面走了好多弯路，好多人都认为管理信息化是越高级越好，但是无论是MRPⅡ、ERP还是CIMS，它们的发源地都不是中国，统统是“舶来品”，这些管理软件无一不和本国的管理思想、管理体制以及文化背景有千丝万缕的联系，如果生搬硬套到其他国家必然有悖于宣传、引进、推广者的初衷。

3. 企业办公的信息化。办公信息化主要是为高层及中层的办公管理服务，包括办公人员的各项管理如电子会议、日程安排、文档管理、公文管理、会议记录机、电子邮件、图文传真和轻印刷等。20世纪90年代中掀起的网络化高潮在物质上提供了办公自动化的条件。目前，已有不少企业建立起局域网和内部网(Intranet)，这种与国外企业信息化的步骤正好相反的策略应该说是我国企业信息化的一个契机。

记者：20多年来，我国的企业信息化碰到了许多的情况不同时期有不同的特点，您能否帮我们分析一下目前我国企业信息化所处的形势？

侯教授：20世纪80年代我国企业信息化缺乏整体的思想指导，理论指导不足，实践经验不够，在一定程度上存在盲目性或者说是探索性。但到了90年代，我国企业信息化也掀起过几波小高潮，取得了一定的效果。新世纪已经到来，经济全球化是大势所趋，竞争也会越来越激烈，我国企业要想在激烈的竞争环境下求得发展，必须紧跟时代潮流。

而今，信息技术的发展、Internet/Intranet的推广应用和电子商务(EC)的崛起，为企业信息系统建设提供了新的思路和契机。中国信息系统建设将从这一条思路即由上而下地建设信息系统，从而加速企业信息化。近年来一些行业如电力、铁路、民航、电子、交通等部门开始了大规模的信息系统建设。还如联想、宝钢、康佳、海尔等知名企业不惜投巨资建设企业的信息系统。一些大型连锁店和百货公司更是如此。而金融、保险、证券、税务、邮电、工商等企业的信息系统建设更是我国企业信息化的先锋。可见，我国企业信息化的高潮正在掀起，抓住这个机遇，精心组织、做好规划，扎扎实实地一步一个脚印，企业信息化将有一较大的突破。

记者：每一个经济主体的经济行为都应该有其动力和目标，那么企业信息化的动力和目标又是什么？

侯教授：企业信息化的根本动力来自企业内部，只有企业自身感到非建立信息系统不可时，必须承认，竞业避止规则从某种意义上讲是把双刃剑，它打击了某种无序的流动，可能会提高企业对人才培养投入的动力，而如果限禁过度严格，则又可能会使整个社会人才配置机制的效率降低。企业信息化才有恒久的动力。所以，企业建设信息系统的目标也很明确。首先，企业利用信息系统提高工作效率，这是最原始的目标。其次，企业通过信息系统提高管理水平以取得效益。最后，是提高企业的竞争能力和适应环境的能力。

记者：我国企业的信息化过程经历了许多挫折，也反映出不少问题，您能否分析一下目前我国企业信息化所面临的一些问题？

侯教授：我国企业信息化面临的问题是多方面的。

首先是环境问题。企业信息化的环境主要是管理，包括企业的管理思想，管理体制、管理组织机构和管理人员。实际上企业信息化的指挥者是“管理”，即受管理的约束，管理者尤其是企业领导人的信息意识具有举足轻重的作用，企业的各级领导是MIS的直接使用者，他们的管理思想以及素质是企业信息系统能否成功建设运行以及产生效益的重要条件。

其次是人才问题。信息技术是高科技，需要高技术人才，高素质的管理人才。我国信息人才的缺乏是制约我国企业信息化的长期因素。据估计，我国各类IT人才约100万，其中软件人员15万左右，100万人才只占我国人口的万分之七左右，而美国直接从事IT的技术人员为2 000万，占美国人口的8%左右，比我国多100多倍。更为严重的是我们十分缺乏高水平的管理和技术人才，如信息系统的项目负责人，系统分析人员和系统设计人员。遗憾的是，有限的高水平人才还没有得到很好的利用，由于种种原因，他们或被国外企业挖走了，或在国内的外资企业打工去了。一些国有企业也成了某些IT人员的“暂安处”和培训实验基地，一旦有了本领就投入外企的怀抱。我们的高校成了外企培训IT人员的摇篮，我们的一些企业成了外企人员的实验室，这岂非怪事！

最后是观念问题。信息技术是当前最活跃的技术，发展极其迅速，媒体的炒作更是不亦乐乎，而开发一个 MIS 又要有相对较长的周期，这就形成了矛盾。但是评价一个系统的先进标准不能只看某项技术某个设备是否先进，应从整个系统来看是否有效。还有，国内曾经有“肥水不流外人田”的观念，也就是申请开发项目的部门无论自己有无能力，绝不轻易交给别人。如果自己真的有能力，那固然是好，关键是有的部门根本就不具备这个水平、这个能力，却死守着不放，这不仅使自己骑虎难下，也耽误了我们信息化的进程。

记者：基于我们目前所处的情况，出现的问题，要实现我国企业信息化应该制定怎样的策略，做哪些方面的努力？

侯教授：首先，战略上的持久战和战术上的速决战。企业信息化是一个漫长的过程，我国有各类企业 1 000 万，还有乡镇企业 1 000 万，无论从管理基础、投资经费还是技术人才等诸方面考虑，任务极其艰巨和庞大，需要相当长的时间，必须做好打持久战的准备。

但是一旦着手某个行业、某个企业进行信息系统建设时，那就要集中兵力打歼灭战，尽快予以实现（但不能犯急性病），尽快见到效益，在战术上必须速决战。切忌马拉松式的开发，更要防止有始无终地开发项目。

其次，要有所为有所不为。中国的企业数量很多，且很不平衡，先进的非常先进，落后的十分落后，不同地区、不同行业的企业差距很大，且资金、人力有限，所以只能有所为，有所不为。有条件且已上马的一定要搞好，没有条件的绝不轻易开发，绝不能搞平均主义。

最后，要采取非常措施培养、凝聚和使用信息人才。目前我国已采取了一些措施培养和使用信息人才，但这还远远不够，尤其是如何凝聚和使用好已有的人才还缺乏有力的政策和措施，扶植我国信息化专业公司的关键是如何凝聚这些公司的信息人才。

还有一个就是应有一套完整的企业信息化的新思路。怎样加速传统产业的改造，加速传统产业的电子信息技术的应用；如何抓住当前网络化的契机，加速有条件的企业实现管理信息化；如何尽快出台有关企业信息化的标准、规范；成立全国性的企业信息化的指导、咨询机构等，都应该有一套完整的思路。

（记者　孔慧）

* 原载《清华管理评论》2000 年第 3 期。

22 提高企业效益是硬道理

关于企业信息化的概念，有许多人的许多说法。笔者在“企业信息化丛书”的序言里说过：“企业信息化是一个概括的称谓。广义地说，凡是利用电子信息技术于企业的生产、管理、办公和商务活动的，都是企业信息化的一部分。”这里特别要注意，不要认为企业信息化就是建造 MIS 或 CIMS 或使用 ERP。

一、企业信息化的层次

我们认为企业信息化有一个层次的问题，大体上可分为五个层次。

1. 技术的信息化。这主要是指 CAD、CAM 和 CAT 为代表的信息化，实际上这是自动化的内容。

2. 数据处理的信息化。即将企业的大量生产、管理数据用计算机进行处理。更进一步将数据集中、规划管理，使各部门能够共享，并以此进行分析、预测等工作。

3. 管理和办公的信息化。即在上述两个层次的基础上进行企业信息化的全面规划，并逐步开发使用信息资源，最终完成全企业的管理信息系统(MIS)。毫无疑问，实现这一层次的信息化十分复杂和困难。

4. 企业生产、经营、管理一体化的信息化。即将设计、制造的物流过程和整个过程的资金流、信息流以及设备、能源、人力资源等所有控制和管理综合起来，即实施所谓 CIMS、ERP 和 Intranet，使企业内部信息化达到一个新的高度。

5. 企业信息化从内部扩延到外部的信息化。即利用企业内部网(Intranet)、外部网(Extranet)以及互联网平台、数据管理平台将内部的生产经营和外部供应、销售整合起来，实现与上游供应商以及下游分销商、客户、政府部门等外部实体进行信息交换和商务活动。于是企业信息化出现了一系列更高层次的新内容，如供应链管理 SCM、客户关系管理 CRM 等。到此为止，发展还没有完结，信息化与现代企业管理相结合，虚拟企业、协同工作、企业动态建模 DEM 以及 e-ERP 等的概念和相应的软件又应运而生。企业信息化是在不断地发展和进化，根据不同的企业基础和条件，采取不同的信息化策略是艺术性很强的工作。

二、企业信息化的风险

企业信息化具有诱人的前景，但企业信息化也存在风险，尤其是高层次的信息化存在着失败的风险，这是因为高层次的信息系统建设具有如下特征：

1. 高复杂性。企业信息系统是一个公认的复杂系统，其复杂性既由于技术的复杂，又由于管理的复杂，而且当两者结合起来以后，其复杂性就尤其突出。

2. 高困难性。由于企业信息系统的复杂性，其实施的困难就大幅度提高，因为既要克服技术上的难点，更主要的是要克服管理上的难点，例如管理体制和管理机构的调整、业务流程的优化或重组，管理人员习惯观念等改变要远远超过技术的困难性。

3. 高隐蔽性。企业信息化很难提供出一个明确的轮廓，究竟要建成一个什么样的信息系统谁也说不清楚。另一方面，信息系统将会带来什么效益，也不可能明确回答，这些隐蔽性也为信息系统建设带来困难。

4. 高依赖性。企业信息系统建设中，技术始终离不开管理，需要有科学的管理体制、良好的管理基础、完善的管理机构、合理的管理流程，还要有管理人员（尤其是领导）的支持和参与……这种强烈的依赖性又不是那么明确和透明，所以也隐含着很大的风险。

5. 多变化性。企业信息系统不是一个刚性系统，也不是纯粹的柔性系统，即使是信息技术也不是刚性的。技术进步日新月异，系统建设不可能与技术同步变化，而管理更是多变化，不同的人有不同的管理思想，管理内容也会经常变化，这种变化要求信息系统有很强的可变性。

从上可见，企业信息化确实存在着风险的，如果没有足够的估计和预防风险，或者由于信息系统建设的决策错误，轻者损失惨重，重者甚至将企业拖垮。这种例子并不鲜见，例如美国最大的药品分销商之一福克斯梅亚公司在截至 1997 年的 2 年半时间内投入 1 亿美元于 ERP，但效果很不理想，仅仅能够处理 2.4%的订单，而且还常常遇到问题。结果，梅亚公司宣告破产，仅 8 000 万美元被收购，它的托管方至今仍在控告那家 ERP 供应商，将公司破产原因归结为采用了 ERP 系统。另一个例子是我国吉林长春市某汽配厂由于不合适地购买了 ERP 系统，"削足适履"地改组了本企业的原有管理模式，导致企业利润下降 39%，在耗时 18 个月、投资近千万元资金后，企业严重亏损。在破产清算时，该厂负责人感叹："是 ERP 拖垮了我们。"

三、提高企业效益是硬道理

企业信息化的根本目的是提高效益，核心是经济效益。当然也必须考虑社会效益，而且社会效益也经常能转化为经济效益。企业信息化的效益不能只考虑直接效益，还要考虑间接效益，还不能忘记"机会效益"。所谓机会效益，即由于信息系统的作用，抓住了一个巨大的商机，其产生的效益也许是巨大的、意想不到的，如搜索信息寻找商机、信息发布吸引商机；迅速处理信息，争到商机。有人说商场如战场，商战中信息决定商机，涉及商战的成败。

显然，信息化的效益评价是一个重要的课题，但是由于其效益的间接性、隐藏性以及延迟性，使得评价的工作极其困难，通常采取定量与定性相结合的方法，经验和案例分析也是一种有效的辅助方法。

尽管企业信息化有这样那样的诱人和风险，效益的评价又那样的困难，但企业信息化的目的是确定的，就是要提高企业效益。这是企业领导和系统开发人员要深切记住的硬道理。

* 原载《中国计算机报》2002 年 3 月 11 日，收入本书时有修改。

23 企业信息化的战略战术

一、问题的提出

(1) 经济全球化以及我国加入 WTO、社会主义市场经济的完善，企业面临生存、发展的机遇与挑战。

(2) 国家信息化已成为覆盖现代化全局的战略措施，以信息化的思路进行工业化，发挥后发优势，实行跨越式发展战略。

(3) 信息化带动工业化，改造传统产业，促进产业结构改造，大力促进国民经济信息化。

(4) 企业信息化势在必行，时机也将逐步成熟。

(5) 我国企业数量极大，种类极多，发展规模、水平极不平衡。

(6) 信息化需要人力、物力、资金、技术的极大投入，无论从宏观，还是从具体企业来说，都是高风险工作。

于是，研究企业信息化的战略战术就显得尤其重要。

二、企业信息化的战略战术——宏观视野

1. 战略上持久战

(1) 中国有企业 1 200 万个(不算乡镇企业)，如每个企业实现信息化的平均投资为 200 万元，则 1 200 万个×200 万＝24 万亿元人民币(约 3 万亿美元)，这是一个天文数字，是不能短期达到的。

(2) 信息技术是高技术，需要高技术硬、软件人才，若每个企业需要 2 个 IT 人才，则共需 2 400 万人，目前我国 IT 人才充其量为 300 万人，软件人才更缺。人才的培养需要时日。

(3) 信息化需要科学的管理基础，目前我国企业管理水平差异极大，管理基础的提高绝非一蹴而就的。

2. 战术上速决战

(1) 对于条件成熟又迫切需要信息化的企业，则必须下决心快速实现信息化，以便参与国际竞争。

(2) 金融证券企业、能源企业、交通企业、流通商贸企业、外经贸企业、民航铁路企业、航天航空企业、某些军工企业、冶金化工企业等等，必须优先快速实现信息化。

三、企业信息化的战略战术——中观、微观视野

(1) 对任何行业中的企业，都有轻重缓急之分，都存在战略上持久战、战术上速决战问题。

(2) 对一个企业来说,全面实现信息化是一个过程,仍然需要在战略上要树立持久战思想,而在战术上,即急需实现的内容必须集中兵力打歼灭战,速战速决,以便尽快见到效益。

(3) 有区别才有战略,有所为,有所不为;有所先为,有所后为。

四、行业化建设

(1) 客观上存在行业特性和企业类,如金融企业的银行、证券、保险、期货等;工业企业的电力、机械、纺织、化工、冶金、轻工等;商贸企业的连锁店、销售公司、物流公司等。

(2) 行业化建设可以提高软件复用技术。

(3) 行业化建设可以进行 MIS 的工厂化生产。

五、利用后发优势

(1) 客观上存在后发优势,如国外企业信息化的成功经验与失败的教训。

(2) 信息技术在突飞猛进,可以利用最新技术,一开始就从制高点开始而不必走人家的老路。

(3) 发挥后发优势的关键是观念的变化,即在观念上要有创新思想,要勤于学习,要有信心走我们自己的信息化道路。破除迷信,解放思想,努力实现跨越式发展。

六、"滚雪球"发展

(1) "滚雪球"发展是规律,信息化过程是"滚雪球"过程,只能逐渐滚大,而不是一次完成。MIS 存在生命周期,一个一个生命周期的完成就是信息化的进程。

(2) 滚雪球必须有牢固的雪球框架,其框架即是企业信息化的总体规划。

(3) 企业高层领导必须亲自主持制定总体规划,这就如大厦的地基框架性的基础工作。

七、提高企业效益是硬道理

(1) 企业信息化的唯一目的是提高效益——经济效益、社会效益、竞争效益、机会效益……

(2) 注意企业信息化效益评价的困难性:直接的、转移的;当前的、长远的;明显的、隐含的;连续的、突变的。所以需要科学评价。

八、以人为本

(1) 企业信息化的根本目的是为人:企业员工、社会责任、最终用户。人是最重要的因素。

(2) 企业信息化靠人去完成:企业全员对信息化的认识、对信息化的投入、对信息系统的应用。因此,必须全员培训。

(3) 企业信息化成功与否由人去评价:企业员工、最终用户最有发言权。

*原载《首届河北省企业信息化高级论坛会刊》2002 年 4 月 28 日。进入 21 世纪,我国企业信息化掀起了高潮。于是,从宏观上考虑企业信息化建设就极为重要。与此同时,我在多种场合论述了企业信息化的战略战术问题。本文作为代表文章,将我在河北省所做报告的发言提纲选入本书。

24 有所为有所不为

关于“以信息化带动工业化”话题的研讨已经很多很多了。就福建而言，从去年到现在，开了至少不下 10 次的工业信息化问题的工作会议或论坛，其中的效果应该是潜移默化的。然而 2002 年是政府普及推广企业信息化意识和企业自身加快信息化建设的关键一年，我们需要加快步伐。“但是企业管理信息化是把‘双刃剑’，我们必须清醒认识到企业管理信息化将带来另一种的可能性”，清华大学侯炳辉教授如是说。

侯教授分析认为，企业信息化带来的不是绝对的成功，许多失败的案例同样发人深省。侯教授说，企业信息化后将出现两种可能，一是成功，它将带动企业巨大效益，甚至腾飞。福特汽车厂应用了应付账管理系统，公司人员由 500 人减为 125 人，减少了 75%；2000 年甲骨文公司采用了 CRM，节省成本 10 亿美元；联想实施 ERP 同样获得了成功。二是失败，它将造成企业元气大伤，甚至破产。福克斯——梅亚公司花了 1 亿美元上马 ERP，最后破产了，以 8 000 万美元的价格被人收购；戴尔 2 亿美元实施 ERP，结果无功而返，损失惨重；长春某汽配厂投入近千万元实施 ERP，仅仅过了 18 个月，利润下滑严重；许多企业老总感叹：“ERP 拖垮了我！”

企业信息化实施固然有风险，然而企业面临着经济全球化的挑战，不得不进行信息化建设。侯教授强调，企业领导在信息化实施中发挥着重要作用。企业信息化的最终目的是提高企业效益和核心竞争力，这是硬道理，因此企业必须打好两场战役：一是持久战，因为信息化不会在一两年内立竿见影；二是速决战，具体子系统要速战速决。他认为，作为企业领导者，在信息化问题上必须坚持有所为有所不为，不要因为 IT 厂商或媒体的鼓吹而被冲昏头脑，步入误区。

* 原载福建省《东南快报》2002 年 6 月 21 日。

25 再论提高企业效益是硬道理

【编者按】 3月11日，《中国计算机报》曾在“百家谈化”专栏中刊发侯教授的文章《提高企业效益是硬道理》，在业界引起了较大的反响。本期侯教授再次行文，畅谈信息化。

我们说的“提高企业效益是硬道理”是积极的含义，有两层意思：一方面，要理直气壮地宣传信息化的巨大作用，宣传信息化能带来巨大的效益，宣传如海尔、联想、斯达、哈电等信息化成功的典范以及许多中小企业如黑龙江乳业集团在信息化中取得效益的例子，以克服一些似是而非的有关信息化“只有投入没有产出”或“投入很大，产出很小”等种种悖论；另一方面，也要实事求是地分析某些企业确实在信息化中由于策略性失误而收益甚微，甚至得不偿失、导致破产的例子，以克服盲目乐观的倾向。

鉴于我国企业信息化目前处于高潮，热情远大于冷静的情况，提出“提高企业效益是硬道理”更有现实意义。

提高企业效益是根本

“以信息化带动工业化”作为我国国策，“实现跨越式发展”明确地表示信息化的目标是“发展”。每一个企业的目标当然也是“发展”，“发展是硬道理”，所以企业信息化的目标也应审慎把握“提高企业效益”这个硬道理，而不是为信息化而信息化。当然，我们这里讲的发展也好，提高企业效益也好，是一个过程。即今天的发展不一定能立即见到效益，今天的信息化投入也不一定能立即见到产出。信息化建设和一般的技术引进、技术改造并不完全相同。它类似于建设高速公路、建设厂房，具有基础建设的属性；它必定有长远目标，即应从长远角度考虑提高企业的效益。

信息化悖论的启示

进入20世纪90年代，鉴于信息化的经验教训，学术界提出了所谓信息化悖论，其根据是：

(1) 美国1996年投资5 000亿美元进行信息化建设，许多企业未见有多大效益，且日常维护费用及工作量增加。

(2) 20世纪80—90年代，我国投资MRPⅡ/ERP几百套，成功率不到20%。

(3) 某些企业的信息化不仅没有提高效益，而且还被“化”死了。

于是引起人们怀疑信息化的效果了，这就导致信息化悖论的产生。对于这样的悖论，目前还在争论之中。但我们认为，这其中既有思维方式的问题，也有实际存在的问题。

1. 思维方式的问题

我们试用逆向思维方式提出几个反向问题来予以说明。

反问1：既然信息化没产生多少效益，为什么美国20世纪90年代会有经济高增长？可能回答：因为克林顿总统于1993年提出的信息高速公路(即NⅡ)计划起到了很大的作用。

反问2：如果上述投资信息化的企业不用信息技术，结果将会怎样？可能回答：很有可能这些企业面临生存困境。

反问3：上述许多企业进行信息化是否在总体上促进了信息产业的发展及企业管理水平的提高？那也很可能回答：这必然使信息产业得到发展，而且使整个管理水平和技术水平得到提高，从而提高了综合国力。

但是，我们还要深入思考和追问下去，难道在企业信息化中就没有别的问题了吗？答案也是明确的，还有很多。

2. 企业信息化的实际问题

(1) 企业信息化有风险

对于企业信息化有风险的问题还远远没有讲清楚。如前所述，企业信息化不仅仅是技术改造，而是类似于建设厂房、高速公路的基础建设，但又远不同于这些基础建设。企业信息化，尤其是企业管理信息化具有高复杂性、高困难陆性、高隐蔽性、高依赖性、高变化性的特点，弄得不好，就有掉入"黑洞"的危险。

(2) 企业信息化的效益难以评价

由于企业管理信息化具有工程性和社会性的双重属性，许多效益无法量化，企业信息化的推广者、建设者都说不清、道不明究竟该如何计算效益。

低成本信息化

我们认为，提高企业效益应从两方面来考虑，一方面从投入考虑，希望信息化的成本越低越好；另一方面从收益来考虑，希望信息化的收益越高越好。提倡低成本信息化是我们发展中国家的重要出发点。我们尽管比以前富了一点，但毕竟还只是人均GDP800多美元的发展中国家，我们不能与欧、美、日等发达国家相比。

从"提高企业效益是硬道理"出发，我们应提醒企业领导和信息化建设者采取各种正确的策略，从企业的长远目标考虑，精打细算，低成本、高效益地实现信息化。如认真考虑下列问题：要不要信息化？什么时候开始信息化？步伐多大？寻找什么样的合作伙伴？选择什么样的产品？采取什么方法，从哪里切入？如何规划好长远利益和当前利益的关系？如何进行业务流程的优化或重组？组织机构如何改进和人员如何配置等。

如何提高企业效益

企业信息化是一个循环不息的过程，它是管理变革与IT应用相结合的产物，可以用图1表示。

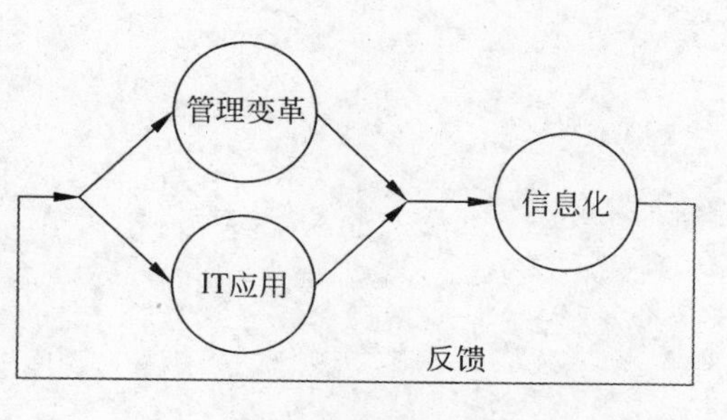

图1　信息化过程

由图1可见，单纯"IT应用"或单纯"管理变革"都不能实现"企业信息化"，更不要说单纯IT(不应用)或管理(不变革)了。而且"管理变革"与"IT应用"要结合，结合后产生一个不可分离的东西，就被称为"企业信息化"。当然,“管理变革”需要“IT 应用”支持,而“IT 应用”又促进“管理变革”,这两者互相作用,所以用双向箭头将他们联系起来。“企业信息化”并不是一次完成,而是循环反复的,故有反馈线回到“管理变革”和“IT 应用”。之所以用圆圈描述“管理变革”和“IT 应用”以及“企业信息化”,是要说明这三个东西都在变化。

由上面的分析,我们可以提出以下可以提高效益、防止失败的意见:

(1) 企业信息化不能唯技术主义。企业信息化是企业战略的一部分,是管理和技术相结合并支持战略实现的手段。

(2) 必须作好全局规划,或者说总体规划,而且这个规划的主持者必须是企业的最高领导,如第一把手。

(3) 信息化过程中要“因时而变”,不要认为规划一成不变,因为企业环境是不断变化的,技术是不断进步的,原规划的内容可能不适应新的形势,技术可能过时,所以要提倡“与时俱进”的动态思维方式。

(4) 信息系统建成以后,在运行维护之中需要持续改进,也只有持续改进才能持续创造效益。

以上我们从信息的本质、信息化的事前规划、事中和事后的战略思考进行了分析,每一步都应围绕提高企业效益展开。

提高企业效益的标准体系

信息化的效益评价是一个十分困难的工作。这里讲的效益,是指广义效益,即不仅有经济效益,还有社会效益;不仅有当前效益,还有长远效益;不仅有明显效益,还有隐含效益;不仅有固定效益,还有机会效益;不仅有固有效益,还有派生效益,如此等等。所以信息化效益的评价体系还是一个热门研究课题,最近北航有一个博士生专门研究了信息化的评价方法体系,该博士生提出对信息化的评价应包括事前、事中、事后三阶段分别进行。在实际运行中,此种评价模型十分复杂,而简单的评价方法又欠精确。

目前提出的方法有层次分析法(AHP)、模糊综合评价法(FCE)、灰色评价法(GE)以及精经网络(NN)等评价方法。

提高信息化效益的问题涉及诸如管理及其环境、技术及其发展、组织和人的行为,以及种种战略和策略,风险很大,困难很多。但是,为了企业信息化健康地、低成本地发展,也为了不挫伤企业进行信息化的积极性,必须牢牢把握“提高企业效益”这个根本目的。

* 原载《中国计算机报》2002 年 12 月 9 日。

26 信息化不能“昙花一现”

经常听到“某某企业投资多少钱用于信息化”的新闻，常扪心自问：“这样的信息化热情，能持续多久？”

只有真正有效益的信息化才能持久，否则当今的信息化热情，可能只是“昙花一现”。信息化的根本目的是提高生产效率和促进管理变革，但在实践中却有一些项目半途夭折，其主要原因就是忽视了信息化的效益。

那么，如何才能提高信息化的效益？

1. 效益启动原则

运用信息化的全过程，对业务部门的效率，如库存量、资金周转天数等，进行详细评估，用数字来说明信息化对提高生产效率的贡献和对管理变革的促进作用；通过数字评估，不仅可以证明信息化的价值，还能让领导和员工对信息化充满信心。

2. 低成本原则

国家提倡信息化，但不能借信息化乱花钱。虽然中国的人均 GDP 已经达到 1 000 多美元，但跟发达国家比起来，还差几十倍；在信息化实践中，仍有个别机关、国有企业、甚至还处在脱困期的国有企业，在技术领先的“口号”下大把大把地花钱。从操作角度说，低成本信息化，首先要坚持渐进原则，比如分期投资，不要一次性购买很多硬件设备，而是根据实际情况，随需随买；其次是实用为本，不要一味追求先进。要知道，先进的不一定可靠，可靠的也不一定先进。倡导低成本信息化，既有信息化投资机制的问题，也有观念问题。不过，笔者认为，要从根本上实现低成本信息化必须改变当前的信息化投资体制，因为不少机关、企业采用的是审批制，但审批不可能经常进行；于是一些 CIO 在采购的时候，常常把未来很长时间内的需求都考虑进去，但由于 IT 技术发展太快，采购的硬件设备又经常贬值，造成了大量浪费。

3. 渐进性原则

信息化是一个过程，任何企业、机关的信息化，都不可能一步到位；必须按照总体规划的要求逐步投资完成。渐进信息化并不等于没有总体规划，不能像以前那样哪里需要哪里做，最后形成一片“孤岛”。信息化必须在整体规划的基础之上，逐步实现。

4. 可持续原则

现在搞信息化，一定要考虑到未来的长远发展。当前开发、建设的信息系统必须是可扩充、可持续发展的。功能可以不断增加或改进，网络建设要考虑到未来的需求，应用软件必须是可升级、可集成的，不能因为技术升级而废弃原来的软件。

5. 风险共担原则

这要求企业、软件供应商和系统集成商共同承担信息化的风险。以前，信息化的风险主要靠企业自己来承担，如果系统运行良好，大家就没有什么话说；如果运行得不好，企业要独自承担所有的责任。而在风险共担的原则下，三方面承担同样的责任，这样，软件供应商不再是简单的接单，同时也要考虑企业运用软件的能力和通过信息化实现的确实效益。

＊原载《计算机世界》2003 年 4 月 14 日。

27 企业E化关键之道

《世纪虹》：企业信息化的过程中，如何考量技术和管理的关系？

侯炳辉：不管技术如何发展，管理是重要的基础，管理和技术应该是平行的。如果管理制度很落后，即使买来了先进的信息化工具，也是运行不好的。“管理变革”与“IT应用”一定要结合，结合后产生一个不可分离的东西，就被称为“企业信息化”。当然，“管理变革”需要“IT应用”支持，“IT应用”又促进“管理变革”，这两者是互相作用的。与其说信息系统建设是技术问题，还不如说是一个管理的问题，企业信息化是为管理服务的，如果管理的体制还不够完善，管理者不愿意使用已经建设好的信息系统，信息系统就成了展览品，并且带来了许多负面的作用。

《世纪虹》：为什么说企业E化关键之道在于领导重视，或者说企业领导者应该在信息化过程中扮演什么角色？

侯炳辉：企业信息化意在用现代化思想和技术进行管理，实现自动的、系统的管理，而不仅仅是用机器代替已有的人工劳动。简而言之是改变已有的管理模式才真正产生效益。企业信息化是一个领导工程，而不是一般的技术工程，领导仅仅重视和支持还不够，必须强调参与。

《世纪虹》：您刚才提到企业信息化工程不易成功，纵观近些年企业信息化的实践，是不是失败的案例多，是因为领导者没有重视或者重视程度不够、而成功的例子则相反呢？

侯炳辉：的确，近些年很多企业在信息化上花了不少钱，但成功的却比较少。我个人认为，这里面非技术的因素在起主要作用。以前，我们总把问题的症结归于一个“钱”字，认为没有钱就搞不好企业信息化。其实最主要的矛盾就是我们应该怎样建立符合实际需求的系统，已经构建好的系统怎样用，谁来用的问题。说到底，是个领导者的管理问题。谁来应用，怎样才能应用得更好，让信息化真正发挥它应有的效益，才是问题的症结。换句话说，以往不成功的主要原因，就在于企业领导者把技术的因素考虑得过多，而非技术的管理因素估计不足。

《世纪虹》：一些信息化应用失败的企业，其领导者没有重视或没有亲自参与企业信息化的规划实施，是否与其对信息化影响管理决策的认识程度有关？

侯炳辉：是这样的。企业信息化是利用计算机技术、通信技术、管理决策技术等，为管理者提供辅助管理、辅助决策服务的系统。信息化系统实际上是个加工厂，加工出来的信息为管理者的决策提供辅助支持，使其真正地产生经济效益。如果企业领导者能充分认识到这一点，对于其重视和参与企业信息化的程度和力度会有积极的影响。如果一个企业里信息不流畅，信息不及时、不准确，就很可能造成产品的积压或短缺，相反，决策者能够及时得到相关的信息，尽早采取措施，就会避免许多的损失。随着企业的不断扩大，企业内部信息管理必须加强，不仅是畅通指令上传下达的渠道，更能促进技术、市场、产品信息的沟通等等、为了在瞬息万变的商海中获得更多的商机和提高整个集团的管理水平和凝聚力，企业决策者必须了解，用好企业信息系统至关重要。

《世纪虹》：您认为企业领导者本身的E智慧的具备程度，是否影响企业信息化程度？

侯炳辉：企业信息化一个重要的决定因素在于企业的领导层、决策层，领导者的意识也要向信息化发展，充分认识到信息化的重要性。企业信息化的动力不能是来自外界的，而应是来自内在的需求。企业信息化从根本上来讲，也是人的思维、意识的信息化。再有就是管理人员与技术开发人员要处理好关系。有些企业投入了大量的人力和时间，但由于合作诸方关系处理不当，使开发失败。因此，处理好合作关系非常重要，这里面存在许多策略和方法，也是一门艺术。

《世纪虹》：对于一个要实施企业信息化或是要深化信息化应用的企业，其管理者应当如何考虑其规划，应当注意什么问题？

侯炳辉：效益是第一位的。我们应提醒企业领导和信息化建设者采取各种正确的策略，从企业的长远目标考虑，精打细算，低成本、高效益地实现信息化。如认真考虑下列问题：要不要信息化？什么时候开始？步伐多大？选择什么样的产品？采取什么方法？从哪里切入？如何规划好长远利益和当前利益的关系？企业信息化不能唯技术主义，企业信息化是企业战略的一部分，是管理和技术相结合并支持战略实现的手段。必须作好全局规划，而且这个规划的主持者必须是企业的最高领导。信息化过程中要“因时而变”，要提倡“与时俱进”的动态思维方式；信息系统建成以后，在运行维护之中需要持续改进，也只有持续改进才能持续创造效益。

* 原载《世纪虹》2003年8月。

28 美国政府信息化的主要法律和启示

美国是最早实现信息化管理并成为全球信息化最发达的国家。在半个多世纪的信息化过程中，美国以其先进的信息技术强有力地推动了社会信息化的进程，为此也付出了高昂代价。经受一段挫折之后，20 世纪 90 年代初，美国联邦政府以及参众两院与白宫，聘请专家、学者对信息技术及其在政府机构和企事业单位方面的应用进行研究，制定了一系列相应法案，强制性地规定联邦政府所管辖各部与机构的行为边界，以规范信息化建设，使政府信息化建设获得成功。一方面，政府信息化借鉴了企业信息化的成功经验，如设立 CIO；另一方面，政府信息化对社会信息化发挥了示范和榜样效应，整个社会信息化在 90 年代中取得了突破性进展。

笔者搜集整理了美国 20 世纪 90 年代中期以来联邦政府颁布的电子政务和 CIO 制度的有关法令，研究了其实施过程中的问题，并结合我国实际特提出一些看法和建议。

一、主要法律

（一）《信息技术管理改革法案》

美国联邦政府 1996 年明确提出建立 CIO 制度。国会颁布了一条法案，名为《信息技术管理改革法案》。这条法案和另外一条有关政府信息获取的改革法案合称为《克林格—柯恩法案》(Clinger-Cohen Act of 1996)。这是美国在推动信息化的进程中所颁布的众多法案中最具关键性的法案。

这个法案从投资角度强调信息技术获取的规范化、合理化以及信息技术生命周期的管理，规定联邦政府信息化建设的操作同任何高效和赢利企业一样，把获取管理信息技术当做一项投资。负责实施一个政府部门信息化的领导者就是“首席信息官”，即 CIO。

法案还强调，信息化的目的是提高政府部门的工作效率。为此，必须首先设计好整体框架，不容许没有整体规划而盲目零碎地采购安装硬件与软件；必须进行投资效益分析、信息技术寿命估计，以保障所建信息系统的灵活兼容性和多用户同时使用的可能性。

1. 法案涉及的联邦政府各部与机关

法案明确规定联邦政府的各个部门必须执行本法案。涉及的政府各部，包括农业部、商业部、国防部、教育部、能源部、卫生部、住房与城市发展部、内务部、司法部、劳动部、交通部、财政部和退伍军人事务部，还包括政府其他机构，如环保总署、宇航局、国际开发总署、联邦紧急管理总署、行政服务总署、国家科学基金会、核能总署、人事管理总署、小企业行政总署。

2. 法案规定政府部门的具体行为

法案要求联邦政府所辖各个部与机构必须立即采取措施落实法案，明确规定的具体行为包括：

(1) 必须设计与实施信息化管理流程，以期最大限度获得信息化回报价值，必须估计与管理信息化实施中的风险；

(2) 进行财务预算和其他决策时，把信息化投入考虑在内；目标是通过信息化改进工作效率；向公众提供更适当的服务和向国会提供更完善、准确的年度财务预算报告；

(3) 加强信息化绩效评估；

(4) 保证信息安全；

(5) 任命首席信息官(chief information officer)，简称 CIO。

3. 关于“首席信息官”

法案规定各个部门都必须指定一位首席信息官，赋予其实权，由其负责如下事宜：

(1) 向部门首脑及其他高层管理人员提供意见和协助，确保信息化的成功和信息资源的合理管理，使该部门得以落实法案条款；

(2) 在该部门建立一个稳妥的整体信息化架构；

(3) 改善和提高该部门的信息资源管理效率，确立更有实效和效率的工作流程；

法案还规定了首席信息官的职能和资格。

（二）有关电子政务的其他法案

为推动和规范政府管理信息化，从 20 世纪 90 年代初开始，美国政府颁布了一系列相关法案。从 1993 年至 2002 年期间颁布电子政务的有关法案主要有：

(1) 1993 年颁布的《政府工作绩效法案》。该法案规定联邦政府的各个部门必须制定数年的信息化战略规划、各年的年度绩效计划和年度绩效报告。

(2) 1994 年颁布的《联邦采购流程法案》。该法案包含两个方面内容：一是规定联邦政府各部门在规划信息化项目时必须以务实见效为决策依据；二是规定联邦政府的各个部门必须有效地管理正在实施中的信息化项目，务求达到预期结果。

(3) 1995 年颁布的《减少纸张作业法案》(Paperwork Reduction Act of 1995)。该法案旨在推动美国社会，包括各级政府、企业、教育、服务业等运用信息技术提高工作效率，尽量减少不必要的纸张文字作业，并要求政府各部门的首脑肩负起该部信息化建设的责任。民间单位和企业由此效仿实施信息化建设。这是一个很重要的法令，在美国信息化推进过程中，具有里程碑作用。

(4) 1998 年颁布的《政府无纸办公法案》(Government Paperwork Elimination Act of 1998)。该法案规定联邦政府各部门采用电子方式呈报材料和业务交流，逐渐实行无纸作业。法案明确规定必须在 2003 年 10 月 31 日前实施无纸办公。本法案也旨在帮助市民一次进入即可获取现有的政府的信息，使政府向百姓提供更多、更好、更有效的服务，增加政府在百姓中的威信。

(5) 美国总统行政办公室发给各机关 CIO 的一份备忘录。2001 年 11 月，美国总统行政办公室所辖的管理与预算办公室(OMB)给政府各机关 CIO 发了一份备忘录，该备忘录由总统亲自任命的联邦政府信息与规范化办公室主任格拉汉(John D. Graham)与大律师拉夫克伟兹(Jay Lefkowitz)共同签署。这实际是等于颁发行政命令，要求政府机关严格遵守 1995 年关于减少纸张作业的法令(PRA)，纠正现存问题，避免今后继续出现问题。明确提出，一丝不苟地遵从 PRA 是各机关 CIO 的职责，并指出了 27 个机关中存在的 487 起违规问题，要求CIO们按照文件规定的步骤，逐一解决问题，并呈报结果。这份文件体现了联邦政府的执法功能，对于所辖机关中的CIO进行工作督导。

(6) 2002年颁布的《电子政务法案》(The E-Government Act of 2002)。该法案的目的是推动在联邦政府所有涉及管理与财务预算的机构中建立CIO，即首席信息官制度，加强这些部门电子政务服务的管理与推动力。本法案还要求联邦政府的各个部门采用以互联网为基础的信息技术，使百姓更容易地进入并使用政府的信息与服务。

(7) 2002年颁布的《电子政务实施指南》(Implementation Guidance for the E-Government Act of 2002)。该法案给联邦政府各机构实施电子政务提供了进一步明确的指导，要求联邦政府的各机构必须在任何信息化计划实施中，遵照法案要求与指导原则，以改进和提高信息化计划的成效，并且为百姓提供优质服务。

二、借鉴与启示

(1) 深刻认识信息化的性质。改革开放以来，我国在信息化方面取得了巨大成绩，但在信息化管理上存在一些问题，几乎重复着西方先进国家信息化进程中曾经遇到的同样问题，如重复地制造一个又一个"信息孤岛"，大笔花钱却得不到起码的效益，众多信息平台平行林立，却不能很好地发挥作用。信息化似乎没有前途，处于瓶颈状态。这些问题表现出对信息化的认识有误区，如一些政府或企业的领导视信息化"只是技术的应用，是技术人员的事"，认识不到管理信息化是必将涉及管理体制、思想意识、习传统观念、工作方式以至利益冲突等种种社会问题的一次深刻变革的过程。认识不到这一点，信息化的失败就难以避免。对各级领导关于管理信息化性质的认识不可估计过高，宣传、培训力度还应加强。我们面前的一个重要任务就是：如何认真地吸取先进国家信息化建设中的有益经验，总结归纳带有规律性的东西，推动和促进我国的信息化建设。

(2) 明确信息化目标。美国政府通过法律明确规定所属部门、机构信息化的目标，并在对执行情况进行督查时体现务实精神。同时，各个法案、法令对政府部门信息化的价值、风险、效能评估均有明确而具体的要求，强调实际效果是提高政府机关办事效率和公共服务水平等等，以避免产生信息化建设中华而不实的表面文章和走过场。这一点值得借鉴。

(3) 通过法律手段推动信息化并建立制度。美国号称是"最自由的市场经济国家"，政府不能指挥企业与民间机构，但在社会信息化这件大事上没有袖手旁观，而是通过立法与执法，推动与规范信息化建设，并且在联邦政府各部门建立了首席信息官制度。首席信息官是该部门信息化的总负责人，是直接对最高行政人员负责的决策人员。在计划经济向社会主义市场经济转型的今天，政府各个部门的领导作用显得尤其重要。建议立法机构借鉴先进国家的成功经验，在专家调研和论证的基础上制定符合国情的法律、法规和必要的制度，为信息化的最终成功提供根本保证。

(袁传宽　侯炳辉)

*这是发表在某内部刊物上的文章，作者深深感到组织领导以及制度建设对信息化的重要作用，文章的发表为有关部门提供了参考。

29 论MIS的总体设计

管理信息系统(management information system,MIS)有两个含义:其一表示学科,是一个专业的名称;其二表示一个具体的系统,即以计算机为核心的信息系统。本文论述的MIS指后者。

一、为什么要专门论述MIS的总体设计

关于为什么要在开发MIS时有一个总体设计的问题存在着不同的看法,目前国内对MIS总体设计问题有三种情况:一是不了解总体设计的意义;二是有些人对总体设计一知半解,因此不重视;三是在研制开发MIS时发现了许多实际存在的问题。

1. 什么是总体设计

MIS总体设计是这样一个规划性文件,经过系统分析人员对系统的调查和分析,用文字、图表等描述未来MIS的逻辑模型,该文件描述了未来MIS的规模、功能、目标、开发步骤、经费预算、人力配备、效益与风险分析等,是一个总的规划性文件;其作用是MIS进一步开发的依据。这是一个文字的东西,但所花精力很多,作用很大。

2. MIS的本质决定了要进行总体设计

众所周知,"研制开发MIS"和"计算机在管理中的应用"具有不同的概念,前者强调"系统(system)",强调使用"信息技术(IT)",而后者强调"计算机(computer)",强调"计算机技术(CT)","计算机应用"的含义很广,买一台机器进行科学计算、进行辅助设计(CAD)、进行控制、进行一项事务处理,等等,都可称为计算机应用,其技术要求相差甚异,而MIS是面向组织各管理层的一个系统,它面向整个组织,覆盖整个系统。MIS这个系统包括了人、机器、管理机构、管理规程,人本身是系统的一分子。因此,从本质上来说,MIS是一个社会经济系统工程,而不是单单的计算机应用,人/机系统工程的名字,就意味着它的复杂性和开发的艰巨性,意味着必须用系统工程的理论和方法指导,实际上,许多实践证明:MIS的成功与失败主要原因不在于技术(当然技术绝不能轻视),而在于开发策略和方法论的正确与否,有人认为开发MIS是"三分技术、七分艺术",这里所谓艺术就是指策略、方法论等。如此可见,"开发MIS"和"买一台计算机用用"之间存在着本质的巨大的鸿沟。由此可见,对于这样一个影响全局的大工程就不能不有一个项目控制计划,按项目管理的方法开发MIS。项目管理必须有一个总的规划和步骤,对MIS这个特殊的项目而言,就是要有MIS的总体设计,研制者根据这个设计,从整体最优出发,逐步实现系统的全部功能。

3. 必须克服形式主义

当前值得注意的另一种倾向：从不做 MIS 总体设计到形式主义，即原来一些组织认为总体设计是“软”的东西，“纸上谈兵”，“最实在的是编程上机”，因而对总体设计持轻视的态度，更有甚者认为这是在“欺骗人”，因而“不屑一顾”。现实的经验教训以及上级的规定，近年来又掀起一股总体设计潮流，这本来是好事，但对有些组织来说，进行总体设计只是为了“应付上级”，思想上仍然没有真正认识其意义，因而从一开始就不打算使用它，这种形式主义有害无益，既浪费了人力物力，又败坏了“总体设计”的名声，因此如果进行总体设计，必须严格按科学方法进行，使总体设计真正能作为进一步开发的指导性文件，能经得起 5 年甚至更长时间的考验。

4. 实际存在的经验教训

关于为什么要搞总体设计？除上面理论上阐述了 MIS 是系统工程以外，在实际上也是经验教训的总结。大家知道西方从 20 世纪 50 年代开始，计算机就用于管理了，当时也是从最简单的事务处理开始的，如工资计算、库存管理等等，美国最大的计算机公司 IBM 公司是世界上使用计算机管理最早也是用得最多的企业，取得了巨大效益，但到 60 年代中，也就是大概整整一个年代，他们发现如果各单项业务各自独立开发，以后全企业综合应用时必然推翻重来，因此 60 年代中，该公司总结出要有总体规划，并专门出书，提出一套研究开发的方法，称 BSP(business systems planning)法，这是最早也是很有影响的方法论著作，后来，美国学者 James Martin 发表《战略数据规划方法学》一书，精辟论述了 MIS 进行总体规划的方法，他说：“如果没有来自高层的一个总体规划做指导，要把分散设计的模块组合起来，构成一个有效的大系统，简直是不可能的。”他又说：“如果没有总体规划这一基础工作，信息系统就像房屋建筑在沙滩上一样。”还说：“缺少合理的总体规划而产生的系统的维护费用比做总体规划的费用要昂贵得多。”

Nolan 认为，计算机管理大概经过 6 个阶段：初装—扩展—控制—整体化—数据管理—信息管理。所谓初装是第一台计算机用于管理。由于第一台计算机在管理中的应用取得了效益，各单位争相购买计算机，结果机器越来越多，机型越来越杂，投资越多越没有数，长期见不到明显效益……于是，领导就要控制了，控制结果决定要搞总体规划，这完全符合中国的现实，中国有许多单位还处于由第二阶段到第三阶段或由第三阶段到第四阶段的转换之中，处于这个阶段的企业真切感到了总体规划的重要性。

二、总体设计的主要作用

从原则上说或总体上说，总体设计是进一步开发的依据，是一个里程碑性质的文件，具有“法律”的意义，但在实施过程中具体细节可能有所修改(或补充)，这也是允许的。具体说，总体设计的作用是：

(1) 总体设计是 MIS 的基础，正如 James Martin 所描述，信息系统如是一幢建筑物的话，总体设计是这个建筑物的基础，没有基础无法造房，基础不牢，房子不固，因此做好总体设计是以后成功的保证，正因为总体设计是基础性的工作，不易看到它直接产生的效益，往往被人忽视。

(2) 总体设计是系统开发的总指挥，在MIS的总体设计中明确地载明未来系统的模式、规模、经费预算、开发步骤、人员设备配置等等。有了这个规划，系统开发者便可以以此为根据按部就班、逐步进行开发了，从而克服了开发、购买设备、人员配备和培训等盲目性。

(3) 总体设计是一个“笼子”，由于MIS系统大而复杂，开发周期长，投入人力多，而软件的实现是分块完成的，或各模块由不同人完成的，总体规划就是一个“笼子”，无论软件人员发挥怎么样的“创造性”、积极性。它都不可能超过总体设计的框框。这样保证了日后联成一体时是统一的，信息是能共享的，冗余能减少，编码、输入输出文件结构等都是统一兼容的。

(4) 总体设计隐含着巨大的经济效益。正如信息经济学研究信息价值困难一样，计算总体设计的价值非常困难。在现阶段，由于知识贬值，搞一个总体设计经费甚少，如按内部算法(即按直接开发经费算)来评定总体设计的价值是不公平的，如果按另一种办法来评定，即从外部评定其价值则十分可观，例如如果不搞总体设计，则系统开发是盲目的，最后推翻重来的损失要大得多，根据不同的企业，估算一下，这种损失之大不只是5倍10倍于总体设计开发费，甚至会更多。例如有些单位没有总体设计就买机器，搁置几年后发现无法使用，或性能和功能不合适，或容量太小，或机器过时，而这些机器可能值几十万元，甚至花了大量外汇购来的；有些单位长期开发见不到明显效益，人员越来越多、机器越买越杂，低水平重复开发，信息不能共享，不得不推翻重来，这种损失是无法计算的，如此等等，例子俯拾即是。相反，如总体设计质量高，又完全按总体设计思想去开发，则收效就很明显，天津市长城电子公司一期工程按总体设计指导思想开发，不到一年就完成了。

三、怎样进行总体设计

不同的“企业”差异极大，下面我们将所有工厂、学校、医院……都抽象成一个名称——企业(enterprise)，论述一般性的过程。

(1) 最高领导层的参与。总体设计涉及企业未来多年的长远目标，唯有最高领导集团最关心和了解企业的长远目标、存在问题、计划和解决办法等等，总体设计描述管理信息系统为什么能够和如何协助系统的长远目标的实现。由此可见，没有最高领导层的参与，只让信息处理人员去做，实质上是有意无意地开玩笑，做虚功。如果有意不参与，表示最高领导缺乏诚意；如果无意不参与、表示最高领导缺乏常识。最简单的例子说明：如果没有最高领导支持，信息处理人员甚至到各机构去调查都不可能，因为他没有权力去做这个工作。

(2) 成立组织机构。既然开发MIS是一个系统工程，进行总体规划必须要有两个机构：一是领导小组，由主要领导人(或其指定代理人)做组长，包括主要成员如总工程师、总经济师、总会计师以及系统分析员在内3～5人。二是开发小组，由系统分析员当组长，包括数学家、管理学家、计算机工程师等各种知识结构的人员，不能是纯计算机人员。

(3) 制定计划，按系统工程的理论和方法开发。系统工程的理论和方法最重要的是从全局出发，进行系统分析和系统设计，定量分析和定性分析相结合，将整个开发生命周期分为若干个阶段，每个阶段再分为若干个活动，每个活动再分为若干个任务，每个任务分到具体人去完成，每完成一个任务必须向开发小组汇报，并有书面文档。总体设计最后文件必须反复修改，文字要精练、确切，图表要整齐美观，这是一个有里程碑性质的文件，最后要请领导、专家评审，评审通过后系统总体设计任务宣告完成。

* 原载《清华大学学报（哲学社会科学版）》1991 年第 1 期。20 世纪 90 年代初，我国信息化起步时间不长，很多企业没有进行总体分析就开发 MIS，这样，就不可避免地会出现低水平重复，大量的信息孤岛。有鉴于此，我觉得有必要强调 MIS 开发的总体规划，本文名为总体设计，实际内容就是总体规划。

30 论厂长(经理)在企业管理计算机应用中的作用

一、前言

厂长(经理)在企业管理计算机应用中的作用已不能光用“关键”两字,而更应用“决定性”三个字来表述了。同样一类企业,有些企业计算机在管理中用得很好,有些却是空白,主要原因是厂长;同一个企业,前任厂长把计算机的应用搞得很有成效,换了厂长,计算机的应用也就搁置下来,无人问津了,其原因又是厂长;同一个厂长,当他重视计算机应用时,可能要钱有钱,要人有人,一旦他认为计算机应用不重要了,计算机应用也就退避三舍,如此等等,都说明:厂长在企业管理中具有的地位和作用。那么,计算机在企业管理中的应用为什么和厂长那么密切,厂长究竟能起到什么作用?这不仅是一个理论问题,也是个实际问题,本文试图从如下诸方面进行讨论,欢迎批评指正。

二、企业管理计算机应用的特殊性

众所周知,计算机早先的应用是科学计算。由于计算机运算速度极高(每秒达几百万,几千万,甚至几亿次),精确度极高,存储量极大,因此它具有比手工计算无法比拟的优越性。稍后,计算机用于辅助设计(CAD),它也显示了无法比拟的优越性。后来,首先在西方国家,计算机用于管理,它经过了漫长的曲折历程,也取得了足够的成就。在中国,计算机在企业管理中的应用只有10多年的历史,虽然取得一些成果,但总的来说还在起步阶段,因此很有研究讨论的必要。计算机在企业管理中的应用远远要比科学计算和CAD困难,因为有如下原因:

(1) 计算机在企业管理中的应用对象是社会经济系统。企业是一个社会经济系统。这个系统远比物理系统复杂。一般说一个中型企业就可以认为它是一个大系统。在这个大系统中存在着众多的元素(或子系统),这些元素之间互相作用和依赖,并形成众多反馈环,因此它们之间的关系往往如蜘蛛网那样,无头无尾的互相牵制着;这个系统又往往是非线性的和随机性的,其行为和环境都有许多不确定性,面对这样一个不确定的,复杂的非线性系统,计算机应用就很难程序化。

(2) 企业管理计算机应用系统本身是一个人/机系统.计算机在企业管理中的应用总是以一个信息系统的面貌出现的,无论是初级数据处理系统(DPS)如财务系统,物资系统等,还是一个全厂性的管理信息系统(MIS),抑或是更高级一点的决策支持系统(DSS)以及所谓综合应用系统(CIMS)等等无非是以计算机为中心的信息系统。这个信息系统远远比物理系统复杂,因为它除包含物(计算机等硬设备)外,还有人,还有组织机构和规章制度,总之,这是个人/机系统。人/机系统的名字本身就说明了它的复杂性。

(3) 系统开发的复杂性和长期性。由于系统本身的复杂性,必然带来开发的复杂性和长期性。所谓开发的复杂性：首先，开发人员不仅要懂得技术，还要具有开发艺术；其次，计算机引入管理将在人们的心理上，观念上产生重大冲击，对组织机构，管理制度，工作习惯以及一系列社会的和技术的影响；最后，要求开发人员具有高艺术性和高技术性的高度结合。如此，也就说明了开发的长期性。

(4) 系统效益的滞后性。人们的传统观念认为：一台新机器，新设备的引产入应立即产出效益。计算机却不然，尤其是用于企业管理中的计算机，开发前期需要购买设备，配置系统软件，提供开发费用；开发完成却不可能很快见到效果，只有运行相当一段时间以后，其效益才明显地表现出来。效益滞后性对急于见到效益的人来说无疑很不适应的，尤其是在当前资金短缺的情况下，往往愿意将有限的资金，投到立即见效的项目上去，至于很难见效的项目，积极性就不可能太高。

(5) 效益计算的困难性。计算机在企业管理中的应用，其效益计算十分复杂，不仅间接效益难于计算，就是直接效益也不好计算。例如计算机在事务管理(如物资、成本计算等)中的应用，应该说可以计算直接效益，但也往往认为首先应归于管理者，很少强调计算机产生了效益。

三、克服非技术因素障碍

计算机在企业管理中的应用，技术固然十分重要，但是非技术因素恐怕更为重要。企业管理计算机应用的主要障碍是来自非技术因素，因为在施展技术之前必须先克服若干非技术因素，这些因素包括：管理人员及职工的行为心理因素；组织机构的适应性；规章制度的适应性；管理基础；等等。

(1) 管理人员及职工的行为心理。计算机引入企业管理会对各种人都在心理上造成影响，有些人认为计算机是万能工具，计算机进来后一切可以依靠计算机了，由于希望过大，一旦发现计算机能力有限时就可能转向另一个极端，即计算机无用论。另一种心理是害怕计算机引入后自已将被代替，害怕“敲掉饭碗”，因此从心理上产生抵触情绪。还有一种担心计算机引入管理后工作不能适应……所有这些思想，都将给计算机的应用带来阻力。

(2) 组织机构。在计算机引入企业管理应用之前的组织机构基本上是适应手工处理系统的，这种与处理系统相适应的组织机构人们已经熟悉，办事已经习惯。但是计算机引入企业。原有的机构必定有所不适应，对这些机构不可避免地要作必要的调整，有些机构可能成为不必要而撤销，有些机构由于工作重复而合并，也许增加一些机构，所有这些变化也是牵涉到一些人的习惯、观念、甚至切身利益，处理不好也将成为一个很大的阻力。

(3) 规章制度。规章制度的制定是为了完成系统的目标必须遵循的一些共同遵守的约定，这些约定也是在手工系统状况下制定出来的，计算机引入企业管理后，一些规章制度必然要与之适应，而规章制度的变化意味着人的工作习惯也要随之改变，这种改变也不是很容易的。

(4) 管理基础。计算机引入企业管理，对处理对象，即对数据的要求也必然提高了，如数据的完整性，准确性的要求远比手工处理时要高，在手工处理时由于无法处理一些数据，不得不将应该处理的内容简化了，装上计算机以后，提高了处理能力，原先不需要的数据也必须完善、准确。管理机构应当认识到这种形势，自觉的提高管理基础，以适应形势的变化，否则也将对计算机应用造成很大困难。

除以上非技术因素以外应该还有一些,如领导的支持等等。

四、厂长(经理)在企业管理计算机应用中的角色

厂长(经理)是一厂之长,他要全面负责工厂的生产经营,不仅要抓好当前企业的生产经营活动,还要预测和规划企业的发展,做好预测、决策及其应变职能,计算机引入企业管理并不立即当时见效,而且在相当长的时间内(如一两年之内)见不到效益,而投资倒不少,或者说效益是负的,这对一个缺乏远见卓识的厂长(经理)来说,他能支持计算机企业管理反而是不可思议的。那么一个有远见卓识的厂长(经理)他在计算机在企业管理中的应用应扮演什么角色呢?

第一,他是一个领导者。如前所述,计算机信息系统是一个人/机系统,它会遇到许多阻力和困难,它要消耗众多人力、物力,它要相当投资,而所有这些,除了企业的最高领导能解决以外,别人都是无能为力的,因此真心实意要开发一个信息系统,厂长(经理)应该自告奋勇的作为领导者出现,要亲自关心,组织队伍,制定计划(当然具体工作不必去做),光靠口头支持是远远不够的。

第二,他是一个宣传组织者。厂长(经理)必须在系统开发之前向全体干部和全体职工讲解开发的必要性,并组织强有力的班子去实施,使实施班子以及全体干部、职工切实感到领导的决心,确实体会到开发的必要性及了解开发步骤,从而诚心诚意地与开发人员配合,支持开发人员调查研究,配合开发人员做好各阶段的工作。

第三,他是一个资金的筹划者。开发计算机信息系统确实需要相当投资,没有资金的保证,哪里谈得上开发系统?但是,在目前资金困难的情况下,筹措一个相当规模的信息系统的资金也非易事,有时必须由厂长(经理)亲自筹措才能完成,因此厂长(经理)应自觉地把这一重任担当起来。

*1989 年 11 月,在“国家体改委第 5 次企业管理应用计算机讨论会”上的发言。现在人们对 MIS 工程是“一把手工程”的概念,已深入人心。可 20 世纪 80 年代却不为管理者所接受,他们依照传统的概念,计算机是技术人员的事,与他们无关,所以,早先 MIS 开发困难重重。有鉴于此,本文利用这次研讨会详细论述了领导在企业信息化中的作用。

31 MIS 的开发艺术

前言

自从 20 世纪 60 年代 MIS 问世以来，就对 MIS 的定义、功能以及开发的方法论等争论不休。从那时以来，MIS 的成功与失败都不乏其例。尽管原因甚多，但我们不得不认为：MIS 的成功与失败的主要原因不在于技术，而在于技术以外的各种原因。在这些原因中，涉及开发 MIS 的策略、方法等问题，我们统称为“MIS 的开发艺术”，鉴于目前仍有许多人对 MIS 开发艺术的不够了解或不够重视，有必要予以深入、广泛的宣传与介绍。本文算是这种讨论的一次小小的投石，以期多引起有关部门的关注与重视。

一、两种不同的指导思想

“管理信息系统(MIS)”与“计算机应用”是两个不完全相同的概念。虽然这里讲的管理信息系统同样是以计算机(以及通信网络)为核心的计算机信息系统，但“管理信息系统”首先强调的是“管理”(management)，建立的信息系统是为管理服务的；其次强调的是“信息”(information)，信息是这个系统中的“血液”、动力和归宿，没有信息的流动，系统将不存在；最后强调的是“系统”(systems)，意味着处理的对象是具有管理功能的系统。反之，“计算机应用”的第一个出发点是强调计算机(computer)，其次是强调应用，即如何应用计算机。这里没有出现管理、信息和系统的概念。一个科学计算题、一个设计项目、一个计算机控制工程、用计算机打印一张报表等等都是计算机的应用。

不要小看这两种不同的提法，实质上将由此产生一系列哲学观念和方法论的分歧。按照前者的指导思想，认为 MIS 首先要重视管理。从管理入手，解决管理的问题，为管理服务。把管理作为第一性的，是“皮”，而计算机只是工具，是“毛”。毛要附在皮上，为皮服务。其次是强调信息技术(IT)，而不仅是计算机技术(CT)。显然，信息技术不等于计算机技术。实际上信息技术的复杂性远不比计算机技术的复杂性差。它们是两个具有相关的但是不同的技术范畴。最后由于突出了“系统”的概念，意味着开发信息系统必须用一系列系统工程的理论和方法。如果按照后者的指导思想，开发信息系统时就可能一开始就集中于计算机身上，在没有做好前期工作(系统分析与设计)的基础上就集精力于程序编制，全力以赴地在计算机的硬件技术、软件技术以及编程技巧上下工夫，结果却事倍功半，满足不了用户的需求。这种例子无论过去、现在，中国、外国，概莫能外。

二、为什么要强调 MIS 的开发艺术？

这是由 MIS 特征决定的。正如前述，MIS 是由 M、I 和 S 组成的。这里没有出现 C(computer)。那么 MIS 究竟是什么呢？我们认为：

- MIS 本质上是一个系统工程；
- MIS 是以计算机和通信网络为核心的人/机系统；
- MIS 包含管理体制和组织机构；
- 人是 MIS 不可分割的一部分；
- MIS 是覆盖整个组织，支持各级管理和决策的计算机信息系统；
- MIS 应能实测系统现状，预测系统未来，控制系统行为。

注意上列各条就可发现，MIS 绝不单纯是一个技术问题；反之，突出地反映了艺术问题，因为：

(1) 既然 MIS 包含管理体制和组织机构，就不得不面对一个不确定的、多因素的、非线性的社会经济系统(如企业信息系统、城市信息系统、机关事务信息系统等)。众所周知，任何社会经济系统，其变化是绝对的，稳定是相对的。例如，由于体制不完善或不适应经济的变化和发展，使组织机构的增加或减少，人员的变动等等。这些变化有时是相当频繁的，尤其在改革开放时期更是如此。适应这些变化，光靠技术就无能为力了。

(2) 既然人是 MIS 不可分割的一部分，就意味着组织中各级管理人员的至关重要性。例如组织机构领导的信息意识和对信息系统特征的了解，对信息系统建设的困难性和长期性的充分估计，对信息系统建设所需投资的思想准备等等必须有清醒的认识。此外领导本身的决策行为、个人素质以及对信息系统的态度也具有决定性的作用，若“第一把手”支持不力(不要说反对了)，就别想顺利建成 MIS！实际上，信息系统涉及各个层次的人员，各级管理人员、基层操作人员都将面临一个相当陌生的、“神秘”的工作对象和手段。使用 MIS 后，工作的不习惯，技术的跟不上，管理制度的变化以及导致的“权力”丧失，会给管理人员造成心理上和实际上的压力。这种情况在中层管理人员中尤其强烈，因为中层管理人员一般都有较长的工龄，对原有工作比较熟悉和适应。中层管理人员一般都在某一方面握有一定权力；中层管理人员一般年龄稍大，学习新技术有一定困难，等等。由此，将可能在思想上和行动上产生抵制行为，严重时会阻碍着信息系统建设，甚至导致开发失败。因此，在整个开发的生命周期之中，要始终做好管理人员的工作，使之配合与支持。否则会如逆水行舟，困难重重。除各级管理人员之外，基层运行操作人员也将面临一个新的环境。例如在工厂中，机床上操作工见到的操作票是由电脑输出的，统计数据要满足信息系统的要求，甚至第一线工作人员直接操作电脑终端……这样，对第一线工作人员的文化素质，技术水平等要求就随之严格起来。于是组织机构的人事部门、教育部门就要和信息部门一起，组织培训、教育工作，甚至必要的思想、组织工作，使之适应于新的工作方式。由于信息系统的建设和运行不仅涉及技术人员，而是几乎涉及所有人员。因此，显而易见，光有技术是远远不够的了。

(3) 既然 MIS 的本质是一个系统工程，那么必须以系统的观点，以系统工程的理论和方法建设 MIS。所谓以系统的观点，就是把 MIS 的服务对象以及 MIS 本身都看成系统，认为在这个系统中存在着众多相互依赖和相互作用的元素和子系统(如组织机构中的财务和计划部门，MIS 中的财务子系统和计划子系统)；认为这些元素和子系统构成一个有机的整体，以完成共同的目标；因此必须从整体(或全局)出发，寻找整体最优而不是不管全局利益，只追求局部最优；认为系统与环境有关，其本身处于环境之中，必须与环境相适应。毫无疑问，任何一个 MIS 必然是一个开系统，也就是说，它必然和环境有关，只有自觉地适应环境的要求才不至于被动(甚至无法运行)，例如企业 MIS，往往由于管理体制(上级、环境)

的变化可能使定额发生变化，从而造成 MIS 的数据库结构改变；可能要求上报的报表改变形式而导致 MIS 输出数据结构发生变化等等。所谓以系统的理论与方法建设 MIS，这是 30 多年来不断摸索或自觉与不自觉的形成的方法，虽然它还在发展之中，但基本上已形成了理论架构。在出现 MIS 之前，计算机用于科学计算或工程控制时，对象比较简单，只要技术上没有困难，一般只会成功，不会失败。出现 MIS 之后，由于上述原因，MIS 只有技术不一定能建设成功，其中充满着其他因素，于是出现了一系列研究开发 MIS 的思想和方法，其精华是应用了系统工程的理论和方法。在建设 MIS 时采用系统工程的理论和方法的要点如下。

① 建设一个 MIS，必须如一般工程项目一样，要进行可行性论证和总体规划。MIS 既然是一个系统工程，则它和一般工程一样，要有项目控制，即立项之前首先要进行可行性分析。盲目上马，十分危险。可行性分析的内容很多，概略之应包括必要性及可能性的分析。其中必要性分析不仅会有当前必须建设的明显的必要性，还要考虑到未来不可避免的“隐见”的必要性。而可能性应包括资金的、技术（人力）的、社会的诸多可能性。可行性论证之后订出一个总体规划，勾画出 MIS 的规模、功能、投资、建设步骤、所需人力，等等。

② 建设一个 MIS 必须进行系统分析。所谓系统分析是指对现行系统以及未来系统进行目标、需求和存在问题等诸方面进行分析。如目标分析，功能需求分析、信息需求分析、环境分析，等等。在这些分析的基础上建立 MIS 的逻辑模型。如具有什么功能，划分为几个子系统，系统逻辑边界的划分，信息量的统计，等等。系统分析是 MIS 建造过程的灵魂和先导，不经过系统分析而立即实施的方法实际上还是重复了科学计算的方法。系统分析与其说是技术还不如说是艺术。系统分析不仅需要知识（专业知识：如计算机知识）更重要的是要有经验和主观判断能力。系统分析结论因人而异。由于分析者不同的价值观念，所得的结论也不一定相同。系统分析和技术经济分析不同，因为它除技术、经济分析以外，还要涉及政策、体制、组织、业务、物流、信息等所有方面，其中有些问题可以定量分析，有些问题则不一定，需要定性与定量分析相结合。还需要逻辑推理和直观判断，必要时还要分析人的心理行为、决策偏好等等。

③ 建设一个 MIS 必须进行系统设计。系统设计包括功能模块设计、输入设计、输出设计、数据库文件设计、通信网络设计、测试设计，等等。在系统设计时，同样不完全是技术问题。例如，输入/输出设计涉及系统外部的人和事。系统模块的划分也没有千篇一律的模式，不同的设计人员会有不同的方案，等等。

④ 在设计 MIS 中需要对系统进行评价。在系统工程中，系统评价是一个十分重要的内容，在建设 MIS 时同样要进行系统评价。系统评价的内容很多，如功能（性能）评价、经济评价等。评价的方法也很多，但无论使用何种方法，也都遇到一定的困难。如由于不同的人价值观念不同，同一个指标，结论可能截然不同，因此，在进行评价时可能要请多个专家打分，进行群组评价和决策。

⑤ 关于 MIS 中系统模型的理论。在系统工程的理论和方法中有一个系统模型理论。所谓系统模型是指系统的替代物。用模型代替原型（系统本身）进行分析和实验是一个重要的方法论。例如计划系统的模型、库存系统的模型、生产系统的模型等等。实际上，为了建设 MIS，都是首先建立模型，在模型上做试验，最终实现系统。但是，建造模型又是一个相当困难的工作，不仅需要技巧，而且需要经验。

三、策略问题

所谓MIS的开发艺术主要是指开发策略和开发方法问题。众多例子证明，MIS的成功与失败的主要原因之一是开发策略与方法的正确与否。这里先谈策略问题。MIS的开发策略是多方位、多层次的，也就是说涉及开发的各个方面(如机构、人等)；涉及开发周期的各个阶段；涉及开发工程的各个层次。首先，从总体上说，会遇到如下策略：

- 要不要开发一个MIS，投多少资，多大规模，何时建成，先开发哪一个子系统等策略。
- 采用什么原则？如先进为主的原则，还是实用为主的原则等策略。
- 开发组织的策略。目前开发组织大致有如下四种形式：自行开发，主要依靠自己的技术力量进行开发；委托开发，委托给高等院校或科研单位开发；合作开发，以自己的技术力量为主和外单位合作进行开发或者相反以外单位为主的合作开发；引进软件，即试图从国外引进现成的MIS软件及其环境。上述四种开发组织中采取那一种策略必须非常慎重。

第二是选择开发方法的策略(后面详细介绍开发方法时论述)。

第三是确定开发步骤的策略。先开发那部分(子系统)后开发那部分是非常重要的策略。有人从最简单的系统开始进行开发，有人从最重要的系统开始开发，有人从关键的系统开始开发，有人从高层开始开发，有人从基层开始开发，有人全面开发，有人局部开发等等。

第四是如何对待各级管理人员的策略。例如对待领导吧，有些人实事求是地阐述开发中存在的问题，实事求是地取得领导的理解和支持；有些人故意将困难和问题说得严重一些，以便防止由于估计不足而日后得不到领导的支持；有人将MIS的作用说得过于乐观，希望以此吸引领导的支持……无论如何，为了争取领导的理解与支持总要采取一种策略。但是，我认为最好的策略是实事求是的策略。

第五是在开发整个过程中一系列的技术策略，如如何确定信息系统的系统结构。这也不是纯技术问题，仍然涉及开发步骤、投资规模、决策行为、运行人员情况、甚至还涉及市场和供应商情况等等。其他技术方面的策略还不少，后面将专题论述。总之，在开发信息系统的整个过程是不断确定策略，执行策略的过程，离开了策略，只埋头于编程和在计算机上做技巧，好像只见树木不见森林，辛辛苦苦地花了不少力气，效果却没有达到。

四、开发方法问题

这里不打算详细论述方法论，但是确定合适的开发方法确实至关重要。20世纪60年代中，IBM公司鉴于以前公司开发的管理系统互相独立，信息不能共享，开发重复，效益不高，最后不得不推翻重来的教训，提出著名的“企业系统规划(BSP)”法。这是关于MIS开发的最早的方法论著作，具有划时代的意义。而后，各种方法层出不穷，到目前已提出了几十种方法，但归结起来不外乎两种方法体系。一种是结构化生命周期(SDLC)方法体系，其工作流程由图1所示。另一种是“原型法(prototyping)”方法体系，其工作流程图由图2所示。

这两种方法体系的方法论是非常不同的。采用什么方法要具体分析。结构化生命周期法严格、科学，有比较完整的理论体系。该方法强调开发的严格的阶段性，前一阶段没有完成，后一阶段不能开始，每个阶段有严格的文档资料。早期许多MIS的开发都遵循这种方法体系，成功地开发了不少MIS。目前这种方法体系仍然作为一种主流方法被国内外使用

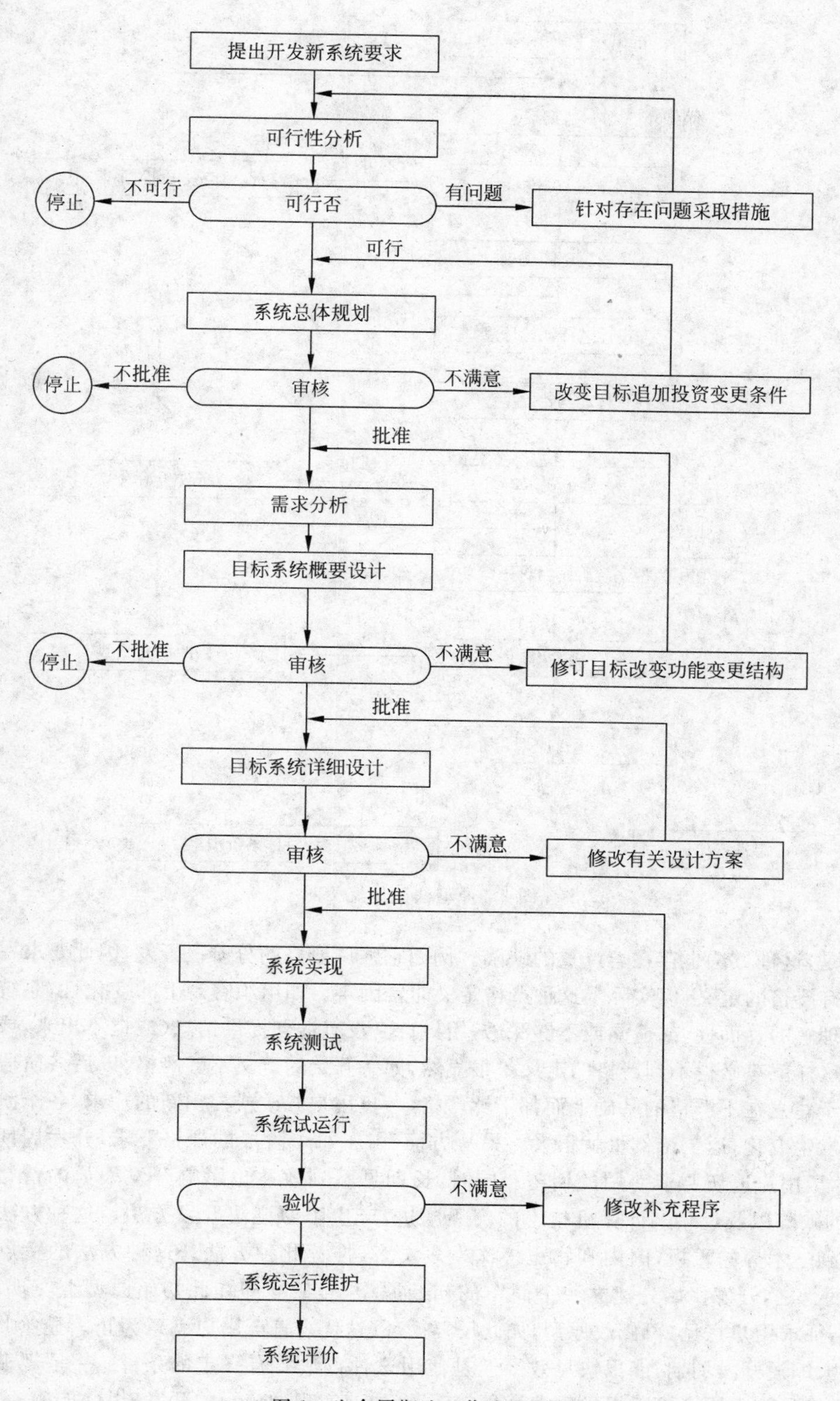

图 1　生命周期法工作流程图

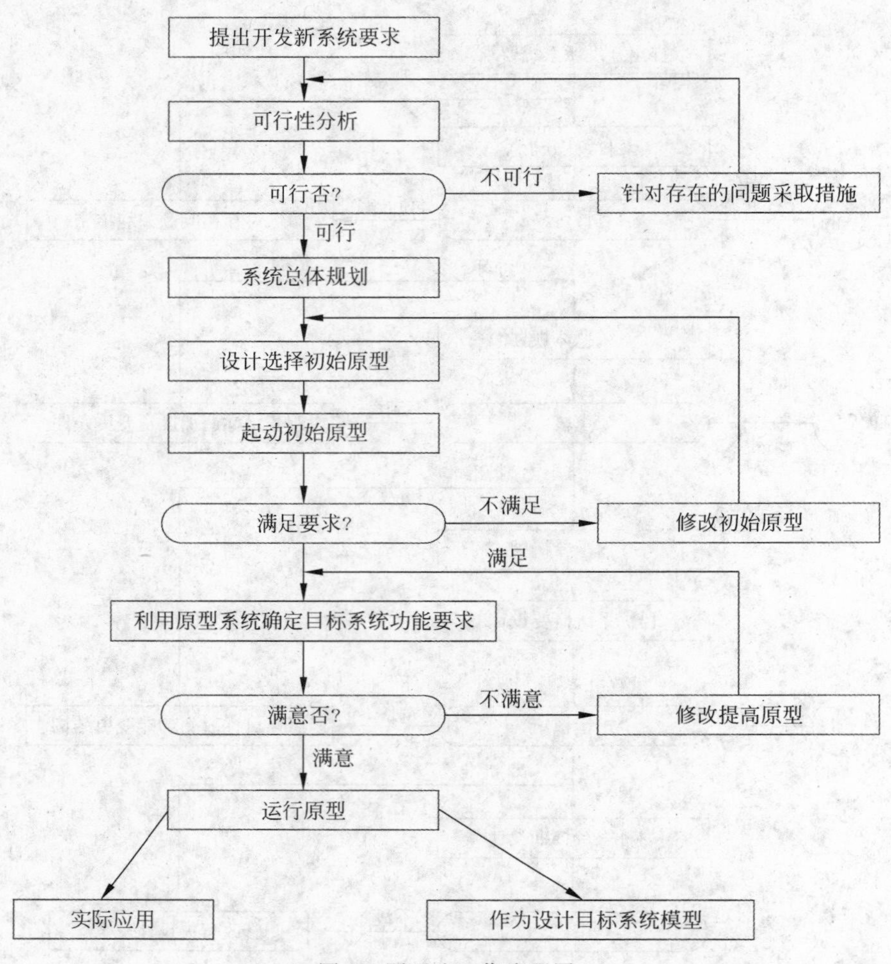

图 2　原型法工作流程图

着。但是,这种方法也存在着严重的缺陷。例如它强调严格的分阶段开发,因此要求一开始就对系统有严格的定义,但实际上这种严格定义非常困难。如组织客观上的变化性,系统分析员对系统理解的片面性,或遗漏或不够深透,用户自己没有透彻提供信息(或提不出来,或不愿提出来),这样就势必得不到严格的定义。很显然,如一开始的定义不够严格,以后各阶段的工作都将由于建立在不严格的基础上而都不够严格,一旦用户修改或提出新的需求,各个阶段的工作都将发生变化,返工工作量就很大。另一方面,由于每个阶段的严格要求,开发周期显得过长,有悖于用户迫切要求使用的期望。同时,长期见不到效益也影响开发人员的情绪。鉴于SDLC的缺陷以及近年来计算机技术的突飞猛进,产生了原型法开发方法。这种方法一提出来便受到学术界的重视,国内刊物也多次发表文章,推荐此种方法。这种方法的特点正好反SDLC而行之,开发伊始先建立一个简单的初始原型,然后立即在此初始原型上实现,并和用户互动,征求用户意见,再修改原型,如此反复循环(迭代),直至用户满意为止。显然此种方法可能大大缩短开发周期,能很快见效。但是使用这种方法要有一定的条件:一是规模不太大的系统,二是用户愿意不断提供反馈意见,三是有快速实现(修改)的开发工具(如4GL)。对于大型系统,采用原型法较难控制,用户是否愿意不断提供反馈意见的不确定性也很大。至于开发工具,虽然目前有许多机器有所配备,但并不是所有机型都配备开发具,而且价格也比较昂贵。因此,采用何种方法体系,必须根据具体系统的特点,博采各种方法之长,因系统制宜。

根据中国的特点,一是我国信息化水平较低,MIS 开发实践不多,缺乏经验;二是我国正在体制改革,变化大,严格定义需求有一定的困难;三是资金有限,不可能投资购买各种先进的机器及开发工具。因此,中国的 MIS 开发既不宜完全采用 SDLC 法,也不宜完全采用原型法,应具体问题具体分析,一般来说,对于开发较大的综合信息系统宜采用改进原型法(图 3)。改进原型法的核心思想是系统开发的一开始采用 SDLC 法以确定系统的基本要求。然后设计(或选择)一个原型,并在原型上迭代实现,直至满意为止。此种方法将"系统复用"的思想融入进去了,所以可加快开发速度.缩减投资.不失为符合中国实际的方法。

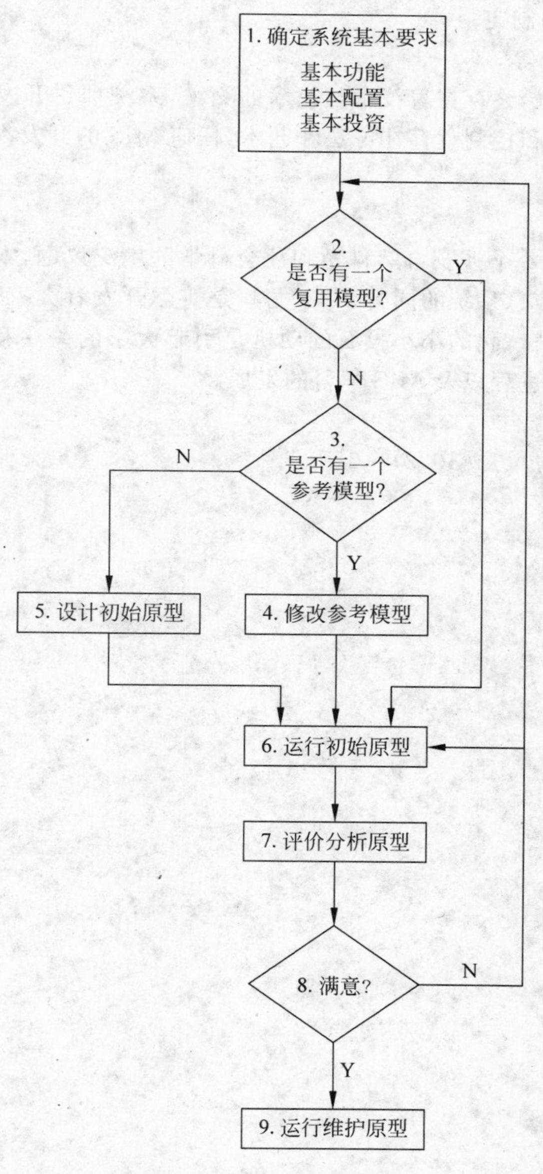

图 3　改进原型法工作流程图

五、MIS的实施艺术

所谓MIS的实施，亦即MIS的实现阶段。在这个阶段中技术同题上升到关键地位，例如应用软件的编制和调试，系统的测试和试运行，新老系统的并行运行与切换等。有关软件工程及测试技术等可见诸于各种著作。本文不拟详细论述。实际上，在实施阶段仍然有许多艺术问题，如：

- 编程语言的选择；
- 系统测试方案的制定及测试的实施；
- 系统试运行方案的制定及试运行评价；
- 系统切换方案的制定；
- 系统运行及评价等。

由于在实施过程中始终存在着技术与艺术的交叉，系统项目开发小组也始终存在着管理和控制。只要有管理和控制就存在方法和艺术，任何MIS的开发都不例外。

六、结束语

MIS的开发艺术是一个涉及自然科学和社会科学的广泛议题，本文论及的只是皮毛而已，作者强烈愿望从事信息系统的同行、专家尤其是实际开发者大家来交流开发中的经验、教训。正如本文开头所言，我的小小投石的动机是引起大家的关注和重视，以期引起讨论，目的是促进我国信息化进程以及MIS学科的发展。

* 原载《信息与电脑》1992年2月。

32 广域专家系统初探

【摘　要】 本文根据三年多来聋儿康复专家系统的研究实践，提出了“广域专家系统”的思想。文章初步阐述了广域专家系统的概念、结构、实现技术以及开发方法论，并且介绍了一个广域专家系统实例。文章认为，广域专家系统的研究与应用有着重要的理论意义和诱人的应用前景，将成为专家系统今后很有希望的研究与发展方向之一。

【关键词】 广域，专家系统，人工智能，知识库

1. 广域专家系统的概念

专家系统是一种基于知识(knowledge-based)的计算机信息系统。它具有相当数量的专门知识(expertise)，并且能够运用这些知识以人类专家的水平解决某一实际问题。专家系统最基本的组成部分是知识库和推理机(inference engine)。专家系统从领域专家那里获取知识，用一定的方式加以表达并存储于知识库中；利用这些知识，通过推理机进行判断和处理，是专家系统解决现实世界中复杂的不良结构问题的途径。除这两部分以外，专家系统还包括用于存放问题数据和当前求解状态的数据库和人机接口。对于一个实用化的专家系统来说，用于增加求解过程透明性(transparency)的解释机制，作为知识更新与知识维护的重要手段的交互式知识获取(interactive knowledge acquisition)乃至自动学习机制等等都日益成为不可缺少的组成模块。一个比较完整的专家系统结构如图1所示。

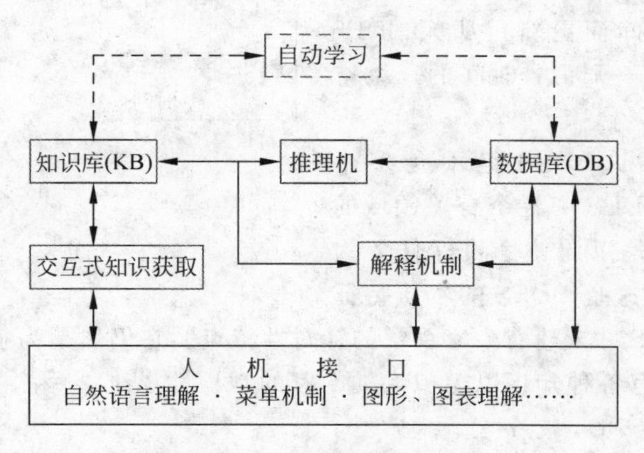

图1　专家系统结构与组成

作为人工智能(AI)应用的主要方面，专家系统从20世纪60年代以来已取得了令人瞩目的成绩。在理论上，虽然专家系统继承并运用了AI研究的许多基本思想和基本技术，如

符号推理、知识表示等，但是它在系统结构、开发方法学以及开发工具等的许多方面也逐渐形成了自己的体系；在实践上，世界范围内投入使用的专家系统产品已经数以千计，应用领域更是几乎无所不在。

专家系统的特征之一是它的针对性，目前已有的专家系统产品基本上是针对某一相当狭窄的应用领域而开发的，例如 DENDRAL 用于分析有机化合物的分子结构，MYCIN 用于诊治感染性疾病，RI 用于 VAX 计算机的系统配置，等等。事实上，专家系统的产生正是放弃对通用问题求解能力的追求，转求在某一狭窄领域具较强处理问题的能力的结果。然而，这种窄域内的专家系统有其明显的局限性。由于它所了解的只是某一领域或其一部分，对其他领域便一无所知，所以它在处理接近领域边缘的问题时性能变得很差，远远达不到人类专家的水平。例如，一个诊断某种疾病的专家系统在遇到与其他疾病的并发症时，可能不会给出令人满意的诊治方案。

从需求的角度来说，在人类的生产、科研、服务等各种活动中，常常出现这样的问题，它的有效解决依赖于几个不同学科领域的知识，缺少其中任何方面都将严重影响问题求解的质量，这种例子是非常多的，譬如，某种疾病的诊断同时涉及临床医学和药理学两个领域，MYCIN 系统面临的就是这样的同题；某类农作物的培育除了农业的专门知识以外还可能需要气象学的知识；某门课程的辅助教学，不仅要用到课程本身的内容，教育学和心理学的知识也很重要；等等。这种情况在边缘性学科中尤为常见。本文的“实例研究”部分也给出了一个非常典型的例子，遗憾的是，在这样的问题领域中，目前还很少有专家系统产品涉足。

考虑到前述专家系统“窄域”性(domain narrowness)的弱点和现实需求，我们提出了广域专家系统(broad domain expert system，BDES)的思想。广域专家系统是综合了几个有关领域的专门知识，以人类专家的水平解决某一人现实问题的计算机软件系统。其中的每一个领域称为 BDES 的一个子域(sub-domain)。与 BDES 相对，以往的绝大多数专家系统可称为窄域专家系统(narrow domain expert system，NDES)。

如果说 NDES 处于知识与时间的二维空间中(因为知识随时间而更新)，那么 BDES 的知识库则处于领域—知识—时间的三维空间中，如图 2 所示。

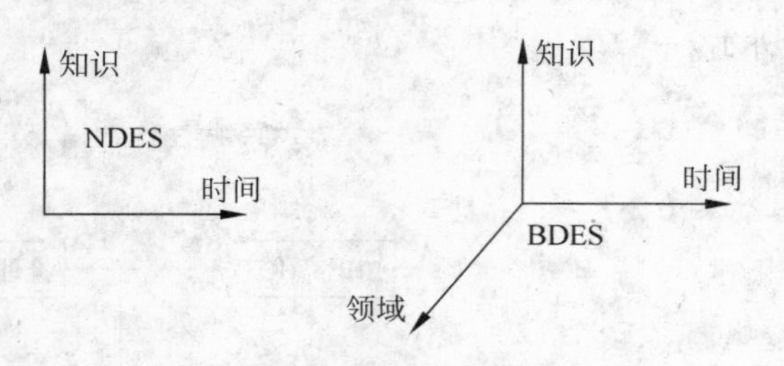

图 2 NDES 与 BDES 比较

这里有必要指出，BDES 绝不是多个 NDES 的简单叠加，BDES 中各个有关领域的知识是相互联系的，是以同一个目标任务为中心而组织起来的；这是 BDES 的本质特征之一，换句话说，BDES 并未违背专家系统的针对性特点。它仍然是为解决某个特定问题服务的，而不是试图拥有各种知识以模拟人类专家的常识性思维；后者在今天的计算机技术水平下仍然是极不现实的。

那么，为什么要研究广域专家系统？或者说，BDES 与 NDES 相比优越性何在？

首先，BDES 的出现是现实的需要，不难理解，学科的概念只是主观上的、人为的划分。是人类在对客观世界的认识活动中因时间和精力有限而进行的一种分工，但是现实世界则是普遍联系的。并不受学科的限制；事实上，多数实际问题都不是仅靠一个学科的知识就可以解决的。同题越复杂，情况往往越是如此，前面已经举过一些涉及多个学科领域的问题的例子，BDES的应用就是以这些边缘性、跨学科的问题为主的；它将众多边缘学科的综合性问题纳入到专家系统的应用领域之中，拓宽了其应用范围，而这些问题往往因为性质复杂。考虑因素很多以及出色的人类专家较少从而更加需要计算机专家系统的辅助。

其次，与NDES相比，BDES的实用性更强，参考文献[2]在评价专家系统在医学方面的应用时曾提到“不可缺少性原则”(the indispensability criterion)。书中指出，许多ES产品尚未在医疗实践中使用的主要原因是它们没有满足这一原则，意即这些系统对于医疗实践不是不可缺少的，没有它们医生行医也一样。事实上，不仅医学方面是这样，在其他领域也同样如此：由于NDES的知识面相当狭窄，常常因为本来已有不少精于此道的人类专家而得不到很好的使用。而BDES的优势在于，它所拥有的知识不仅有一定的深度，而且有一定的广度，在很多情况下要以代替几个不同专长的人类专家，起到一个“专家小组”的作用，相比之下一个人类专家往往只能精通于某一方面，从这个意义来说，BDES比NDES更加符合“不可缺少性原则”，因而更加有用。

另外，BDES也不仅可以用于边缘学科。即使是只面向某个单一狭窄领域的专家系统，加入相关领域的知识也可以改善其性能，这里限于篇幅不再详述。

总之，BDES拓宽了专家系统的应用范围，具有更高的性能和应用价值，也使专家系统有可能不仅在速度和周密性上，而且在知识面上也胜过人类专家。因此，BDES有着重的理论意义和诱人的应用前景，可以预料，它将成为专家系统今后很有希望的研究与发展方向之一。

2. 广域专家系统的结构

BDES比NDES的功能更强，用途更广，但是可以想象，它的结构也将更加复杂，在很多方面有自己的独特之处。下面让我们先来分析一下BDES的结构与组成。

由于BDES的知识来自一个以上的学科领域，所以不可避免地要考虑不同领域的知识间的联系与协调问题；这是增加BDES结构复杂程度的主要原因之一。更具体地说，第一，由于各子域知识的性质各异，它们适用的知识表示方法可能有所不同，随之而来的是与其相应的知识组织、推理机制以及知识获取方法等都可能趋于复杂多样，需要在问题求解的过程中加以统一控制和协调；第二，BDES的开发与运行一般来说将涉及多个人类专家，不同专家的知识和经验的综合、比较乃至冲突的解决等都是需要考虑的同题；第三，对于某个待解决的复杂问题，其求解步骤、子目标的分解、何时应用哪个子域的知识以及应用所需的环境条件等等，也是BDES在运行中调度与协调的关键内容。一个较完整的BDES框架结构，除了满足专家系统的基本功能要求以外，还应考虑到上述的各种问题。解决的办法之一，是在BDES中加入一个负责总体控制和调度的模块。

另一方面，由于下列原因，使BDES的知识库和数据库也趋于复杂化和大型化：第一，知识库的容量将大增加，内容更加复杂。因此大型知识库的组织管理与自动维护成为关键问题；第二，由于目标问题更加复杂。问题数据可能相应增多，使数据库容量增加；第三，如前所述，BDES在控制、调度和协调方面的工作相当繁重，因而策略级的知识即元知识(meta-knowledge)数量也会增加。显然，知识库管理和数据库管理在BDES框架结构中变得更加重要。

出于这样的考虑，我们提出了一个BDES的理论结构，如图3所示。

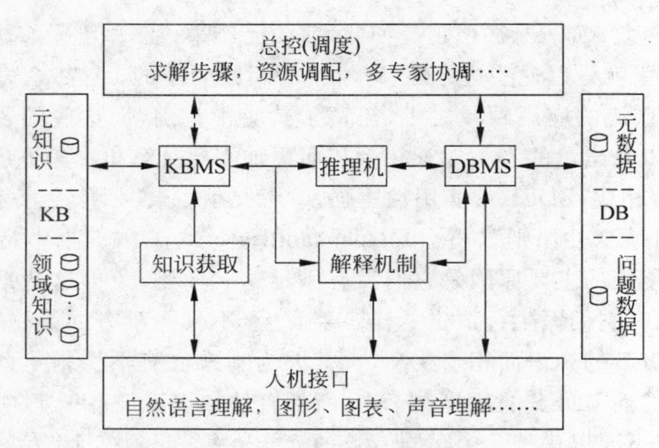

图 3 BDES结构与组成

图 3 中需进一步解释的是以下几个部分：

总控（调度）模块它的功能包括：控制整个问题求解或任务执行的进程；选择适当的子域，并在需要的时候协调由此引起的推理策略与算法、知识获取、解释机制以及人机接口等各方面的变化——简而言之，为求解过程调配资源；协调多个专家或不同用户（如果有的话）；参与 KB 和 DB 的管理；等等。总控模块运行时需要使用策略级知识/元知识，产生并修改相应的元数据（meta-data）。这是通过对 KBMS 和 DBMS 的调用实现的。

知识库管理模块（KBMS）BDES 对 KBMS 的要求比 NDES 的高得多，除了知识的增、删、查、改等常规操作以外，知识的模块化组织、完整性和一致性维护等功能都因库的大型化而变得非常重要。知识库的设计可能涉及不同的知识表示方法而复杂化。另外，查询效率也是不容忽视的问题。

知识库（KB） 从图 3 可以看出，BDES 的知识库分为两部分。其中一部分是关于求解过程本身的知识即元知识，内容以求解过程及策略描述为主，例如拟达到的目标或满意解，目标的分解所涉及的子域及其相互依赖关系，应用某子域知识所需的环境条件（如相应的表示方法和推理策略）等。另一部分是领域知识，划分为若干模块，这里所说的知识库分块与子域划分不同，后者是逻辑上的、按照知识来进行的划分。知识库的分块组织应该保证各块间的相对独立性，如同数据库中所追求的数据独立性一样。

数据库管理模块（DBMS）BDES 中的数据库管理也要求有较强的功能，例如可能需要各个子域提供问题数据的不同外部视图（external view）。

数据库（DB） 与知识库类似，数据库也划分为有关求解过程本身的数据/元数据和问题数据两部分。其中元数据主要记录问题的当前求解状态，比如已达到的子目标，下一步的工作及其所需的条件等。这与“黑板”（blackboard）结构中的“议程”（agenda）有些类似[4]。

其他部分，如推理机、知识获取、解释机制及人机接口等，虽然名称没变，但是与 NDES 中的相应模块也有区别：它们应能接受元数据的约束，在求解过程中随子域的不同而修正自身的功能，以适应不同种类知识的特点。换句话说，总控模块对其他组成部分的控制是通过元数据实现的。

图 3 所示的结构与组成只是一个尝试性的构想，在 BDES 的开发中可根据任务性质及实际需要进行修改或增减。随着 BDES 开发与应用的深入，BDES 的体系结构也将不断完善。

3. BDES 实例：聋儿康复专家系统简介

该系统的产生背景是这样的：根据抽样调查资料推算，中国的听力语言残疾人总数约为1 774 万人，占各类残疾人之首。其中 0～6 岁学龄前儿童约 74 万人，7～14 岁学龄儿童约 108 万人；现在新生聋儿仍以每年 2～4 万的速度递增。这些数字是非常惊人的，聋儿绝大多数都有残余听力，如果能早期诊断并佩带助听器，大多可以经过训练后返回有声世界并掌握语言能力；但如果不及时进行康复，声带退化，他们将终生处于聋哑状态。聋儿康复的过程大体分为诊断、助听器选配和听觉语言训练三个阶段，详细介绍则要涉及许多领域知识，这里从略。聋儿康复工作在中国还刚刚起步，由于康复专家和专门教师奇缺，康复机构太少等原因。已训和在训聋儿只有几万名，不到聋儿总数的 5%；与许多国家 80%～90%的康复率有很大差距。开发聋儿康复专家系统(Deaf Children Rehabilitation Expert System，DECRES)的思想就是在这种情况下产生的。该系统总结专家的知识和经验，以计算机辅助实现诊断、助听器选配和听觉语言训练的聋儿康复过程，从需求来看，它的应用意义是不言而喻的。

聋儿康复是一门综合性的边缘学科，涉及多个学科领域，是广域专家系统的典型实例。事实上，BDES 的思想就是在 DECRES 的开发实践中产生的。具体来说，诊断过程主要涉及医学领域，助听器选配则要用到听力学、电子学及工程知识，而听觉语言训练又与语音学乃至教育、儿童心理等学科有直接的联系，这种特点决定了 DECRES 在很多方面不同于其他专家系统。

DECRES 的知识根据来源的不同可分成五个子域，它们之间的关系如图 4 所示。诊断、助听器选配和听觉语言训练三个子域与聋儿康复的三个步骤相对应，它们之间具有顺序依赖的关系；另外两个子域贯穿于整个康复过程中，评估子域给出各个康复环节的效果评价，咨询子域负责回答各类人员可能提出的问题。各子域的知识有着不同的性质和特点，这里不加解释地列出 DECRES 的总体结构。如图 5 所示。该系统的研究开始于 1990 年，与有关领域的四名著名专家合作开发，现已初步实现。关于 DESRES 的具体情况，我们将在另外的文章中加以详细介绍。

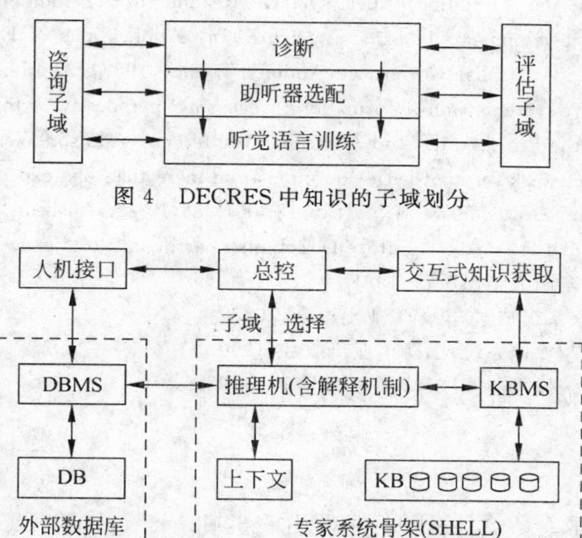

图 4　DECRES 中知识的子域划分

图 5　DECRES 结构与组成

4. 结束语

关于专家系统的窄域性缺陷以及利用多种知识的必要性，一些学者已经有过阐述。Hayes-Roth 等人在对智能问题求解的基本思想的讨论中把多个知识源的合作列为提高性能的手段之一[4]；Buchanan 将领域知识的狭窄和单个专家作为“知识沙皇”的现象列入了现今专家系统的缺点[3]；另外关于多个专家的知识获取也有一些论述(如文献[7]、[10]等)。

在另一些文献(如文献[2]、[9]等)中也可以看到这样的观点，认为专家系统服务的领域应该足够狭窄，因为成功的 ES 实例大都是这样做的，其实可以这样理解，即专家系统要解决的目标问题或任务应用“窄”而明确；从这个意义上说 BDES 并没有违背此原则。事实上，专家系统窄域性的产生原因与其说是需要，不如说是软硬件技术水平的限制。随着计算机技术的迅速发展，硬件速度和容量成倍提高，软件工具不断涌现，为专家系统的大型化和解决更复杂的实际问题提供了可能。

知识是人类宝贵的财富。在现代社会，知识更是一种稀缺资源。专家系统技术是一条使知识成为商品，从而使其能够发挥更大作用的有效途径，事实已经证明，专家系统的推广和应用可以产生巨大的社会效益和经济效益。从前述可以看出，BDES 有着极其广泛的应用前途，康复医学、教育、农业、法律……都是值得尝试的领域。我们热切盼望着更多 BDES 研究成果和实用产品的出现。

参 考 文 献

[1] Lesser V R, Erman L D. A retrospective view of the HEARSAY-II architecture. In: IJCA I5, 1977, 790-800.
[2] Barr A. Feigenbaum E A(eds.). The Handbook of Artificial Intelligence. vol. 2, Los Altos [Calif]: William Kaufmann Inc, 1982.
[3] Buchanan B G. New research on exert systems. In: Hayes J. E. et al. (eds.). vol. 10. Edinburgh: Edinburgh University Press, 269-299.
[4] Hayes-Roth F et al(eds.). Building Expert systems. Reading. Mass. Addidon-Wesley, 1983.
[5] Michie D. Current developments in expert systems. In: Applications of Expert Systems: Based on the Proc. of the 2nd Australian Cotference, Addidon-Wesley, 1987, 137-156.
[6] Debenham J. Expert systems: an information processing perspective. In: Application of Expert Systems, Based on the Proc. of the 2nd Australian Conference, Addison-Wesley, 1987, 200-217.
[7] Shaw M L G. A framework for knowledge aquisition from more than one expert. In: Expert systems and Applications: Los Angeles California. USA. Dec. 12-14. 1988, 19-22. Anaheim [Calif.]: Acta Press, 1989.
[8] Flach P A. Meersman R A(eds.). Future Directions is artificial Intelligence. North-Holland, 1991.
[9] 黄可鸣. 专家系统. 东南大学出版社，1991.
[10] 吴信东，邹燕. 专家系统技术. 电子工业出版社，1988.
[11] 何新贯. 知识处理与专家系统. 国防工业出版社，1990.
[12] 林尧瑞等. 专家系统原理与实践. 清华大学出版社，1988.
(聋儿康复专业文献从略)

(侯炳辉　袁东辉)

＊原载《管理工程学报》1994 年 9 月第 3 期。这是一篇有理论与实际意义的文章，一般专家系统面向某一领域，多领域的比较少见，而本文涉及医疗、教育和物理三个领域的专家系统，而且本文的内容也已提供给聋儿康复医院。

33 MIS——以计算机为核心的人/机工程

尽管管理信息系统(Management Information System,MIS)这个名词已在我国出现了10多个年头了,但它的确切的、深邃的含义仍不为大多数人所理解。20世纪最后几年,MIS将更加受青睐,各种行业、各种规模的千奇百怪的MIS将纷纷出现在社会的各个角落,需要我们全面了解MIS的内涵。

一、MIS的两个属性——社会属性和自然属性

MIS是M(管理)、I(信息)和S(系统)三位一体的有机集合体。在没有计算机之前也有MIS,只是用手工处理信息罢了,也不一定在名称上称MIS。本文所讲的MIS是指以计算机为核心的管理信息系统。注意:MIS中只出现了M、I和S,没有出现C——computer(计算机),这里并没有疏忽。诚然,在MIS中要用到诸如计算机、通信网络和数据库等核心技术。但从MIS的科学家看来,这些技术仅仅是工具,它们是重要的因素,但技术绝不是唯一的因素。MIS具有两个属性——技术属性和非技术属性,本文重点论述MIS的非技术属性。

MIS第一个强调的是M(管理),其意思是,建造MIS必须从管理着手,解决管理问题,为管理服务,管理既是科学又是艺术。管理涉及的内容很多,如管理体制、管理组织、管理理论、管理方法和管理者——人。作为工具的计算机能否在管理中得到应用远非如在工业控制中的应用那么单纯。也非在科学计算中的应用那样简单。它要遇到不确定的、非线性的、多因素的环境,管理体制经常变化,组织机构不断调整,管理者思想、观念因人因时的变异,如此等等。适应这种环境决非单纯技术问题。和管理紧密联系在一起的就是管理者本身,而管理者的水平、素质、习惯、观念、行为心理又是千差万别的。MIS离开了这些管理者就寸步难移,人本身就是MIS的一部分。这与生产控制系统不同。正因为如此,MIS要比工业控制具有更大的柔性,更要适应环境的变化。

MIS第二个强调的是I(信息)。对信息有各种不同的定义。简言之,信息是经过加工了的具有决策价值的数据。MIS中的信息主要是管理信息,如企业中的经济、计划、财务、物资、人事等数据和信息,这些数据和信息具有社会属性,数量很大。处理这种信息的技术非常复杂,如信息的采集技术、加工(处理)技术、传输技术、存储技术以及使用技术等等。这就远不能与计算机进行科学计算、进行工业控制相提并论。因此,在MIS中强调信息技术(IT——information technology)而不强调计算机技术(CT——computer technology)。IT的领域很广,既涉及计算机的硬件、软件,还涉及通信网络、数据库以及其他管理科学、统计学等等。

MIS第三个强调的是S(系统)。这里不专门描述系统论中系统的一般定义及求解方法,但既然MIS是一个系统,它就必然要用系统工程的理论和方法求解。在MIS这个系统中,存在着相互联系和依赖的元素和子系统(如企业MIS中的计划、财务部门和计划、财务

子系统等)，由这些元素和子系统构成 MIS 整体，完成整体目标，追求整体最优。这就远远复杂于编制一个科学计算程序了。

至此，我们从非技术属性方面分析了 MIS 的本质内涵，再加上其技术属性，得出结论：MIS 是以计算机为核心的人/机系统工程。所有 MIS 的复杂性、开发的困难性、推广运行的艰巨性都源于此。

二、MIS 的基本功能

MIS 是为管理服务的，它要完成管理的计划、控制、协调等功能。管理是有层次的，MIS 的基本功能也必然是有层次的。例如在一个企业内，MIS 的基层功能就是要实现数据处理的计算机化(EDP)。为了辅助企业各中层部门的管理。MIS 必须对基础数据进行加工，如对基础数据合并、归类、排序、输出报表等等，使管理者实时监控企业状态，以便进行控制和协调，辅助完成管理职能。MIS 还要满足高层管理者的需要，例如高层管理者需要获取诸如商品市场需求信息、原材料市场供应信息、产品更新换代等涉及企业生存、发展的战略信息。这些涉及预测和决策的信息需要通过各种数学模型和对信息的深加工，这种信息量的需求虽然比中层和基础信息少得多，但其价值很高。它们是帮助决策者寻找机会的依据。一旦寻到机会，企业就能获取巨大效益。

由上可知，MIS 的基本功能应包括数据处理、辅助管理和辅助决策。

三、MIS 的基本结构

为实现 MIS 的基本功能，MIS 应有如图所示的结构。图中形象地描述了 MIS 所包含的所有要素，包括计算机、数据库、通信网络、组织机构以及管理者本身。MIS 各业务部门产生的大量数据通过计算机进行处理，这是基础的业务功能，计算机进一步加工基础数据，提供给中层领导以辅助管理，同时，也可直接提供或再深加工后得到的决策信息提供给高层领导，以辅助决策。高层领导者还可以从外部获取信息。

图中的计算机包括硬件、软件。数据库作为通用软件独立于计算机，但数据的存取必须通过计算机。各部分之间的联系通过计算机网络。

四、MIS 的建造

建造 MIS 是一个创造性的劳动。正因为 MIS 具有社会和自然双重属性，故建造 MIS 就有既类似于建造一般工程项目(如房子)，又类似于建造文化产品(如电影)，它既有分析、设计、制造等工程项目的建造过程。又有策划、组织、协调、指导等内容。因此，MIS 的建造有其独特的步骤：

首先，一个企业要不要建造 MIS 的论证不完全是经济、技术的是否可行，还要涉及领导的意图、管理基础、体制、机构以及人的行为心理；

其次，建造 MIS 将会遇到一系列的其他非技术因素，如策略问题、开发方法问题、培训教育问题等；

最后，在建造 MIS 的各个阶段仍然充满着非技术性因素：

(1) 系统调查与分析阶段。调查是否全面，分析是否细致，方法是否正确，问题是否抓准?

(2) 系统分析阶段。系统分析是系统设计的基础。系统分析包括目标分析，功能分析，数据分析，安全保密分析，系统逻辑设计等等，没有好的系统分析就不可能有好的系统设计。

(3) 系统设计阶段。像一般工程一样，施工（实现）之前总有设计，没有好的设计，实现的盲目性较大。

(4) 系统实现（编程和测试），看上去是纯技术问题，实际上仍然需要用户配合，因为在系统实现过程中用户提出需求修改是经常的。

(5) 系统运行。MIS 建成后投入运行，远非如建筑工程的交付使用那样利落。成功的 MIS 夭折的风险仍然存在，如运行时发现不满足用户原来的需求，或开发者对原来的需求理解有错；管理体制或组织机构发生了变化或需调整；MIS 本身的缺陷（如程序有错）；管理人员的不习惯，使用跟不上，数据维护没有及时做好，过时的数据没有剔除，修改了的数据没有输入，使数据库中数据不正确，等等。

由上可见，MIS 从开始策划到成功运行，每一个环节都那么复杂和重要。因此，必须非常重视 MIS 的特征及每一个建造环节，目前的倾向是对之轻视，有些单位对从 MIS 的立项到建造的全过程掉以轻心。MIS 是又“软”又“硬”的科技，来不得半点马虎。这是我的忠告。

* 原载《电子展望与决策》1994 年 10 月。

34 MIS 的根本问题

一、前言

管理信息系统(MIS)已“神秘”地出现和存在了几十个年头。其所以神秘,因为直到今天仍然有许多人对其不熟悉或不理解,也因为它曾给西方工业发达国家带来过痛苦的教训,而且它现在仍然给我国的一些部门留下了不愉快的或痛苦的经历。在 20 世纪 70 年代,MIS 在西方陷入低谷,甚至有些人几乎对它丧失了信心。

• 1977 年美国国防部 10 个自动化系统(MIS)需要耗巨资进行修改;
• 20 世纪 70 年代,欧洲一家银行投资 7 000 万美元开发的系统没有收到应有的效果;
• 20 世纪 70 年代,美国两家航空公司花费 4 000 万美元研制的软件(MIS)不好使用。

有鉴于此,有人不无伤心地感叹:从来没有像建设 MIS 那样损失惨重。无独有偶,80 年代以来,我国也建设了为数众多的 MIS,但许多都失败了。有些企业,购买的计算机还未启用就过时了,有些企业的 MIS 长期见不到效益,如此等等,人们必然会产生疑问,建造 MIS 到底有没有好处?

存在上述问题有种种原因,但 MIS 的建造者与应用者对 MIS 的认识,以及在建造和应用过程中,对一些根本问题的误解不能不说是一个极其重要的因素。例如有人认为:

• MIS 就是计算机应用;
• MIS 就是计算机网络系统;
• MIS 就是数据库系统。

乍听起来,这些提法没有一个不在理的,MIS 的核心技术就是计算机和通信网络技术,一个名副其实的 MIS 必然是由计算机和通信联成网络,也必然有数据库系统。但上述每个单独内容都不能称为 MIS,只是 MIS 的一个必要条件。而且建成 MIS 并成功地运行也远远不局限于上述技术因素,还存在着更为本质的东西。

我们说 MIS 本质上是一个人/机系统,建设 MTS 是一个社会系统工程,由此就展开了一系列关于 MIS 根本问题的讨论。

二、MIS 的根本问题

MIS 具有如图 1 所示的三面视图。这个视图的三面分别是:信息技术(information technology,IT),组织管理(organization management,OM)和系统工程(system engineering,SE)。三面视图的基础为理工、人文基础。

(1) 信息技术(IT)

在一些人的传统观念上,只看到 MIS 的信息技术的因素;更极端一些,有些人只认为是计算机技术,甚至只是计算机硬件技术。在 MIS 中信息技术是极其重要的“硬因素”,而且,现代信息技术日新月异地发展，对信息技术人员的数量要求越来越多，质量要求越来越高。技术人员的地位明显提高，在西方，信息经理已不再是后台支持人员，他们已和财务经理、市场经理一样走向前台，成为决策人员。信息技术不等于计算机技术。也不等于网络技术或数据库技术，信息技术极为广泛。通俗地说，MIS 是一个信息的加工厂，原始数据（或信息）通过 MIS 的处理（加工）以及在加工过程或加工完毕后的信息传输、存储，最后提供产品（信息）供管理者、决策者使用。涉及上述所有过程的技术都是信息技术，例如信息的收集和加工技术，涉及收集方法和加工设备（计算机），无论是计算机的硬件设备和软件技术（如计算方法和数据结构、操作系统和数据库、程序设计语言和开发工具、输入输出和多媒体技术、人工智能和专家系统……）还是通信网络的技术（如网络结构和通信设备、网络协议和传输技术、信息编码和校验……）内容十分广泛而深厚。而且还继续极其迅速地向深度和广度扩展。

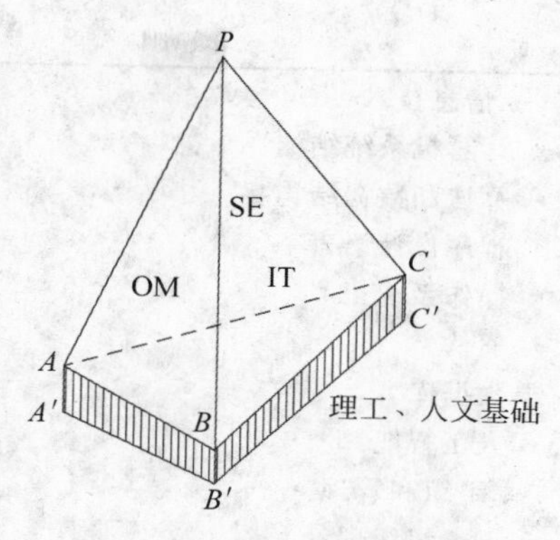

图 1 MIS 三面视图

（2）组织和管理（OM）

MIS 是为管理服务的，管理是通过组织机构实现的，组织机构是由组织体制确定的。管理体制是由管理理论指导的，而管理任务是通过组织机构中的管理者去完成的，因此，MIS 和管理就紧紧地“捆绑”在一起，MIS 的开发者和运行者愿意也好，不愿意也好，他们必须和管理打交道，要求他们了解管理理论，熟悉管理业务，适应管理体制以及管理者的行为、心理等社会因素的约束和变化。反过来，将 MIS 引入组织又不可避免地引起某种社会变革，这种变革又可能触及法律和道德，如此等等。

（3）系统工程（SE）

正因为 MIS 是涉及社会因素和技术因素的人/机工程，是一个十分复杂的社会系统工程，因此，必须用系统工程的理论和方法建设和维护 MIS。系统论和系统工程是一个既古老而又全新的学科领域，开发 MIS 需要进行系统规划、系统分析、系统设计、系统优化、系统评价等等。也就是说一切围绕着“系统”进行思考、开发和运用。

总之，MIS 的根本问题必须将社会因素和技术因素结合在一起考虑，纯技术观点的思维方法必然困难重重，甚至以失败而告终。

三、纠正 MIS 教育中的偏向刻不容缓

当前，我国 MIS 建设者和开发者大多不是 MIS 专业的毕业生。对他们进行 MIS 的教育和培训非常必要，而且这种教育和培训必须随着信息化的进程而动态地变化，目前中国在 MIS 教育方面发展非常迅速，截至 1995 年中，全日制高等学校中已设置了 179 个 MIS 或类似的专业。此外还有为数众多的民办高校、管理干部学院，职工大学、电视大学以及自学高考也纷纷设置了 MIS 专业，但普遍存在的问题是：在教材和知识结构上只偏重于信息技术（甚至只偏重计算机技术），对其他两个方面相当薄弱。这是一个值得注意的问题，必须尽快纠正。为此，作为他山之石，我们推荐美国 ACM 和 DPMA 关于 IS 教学模式的知识体（表 1）。该知识体有三个部分，第一部分：信息技术；第二部分：组织和管理；第三部分：系统开发理论。这个知识体系与我们前面的论述非常一致，也许有参考价值。

表 1 ACM 和 DPMA 提出的 IS'95 知识体

一、信息技术
- 计算机系统结构
- 算法和数据结构
- 程序设计语言
- 操作系统
- 通信
- 数据库
- 人工智能

二、组织和管理
- 一般组织理论
- 信息系统管理
- 决策理论
- 组织行为
- 控制变化过程
- 信息系统与法律和道德
- 专业机构
- 人际关系技术

三、系统开发理论
- 系统和信息概念
- 系统开发方法
- 系统开发概念和方法论
- 系统开发工具和技术
- 应用规划
- 风险管理
- 项目管理
- 信息和经营分析
- 信息系统设计
- 系统实现和测试策略
- 系统运行及维护
- 专用信息系统开发

关于 MIS 的根本问题是一个需要经常研究的大题目，限于篇幅，本文仅仅提出了问题，希望能起到抛砖引玉的作用。

* 原载《管理信息系统》1996 年第 1 期。较长时间以来，甚至于直到现在，还有许多人看不清楚 MIS 的本质，MIS 是什么？以前、甚至现在，还有人认为只是计算机应用，看起来不错，MIS 不是用了计算机吗？但本质上 MIS 和计算机应用不同。计算机只是一个具体的工具；而构成 MIS 的还有管理、组织以及人；还有，MIS 是一个系统，这更抽象，人们只能看见机器、设备，管理却看不见，系统更是看不见、摸不着。所以，我用一个三棱体予以描述，使之形象地突出 MIS 的本质。我想本文在相当长的时间内有意义。

35 论管理信息系统开发的全面质量控制

质量是产品的生命。开发 MIS 的最终目的是给用户应用。MIS 也是一个产品，如果成熟的 MIS 投放市场，则成为商品。既然 MIS 是一个产品，它就具有产品的一切属性。如优和劣、实用与不实用、好用与不好用、费用与效益等。因此，MIS 的全面质量控制（MIS TQC）就应当放在极为重要的地位。一个优秀的 MIS 系统能够提高企业的管理水平，增强企业的竞争力；一个失败的 MIS 系统，不但在开发过程中浪费了大量的人力和物力，而且也阻碍了企业的信息化进程，造成巨大的损失。MIS 的生产包括若干个阶段，每个阶段都会对 MIS 的质量产生影响，传统方法缺乏整体质量要求，在软件开发的每个阶段缺乏有效的质量控制。

MIS 质量包括功能性、可靠性、易使用性、可维护性、可移植性以及开发效率等要素。必须考虑这些质量要素的全面质量控制。

本文作者结合多年的开发实践，深切感到 MIS 开发中全面质量控制的重要性，故在此抛砖引玉，以期引起重视和讨论。

一、MIS TQC 的内容

1. MIS 的全面质量控制

MIS 开发的 TQC 是全方位的，也就是说，不仅包括对系统开发时软件的质量控制，而且还包括对文档、开发人员和用户培训的质量控制。

2. MIS 开发的全程 TQC

MIS 开发的 TQC 贯穿于开发的全过程，包括系统调查、系统分析、系统设计、系统实现、系统测试、用户培训、系统转换和运行维护等各个阶段。若在后续阶段发现前期阶段有错误，则要花更大的力气去纠正，因此要从 MIS 开发的一开始就进行质量控制并贯彻始终，即在 MIS 开发的全生命周期中都要控制质量。

3. 分段闭环 TQC

MIS 产品不同于一般产品（如机械产品），机械产品大多是"刚性"的，其质量合格与否容易检查，发现不合格的产品后，可以返工或将其淘汰，因此机械产品的质量控制是"开环"的；MIS 产品是"柔性"的，其合格与否具有弹性且难于检验，前阶段难以判断是否合格，后阶段不合格产品暴露出来了，又不能将其丢弃，必须回过头来去纠正，从而形成闭环 TQC（见图 1）。

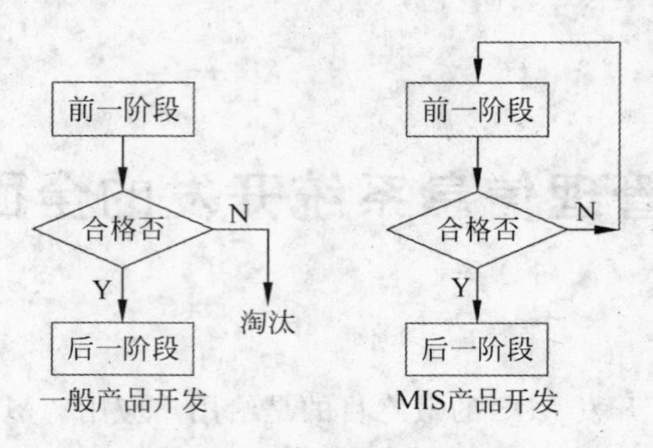

图1 分段闭环 TQC 示意图

当然这种闭环是分阶段的，故称分段闭环 TQC，哪个阶段的错误必须在哪个阶段纠正，由于纠正软件错误难度较大，最好及早发现错误并予以改正。

二、MIS TQC 的执行

1. 实行工程化的开发方法

MIS 开发方法一词的广义理解是"探索复杂系统开发过程的秩序"。狭义理解是"一组为 MIS 开发起工具作用的规程"，按这些规程工作，可以较合理地达到目标。规程由一系列的活动组成，形成方法体系。MIS 特别是复杂 MIS 系统的开发，是一项系统工程，必须建立严格的工程控制方法，要求开发组的每一个人都要遵守工程规范。

2. 实行阶段性冻结与改动控制

MIS 项目的开发要有阶段性，一个大的项目可分成若干阶段，每个阶段有自己的任务和成果。这样一方面便于管理和控制工程进度，一方面可以增强开发人员和用户的信心，阶段的划分因开发方法而异，不合理的划分容易割裂各个阶段，使各阶段间产生不必要的鸿沟，开发人员要逾越这些鸿沟需要花费大量的精力。在每个阶段末要"冻结"部分成果，作为下个阶段开发的基础。冻结之后不是不能修改，而是其修改要经过一定的规定，而且要把已冻结内容中的有关部分全部改动过来，并及时调整后续工作。

3. 进行原型演化

在每个阶段的后期，快速建立反映该阶段成果的原型系统，利用原型系统与用户交互及时得到反馈信息，验证该阶段的成果并及时纠正错误，这一技术称为"原型演化"。原型演化技术要有先进的 CASE 工具的支持。

4. 强化 MIS 开发组织的管理

要特别重视 MIS 的开发组织，它是管理的基础和成功的关键。可把 MIS 开发组织分成 6 种角色(见图 2)。

(1) 领导

(2) 监理

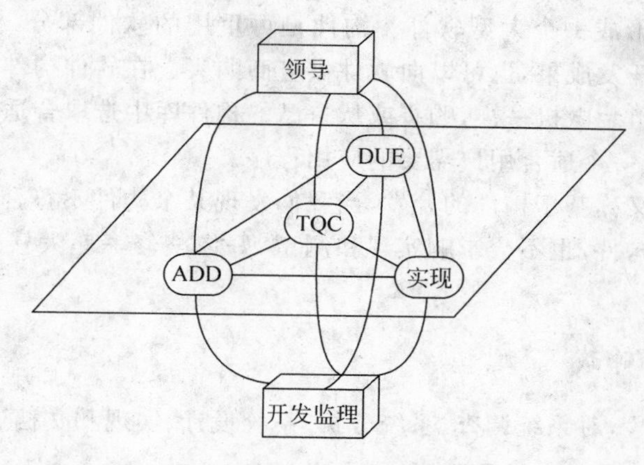

图 2　开发组织示意图

(3) 系统分析、设计和实现的指导(ADD)
(4) 实现
(5) 测试和全面质量控制(TQC)
(6) 文档和用户培训(DUE)

开发组领导由开发单位和用户单位联合担任，全面负责开发工作的组织和管理，协调 ADD、TQC、DUE 等工作，协调开发单位和用户单位之间的关系；协调开发组织与监理之间的关系。开发监理由用户单位或其聘用的技术人员组成，代表用户单位，负责监督开发工作的进度和质量。ADD 负责系统调查、系统分析、系统设计和对实现工作提供技术指导。实现人员负责应用程序的编制和调试。TQC 负责测试和全过程的质量控制。DUE 负责编写《用户手册》和用户培训。ADD、DUE 和实现人员要接受 TQC 人员的质量监督和控制，ADD、DUE、实现和 TQC 人员要接受开发监理人员的监督和检查。

各种开发人员都要自始至终参加开发工作，在工程化的开发方法中应明确规定各人在各个阶段的责任和任务。

5. 版本控制

版本控制是保证开发组顺利工作的重要技术。版本控制的含义是：通过给文档和程序文件编上版本号，记录每次的修改信息，使开发组的所有成员都了解文档和程序的修改过程；版本控制允许开发人员进行版本修改后退回到原先版本；版本控制允许多个开发人员并行修改同一个文件，并将所有修改合并在新版本中；版本控制技术允许开发人员随时调出任意一个版本，随时编译不同版本的可执行程序；版本控制具有保证开放、测试、TQC 和文档人员协同工作的通信手段和协同技术。版本控制还包括很多其他内容，广义的版本控制技术称为软件配制管理(software configuration management)，并已有功能完善的软件工具支持，如 PVCS 和 Microsoft Visual Source Safe。

6. 利用"即插即用编程"方法

"即插即用编程"(plug and play programming)方法，是从计算机硬件设计中吸收过来的优秀方法。这种编程方法是将编制好的软件"构件"(component)插在已做好的框架

(framework)上,从而形成一个大型软件。构件是可重用的软件部分,构件可以自己开发,可以使用其他项目的开发成果,也可以向软件供应商购买。在软件构件库有一定规模以后,基于构件的开放如同组装微机一样,购买或从自己的构件库中选取合适的构件,把这些构件组装到框架上,就形成一个适合用户需要的应用程序。

"即插即用编程"又称基于构件的开发,当我们发现某个构件不符合要求时,可对其进行修改而不会影响其他构件,也不会影响实现和测试,好像整修一座大楼中的一个房间,不会影响其他房间的使用。

7. 进行全面测试

要采用适当的手段,对系统调查、系统分析、系统设计、实现和文档进行全面测试。

三、MIS TQC的应用实例

在世行贷款项目"中国省级环境信息系统"的开发过程中,我们尝试采用了MIS TQC的概念和上述方法。该项目分成环境管理信息系统模块、环境管理DSS模块和基础数据库模块(如图3所示)。我们主要参加了环境管理信息系统模块的开发工作。系统开发采用了结构化生命周期法、快速原型法和OO方法相结合的编程方法,利用先进的CASE工具进行。系统采用客户/服务器体系结构,数据库采用Sybase,客户端开发工具采用PowerBuilder,数据库开发采用ERWIN/ERX for PowerBuilder,开发组用PVCS辅助管理。在MIS TQC思想的指导下,开发工作比较顺利,现经过试运行,用户给予较高的评价。

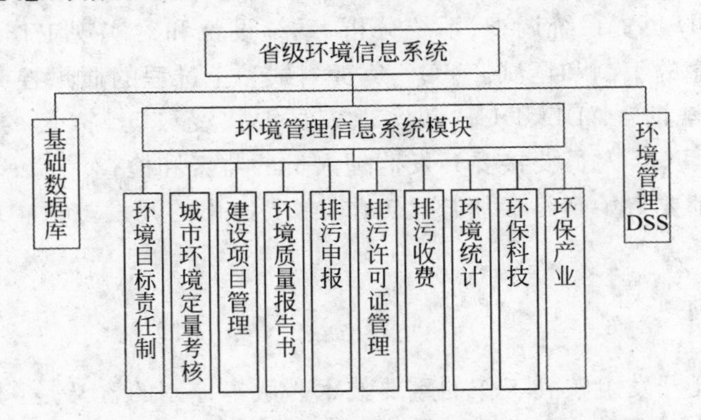

图3 中国省级环境信息系统模块结构图

MIS TQC是成功开发MIS系统的重要指导思想之一,其方法和技术已经在实际的MIS开发中进行了验证。但由于MIS TQC还是一个新概念,MIS系统的开发又有其特殊性,因此需要不断地总结经验和进行理论上的探讨。

(侯炳辉 丁德宇)

* 原载《微电脑世界》1996年第5期。

36 一个 MIS 的成功范例及其启示——电力部机关管理信息系统(一期工程)介绍

一、前言

在我国 MIS 的开发中,理论的指导与经验的总结均十分重要。解剖一些成功的 MIS 案例对于多、快、好、省地实现我国信息化建设的任务无疑是具有重要意义的。本文介绍的电力部机关 MIS(一期工程)算作一种尝试,希望能对 MIS 开发者有一定的借鉴作用。

二、基本情况

由于机构的数次变更,电力部机关 MIS 建设开始于 1993 年 6 月。1993 年 6 月,部信息中心开始对电力部机关 13 个司局以及办公厅等进行需求调查、系统分析和总体设计,同年 8 月在陆延昌副部长主持下正式立项并通过了“电力部机关 MIS 总体设计”的专家评审。10 月成立了领导小组和三个工程小组。在建设过程中,由领导小组组长陆部长亲自领导、协调解决开发中出现的问题,如期于 1994 年 4 月 15 日投入试运行,开发时间前后不到 1 年。1995 年 1 月 1 日开始将各种真实数据进入网内,正式运行考核。1996 年 11 月 29 日通过部级鉴定,目前系统一直在正常运行,该办公与信息管理系统覆盖了部长办公室、部办公厅及各司局 15 个单位,网上工作站 108 台,远程工作站 95 台,使部机关基本上实现了无纸办公,信息系统已“安家落户”,并不可逆转。对于这个项目,从申请到鉴定,前后仅仅 2 年半,不能不说是一个成功的范例,给我们留下了若干启示。

三、最高领导层的远见和直接参与

电力部机关是大机关、老机关,机构众多,业务繁杂,对于这样一个复杂的综合信息系统,其开发必然要求高层领导有远见和魄力,并有下决心直接参与的意识。因为 MIS 的引入必然会涉及业务流程的再造,组织机构的变化,人员工作性质的改变等等,而这些因素的变化绝非纯技术人员能洞察、能驾驭的,更何况经费的筹措,工作的协调,没有强有力的领导亲自参与都是不可想象的。电力部领导在 1993 年 3 月重组部机关不久就不失时机地立项开发机关 MIS,不能不说是具有相当的远见和魄力的。在开发过程中陆部长亲自领导、协调工作,提出各阶段的奋斗目标。而开发小组的正副组长又是直接由部信息中心正副主任担任,在这样的形势下,各司、局的领导更加重视和参与系统的建设,一些部门的领导甚至于成为开发和应用的积极分子。因此,尽管在开发过程中遇到了重重困难,但整个部机关和开发小组一起始终精神饱满,斗志旺盛,保持着强大的战斗力和凝聚力。

四、用户单位必须配有自己的技术队伍

很难想象能买到一个现成的MIS。也很难想象没有自己的技术人员参加开发，而把系统开发完全承包给开发单位。用户必须配有自己的技术队伍。电力部机关MIS主要开发力量是部机关自己，这是他们的优势所在。毫无疑问，从总体方案的确定到应用软件的开发，用户单位的技术人员必须不间断地参与，电力部机关MIS在应用软件开发时也借用了外部力量，但他们始终没有忘记"以我为主"的指导思想，以至在系统建成后，他们深有感触地说："如果没有自己的队伍坚守阵地，很可能开发成功了也得不到很好的应用，使投入的人力、物力、财力浪费殆尽。"

五、培训——要不厌其烦

任何一个MIS，最终总要交给终端用户使用，他们的会用、爱用、好用是系统能否正常运行的基本条件。电力部机关MIS的用户大多是各种业务管理人员，他们并不了解MIS本身，但他们是MIS真正的主人，因此，需要培训。由于机关人员的更换，常常是一个问题要培训多次，他们自己也说不清培训的次数，真正做到了"无计其数"，而且还要做到"不厌其烦"。为了搞好培训，他们还专门编写了培训教材，由于其质量较高，被出版社选中正式出版。他们还落实了专门的培训人员。

六、系统维护——MIS真正的硬功夫

MIS的开发成功、通过试运行，还只能说"万里长征"刚刚开始，系统在运行过程中还会出现各种各样的问题，如系统不完善需要补充，系统存在错误需要改正，系统需求有变化需要修改等等，甚至硬件、软件也可能有问题，需要维修和维护……总之，这种维护工作之多、之细、之繁是一般工程难以比拟的，从一定意义上来说，MIS真正的重头戏、硬功夫是在维护阶段，电力部机关MIS的维护工作之多是"不计其数"的，光1995年中的大小维护次数就达500多次，国外有关资料表明：在MIS整个生命周期的费用中，维护阶段占75%！可见其工作量之大。为了搞好维护，他们制定了各种规范，并指派专人负责维护工作。

七、信息系统建设也能"少花钱、多办事"

中国是穷国办信息化，因此信息系统建设必须讲究效益。电力部机关MIS建设提供了一个很好的案例，他们预算投资为335.85万元，分4期付款，到1996年9月止，尚余5.8万多元，这与通常实际费用大大超过预算费用的情况相比是很罕见的。他们的费用结构如下：硬、软件及基建费用占74.74%，应用软件开发费占4.23%，运行费用占19.39%，其他占1.64%。由于精打细算，购置设备分阶段逐步购置，只微机和服务器没有一次到位一项就节省了硬件费30%，约40万元，机房施工中部分工作自己做，又节省了大量资金。总之，中国的信息化必须精打细算，少花钱多办事。另外也必须指出，MIS的费用不能只考虑硬软件设备费，开发和维护的费用比例应占大多数，电力部机关MIS的费用结构并不合理，我们赞赏的是他们在硬件配置、基建费用等方面的精打细算。

八、结论

信息化是一个极其艰巨和漫长的过程，中国缺乏资金、缺乏技术人员、缺乏经验，发展极其不平衡，因此，成功、高效地开发 MIS 的例子就成为一种极为珍贵的财富，电力部机关 MIS 就是这样的财富，应当认真总结。

* 原载《管理信息系统》1997 年第 3 期。

37 什么是MIS？

似乎这是一个并不新鲜的题目，但真正能正确回答什么是MIS却并不容易。使我惊奇的是，不久以前我遇到一位相当资深的专家（不是信息方面的专家），居然对MIS一无所知。甚至于一些学理工出身的人也说不清楚MIS究竟是什么。联系到国内外在信息系统建设历史中的经验教训以及所付出的高昂代价，正确解释和宣传MIS仍然具有极其重要的意义。有鉴于此，《电脑报》作为全国发行量最大的计算机报纸，对MIS进行宣传和解释是很有必要的。

MIS的概念最早由美国经营管理协会（AMA）的J. D. Gahapher于1961年提出，当时只有一种将经营管理信息在组织各个层次传输的设想。于是MIS这个陌生而神奇的名词就一直在引起人们的争论。且由此还付出了高昂的代价。在美国，整个20世纪70年代MIS陷入低谷，损失极其惨重，以致一些人几乎对其丧失了信心。进入80年代，我国也建立了众多企业MIS，但失败的远比成功的多。因此，在我国也不时听到对MIS的不满和怀疑的声音。问题的严重性是，人们还继续存在着对MIS形形色色的误解，例如：

"MIS是一个计算机系统。"

"MIS是微机网络系统，铺上电线，接上计算机，MIS就建成了。"

他们毫无例外地只站在技术的角度看待MIS，"只见树木，不见森林"的严重后果是，将不可避免地继续付出误解的代价。

实际上，现代MIS的产生背景并不都是计算机应用，甚至并不都是信息技术。概括地说，现代MIS的产生背景可从三个方面来观察：

(1) 计算机及其他信息技术的应用

自从1953年美国通用电气公司（GE）将计算机应用于工资管理以来，信息技术在企业管理中的应用越来越广泛和深入，成为管理中不可缺少的工具。

(2) 管理科学的发展

20世纪以来，大工业高速发展，各种管理学派也随之兴起，为MIS提供了管理理论和管理方法。

(3) 系统科学的发展

40年代开始的运筹学和系统科学的发展，为MIS提供了解决复杂问题的系统工程理论和方法。

当然，还有其他一些背景，如经济学、统计学以及控制论、信息论等背景，但主体上是上述三个方面的背景。

MIS还在发展之中。从广义上来说，MIS概括了所有计算机系统。从狭义上来说，MIS是信息系统发展（图1）的一个阶段。

图1　信息系统的发展

注：图 1 中的 OAS 是办公自动化系统，DSS/ES 是决策支持系统/专家系统，SIS 是战略信息系统，CMIS 是计算机集成制造系统，GIS 是全球信息系统。

MIS 的本质是一个包括计算机（包括通信网络）技术、管理体制、组织机构、人工规程以及管理人员在内的人/机系统，其本质是一个人/机社会系统工程。

MIS 的根本问题是如何描述其本质，并按此认识去开发和应用 MIS。MIS 可由如图 2 所示的三面体描述：

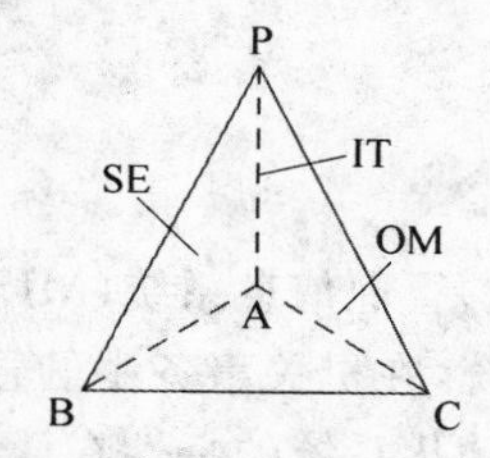

图 2 MIS 的三面体组成

PBC：信息技术（IT）层面。

PCA：组织管理（OM）层面。

PBA：系统工程（SE）层面。

信息技术（IT）层面最明显地被人看见，是 MIS 中的技术核心和物质基础（即工具）；组织管理（OM）是 MIS 中不易被看清的，因此往往不被人重视，但正是它往往决定了 MIS 的命运，是 MIS 的统帅（即领导）；系统工程也是不易被人看见的，但开发和应用 MIS 必须遵循系统工程的理论和方法，它是 MIS 的灵魂（即思想方法）。于是认识 MIS 的根本问题是“领导”、“方法”和“工具”，缺一不可。

由于 MIS 的极端复杂性，限于篇幅，本文只能十分简略地（或宏观地）介绍了 MIS 的产生背景及其根本问题，真正认识这片浩瀚的“森林”，还得走近它进行深入研究。

* 原载《电脑报》1997 年 4 月 4 日。

38 管理信息系统中人是第一重要因素

管理信息系统(MIS)通常又称为管理自动化系统,在商业流通领域中的为商业自动化系统,在机关事务中的管理信息系统称为办公自动化系统。现在,有些人对MIS这种特殊自动化系统的特性在认识上依然十分模糊,以为它应如自动门、遥控电视机一样轻轻松松地使用。显然,这种认识是片面的、不切实际的。原因是,MIS是一个社会经济系统,一个不仅含有计算机、通信设备等物件,还包括管理体制、组织机构以及管理者本人在内的“人机系统”。正是由于这个复杂的人机系统存在着这么多非技术因素,才引起具体应用中的一系列问题。应该说,在诸多非技术因素之中,人的因素是第一重要因素。

这里讲的人的因素,包括领导者、开发者和应用者三个方面。参与商业管理信息系统开发建设的第一类重要人物是领导者,首先是用户企业的最高领导层,其中一把手的作用更为重要。领导者对信息化的含义、作用以及信息化的困难性和长期性要有足够的认识。MIS引进企业内部,不仅仅是简单地由计算机代替手工,而是要发生深刻的社会性变化。例如,管理体制要适应信息化要求,管理机构也将随之变化,管理业务过程必然要变化,从而管理者本人的工作性质甚至岗位都要发生变化。所有这些变革必须从最高领导层自上而下地、主动地去推动才有可能顺利进行。这就要求主要领导,尤其是第一把手,要有清醒的信息意识,要有足够的远见和魄力以及处理这些变革的高超艺术。由此,就要求领导者亲自参与MIS的建设,而不仅仅是财力上、口头上的支持。MIS建设是一个事关全局的战略措施,绝不是纯技术的更新改造。领导只有亲自参与,才能真正体会到信息化过程的艰难困苦,也才有决心进行重大决策的拍板定案。值得注意的是,领导集团的观点往往并不是完全一致的。对于信息化这样投资庞大的变革工程。出现不同的思想是完全可以预料和理解的,这就更加体现出第一把手参与的重要性。如果主要领导不闻不问,把领导信息化的责任完全交给具体工作的人(如总工程师),一旦遇到重大的意见分歧,将影响工作进程。参与商业信息系统开发建设的第二类人是开发者,包括系统分析人员、系统设计人员、系统实施人员等等。这支队伍与一般工程自动化人员的不同之处在于,一般工程自动化中主要是技术人员,即使工程的负责人也是技术人员。而在MIS开发中,不仅有计算机硬、软件工程师、程序员、数据库管理员,操作员等典型的技术人员,还有其他类型的人员。

第二类人员是系统分析人员和系统设计人员、运算、统计等建模人员等等,而这些人员并不是纯粹的技术人员,他们应是一批既懂管理业务又懂技术的“复合型”人员。对系统分析员和系统设计员的要求就远比技术人员要求复杂,他们是另一种专门人员,不仅知识面宽,而且还要懂得行为心理,善于做好人的工作。还要具有洞察力,懂得管理体制、法规法律和方针政策,能站在组织的高处,不仅能看到现状,还能描述和预测其未来。对于系统设计人员来说,需要专门的培养以及长期工作的锻炼。系统分析员则并不一定出身于计算机专业,他也可能由各种业务人员承担,但他也必须了解计算机等信息技术。在开发队伍中还有一些从事管理数学工作的人，他们也绝不是纯粹的技术人员，因为将现实世界抽象成模型本身绝不是纯技术问题，这里依然包含着"艺术"的成分。不同的人可能抽象出截然不同的模型，因为在抽象过程中人的主观认识水平起了作用。可见，MIS 开发建设中的人并不完全就是计算机人员，可以并不武断地说、纯计算机人才开发一个 MIS，其成功的可能性很小。

参与商业信息系统开发建设的第三类人是最终用户，MIS 的引入改变了工作方式，提高了工作效率和质量，对最终用户实际上要求更高了，必须熟悉最新技术、学会操作电脑，了解软件功能；必须改变观念，重新适应新的工作方式。因此，他们必须接受培训，进行再学习。他们必须在心理上克服各种压力，如害怕工作不能适应，害怕失去工作岗位，害怕失去原来既得权利。尤其是年纪大些、文化程度差些的管理人员，这种担心造成的思想压力就更大，所以做好这些人的工作也非常重要，在技术上让他们参与，满足他们的需求，在思想上让他们放下包袱，建立信心，主动接受工作环境和方式的改变。上述三种人的作用缺一不可，概括起来就是 MIS 的第一重要因素是人的因素。目前仍然有许多人对人的因素缺乏认识，这需要多渠道不断进行宣传。这方面的工作目前做得尤其不够，散见于报纸、杂志上的一些论述也不够理论化和系统化。在西方，MIS 处于低潮的 20 世纪 70 年代就有许多关于人机系统，组织行为学等方面的论著出版，而我国这方面的专著或译著都甚少。目前，一些发达国家在信息化建设中人的因素已普遍得到了重视；对于信息化比较落后的我国，补一下这方面的课还是非常必要的。

* 原载《信息与电脑》1997 年第 4 期。

39 MIS 概念的现实与超越

问：在信息应用工程或者讲信息化体系结构飞速发展的今天，作为我国 MIS 方面的专家，我们想请您谈谈怎样认识 MIS 的概念？

答：我认为 MIS 概念是不能被忽视和抹掉的，特别是在今天。MIS 的概念，主要体现在它非常的全面，这里面有管理的概念、IT 的概念、更有系统的概念。如果只讲计算机，或者只讲网络，那么都具有一定的倾向性，如计算机的体系结构、计算机制造等，都代表了一定的工程的概念；网络更具有通信的意味。而 MIS，则非常复杂，它是利用计算机技术、通信技术、管理决策技术等，为管理者提供辅助管理、辅助决策服务的系统。

我们总不能让领导去看一张张的单据。数据只有经过信息加工厂的加工，变成可以排序、可以统计、可以帮助决策的信息，才能真正实现它的价值，这便是 MIS 的作用，这里面有数据的收集，加工处理、存储及网络传输等等。MIS 实际上是一个加工厂，加工出来的信息为管理者的决策提供辅助支持，使其真正地产生经济效益。MIS 因为涉及管理体制、管理机构、管理思想、管理行为等，因此，它不是一般的工程系统，而是一个非常复杂的人机工程。

未来 MIS 的特点应该是建立在网络之上的高级管理与应用，未来的管理工程中，最高技术管理人员将参与最高层决策，彻底打破技术管理人员总站在后台作服务的概念。

正是由于 MIS 的全面性和复杂性，所以决定了它的构造与实践的复杂性，它不仅仅涉及一般的抽象思维，而且涉及许多社会科学中的形象思维问题，也就是哲学思想和方法论的运用问题。说到管理的问题，就牵涉到是从实际出发，还是主观想象出发；无论是管理、信息技术，还是系统，都在不断地变化，因此，搞 MIS，就没有“交钥匙”的概念，MIS 一定要具有可变性，也就是说具有一定的应变能力，这又体现了辩证法的思想。

问：您认为我国这些年来 MIS 在建造和运用上，不太成功的原因是什么？

答：非常坦白地讲，我国 20 世纪 80 年代以来在 MIS 上花了不少钱，但成功的却比较少。我个人认为，这里面非技术的因素在起主要作用。前面已经讲过，MIS 是一个非常全面的概念，涉及方方面面，最主要的是管理。管理体制、组织机构、管理方法、管理水平等等，都直接影响着 MIS 的成败。如西单商场的 MIS，就是一个非常成功的例子，除 POS 外，财务系统、库存管理等全部由 MIS 完成，其中最主要的原因是领导的重视、支持和参与，管理人员懂得自己的需求，其系统的构建恰恰符合其需要。有些单位，机器配置很好，技术人员力量也很强，但 MIS 并没有搞成功，问题也正出于此。

以前，我们总把问题的症结归于一个“钱”字，认为没有钱就搞不好 MIS。现在，国家要花大力气搞信息应用工程、信息化体系结构和管理信息系统，钱自然就不是主要问题，最后主要矛盾就是我们应该怎样建立符合实际需求的系统，已经构建好的系统怎样用，谁来用的问题。就像我们现在讲信息高速公路的问题一样。电缆可以埋，计算机可以买，系统也可以委托给别人搞，但最后谁来应用，怎样才能应用得更好，让 MIS 真正发挥它应有的效益，才是问题的症结。换句话说，以往 MIS 不成功的主要原因，就在于把技术的因素考虑得过多，而非技术的因素估计不足。

问：您认为国外进行 MIS 建设的情况，有哪些我们是可以借鉴的？您认为未来我国的 MIS 建设更应在哪些方面下大工夫？

答：国外非常重视 MIS 的建设，比如美国，从 20 世纪 50 年代开始进行 MIS 的建设，虽然经历了 70 年代走了一些弯路的失败，但由于其机器量大，又是自由市场经济社会，所以已经拥有了比较成熟的、比较现成的系统。

由于 MIS 所牵涉到管理、信息和系统多方面的因素，特别是管理方面和人为方面的因素，所以可以直接借鉴的东西非常少。以往，我们有些单位也买了如 MRPⅡ这样非常好的系统，价格也很贵，但应用起来却效果很差，这主要是国情不同，文化背景不同，管理方法、管理体制和管理水平都不是处于同一水平线上，从某种意义上讲，有些甚至是无法借鉴的。

我们国家的计算机应用水平还比较低，MIS 建立与应用的水平就更差一些。别人的方法借鉴起来又非常困难，要提倡自行研制开发自我系统，既要付出代价，又要避免低水平重复，因此，一切都在摸索之中，我想走些弯路是在所难免的。

但从另外一个角度讲，如今 Internet/Intranet 的发展与应用，为 MIS 的发展又提供了一个很好的契机。我们应该利用好这个平台，首先为高层决策人员提供一些可查询的信息，让领导们对 MIS 的应用建立兴趣和信心，再建立基础系统。换句话说，现在全面开花来不及，也不现实，要具体情况具体分析，让一些能够马上见到效益的，如财务系统等先上，再自上而下地贯彻，针对 MIS 建立难度大、周期长的特点，踏踏实实地把工作做下去。

问：您认为在 MIS 的建立和应用过程中，领导应该扮演什么样的角色？

答：我们今天谈 MIS，意在用现代化思想和技术进行管理，实现自动的、系统的管理，而不仅仅是用机器代替已有的人工劳动。简而言之，是改变已有的管理模式，真正产生效益。西方国家非常重视这一点。

说到管理模式的根本性改变，就要提到 BPR（业务流程重构）的概念。银行 MIS 的建立，不仅仅是出纳和审核员合二为一；还有邮政综合系统的实现等等都是将以往的管理运作模式——业务流程根本改变，并将高效率孕育其中。为此，我们就要强调主要领导和整个管理体系的亲自参与的问题。以往，我们强调的比较多的是“一把手”重视和支持，而今则不然。MIS 是一个领导工程，而不是一般的技术工程。仅仅是重视和支持是不够的，必须强调参与。

再有，MIS 的建立与应用本身就是一个非常复杂的人机工程，所以不易成功，正如前述，除了技术因素以外，有管理体系、组织结构、人的思想行为等人为的因素在起作用，管理体系的变化、组织结构的调整、人员的更换等都为 MIS 的成功增加了难度，所以就更要强调领导体系的参与作用。

问：您认为现代和未来 MIS 将会对企业应用环境、开发人员、服务提供者（SP）和用户提出什么样的要求？

答：我们今天讲到的 MIS 不仅仅是一般数据的统计和处理，而是复杂的综合技术和管理工程，所以就对企业应用环境有了新的要求。

它要求管理技术要比较先进，管理机构相对稳定，管理人员的信息意识比较强，同时技术人员素质比较高。对开发人员，我们就要求他们不仅仅是一般的编程人员，在具备计算机高级编程能力的基础上，还要具备调研、分析和管理的能力。因为MIS不存在“交钥匙”的问题，所以开发人员和系统服务的提供者是密不可分的。他要对用户提供必要的培训和系统维护服务。MIS的建立不可能一次全部解决问题，维护工程的工作量是相当巨大的，这里面有数据的维护，也有系统功能的维护，包括旧功能的删除和新功能的添加等。在国外，MIS维护的工作量要占整个MIS工作量的75%～80%。对自己已有系统维护工作的重要性认识不足和投入的人力、财力不够，也是我们以前构建MIS不成功的原因之一。因此，我们在今后的MIS开发应用中，要把这部分工作重视起来。

对用户的要求则是要具备一般的计算机使用知识，了解系统的主要功能，并可以承担简单的维护工作。

（记者　李明霞）

* 原载《微电脑世界》周刊1997年9月3日。

40 三个思想与一个概念

第一个思想是,我们要全面考虑企业信息化的范畴,所谓企业信息化,不等于 MIS,也不等于 CIMS。企业信息化,应该是广泛的、全面的,是使我们整个企业各方面实现自动化和智能化。我们最好不要误导,我们企业的信息化还没有达到大规模地推广 MIS 或 CIMS 的时候。我们有 260 万个企业,有 1.4 万个大中型企业。如果每个企业投资 500 万,光 1.4 万个大中型企业的投资就达到 700 个亿。这是不现实的,不利于企业提高经济效益。

第二个思想是,我们的企业一定要搞 MIS、CIMS。如果不搞,我们就丢掉了很好的机会,我们的社会和经济发展就会受影响。但是,一定要在重点的、有条件的企业搞。我认为企业搞信息化有三个条件:一是有信息化的需求欲望;二是有自己的技术和管理人才;三是有良好的技术和管理基础。

第三个思想是,企业信息化的根本问题是体制和业务流程的改革。这种改革是一次社会的革命,而这种革命的深入程度,要远远超过历史上的其他革命。信息技术革命为我们提供了一个好机会。我们要利用这个机会,促进企业体制的革命和业务流程的变革。在此基础上,我们才有机会搞信息化。

我们的企业信息化还必须转变观念。现在我们搞 MIS,是裁缝店式的,量体裁衣,这很危险。我主张信息化应结合企业的实际,搞服装厂式的。这样做虽然困难很大,但这条道路一定要走,否则没有出路。

* 原载《计算机世界》1997 年 11 月 24 日。此文是 1997 年 11 月 12 日由《计算机世界》召开的“如何成功建设企业信息系统”专家研讨会上的一个发言。

41 技术、管理和应用的关系

（谈《微电脑世界》周刊）

我想简单地谈谈技术、管理与应用的关系问题。技术、管理和应用是相互依存的三个方面，不能把它们对立起来。过去常说，技术、管理是两个车轮，互相依赖又互相制约，一个搞不好，车子就会转圈，今天我们再加上应用。技术很重要，需要不断跟踪，但技术是可以学到的，而管理则不那么好学。体制的不同、管理思想的不同、文化背景的不同等，使不少企业买了 MRPⅡ却应用不好的一个原因，这就要求我们在应用中不断学习与创新，总结经验，形成一套自己的管理思想和方法。技术、管理最终都要落实到应用中，换句话说，在技术和管理的前提下，应用最为重要。信息技术发展之快，是其他任何技术所不能比拟的，因此信息技术的应用也就更重要。在这个领域，对读者的服务，如帮助读者弄清技术的内涵，搞好具体应用的指导将是一个非常大的市场。我想《微电脑世界》周刊应该在面向应用这一层多下工夫。

* 原载《微电脑世界》周刊 1998 年第 1 期。

42 企业管理与UFERP解决方案

经济全球化迫切需要全球信息化，反过来，全球信息化又极大地推动着经济全球化。于是一个全新的世纪正扑面而来！中国在这个全球化的新时代内应很有所作为。党的十五大以及九届人大的路线表明，中国将大踏步地向社会主义市场经济迈进，于是，在这个古老的生机勃勃的土地上开创了一个“新经济”和“新管理”时代。

企业是经济的细胞，企业的根本目的是创造经济效益。社会效益也可以转换为经济效益，从本质上来说社会效益也是经济效益。目前在中国，企业信息化已迫在眉睫。企业的生存和发展必须依靠科技的进步，尤其是依赖电子信息技术。现在，从中央到地方都有这个共识：企业必须尽快有序地实现信息化。

企业管理中财务管理无疑是最重要的管理，不管生产的产品多么丰富，多么先进，如果财务出了问题，毫无疑问，企业都将遭受损失，甚至灭顶之灾。韩国金融危机最有力地说明了这一点，许多赫赫有名的大企业遇到了巨大的困境，有些企业还倒闭了。所以，企业信息化应该从财务抓起，以财务为核心(而不是以生产为核心，更不是以计划为核心)是企业信息化的正确策略。

作为中国本土最大的财务及企业管理软件生产商和销售商，用友集团多年来在国内一直领先于信息产业界，其财务软件用户总量已达10万多家，行业覆盖率达99%，1997年成为国内第一家通过ISO 9000质量体系认证的软件企业。早在2年前用友集团就高瞻远瞩，集200多人的开发队伍并投入巨资研发新产品，新一代以财务为核心的企业管理软件UFERP系列产品将于1998/1999年陆续发布上市。UFERP是一个覆盖全企业的MIS解决方案，所谓UFERP的含义是用友(UF)以财务软件为核心的企业(E)资源(R)计划(P)，这是中国式的ERP软件，其哲理源于MRPⅡ又超越了MRPⅡ的概念，它吸收了准时生产(JIT)、精良生产、全面质量管理(TQC)等现代先进管理思想，从而极大地扩展了MIS的范围。因此这是一个很好的MIS商品，是典型的“MIS工厂”的成熟商品。企业资源计划ERP源于MRPⅡ又高于MRPⅡ。早先MRPⅡ主要用于制造企业，尤其是大型制造企业。因此，似乎ERP也主要适用于制造企业。事实却不然，MRPⅡ也好，ERP也好，都适用于中、小企业，这是因为：

(1) 从逻辑上考虑，MRPⅡ和ERP没有任何理由不适合于中、小企业。因为MRPⅡ和ERP首先都是一种哲理，其目标是寻求企业从人财物到产供销的内外部所有资源的最佳运行。任何企业不论其大小和类型为何都存在着类似的运行过程；

(2) MRPⅡ本身在不断发展，实际上国内外已有不少面向中、小企业的MRPⅡ产品，如美国的四班公司的产品、新加坡的产品，天津计算机研究所的产品等。同样，ERP也可以小型化、可以专门开发面向中、小型企业的 ERP 产品，其中 UFERP-M 及 UFERP-S 就是这种产品。

（3）我国共有 800 多万家企业、其中绝大多数是中、小型企业，开发适合中小型企业的 ERP 产品不仅有很大的市场、而且将极大地促进我国企业的信息化。

* 原载《用友财务及管理软件》1985 年 5 月。

43 什么是信息系统集成商以及其他

【编者按】 在国外，普遍认为企业管理信息系统的建设成功率是40%，而在我国，有的人认为这个比率更低，只有20%。一些信息系统建设失败的原因何在？如何评价我国当前的系统集成商？

侯教授认为，真正的信息系统集成商除了设备的集成外，还有数据的集成、功能的集成、管理的集成，这些集成没人做、没人愿意做，这些东西很难，牵涉到组织机构，管理体制、管理行为等问题。

侯教授认为，现在大家讲的系统集成商是"计算机系统集成商"，不是"信息系统集成商"，计算机系统集成商好做，把计算机硬件、服务器、终端、打印机网络连上，计算机系统就完成了。现在集成商都喜欢做前面的工作，不愿做后面的工作。系统分析、应用软件、维护和人员培训没做好，这样的系统集成商只能叫计算机系统集成商，不能叫应用集成商和信息系统集成商，他们观念要变，应该变，问题是他们有没有能力变、愿不愿意变。

侯教授指出，即使是目前国内一些很有名的系统集成商的做出来的方案也不尽适用，没有详尽的系统分析：系统有什么功能？为什么要这么大的工作量？网络传输率为什么这么高？服务器档次为什么这么高？这些"系统集成商"说不清楚，因为他们没有做过系统分析，而这恰恰是关键问题。系统和管理不适应的问题他们知道，但不愿意干，或者没能力干。不愿意干与现在软件不赚钱的环境有关系。

肥水不流外人田

谈及目前信息系统开发的情况，侯教授指出现在的企业信息化普遍自己搞研发，实际上是低水平重复。如以前认为MIS人人都能做，以为开发一个Foxpro程序，就是MIS。各个IT企业都自己做，总想肥水不外流，其实是低水平重复，而最重要的部分——系统分析没有人做。系统分析人员是专门的人才，既要懂技术，又要懂管理，而且站在高层来看一个企业的发展方向，进行分析、设计、再由技术人员进行实现，而这部分人一般企业极其缺乏，现在扮演这类角色的或者是一些管理人员、对计算机不太熟悉，或者是一些计算机人员，对管理不太熟悉，纯技术人员不懂系统管理，搞出来的东西都是局部的，单向的、见不到效益，而真正的MIS系统要见到效益，它决定企业的生存、发展，需要全面的、系统的规划设计。

信息集成不是假名牌

眼下大街上满眼的人们都穿着名牌，虽然假冒货不少，但它们也挺受大伙儿欢迎。一则真名牌太贵，二则咱们不就图挂身上一块牌子吗？至于合不合身，先凑合着吧！

许多企业把自己的系统集成业务交给了承包商，这些公司大多是小公司，承包不是做系统咨询，而是做一个所谓的"解决方案"(total solution)，实际上是搞一套硬件、软件设备。

本着“一分钱一分货的原则”，只要你肯出钱，它就有方案，计算机、网络系统、软件一应俱全。把这套设备安装后交给用户就不管了，用户不了解为什么要这么多设备，因为没有进行仔细的系统分析，也没有技术把前面的内容都掌握下来。所以系统开发很困难，花了钱，发挥不了作用，见不到效益。

在国内，已有一些知名的咨询公司在加入企业的信息系统建设。据侯教授介绍，在西方这种现象很普遍。许多国外咨询公司和纯计算机公司不一样，他们与计算机公司联合，一样承包系统建设项目。像在全球享有盛誉的安达信、普华等，它们原先是财务公司，而财务管理是企业管理的核心，如果财务搞得好的话，MIS 基本出不了什么问题。因为财务与生产、计划、物资等都有关系，财务起核心作用。咨询公司可以承担很多项目，可以从头到尾把项目搞好，而且他还有伙伴关系，与软硬件厂商联合承担项目，因此咨询公司加入企业信息化建设是很自然的。

最后侯教授谈到，信息化建设将完全改变管理理念、管理机构、管理组织，许多中间环节将减少。要研究引入计算机管理后管理机构、管理过程将发生哪些变化。这个工作做好后再引进来，才会一劳永逸。

新一轮企业信息化建设高潮就要到来，在市场经济条件下，外部环境比以前好得多，国家要起的作用是宏观指导的作用，企业信息化只能依靠企业自身。

* 原载《中国计算机报》1998 年第 24 期。

44 关于管理信息系统中病态数据的研究问题

一、问题的提出

几十年来，学术界和业界对管理信息系统的概念、结构、开发方法以及与之有关的社会因素等方面，进行了研究，发表了成千上万篇论文、专著，但是，对管理信息系统中的数据问题的研究却远远不够，这不能不说是MIS研究中的一个薄弱环节。

在现实生活中，由于数据的伪、残、偏、漏、旧而造成MIS失败的例子也不鲜见。因此我认为，研究MIS中的不正常(病态)数据及其产生的机理、防止的方法等就显得十分必要和迫切。

二、数据——MIS的原材料

如果说MIS是一个"加工厂"的话，则它的原材料就是数据(data)，这里的数据包括数字、文字、图形、图像、声音、颜色等等。数据输入到MIS的计算机后，经过加工(处理)和传输，输出信息，给用户使用。显然这个加工厂不可能如物质加工厂那样可以"变废为宝"，它只能输入是"垃圾"，输出还是"垃圾"(GIGO)，于是，不可避免地被宣布"加工厂"生产失败，冤枉地把责任扣在MIS头上。所以，我认为研究关于MIS中的数据问题就尤其重要。

三、试述病态数据的研究内容

为了方便起见，我们将上述数据中存在问题的研究暂且称为"病态数据"的研究，至于病态的定义是什么，先不予讨论。就MIS来说，是否就以下几个方面予以研究：

1. 病态数据的概念

在MIS的运行中可能遇到的数据是伪(假)、残(缺)、偏(差)和旧(过时)等，这些数据可否称为"病态"数据？

2. 病态数据的产生机理

病态数据既有原始数据搜集中的问题，也有加工(处理)过程中产生的可能，其产生原因还有哪些？

3. 病态数据的防范问题

病态数据的产生既有自然因素，又有社会因素；那么，如何防范它们的发生？

4. 病态数据的检测问题

如果已经存在了病态数据,如何把它们检测出来,加以剔除或修正?

四、病态数据的研究方法

在经济和社会生活中,有各种各样的 MIS,它们所要求的目标不同,重要性有异,所以研究的方法应该是具体问题具体分析,例如宏观经济信息系统中的数据,不可能如航天科研数据中的要求那么精确,而武器库中的数据却要求100%正确。因此,不同的MIS中的数据测度要求是不同的。所以说,具体问题需要具体分析。

* 本文是1998年11月22日与某国防学院教师讨论的一个十分重要的论题。应该说,这个问题现在还没有很好地解决,所以有现实意义。

45 试述MIS的专业测试

【摘　要】 MIS开发在我国已有近20年的历史了，但其效果不能令人满意，其中一个重要原因是开发出的MIS系统质量不高。针对这个问题，本文提出建立MIS专业测试的思想。主要内容包括MIS专业测试的必要性、目前我国MIS测试的内容及过程、论述MIS专业测试和MIS专业测试的市场分析等。

一、前言

我国企事业MIS建设已有近二十年的历程了，虽然成功的MIS不乏其例，但失败的MIS却远远超过成功的比例。对于失败的原因业界已作了众多分析，本文不予泛谈，仅就MIS本身的质量以及如何加强质量测试发表一些浅见。

MIS质量由两个方面构成。一为技术质量，即限于MIS软硬件技术的完整性、可靠性及可用性。二为管理质量。前者，技术人员相对比较重视，也易于控制，而后者却往往重视不够。近年来我们提出过MIS开发过程的全面质量控制问题也仅仅限于开发单位内部的质量控制。我们认为这样并不能满足当前的现实需要，因此应该建立独立于开发单位之外的MIS质量专业测试队伍。本文主要论述MIS专业测试问题。

二、MIS专业测试的必要性

在MIS系统的开发过程中，最终用户、MIS项目开发商以及项目评审人员不同程度地决定着项目的质量。最终用户是MIS软件的真正需求者，是MIS项目的投资人和受益人。他们在开发过程中占主导地位，但是最终用户主要是来自各行各业的非计算机专业人员，不太了解信息技术和MIS能够解决什么问题，所以他们不可能对MIS的技术和应用质量提出具体的标准和测试意见。

开发商是MIS项目的承包商，他要负责MIS开发全过程的工作，如需求分析、系统设计和实现等工作。但是我国大多数MIS开发人员出身于计算机和自动化管理等理工科专业，他们的思维方式往往按"程序化"或"过分理性化"的方式进行，自觉或不自觉地按"IF…THEN…ELSE"模式处理问题。由于他们对管理业务不熟悉以及在思维方式上存在局限性，所以就不可能开发一个有效的满足管理需要的MIS，因此尽管他们在开发过程中进行了质量测试，但由于系统的先天不足。质量测试也不可能从根本上解决MIS系统中存在的根本问题。至于目前通常的项目评审人员，即项目鉴定时的专家测试和评审人员，他们接触项目时间很短。既不可能深入了解管理业务也很难洞悉软硬件技术。这些评审和测试实际上已成为一种形式，不可能保证系统的质量。我们认为仿效建筑工程的监理队伍，设置相对独立的MIS专业测试队伍已势在必行。

三、目前我国 MIS 的测试内容及过程

MIS 测试就是在 MIS 项目开发的整个过程中、项目相关人员根据不同阶段的开发报告和以往的相关经验对系统进行分析，制作测试案例并完成测试，最终提交测试报告。

MIS 测试和一般的软件测试有所区别，在 MIS 测试中，测试人员不仅仅是同开发商联系，而且他们还要更多地和用户联系，在一定程度上，他们是用户的代言人。而一般应用软件测试，测试人员仅和开发人员交流，用户基本不介入开发过程，只能被动地接受。

通过 MIS 测试，可以确保开发的软件能够真正满足用户的需求，达到"软件所做即用户所需"，为稍后的项目评审提供确凿的依据，报据笔者在单位系统集成部的统计数据表明，通过有效的测试可以排除程序中存在的 95%以上的错误。

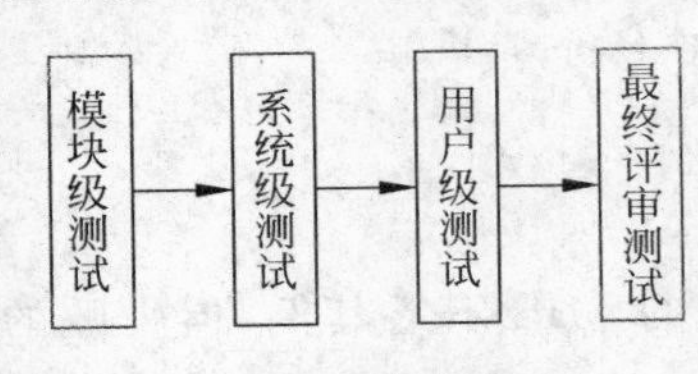

图 1　MIS 的测试过程

目前我国 MIS 的测试过程如图 1 所示。

模块级测试主要由开发人员本人在每段程序缩写完成后自己进行，主要是考察该程序段是否完成了需求功能，清除开发人员的编程错误；系统级测试也是由开发人员完成，其任务是将各个子程序集成到一起，然后运行以考察其整体性能，并通过测试消除系统设计（如结构设计、接口设计）中的错误，同时排除各子程序间的彼此冲突；用户级测试就是用户试运行阶段，其任务是使用现实的环境和真实的数据。消除需求与软件间的不一致和程序设计中存在的死角，发现各种"漏网之鱼"；最终评审测试由评审委员会指定的测试人员完成、他们按照开发商提供的测试大纲完成功能测试和个别抽查测试后，向评审委员会提交测试报告，为项目评审提供依据。

在测试中包括了大量的系统功能分析、测试案例开发、测试数据准备、输入和输出结果核实，而且如上工作还要反复进行若干次、因此测试是一个十分枯燥、十分重要而又十分艰巨的工作。

在 MIS 开发中，下述情况一般会造成软件错误，导致项目失败：

(1) MIS 开发在需求调研和系统设计阶段就已存在错误；

(2) 开发人员依照用户的工作流程和需求设计、编程，对不在其范围内特殊情况的出现未加防范。特别是他们认为出现某种情况属于小概率事件，在平时的工作中不可能出现。因此在编程时有意识地忽略；

(3) 开发人员水平所限，在开发中对问题的认识存在死角；

(4) 用户在编程过程中对原有需求进行更改，而开发人员无暇对项目全貌及时新的变动进行审核；

(5) 使用的开发工具自身存在错误，这种错误出现的概率极低，但确实存在；

(6) 项目评审仅是一种形式，不能进行真正有效的评定。

对开发人员而言，模块级和系统级测试是为了系统程序能够运行，是必不可少的。但要求他们对大量的各种针对在他们看来是可笑的情景进行测试就是自寻烦恼了。例如：在一个 MIS 系统中运行人员考勤程序时，应首先检查人事库中是否有此人信息，并在查无此人数据时给出提示信息。按照用户正常的工作流程，个人资料肯定先进入人事库，然后才会记录该人考勤，这一切是天经地义的。但是，如果用户由于种种原因不能够严格按照工作流程

操作，那么很有可能出现个人资料尚未进入人事库而先输入考勤的情况。这样就出现了上文中的第二种情况。但如果开发人员对该员工的去留项未作判别，那么就会出现一个离开公司的人却仍在记录考勤的怪事。这就出现了上文中的第三种情况，开发经验少的人员是可能出现这种错误的。对于此类错误，如果在开发中就存在死角，那么在自我测试时也不大可能消除这个死角，此外，测试的成就感远远不如编程的高，这也是开发人员对测试不重视的原因之一。

但是最严重的错误是第一种，原因主要是由于用户和开发人员的沟通不足。在这种情况下进行后续的设计、编程和测试是毫无意义的。

对用户而言，一个 MIS 系统需要录入一定的基本数据后才能够开始运转，完成用户级测试.这些数据包括用户日常工作中需要使用的数码表（如电话区号等），然而录入这些数据的工作量是巨大的。一般来说，用户在项目未开始时对这些任务的工作量是估计不足的，大多认为可以在平时工作不紧张时慢慢录入，逐步完成。但在实际工作中，他们却往往发现属于自己或他人负责录入的基本数据因各种原因不齐备，结果软件无法真正运转。同时他们还发现自己工作繁忙，报本无暇平心静气录入数据。这样，项目评审验收前的用户级测试也就名不副实了。由于不能明确软件是否能够真正满足工作需要，在评审时提供的依据也就没有多大价值了。加之测试本身十分枯燥和用户素质不高等因素，一般用户对测试也不十分热心。

在项目试运行完成后，开始进行项目评审，其大致过程如图 2 所示。

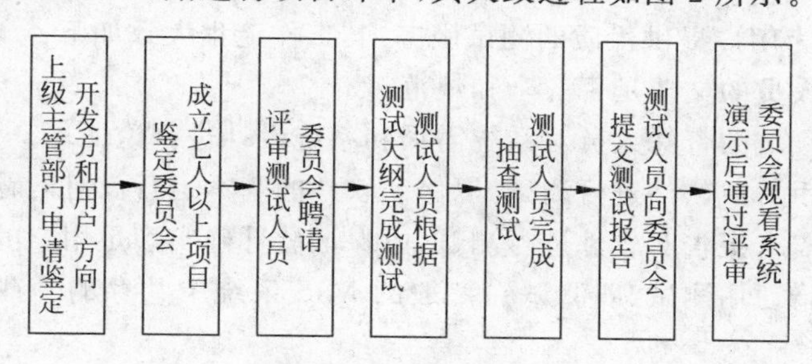

图 2 项目评审过程

在评审过程中，评审委员会需要审查项目的研制报告、技术报告、用户报告、测试报告和资料审查报告，但是其中存在若干隐患。首先，要求评审人员仅凭以往的经验在短时间对研制报告和技术报告做出全面正确的评估是不现实的，而且即使此时发现问题也于事无补了；其次，如果系统试运行中用户不能有效使用系统，而由于其他原因又希望评审通过，那么用户报告也就不具备任何价值了；最后，开发商在完成测试后向委员会提供测试大纲，而指定测试人员按照测试大纲进行测试自然不会有问题。而且由于测试人员对整个系统不了解，因此仅通过若干次抽查测试也不大可能发现错误，我们认为评审不能真正起到作用。

此外，部分评审人员并不具备评审资格。笔者曾参加一家公司管理信息系统的开发，在项目需求报告的评审会上，无意中听到一位当地大学的教授在写评审意见时自言自语道："还真不知道怎么写。"当然，他的评审意见也就没有多大价值了。此外有时尽管软件质量糟糕，但评审结论早已内定，照样过关，评审只不过是一种形式。

根据以上在各阶段测试中存在的问题，我们认为目前我国 MIS 系统的测试是不严格的。用户和开发商对软件质量的评价不一和彼此间的价格竞争,也对 MIS 市场的发育造成负面影响。

四、论述 MIS 的专业测试

我们认为,专业测试公司可以解决在上述 MIS 开发及测试中存在的问题。它的出现可以消除用户和开发商的顾虑.使 MIS 市场正常运作,令双方达到"双赢"的满意结果。

所谓专业测试,就是成立一支专职测试的队伍,在 MIS 项目中以第三方的身份出现,在项目开发全程中对开发商提供的阶段文档进行论证分析,参与开发商进行的模块级和系统级测试,为用户完成大部分用户级测试工作,最终为评审鉴定提供测试报告书。

由于当前用户开发 MIS 系统不再是为了企业定级,而是为了真正增强企业的竞争优势,因此他们对 MIS 软件质量的要求在不断提高。但是用户自身并不具备进行规范测试的能力和资源(人员和时间),而由开发商自身完成软件的用户级测试又存在种种弊端,而且开发商测试的数据在质和量上均不能与用户真实环境中的数据相提并论,因此用户会寻求第三方提供测试服务,根据市场规律。需求决定供给,专业测试公司必然会应运而生,专业测试市场也就因此形成了。此外,由专业测试人员而非开发人员完成测试,还可以防止开发人员对自身程序测试时存在的思维惯性,并能够使开发人员将更多的精力用于开发工作,而不是纠缠于烦琐的测试。

专业测试公司可以依赖自身业务的规范管理(如测试流程和文档)和经验积累(如测试数据和测试人员),为用户提供优质的测试服务,其工作流程大致如下:

(1) 检查开发人员的文档是否齐全和规范;

(2) 由各相关领域的资深人员对系统需求和系统设计进行论证;

(3) 按照用户手册对软件进行测试,以保证软件的基本运行没有问题;

(4) 按照用户需求报告对软件进行测试,以保证软件确实满足用户的需求;

(5) 对软件进行通用测试,即测试在一般的 MIS 系统中共存的一些问题,如对用户文件读取权限的控制等;

(6) 对软件进行特殊需求测试,主要检查软件是否满足用户的特殊情况;

(7) 对软件进行边界测试,即使用一些临界值对软件进行测试。以保证软件的临界运行正确;

(8) 对软件进行破坏测试,即使用各种非正常手段对软件进行测试,如乱击键盘以检查用户对键盘的控制等;

(9) 向开发商和用户提交测试报告。

这样,测试人员在测试中帮助用户对需求和设计进行了论证,又代替用户完成了用户级测试,并且在测试中完成了用户基本数据的准备,帮助用户渡过了软件启动前最大的难关。而且专业调试人员在测试中积累的经验经过归纳总结,其中大部分内容可以在不同程度上重复利用。测试人员经验的不断积累和测试数据库的不断完善,为下一次提供更好的测试服务提供了保障。此外,当用户和开发商在合同执行中出现异议时,它还可以起到仲裁或证人的作用,满足开发商和最终用户的不同需要。

可见,专业测试与一般用户或开发商完成的测试相比,具有不可比拟的优势。

五、MIS专业测试的市场分析

我们认为，MIS软件开发在我国的发展前景十分美好。这主要是根据以下情况分析得出：

(1) 从国外的发展看，计算机应用已进入了工作的各个领域，每个企业几乎都有自身的管理系统。记得在一部美国片中，一个出租录像带的小业主就是使用计算机来对录像带进行管理。国外大型企业的计算机系统还和上、下游企业联网，对其产品供应链进行管理。

(2) 从我国目前的发展看，为了和世界同步，许多优秀的企业配备了计算机。但是由于我国企业在业务处理上与国外存在差异，就算不考虑高昂的价格，也不能购买国外的管理软件直接使用。为此，它们需要请软件开发商来为它们量体裁衣。

(3) 从我国未来的发展看，随着国民素质的提高和企业改造的完成，目前不具备条件的企业也必将应用计算机。这不仅是为了和世界同步，而且是为了和国内先进企业同步。

(4) 从计算机发展角度看，由于计算机硬件和软件的更新换代与企业组织结构和业务等方面的变化发展，企业的管理信息系统每五年需要重新开发以适应新环境。例如FoxPro 2.5 for DOS在1992年还是MIS项目开发中的首选软件之一。但是由于现在用户的操作平台基本上由DOS转到Windows，因此它已基本上退出了历史舞台。又如一个企业在改造后转化为一个由若干个子公司组成的企业集团，自然以前的管理系统也就不能满足新的需要了。

以上这些都会刺激对MIS软件的需求。试想，我国的企业在未来的五至十年内都将开发自身的管理系统，并在今后不断地升级换代，这将是一个多么巨大的市场。

虽然从当前情况看，国内用户和开发人员还缺乏专业测试的概念，国内还未出现从事该工作的专业公司，但是由于上文中提到的原因，即用户方不具备规范测试的能力，而开发商测试又存在弊病，因此伴随着MIS市场的繁荣发展，MIS专业测试市场也必将形成、发展和走向成熟。

专业测试市场的经济性表现为以下五方面：①测试工作可以提高软件的内在价值，使用户可以真正使用并提高工作效率，为他们带来效益；②由于大部分专业测试工作不要求高学历的测试人员，因此整体人员费用低于开发商；③由于每次测试积累的经验可以记录在数据库中，这样测试的准备工作就越来越容易，测试流程和大部分测试焦点将会成为固定模式，整体操作将规范化。例如，各公司的MIS软件中都必然包括人事管理子系统。由于各公司在业务上不会存在大的差异，因此对该子系统的测试焦点基本上是一致的，是某一行业共同所拥有的，那么为该部分设计的测试案例也具有很高的重利用率；④测试公司如果第一次为用户提供高质量的服务，那么这个用户会成为该公司的“回头客”。测试公司也会因此逐步提高自己的知名度，赢得更多的客户；⑤如果测试公司涉足应用系统测试，那么他们在MIS测试中积累的无形资产(经验和声誉)将会发挥巨大作用。试想，如果市场让有100家企业需要开发MIS系统，而有100家开发商，那么每家开发商平均市场占有率为10%。如果只有两家专业测试公司，那么每家测试公司的平均市场占有率将高达50%。

专业测试市场的连续性表现为测试工作在时间上具有不间断性，即开始应用MIS系统的用户不断出现，老用户对系统的不断升级换代。

专业测试市场的社会性首先表现为调试工作是规范MIS市场的一种有效手段，推动了

MIS市场的良性发育；其次表现为用户使用经过严格测试的MIS软件既可以提高平E1的工作效率，又可以通过长期使用获得良好的经济效益，为整个社会的进步和发展作出贡献。

六、结论

专业测试的发展标志着软件业的规范与成熟，专业测试市场的形成是必然的，努力培植、规范、促成这一市场的形成是十分必要的。

（张健　侯炳辉）

* 原载《电子与信息化》1999年第1期。

46 侯炳辉教授谈中小企业的MIS建设

经常有企业读者致函我刊，谈起企业对信息化建设的一些困惑与苦恼。针对企业读者较为普遍的疑问，我们请教了企业管理信息系统专家、清华大学经济管理学院侯炳辉教授。

困惑一：目前，很多中小企业迫于市场竞争的压力，想引进计算机管理系统，但苦于周围成功的计算机管理信息系统应用案例很少，所以一直在徘徊观望。

侯教授：是这样的。这要从第一个信息化建设高潮说起，1984—1985年，各级企业都面临升级评审。根据上级主管部门规定，企业升级必须要实现现代化管理，于是企业一窝蜂上了许多PC机，但这些PC大多成了升级检查时的摆设，没有派上真正用场，企业只付出了巨额投资，却没有见到经济效益。从表面上看，这段时间虽然是信息化建设的高潮期，但实际上企业的行为相当盲目，70%～80%的企业信息化建设是失败的。经过那一次失败，20世纪90年代初，企业领导变得谨慎，也成熟了一些。他们认识到，信息化不能再像以前那样盲目地大搞特搞，认真反思、总结经验。经过几年的沉寂，在国际、国内的激烈市场竞争的推动下，企业认识到，要生存必须要有现代化的技术和管理。1996年起，企业掀起了信息化建设的新高潮。

困惑二：我国目前有1 000万个企业，每个企业的MIS建设会因行业、性质、规模的不同而存在很大的差异，该如何借鉴成功的MIS建设经验呢？

侯教授：根据这些年总结的经验，我想若要建设好MIS，企业应从六个方面来考察自身。

一是建设信息化的动力问题。企业信息化是企业的行为，不是国家的行为。国家在企业信息化建设中只起引导、指导作用，指出其重要性，呼吁企业进行信息化建设，但企业最终的实施是自己决定的。也就是说，企业信息化的动力应来自企业内部。例如，要生产高质量的产品、企业各部门多而繁杂的数据要共享、对市场的需求要迅速做出响应等等这些都要求企业做信息化建设工作。

二是考虑企业自身的技术力量。设备可以买来，但MIS是买不到的。在MIS开发过程中，企业的技术人员是业务人员和专业开发人员之间的桥梁。系统运行后，大量的维护工作，如运行中的维护、修改的维护和适应性维护等都要依靠企业自身的技术力量来完成。如果企业技术力量薄弱，会在系统开发和运行过程中遇到很多问题。因此，培养和引进人才，解决技术力量不足问题是企业信息化建设中不可忽视的环节。

三是要有充足的资金。企业建立MIS过程中，购买设备、开发和运行维护都需要大量的资金。这里需要指出，在MIS招标过程中，企业应注意开发公司是否列出系统维护费用及其比例，以免系统运行后因维护问题造成不必要的麻烦。

四是企业自身要有较好的科学管理基础。科学管理基础也就是完整、规范的规章制度。

如果某企业靠某一产品一时赚了些钱，但企业的管理制度不健全，例如库存管理混乱，库里有的账上没记，账上记的，库里已拿走了，那么急匆匆建立了 MIS 也不会成功。企业应先规范管理程序，这是建立 MIS 的重要基础。

五是各级领导对 MIS 的认识程度。建立 MIS 是项全方位的工程，涉及企业的许多部门。如果高层领导不认识、不重视、不支持不行，中层领导不认识、不认真配合也无法顺利进行。所以企业的管理人员应明确 MIS 的作用、各自的责任，这是成功建立 MIS 的保障。

六是开发人员和管理人员如何处理好关系。有些企业投入了大量的人力和时间，但由于合作诸方关系处理不当，使 MIS 开发失败。因此，处理好合作关系非常重要，这里面存在许多策略和方法，也是一门艺术。我要强调系统分析员这个角色的重要性，他不是计算机专家、也不是管理专家、但他既懂计算机，也懂管理，是系统的专家，是个复合型人才；他了解技术的发展程度、业务需求；他会处理人际关系，有表达、宣传、解释的能力；他谦虚、谨慎，会带领一个团队工作，会做项目管理，即如何分阶段开发、分配工作，调动每个人的积极性。目前我们缺乏这样的人才。

综上所述，我认为这是成功建设 MIS 的六个因素。

困惑三：已经建立 MIS 的企业如何适应未来 MIS 的发展趋势，尚未建立 MIS 的企业如何少走弯路？

侯教授：MIS 的技术发展速度相当快，近几年出现了 Intranet，如何利用 Intranet 技术提高 MIS 的开发速度和运行水平，是当前的一个热点。我要强调两点，一是不管技术如何发展，管理是重要的基础，管理和技术应该是平行的。如果管理制度很落后，即使买来了先进的工具，也是运行不好的。例如 MRPⅡ，我们的企业多数用不好就是因为管理和技术并不平行。二是要尽可能地运用目前已经成熟的技术。

困惑四：如何评价 MIS 的投资和效益？

侯教授：MIS 的投资包括有形投资和无形投资。有形投资指硬件和软件的费用，无形投资包括开发费用、维护和运行费用等。一般企业重视有形投资，其实无形投资非常重要，在信息系统投资中的比例也会越来越高。MIS 的效益评价相当复杂，分为有形和无形效益、当前和滞后效益。前不久我去了一个台资鞋厂，去年该厂年产量是 2 000 万双，销售额近 1 亿美元。他们目前想改建以前的管理信息系统，该厂领导指出，如果现代化的管理和技术跟不上，10 年、20 年以后，鞋厂还能否存在和赢利就很难说。他们目前在技术和管理上大量投入就是为了提高企业的市场竞争力，这个无形效益是算不出来的。

“国外的企业信息化建设是循序渐进的，直到 20 世纪 90 年代发生了突变，企业进入了信息化时代。我国企业信息化走国外的老路不行，一哄而上都搞信息化也不行。我们只能有所为，有所不为，充分利用现有的资源、有限的资金和技术人员，该干的好好干，不该干的绝对不要干。”这是访问结束时，侯教授语重心长的叮嘱。

（记者　赵艳秋）

* 原载《电子与信息化》1999 年第 1 期。20 世纪 90 年代末，我国企业信息化又一次掀起了高潮，尤其是中小企业既想搞信息化，又不敢搞，困惑重重，在这样的背景下，记者访问了我，我谈了上述四个问题。关于中小企业的信息化，我还专门写了另一篇文章《中小企业信息化方针》，也收录在本书中。

47 夯实根基，重解概念

（侯炳辉教授谈企业信息化与信息系统建设）

1998年被业界称为中小企业年，人们不仅开始讨论更着手实施实现中小企业信息化的相关计划，各大公司也纷纷推出相关的中小企业解决方案。那么，企业信息化究竟是怎样的概念？企业信息化建设的目的、动力、约束条件以及主体力量又是什么？我们在大力提倡企业信息化的过程中又应该着力避免哪些失误呢？请看本刊记者对清华大学经济管理学院教授、我国信息管理资深专家侯炳辉先生的访谈录。

问：企业信息化逐渐为人们所接受，特别是开始受到各级领导的高度重视。您能否谈谈企业信息化对我国国民经济建设的意义何在？

答：企业信息化是最近一两年开始提出的，特别是1998年。从中央到地方，各级领导都非常重视，各新闻媒体也大力炒作，特别是目标大都瞄向中小企业，认为这里商机无限。谈到它的意义，我想应该从两个方面来认识这个问题：首先，企业是国民经济的细胞、国民经济信息化的基础就是企业的信息化。因此，企业信息化应该也必须提到一定的高度。其次，经济全球化的发展、全球经济网络化已经成为发展的必然趋势、在这样一个大环境下，企业要生存、要发展，必须实现信息化。换句话说，抓好企业信息化的建设，将对国民经济的建设和发展产生极其深远的影响。

问：究竟什么是企业信息化？

答：这确实是一个有待明确的问题，因为对企业信息化的概念的确存在着一些误解：很多人认为企业信息化就是搞网络、搞MIS、搞计算机。我认为这种理解有些偏颇。企业信息化有更广泛的含义：凡是企业利用信息技术的行为都可以称为企业信息化的一部分，如生产的自动控制、智能化仪表、单片机应用、数字化测量、传统产业中窑炉的改造等等，当然也包括MIS、DSS、OA。需要强调的是，MIS、DSS、OA的概念并不能与企业信息化画等号，有很多客观上的约束条件，因此不是所有的企业都有条件搞MIS。不搞MIS，并不代表这样的企业不能搞企业信息化。

企业信息化的概念澄清是非常必要的，同时，我们也必须强调企业信息系统的建设与维护在企业信息化中又占有相当重要的地位，从某种程度上讲，它代表着企业信息化的发展水平。

问：作为我国管理信息系统的专家，您多次呼吁搞好企业信息化，特别是强调建设好企业信息系统要明确目的，不能一哄而上，您所讲的目的主要包括哪些方面呢？

答：我强调明确目的主要是指在企业建立自己的信息系统时要头脑非常清楚，真正明白所搞系统是为了什么，盲目上马既搞不好系统建设，也用不好系统。我想企业信息系统的建设无非有这样三个目的：提高效率、提高效益和提高企业竞争的能力。提高效率就是要减少人力，加快信息处理的速度和提高信息的准确性和可靠性，提高效率实际上主要指事务处理，有些企业提高效率直接可以带来效益。比如银行系统，如果我们不搞信息系统建设，那么缓慢的数据处理速度和非精确性结果将给银行带来直接的、无可估量的经济损失。信息系统建设的提高效益是要利用信息系统作为辅助管理和决策的手段，准确及时地把握机会，获得更多的商机。如果一个企业里信息不流畅，信息不及时、不准确，就很可能造成产品的积压或短缺，相反，决策者能够及时得到相关的信息，尽早采取措施，就会避免许多的损失。在这方面，一个极具代表性的例子就是联想集团。联想集团已经宣布将下大力气搞ERP，随着企业的不断扩大，企业内部信息管理必须加强，不仅是畅通指令上传下达的渠道，更能促进技术、市场、产品信息的沟通等等，为了在瞬息万变的商海中获得更多的商机和提高整个集团的管理水平和凝聚力，搞好用好企业信息系统至关重要。提高竞争能力这一目的就是更远地看待问题和解决问题，视野也将更加开阔。有些企业、特别是企业管理者，不仅看到眼前的利益，更看到了未来5年、10年的发展，看到经济全球化所带来的竞争，因此不惜代价搞好自己的信息系统建设。

问：您认为企业信息化与信息系统建设的动力是什么呢？

答：现在从上到下都在讲企业信息化的问题，上至国家经贸委、信息产业部、国家企业管理协会都在呼吁企业信息化，各种宣传媒体也在大力炒作，这对于企业信息化来讲是非常好的外部条件——有利的条件。但外因仅仅是条件，不是根本的动力，真正的动力还是来自企业内部，企业要充分认识到建设信息系统的重要性，有迫切要搞好自己的企业信息化建设的压力。例如海尔集团在原有基础上还要投巨资搞自己的信息系统，目的是通过管理来提高自己的效益；还有宝钢，要在“九五”期间投入1亿元人民币进行第四阶段的信息化建设。这样的自我动力是经得起时间考验的，也经得住风险。而现在我认为我国企业信息化遇到的障碍之一就是自我动力不足：这有多方面的原因，有些企业效益不好面临转产、下岗等问题，我想随着改革的进一步深入，企业在走上正轨以后，充分认识到自我内在动力的重要性后，再下决心搞信息化、才有可能搞好。

在这点上我们也是有教训的。“七五”期间，我们搞企业升级，强调过计算机配置的问题，有些企业并不理解其内涵，而是一哄而上，配备了相当数量的机器。但根本就用不上或不会用，造成了许多的浪费，还在观念上起了反面的作用。现在不再有外部的压力(如企业升级)，更多的是引导、企业自主权也大起来了、在认识方面也成熟了、因此如何搞企业的信息化和信息系统建设、完全是企业自己的事、内部动力就更加重要。

问：信息系统建设除了上面讲的内因、外因以外，有没有一定的约束条件呢？

答：有的。其中最重要的约束条件是管理——管理的体制、管理的机构、管理的行为以及管理者。我在很多场合都强调过，与其说信息系统建设的问题是一个技术问题，不如说是一个管理的问题。MIS是为管理服务的，处理管理方面的信息，使得管理更加科学化，如果管理的体制还不够完善，管理的机构不断变化，管理者根本不愿意使用已经建设好的信息系统，即使这个系统再好也没有人用。而一旦没有人用，系统就成了展览品，并且带来了许多负面的作用。

除此之外，各级管理人员的管理思想、管理行为和管理素质对信息系统建设也具有相当重要的约束作用。

问：前面我们讨论了信息系统建设的目的、动力和约束条件等都是比较虚的东西，而一个企业在决定搞信息系统后，最实在的内容就走靠什么人来搞的问题，也就是说，您认为信息系统建设的主体力量是什么呢？

答：企业信息系统的建设要靠这样三种人来做：企业自身的技术人员——他们是企业信息系统建设的中坚力量；信息系统开发商——他们是企业信息系统建设的基本力量；高等院校的科研人员——他们是企业信息建设的创新力量。这三股力量构成了企业信息系统建设的主体力量，他们协同作战，优势互补，才能完成好一个企业信息系统的建设。企业信息系统的使用与维护与其他系统不同，它与管理有着密切的联系，因此，在系统的建设中必须有企业自身的技术力量参加，才能保证需求分析的完整性和准确性；企业信息系统的建设是非常复杂的社会系统工程，系统开发商或者叫做系统集成商具有开发这种综合系统的技术优势，在设计、实施、测试等各个环节都有宝贵的经验，他们可以在较短的时间内迅速实现相应的功能；高等院校的科研人员相比之下更注重新技术的研究，有他们的密切配合，不仅可以取得事半功倍的效果，还从某种程度上提高了信息系统的整体水平，具有一定的超前意识。

以往对于基本力量和创新力量强调得不够，技术飞速的发展和信息系统复杂度增加的特点都使得我们不得不呼吁重视系统集成正规军和创新力量的合理利用。当然前提是系统开发商是真正的正规军，而不是草台班子。

问：您认为当前我国企业在信息化建设中主要应注意哪些问题？

答：我认为应该从这样几个方面来防止相关问题的出现。

(1) 坚决杜绝“肥水不流外人田”的说法。除了个别企业自身技术力量非常雄厚以外，大多数企业基本没有能力搞好自身的企业信息化建设，上一个问题中我已经讲过这一方面，这里不再赘言。

(2) 注意系统集成背后的东西。系统集成是相当复杂的，但不是大杂烩，是有序的集成。这里面有技术的集成、功能的集成、数据的集成、规章制度的集成、业务流程的集成。现在有的系统集成商所提供的解决方案只注重技术的集成，数据集成、业务流程集成等都没有做，而这些集成非常重要，必须重视，否则后面的使用、维护和升级的问题将非常难以解决。

(3) 要防止“消化不良”。信息技术发展很快，而开发和应用的生命周期又较长，如果一味地追求新技术，更换新产品，则必然要造成“消化不良”。如何解决既要防止技术落后，又要防止“消化不良”这一矛盾呢？我认为，首先是不要急于购买设备，要先做好需求分析和系统设计，开发完成后再装备成熟、先进的技术和产品。使得系统在一段时期内不被淘汰。其次，要采用开放的技术，只有开放的设备和技术，才能保证在一定时期内不过时和日后升级的方便。最后，不能浪费、不要赶时髦。如果有些设备即使陈旧了，但还可以用，就应该继续使用。

(4) 要有打持久战的准备。企业信息化是一个工程、一个系统工程、一个社会系统工程，对于一个企业，采用科学的方法，从需求分析出发，到设计、实施、测试直至运行、实现信息化要花上相当长的时间，对于我们国家实现全面的企业信息化则要走更长的路，这里面有人力、物力、财力等各方面的因素，不平衡的问题就更突出。俗话说，心急吃不了热包子，我们必须要有打持久战的准备。

（记者 李明霞）

* 原载《微电脑世界》1999 年第 4 期，记者李明霞。

48 企业信息化丛书序

经济全球化与全球信息化的孪生浪潮为企业的生存、发展带来了巨大的挑战和难得的机遇。竞争异常激烈，商机比比皆是，关键是占有信息资源。

企业是国民经济的基础，从一定意义上来说，没有企业信息化就谈不上国民经济的信息化。增强综合国力、实现国家信息化的中心和首要任务是国民经济的信息化。中国是占世界人口近 1/4 的大国，有 2 000 多万家各类企业，其信息化的难度可想而知，需要的时间可想而知，正所谓任重而道远矣。我们既不能违背客观规律而盲目冒进，又不得不受形势所迫而加速前进。经济、管理是企业信息化的基础，人才是企业信息化的关键。当前以及长远的任务是普及企业信息化意识，提高企业信息化水平，培育企业信息化人才。

企业信息化是一个概括的称谓。广义地说，凡是利用电子信息技术于企业的生产、管理、办公和商务活动的都是企业信息化的一部分。

在生产制造过程中，信息引导、控制和指挥物质的流动，利用计算机进行产品的设计(CAD)，利用信息技术收集、处理、传输、存储和使用信息，使产品的加工、工艺编制以及控制、组织、运输、包装等整个生产过程实现自动化、信息化和智能化。

在企业管理中，信息技术代替人的一部分体力、脑力劳动，通过电子数据处理系统(EDPS)、管理信息系统(MIS)、决策支持系统(DSS)、专家系统(ES)、经理信息系统(EIS)等对生产经营活动中的计划、组织、控制、协调、监督以及人事、财务、物资、生产、供应、销售等管理实现自动化、信息化和智能化。

在企业办公管理中，现代办公设备及办公信息系统使办公活动中的公文、文档、文书、日程、会议、会谈、文件生成、远程会议、视频会议、决策支持等广泛采用信息技术，以实现办公自动化、信息化和智能化。

在企业商务活动中，利用计算机及通信网络，实现网上数据交换(EDI)、电子订货、电子营销、电子支付、电子报关等电子商务活动(EC)，使企业和顾客、供应商以及金融机构、税务机构、海关等近在咫尺，业务瞬息办完，彻底改变了企业在商务活动中的时空观。

我们正在做前人没有做过的企业信息化的伟大工程，在这个工程中将有许多关键因素。但显然“企业信息化丛书”将在这个波澜壮阔的过程中扮演重要的角色：为政府及企业主管部门献计献策；与企业领导商讨信息化中的领导艺术；为企业管理人员普及信息化知识；为企业技术人员介绍现代企业管理知识；推荐 IT 厂商及其产品和技术；为国外企业提供联系渠道；为培养信息化人才提供素材、教材；介绍国外企业信息化的历史和现状；总结我国企业信息化的经验和教训；汇编企业信息化的成功案例；宣传企业信息化的方针、政策和规范；记录我国企业信息化的历史，如此等等。因此，“企业信息化丛书”的出版发行本身又是一个复杂的系统工程。

万事开头难，良好的开始是成功的一半。清华大学和北京大学的一些同志参加了编写工作。在我赞赏他们勇于为先的尝试精神的同时，也担心着会产生的各种缺点和错误。

世界形势，浩浩荡荡。逐步实现中华大地数千万个企业的信息化势在必行，不可阻挡。愿“企业信息化丛书”源源不断地出版，以发挥其应用的最大效用。

* 原载北京出版社出版的“企业信息化丛书”之《企业信息化领导手册》，清华大学侯炳辉主编，1999；《企业信息化知识手册》，北京大学赖茂生主编，1999；《企业信息化建设和管理》，现工信部副部长杨学山著，2001。

49 应用——软件产业的动力和归宿

应用,永远是软件企业的出发点、动力和归宿。中国信息化建设向应用进军的时机已经成熟:人们的信息化意识有了很大的提高,信息化建设的“平台”建设已初具规模,计算机硬件和网络建设有了重大进展。

我国信息化建设的困难很多,在资金、技术、人才、管理基础诸方面还存在很大的问题。据对100个大企业关于信息化建设存在问题的调查,有57%的企业存在人才缺乏问题;49%的企业存在资金缺乏问题;27%的企业认为“效益不明显”;19%的企业存在“方案缺乏”问题;7%的企业认为“领导不够重视”;4%的企业“对IT市场不了解”。在这六大问题中最大的问题除人才和资金缺乏以外就是“效益不明显”,这100家企业(包括金融、财税以及技术和管理基础很好的企业在内)尚且有27%的企业“效益不明显”,可想而知,在信息化建设中提高“应用”的效益是多么重要!

面对中国的巨大市场,世界上几乎所有的IT巨头全都趋之若鹜地来到中国,而中国的IT企业尤其是软件企业明显地幼嫩而弱小,但我们又不甘眼睁睁地看到外国企业吃掉我们的信息化市场,中国的民族软件企业应充分利用好我们熟悉自己民族文化的优势,采取正确的战略,尽可能多地占领市场。而应用系统的开发恰恰是我们的长处,所以,我们的软件企业尤其是如大连软件园中的那些企业,应毫不犹豫地将应用软件的开发作为主攻方向。

应用系统的开发必须结合中国的实际,绝不能走西方的信息化道路。应用系统,如MIS、OA、DSS是一种特殊的产品,它们既是一个“工业品”,又是一个“艺术品”,对于这样的特殊产品生产,西方走过了漫长的道路,而我们要在工业化的同时进行信息化,就不得不采取“蛙跳式”策略,即以较快的时间达到我们的目的。这样,对信息系统的建设也就不能如过去认为的只能按“裁缝店”式的定制生产,应该而且也可能按“服装厂”式的工厂化生产。MIS工厂化生产的意思是生产成千上万种适合于各种企业的MIS及其零部件,即开发的MIS、OA或者DSS都应当是一种商品,使之可以在市场流通,这样,软件企业就有较低的边际成本,而利益却可以大幅度地增值。众多例子证明:“小商品”,潜力无穷,无论是“用友”的财务软件还是“微软”的视窗软件,开始也是“小商品”,但一旦占领市场并借此功能的扩展和再占领市场,它就成为大商品或超大商品。所以,大连软件园不必担心“小商品”“水平不高”,只要有市场,就有效益,就是开发的主攻方向!

应用系统工厂化的关键是采用DPS模型,即一个应用系统由三个方面组成:D——领域,P——平台,S——软件。但任何一个应用系统总属于某一管理或功能领域,总有一些平台组成,总有一些软件模块和文档组成。关键问题是将企业分类,分得越清楚越好。可以按行业分类(如电力、机械、航海等),也可以按功能分类(如财务、人事、库存、办公自动化),还可以按特殊要求分类(如国防、外交)。然后按类、按不同平台要求生产不同的软件模块。所有这些领域、平台和软件模块都放在相应的库中一旦有一个企业需要建造应用系统,就到这些库中匹配，寻找相同的应用系统或者相似的应用系统，或者按需要的功能模块装配出一个应用系统。这样，就形成了一个“服装厂”式的 MIS 工厂了。

大连软件园确有自己的不足，如人才和资金不够雄厚，但也有自己的优势，如环境很好，领导重视，可吸引很多人才。鉴于大连的情况，我认为，大连软件园应以应用系统开发作为主攻方向。一方面，面向国内市场，首先开发已有基础的软件产品（如海港、电力等），使之成为商品，以便快速积累资金；另一方面，主攻“东方”市场，承接日本的项目，开发日本需要的应用系统，也要使之成为商品。

总之，大连软件园具有广阔的市场前景，前途很好，关键是策略正确。

* 原载《大连日报》1999 年 12 月 27 日。

50 海尔与联想的企业信息化

（为某 DVD 光盘的点评）

(1) 海尔与联想的共同特点是国际化企业。现代意义上的国际化应该说和信息化是同义词。所以，海尔人认为“信息化相当于共同语言，没有它就没法和别人说话”，无论是市场链中的物流、资金流、商流等等都是通过信息流的控制、推动，而这个信息流成为指挥一切、连接一切的基础，充分体现了它的共同语言的角色。

(2) 海尔的国际化战略实际上就是信息化战略，没有信息化就没有现代国际化，所有跨国企业都用信息化说话，你没有信息化，连说话的权利都没有，还谈什么国际化？所以，国际化战略就是信息化战略，信息化支持国际化。反过来说，没有企业战略，搞什么信息化？所以，我认为企业战略和信息化战略是一回事。

(3) 企业信息化要不要 BPR，这始终有不同的认识，原因是 BPR 的风险很大，弄得不好，BPR 会失败。这不能怪 BPR，而是没有做好 BPR。海尔的成功信息化就是在 BPR 基础上实现的，联想也如此。有人怀疑信息化是否一定要 BPR ？答案应当是肯定的，但问题本身不是要不要 BPR，而是如何进行 BPR，采取什么样的 BPR 的策略进行 BPR。是“一次性的、彻底的、根本性的”BPR，还是“渐进的、局部优化的”BPR。要具体问题具体分析。比如一个国家的工业化、民主化一样，不同的国情、不同的企业，需要采取不同的策略。不同的 BPR 策略并不等于不要 BPR。任何企业采用计算机管理的时候，总会有或多或少地需要改变管理流程和管理方法吧，怎么可能纹丝不变呢？所以，我的第二个观点是 BPR 和企业信息化不可分。

(4) 作一个简短的比喻，如果企业是一个人的躯体，那么信息系统就是人的神经系统和各种器官。不管什么样的企业，信息系统总是存在的，不过你要成为现代化企业吗？那就要有现代化信息系统，即计算机化的信息系统。国际化企业要有更先进的网络化的信息系统，海尔如此，联想亦如此。

(5) 信息化是一场深刻的革命，触及企业领导、管理人员和一切员工的灵魂。企业组织的重构（如海尔的扁平化，以市场链为基础的组织），业务流程的改造（BPR），都是企业的革命措施。革命就一定有风险，成功和失败均有可能，海尔、联想“革命”成功了，但“革命”失败的也不乏其例。实际上企业信息化除技术以外，还要和其他社会改革或革命一样，需要有高超的艺术和清醒的战略头脑。

(6) 企业信息化是一个过程，是管理变革和 IT 应用不断结合而螺旋上升的过程。由于管理变革和 IT 进步都是无止境的，所以信息化也就需要不断提升，这并不等于说信息化没完没了总在变化，那也没有必要，除非信息系统的生命周期到了，必须要升级。

(7) 企业信息化的普遍性和特殊性

企业要信息化是普遍的问题，无一例外。但企业有规模、行业、水平等等的不同，而且还可能有其他意想不到的差别，所以企业信息化不可能有一种模式。海尔特别突出，有张瑞敏这样杰出的企业家，有家电这样特殊的行业，有山东青岛人特殊的进取文化，有良好的社会环境，当然还有人才和资金等等。联想也有其特殊性，如有杰出的企业领导，管理员工素质高，行业特殊（生产信息产品）等。这两个企业和传统企业不同，它们的成功有其特殊性。它们的经验有些具有普遍性，如企业领导的远见卓识，管理的主动变革，员工的进取精神等等。至于它们采用什么软件产品，请什么咨询公司等，没有普遍性。

(8) 联想采用 SAP 的 ERP 软件，请德勤公司作咨询顾问，这是借用外力的一个成功的例子，ERP 软件 R/3 和德勤公司都来自西方发达国家，毫无疑问，在进行信息化时必然有东西方的文化冲突，这种文化碰撞需要磨合，而磨合过程是很痛苦的，正如联想的 CIO 说的"如蝉蜕皮"，联想的成功最值得推崇的是领导的决心和员工的高素质，其他经验的推广要充分注意其风险性。

(9) 海尔的成功经验也有其特殊性。海尔也用了 SAP 公司的 ERP 软件，但海尔有自己的企业文化，它根据自己的企业文化进行 BPR 并主动与信息技术和西方的企业文化相结合，海尔的经验很宝贵但也不太好学。

(10) 中国的企业信息化最大困难不在于技术，而是在于东西方企业文化的碰撞和冲突，所以从这个意义上来说，联想和海尔的经验是值得总结的，但无法照搬它们的模式。

* 联想和海尔信息化成功以后，我国领导人去参观，于是有关媒体积极宣传它们的成功经验。也许为防止误导，有关部门请我予以点评，我想这个点评会起到良好作用的，虽然这是好几年前（2002 年 10 月）的事了，但其中一些观点仍然是有意义的。

51 BPR是无辜的

《IT经理世界》经常登载不同观点的文章，这不仅活跃了学术空气、而且能使对问题的认识更加清晰、全面。上期发表的武兴兵的文章《BPR正本清源》，从BPR的起源到实施的利弊进行了全面的评述，是一篇值得思考的文章。

对于BPR，业界一向有许多争论。问题是一些媒体，包括一些读者，业界人士的"跟随效应"很大，东风西倒，西风东倒，对BPR作用的宣传，尤其如此。BPR是一种先进的管理思想，它的问世有其社会背景，而它的成熟需要经过实践验证，还在试验中的BPR成功与失败并存并不奇怪，尽管有多达70%的失败，但毕竟还有30%的成功，所以也就不能用70%的失败去否定BPR，更不能因30%的成功就把BPR奉为万能良药。

一个企业的信息化如何进行，必须从企业的实际出发，要不要BPR，要怎样的BPR，更要从企业的实际出发。有条件且迫切需要BPR的(如海尔、联想、斯达)，就应该去BPR，而且实践证明，这些企业成功了。没有条件BPR的(如各种"包袱"很重的传统企业)，不要说BPR，也许稍有改革的BPI(business process improvement)都不可能，难道再能进行"根本的再思考"和"彻底的再设计"吗？

对于"舶来品"，尤其是时髦的"舶来品"(以此类推的还有CRM、SCM、ERP、EC等等新概念)，我们的态度首先是不拒绝，其次是不盲目跟风。要分析它是否符合中国国情、符合中国企业的实际，绝对不能"生吞活剥"，吃了消化不良、肚子痛。

我们不得不承认，我们的技术(尤其是IT)也好，管理也好，还不如人家先进。人家是发达国家。我们是发展中国家。老实、谦虚地向人家学习不容置疑。但也不能太妄自菲薄、无所作为。

不是在鼓励创新吗？也许正因为我们的创新还太少，所以人家一有新概念、新技术，我们就趋之若鹜，唯恐跟之不及，以致付出了不该付的代价，这是需要总结的，同时也要激励自己多多创新！

还是拿BPR来说吧，道理很简单，企业信息化本来就是一次革命，信息化就不可避免地要触及管理、触及业务流程的变化，把信息技术堆砌在原封不动的管理机构和业务流程上的教训，我们也是不少的。

企业信息化是长期的、逐步的、分步进行的一个过程。所以在企业信息化的过程中就不可避免地要进行BPR(有条件的最好)，或不叫BPR，而叫BPI，或干脆叫BPO或MPO(管理流程优化：management process optimization)等等。彻底革命的BPR也好，渐进革命的BPI或BPO、MPO也罢，总之企业信息化与管理变革是一个整体、谁也不能将它们分离。

政府的作用是引导企业信息化，不能包办代替，尤其不能以某些特殊企业的特例当做普遍适用，企业信息化是企业行为。一切从实际出发、这是最基本最朴素的结论。BPR无辜，认识有歧，是为拙议。

* 原载《IT经理世界》2002年11月21日。

52 金系列工程统一标准再难也要做

领导重视是金系列工程的重要一环,但除此之外,对国家部委的信息中心主任来说,要建设好金系列工程,不仅要做好项目的可行性分析,更重要的还应该具备统一的标准,包括技术标准、数据标准等,否则也只能是再建成一个个信息孤岛。郭诚忠认为,以往的金系列工程建设和其他信息化项目一样,立项之初也做了可行性分析,但这些分析往往侧重于技术而忽略了系统的可行性分析。如果做电子政务项目仅仅考虑技术的可行性,而对系统的可行性分析不够,将会给整个工程的实施带来极大的隐患。有些金系列工程已经建设了多年,积累了很多资源,总不能一上新项目就把原有的资源放弃掉,而利用已有资源的前提是统一信息化建设的标准。然而,统一信息化标准确实存在很多困难,不同的"金字"工程只能根据各自的实际情况灵活处理。"例如社保信息化,它主要由养老保险、失业保险、医疗保险以及劳动力市场信息系统等组成。"清华大学侯炳辉教授说,理论上各个险种的信息化应该放在一起,实现"五保"合一,但实际上很难做到,因为各地的具体情况相差较大。一方面,社保信息化本身具有一些共性,如指标体系、数据标准等;另一方面,各地的情况又千差万别,甚至业务工作流程都不一样。劳动和社会保障部信息中心已经推出了一个社保核心平台,平台有一个中介面,不同的模块间可以自由组合,各地可以根据自己的情况自由选择,从而充分发挥中央和地方两方面的积极性。这个积极性,实际上是"二乘二"的积极性,第一个"二"是中央和地方两个积极性;第二个"二"是发挥政府人员和企业人员的积极性,如果两个"二"相乘起来,这个积极性就非常大了。

*原载《计算机世界》2003年8月4日。这是我在参加《计算机世界》召开的金系列工程研讨会上的发言,我认为国家大行业的信息化,必须遵循统一标准。而且,对于金系列工程还必须发挥各方面—中央和地方、公务员和企业人员的积极性。

53 信息资源管理考验中国信息化

走向信息文明时代的挑战

信息资源管理要提上日程。

朱希铎：信息资源管理在中国信息化建设过程中是一个具有战略意义的重大题目。

如果从20世纪80年代开始算起，我们国家信息化建设已经有20年的历史了。根据有关数据的统计。这20多年来，我国在信息化建设方面的投资不低于3万亿元。这样庞大的投入使得我们有一个厚重的信息资源基础，比如，全世界都没有像我们国家这样庞大的骨干网；中国有很多世界第一：移动用户世界第一、有线电视用户世界第一、上网用户世界第一，所有这些都属于物理资源。现在还有一个宝贵的大量的资源是什么呢？它就是这么多年以来在大量应用系统的数据库里面存着的大量数据和信息，包括在党政机关、企事业单位内部的各种应用系统，比如企业的ERP系统、电信的BOSS系统等，这些都属于信息资源。

有了这么厚重的信息资源基础之后，我们面临这样一个挑战：下一步的信息化往哪里走？现在人们热衷于谈政府的科学决策支持系统、企业的决策支持系统和全方位电子商务系统，其实这些事情都是一类事情：对现在存在的这些大量的信息资源进行有效的集中、管理和运用。这也就意味着我们要从信息资源建设的阶段过渡到信息资源管理的阶段。

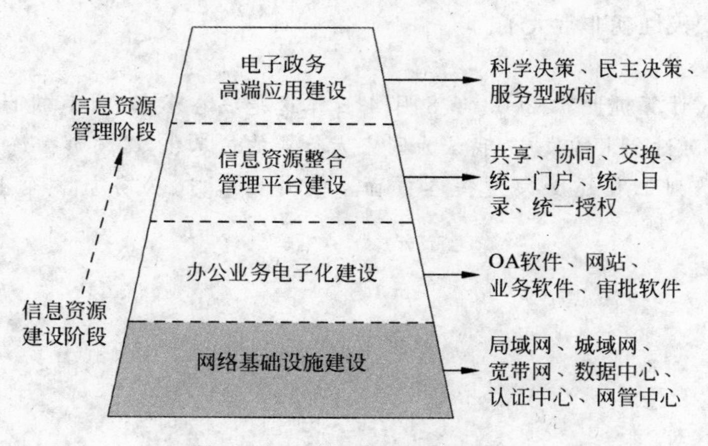

图1　电子政务建设的四个层次

国际上很多专家都对信息化进程的阶段有过论证，提出了不同的模型，有的将它划分为建设期、扩展期、整合期、成熟期，还有的将它划分为数据阶段。信息阶段、信息资源阶段、信息武器阶段。这些提法对我们来讲都有一定的参考价值，我们也应该很科学地分析我们信息化的阶段和进程。如果从信息资源管理的角度来说，我认为，现在以及未来5～10年内，我们国家的信息化将经历一个从信息资源建设阶段到信息资源管理阶段过渡的信息资源整合期。这个整合期内需要做大量的工作。

从中央到地方，大家应该明确地认识到这样一个问题：从信息资源建设到信息资源管理有一个阶段性的转变。我们现在是要做信息资源管理，就不要再用信息资源建设阶段里常规的做法和观念去解决信息资源管理阶段的问题。这是一个转折，这个转折的显著特点是什么？我认为这个特点是信息资源现在已经变成了一个重要的经济资源，这是一个本质的问题。我们要把所有的数据，所有的应用软件所有的网络系统都作为重要的经济资源来进行调度那么这时候的出发点是什么呢？它已经不是过去我们采购一些东西来改善我们的工作环境，而是要通过对这些信息资源的挖掘、管理、集中、调度和使用来追求和实现增值包括政府的服务能力增强、社会的经济能力增强和企业的竞争能力增强等。我觉得这是信息资源管理阶段与信息资源建设阶段最实质性的区别点。

图2　信息资源管理的五大要素（FOTES模型）

侯炳辉：我非常同意朱总的观点纵观世界文明的发展农业文明过渡到工业文明给人类带来了巨大的变革。工业革命的典型代表是蒸汽机的发明工业化社会大生产是工业文明的典型特征而计算机技术的发，信息技术的发展把人类带入了一个新的文明时代，那就是信息文明时代，这个时代的典型代表是计算机和网络技术，信息资源的开发与利用成为该时代的典型特点。我们可以初步下个结论：人类已经进入了信息文明时代。

我也认同信息资源管理阶段这个判断的，我也一直在呼吁信息化要强调信息资源管理。正如朱总所讲的那样，我们国家在信息化方面已经有了不低于3万亿元的投入，成绩是有目共睹的，但是存在的问题也很多。我们花了这么多的资金，是否能够达到我们预想的效果，特别是我们的管理信息化到底怎么样？我说问题很多，主要是指这一块，而且将来取得最大的效应，覆盖面最宽的地方恰恰就在管理信息化。

出现问题的原因是什么呢？我想关键原因恐怕是我们的信息化能力不足。这方面需要做的工作还非常的多。能力不足反映在哪些方面呢？首先就是认识能力不足。对信息化的困难性和复杂性的认识不平衡，比如说负责信息化的部门认识到位了，但是其他部门却对信息化没有认识或认识肤浅，其他方面的不足表现在制度和组织的能力、资金能力，技术能力和应用能力。总的来说，这5个能力是不足的，但是有的能力已经不错了，比如资金能力，我们现在不是没有钱了，我们有钱，但是我们有了钱也没管好技术能力也有很大的提高，但是我们的应用能力很差。制度和组织能力最差。

没有组织制度就难以成功

没有规矩，不成方圆。CIO制度本身将成为实力和竞争力。

朱希铎：据我了解，有的公司花了十几万元上了CRM系统，但是实际的用途只是填报销单据。不经过CRM系统，就不给报销，除了报销的功能，这个CRM在实际工作中就成了摆设，这就是应用的问题。应用能力不完全是技术的问题也有管理的问题和服务对象的问题。制度和组织能力应该能够加强，但是我们在这个部分认识不够，很少有人做。

侯炳辉：是这样的，在有了资金和技术之后，就是要用制度和组织保障来实现应用效益的最大化。美国政府信息化搞得最好的时候是20世纪90年代中期，这个时候美国出了很多这方面的制度和法案。其中联邦政府的一个法案就规定，政府任何一个部门在进行信息化建设的时候，就必须在一个由CIO做负责人的组织领导之下制定规划，明A规定目标、步骤等细节问题。这样，什么时候实现什么任务、投入进去是多少、出来的效果会是怎样、什么时候要进行检查、阶段目标如果没有实现要负什么责任等问题都列得很详细，这实际上就是组织领导制度。

有了这样的制度就厉害了，为什么呢？这个制度保证了搞信息化的时候必须要有一个强有力的领导或组织来主持这件事情如果出了问题，这个组织是要负责任的。我们国家信息化现在存在的一个问题就是信息化建设出了问题的时候，找不到人来负责，浪费就是浪费了。存在这个问题的原因就在于负责信息化建设的部门的负责人没能实现技术和权力的统一。有的负责人是有权力但没技术，有的负责人是有技术但没有权力。出了问题就会相互推诿责任。所以就需要建立制度保证组织里有一个懂技术、懂管理、懂战略的负责信息化的实权人物，这个人可以被称为CIO或总信息管理师。这个制度要给这个人一个名正言顺的冠名，也要给他权力，实际上也是给他责任，将来信息化如果失败了，就找他负责。这个人很重要，不仅要有知识和能力，还要有人品、责任心、文笔、哲学头脑、民主思想等。

在这一方面，有两件事情需要推动，作为学者。我也在这些方面做出了努力。一件事情就是信息管理师的培养和教育，在国家劳动和社会保障部职业技能鉴定中心的直接领导下，北京金谷田经济顾问有限公司承担了这一工程，信息资源管理师已经列入中华人民共和国职业大纲，今年已经开始这一职业考试。这将为企业培养能够胜任信息资源建设和管理的信息化人才；另一件事情就是建立CIO标准。我从2000年就开始策划和制定这个标准，这个标准涉及CIO的职能、任务和考核等很多方面的细节问题。这两个问题的解决将有利于建立以CIO为核心的信息化运营体制。

朱希铎：在信息资源管理阶段，信息资源现在已经变成了重要的经济资源，不能用信息资源建设阶段里常规的做法和观念去解决问题。

侯炳辉：信息化涉及许多社会问题，这些问题形成了一个人和设备相结合的非线性系统，这个系统是一个社会的系统，不是一个工程的系统。

五大要素托起信息资源管理

组织、架构、技术、环境、服务，一个也不能少。

朱希铎：CIO的问题的确是个很关键的问题，信息资源管理不是把资源整合起来就行，而是需要一个有效的信息资源管理体系，这个体系有软件的功能问题，更基础的是从事信息资源管理的队伍问题。信息资源建设阶段相关负责人只要能够选型，找一个施工单位来施工就可以了。但是对于信息资源管理阶段来说，事情就不这样简单了。信息如何进行整合？整合好的信息如何进行管理，服务和使用？这些事情是要由CIO来做的。CIO可能不是一个人，而是一个组织。负责信息资源管理的组织也可能编制比较复杂，内部分为A、B两个系列。A系列负责授权，决定哪些人可以看到和应用哪些信息，B系列负责信息处理。

除了组织问题之外，我认为信息资源管理还有另外四个方面的要素。首先就是架构，在信息资源建设阶段规划是以建设进程为主线的，在信息资源管理阶段，规划应是以架构为主线，主要涉及的是这个信息化运营体系的架构，这个架构要消除以往分散建设所导致的信息孤岛，实现大范围内的信息共享、交换和使用，提升系统效率，达到信息资源的最大增值，技术也是一个要素，要选择与信息资源整合和管理相适应的软件和平台，我们应该看到国际软件业在这个方面的技术发展动态。现在国际软件业比较盛行的就是SOA，即基于服务的架构体系，我国信息资源管理阶段在技术选择上应与这个相适应；另外一个就是环境要素，这个主要是标准和规范，信息资源管理最核心的基础问题就是信息资源的标准和规范，我们在这个环节上是滞后的。最后一个要素是服务，这个服务不是售后服务。而是一个服务保障体系要有方案。现在建庞大的信息系统如果不同时建立服务体系，可能最后会导致信息系统建完了，但还是不能用。

哲学思想贯彻始终

变革的过程充满哲学的思维。

侯炳辉：信息资源管理的这几个要素比较全面地回答了现阶段对信息资源如何进行管理的问题，这几个问题其实最后都要为实现一个目标服务那就是应用。应用才是最根本的，但应用的问题也是一个比较复杂的问题，它和人才、制度、组织、领导、认识水平、技术和产品等各方面因素都有关系。

目前，我国在提高应用能力方面是比较弱的。要解决这个问题。首先要提高认识。包括要宣传哲学思想。

我是学工科出身，后来涉足到管理，对信息化的认识就和以前不一样了。我越来越认识到技术人员一定要懂得管理，管理人员也一定要懂得技术，经过多年的积累，我发现信息化的问题最终是一个哲学的问题，在建设和管理的过程中。始终贯彻哲学的思想，比如：以人为本，实事求是、一切从实际出发、强调矛盾的同一性和对立性等。这是因为信息化的本身不是工业化，不是买了设备就可以了。除了买设备之外，它还有一个变革的问题，包括管理的变革，甚至还有制度的变革，这就涉及机制和人的行为等社会问题。这么多问题结合在一起，就形成了一个人和设备相结合的非线性系统。而且这个系统是一个社会的系统，不是一个工程的系统。

信息能力捍卫主权安全

信息资源开发与利用的能力本身就是企业的能力、国家的能力。

朱希铎：无论是企业的信息化还是政府的信息化，都是一个综合的社会系统工程，它远远超过了底层的技术问题。不过在这个系统里，信息化首先要解决底层的技术问题，底层是源泉，没有底层的财务系统、人事系统、PDM、CRM、ERP等这些业务系统和数据。上面的管理就没法做，底层的问题解决了以后，上面的问题就凸显了。

目前，虽然这些底层的数据和业务系统都在运行，但运行得很乱。作为一个系统来说，一个企业是个有机的整体，不是人力资源的单管人事，生产的单管生产。彼此之间没有关系。实际上，它们每天都在进行着若干次的交互。但原来的信息系统是独立设计的，是独立地安装、调试。运行的，这就难以形成有机的整体。

从这个角度来说，我们面临着迫切需要解决底层数据交互的问题，实现信息传递和信息交互，这也就是信息资源如何开发和利用的问题。据我了解今年召开的国家信息化政策研讨会将把信息资源开发和利用提到一个很高的高度上去，将在会上讨论出台信息资源开发与利用指南，这意味着我国决策高层已经重视信息资源的整合和管理，这将提升我国的信息能力，我对此鼓掌叫好。

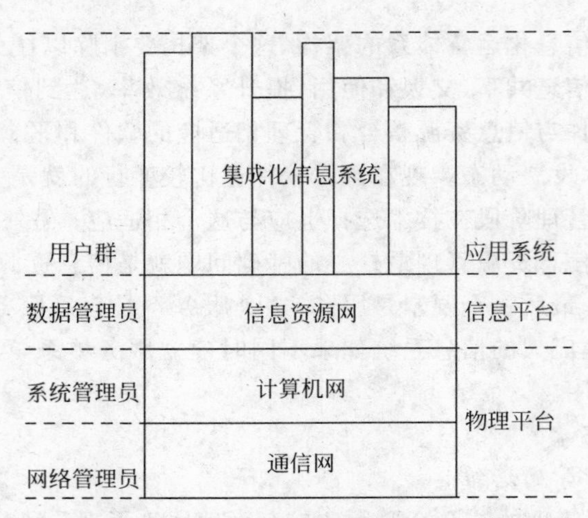

图 3　企业信息资源开发利用的综合模式

在一开始的时候，侯教授讲到我国的信息化能力不足，我想信息化能力本身就是企业的能力、国家的能力。在大量的信息资源产生以后，如何利用这些信息资源提升企业和国家的竞争力将是至关重要的，这本身也是开发利用的问题。今后在国家与国家之间的竞争中，信息能力将很重要。竞争已经不是说你的武器装备有多先进，你掌控的资源有多少，更多的是信息的能力。未来的战争也可能是仗还没有打呢，所有的武器装备都已经瘫痪了。那你的仗怎么打？你的信息系统如果被人掌控了，那你就已经缴枪投降了。为了捍卫主权的安全，当务之急就是要提高国家的信息能力。

实事求是的信息化规划

不切实际、只求宏大的规划可能只是满足了某些公司圈钱的目的。

侯炳辉：对信息资源进行开发利用，也是对信息资源进行管理，它要求做好信息化规划。信息化规划不是简单的信息资源规划，而是企业或政府在未来的若干年内整个信息化将是什么样子的规划。它包含信息化的目的是什么、应该怎么做、已经有的资源如何整合起来等问题。信息化规划里面最核心的是信息资源规划，信息资源规划是指对企业生产经营所需要的信息，从采集、处理、传输到利用的全面规划。

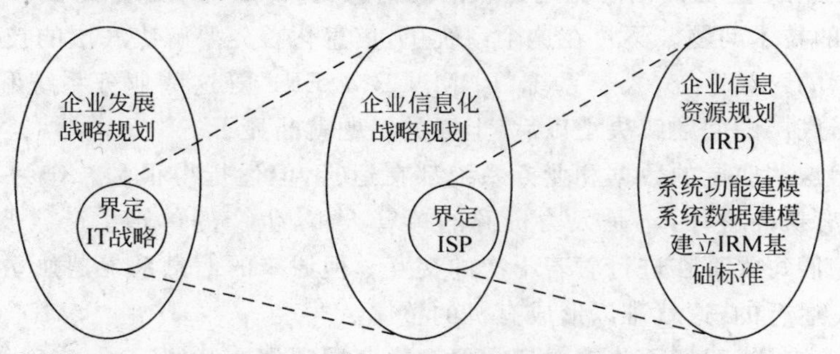

图 4　企业发展战略规划、信息化战略规划和信息资源规划的关系

做信息资源规划首先要从大局上做好信息资源开发利用的综合模式。这个综合模式包含了通信网、计算机网、信息资源网和集成化信息系统。其中前两个是物理基础，其运行和维护只需要少数的网络管理员和系统管理员；而信息资源网则需要业务人员和信息技术人

员相结合，特别需要由 CIO 统一领导下的信息资源管理队伍：集成化信息系统能够保 ET 企业内部各部门信息共享，并能与企业外部的客户、供应商和业务伙伴进行信息自动文换的系统。

朱希铎：信息化规划一定要讲实事求是。我们公司现在帮助客户做规划的时候就提出“大概念、小项目、长规划、短安排”的思路，并通过专业化运作提升竞争力、以联盟化来降低综合成本、以本地化形成服务优势。我们会告诉客户信息资源整合和管理的重要性。但我们不主张客户的投资规划越大越好，而是要根据实际情况来规划项目的大小和投资的多少。比如，我们在协助吉林省政府做数字吉林的规划的时候，我们知道他们需要的是整合，就建议他们先在小规模的范围内整合，他们比较容易接受。

信息资源规划也有一个技术选择和实现的问题。从进行信息化建设和管理的政府或公司的角度来看，他们无法在技术上整合不同供应商的 IT 软硬件产品，进而形成一个操作平台，很多信息化建设和管理没有成功就是这个原因导致的。这也就为中间件软件行业提供了机遇。而这个机遇恰恰是我国发展自主知识产权软件业难得的并且可以成功的机遇。

然而机遇归机遇，我国的软件企业目前规模都不大，要做一个完整的中间件的体系，目前我国的软件公司任何一家都难以做到。虽然每一家软件公司都有自己的优势，有独立知识产权的软件产品，有良好的客户关系，有成功的应用经验。但是产品功能单一，不能够满足政府和企业的复杂应用需求，所以需要中国的中间件企业联合起来，形成有组织的利益共同体，依托各自的优势进行合作，开发出符合中国政府和企业需求的中间件产品组合套件。

这样的产品联盟将是国产软件业特别是基于中间件的软件企业发展的必由之路，也将为信息资源管理所需要的架构平台在技术实现上做准备。产品联盟的成员在共同的经济利益驱动下。各自发挥专业化的技术优势。开发专项的中间件产品，共享联盟成员的客户信息，相互销售联盟成员的产品，经过一段时间的发展，必然能够形成一股强大的力量，能够与国际的大型中间件厂商抗衡。今年初我代表中关村科技软件公司联合国内几十家中间件厂商共同发起成立了中国软件行业协会中间件分会，但是协会是一个大家庭，企业很多，难于形成产品层面的深层次耦合，也难以形成集中的竞争力。为了形成产品组合套件，形成能够同国际大型中间件企业抗衡的团体竞争力。我联合了国内的金蝶、信雅达、普元、拓尔思等另外五家优秀的中间件厂商成立了产品联盟，该联盟成员们都非常的积极，现在已经形成了产品、市场、销售等各个层面的工作组，并开始联合办公。

除了业内自发的形成联盟体，增强团体竞争力以外。国家应该把中间件产业的发展提到战略的高度而不是当做普通的项目来抓落实。并给予比较大的资金和政策支持。

侯炳辉：这就涉及国家战略的问题。我认为，我国应形成政府主导和市场运作相结合的信息化管理运营机制，政府在这个过程中一定要发挥积极的作用，并通过市场的竞争合作来促进发展。同时，不能忽视学者在信息化发展的过程中所起的研究和推动作用，把政府、企业和学者三方面的积极性充分发挥并结合起来。

（记者：李锋白　方芳　李小毛　插图：黄静）

* 原载《中国信息化》2004 年 10 月。

54 信息化也要按规律办事

中国信息化无论是企业信息化和政府信息化都是前所未有的伟大事业，有人说是世界难题。回想20多年来企业信息化的经验教训，近5年来信息化的艰苦历程，几上几下，可谓波澜壮阔。效果如何，有目共睹，都可评述。近年来电子政务更是风起云涌，建网装机，轰轰烈烈，然效果如何，也有目共睹，都可评述。总结经验，由实践上升到理论，再由理论指导实践，是认识论的规律，不能违背，中国的信息化也应有自己的规律：

(1) 企业信息化是企业自己的事，企业内部动力才是企业信息化的根本动力。企业切实感到不信息化就不可能生存、发展，他自己会下决心出大力、花大钱主动进行信息化，如海尔、联想、宝钢、中石化、电信、金融等企业的CEO早就将企业信息化作为企业的战略。相反，如果企业还没有信息化需求，就不要逼迫或者引诱他去勉强进行信息化，欲速不达，拔苗不能助长。

(2) 信息产品要符合中国的实际。中国的实际是：企业信息化相对落后；人们信息意识相对浅薄；管理基础相对薄弱；信息化水平很不平衡；企业比较重视眼前利益……所以，信息产品就要适应这种情况。如产品要多样性，高级复杂的要有，中、低级的也要有，能够灵活满足企业的当前和扩展要求。

(3) 信息化要有长远规划。这是一个谈得太多的老问题，但真正理解实际上并不容易，没有信息化的长远打算，必然会产生意想不到的后果，所谓"人无远虑，必有近忧"。

对信息化规律认识的本身，也有一个规律，即认识是一个过程，正如信息化是一个过程一样，随着信息化水平的提高，对信息化认识的规律也将愈加深入。

* 本文是2005年8月28日在金蝶公司发布SOA会上的发言摘要。实际上，目前人们对信息化规律的认识还远远不够。因此，本文仍有现实意义。

55 关于中间件的一些构想

近些年来，软件产品“中间件”是媒体介绍的时兴对象，由于中间件具有整合信息资源的功能，这对已经在企业信息化方面做了多年的用户来说，确实是一个巨大的诱惑，但某些企业仍然犹豫，既然名曰“中间件”，说明它不是“最终”件，不是最终产品，当然不是最终用户可以直接使用的。所以，对于中间件的推广使用就没有像数码相机、Office 那样，一推就灵，所以，我认为“中间件”应将功能扩大，使之成为“万能件”平台，即具有如下三方面功能的平台。

1. 信息资源整合优化平台

这是基础平台，能使任何版本、厂家的信息资源都可以放在这个平台上，通过整合、优化，使之发挥最好作用。这一点也许已经做到了，但是否还不够，因为要做到“优化整合”、“智能整合”、“快速整合”也是很不容易的。

2. 信息技术学习开发平台

这是中间平台，利用这个平台进行信息技术学习、信息系统的开发，而且非常方便，例如 Windows 就是一个信息技术学习和信息系统的开发平台。这个开发平台不仅是在软件方面，而且能对业务流程优化等也能辅助支持。这样，应用系统的开发者就感到十分方便，省时、省力。

3. 信息系统应用扩展平台

这是信息化应用平台。使用这个平台不仅能整合资源进行二次开发，而且还可以直接应用，并能随时扩展功能，也就是说，它还算得上是一个货真价实的应用软件，而不只是一个“中间件”，而是一个“万能件”。也许这一点最受企业的欢迎，尤其是技术力量较弱的中小企业。

要达到上述理念，软件商应采取创新性策略：

(1) 系列化策略

将这种软件产品系列化。即既有适合大企业需求的产品，也有适合中小企业的产品，不同规模的企业采用不同规模的产品，以减少成本和复杂度，这尤其适合中小企业。

(2) 模块化策略

模块化策略又可以称为装配化策略，其本质是通过不同模块的装配，以达到需要多大功能就有多大功能，需要多大规模就能达到多大规模，既灵活又降低成本的构成系统。模块化结构也称构件化结构，即有一个主架构，在这个主架构上随需插拔软件模块，组成应用软件系统。

(3) 行业化策略

行业不同，功能需求也有很大不同，离散型制造企业和连续型企业不同。科研事业单位和工商企业不同，企业信息化和政府信息化不同，如此等等，所以，必须对行业或领域进行分类，以便按类装配模块，集成系统。

(4) 投资、市场策略

上述策略的实现都要锲而不舍地去摸索、去创新，也许需要相当长的时间才能实现这些思想，因此，没有较大的经济实力和技术力量以及远见卓识是不可能的。除了研究、创新等以外，当然要进行市场推广，要推动不同行业的企业、事业以及政府部门进行试点，试点的成功要广泛宣传，使之深入人心。

*这篇文章是2006年在参加金蝶公司中间件产品新闻发布会后的一个构想，虽然没有公开发表，但其思想直到现在还是有意义的。

56 关于信息化的制度建设

信息化已成为一种社会形态和进步的标志，无论是企业、行业、机关、学校还是政府、社区以至家庭都不可避免地、逐步地要进行信息化。但是，信息化既不是纯粹的技术行为（如机械化、自动化），也不是纯粹的管理和社会改革行为。它既有技术进步又有社会改革的复合行为。因此信息化就非常复杂，成败的风险就非常的大，付出的代价也可能很大。

中国的信息化是世界课题和难题，不仅投资极大、规模极大，而且十分不平衡。20多年来中国信息化取得的成绩是有目共睹的，但走过的弯路也十分明显，比如在企业中实施ERP的失败率达80%，至于电子政务，投入与产出比也远远不令人满意。

有关信息化成功因素的论述已经有许许多多的文章，但我感到有一个问题却往往被忽略了，即信息化的制度建设。所谓信息化的制度建设，大体上有以下几个方面：

(1) 信息化过程必须有一个组织，如领导小组、开发小组、监理人和测试小组等。

(2) 这些小组必须有合适的成员，如领导小组的组长应是该部门的最高领导集团的首长担任，成员是各部门的主管人员。开发小组（实施小组）的组长必须是既懂技术又懂管理的复合性人员，也可以称其为首席信息官（CIO）。成员不应全是技术人员，必须包括业务管理人员。监理必须是既懂技术又懂管理的专家。而测试人员又必须是专门人员。

(3) 必须给CIO以系统开发的全权，同时也必须承担责任，包括完成计划的责任、实施成功的责任。如成功要给予奖励，失败要追究职责。

(4) 实施组织必须遵循信息系统工程项目管理的原则，即有预算、计划，有总结汇报等。

(5) 信息化制度建设需要政府引导，而政务信息化的制度建设需要政府强制主导。信息化中的CIO制度应首先确定起来。

信息化和其他社会进化一样，都是由人去做的，只有组织起来的人的活动才能实现信息化的进程，显然人的活动需要好的、强有力的制度保证。

* 本文是在2006年给中央企业高级企业信息管理师培训班的讲课基础上形成的。鉴于当时以及现在信息化制度建设仍然是一个重要而不被重视的问题，本文仍有现实意义。

57 中小企业信息化总体方针

中国的中小企业大都有规模小、资金少、人员素质低、发展不确定、个体性强、市场变化大等特点，因此，一方面他们迫切要求信息化，以便寻找商机，提高核心竞争力；另一方面他们又非常珍惜资金，且惮于力量虚弱，担心“信老虎”的大口吞银。所谓“信老虎”，是指信息化不免要大把、大把地花银子的，他们这一点是知道的。若信息化能“吞银吐金”，他们是不吝抛银的，问题是能否做到吞银吐金，甚至少吞银多吐金。为此，我提出中小企业信息化的总体方针如下。

一、效益驱动原则

对任何一个企业来说，提高经济效益是其最大的追求，信息化的最终目的就是提高企业的效益。我们说“提高企业效益是硬道理”，所以在进行信息化之前要进行效益分析，而在事中和事后要进行效益评估，不做效益分析和评估，进行信息化有很大的风险。没有效益或负效益的信息化是失败的信息化，得不偿失的信息化将极大地挫伤企业信息化的积极性，甚至有拖垮企业的危险。

二、低成本信息化

低成本办一切事情是天经地义的，信息化同样要讲究成本，成本和效益是连接在一起的。有人认为进行信息化就要“舍得投资”，这话不错，但舍得投资并不等于不计成本。尤其是中国的企业信息化，更尤其是中国中小企业的信息化必须讲究低成本。但是，一些企业的信息工作者似乎有一种不正确的思想，认为信息化就应“大手大脚”，不应当“斤斤计较”，另外，信息化预算也确实有一定的难度，有人认为信息化是一个黑洞，不可能进行准确的预算，因此，也就很自然或者说无奈地放弃了成本预算。再加上信息技术是高新技术，管理人员不一定能掌握，而技术人员天生地喜欢新技术，如果任凭技术人员做预算又很可能提出使用最新、最先进的技术，而实际上是没有必要用最先进的技术或者最完整和复杂的软件系统解决方案的。技术人员的意见也许是不准确的，但管理者因为不懂技术无法判断，也只好答应了，信息化成本就很冤枉地提升了。因此，我们提出低成本信息化的理念绝非空穴来风，实际上信息化中的浪费现象俯拾即是。我们讲的低成本信息化绝不是在信息化的投资上吝啬，而是又好又省地信息化，该花的钱不能省，不该花的一分钱也不要多花。

三、渐进式的信息化

信息化是一个过程，不可能一蹴而就。正像所有社会改革一样，信息化也是在不断地螺旋式上升变化的，信息化是和管理以及社会变革紧密地联系在一起的。管理业务不断变化，管理规模不断变化，人的认识也是在不断变化和深化，信息技术在不断地进步，所有这些“不断”，意味着信息化需求和信息化手段也是不断变化的，如信息化的功能和性能也是在不断变化和完善的，所以信息化就不可能一劳永逸，而是不断前进的。提倡渐进式信息化的好处是避免资金因提前过分投入而浪费，也提醒没有必要心存一次成功就万事大吉的思想。树立渐进式信息化的思想，实际上也是一种世界观和方法论的问题。万物的变化、发展是永恒的，而信息化既是发展和变化的推动者，同时它本身也被事物的发展和变化推动着，如此反复提升式循环使信息化水平更高、效益更大。

四、可持续信息化

上述我们反复强调渐进式信息化，强调事物及信息化本身总是在不断地变化和提升，这种每一步（或周期）的变化和提升都应当在原有基础上变化和提升，也就是说，前一步（或前一周期）投入的资源，不管是硬件资源、软件资源、网络资源、数据资源都不应该被淘汰，而是继承下来，成为新的信息化系统的一部分，这就是可持续信息化或者称为可变化信息化。当然要做到这一点就必须在信息化开始时做好总体规划，确定标准规范，选择的产品能够兼容等等。

五、风险共担信息化

信息化有风险，这种风险来源于各个方面，包括用户、产品、软件开发商等等。早先信息化的风险主要由业主（用户）承担，如业主购买了一个不适合的软件（如 ERP 软件）或开发过程中遇到重大变故（如发现需求不准确、产品质量有问题、开发商技术力量不够等等），此时吃亏的主要是业主，我认为这是不公平的。信息系统开发的需求分析、产品选择、系统开发、力量配置等过程，从一开始就要把风险分析清楚，该谁的责任就要由谁承担。如需求分析不仅和业主有关，而且开发商要负更大的责任；而信息产品的风险不仅产品生产商要负责（如质量、供应期），而且系统设计者也要负责，因为产品是他选择的；系统开发风险当然主要由系统开发商或集成商负责。这些，将信息化风险分解和分担以后，很自然地将业主、系统开发商、设备供应商等牢牢地捆绑在一起，大家同心合力进行信息化建设，成功率就能大大提高。

以上是我从事信息化工作中的一些体会，当然中小企业各不相同，信息化又是千变万化的事业，中小企业的信息化方针需要不断的实践和总结。

* 本文写于 2003 年 1 月 2 日，原载《曲径偶拾》，2009 年 8 月。

58 信息系统工程是典型的"三理"工程

"三理"指物理、事理、人理。物理是物质之理，是解释自然、物质的道理，即物有物理。物质的运动有其规律，研究物质状态和运动道理的科学是物理学，包括力学、热学、光学、声学、电磁学、原子物理、半导体物理、超导体物理以及天体、气象、地质等等自然科学。事理即办事的道理，包括办事的规则、方法、路线等等。办事的道理有很多，如法律、法规、政策、思想以及组织行为等等。办事的道理比物理要抽象一些，不确定性也多得多。人理即人和人之间的关系之理，包括用人、处世、培训、教育、奖励、惩罚、升迁、降贬等等的道理。人理更复杂，因为人是最不可捉摸的。

信息系统工程是典型的三理工程。首先，我们看物理部分，信息系统有计算机、电源、网络、交换机等等成千上万个物理元器件。其次，信息系统工程的开发、运行必须有一套方式、方法和规律，如系统开发要有规则，要有项目管理等等，这就是办事的事理。最后，信息系统的建设和运行都直接和人的思想、行为有关，例如信息系统的建设要涉及组织机构，涉及领导者的态度以至于利害关系，这就是要按人理办事。

由上可见信息系统工程确实是一个不折不扣的"三理"工程。

* 本文写于 2003 年 1 月 8 日，原载《曲径偶拾》，2009 年 8 月。

59 对“常州市信息化服务联盟”的建议

为促进常州信息化进程，常州市8家IT企业联合起来，组成“常州市信息化服务联盟”，这8家企业有从事信息技术应用的、从事信息化解决方案的、从事信息化集成和开发的、从事网络安装和维护的、从事软件测试等的。一个如常州那样的中等城市，在信息化过程中，成立“信息化服务联盟”是现实的需要，也是一种创新。一个城市的信息化，不管是政府信息化，还是市政信息化和企事业信息化，其需求是全方位的、全时空的，因此，就要求信息化服务也是全方位和全时空的，“信息化服务联盟”应承担起这个任务。为此，我建议：

(1) “信息化服务联盟”应更加完善。这个联盟应包括信息化服务链上所有内容的服务，如上游的创意咨询、比较上游的系统规划和分析设计，最下游的维修维护。这个“服务链”应是连续的、不间断的。

(2) 要特别注意“服务链”的两头，上游的创意咨询或规划分析，具有战略性意义，工作难度也较大。需要物色或培养复合型领军人才去做。最下游的维修维护往往被忽视，实际上对用户来说是最关心的事，也往往是某些IT企业的软肋。

(3) 联盟要有合理的结构，不仅要有完整的体系即形成服务链，而且要稀疏均匀。既不断档，也不拥堵。如何能做到这一点，可能有些困难，需要联盟负责人协调。

(4) 联盟应有一个章程，这是保证联盟健康运作的重要条件，在联盟运作过程中，必然会出现利益冲突，如何平衡这种冲突，使联盟和谐运行、各得其所，需要思维创新和管理创新。

(5) 技术创新和服务创新。信息化过程就是服务过程，信息化创新也就是服务创新。人们对信息化需求是无穷的，信息技术的进步也是无穷的，所以服务也就无穷。“信息化服务联盟”也就必须“与时俱进”，不断提高技术水平，提高服务质量。当前信息技术的应用发展正酝酿着新的突破，传感器、RFID、3G网络和云计算等技术，使信息化进入第三次应用浪潮，即所谓物联网(Internet of Things)、智慧地球等阶段。当然，我们不可能一步就达到那样的高度。应用始终是技术发展的动力和归宿，但应用也总归落后在技术的后面，所以，在我们紧跟技术形势的时候，不能忘记现实的应用需求，而应脚踏实地一步一步去实现物联网应用。如首先用好市民卡、手机、企业管理卡等等。在企业管理中，也根据企业的实际情况采用不同的管理软件，如果企业已用ERP、SCM、CRM、HRM等管理软件，则应将它们综合起来。如果技术条件具备，向三网融合、移动电子商务等发展……总之，技术在无穷发展，联盟的服务也在无穷发展，既不要停住，也不要盲目追新。

以上意见，仅供参考，不对的地方请批评指正。

* 2010年5月17至5月19日，我随清华大学科技开发部有关同志去江苏常州参加“中国常州先进制造技术展示洽谈会”，5月19日会议组织一次信息化座谈会，我被聘为“常州信息化服务联盟专家委员会”委员。此文就是那次会议上的发言摘要。

60 对推广应用新技术的几点意见

编辑同志：

贵报开辟专栏讨论的“怎样加快科技成果的推广应用”，的确是一个十分重要、亟待解决的问题。

我是搞工业自动化的教师，前几年在北京市有关单位，搞顺序控制器在工业自动化上的推广应用工作。现在结合这些实践活动谈一些体会。

一、要推广应用新技术，必须大力培训科技人才

一项科学技术成果，无论是从国外引进的，还是从国内研制出来的，都有两个特点：新和难。由于新技术比过去的技术有不同的地方，突破的地方，要使它在生产单位得到应用，就必须采取有力的措施，培养一批推广新成果的技术力量。没有一批比较通晓新技术的骨干力量，要想新技术在生产中扎根，是不可能的。就拿顺序控制器来说吧，我国 1973 年开始研制时，懂得它的人很少。第二年北京市科委为了推广应用顺控技术，办了两个学习班。其中一个班脱产几个月学习，又结合厂内实践，设计出了七八条自动加工线的方案，有几条都成功地投入了运行，现在这批学员大都是使用顺控器的骨干力量。可见，培训好推广应用新技术的人才，是个十分重要的问题。

二、必须改进生产管理，为推广新技术创造物质条件

新技术出现后的一段时间，能够制造新设备和掌握新工艺的单位还不多，这就在客观上给推广新技术带来困难。还以顺控器为例，开始时，杂志上一介绍它，来信来访的同志很多，但不少是兴冲冲而来，灰溜溜而去。原因是这个产品虽好，但生产的数量少、品种单一，满足不了需要。同时，大规模的控制器价格贵，小厂买不起；规模小一点，适合小厂、小生产线上使用的，暂时还没有。自己设计制造吧，又苦于无元件和加工的设备，于是只好“望洋兴叹”。当然，一个新产品刚出现，不可能一下子就品种齐全，也不可能价格十分便宜。但有关部门只要作一些小的调整，有的问题就能得到解决。例如，生产顺控器整机的工厂，如能生产一些单块标准印刷电路板，卖给使用单位自己组装配线，一些单位就可以利用自己的加工能力，组装成各种各样的顺控装置。当然，生产整机的工厂要多生产一些标准单元插件板，并卖给使用单位，在计划、供销等环节上就需要做些改变。

三、要推广新技术，有关部门和单位的领导必须重视与支持

新技术出现以后，并不是立即被所有的人了解和欢迎的。由于种种原因，例如，新技术还有不完善的地方，人们还没有熟练地掌握它，在推广应用中可能出现一些失败的例子等等，以致出现一些阻力，是毫不奇怪的。但是，作为一个部门和单位的领导来说，对新技术的推广应用，必须有远见和决心。在对新技术的了解和熟悉的基础上，如果领导

一旦看准了方向，就应下定推广应用新技术的决心，就要积极给予支持和鼓励。有了这样热心于推广应用新技术的领导，就能加快科技成果推广，同时他们自己也会较快地由外行变成内行。如果领导自己不懂，又不让别人去搞新技术的推广应用，那么四个现代化又怎么能实现呢？

* 原载《光明日报》1979 年 6 月 24 日。

61 计算机信息系统分析与设计概述

计算机信息系统(computer information system,CIS)是随着系统科学、计算机科学、通信科学及现代管理科学的发展而形成的一门边缘学科,又是现代信息管理的技术和应用。CIS 作为一个具体的系统,是将计算机硬件、软件、人工规程、管理制度、决策模型以及管理人员等组合在一起的人/机系统。

计算机信息系统的发展只有 20 多年的历史,且还在发展之中。经过近 20 年研究和发展,计算机信息系统的特征、开发过程及与此相关的一套方法和技术逐渐形成了自己的学科体系。

一、信息系统的开发环境

(一) 系统和子系统

系统的定义。系统有各种各样的定义,《国家经济信息系统总体规划文件》之四“在国家经济信息系统设计与应用标准化规范”中的定义是“为实现某些特定的功能,由必要的人员、设备、方法和(或)软件相互联系而构成的整体”。

子系统的定义。系统是有层次的,大系统可由许多小系统组成,例如工厂是一个系统,而工厂是由车间组成的,车间对工厂来说是子系统,而班组是比车间更小的系统,是车间的子系统。

(二) 管理系统和信息系统

1. 管理系统的特征

管理系统是社会系统,是一个组织。管理系统的特点是:(1)具有结构性,如各层组织之间又具有联系;(2)是一个人/机系统,在管理系统中除含有设备、原材料等物质外,还有人和组织。由于它是人/机系统,就不能是一个封闭系统,它和周围环境有不可分割的联系和约束;(3)一般来说,管理系统是一个非线性的随机的反馈系统,因此管理系统非常复杂。

在管理系统中,信息是所有各子系统的资源,各组织或子系统之间的联系也是通过信息连接起来的。如在一个工厂,由原料经过加工变成最终产品的物质流动过程,正是信息的流动过程:领料要领料单,材料出库有出库单,零件加工有加工单,质量检验有检验记录,成品入库有入库单。这些加工单、出库单、检验记录等都可以看成信息,它们的流动就成为信息流。事实上,信息应有严格的定义,信息和数据的区别在于:信息是经过加工形成决策的数据。例如质量检验的样本数据,其原始记录只能是数据,仅当经过加工,得到样本统计参数才能知道产品检验结果,这个统计参数才是信息,才可用于决策。

“对信息进行采集、处理、存储管理、检索和传输,必要时并能向有关人员提供有用信息的系统”称信息系统。如果用计算机进行上述工作的信息系统就是计算机信息系统。

2. 信息系统的类型

信息是有层次的。一般来说,在一个企业中,信息可分三个层次:(1)操作层,这是最低的层次,供操作人员用。例如加工单,工人以此作为加工根据;(2)管理层,例如工厂中各职能科室、车间主任等需要的信息,这些信息是操作层信息加工的结果;(3)战略层或说计划层,对工厂的厂长来说,他要的信息具有决策的作用,如根据市场信息决定是否开发新产品,制定年度计划等等。

根据不同的信息层次,与之对应也有不同的信息系统。

(1) 数据处理系统(data process system,DPS)。这种信息系统用于支持企业的子系统,如工厂中的库存系统,零件的入库、出库管理,盘点库存管理,财务管理等等。这些处理是基本的功能处理,即收集数据,建立文档,必要时输出信息,以支持管理部门决策。DPS是基础工作。

(2) 管理信息系统(management information system,MIS)。管理信息系统建立在各子系统(DPS)基础之上,管理信息系统将各子系统的DPS连成一个有机的整体,各子系统之间互相联系,共享交换信息,同时给管理者提供企业运行状况,将各子系统的输出结果进行加工综合,提供给经理作为决策依据。管理信息系统的基本特征是从企业的整体出发,对整体进行管理,其主要功能是预测和控制,即利用已有数据,经过加工,预测未来;利用已有数据和模型控制作业。

(3) 决策支持系统(decision support system,DSS)DPS和MIS的基本着眼点是已经存在的系统。而DSS的着眼点是企业的未来和长期目标。通过DSS去评价和设计未来系统的结构和功能。例如根据企业的资产情况、市场情况、政府政策以及本身其他的能力等等,由DSS进行模拟运行,得到未来的企业状况,从而提供给经理进行决策。由此可见,DSS实质上是一个模拟工具——在给定条件下模拟企业未来状态的工具。当然,DSS的基础是数据和信息,因此它是建立在DPS和MIS基础上的信息系统。

上述三种信息系统都是由计算机、人以及组织等组成的,因此统称为计算机信息系统。

3. 组织目标及信息系统

一个组织(工厂、学校、机关),有其当前和长远的目标。组织的目标因组织的类型不同而有很大不同,例如一个工厂的目标主要是产量、产值和利润,即提高经济效益是其最主要的目标;而一个学校的主要目标是提高教育质量,出高质量人才及科研成果;而一个机关可能是提高办事质量和效率。总之,一个组织必须有明确的目标,即在一定时其内应该达到什么目的。建立信息系统的主要任务就是为了达到组织的目标,信息系统技术也应有可能去达到目标。

4. 信息系统的组成成分

任何信息系统都可能由下列成分组成:

(1) 输入单元。在信息系统中必须有原始数据输入到系统中,例如库存管理中每天入库零件(或原材料)的数据的输入。

(2) 处理单元。所谓处理是指将输入数据进行加工,使输出的信息有用,例如将输入的库存数据进行统计，得出当天入库零件（或原材料）的总数，入库物资占用资金总数等等信息。

(3) 输出单元。输出是处理的结果，例如将处理结果编成表格，打出图形，通过输出设备（如打印机、绘图机）将输出结果提供给用户参考和使用。

(4) 反馈单元。反馈单元专门用于将输出结果反馈输入到系统中去。例如在库存管理中，如果定量控制库存水平，就可利用输出结果反馈到输入单元中去，一旦库存水平到达目标水平，就控制输入单元停止入库。

(5) 控制单元。控制单元实际上是由测试环节组成的。一旦通过测试发现系统状态已满足了目标水平，则反馈单元起作用，达到控制目的，当然控制作用是动态的。

(6) 调整单元。调整单元的作用是将控制单元的结果反馈到输入或处理单元，使系统达到期望水平。

图1中表示一个用电管理的例子。每户用电度数通过电表记录下来，每月月初记录员读电表，同时收上月电费，然后将用电度数及电费数据按户输入计算机，通过处理，输出下月应交的电费。如果上月电费没有支付，则输出一张欠账单，然后通知顾客，必须付清所欠电费。否则将停止供电，这里就包含了上述6个组成成分。

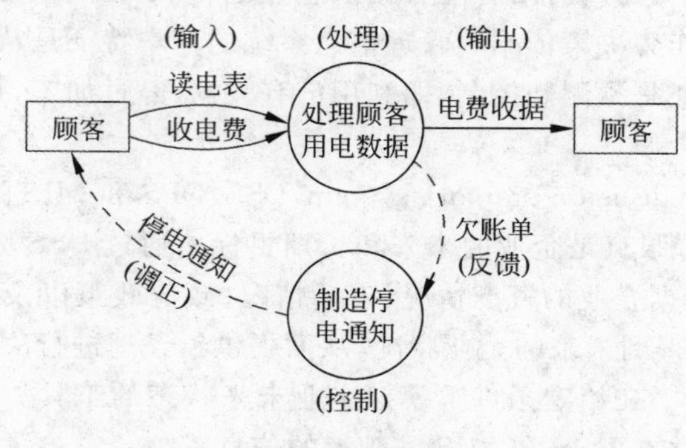

图1 用电管理图

(三) 系统的方法

在系统理论中有所谓系统的观点和系统的方法。所谓系统的方法是一种研究系统的思想方法。对一个简单的系统，如能用纯数学物理方法去解决则使用纯数学物理方法，但对管理系统这样复杂的社会系统，既不能用纯数学物理方法求解，也不能只靠运筹学求解，此时就要吸收各方面经验，用系统分析的方法去研究解决。用系统分析求解问题归纳为两个思路：

(1) 分析：将问题分解成因素或子问题，而这些子问题是可以弄清并求解的。实际上这种分开处理的办法是使子问题之间的关系互相断开，使之易于分别研究。

(2) 综合：将一系列子问题的解重新组成一个比原系统有所改进的系统。

图2表示用系统方法求解问题的示意图。

上述方法在实际开发信息系统时是始终要遵循的，无论是在系统分析阶段，还是在系统设计和系统实现阶段，都应使用分析、综合的系统方法。

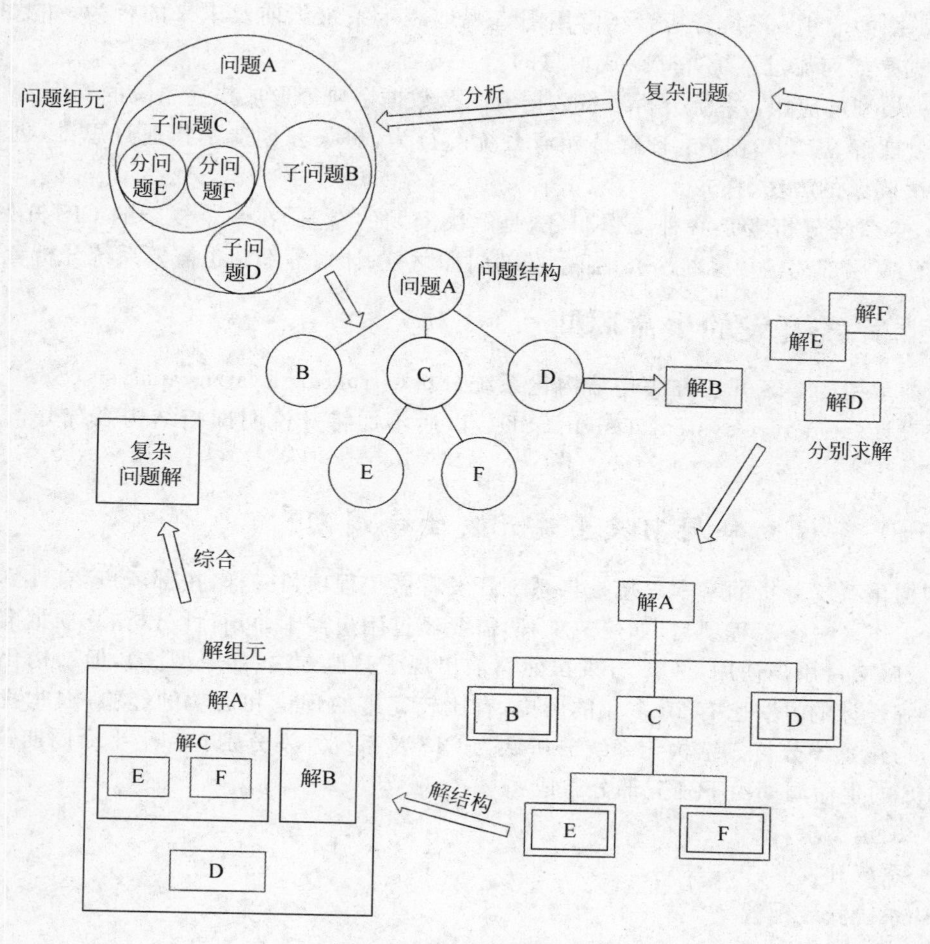

图 2　系统方法示意图

（四）系统分析

以后将要详细介绍的系统分析是指用系统工程的方法去研究和求解问题的方法论。系统分析者把一个组织看做是一个系统，通过对该系统的现状、目标，目的以及对信息的需求等分析，建立满足用户需求的最终产品——CIS。

有人认为在组织中具体工作的人要比旁人更了解自已的工作，没有必要由系统分析者来解决问题。回答非常简单，系统分析者至少在如下两个方面比具体工作人员强。

（1）洞察力：由于系统分析者分析过众多企业，具有概括和洞察企业的能力。

（2）客观性：系统分析者不像具体工作人员整天在工作岗位上那样，缺乏客观性。

系统分析者毕竟对系统有一个了解过程，系统分析需要有一个过程，这个过程有如下特征：

（1）重复性：系统分析者弄清一个问题不是一次完成，需要多次重复了解和探索，直至彻底明白为止。

（2）分解：即将大的问题分解为若干小的问题，以便逐个解决。

（3）图的应用：系统分析者经常用图直观地表示系统当前及未来的行为，如数据流图表示数据是如何流过系统并转换成信息的。

（4）模型的应用：系统分析者将数据流图及数据字典等形成描述系统的模型。

（5）理解、想象和创造：理解是弄清系统的行为，想象和创造是指通过思维，创造性地提出解决问题的方法、模式。

总之，系统分析者是一种工作职务，是解决问题的专家，在一个复杂的CIS开发中，不仅组织的高层部门需要系统分析者，中层部门如财务、计划等部门也需要系统分析者。

二、系统开发的生命周期

目前常用的CIS开发方法是结构化系统分析（structure system analysis，SSA）和结构化系统设计（structure system design，SSD），以后不加特殊说明即指结构系统分析和设计方法。

（一）系统生命周期及系统开发生命周期

结构化系统分析的基本思想是将系统开发看做工程项目一样，按部就班，有计划有步骤地进行工作。一个工程项目（如建筑工程）需要经过用户需求，可行性分析，立项批准，设计，施工，最后交付用户使用。CIS开发虽然目前出现了其他方法（如原型法），但结构化系统开发及系统设计的方法已有20多年的历史，有比较完整的理论和成功的经验，因此我们主要研究结构化系统分析。结构化系统分析认为CIS及系统开发分别有一个生命周期。

CIS的生命周期由下列五部分组成：

- 确定需求
- 系统开发
- 系统安装配置
- 系统运行
- 系统更换

而系统开发的生命周期由下列五部分组成：

- 调查研究
- 分析及总体设计
- 详细设计及实现阶段
- 安装配置
- 评价

系统生命周期的第一步是认清系统需求，系统需求是指由于织的发展而使业务量增多，超过现存系统的处理能力，管理者感到需要MIS或DSS等需求。这些需求必须清楚了解和说明，否则就缺乏指导性和有效性。

系统生命周期的第二步是系统开发，后面将详细予以介绍。

系统生命周期的第三步是安装配置计算机设备，这是系统生命周期中的重要里程碑，此时系统由开发转向运行。

系统生命周期第四步是系统运行。在系统运行阶段，由于组织本身及技术的进步，在系统运行阶段也许要不断地改进和调整。

系统作废是系统生命周期的最后一步。如果系统本身的变化速率超过了信息系统调整的能力，则将用新系统代替旧系统。

在这五步中，消耗费用的关键是系统开发和系统运行阶段，通常认为系统开发阶段投资最大，其实系统运行阶段花费比系统开发阶段还要多；例如 1984 年美国统计一个中等规模的信息系统，系统生命周期为 10 年，其中 2 年的系统开发阶段花费 200 万美元，而 8 年的系统运行阶段的费用可达 300 万美元。

系统开发生命周期的提法实际上系统开发的一种方法论，或者说是组织工作的过程，注意：这里的组织是关键，因为对于 CIS 这样复杂的系统工程将有许多人参加，有许多任务要完成，必须有人去组织、去协调、去控制。所谓控制，应包括职责的分工控制、费用预算的控制、计划的控制以及质量的控制等，因此，系统开发生命周期的每一步都必须检查、评价及决策。

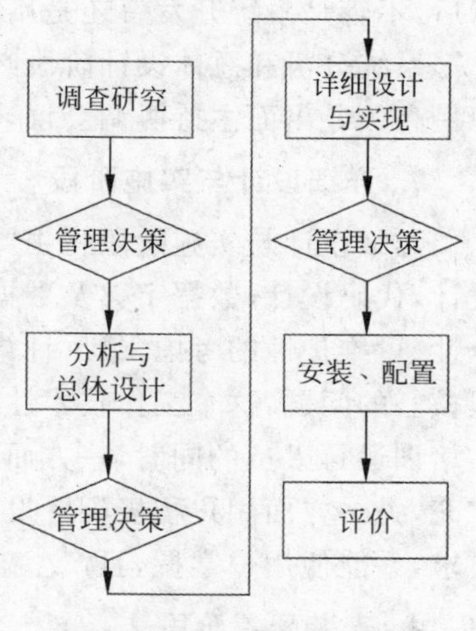

图 3　系统开发的生命周期

（二）系统开发的各个阶段

1. 调查研究阶段

调查研究阶段的主要目的包括弄清是否必须满足组织的要求，是否有别的方法。这些别的方法可能是将系统进行局部改进，或者干脆维持现状，用户必须和系统开发者一起讨论开发新系统的可行性及经济性。若系统开发者认为开发一个新 CIS 是合适的，则进行可行性分析，在给定的时间内提出几种可选方案并确定开发需要时间和起始时间。这是一次重要的决策，必须由高层决策者开会讨论决定。

2. 系统分析与总体设计阶段

如通过可行性分析报告，决定进行下一步的分析及总体设计工作，则系统开发人员深入研究现有系统的活动及各项工作，构思和设计新系统。在这一步，必须进行立项工作，制定项目计划，分配每个开发人员的职责。

系统分析和总体设计的内容之一是详细调查与分析现行系统，包括对现行系统的运行机制、运行情况、存在问题等等进行定性的和定量的分析，此时经常用业务流程图描述现系统，并收集必要的数据。

目标分析是系统分析的核心问题之一，这里说的目标分析有两部分组成：一是组织的目标；二是计算系统的目标，每个目标体系应尽可能的具体、明确。

系统分析的另一内容是范围划分或称系统边界划分。

系统分析的另一重要内容是需求分析，包括功能需求及信息需求分析。功能分析结果得到功能模型；信息需求分析的结果得到信息量及信息模型。

在上述基础上，划分子系统及功能模块，进行系统逻辑结构设计，确定逻辑配置。系统分析的最后是计算机硬件及软件选择，并提出几个可选方案，分别进行技术的、经济的、使用等比较，最后提出实施计划及费用效益分析。

系统分析的最后成果是系统方案说明书或称总体方案。这个文件是系统开发中具有里程碑性质的文件，需要由系统开发者、用户及专家，在上级组织的主持下通过评审，方案通过以后，不管是系统开发者还是用户都不能随便修改。

系统分析和总体设计阶段必须有用户参加，并应得到组织最高领导的支持，必要时由组织最高领导出面主持协调会议，以保证工作顺利开展。

3. 详细设计与实施阶段

详细设计与实施阶段将主要涉及计算机，例如涉及近期与远期硬、软件的选择，子系统设计，代码设计，数据字典及数据库/文件设计，应用程序设计，通信网络设计以及系统的安全性、可维护性的考虑，最后计算机机房实施计划等。实际编写程序与调试程序是这一阶段最核心的问题，这个工作技术性很强，工作量很大，周期也比较长。该阶段对用户的要求是，在培训运行人员的同时，一方面用户的业务骨干参加编程和调试，以便日后用户可以修改和扩充，另一方面用户积极配置设备，有计划地、逐步地将子系统投入运行。如设计符合用户要求，并能使用户掌握，且产生效益，系统就具有生命力。

4. 安装配置阶段

该阶段是一个逐步的过程，旧系统向新系统的过渡不是一次完成的，旧系统退役及新系统的投入，将给组织带来一些心理上的和实际上的变化，会遇到各种矛盾，新系统的不完善，甚至存在某些缺点，工作的不习惯，会给组织和管理者、工作人员带来苦恼。此时，组织领导和系统开发人员必须及时敏感地处理好各种问题，加强对管理者及工作人员的培训工作，帮助用户熟悉、使用新系统，并让用户自己挖掘系统潜力，扩大使用功能。总之用户的承认及其扩大功能是系统成功与否的刻度。

5. 评价阶段

评价是对系统运行的评价。当系统运行一段时间之后，可能已取得了相当的经验与效益，也可能遇到失败和挫折，此时系统开发人员可以坐下来总结经验，分析成功和失败的原因，以帮助以后项目的开发。同时评价系统运行结果和系统开始规划时的差异。

以上前四个系统开发的阶段所占的时间比例大体上是 10 : 40 : 40 : 10，即 80%的时间是花在系统分析及系统设计这两个阶段。当然，如果在系统设计和实施时能采用现成的软件，则第三个阶段的时间可大大节省。

（三）系统开发过程中的项目控制

CIS 的开发过程是一个包括众多任务众多人员的一个复杂的系统工程的开发过程，因此项目负责人必须对每阶段、每项活动和每个任务进行分配和控制。在开发人员中，有些人不熟悉组织的运行，而另外一些人却不熟悉信息处理。因此，必须分成若干可以管理和控制的工作层次。最低层是控制每天的工作，开发人员定期给管理人员报告工作，评价进展，接受管理人员的检验和认可，以防止走弯路。报告的间隔时间为 3～4 天。中间控制层是分配更大范围的一些工作，例如建立系统模型、设计测试程序等等。高层控制是在前两层的基础上，进行了足够多的工作以后，给管理部门提出决策报告，进行总体评价，以决定项目是否继续进行的决策。这三个控制层在有些书上分别定义为任务(tasks)、活动(activities)以及阶段(phases)。

任务是指每一个人在最短时间内能完成的工作，通常为一个星期。若干任务组成一个活动，若干活动组成一个阶段，如图 4 所示。

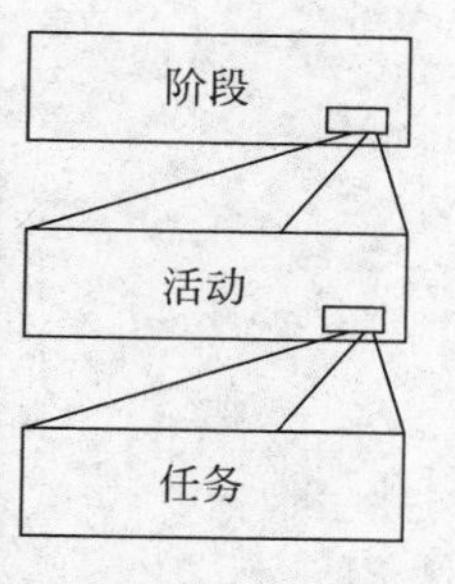

图 4　项目控制层次

活动是具有逻辑相关的任务的集合，活动完成导致一个确定目标的完成。

阶段是活动的集合，每个阶段都是项目开发过程中的里程碑，每个阶段完成后，由管理者进行评价，以决定是否继续开发的决策。如果继续开发，项目组必须获得必要的人力、财力支持。下面是系统开发过程（或控制层次中）的阶段和活动。

1. 调研阶段

（1）初步调查

（2）可行性研究

2. 分析和总体设计阶段

（1）评价现有系统

（2）新系统需求分析

（3）新系统设计

（4）提出系统实施及设备配置计划

3. 详细设计和实施阶段

（1）技术设计

（2）制定测试规范和计划

（3）程序设计和测试

（4）用户培训

（5）系统测试

4. 配置阶段

（1）文件转换

（2）系统安装配置

5. 评价阶段

（1）开发总体评价

（2）实现运行后评价

＊原载《计算机世界》杂志 1989 年第 4 期。

62 开发 MIS 的可行性分析

在计算机的应用中，我们经常强调，开发 MIS 需要花费很大的人力、财力和物力，因此若把建立信息系统作为一个工程项目，正式立项之前必须进行可行性研究。国内恰恰对这一步不够重视，有些单位引进计算机具有很大的盲目性，或者是由于“企业升级”的需要，或者是由于“上级单位的要求”，因此决策匆匆，甚至谈不上决策研究，就拍板定案。动辄数万、数十万资金花在购买硬件上，买回之后才发现缺这少那，或发现缺乏使用和维护人员，以至于整个系统无法运行。总之，还没有使用机器的条件就去买机器，是极大的浪费。有鉴于此，我们这里尤其要强调可行性分析的重要性。

一、可行性分析的基本内容

可行性分析的内容包括建立信息系统的必要性和可能性的分析。

（一）分析建立信息系统的必要性

建立信息系统的必要性一般总会有若干条“理由”，否则也就不可能提出建立信息系统需求了。尽管如此，有些理由也许是不能成立或不够合理的，或者有些理由是似是而非的，不确定的。例如认为“建立信息系统是加速管理现代化”或什么“提高现代化水平”等等，这些空洞的理由不足以说明非要建立一个计算机信息系统不可。也有这样的情况，有些单位把计算机能否在管理中的应用作为企业升级的一个标准之一，那就是不合理的要求。由此可见，建立信息系统的必要性本身就有必要进行调查、分析。一种情况是建立信息系统的需求是因为感到该单位目前的信息处理工作已不可能由别的方法来解决了，比如由于数据量越来越多。无论怎么增加人力，也不能完成处理任务；或者由于精确度的要求，人工已达不到这种要求；或者由于技术本身的复杂性，非计算机不能解决问题。此时很自然地提出要建立一个手工无法比拟的新的信息系统——计算机信息系统。另一种情况，企业或组织的领导，预见到未来不久信息处理需要更新，否则不能适应未来信息处理的需要，因而主动提出从现在开始就要研究开发一个新的信息系统。以便在未来某一时刻替代旧的信息系统。

建立信息系统必要性的另一层意思是由于新的信息系统将能带来巨大的经济和社会效益。例如有些社会服务系统，服务效率差，虽然还没有到达不能应付的程度，可以“混”下去，但它给人民生活带来诸多不便，从整个社会来说将会由于服务效率低而影响全体公民的生活和工作，从而丧失极大的经济和社会效益，因此，从这个意义上来说，也是很必要建立一个高效的现代化的信息系统，这种情况在机关办公事务系统中尤其明显。总之，建立信息系统的必要性分析有三种情况：(1)显见的。旧的信息系统已不能支持原有工作正常进行，必须由新的信息系统代替，或在原有基础上修改。(2)预见的。虽然旧的信息系统还能支撑系统的运转，但可以预见的未来已不能支持系统正常运转，因而主动开发或改进一个信息系统。

(3)隐见的。虽然旧的信息系统可以“混”,下去,但由于其效率低下,隐含着无穷无尽的浪费,因此需要建立一个高效率信息系统。

(二) 分析建立信息系统的可能性

所谓开发信息系统的可能性,包括经济上的、技术上的、人员上的、管理上的以及领导的支持保证。

1. 领导的支持保证

开发计算机信息系统是一项复杂的系统工程。其所以复杂是因为计算机信息系统不是单纯的物理系统,而是包含人、机器、规章制度、组织机构,经济社会法律等等的人/机系统。系统开发人员面对的对象除物——计算机以外还有人(包括各级领导和操作人员)、体制和组织等等。计算机引入管理必然要和人的观念、习惯、利害等有一定的冲突,对体制有一定影响,而涉及人、体制这些社会问题时,没有领导支持,成功是不能想象的。

2. 经济保证

开发计算机信息系统(简称 CIS)需要较大投资,计算机硬件需要花钱购置(有些设备还要用外汇买);计算机软件也要买;应用软件的开发需要人力和时间,开发过程中需要经费,运行维护需要费用……总之 CIS 是一个很花钱的系统,没有足够的经费绝不能开发成功 CIS。这里还要特别指出的是,有些单位谈到费用只考虑硬件费用,忽视软件费用,对系统的开发以及维护需要的费用更是估计偏低,甚至遗漏。这种重硬轻软,重设计轻维护的现象非常普遍,往往只做硬件预算,忘了软件及系统开发维护的费用预算,结果轻则开发阶段困难重重,不得不几度延期,重则长期不能运转,机器过时。

3. 技术的可能性

所谓技术的可能性不仅指计算机及其外围设备、软件技术的先进和可能,还包括与计算机信息系统有关的配套技术给予保障,例如通信问题、汉字问题等等。

4. 人员的可能性

所谓人员的可能性是指开发、应用、维护 CIS 的人员是否足够并能胜任工作。实际上任何先进的、复杂的系统,最后都要由人去掌握、去操作运行、去维护。再好的系统没有人去使用和维护,也是一个“死”系统。这里就提出一个用户承受能力的问题。

5. 管理的可能性

所谓管理的可能性是指管理基础是否好,有些组织管理混乱,没有合适完整的规章制度,机构频繁变革,人员不断调动,基础数据缺乏,这就给开发 CIS 带来很大困难,因此管理基础也是一个重要的条件。

因为上述可能性本身也不是确定性的,因此,就有风险估计的问题,或者说风险分析的问题。风险分析是指对开发 CIS 中可能存在隐险的分析。很明显,开发 CIS 是花钱多,见效慢,困难重重的工作,而产生的效益又往往不是直接效益,很难定量计算,因此很容易半途而废,要充分估计到这种风险的严重性。风险分析同样围绕经济、技术、人员和管理诸方面因素进行分析,尽可能分析细一些,把问题想得严重一些,有备无患。

二、可行性分析的步骤

可行性分析的第一步是初步调查。初步调查，是了解组织的概况，如企业的目标、现系统运行情况、简单历史、企业产品，产量、产值、利润、体制及其改革情况、人员基本情况以及面临的问题，企业的中长期计划以及困难等等，使系统分析员了解组织的概况，有一个初步的轮廓。

初步调查的印象虽然粗糙，却是十分重要的，如初步调查后觉得值得进行进一步信息需求调查，则转入下一步信息需求调查。

可行性分析的第二步是信息需求调查。信息需求调查主要包括如下几方面：

（一）组织系统的工作职责及活动的调查

任何一个组织系统，其运行过程总是由各个工作职责及活动组成的。例如在企业中，最高层（如经理、厂长等）领导的职责是进行决策，其活动是决策分析。也许有一个机构辅助领导决策，如企业管理办公室。有些企业用计算机辅助决策，则计算机信息系统也就成了决策分析机构的一部分。另一些工作职责可能是数据处理，如数据的收集，统计、分析、输出报表等等，其活动即为数据处理活动；另一些职责可能是办公事务活动，如厂长办公室的活动等等。在职责和活动的调查中，必然要涉及数据量及工作量的收集。所谓数据量，是指在一定时间（如一天、一月、一年）内发生和处理的数据量。所谓工作量是指一定时间内完成的任务量。信息系统的规模很大部分取决于数据量及工作量等信息，因此这项调查工作是十分重要的。

（二）组织机构的信息需要调查

为什么要调查组织机构？有些编程人员总认为组织机构离开他的工作距离太远，因而不甚关心，认为没有必要。而从系统分析者来说，了解组织机构是至关重要的，因为信息系统总是为一定机构服务的，而且每一个机构都有自己的职责和奋斗目标。信息系统首先就是支持机构实现这些目标，信息系统的目标必须与机构的目标相一致，这样才能对机构的发展作出贡献，也就是说，只有这样，信息系统才有效益和生命力。既然设置机构情况及其职能进行了解，对机构中数据分布，数据的流动和处理进行了解。

（三）人员的信息需求调查

了解组织中人员的编制、文化水平、工人和干部的比例，工人及技术人员的水平、人员职责及数据需求等信息。

（四）环境的信息需求调查

由于信息系统是处在环境中的，因此需要了解与系统有关的环境信息，包括系统中原有的资源信息，已用项目的信息以及物理环境（如通信）等信息、外部环境信息。

（五）组织关键成功因子的信息需求调查

所谓组织关键成功因子是指组织内部某些部门或某些活动是关键部门或关键活动。这些部门或活动是否正常运行至关重要，甚至决定组织的命运，例如某一个企业，供应和销售部门也许是关键部门，另一个企业可能是生产计划部门是关键部门。关键成功因子通常是由最高决策部门决定的。

（六）信息源的调查

信息系统不断输入和获取信息，经过处理输出信息，以提供管理决策之用，因此信息源对信息系统来说非常重要。信息源主要来自系统中的有关资料，也来自组织人员手中的资料以及外部资料。

信息需求的调查的方法不外有如下几种：(1)表格调查法，预先设计一组针对性强的简明有效的调查提纲；(2)座谈调查法，召开各种类型和层次的座谈会，口问笔录，灵活深入地引导座谈对象主动、积极、客观、明确地提出所需信息，座谈会人数不宜太多，一般不超过3～4人，选择的对象必须是掌握本机构全局的人；(3)观察调查法，调查人员通过对业务现场、现行信息处理现场以及组织机构的活动场地等进行实地考察，得到感性认识；(4)抽样调查法，如有相同类型的几个机构及相同的活动，则可以抽取代表性的机构进行调查。

信息需求调查的资料必须进行整理、筛选和分析、汇编、归档。

三、可行性报告

可行性分析的最后成果是可行性报告。它是根据初步调查、信息需求调查的结果，进行整理分析写成的。报告大致分为如下几方面内容：

（一）系统环境分析

包括组织的地理位置及分布、组织的现有资源及可供今后使用的可能情况、系统外部环境的影响因素、与组织联系密切的其他组织的信息系统的接口要求等。对组织位置及分布的分析可以提出以后物理设计的要求及约束；对组织现有资源的分析，可以提供现有资源在新系统中的可用情况，从而减少新的投资；对外部环境的分析，可用了解上级及其他组织的指导与约束作用(如材料供应、产品销售……)；对与组织密切的其他信息系统接口的要求可以利用其他信息系统资源等等。

（二）系统的初步逻辑模型及其规模

通过调查分析可以初步设计一个信息系统的逻辑模型及其规模，比如硬件配置、大致投资、开发人员要求及数量等等，为进行资金预算，人员准备等提出根据。

（三）建立信息系统的必要性论述

可以用简洁充分的论据说明分析结果是否需要建立一个新系统的必要理由。

（四）分析系统成功的现实可能性

根据调查结果分析系统可能实现的下列部分的可能与否：领导是否支持、资金是否保证、技术是否可行、人员是否配备、环境是否允许等诸方面予以说明。

（五）风险分析及效益分析

风险分析是将可能遇到的困难和风险进行分析；以及可能产生的经济和社会效益进行分析。

（六）结论

结论就是明确指出分析结果是否可以开发一个新系统；结论可能分三种情况：(1)可以开发一个新系统；(2)将现有系统作必要的修改和扩充；(3)维持现状。

* 原载《计算机世界》杂志 1989 年第 5 期。

63 计算机信息系统的系统分析与总体设计

如CIS的可行性研究报告得到通过，意味着系统开发小组可进行下一阶段工作，即系统分析及总体设计阶段的工作。这一阶段的工作虽仍旧停留在"软工作"阶段，所产生的成果只是系统总体方案说明书（specification）。但这一阶段工作是关键的工作，在整个开发工作中具有指导意义。

一、系统分析与总体设计阶段

主要内容

（一）旧系统分析

1. 旧系统的目标分析
2. 旧系统的功能分析
3. 旧系统的环境分析

（二）新系统分析

1. 新系统目标分析
2. 新系统功能分析
3. 新系统数据分析

（三）新系统逻辑模型设计

1. 过程与数据识别
2. 子系统划分（U/C图）
3. 建立新系统逻辑模型

（四）新系统物理模型的设计

1. 计算机系统的基本要求
2. 硬件配置
3. 软件配置
4. 经费预算
5. 多方案选择

（五）费用与效益分析

（六）实施计划及步骤

1. 任务分解
2. 进度计划
3. 预算计划

二、新旧系统分析

（一）旧系统分析

在可行性分析的基础上，更详细地对旧系统进行调查和收集数据。调查的内容包括系统的目标、系统的功能以及系统的环境。在调查过程中不可能将这些内容分开进行。系统分析者在调查的基础上进行分析和整理，用书面语言予以描述，并返回到被调查者予以确认。

目标分析是系统中极为重要的分析内容。一个组织必然有其目标，且大多数是多目标的。目标分析的原则是：(1)目标既要先进又要稳定可靠，既防止不切实际的目标要求又没有必要太保守；(2)目标是有层次的，要层次化，分目标必须服从总目标，目标的层次化表示组成目标树（如图1所示），下层目标从属于上层目标；(3)目标要数量化，即有指标说明；(4)目标之间会有冲突，要合理地解决；(5)制定目标时必须考虑资源的充分利用。

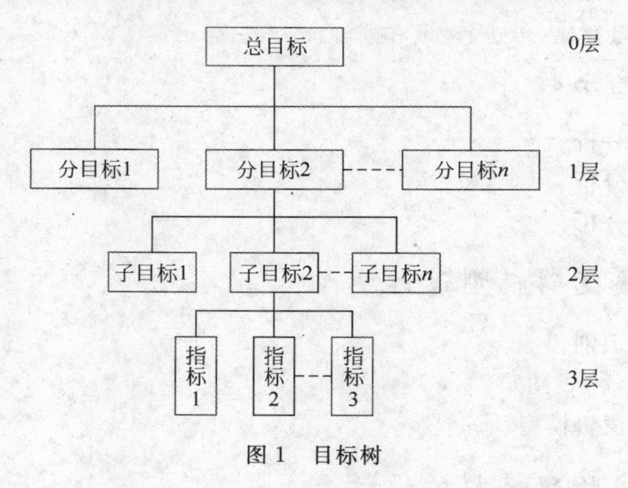

图1 目标树

目标体系的形成过程是反复调查、分析和提高的过程，需要和各级领导的多次交互。目标的最下层是指标，即已经数量化的目标，也是考核目标是否能达到的标准。目标体系形成以后还要进行一次综合评价，即分析众多目标的轻重缓急，确定哪些目标需要首先实现，哪些目标是最重要的目标。

功能分析是对旧系统的功能进行分析，这里必然要分析到众多组织机构，因为这些机构是实现功能的机构，无论是分析组织的业务功能以及机构功能，都会遇到一系列规章制度以及环境的影响，在功能分析时为了防止纠纷不清，先撇开环境，集中精力分析组织的业务功能及机构功能。

环境分析包括外部环境和内部环境。外部环境是指系统以外的有利条件和制约因素，包括国家的政策、法令，市场供应与销售，兄弟单位的协作关系，地方政府的指导与制约等等；内部环境包括组织机构、业务流程、用户要求、存在问题等等。内部环境的描述尽可能用图来表示，如组织机构图、业务流程图等等。由于业务流程图的绘制花费时间较多，现在大多数系统分析者用系统概况图代替。

在对旧系统功能分析和环境分析的基础上，划分系统的边界及系统功能模型。所谓系统边界包括外部边界的划分和内部各机构之间边界的划分。由此可得到系统的功能模型，即所设置的机构及其所完成的功能，并用图表进行描述。图2为由信息流向表示的系统边界划分示意图。

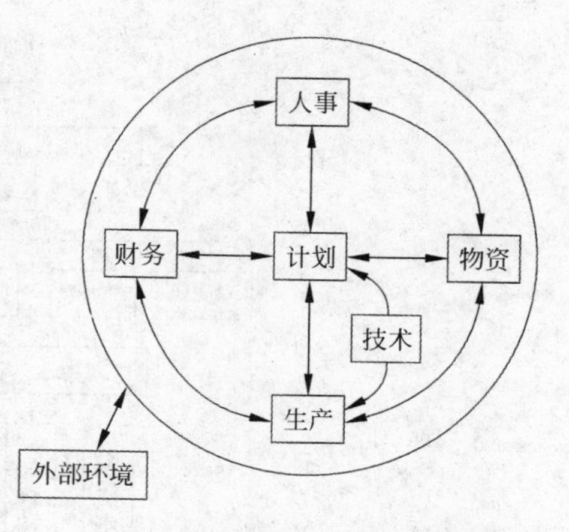

图2　系统边界划分示意图

（二）新系统分析

新系统分析的目的是为设计系统逻辑模型作准备，包括新系统的目标分析、功能分析和数据分析。

1. 新系统目标分析——计算机及信息系统目标分析

新系统即计算机信息系统，这个系统是实现整个系统目标的技术保证之一。计算机信息系统有强大的信息存储、传送、检索和处理能力，它能迅速准确完成人所难以完成的任务。在新系统中，用计算机达到的目标可能是多种多样的，如利用计算机进行预测，利用计算机进行控制和决策，利用计算机进行查询和统计，利用计算机进行管理和计算等等。必须指出，计算机没有必要代替一切手工工作，有些工作仍然让手工去做，计算机要做的只是手工难以做的工作。

总之，在分析计算机系统目标时，可以从下面几方面去考虑：

(1) 计算机作为辅助决策的工具；

(2) 计算机作为辅助管理的工具；

(3) 计算机作为计算工具。

对于不同的系统，计算机系统的目标有很大的不同，有些系统可能具有上述全部内容，有些系统可能为上述内容的一部分。

计算机系统目标确定后，同样要对目标进行评价，分清轻重缓急，逐步予以实现.

2. 新系统功能分析

新系统功能分析是和数据分析结合在一起，最终实现功能模型。所谓功能模型是用功能模型图来描述新系统所具有的子系统及每个子系统从属的功能模块。在数据分析之前，子系统的划分还没有最后确定，这里的功能分析只是从新系统目标出发分析新系统所具有的功能，图3是企业功能模型图。

3. 新系统数据分析

新系统数据分析的内容包括数据需求及数据估算，最终得出信息模型，即数据的层次关系图。对一个企业来说，信息有两大类：内部信息（系统信息）和外部信息（环境信息）。内

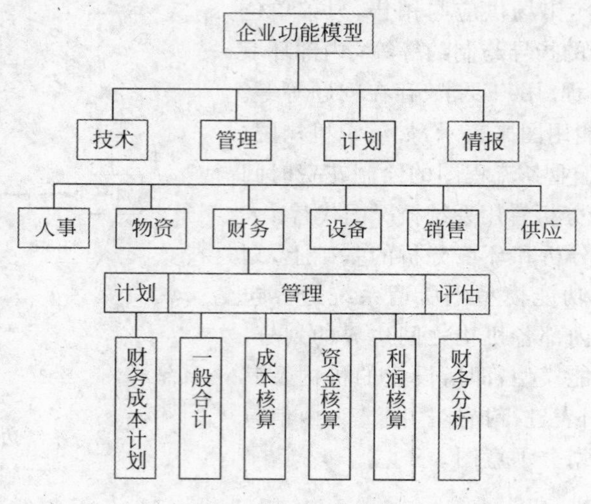

图3　企业功能模型

部信息来自系统内部，包括技术、生产、经营、管理等信息；而外部信息来源于系统外，如市场信息，国家和地方的法律、法令，指导性计划数据以及同行业的有关信息。对外向型企业来说还有外事往来信息，外贸市场、技术信息等等。图4为企业的信息模型图。

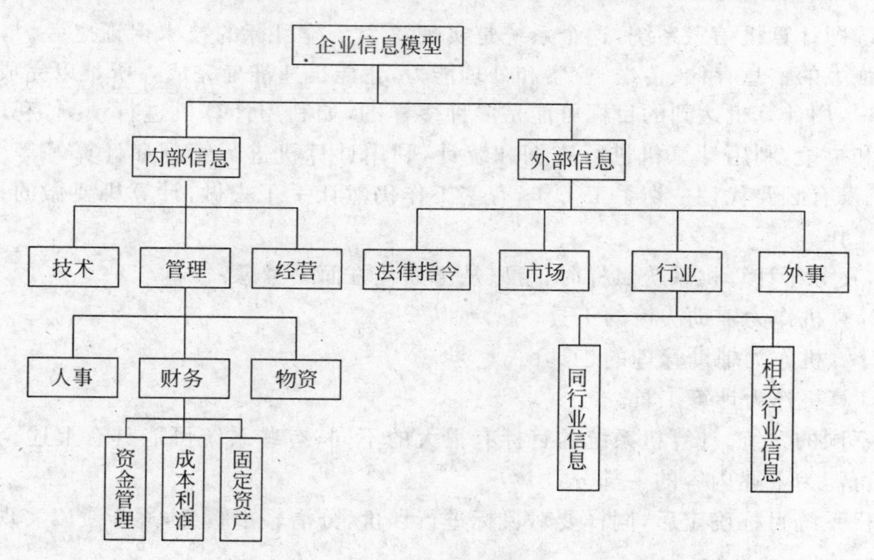

图4　信息模型

（三）子系统划分

在功能识别和数据识别的基础上，我们通过“形式化”的方法划分子系统。所谓形式化方法是将过程和数据排列成如图5，那样的阵列图，行为过程名、列为数据。如某行过程要使用某列数据时，相应交叉点方格内填上U，若某行过程产生某列数据则矩阵的相应交叉点方格内填上C。例如，财务模块的资金核算过程要使用利润核算数据，同时产生一般会计效据和资金核算数据。

开始，过程和数据的横向、竖向排列都是任意的，全部U/C图填满以后，观察U/C数据是否相对集中在对角线附近，如分散较大，则调整横向或竖向过程各数据位置，尽可能使U/C数据集中在对角线附近，直至不能改进为止，此时就把U/C图固定下来，对每个相对集中的U/C区域用方框框起来，形成一个内部联系较多、外部联系较少的相对独立的子系统，这样划分的子系统便于分阶段开发和实现，也便于维护和扩充。

过程＼数据		预测数据	模型原	决策方案	预算结果	统计数据		……	财务成本计划	一般会计	资金核算	利润核算	成本核算	财务分析
经营决策	预测	C	U			U								
	高层查询与统计					U/C								
	模型管理		U/C											
	决策	U	U	C		U								
财务管理	财务成本计划								C					
	一般会计									C				
	资金核算									C	C	U		
	成本核算					U				U			C	
	利润核算									U		C		
	财务分析					C			U	U	U	U	U	C

图5　U/C图

（四）建立系统逻辑模型

通过过程/数据图（即U/C图）反复调整，最后得到若干个子系统，然后用子系统关联图将各子系统之间的关系用图表示出来，如图6为一个简化企业管理信息系统的子系统关联图。

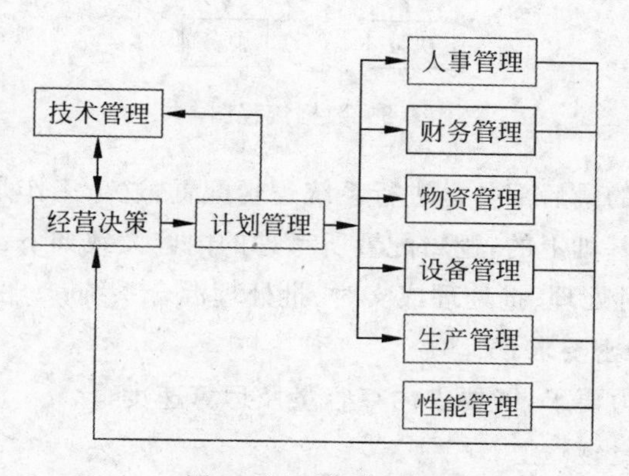

图6　子系统关联图

该图把计算机信息系统逻辑地描述出来了，但是每一个子系统究竟怎么样，数据是怎么流动的，仍然不清楚，因此需要进一步细化，首先用子系统概况图，粗线条地描述所实现的计算机信息系统的每一个子系统的概貌，在这个概况图中不仅描述了数据来源和去向，还描述了处理内容以及存储介质等等。与子系统概况圈并行的是数据流程图。数据流程图中共有四个符号（如图7所示），它们分别代表数据的来源和去向、数据的处理、数据的存储和数据的流向。

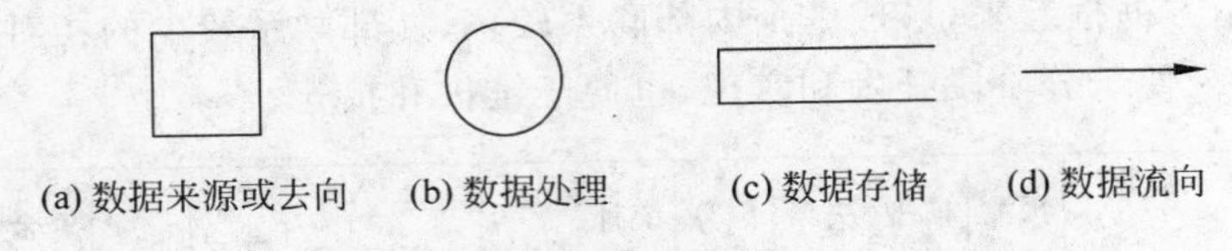

图7　数据流程图符号

图8为某企业计算机信息系统的物资子系统的数据流程图，图9为其对应的概况图。

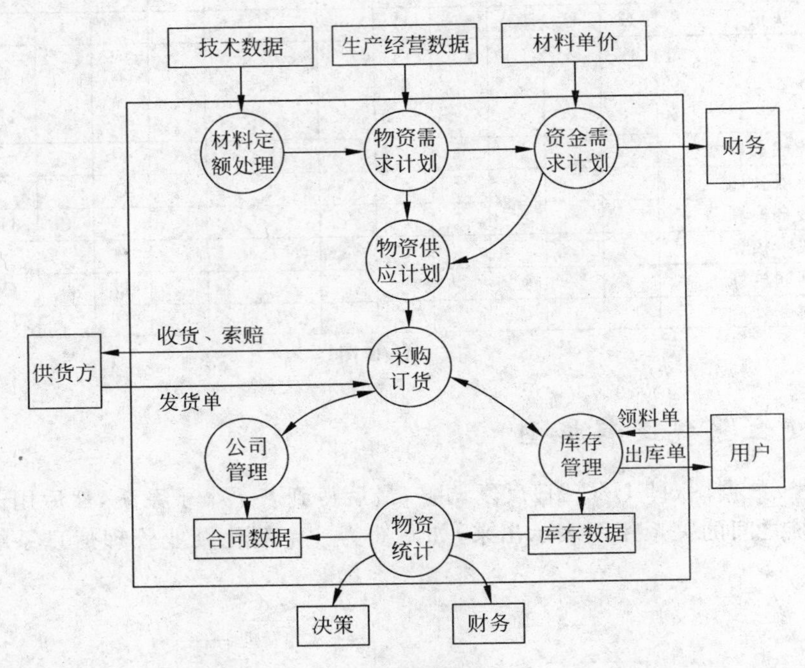

图8　数据流程图

建立系统逻辑模型的最后部分是进行系统逻辑配置，这个工作是建立在前述功能分析、数据分析和子系统划分基础上的，逻辑配置所考虑的内容大致如下：

（1）系统模式：实时处理、批处理或实时、批处理混合系统；

（2）系统的安全，保密要求；

（3）系统的处理能力要求，即要求内存容量及运算速度；

（4）系统的外存容量；

（5）系统的终端数和其他硬件设备以及它们设置地点；

（6）系统软件及数据库管理系统。

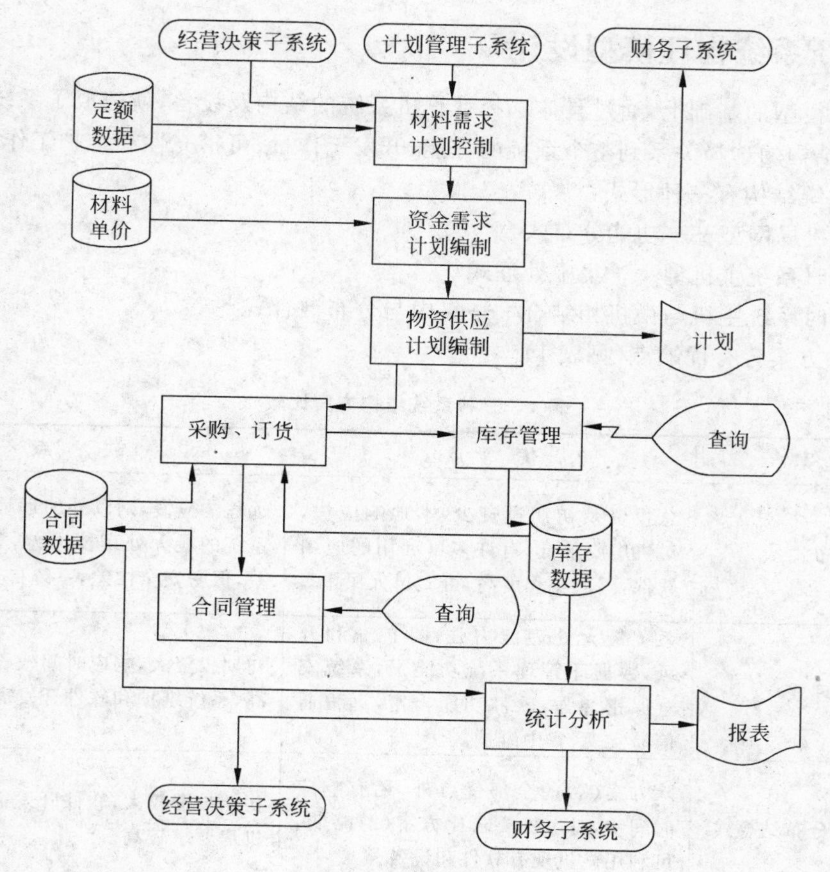

图 9 子系统概况图

三、新系统逻辑模型

在功能和数据分析之后,我们已获得了新系统的功能模型及信息模型,也就是说系统的粗线条框框已经得到了,下面的工作是对每一个功能细化成若干个过程。所谓过程是从企业管理业务中提取的一组逻辑上相关的决策或活动的集合。注意,在识别过程时必须把企业的各项业务活动和企业的目标结合起来,使过程的全集即为实现系统目标。此外,过程和机构相对独立,即不应由于机构的变化而改变。根据功能模型由上而下划分过程,使每项业务有一个过程,而每一个过程按其生命周期一般又分为四个阶段,即需求(或计划)阶段、执行阶段,管理阶段和总结评估阶段。有些过程可能不一定全包括这四个阶段,而每一阶段也许有多个过程。例如在图 3 的财务功能模块共有 6 个逻辑上相关的过程。其中第一个过程属需求阶段的过程,中间 3 个过程属管理阶段的过程,而最后两个过程属评估阶段的过程。将所有过程识别完成之后,完善图 3 的功能模型图。

在数据分析时我们已对数据进行了识别,并得到了如图 4 的信息模型。

四、新系统物理模型设计

在逻辑模型的基础上，通过具体选择计算机系统的结构及设备，就完成了系统物理模型设计，系统结构的选择关系到整个系统的性能、开发工作量、可扩充性和维护工作量，必须慎重对待。系统结构有三种形式：

(1) 微机局网型——功能分布式

(2) 分时系统主机型——集中处理式

(3) 分时系统主机与微机相结合——集中与分布混合式

这三种方案各有优缺点(见表1)。

表1 三种系统结构方案比较

方案	优点	缺点
(1) 功能分布式	总投资及初期投资少，本地响应快，对机房要求低，有许多可利用的应用软件，国产化程度高，可支付人民币。	远程响应慢，网以外的远程通信困难，系统的最大处理能力差，数据库性能差，保密安全性差，系统扩充性能差。
(2) 集中处理式	系统最大处理能力强，易扩充和升级，数据库管理系统功能强，系统安全保密性强，软件功能丰富，远程通信易实现，集中维护。	初期投资大，响应时间较长，机房要求高，系统维护和软件开发需较高技术。
(3) 集中与分布结合式	除方案(2)的全部优点外，还有响应时间快，对主机要求比方案(2)略低，可利用微机现有软件和设备。	初期投资较大，软件开发需较多技术，机房要求较高。

选择何种系统结构要综合考虑如下内容：

(1) 系统规模大小。若系统规模较小，可用若干台微机联网解决，投资省，见效快；若系统规模较大，对存储量、处理能力要求高，则微机就难以胜任，此时需要小型机作为主机，采用方案(2)或(3)。

(2) 现有资源情况。如在系统设计之前已有小型机，则必然采用方案(2)或(3)为宜，这样可充分发挥主机作用。

(3) 环境。若系统环境比较分散，或和上级单位需要远程通信，则必须考虑通信能力。

(4) 经济条件。从表1可知，方案(2)和方案(3)投资比方案(1)要大，技术比方案(1)要求高，如果经济条件不允许只好选择方案(1)。

系统结构方案决定以后，下一步就是硬、软件配置，其中最重要的是主机选择(如选方案(2)和(3)的话)，因为主机投资最高，所起作用最大，技术要求也最高，主机选得是否合适，具有关键性作用。选择主机时需要遵循一些原则，这些原则大致如下：

(1) 要考虑提供主机的厂商近年来在国内外市场占有份额以及发展趋势、对华市场重视程度、服务维修及时性等方面。

(2) 所选主热具有足够扩充能力，例如系列机性能覆盖范围、系统最大主存量、I/O最大传输率、可接磁盘控制器的最大数目以及磁盘的最大容量。

(3) 较高的性能/价格比。较高的性能价格比应包括主机、内存、磁盘、终端设备和其他硬件产品，还包括系统软件、语言、数据库管理系统、办公室自动化软件等产品。

(4) 硬件、软件的可靠性。包括硬件软件在国内外有较多装机容量及良好的信誉，操作系统有较长的运行历史，应用软件及数据库管理系统经过一段时间的验证和运行历史。

(5) 系统汉化水平。包括汉化的操作系统、实用程序、数据库管理系统以及各种支持软件均经过一定时间的考验，确保汉字信息在系统中无误传输和存储。系统最好经过源代码一级的汉化，即生产厂家参与了汉化工作，系统可用的汉字I/O设备应有较高性能价格化。

(6) 能提供较好的DBMS产品，最好能提供关系DBMS，且具有标准化水平，能有SQL类的数据语言，DBMS应能支持汉字信息存储的I / O，DBMS在系统上运行效率较高。

(7) 具有一定的网络通信能力，同机种能点对点通信，通信协议能支持国际标准，如ISO七层模式、X. 25协议、HDLC标准等。

(8) 能与现有资源兼容。

根据这些原则选择几种方案，对每种方案进行加权平均打分，取最大平均水平的方案。表2是一种比较方法，可作参考。实际上，方案选择的因素还不止于表2所列内容，还有一些人为的因素，无法量化的因素。对每种方案都要有一个经费预算，方案的最后确定与经费(包括外汇)有重要关系。

表2 选择计算机系统的加权平均法

指标和权重 系列机种	硬件性能价格比	软件性能价格比	软硬件先进性	汉化水平	RDBMS产品水平	对数据处理支持	网络产品水平	维护水平	与现有机种相容	与上级MIS相容	平均水平
	10	10	6	8	10	8	8	9	8	6	
机种 1											
机种 2											
机种 3											
机种 4											

$$\text{平均水平} = \sum(\text{分数} \times \text{该分的权重}) / \sum \text{权重}$$

权重：1～10，分数：1～5

五、费用效益分析

系统总体设计中的费用效益分析也是一项重要的内容，虽然对计算机信息系统来说，费用效益分析是比较困难的，但是仍然有必要作费用及其回收效益的分析。系统费用分析包括设备费、开发费、培训费、工时费、材料费、维修费和其他费用。效益回收待系统运行以后产生直接经济效益及间接经济效益获得。

至于直接经济效益和间接经济效益的计算方法国内外有多种算法，标准不一。表3是系统投资费用及收益表。

表3 投资费用及收益表

费用项目		系统分析与设计阶段	系统实现阶段	系统运行阶段			
				第一年	第二年	第三年	第四年
设备费	计算机硬件设备费						
	机房建设费						
开发费	系统、程序开发费，系统安装、调试费						
培训费							
工时费	人员工资奖金、津贴						
材料费	消耗性材料燃料、动力费						
维修费	设备租金、折旧费、硬件软件维修费						
其他	运输、差旅杂支费						
总费用							
效益回收估计金额							
投资效益差额							

六、实施计划及步骤

系统分析及总体设计的最后部分是系统实施计划及实施步骤。

系统开发过程是一个循序渐进的过程，一般将任务分解成阶段，每一个阶段再分解为活动，每个活动再分解为各个小任务，每个任务、每个活动和每个阶段都需进行质量控制，具体来说可分如下阶段：

(1) 系统分析与总体方案设计(已完成)；

(2) 系统详细设计；

(3) 系统实现；

(4) 系统运行、维护；

(5) 系统评价。

系统实施步骤中应首先实施关键子系统，以期尽快见到经济效益和得到最大经济效益。每期工作内容及所需时间、人力要有一个估计，系统实施进度可用甘特图或网络图表示。

最后，提出系统投资预算及人力需求计划。在人力需求计划中，应该强调建立系统实施组织的必要性，这个实施组织，实际上是一个系统工程小组，参加的人员，应首先是以企业最高领导参与的领导小组人员。这些人负责系统实施的组织及协调工作，其次是在领导小组下面设开发小组，开发小组成员应包括系统分析人员、企业管理人员、经济数学人员、计算机硬件及软件人员、数据库专家、计算机应用软件人员以及系统维护与管理人员。

以上是系统分析与总体设计的主要内容，最后应将上述有关内容写成系统方案说明书，通过论证后作为进一步开发的依据。

* 原载《计算机世界》杂志 1989 年第 6 期。

64 计算机信息系统的详细设计与实现、评价

如果计算机信息系统总体方案得以通过，下一阶段的工作是进行详细设计并实施系统，这是个工作量大而复杂的实质性工作阶段，需要花费较多时间。

一、系统详细设计

系统详细设计由下述十部分组成：近期和远期计算机硬件软件选择，子系统设计的一些原则和策略，输入/处理/输出(IPO)图设计，数据字典描述，数据库设计，应用程序设计，代码设计，输入/输出设计，通信网络设计和系统安全可维护性设计。

（一）近期和远期计算机硬件、软件选择

因为在系统详细设计阶段必然要接触到具体配置，而建设一个信息系统不可能一次配全所有设备，有些组织已有一些资源作为近期实施的基础，或近期只能购置一部分硬件、软件，这在中国的国情下是相当普遍的，由此，必须首先考虑一下近期的硬、软件选择以及远期的硬、软件选择，这和总体方案中的开发步骤不会有矛盾，只是更加具体化罢了。无论是近期考虑还是远期考虑，都要明确指出计算机系统结构、硬件标和软件内容(如操作系统、数据库管理系统等)。

（二）子系统设计的一些原则和策略

系统设计的实际进行是将各子系统分开进行的，子系统的划分已在总体方案设计中完成了，但在进行子系统设计时必然存在着不同的设计方案，因此在具体开始子系统设计之前要从总体上考虑一组基本设计原则、一组基本设计策略以及一组评价标准和质量优化技术。每个子系统都有层次式的模块化结构图(一般称为 H 图)，如何划分模块有一些原则，其中一个重要原则是模块独立的原则。所谓模块独立，是指子系统划分的各模块之间的接口尽可能简单，每个模块只完成一个独立的特定功能。模块独立的好处很多：有利于分工开发各个子系统，以提高软件产品的生产率；有利于修改软件，以减少一个模块修改时牵连其他模块；有利于维护软件，以减少其他模块的内部程序运行的影响。

子系统设计策略是根据数据流程图按信息类型的不同转换成不同的软件结构，然后用软件设计的原则精化软件结构，其过程如图 1 所示。

信息流有两种类型：变换流(transform flow)类型和事务流类型(transaction flow)。所谓变换流类型，是指信息由输入源经过软件系统的变换(处理)再进入外部世界(输出对象)如图 2 所示。

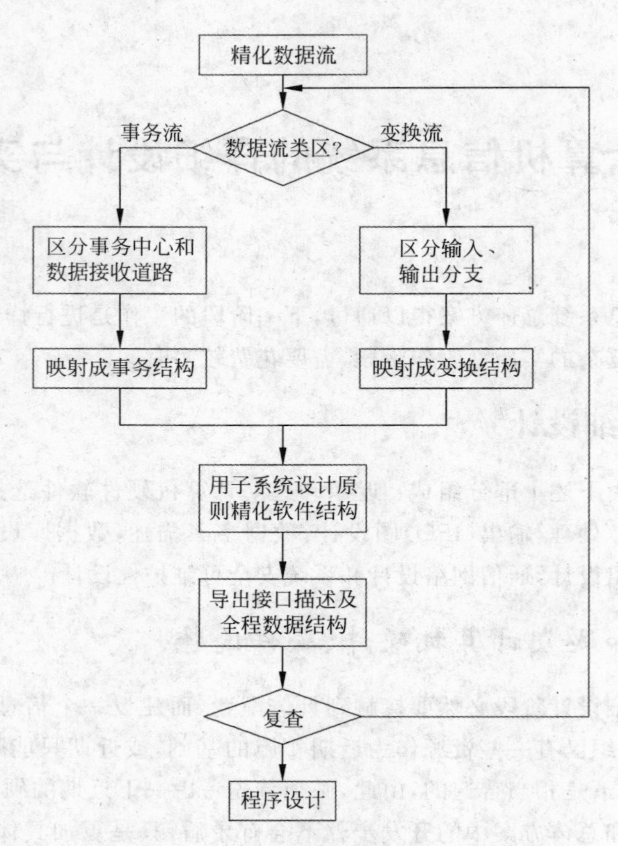

图 1　子系统设计过程

所谓事务流类型，是指信息由输入源进入系统后可能有多种路径进行处理，需要选择其中之一进行处理，如图 3 所示。

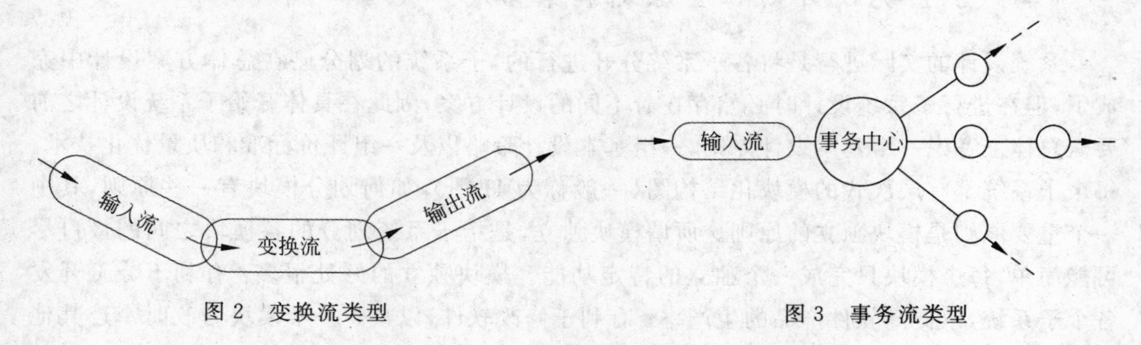

图 2　变换流类型　　　　图 3　事务流类型

不同类型信息流映射方法不尽相同。变换流的核心是找出变换中心，即将输入流和输出流的边界确定出来，然后通过映射得到程序结构。如图 4 所示。

主控模块 Mm 协调下属 Mi、Mt 和 Mo 三个模块，这是第一次映射，然后将输入模块、变换模块以及输出模块的数据流分别映射为三个程序模块。

对于事务流，其映射过程如图 5 所示。

经过上述设计策略的考虑之后，再进行必要的方案优化设计。

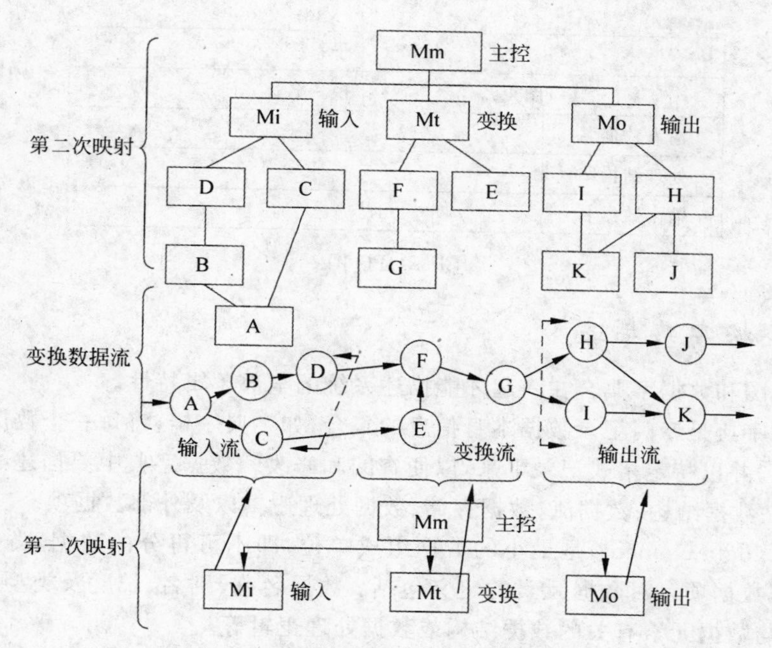

图 4 从变换流到层次化模块结构的映射

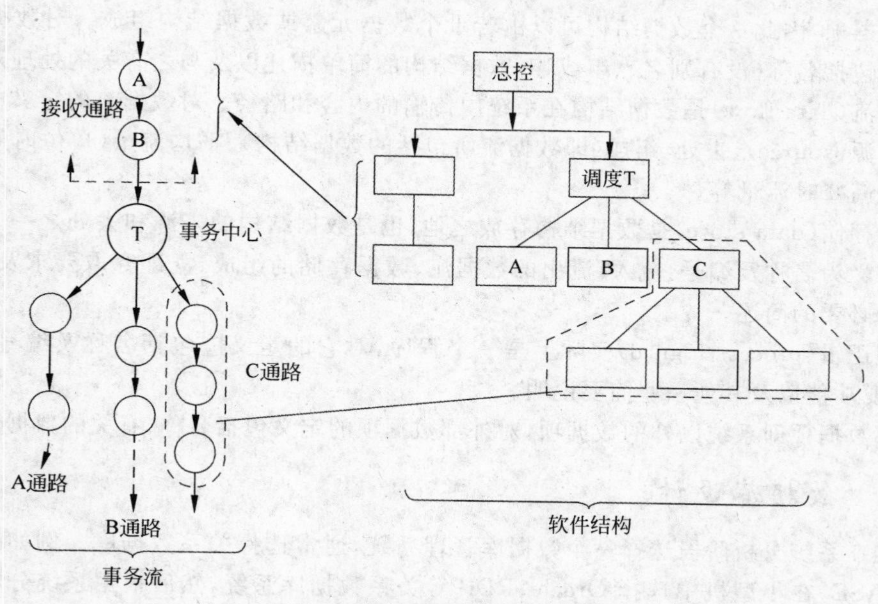

图 5 从事务流到层次化模块结构的映射

（三）输入/处理/输出(IPO)图设计

在子系统设计时，已按层次分成若干模块，每个模块无非由输入(input)、处理(process)和输出(output)组成，我们将其按图 6 的格式进行描述，简称 IPO 图。其中输入数据名及输出数据名的数据结构在数据字典中描述，处理结构图近似于程序结构图，程序员据此可以编写程序并能满足设计要求。

<table>
<tr><td colspan="2" rowspan="2">IPO 图</td><td>子系统名</td><td></td></tr>
<tr><td>模块名称</td><td></td></tr>
<tr><td>输入数据名</td><td colspan="3"></td></tr>
<tr><td>处理结构图</td><td colspan="3"></td></tr>
<tr><td>输出数据名</td><td colspan="3"></td></tr>
</table>

图 6 IPO 图

（四）数据字典描述

数据流程图和数据字典合在一起才能描述系统的全部逻辑特性。

所谓数据字典是专门记录数据本身信息的集合，如字典一样，将每一个数据流程图上的数据进行定义，并以特定格式记录下来，以便查阅和修改。数据字典中要描述的数据特性包括：数据元素、数据结构、数据流、数据存储、数据处理逻辑以及外部数据项。

数据元素（data element）是最小的数据组成单位，即不可再分的数据，类似于 COBOL 语言中的基本数据项。对数据元素的定义包括：数据名称、别名、长度及类型、对数据元素的简单描述、与数据元素有关的数据结构或数据处理逻辑等。

数据结构（data structure）是描述一组数据之间的组合关系的数据，类似于 COBOL 中的组合数据项，因此一个数据结构可以由若干个数据元素或数据结构组成。对数据结构的定义也应包括名称（没有别名）、组成、对数据结构的简单描述以及与之有关的处理逻辑。

数据流（data flow）是数据结构在系统内传输的内容和路径。对数据流的定义应包括数据流的来源（source）、去处、组成（即数据流所包括的数据结构）、平均流量（单位时间内传输的次数）、高峰时流量等。

数据存储（data store）是数据结构存放之地，也是数据结构的来源和去处之一。对数据存储的定义为名称及编号、流入/流出的数据流、数据存储的组成、立即存取要求及关键字，另外作些必要的简述。

处理逻辑（process logical）实际上是一个程序，对它的定义应包括名称及编号、输入和输出、主要功能以及其他一些简要说明。

外部数据项即系统以外的数据项，对外部数据项的定义包括名称、有关的数据流等。

（五）数据库设计

首先在系统分析阶段选择一个数据库管理系统，通常选择关系数据库。例如在微机中选用 dBASE，在小型机中选择 Oracle、RDB 等关系数据库系统，然后根据系统分析得到的各种数据库，进行数据结构设计。在进行数据结构设计时需要进行规范化。

（六）应用程序设计

应用程序设计是系统设计与实现的实质性工作之一。在系统设计阶段，首先完成各模块 IPO 图中处理逻辑的设计，即各模块的控制结构设计。在系统实现时，根据这些控制结构编写程序。必须说明：如果市场上有现成的应用程序，则没有必要非自己编写不可，使用商用软件可以减少开发时间和开发成本，当然有些商用软件不一定完全满足本系统要求，如果改动不大，也应购买商用软件。

控制结构的设计方法常有如下几种：

1. Jackson 程序设计方法

Jackson 法是面向数据结构的程序设计方法，基本上由如下步骤组成：确定输入/输出数据的逻辑结构，并用 Jackson 图予以描述；找出输入数据结构与输出数据结构中对应的数据单元；用 Jackson 图导出程序结构图；列出所有操作和条件，并将它们分配到程序结构的适当位置；用伪码表示程序。

2. Warnier 程序设计方法

Warnier 程序设计方法和 Jackson 程序设计方法类似，也是面向数据结构的程序设计方法，不过比 Jackson 程序设计方法的逻辑更严格。Warnier 程序设计方法也先用 Warnier 图描绘数据结构；再用输入数据结构导出程序结构；由程序结构图画出程序流程图，并为每个处理框编上号；分类写出伪码指令；将指令排序，从而得到处理过程的伪码。

以上两种方法的优点是层次性好、形象、直观、可读，而且既能表示数据结构又能表示程序结构。缺点是技术较复杂，需要一些辅助技术，读者有兴趣可参考有关程序设计或软件工程的书籍。

3. 结构程序设计方法

所谓结构程序设计的方法，一般认为是这样一种程序设计技术：采用自顶向下、逐步求精的设计方法和单入口单出口的控制结构。结构程序设计方法简单易用，易读，易维护和易测试，且逻辑结构清晰。从理论上讲结构程序设计三种基本控制结构就能实现单入口单出口程序，这三种基本控制结构是顺序结构(图 7a)、选择结构(图 7b)和循环结构(图 7c)。

为了使用方便，在实际使用中，还允许如图 8a 和图 8b 两种程序控制结构，即 DO-UNTIL 循环结构和 DO-CASE 分支结构。

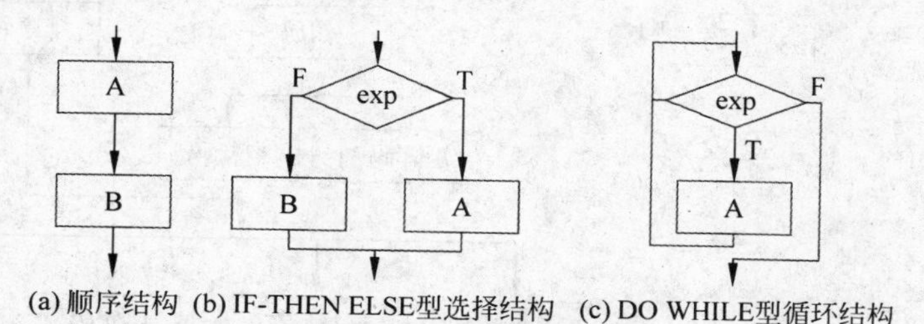

(a) 顺序结构　(b) IF-THEN ELSE型选择结构　(c) DO WHILE型循环结构

图 7　三种基本控制结构

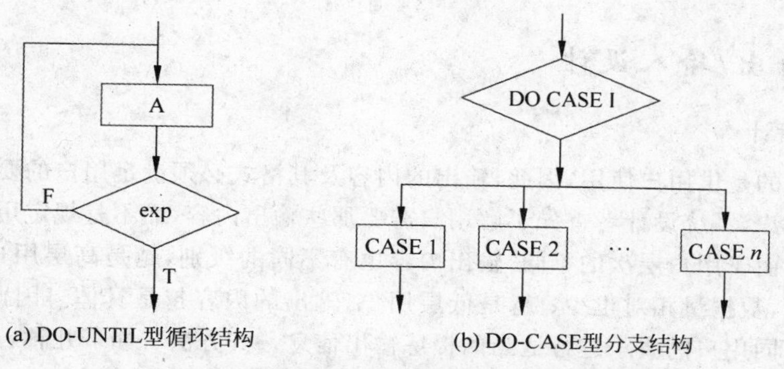

(a) DO-UNTIL型循环结构　　(b) DO-CASE型分支结构

图 8　另两种常用的结构程序设计控制结构

（七）代码设计

在开发计算机信息系统时将会遇到数量大、种类繁多的各种信息。为了有效利用这些信息必须进行分类编码，即将具有相同属性或特征的信息归并在一起，并用便于识别和处理的一些符合集合表示各类信息，这些符合集合就是代码。代码可以用数字、字符组成，而设计代码是开发 CIS 的基础性工作。代码设计的原则是：

1. 标准化：即尽可能用国际标准、国家标准，如没有上述标准者可用部颁标准或习惯标准，以便日后信息交换和维护；

2. 唯一性：每一个信息资料仅有一个代码，或者说每一个代码只代表一个信息资料；

3. 可扩充性：代码要留有足够位置，以适应日后更新，扩充；

4. 合理性：代码与信息资料直接有关，故代码编制方法必须合理，以便和信息资料的分类相适应；

5. 简单性：代码结构尽量简单，长度尽量短，以方便记忆和提高处理效率；

6. 规范性：代码的结构、类型、缩写格式必须统一。

7. 适应性：代码要尽可能反映信息资料特点。

代码的种类如图 9 所示。

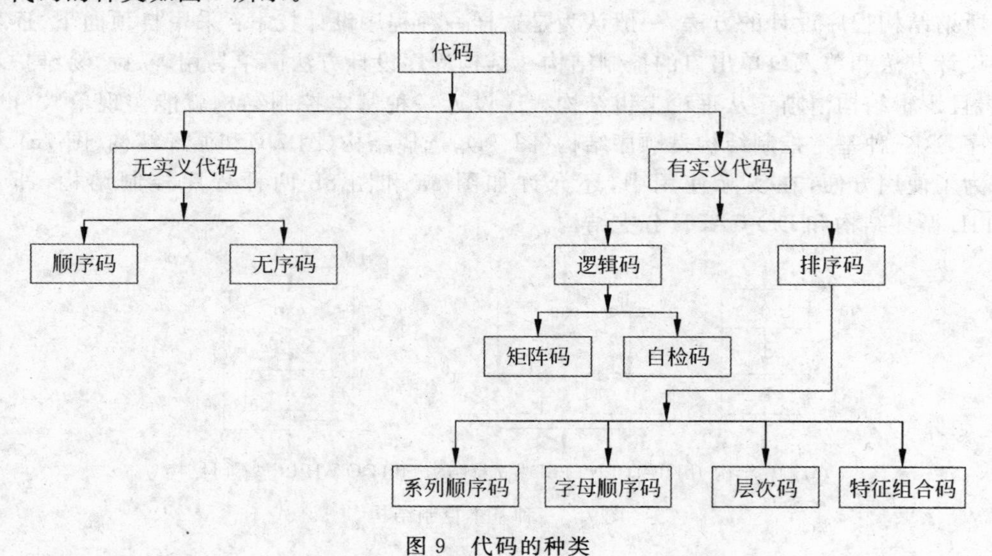

图 9　代码的种类

（八）输出/输入设计

1. 输出设计

输出的目的是供用户使用，因此，输出的内容及其格式必须满足用户的要求。输出内容首先来源于用户，系统设计者首先了解用户需要那些输出内容，而不是规定用户接受什么样的输出内容。由于用户层次的不同，输出内容也有不同的级别，越是高层用户，输出的内容越是综合性强，数据量相对也少；越是低层用户，输出的内容越是具体。因此，在输出设计时就应根据不同用户的要求进行适当的提炼输出信息。其方法有如下几种：

(1) 汇总法：即对大量输入数据进行分项汇总，最后输出各种报表。

(2) 筛选法：根据上层决策的需要，将下层机构提供的数据进行筛选，将关键的数据提供给上层决策机构，以便使决策者迅速掌握一些关键的变量进行决策。

(3) 监控法：由计算机不断对输出信息进行分析比较，一旦出现异常情况，发出偏差警报，提醒决策者注意调整策略，例如施工企业中发现工期拖延时间和预计时间相差太大，实际造价和预算偏差太大等发出偏差报告等等。

(4) 查询法：根据决策者的需要，临时查询一些输出信息，这对于管理者主动发现问题，及时做出决策是非常有用的。

输出的格式是多种多样的，如输出报表、屏幕输出、图形输出等等。

2. 输入设计

输入设计的目的是保证输入数据的正确和方便。计算机处理的数据是通过输入设备进入计算机的。若输入的是错误的数据，则输出的也必然是错误的东西。

为了保证输入正确，必须从如下两方面考虑：一是输入方式和格式，二是输入时出错校验和修改。输入方式可以用键盘敲入，也可以先存入软盘，然后再输入计算机。键盘录入比较易于出错，因此可用专门的数据录入员进行双人输入或重复输入，由计算机核对无误后再行接受。除键盘输入方式以外，还可用光字符识别器(OCR)、磁性墨水识别器(MICR)、阅读机(OCR—wand)、电子音频输入器、光笔等输入设备。

输入格式的设计也很重要，要使输入单据的填写量尽可能减少，输入单据的版面符合习惯等等。为了防止输入错误，还应有各种校验措施。

(九) 通信网络设计

通信网络设计是系统设计的另一个重要内容。根据系统总体规划，需要考虑如下问题：

1. 对多主机系统，考虑主机之间的文件传送；
2. 系统中的微机与主机之间的低速(如 9600bit/S)异步文件传送；
3. 微机数据库与主机数据库的数据交换；
4. 防止数据交换过程中可能出现的并发错误，应具备并发控制功能；
5. 系统的远程通信问题。通信网络的物理设计需要将主机、微机以及通信线路、接口等一一标出，如图 10 所示的一个网络物理连接图，其中 PC 机称网络的端接点，而与 PC 机相连的 VAX 机称为路由(router)节点，可用于端接点之间转发信息或文件。若 PC 与主机

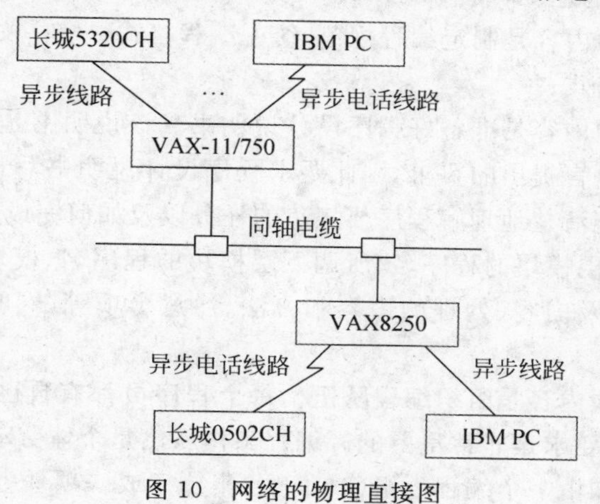

图 10　网络的物理直接图

较近,可用基带的 RS232 或 RS422 接口。如较远可通过调制解调器(modem)连接(可通过电话线路)。主机之间可通过 Ethernet 网连接,其数据传输率可达 10Mbit/秒,这样的耦合度可支持分布式的数据库设计。

网络软件可选择市场可用的成熟产品,如 DECNET,DECNET-DOS 等。

(十) 系统的安全性与可维护性设计

系统的安全性是指系统能够自动地抵御外部及内部威胁的能力。计算机系统的威胁来自如下三类:

1. 偶然的威胁:例如软件错误,硬件故障,通信系统偶然失灵;

2. 被动的威胁:例如由于操作不当而丢掉输入信息或输出信息,一些系统单元(如网络终端)的暴露而遭到外部截取信息等;

3. 主动的威胁:如内部人员未经许可使用系统为其私自目的服务(例如窃取文件,修改文件和程序,破坏系统等等)。

系统的可维护性主要是指软件可维护性,包括:(1)可理解性,即外来读者易于理解软件;(2)可测试性;(3)可修改性。

一般系统网络软件、数据库本身都有安全及可维护措施,只要严格按照操作规程安装和使用,安全是可以保障的,例如 VAX 上 RDB 数据库本身具有存取控制表(ACL),它允许数据库管理人员限定使用者的权限。RDB 还提供日志文件(AIJ)允许数据库破坏后数据重新输入数据库文件。此外还可以采取备份文件、加密操作程序等措施提高安全和可维护性。

二、系统实现与评价

系统实现步骤包括实施的准备、编程、测试、系统转换、系统运行与维护和系统评价。

(一) 实施的准备

在系统实施阶段,可能会涉及更多的人员,且许多工作是分头进行的,协调工作就显得尤其重要。因此,实施准备的第一项工作是制定实施计划,用关键路径法制定实施计划的内容、时间及人力,在每个分阶段进行一次检查。以控制质量和速度,同时进行协调每个人的工作,以免以后有较大的返工,或不易接口。

实施准备的第二项内容是制定编程规范,统一编程格式。统一文件名、数据名,程序名,统一编程语言和书写格式。

实施准备的第三项内容是准备好程序设计说明书。该说明书是程序员编程的依据,这是系统设计者用书面语言提出的要求,因此要求程序设计说明书写得清楚明白,易于理解,程序员通过说明书就能清楚地理解程序要担负的任务以及如何完成这些任务。它包括所编模块的程序名、所属上层模块的程序名、所调下层模块的程序名、模块输入和输出的内容及格式、所用到的文件名及内容、处理的内容和方法、注意事项等,同时把系统设计时的 IPO 图附在程序说明书内。

实施准备的第四项内容是组织编程队伍。每个程序员都有自己的风格和习惯,因此将程序员组织起来,统一要求是非常重要的。编程工作虽然是个体劳动,但如果将编程工作集约化是有好处的。例如由一个编程小组(3~5 人)集体完成一项任务时,可以互相讨论和学习，这容易提高质量和发现错误。此外还有如下好处：(1)每个程序员可以了解和他人的程序联系；(2)每个程序员都力图要提高自己的程序质量；(3)每个程序员都能了解他人的程序，以便日后调试和运行。有些专家建议，在一个编程小组内设置一个主程序员、1～5个普通程序员、一个程序秘书。主程序员负责指挥和组织工作，并担负最重要的模块编程工作，秘书协助主程序员管理编程小组、记录文件、流程图、调试情况等。

（二）编程

编程过程由四步组成，见图11。

(1) 问题分析：包括研究技术规范、弄清求解问题的性质、设计较粗的程序流程图以及弄清不同编程人员之间的边界和通信；

(2) 程序结构图设计：编写详细的程序结构图，为编码作好准备；

(3) 确定程序规范化措施：包括检验个别的模块以及考虑模块之间的一致性；

(4) 编码：在选择程序设计语言后，按结构化编程方法编程，所谓结构化编程方法是将模块进一步分解成更小的模块，每个小模块的语句行数在30～50之间，这样便于修改和调试。结构化编程的理论根据在于前面已提过的每个程序都由三种单输入单输出程序结构实现的，即顺序、条件选择和循环结构，尽量不用GO TO语句。

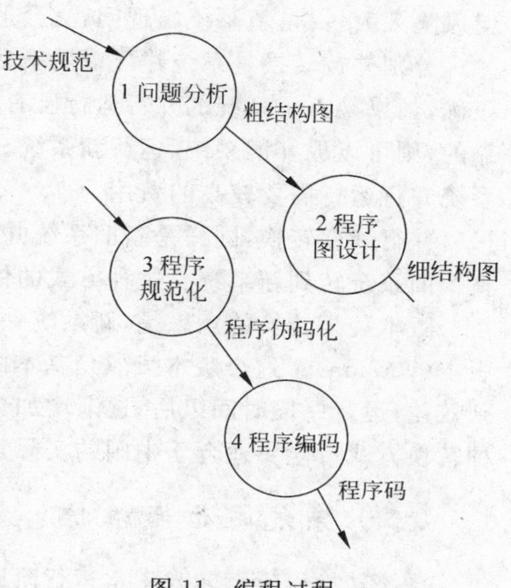

图11　编程过程

（三）测试

测试的目的是排除程序中的错误以及检查是否满足用户的要求。程序的语法错误可在编译时排除，但是逻辑错误必须通过处理数据才能找出来，将已知的结果数据和程序运算得到的数据进行比较，若存在偏差，则说明有逻辑错误。

测试的方法很多。从层次分，有单元(或模块)测试、集成测试、功能测试、系统测试、验收测试；从方式分，有黑箱(black-box)测试、白箱(white-box)测试。单元测试内容包括接口测试、I/O测试、数据结构测试、计算方法测试、比较测试和控制逻辑测试。集成测试包括自顶向下(top-down)测试、由低向上(bottom-up)测试以及组合测试。功能测试包括输入格式、输出格式、文件组织、文件存取以及人/机接口测试等。系统测试包括功能测试，即测试设计的程序能否满足规范要求的期望结果；另一个系统测试的内容是运行测试，测试程序运行的质量，而不是功能。在系统测试的同时，将用户包括进去，以完成验收测试。系统测试完成后，CIS的系统实现也就完成了，接下去是进行配置、系统转换和试运行。

（四）系统转换

系统转换也称系统切换，即新的计算机信息系统建成以后替代旧的信息系统。在系统转换之前先要做好用户的培训工作。用户是计算机信息系统的使用者和所有者，只有用户感觉到系统的效益且易于运行时才能喜欢新系统，乐于使用新系统，只有这样才能说系统开发有了成功的希望。培训用户要有教材，即使用手册等。培训的范围要广，包括各级管理人员，他们是系统输出信息的使用者，要让他们熟悉新系统的输出内容和格式，还有数据录入人员，让他们理解数据输入方法。此外，还应包括各级办事人员，他们每时每刻在和业务打交道，也必须了解计算机信息系统的运行过程。

系统转换的方式大体上有：突变转换、分别并行转换、并行渐变转换、版本装配转换。

突变转换是当新系统建成后立即投入运行，同时旧系统作废，这种转换方式节省费用，但风险太大，一旦新系统出现问题，会造成系统瘫痪，故这种转换方式大多不宜采用。

分别并行转换是系统建成以后新系统和旧系统同时并行运行，互相验证运行结果是否正确，如果某一子系统的并行运行已有相当长的时间（一般 3～6 个月），且确信新系统是可靠的，则可以放弃旧系统，运行新系统。这种转换方式最大的优点是可靠性高，缺点是新旧系统并行运行需要较高的费用。

并行渐变转换，同样是新旧系统并行，但不是各子系统分别转换，而是到达一定时间后，整个旧系统转到新系统。这种方式的优点是风险很小，费用也适度。

版本装配转换的意思是，新系统一开始可能是具有基本功能，称这样的新系统为第一个版本（version）。这个版本虽然是基本的或者说功能较弱，但成本低，易于实现，可能很快见到效益，运行一段时间以后，逐渐增加新的功能，形成第二个版本、第三个版本……我认为这种转换方式可能更适合于中国的实际，也和用原型法（prototyping）开发系统相吻合。

（五） 系统运行与维护

系统转换以后就转入正常运行阶段，运行中可能会出现一些问题，如功能不够完善，有时会出现局部问题等，这是正常现象，系统工作人员要有准备处理这些问题。对于局部性修改，即使很小的修改也要通过一定的手续，符合规定的制度，修改后要留有文字记录，切忌在程序上改来改去，结果弄得面目皆非，甚至难以收拾。除对局部错误修改外，还要随着情况的变化，对系统进行必要的修改和扩充，这种变化总是存在的，因此系统的维护工作总有许多事情要做。

（六） 系统评价

系统评价的意思是系统稳定运行一段时间以后回过头来实事求是地分析与评价系统开发过程及系统运行以后的情况，包括两个报告：系统开发回顾报告和系统运行评价报告。

系统开发回顾报告中首先评价系统开发过程的费用，将开发项目的预算费用和实际费用进行比较，分析偏差的原因；其次是分析开发的时间，将预算开发时间和实际开发时间进行比较，分析偏差的原因；分析系统设计及程序设计中出现的错误；分析所采用的开发方法以及提供其他建议和意见。

系统运行评价报告一般在运行 4～6 个月之后再出，应包括如下三部分。

(1) 是否满足用户目标：即系统分析阶段提到的目标，分析哪些达到了，哪些目标没有达到及其原因，将来如何达到。

(2) 评价是否产生了效益：这里讲的效益是指经济效益和社会效益，对企业来说主要是经济效益。当然，计算机信息系统所带来的经济效益主要反映在间接效益上，而间接效益比较不好计算，虽然国外有许多计算方法，但国内还没有一种切合实际的计算方法，需要认真研究和总结。

(3) 评价是否有完整的文件资料以及运行管理制度：系统开发的每一阶段必须留有完整的文档资料。一个系统成果推广的根据是依赖文档资料，系统的维护和扩充也依赖文档资料。如果系统运行了，但缺乏文档资料，则不能认为是一个成功的系统，因为这个系统既不能推广也不能修改，只是一个“死程序”而已。

* 原载《计算机世界》杂志 1989 年第 9 期。

65 制造企业生产管理信息系统的开发艺术和技术——天津长城电视机厂 MIS 一期工程实例研究

【摘　要】 本文以天津长城电视机厂生产管理信息系统为例，介绍开发制造企业 MIS 的经验和技巧。全文共分四部分：概述、系统开发方案的制定和系统功能描述，系统开发艺术及开发技术，结论。论文详细介绍了系统开发过程中采取的一系列策略和方法以及技术关键。

【关键词】 制造企业生产管理，信息系统，开发艺术和技术，分布式数据库

一、概述

中国生产管理计算机信息系统的研究与开发只有 10 多年的历史，成功和失败都不乏其例。本文介绍的天津长城电视机厂生产管理信息系统从设计到开发成功只有 6 个月时间，这是一个成功的例子。它投资少，见效快，功能丰富，在开发过程中采取了一系列开发策略，提供了有益的开发经验和开发技术。

天津是中国最大的城市之一，华北最大的工业城市，天津长城电视机厂是生产彩色、黑白电视机的大型国营企业，年生产量达 60 多万台，在天津以至全国都具有重要地位。

该厂 MIS 总体方案设计是和清华大学联合研制的，在总体方案的指导下，该厂和清华大学合作，首先开发关键的子系统——生产管理系统，从 1989 年 10 月开始设计，1990 年 4 月交付试运行，历时半年，1990 年 8 月通过了天津电子办主持的技术鉴定，并投入正式运行，到目前为止，一直成功地运行着，产生了较大的经济和社会效益。

系统采用超级小型机 MV2000DC 为主机，用微机和终端做工作站，操作系统为 AOS/VS，数据库为 InfosⅡ，高级语言为 COBOL 及 FORTRAN，此外还采用了汉化了的 DG 公司的综合办公自动化软件 CCEO，系统采用改进原型法开发，即采用结构化生命周期(SDLC)和快速原型法(prototyping)相结合的开发方法。

近一年来的运行证明，系统有如下特点：(1)系统功能丰富，能满足用户的要求；(2)系统使用方便，安全可靠；(3)系统可维护性和可扩性强。

二、系统开发方案的制定及功能描述

生产管理是企业整个信息系统的一个子系统，属于中层管理。主要完成生产准备、生产过程及生产以后的管理工作，因此生产管理系统划分为 4 大模块：成品库管理，齐套管理，作业统计及综合分析。各模块的功能如下：

1. 半成品库管理

- 库存管理：包括新品种加入，高级别动态修改，高级别删除，条件检索，数据库元件显

示功能等。

- 收发料管理：包括收发料登记，错误修改与删除，查询每日收发料情况，生成并打印每日收发料报表等。
- 下班业务管理：包括下班时进行当日收发料数据与主数据库的累加工作。
- 月末盘存管理：完成月末盘存报表的自动生成、查阅及打印。
- 核算业务管理：完成以现有库存量为基础的资金占有量的计算，并生成核算报表，供查询、打印之用。
- 定量 ABC 管理：根据元器件单价进行 ABC 分类，从而计算出各类物资的资金占用情况，它着重反映了重点物资资金占有情况。
- 自动低位报警：根据仓库主管提供的数据设定低位，当库存数量低于警戒数量时自动报警。

2. 齐套管理

- 编制齐套表：每种产品有一张齐套表，该表为编制限额领料单及汇总缺品业务提供依据。
- 技术更新处理：产品投产后由于生产、技术或元器件供应困难需要变更元器件型号，齐套表发生变化。
- 编制限额领料单：限额领料单是最终领料凭证。
- 汇总盈缺情况：齐套结果，汇总出能满足本批生产量对半成品的要求，并列出盈余量及缺口量，为企业的计划、生产供应提供信息。

3. 作业统计

- 整机日进度统计
- 产量及产值旬统计
- 产量及产值月统计

4. 综合统计分析

- 工业企业主要经济指标月报管理
- 主要经济指标完成情况月报管理
- 综合效益指标完成情况月报管理
- 部分经济指标图形展示
- 综合统计分析：包括生产分析，供应分析，综合分析等等。它们的图形展示由 DG 公司的应用软件 PRESENT 实现。
- 预测：包括生产预测，销售预测，综合预测等。

三、系统开发艺术和技术

中国制造企业管理信息系统的研究与开发经历了曲折的历程，开发成功与失败的主要原因是开发策略和开发方法是否恰当，这是一项艺术性很强的工作。我们认为天津长城电视机厂生产管理系统（除此以外还有办公自动化系统也是同期开发成功的，这里不再叙述）

之所以成功主要是在开发方法上的成功，同时在技术上也有许多成功之处。

在开发策略和方法上的考虑有：

1. 必须紧密结合企业特点，采用改进原型法的开发方法

长城电视机厂和中国大多数制造企业一样。对信息系统不够熟悉。管理体制又经常变动，规范化不够，一些数据不全，职工文化素质和现代化意识一般，市场供应及产品销售机制不健全，资金紧缺，领导急切见到效益，这些特点说明：一方面我们不可能得到严格的需求定义，用户对需求的增添和修改是不可避免的，甚至将很频繁；另一方面，由于领导见效急切，资金有限，开发周期不可能很长，因此在开发方法上不宜完全采用结构化生命周期法(SDLC)。但是，又由于企业规模较大，开发人员的系统观念和开发经验都较缺乏，完全采用原型法势必造成缺乏整体性，使各子系统之间很难协调一致，从而降低总体效益。因此，我们采用了结构化生命周期法和原型法相结合的方法——改进原型法。

2. 尽可能用好现有资源

长城电视机厂原有若干台微机，还有一台DG公司的MV2000DC小型机，该机是随彩电生产线引进的，除主机外还配有400MB磁盘，一个盒式磁带，两个终端，一台打印机，由于没有软件，两年来始终没有得到应用，我们认为首先用好这台小型机。配以各种软件以及增加终端和打印机，使“死机”变活，这不仅在经济上有巨大意义，而且在心理上能产生良好影响，同时，既减少了初期投资，又缩短了开发周期。

3. 尽可能采用既先进又成熟的技术

在技术的应用上，一方面要求先进性，不要一开始就使用将要淘汰或过期的技术，另一方面又必须使用成熟的技术，这样风险较少，又有利于加快实现。如我们使用了DG公司的CCEO办公自动化软件，InfosⅡ数据库，AOS/VS COBOL等，这些软件不仅处于先进地位，且使用方便，技术成熟可靠，实现容易，因此开发人员及用户都比较容易掌握和乐于接受，减少了用户的心理压力。

4. 认真培训用户开发人员

培训用户开发人员是带有战略性意义的工作，这里强调“认真”二字，意味着必须从思想上高度重视对用户的培训，而不是敷衍了事，也不是走走形式。天津长城电视机厂信息中心有一批年轻的科技人员，他们大多数是毕业不久的计算机专业的大学生，有较高的工作热情和程序设计能力，但对管理信息系统的研制缺乏经验，我们认为培训好这支队伍是系统开发成功的关键，因为系统的最终运行及维护靠他们，系统的扩充以及对终端用户的培训靠他们，这支队伍的是否自始至终的参加开发并能全部掌握系统，决定着系统最终能否运行。因此，在系统分析之前，我们要做的第一件事就是把他们请到清华大学培训一个月，主要给他们介绍管理信息系统的分析和设计，介绍计算机软、硬件技术以及通信网络技术。回到厂里后，把他们和我们混合编制，一起进行系统分析和设计的开发工作，同时在工作中仍要经常给予培训。这样，系统开发完成了，不需专门交接，他们都掌握了系统、运行、维护、扩充、培训终端用户自动由这批队伍去做，厂方对此非常满意。认为既开发了系统，又培养了人，用

户开发人员也非常满意，他们既完成了工作，又增长了知识，精神状态极好，使该厂计算中心年终得了市仪表局集体奖，若干个人也得了奖。

在开发技术方面，系统成功地解决了一些技术关键，它们是：

1. AOS/VS Cobol 的灵活应用

AOS/VS Cobol 有一个屏幕节，它提供了极为方便的输入/输出方式，我们巧妙地应用"ESC"和功能键 F1－F10，使用更为方便、简明。此外，将 Cobol 和 InfosⅡ数据库巧妙地结合起来，只要数据库和 Cobol 语言中的文件描述相同，就能很方便地调用数据库文件。值得一提的是，在本系统中采用了"文件规范"技术，使得上百个 Cobol 文件只进行一次描述即可，而不是如 Cobol 语言规定的每个文件必须分别描述，其办法是，首先将文件结构规范化，统一成相同的文件结构，在数据部(data division)只需对规范化文件进行一次描述，而在设备部(environment division)将此规范文件名分配给某一变量，以后在程序中调用某一文件时，只需将该变量赋予不同的值即可，例如每种型号的电视机文件，只需建立同一个文件即可，数据部中只需如下描述：

```
FD  QITAO-FILE              齐套文件
01  Q-DATA
02  NUM-D PIC 9(1)          序号
02  KIND-D PIC×(15)         种类
02  N4ME-D PIC×(10)         名称
02  UNIT-D PIC ×(2)         单位
02  QUAN-D PIC×(10)         数量
02  AP-D PIC×(10)           备注
02  KEEPR-D PIC×(6)         保管员
02  USE-D PIC 9             用途
```

而设备部只需：

SELECT QITAO-FILE ASSIGN TO QTBL 即可，其中 QTBL 为一任意变量名，以后用到某一文件时，只需输入新文件名并赋给 QTBL 即可，这样大大节省了程序编制时间，又节省了内存，这是使用 Cobol 的一个很好的技巧。

2. Cobol 和 CEO 的传递问题

生产管理系统采用 Cobol＋InfosⅡ＋CEO 的开发模式，一些由 Cobol 运行得到数据需要传送到 CEO，这是解决 AOS/VS Cobol 下的数据文件进入 CEO 软件的重要技术关键，解决办法如下：

- 在应用程序中生成一个数据文件的备份文件(原数据文件继续供系统使用)
- 对备份文件进行程序处理，改变其 Cobol 文件的结构以满足 CEO 规范。
- 使用 CEO 接口将处理过的文件传入 CEO 系统，供其使用。

例如：生产管理系统作业统计模块中处理程序的处理文件的说明如下：

```
DATA DIVISION
FILE SECTION
```

```
FD CTCEO
RECORDING MODE IS DATA-SENSCTIVE
01 CTCEORE
03 CTCEOVAl PIC X(79)
03 CTCTOVA2 PICX
```

在过程部程序执行过程中将数据文件的内容。送至记录的 CTCEOVAl，而将“CR”赋值给 CTCEOVA2 这样转换就完成了，CEO 可直接调用逻辑名为 CTCEO 文件进入系统供管理和使用，其他语言的文件也可类似实现。

反之，本系统也研究开发了 CEO 系统的表格数据和向 AOS/VS 转送的问题，其办法是：

- 将 CEO 表格数据(DTB 或 SPD)转换成 CEO 的另一种数据形式(DXF)。
- 利用 CEO 接口将 DIF 文件传至 AOS/VS 操作系统下。
- 用高级语言(如 Cobol、Fortran)程序对 DIF 文件进行处理，生成相应的高级语言(如 Cobol、Fortran)文件。
- 以高级语言文件的形式供其他应用系统使用。

3. 建立生产管理系统的联机打印模块

生产管理系统由 Cobol＋InfosⅡ实现的，但 Cobol 实现汉字的联机打印时存在缺陷，故试用 Fortran-77 语言编制打印模块子程序，由 Cobol 调用，其流程如图 1 所示。

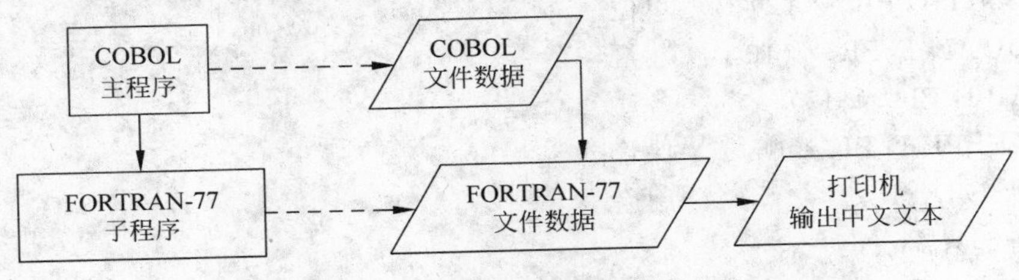

图 1　打印模块程序与数据调用关系

4. 数据库分布技术

在生产管理系统中采用分布式技术以提高系统数据的稳定性及可靠性，例如在半成品库管理模块中将主数据库分散到若干子数据库存储，它们是：

- 半成品库存数据库
- 半成品送发料数据库
- 半成品盘存结果数据库
- 半成品库元器件单价库
- 半成品库核算结果数据库
- 半成品库库存复制库

这样存储后，尽管开销增加，但避免了由于若干数据项的数字错误及数据库故障而导致整个半成品管理模块瘫痪，此外，库存数据分散，其业务呈模块化，主要业务正对自己数据子库,设计方便,使用灵活,容易扩充,响应速度快,安全保密性强,也更接近实际管理方式,从可靠性理论分析,采用分布技术后系统可靠性 R 将会提高,因为这些子数据是“并联”的,因此 R 值为:

$$R = 1 - (1 - R_1)(1 - R_2)\cdots(1 - R_n)$$

其中 $R_1, R_2, \cdots R_n$ 分别为各子库的可靠度。

四、结论

生产管理信息系统的研究与开发是技术性很强。艺术性很高的工作,其开发成功不仅需要各项技术,尤其重要的是开发策略和开发方法的正确,也就是艺术,总起来说天津长城电视机厂生产管理信息系统的开发成功表明:

(1) 必须紧密结合中国企业实际,完全从中国实际需要与可能出发才能保证开发的顺利与成功。

(2) 必须十分注意开发策略和开发方法,如争取企业领导的支持与参与,选择领导最关心的生产管理子系统作为原型;密切和用户配合,培训用户,使用户本身也是系统的开发者;采用成熟的技术和开发工具,在开发方法上采用了结构化生命周期法与原型法相结合的方法,保证了系统分析和系统设计阶段的严格性和规范性,而在系统实现阶段又吸取了原型法的低费用高效率的优点。

(3) 系统开发成功再一次说明 MIS 理论指导的重要性,天津长城电视机厂生产管理子系统的快速成功实现主要遵循了一系列系统开发的理论和方法,如系统分析和系统设计的方法,快速原型(迭代)的实现方法,正确的开发策略与步骤,项目控制等等。

* 原载《全国计算机辅助生产管理学术会议论文集》1991 年 9 月。

66 气象现代化建设与防灾减灾

一、积极推进气象事业现代化建设，增强减灾服务的能力

20 世纪 80 年代，随着中国经济建设的发展，中国气象部门开始实施《气象现代化建设发展纲要》。至今，中国气象事业现代化系统的框架已初步形成，地方气象事业出现了加速发展的势态。特别是 80 年代后期一批骨干工程相继投入业务运行，大大提高了气象业务水平和服务能力。

"七五"期间，中国气象局以"中期数值天气预报业务系统"和"气象卫星资料接收处理"建设为重点，组织了全国气象信息系统的建设和推广应用。现已初步形成了由大气探测、气象通信、天气预报、气候资料分析处理和气象服务五个业务系统组成的全国气象业务信息系统，气象业务中已广泛应用遥测遥感，图形、图像处理，数据通信和计算机网络等等新技术成果，投入运行后为国民经济发展和防灾减灾服务发挥了重要的作用，取得到了显著的社会效益和经济效益。

1. 利用计算机实现了基层气象台站观测业务自动化

20 世纪 80 年代开始，中国气象部门应用微机技术，改造基层台站观测业务。现已有 1 800 多个地面台站使用微机完成地面观测资料的记录查算和编发报业务，使观测差错平均减少 20%以上，开始配备以微机为主体的各种地面、遥测站和自动气象站，实现地面观测业务自动化。高空探测业务使用以微机为主体的资料自动化处理系统，使记录整理时间缩短半小时以上，质量提高 30%。

2. 天气雷达信息处理系统在全国范围内推广应用

目前在全国范围内建立了由 416 部天气雷达组成的高效率的灾害性天气监测警戒网，大大增强了台风、暴雨等灾害性天气的实时监测能力，特别是数字化终端在业务中的应用，提高了雷达气象的分析水平，促进了灾害性天气监测、预报能力的提高。

3. 气象卫星资料接收处理系统在国民经济各部门和防灾减灾服务中发挥了重要的作用

1988 年和 1990 年中国先后发射了两颗风云一号实验（试用）极轨卫星。80 年代前期建立了"气象卫星定量探测数据处理业务系统"（该系统主要用于接收处理日本和美国的气象卫星资料）的基础上，目前又建成了中国风云一号气象资料接收处理系统。该系统由三个地面接收和一个资料处理中心组成，采用高灵敏度接收设备，高速通信和大型计算机完成极轨

气象卫星资料的实时接收、传输、数据处理、产品分发、资料存档、轨道计算等任务。

该系统投入业务运行之后，不仅处理了我国发射的两颗风云一号实验(试用)卫星的资料，而且同时还可接收处理美国NOAA系列的极轨气象卫星资料。这些资料在天气分析预报和地表环境监测中得到了广泛的应用。尤其是在1987年大兴安岭森林大火和1991年江淮地区特大洪涝动态监测中发挥了重要的作用。

此外，大部分省级气象台和一些地区级气象台也先后配置了以微机为主的气象卫星资料处理系统。并应用这套系统，成功地进行了我国冬小麦长势及产量预报等，其准确率达95%以上。

4. 初步形成了网络分明覆盖全国的气象专用通信网

气象专用通信网是以国家气象中心，区域气象中心和省级台三级气象通信枢纽为骨干，配备计算机或通信系统，由27条长话电路开通中、高速数据传输和16条电报电路式低速电报传输组成的气象信息交换网。另有几十条低速电报电路及由超短波电台沟通的近2 000条无线话路。连接省—地—县气象台站的辅助通信网，覆盖率达90%。气象专用通信网承担国内外气象资料的传输业务，仅国家气象中心气象通信枢纽的收发量就达50兆字节。传输的信息包括数据和图像资料，并部分实现计算机远程联网，可实时检索，调用远程主机的数据资料、图形、图像产品。

5. 气候资料已形成微机分级处理

系统以盒式磁带、固态存储模块、软盘、标准磁带等作为信息存储传送载体，运用国家气象中心的大型计算机和省、地气象台配备的微机实现预处理，气象报表制作，年鉴整编，历史资料统计和气候资料检索等作业流程自动化。

6. 积极推进电子信息应用，全面促进天气预报业务现代化

天气预报是气象业务的重要工作之一，“七五”期间，中国气象局以国家气象中心的中期数值天气预报业务系统建设为重点，相应建设了区域气象中心和省级气象台的天气预报业务系统，使中国的天气预报业务上了一个台阶。

国家气象中心以银河—Ⅱ巨型计算机为核心，Cyber962和Cyber992大型计算机为前端控制和后端处理机，用高速局域网与气象通信计算机等连接成为功能分步的气象预报计算机网络系统。这是首次在中国建成的异种大型机高速(50兆位/秒)局域网络系统。该系统对收集到的全球信息资料作四维同化处理，制作全球客观分析和五天半(132小时)形势预报。每天通过图形传真和格点形式向全国发送各种分析、预报产品。这一系统的建成，不仅使数值预报时效由原来的三天(72小时)延长到五天半(132小时)，而且使中国步入少数几个能制作中期数值天气预报的先进国家行列。

以超级小型计算机、微机和局域网为基础的区域气象中心和省级气象台的天气预报实时业务系统，通过网络共享各种实时资料，图形、图像产品，应用程序和气象服务信息。系统具有对上百幅标准天气图和特殊天气图表进行处理、显示的功能，为以数值天气预报产品应用为主，综合运用多种方法实现客观定量天气预报提供了良好的环境。

7. 利用电子信息技术传递信息

将数据和图形、图像等气象服务产品直接传送到各级政府领导,大大提高了为领导决策和减灾服务的时效和质量。此外,还通过电信网络分发适合不同服务要求的具有专业特色的服务产品。按预定协议向有关用户提供专业气象服务信息。利用无线警报接收机,建立了气象警报服务网。在农村已向广大乡镇辐射气象科技信息,成为农村气象科技服务网的重要组成部分,并开始逐步纳入农村社会服务化体系。

二、中国气象现代化建设在减灾防灾中的贡献

近十余年来,由于气象现代化建设得到了长足的发展,使天气预报准确率稳步提高,服务领域不断扩大,明显减轻了自然灾害造成的损失,为国家防灾减灾事业作出了重大贡献。

1. 气象现代化建设在台风、暴雨监测预报中所发挥的作用

自从有了气象卫星以来全球各种热带气旋无一遗漏的被监测到,气象卫星提供的台风动向、强度变化及其周围环境场中天气系统的时间和空间分辨率很高的许多探测信息,对于作好台风分析预报和及早发布台风警报起着非常重要的作用。

多年来,中国气象工作者通过大量资料的对比分析和研究,已经总结出了一套运用气象卫星资料分析和预报台风、暴雨的方法,并形成了业务工作流程。例如,卫星云图判断和预报台风的发生、发展,确定台风中心的位置,测算台风强度,预报台风移动方向和速度以及台风登陆后暴雨出现的地区和量级,运用这些方法,在台风监测和预报中获得了很大的经济效益。

2. 气象现代化建设在森林防火中所发挥的作用

气象现代化建设在森林防火中的作用是有目共睹的。最为明显的是 1987 年 5—6 月中国东北大兴安岭起火,在此期间,气象部门启动了所有的现代化手段,如卫星监测,各类现代化的通信手段和预报服务手段,一做到了监测预报准确无误,服务及时主动,并得到了国务院和有关部门的赞扬。

几年来,气象部门不断总结经验,改进监测技术,提高预报水平,扩大服务领域,向林业部门提供草场火险情况监测服务。监测到的火点累计已达 7 000 多处。由于监测准确,服务及时主动,对方防范措施得力,一旦发现及时组织灭火,避免了重大的经济损失。

3. 气象现代化建设在农作物估产中的作用

中国是一个农业大国,承担着占世界约 1/4 人口的吃饭问题。因此,国家提前掌握粮食生产的真实数据,对合理制定国民经济计划,安排好粮食的进、出口和储运以及国内省与省之间调拨等极为重要。

几年来,中国气象部门,利用卫星遥感技术,对中国 11 个主要产粮省、区的冬小麦及其他农作物进行估产,经过几年的测评,其估产的准确度达 90%~95%,深受各级政府和有关部门的赞赏,并取得了明显的经济效益和社会效益。

目前这项工作已列为中国气象部门的一项业务工作。

4. 气象现代化建设在航海事业中的作用

由于发展了全球海洋气象导航业务，目前仅国家气象中心就为60多艘远洋轮船提供了安全的气象导航。据统计，接收气象导航的船，只有2%遭遇到8级以上的大风，大大减少了损失，并节时节能，效益十分明显，得到了用户的一致好评。

5. 气象现代化建设在公众服务中所产生的作用

为了更加直观、形象地为广大公众提供及时准确的天气预报，国家气象中心及有关省级气象台都建立了新一代的电视天气预报系统。该系统增加了气象卫星资料和数值天气预报图。使政府部门和广大公众及时了解天气情况，在防御灾害性天气，指挥生产，保障人民财产和生命安全，普及气象知识等方面起到了重要的作用。目前电视天气预报已成为收视率最高的节目之一，据中央电视台的抽样调查统计结果表明，平均每天约有4亿—8亿人次收看此节目。

6. 气象现代化建设在人工影响天气工作中发挥的作用

近几年，为了更好地作好抗旱、防灾工作，中国气象局充分利用气象现代化手段和方法，积极稳妥地开展了人工增雨、人工防雹科学试验研究和实际作业活动。获得了大批可靠的实验结果和作业效果。为在各地抗旱减灾中合理适时作业发挥了不可替代的作用。

此外，在洪涝监测，河口泥沙的监测、海水监测和地震监测等方面均作了大量的服务工作，并取得了显著的经济效益和社会效益。

三、20世纪90年代中国气象现代化建设的主要任务

20世纪90年代中国气象部门将继续加强气象现代化建设，广泛采用现代化遥感、通信、计算机、自动化和气象科学技术的基础上，首先要加快中期数值天气预报和客观预报业务系统建设，不断提高对灾害性天气的预报能力，大力发展气象卫星综合应用技术，充分发挥监测灾害性天气和其他自然灾害的优势；建立“大气探测自动化系统”，同时要抓紧落实风云二号同步气象卫星升空前的各项准备工作，力争做到万无一失，加强发展气象信息传输系统，加快建设省—地(市)—县级的微机远程终端网络，提高信息传输能力，积极发展以气象信息为主的农村气象科技网，为发展农业，振兴农村经济做好各项气象服务，加强人工影响局部天气工作的研究，不断减少盲目性，增强科学性，提高人工影响局部天气的效果，进一步发展与人民生活息息相关的电视天气预报，“121”电话自动答询系统以及气象警报传呼服务系统，加强与有关部门的科研协作，全面提高对自然灾害的监测和预报水平，为防灾减灾保证国民经济持续发展作出更大的贡献。

（张钛仁　侯炳辉　邢铭时）

* 原载《中国减灾》1994年第4卷第1期。

67 后来者的经验——中国资讯科技的发展

一、中国资讯科技发展概况

(一) 起步情况

中国资讯系统起步较晚,最早是在20世纪70年代末,首先在机电行业进行企业管理。1978年,南京生产熊猫牌收音机的714厂利用国产DJS-130电脑进行车间管理。DJS-130机是20世纪70年代中国著名的仿NOVA国产机,内存32KB,字长16位.在714厂进行企业管理时采用机器语言编程,效率很低,应用效果不理想。

20世纪80年代初,国家机械工业部组织人力、物力,首先在大型机械加工企业推广企业管理资讯系统,如生产车床的沈阳第一机床厂,在机电部科技局、机床局以及沈阳市科委、经委的支持下,开发三个车间的计划和生产管理,他们引进IBM的4331电脑、采用联邦德国工程师协会的软件,经过数年时间的研究与开发,1986年进行国家验收,这是一个成功的典型。

该系统的成功不仅是技术上满足了管理的要求,更主要的是在开发策略、开发方法以及开发组织的成功。主要经验是:(1)厂长重视、厂长直接参与是成功的最重要条件。该厂厂长每天上班,第一件事情就是讨论电脑管理方面有什么问题,如需要厂长解决的,当场解决,表现了厂长的魄力和远见卓识。(2)注意培训和教育。该厂共有近一万名职工。有800多名技术人员和干部进行了电脑资讯管理的培训教育。(3)重视管理体制的改革和管理观念的变化。计算机引入管理,不可避免地要引起管理体制的变化以及对管理观念的冲击,沈阳机床厂当然也不例外。问题是如何适应这种变化,沈阳第一机床厂的领导坚持主动、自觉地去适应电脑管理的要求,改变原先的管理体制,这种改变又必然和管理人员以至操作人员的行为观念发生冲突,问题是厂长如何采取行政的、思想的以及其他一切必要的措施去克服这些观念冲突,以致最后获得成功,沈阳第一机床厂的领导是做得比较好的。

20世纪80年代初,个人电脑(personal computer)发展为电脑在管理方面的应用打开了极为广阔的前景。1984年是中国经济改革和对外开放的一个重要的里程碑,从中央到地方,从科技领域到工业部门,大量引进微型电脑,自己装配生产此种电脑,用于各种管理领域。首先是工资发放,其后是财务、库存、人事等系统管理,由于这些系统大多是单项应用,主要是电子数据处理(EDP),对提高工作效率,培训应用人才起到了很好的作用。

20世纪80年代中,我国开始微型电脑应用"大跃进",企业、机关、学校大量购买微型电脑,具有一定的盲目性。有些企业购买了电脑不知道如何使用,有些企业的各部门分别引进开发,缺乏统一规划,低水平重复,资讯不能共享,长期见不到效益。因此,80年代后期,各企业注意到总体规划的重要性,一时间系统分析和总体规划十分时兴。

中国电脑应用的大跃进，无疑是具有积极的意义。首先，它促进了中国资讯化的发展，促进中国资讯产业的发展，例如一些著名的资讯企业拔地而起，很快形成了自己的规模与特点，著名的有北京（以及全国）的长城计算机集团公司、山东省济南市的浪潮计算机集团公司、上海市的长江计算机集团公司、云南省的南天计算机集团公司、南京市的紫金计算机集团公司等等。著名的北京中关村"电子一条街"上，如雨后春笋般地涌现出成百成千个民办高技术资讯企业，著名的有"四通"、"信通"、"海华"、"科海"、"希望"、"祥云"等等。在软件方面，汉字技术如神话般地获得重大发展，汉字操作系统、汉字数据库、汉字输入技术、汉字出版印刷技术……一个个科技明星令人眼花缭乱。更值得骄傲的是，以北京大学著名科学家王选教授为首的汉字计算机印刷排版科研小组，经十多年的含辛茹苦的工作，一举革掉了中国千年来的铅字排版.实现了领先于世界的计算机汉字排版印刷技术。

在资讯服务业方面，从教育培训到成立资讯商会，形成一整套培训教育体系。在出版界，清华大学出版社率先出版电脑书籍，没有几年，这家出版社一跃而为全国最大的电脑书籍出版商。发源于上海，北京的电脑软件人员水平考试，为培养电脑软件人才起到了重要的推动作用。1991 年 3 月 2 日，由国家人事部、机械电子工业部、国家科学技术委员会、国务院电子信息系统推广应用办公室联名通知，成立"中国计算机软件专业技术资格（水平）考试委员会"，统一领导中国的软件资格（水平）考试。

（二）建立基础

1986 年至 1990 年是中国第 7 个五年计划时期，简称"七五"时期。在这个时期中，中国资讯系统科技得到了长足的发展，打下了良好的基础。

1. 宏观资讯系统方面

在宏观资讯系统的发展方面，国家提出 12 个重点资讯系统作为重点建设对象。这 12 个重点资讯系统是国家经济资讯系统、民航资讯服务系统、金融电子资讯系统、电力业务资讯系统、铁路运营管理资讯系统、公安资讯系统、天气预报系统、财税资讯系统、航天测控资讯系统、海关资讯系统、邮电通信资讯系统、军事通信及指挥自动化系统。与此同时，全国 50 多个部、委、（局、总公司）也不同程度地建立了自己的资讯中心以及相应的多层次的资讯机构，各类地区性资讯系统上千个。

2. 政务资讯系统

"七五"期间另一个打基础的工作是政府及机关事务办公自动化的建设。国务院办公厅秘书局从 1987 年起建设办公自动化系统网络系统，从工程开始到建成使用不到两年的时间。一些省、市政府的办公自动化也相应建成并投入运行，如上海市、江苏省、湖南省、太原市等等都具有一定的水平。此外，一些部委机关、学校以至一些基层单位在建立办公资讯系统方面也打下了一定的基础。

3. 行业资讯系统

行业资讯系统也有一定的发展，如医院资讯系统，北京的协和医院、阜外医院、海军医院、中日友好医院、首都医院以及外省市的一些医院都不同程度地建立了医院资讯系统。电力行业资讯系统、旅游业资讯系统等也得到了一定的发展。

4. 城市资讯系统

中国有数以千计个大、中、小城市，但城市资讯系统的不平衡性很大。经济发达地区的大城市发展很快，内地城市差距很大。最发达的城市资讯系统为上海市、北京市、广州市、大连市、天津市、无锡市、常州市、苏州市等。其中上海市最为发达，共有 15 个基本资讯系统，它们是政务、经济、人口、城建、金融、海港管理、科技情报检索、旅游、新闻出版、气象与灾害监测、税务、卫生保健、社会福利、环境卫生、生鲜副食等资讯系统，其中部分资讯系统已取得了良好的社会和经济效益。

5. 企业资讯系统

中国国营企业有 40 多万个，若将"三资"企业、乡镇企业、个体企业也概括进去，则数量更多。由于企业数量大、种类多、规模各异，故企业资讯系统不仅潜力大且开发极为困难和复杂。"七五"期间企业资讯系统也得到了相当的发展，其标志是：早先一些单项开发的企业已进展到综合应用的管理资讯系统(management information systems，MIS)方向发展，其代表性的企业有沈阳第一机床厂、沈阳鼓风机厂、济南第一机床厂、北京第一机床厂、四川宁江机床厂、洛阳矿山机器厂、戚墅堰机车车辆厂、西安飞机制造公司、成都飞机制造公司、广州万宝电器公司、无锡机床厂、冶金系统的鞍山钢铁公司、首都钢铁公司、武汉钢铁公司、宝山钢铁公司等。石油化工企业的北京燕山石油化工企业、南京金陵石油化工企业、上海高桥化工厂等。纺织企业的北京棉纺织二厂、西北国棉四厂、北京清河毛纺厂等。其他轻工、食品、造纸、水泥等企业也有自己的典型资讯系统。

6. 其他资讯系统

其他独立的资讯系统在"七五"期间也打下一定基础，如人口、公安、车辆管理、科技情报检索等资讯系统。

(三) 资讯科技的教育

中国在十多年以前远谈不上有真正的资讯科技教育。20 世纪 80 年代以前中国主要是关于电脑科学的教育，限于电脑硬件、软件课程。至于资讯科技的教育最早是一些职业培训教育，如大连培训班，由美国企业管理专家在培训企业管理时介绍 MIS，参加培训班的中国学者和企业家将有关 MIS 的讲义整理出版，同时翻译西方 MIS 的教材。

中国高等学校正式设置资讯系统专业是 70 年代末 80 年代初，有两类资讯系统教学体系：工科资讯系统教学体系和文科资讯系统教学体系工科体系以清华大学的 MIS 专业为代表；文科资讯系统教育以中国人民大学的经济信息管理专业为代表。这两种教学体系的知识结构如图 1 所示。

工科高校的第一个 MIS 专业是清华大学 1980 年设置的，当时专业的正式名称为"经济管理数学与计算机应用技术"，1984 年清华大学成立经济管理学院时改名为"管理信息系统"。80 年代中以后，全国许多重点工科大学相继设置管理信息系统专业，截至 1988 年年底，中国就有 14 所著名的工科大学招收 MIS 本科生。与此同时，省市地方的工科和文科高等学校以及职业培训学校也设置 MIS 专业，充分说明了十年来中国资讯科技教育得到了很大的发展。

工科 MIS 的特点是以工科为基础。然后综合经济管理、统计运筹和电脑技术三大领域的知识组成有机的整体。文科 MIS 以文科为基础，专业基础课领域和工科的类似，专业课也大致相同。

除全日制高校的资讯系统教育以外，还有如电视大学、职工大学、函授大学、管理干部学院以及诸如中国计算机用户协会、中国计算机服务总公司、中国软件行业协会等社会团体等举办的各类培训中心。因此，中国资讯科技人力资源是十分丰富的。

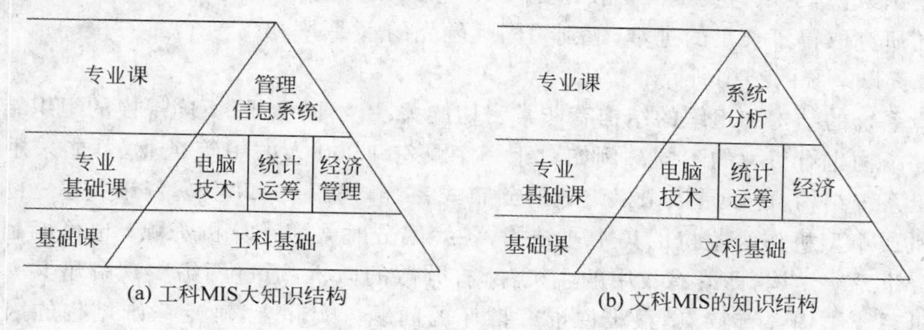

图 1　MIS 专业知识结构

（四）资讯科技系统的研究与开发

中国资讯科技系统的研究与开发始终是与应用结合在一起的。应用是研究与开发的动力与归宿，应用为科研与开发提供了源源不绝的课题。

1. 软科学方面的研究

中国资讯科技在软科学方面的研究主要有如下内容：

（1）资讯系统的分类研究；

（2）资讯系统的基本结构及开发策略研究；

（3）资讯系统建造方法论研究；

（4）资讯系统开发规范的研究；

（5）资讯系统和人的行为的研究；

（6）资讯系统安全技术的研究；

（7）资讯系统生成工具的研究；

（8）资讯系统软件生成工具的研究；

（9）资讯系统中网络及办公自动化的研究；

（10）资讯资源开发利用研究；

（11）资讯系统的标准化研究；

（12）城市资讯系统基本框架及开发战略研究；

（13）资讯系统与装备政策研究；

（14）资讯系统与人才培训的研究；

（15）资讯服务业发展模式研究；

（16）企业信息系统的开发策略研究。

以上这些软科学研究是十分重要的。这是因为资讯科技包含了社会科学和技术科学，软科学的研究对资讯系统的发展方针、方向、策略和方法具有非常重要的意义。没有软科学成果的支持，资讯科技的发展必然是盲目的、低效益的。可惜目前中国对软科学的研究还重视得不够。

2. 在应用方面的研究

在资讯科技方面的研究主要有以下几方面：

(1) 汉字技术

对中国来说，资讯科技中汉字技术是一个非常突出的问题。近 10 年来. 中国在汉字技术方面的研究取得了长足的进步，达到了国际领先的水平。

(2) 资讯系统的结构研究

资讯系统的结构和组织的结构有非常密切的关系，不同性质、不同规模的组织结构其资讯系统的结构也有很大的不同。例如对于一个具有 1 000 人的中等企业，可能采用各种各样的资讯系统结构，可以是以微机组成的分布式系统，采用 LAN 实现资讯共享；也可能采用中型机或小型机作为主机的集中式结构，各终端分时共享计算机资源；也可能是分时分布式的资讯系统结构，即既有集中的主机，又有分散的微机，通过网络实现资讯共享。上述三种资讯系统结构各有特点，很难说谁好谁坏的问题。实际上，确定系统结构的因素有很多，除技术因素以外，还有企业本身的性质、规模、资金以及决策者的偏好、技术人员的水平等等因素，非常复杂，所以研究的难度也较大。

(3) 数据组织与管理的研究

早期电脑用于管理大多采用文件系统，程序和数据有关，操作不便，数据冗长，一致性和可靠性差。自从关系数据库尤其是微机上简单实用的 dBase 和 FoxBase 数据库问世以后，中国很快吸收并进行了汉化使之广泛用于各种管理。估计中国有 80%以上的微机资讯系统采用 dBase 和 FoxBase 语言。随着时间的推移，资讯系统的规模不断扩大，数据的安全可靠性越来越高，dBase 和 FoxBase 便愈益感到不能满足要求，尤其是采用小型机的资讯系统，dBase 和 FoxBase 就感到无能为力。于是采用什么样的数据库的研究又提到了系统开发者的面前。目前在中国数据库的应用倾向于关系数据库，其中 Oracle 数据库备受青睐，这主要是它适合于各种机型. 性能较好，但 Oracle 价格昂贵，加上其技术的复杂性，使用人员需要具有较高的水平，因此。目前它还不可能代替其他关系型数据库。至于一些特有电脑厂家的专用数据库，如 DEC 的 RdB，由于购买 DEC 的 VAX 机很多，许多用户必须使用 RDB。

(4) 电脑网络的应用研究

中国在电脑网络应用方面的研究始于 20 世纪 80 年代初，已有许多微机网络投入使用。早期中国使用的网络有 K-net，DC-net，Omminet 等，20 世纪 80 年代中期以后 3COM 公司的 3＋网成为中国网络市场的主流产品。20 世纪 80 年代末 90 年代初，Novell 网崛起：大有代替 3＋网之势，对于一个具有全国职能的政府部门来说，光有局域网(LAN)就不够了，还必须配合广域网(WAN)，各单位的局域网纳入公用数据网，形成整个网络系统。

二、中国资讯系统未来展望

中国资讯系统未来发展的总趋势是速度将很快，但很不平衡，还将会付出较大的代价。这样的估计并不是没有根据的。中国资讯系统将有很大的发展是不言而喻的。中国政府和中国领导人非常重视资讯系统的作用，并通过各种方支持资讯系统的建设。早在 1984 年，邓小平为《经济参考》创刊两周年题词时就写到：“开发信息资源，服务四化建设”1989 年江泽民在上海交通大学发表署名文章，指出"振兴我国经济，电子信息技术是一种有效的培植器，是现实能够发挥作用最大、渗透性最强的新技术。要进一步把大力推广应用电子信息技术提到战略高度，充分发挥电子信息技术对经济的倍增作用。"1985 年，李鹏在《人民日报》上发表署名文章，指出："电子和信息是一个新兴产业，代表了新一代的技术和新一代的生产力，它的发展和振兴必将对我国四个现代化的进程，振兴我国经济起到不可估量的作用。"进入 90 年代，尤其是海湾战争以后，中国领导人更加重视电子信息技术的应用和发展。1991 年由国务院电子信息系统推广应用办公室主持，在上海召开亚太地区促进信息化研讨会，美国、日本、中国香港等地区代表以及中国各省代表共数百人探讨了亚太及中国地区促进信息化的问题。1992 年 5 月，经国务院批准，中国召开全国第二次资讯应用工作会议，大会总结了"七五"期间电子资讯系统应用的成就和经验，研究和部署了"八五"的发展计划与工作会议。同时举办了全国电子资讯系统展览会，还对 32 个优秀部委资讯系统、30 个优秀资讯系统组织者、35 个优良资讯系统、472 位先进工作者进行了隆重的表彰。在此之前，国务院电子信息系统推广应用办公室公开向新闻界公布推行"倍增计划"，这是继"火炬"、"星火"计划之后的又一个国家级科技发展应用计划。

当然，由于中国的经济文化发展的不平衡以及缺乏资金，中国资讯系统的发展也必然是很不平衡的，这种不平衡可能持续相当一段时间。中国资讯系统建设仍然缺乏经验，尤其是缺乏高级的项目负责人和系统分析员，高级电脑人员也相当缺乏。同时对于建造资讯系统的理论指导以及实际经验的交流还很少，直到目前还没有一本全国性的资讯系统的刊物和报纸。因此，如不在这方面充分重视，很有可能还要付出相当的代价。

根据现有了解，我认为中国未来资讯科技的发展将在如下方一面有所进展。

（一）资讯系统建设方面

预计在未来的 5～10 年内中国资讯系统的建设将有如下重点：

1. 宏观资讯系统

宏观资讯系统建设方面将有如下重点：

a. 加速中央各部委及各省市政府的办公自动化资讯系统的建设，以提高管理和决策的水平；

b. 加速能源、交通、铁路、民航、气象、灾情、公安、人口等重大业务系统的建设，以提高社会资讯化水平；

c. 加速科技情报系统、教育资讯系统的发展，以提高科技作为第一生产力的作用以及加快培养人才的作用。

2. 城市资讯系统方面的建设

城市资讯系统的建设不可能全面铺开，建设的重点首先是沿海开放城市及经济发达地区的城市，然后在吸取这些城市资讯系统建设的经验基础上向内地中心城市辐射。

3. 企业资讯系统方面的建设

中国企业数量极大，也不可能全面进行资讯系统的建设，应首先集中在那些济效益好、有发展前途、影响国民经济较大的重点企业或企业集团，如冶金、石油化工、精密机床、汽车、飞机制造、化工等联合企业。

4. 商贸资讯系统

为了发展中国市场，必须大力发展商贸企业的资讯系统，如全国各特大城市的大型百货公司、商贸集散中心，以及对外经济贸易（尤其是电子数据情报的建设）。

5. 金融保险市场等流通领域的资讯系统建设

（二）资讯科技的研究

毫无疑问，资讯科技的研究始终是和应用紧密结合在一起的。中国在资讯科技的研究方面是一个薄弱环节，过去在这方面的重视非常不够，国家应在下述方面加强研究。

(1) 中国资讯化的管理体制及宏观调控的机制研究；

(2) 中国资讯化的战略战术研究；

(3) 中国资讯化的法律、法规的研究和制定；

(4) 资讯安全及资讯系统的审计研究；

(5) 资讯系统的评价技术及信息经济学的研究；

(6) 资讯系统开发方法的研究；

(7) 电脑网络及开放系统互连应用研究；

(8) 人机界面技术及多媒体技术的研究；

(9) 决策支持系统及专家系统的开发应用研究；

(10) 办公自动化系统的应用研究。

参考文献

1 侯炳辉，吕文超. 关于我国信息系统发展道路和模式的探讨. //中国信息化进程. 国务院电子信息系统推广应用办公室主编. 北京：海洋出版社，1992：69.

2 侯炳辉，曹慈惠，程佳惠. 信息系统基本结构及开发策略. 中国计算机用户，1992，(5)：10.

3 国家体改委经济管理研究所. 新方法新技术新途径——企业管理信息系统开发成功之路. 北京：中国经济出版社，1990.

4 李刚. 跨越时空——中国电子信息系统应用典型集. 北京：地震出版社，1992.

5 许庆瑞. 论高等管理工程教育. 武汉：华中理工大学出版社，1991.

6 罗晓沛，侯炳辉. 系统分析员教程. 北京：清华大学出版社，1992.

* 原载《资讯科技新论》，商务印书馆，香港，1994年6月。本文比较系统地介绍了中国大陆信息化形势，原文是用繁体字写的。收入本书时对原文有所删节。“资讯”一词是香港、台湾的习惯用法，即“信息”。

68 MIS 开发中的“即插即用”编程技术

【摘　要】本文介绍了一种很有前途的 MIS 开发方法——即插即用编程。即插即用编程分为构件开发和框架开发两个方面。本文讨论了构件开发需要考虑的主要问题和成熟的构件开发标准，简要探讨了框架的开发问题，并向读者推荐了几个可用于即插即用编程的开发工具。

1. 概述

即插即用编程(plug and play programming)，是 MIS 开发中一种软件设计方法，它是从计算机硬件设计思想中吸收过来的优秀方法。这种编程方法的核心思想是将编制好的软件构件(component)。插在一个预先做好的框架(framework)上，从而形成一个大型软件。构件是可重用的软件部分，构件可以在软件开发项目内自己开发，可以使用其他项目的开发成果，也可以向软件供应商购买。当软件构件库具有一定规模之后，基于构件的开发就如同组装微机一样，购买或从自己的构件库中选取合适的构件，把这些构件组装到软件框架上，就形成一个适合用户需要的应用程序(如图 1 所示)。在软件工程中所谓的基于构件的开发(component-based development)主要是强调构件的开发，而在 MIS 开发中的即插即用编程包括了框架开发和构件开发两个方面。即插即用编程与可视化编程(visual programming)、快速应用开发(RAD)、OO 技术和分布式的客户/服务器体系结构相结合，将成为 MIS 开发的很有前途的方法。

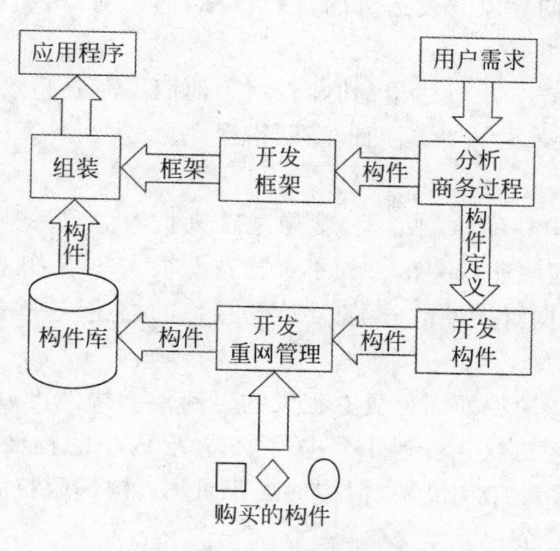

图 1　即插即用编程示意图

2. 构件开发

(1) 对构件的要求

为真正达到即插即用的编程效果,对构件有如下要求:

• 有效封装

构件要能够有效地封装数据和相应的服务,成为一个紧内聚的功能体。用户作构件编程时,只要了解其功能.不必注意构件内部如何实现和数据结构的细节。

• 接口通用

即插即用首先要求能“插上”,因此就要求商品化构件具有标准化接口,用户自己开发的构件也要尽量使接口通用。

• 升级兼容

构件在升级时,要和其原先版本有一定的兼容性,避免频繁修改调用接口。

• 自介绍

构件要有自介绍的能力,即构件能够解释自己具有哪些功能接口,必要时可向用户解释数据结构的实现细节。从构件的组织管理上讲要把构件的这些文档与构件本身“放”在一起,以减少构件维护和查找的代价。

• 易于修改和扩充

MIS 系统的软件重用,主要是对构件进行修改和扩充后的重用(特别是在构件库形成的初期),一般难以达到直接使用。这主要是由于各个企业的管理工作本身具有特性,况且管理和技术本身都在不停地变化。

(2) 构件开发涉及的主要问题

即插即用编程涉及构件的开发和管理,要考虑如下问题:

• 重用

按照 OMG 的报告,为达到有意义的重用,必须确立一种严格的设计和构造方法来建立对象。尽管重用性是面向对象开发追求的首要目标,面向对象设计方法往往并没有给予足够的重视。

重用性给开发者节省了难以估量的时间,因为他们不需要频繁地从头开始,通过使用已经开发的久经考验的对象,也能大幅度地降低错误率。

• 构件的查找

随着构件的积累,构件库急剧增大,就像现在人们对急剧膨胀的 C++类库感到畏惧一样,构件的选用(查找)问题非常突出。如果查找花费很大的精力,构件重用的效果就要大打折扣。构件的查找要依据对构件的分类、功能和接口的描述,这些描述要封装在构件内部。

• 构件的粒度

在系统分解过程中,构件的划分具有很大的灵活性。构件可以划分得大一些,包含的功能多一些,也可以把这些功能分解到几个构件中去,形成小的构件。构件的粒度大,系统中包含的构件个数就少,系统结构简单,但构件难于重用;构件的粒度小,易于重用,但系统中的构件增多,系统变得复杂。

• 接口标准

要采用标准的接口,商品化的软件构件尤其需要如此。

(3) 构件接口的商业标准

目前主要的构件技术有：CORBA、OLE/COM 和 OpenDoc。

① CORBA

CORBA(common object request broker architecture)是 OMG 提出的一种构件开发标准。

ORB(object request broker)在 CORBA 中扮演重要的角色。在分布式环境中，ORB 封装了互操作的细节，因此无论客户方和服务器方的对象用何种语言编写而成或运行在何种操作系统上都是无关紧要的。客户方对象的请求分成两部分：对象引用和需要进行的操作，通过调用 IDL 桩(interface definition language stub)或动态请求实现。IDL 桩或动态请求把信息传送给 ORB。ORB 负责找到被请求对象，准备接受请求的对象实例，传送请求参数并把控制权转移给被请求对象。当被请求对象的处理完后，把控制权和结果转移给 0RB，ORB 再把控制权转移给客户方应用程序(如图 2 所示)。

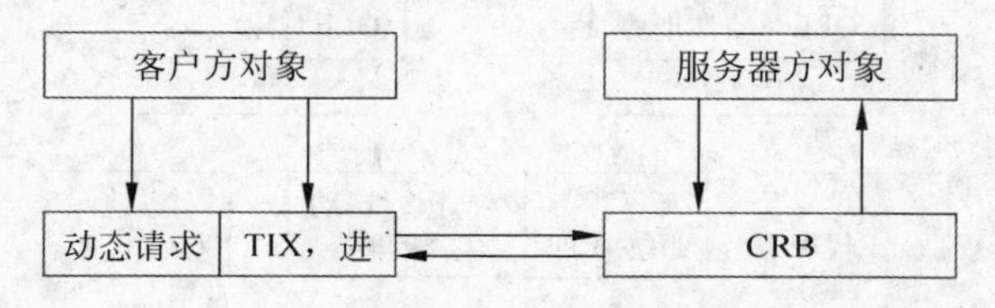

图 2 CORBA2.0 原理示意图

CORBA2.0 建立了如图 2 所示的机制，并提出了用于 ORB 之间通信和基于 DCE(distributed computing environment)的互操作方案。CORBA 是范围更宽的 OMA(object management architecture)的一部分。OMA 包括 CORBA 服务(CORBA server)和 CORBA 设施(CORBA facilities)。CORBA 服务提供诸如对象类管理、实例管理和安全性等功能操作。CORBA 设施提供诸如连接管理、打印服务和 E-mail 等，这些设施扩展了 CORBA 的适用范围，使其可用于群件系统和 TP 监控器。

② OLE/COM

Microsoft 的 OLE(object iinking and embedding)规范提供了集成应用程序构件的多种途径。这些应用程序构件包括诸如可视编辑、应用程序间的拖放及 OLE 自动化和对象结构的存储等。

OLE 的重要性在于以下原因：

• 对象的二进制标准：OLE 定义了一整套用于对象创建和对象彼此联系的标准方式。与传统面向对象环境不同的是，这些机制独立于使用对象服务的应用程序和用于建立对象的编程语言。这种二进制标准广泛用于 Windows 操作系统并已形成广阔的部件市场。

• 接口的强制集合：Microsoft 的对象构件模型对于对象的互相作用，提供了一种语言独立的二进制标准和可放缩到数以万计对象组成的分布式网络的强类型构件。OLE 提供了一种简单、有效的组合方法，将从根本上改变我们对下一代软件的期望。

• 真正的系统对象模型：要成为真正的系统模型，对象结构必须有一个分布衍生系统用于支持数以万计的对象，而没有错误连接对象的风险和与强类型或对象定义有关的其他问题。OLE 对象构件模型满足所有这些要求。

• 分布能力：许多现有的单进程对象模型和编程语言以及一些分布式对象系统都提

供分布能力，但是除OLE外很少能够提供对小型进程内对象和跨网络的大型对象相同的编程模型，而且OLE在分布的同时能够保证系统的安全。

目前OLE2.0能够在网络上实现，本地OLE和网络OLE的原理如图3所示。当客户方应用程序调用OLE自动对象时，首先查找OLE对象注册库。注册库知道被调用对象在本地还是在远程。若被调用对象在本地，本地OLE代理将请求转发给本地OLE自动对象；若被调用对象在远程，远程OLE代理将请求转换成RPC调用并发给网络上的相应服务器。在服务器方远程OLE自动处理器把RPC调用转换成通用的OLE调用并发给OLE对象。

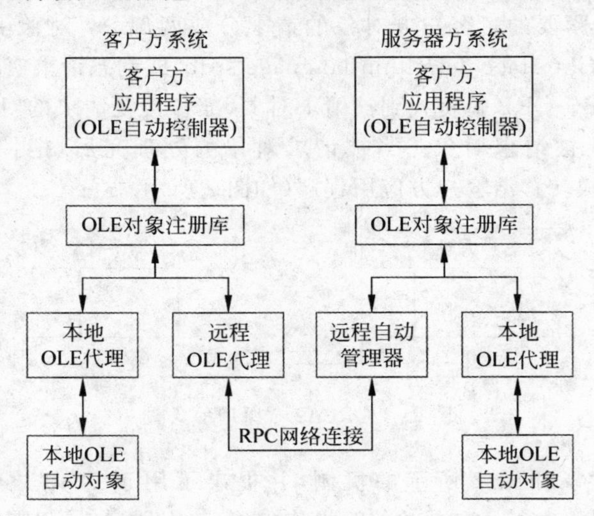

图3 本地和远程OLE原理示意图

认识到允许不同操作系统对象互操作的需要，Microsoft和Digital已开发了一种允许OLE和Digital的多平台对象系统OB(object broker，对象中介)协同操作的结构。这种结构称为COM(common object model，公用对象模型)，它定义了一个公用的基于DECRPC协议和一个将被Digital和其他软件公司支持的OLE内核函数的子集。公司对象模型是直接由构件对象模型演化来的，并提供了和OLE的完全向上兼容。当OLE和OB协同工作时，Windows、Windows 95和Windows NT操作系统和运行在OSF/1、HRUX、SUN OS、IBM AIX、ULTRIX和Open VMS平台上的对象可以互操作。

③ OpenDoc

OpenDoc是一种跨平台的组件体系结构，是专门为跨Macintosh操作系统Windows、OS/2及UNIX等操作系统而设计的，由Apple在1995年推出1.0版，并获得一些组织的支持。OpenDoc目前是由Apple、IBM及Novell共同创立的非营利性组织——Component Integration Labs提供技术规格，由对象开发厂商组成的对象管理集团(OMG)的成员在奠定OpenDoc规格的基础上扮演了极为重要的角色。

OpenDoc是一个使用简单、具有较大弹性、功能强、具有可延伸性的对象模型。OpenDoc荣获Infoworld 1995年度信息业界最佳技术成就奖。

OpenDoc最大的优点是在技术上的突破。因为它是专门为开放性、可扩充性和可执行网络操作而设计的对象结构。与网络OLE不同的是，版本控制、继承和安全性等CORBA技术要求都已考虑进去。

OpenDoc 与 OLE2.0 的比较见表 1。

表 1　OLE 与 OpenDoc 的比较

	OLE2.0	OpenDoc
优点	• 目前可以用于商业开发 • 广泛的第三方厂商支持 • 众多功能强大的开发工具 • 集成于 Windows 95 和 Windows NT • Microsoft 积极推广该技术	• 支持继承和其他的 OO 特征 • 可用于多平台 • 易于使用的接口 • 需要的 API 比 OLE 少 • 构件可在后台激活
缺点	• 开发人员的学习周期长 • 使用了复杂的接口 • 不支持继承	• 正式版本发布不久 • 支持该技术的开发工具很少 • 较少的第三方厂商支持

3. 框架开发

框架是与用户交互和调用构件的重要组成部分。目前关于这方面的探讨还比较少，主要是沿用传统的程序构造方法。

框架开发应注意灵活性，应能够适应用户需求的变化。

框架开发与特定的开发工具或构件集成环境有关。目前的构件集成工具为满足非计算机专业人员的使用要求，往往采用简单的脚本语言(类似于 BASIC)来集成构件。但由于专用的构件集成环境较少，多数开发还是使用开发工具本身开发框架。

4. 开发工具

目前很多较新版本的开发工具都不同程度地支持即插即用编程。一些在 MIS 开发中常用的典型工具有：PowerBuilder(5.0)、Visual BASIC(4.0)、Delphi for Windows 95、SQL Windows(5.0)等。

(丁德宇　侯炳辉)

* 原载《管理信息系统》1996 年第 4 期。

69 基于 Web 模式 Intranet 开发的新思路

【摘　要】 本文通过对企业 Intranet 中 Web Server 应用的分析讨论。提出了一种 Web Server 应用的新模式。

【关键词】 Intranet，Web Server，CGIOCX

一、引言

近几年随着 Internet 技术的高速发展，把 Internet 技术运用于企业内部网络的 Intranet 开始逐渐步入实用阶段，而在 Intranet 的各项技术中，Web 的营构与发展是企业建立 Intranet 的核心所在。使用 Web 既可对 Internet 信息资源又可对内部信息及数据库资源统一提供一个无缝、一致的接口，它比群件更便宜，使用更加方便、更加灵活。实践证明，已有成千上万的用户不用任何培训就可在 WWW 的世界中遨游，而对于企业内部应用，这可以节省企业 MIS 开发维护中大量的培训费用。Web 的超文本结构可以向用户提供各种各样界面直观友好、多媒体形式的应用，对于它的非凡能力与优点，只从其在 Internet 上出现短短几年便成为 Internet 应用的主流即可窥其一斑，此外不再赘述。

WWW 技术作为一种发展中的技术。具有突出的优势和广阔的应用前景，但也存在着一些不足。怎样在 Intranet 的 Web 应用中充分发挥它的优势，弥补其不足是我们当前 Intranet 系统开发中不可避免地要遇到的问题。

二、Intranet Web 应用模式简述

企业的 Intranet Web 较之 Internet 上的 Web 应用最显著的不同是 Intranet 应用主要是建立在与企业内部数据的动态交互上。而 Intranet 上的 Web 应用大部分更偏重于信息的发布。因此。Intranet 的 Web 应用从某种意义上讲，较之 Internet 上的 Web 应用在营构上显得更复杂，更偏重于数据库方面的应用，在实际应用模式上有自己一些特点。

对于企业 Intranet Web 的基本应用模式。我们可以用图 1 表示。其基本工作模式为：

(1) Web Browser 根据用户操作向 Web Server 提出访问请求。

(2) Web Server 根据用户请求进行分析处理，在需要时通过 CGI(Common Gateway Interface)访问 DBMS 以进行数据的查询统计或事务的提交。

(3) CGI 根据 DBMS 返回的结果生成 HTML 文本经由 Web Server 向客户的 Web Browser 返回结果。

(4) Web Browser 根据 Web Server 返回的 HTML 将结果显示给用户。

图1 Intranet Web的应用模式

这也就构成了所谓的三级 Client/Server 结构。同传统的 Client/Server 结构相比。这种方式把商业规则集成于第二级之中来管理。对信息系统软件进行集中控制，而客户机的要求仅仅是运行浏览器软件，对机型、操作系统以及软硬件配置等没有任何附加的要求。采用这种瘦客户机模式，既可以减少 MIS 管理维护的费用和工作量，又能充分保护企业过去的投资。这种重新的集中化趋势是最近一段时期刚刚发展起来的。它不是简单地由传统的 Client/Server 结构回到老式的主机/终端模式。而是吸收了二者的优点，扬长避短，在系统模式上发展到了一个新的高度。

对于企业 Intranet 的 Web 应用，最重要的处理工作是在图1的第Ⅱ部分。当前，该部分主要有两种的处理方式：

(1) 中间件方式——即 Web Server 没有访问数据库能力或数据库访问能力不足，访问数据库等功能主要由 CGI 程序来实现。尽管从编程的角度来讲 CGI 程序的编写并不艰深，但是它作为外部独立的应用程序来响应 Web Server 的调用有其固有的缺陷。开发人员必须掌握充分的 Web Server 文档。因为很多实现细节都依赖于具体的应用实现过程。另外，对扩充能力的每一次调用请求 Web Server 都要从磁盘中装入 CGI 程序段。如是要访问 DBMS，CGI 程序还必须每次都进行数据库连接。这些都将极大地浪费了系统资源，降低了响应速度。尽管一些专业的 CGI 厂商通过把后台应用程序建成可重入的共享内存驻留模块来解决这些问题.但对于大量企业 Intranet Web 应用开发的人员来说，这种解决问题的方式不太适用。

当然，这种方式的优点也很明显，企业动态的 Intranet web 应用主要由信息系统开发人员编制的 CGI 等程序来完成，能灵活地根据用户的不同需求进行定制，在系统灵活性方面具有较大的优势。并且，因为 CGI 是独立的应用程序，在应用的分布上有一定的优势。通过 CGI 可以访问企业的各种数据源，访问方式完全由编制 CGI 程序的开发人员来决定，不受过多的限制。许多厂商如 Sybase 公司的 Intranet 解决方案都采用这种中间件方式。

(2) 选用的 Web Server 本身具有数据库的处理能力，也就是说图1中第Ⅱ部分的工作全部由 Web Server 来完成，对 DBMS 的访问不再通过 CGI 之类的中间件。这就要求 web Server 具有较强的 DBMS 处理能力，并能尽量兼顾灵活性等方面的因素。这种方案的集成厂商以 Oracle 公司为代表，例如 Oracle 公司的 Web Server 就可以通过处理 SQL 对其效据库进行访问。

这种方式省去了通过 CGI 程序的访问 DBMS 的工作，用户只需针对实际的 web 应用，根据 web Server 要求的格式编写相应的 SQL 应用程序即可。采用这种方式，开发人员的工作量和对开发人员素质的要求都大大地降低了。因为是从 web Server 直接访问 CBMS，用户编写的 SQL 应用程序由 Web Server 直接执行，可以大大提高 Web Server 的响应速度。减少用户等待时间。

但是,采用这种方式付出的代价也是明显的,最主要的是灵活性较差。信息系统开发人员在此种方式中定制应用的能力有所下降,所构造的信息系统具有的柔性也有较大的牺牲。在对数据库的访问上,因为把访问能力集成在 web Server 中了,对数据源的访问方式也就确定了,用户无法根据需要进行定制。并且 Web Server 库对数据源的访问能力往往有限,对于一些企业已有或需要访问的数据源 Web Server 很可能无能为力。在这种工作模式下,因为所有对 DBMS 的访问都需有 Web Server 来完成。这对系统软硬件的分布是不利的。

如上所述,这两种处理方式可以说是各有利弊,那么有没有更好的应用模式可以照顾到二者的优缺点以最优的方式构造企业 Intranet Web 应用呢?这正是本文将要和大家一起讨论的方案。

三、Intranet web 解决方案的确定

关于 Intranet web 的解决方案,把上述两种形式结合起来也许算作是一种最直接的方式,现在许多应用的实例也正是这么做的。但在实际应用中,这么做还是存在不少问题的。首先是使用 CGI 方式其本身的缺点无法克服。当然,许多简单的 DBMS 操作可用所选择的 Web Server 本身来完成,但因为 web Server 处理能力有限,许多功能的扩充和对数据源的访问还需借助 CGI 来完成。虽说采用此种混合访问方式可以尽量发挥两种方式的长处,但同时也带来了一些问题。企业信息系统的开发是一个完整的系统工程,各方面的因素是相互影响相互制约,使用 Web Server 和 CGI 混合访问 DBMS 就带来了对数据库操作的不一致性,二者之间的协调与统一都是不好解决的问题。并且,因为 Web 端引入了两种开发方式,虽说可以充分利用二者的优势,但是因为二者各自对系统要求和其本身给系统整体的分析设计带来更多的限制。当前企业信息系统向 Intranet 应用转变,很多是在企业已有的传统 MIS 基础上进行升级改造,考虑到企业以前的应用与投资就需要 Intranet 的应用应尽量给用户提供各方面的多重选择,这些对 Web Server 端的应用开发就提出了更高的要求。

对于企业的 Intranet Web 应用,从当前的技术水平看,特别适用于系统同用户交互量不大的应用,对于需要大量频繁、高速交互的应用系统,采用这种模式并不一定是最好的选择。采用 Intranet 应用模式并不一定要全部取代传统的 Client/Server 结构,从某种意义特别是从近期的发展看,二者应用界限并不清晰,而且往往是互相补充、相辅相成的。事实上,企业信息系统采用 Intranet 模式并不是要求把应用都转移到 Web Server/Browser 方式上来,而是要根据情况来选择。那么。在应用中新的 Intranet 应用模式就需要能同传统的 Client/server 应用模式结合起来。

例如对于 Intranet 应用,用户非常担心的一个问题是安全性。对于 Web Server,我们可以对用户请求进行过滤(包过滤、域过滤、主机过滤等),这都需要系统管理员对 Web Server 进行设置,而在企业传统的 Client/Server 应用中,安全性问题解决起来就比较容易。在企业信息系统的应用中,Intranet 应用与传统的 Client/Server 应用二者的安全性问题怎样合起来一起解决,而无须系统管理员根据用户的访问权限和需求对 Web Server 进行手工配置。这就需要在 Web Server 应用中有一种可与传统 Client/Server 应用无缝结合起来的应用方式,使开发人员在企业 MIS 营构中对两种应用的各方面进行集中一致的管理维护。

综上所述,我们认为 Web Server 应用模式应为:

(1) Web Server 端融入一定的可扩展的 DBMS 处理能力,但不是对某几种数据源,而

应是对标准的 DBMS 访问形式的支持。在技术实现上，访问 DBMS 采用了标准的 SQL 语言，利用 ODBC 接口对各种数据源进行访问，具体细节如下节所述。

(2) 对 Web Server 处理能力的扩充上，为用户提供直接可编程实现的方式，而不是对每个请求编制独立的 CGI 程序。

(3) 在 Web Server 的管理上为开发人员提供充分的程序级操纵能力，使 Web 应用无缝地嵌入整个系统的应用之中。

四、Web Server 营构方式的实现

在企业的 Intranet 解决方案中。Web Server 的营构方式是技术实现的关键所在。它当前存在的问题主要是：

(1) 缺乏对动态页面的支持能力。

(2) 没有集成有效的数据库处理功能或功能有限，不能满足应用的需要。

(3) 系统的扩充能力较差，所需的编程工作量大。

(4) 开发人员对系统安全性难以控制。

(5) 好的集成工具不足。

那么，怎样解决这些问题呢？

经过对 Web Server 的应用方式、系统结构及其所存在的问题进行分析发现，这些问题的产生很大一部分是因为 Web Server 是作为一个独立于当前应用系统的应用程序在运转而产生的。从 Web Server 的工作原理我们知道，在运行时它实际上总是处于“监听用户请求→响应用户请求”的状态，开发人员如想在运行中进行控制是很难的，即使只进行功能扩充也要受到诸多限制。CGI 程序对于 Web Server 来说其工作方式实际上就如同我们在自己的应用程序中运行另一个应用程序一样，两个应用程序之间要进行互相协调控制当然是十分困难的，对错误处理等例外的一致控制几乎是无法完成的。要解决这个问题。需要对 Web Server 的工作方式作一个较根本的改变。

下面讨论的具体实现方案是以 Windows NT(或 Windows 95)作为工作平台完成的，其他平台的具体实现在原理上都是一致的。

在 Windows 系列平台上，大家都知道有一种 OLE(object linking and embedded)技术，运用它允许各个应用程序之间进行通信以及方法、事件的调用。而对于广大 MIS 开发人员来说，对 OLE 最经常的运用恐怕是对 OCX 控件(OLE control)的使用，熟悉当前 MIS 开发中最常用的工具(诸如 VB、Delphi、PowerBuilder、VC++等)的用户大概都使用过 OCX。那么，如果 Web Server 是作为一个 OCX 的形式嵌入在 MIS 系统中，对于上面讨论过的问题几乎可以说是迎刃而解了。

我们在研究实践中实现了这一想法。这个 OCX 把它命名为 Web-S。首先，Web-S 应能完成一个 Web Server 应能完成的一般性功能(诸如对用户请求的响应、日志、包过滤等等)。并且，在其中加入了对标准 SQL 语言的处理能力。至于对 Web Server 的扩展和控制方面。Web-S 虽然也支持 CGI、INI 文件等扩充、控制方式，但利用 OCX 的特性提供了更强大的扩充、控制能力。Web-S 提供了一系列的方法和属性供用户对其进行控制，并定制了一些事件供用户扩充它的处理能力。

在这里需要强调的一个因素是：使用 Web-S，系统运行中的 Web Server(即 Web-S)是

在开发人员的程序动态控制下的，它的各种行为都可由开发人员在程序中控制，而在使用上几乎同通常的 Web Server 一样——具有一般 Web Server 所拥有的功能。对于简单的不需程序控制和扩充的 Web Server，使用 Web-S 只需简单地在需要时开始/结束该 Web Server 的运行即可，开发人员在开发中只需调用 Web-S 的 BeginListon/EndListon 方法即可完成该项工作。而如果需要，开发人员对 Web-S 具有强大的程序级控制能力，这在一般 Web Server 应用中是不可能实现的。下面对 Web-S 的应用特点做一些简要的说明，大家可从中了解这种思路的实现方法和其优越性。

Web-S 本身包含的 DBMS 处理能力是为了给用户提供一种简单易行、使用方便的 DBMS 访问方式，减少开发的工作量。它的使用基于一种由 Web-S 解释执行的纯文本文件，用户可在直观的图形界面交互地完成所需信息——包括要查询或提交的 SQL 语句、返回信息的中文内容、查询结果的中文标题控制以及要传递的参数等等的输入，然后只需在实际的 Web 应用中直接调用即可完成对数据库的查询、统计、修改、新增以至表的删除建立等标准 SQL 支持的各项工作。和一些已有的嵌入 DBMS 处理能力的 Web Server 产品相比，Web-S 主要加强了对返回信息的中文控制和对多数据源的一致访问能力等方面，在 MIS 系统的应用中，对于一些适于由它完成的模块可由其一蹴而就。

对于 Web-S 中内含的 DBMS 处理模块不能完成或要求具有灵活处理能力的应用，开发人员选择可以嵌入 OCX 控件的任一种开发工具来完成。对于当前的主流 MIS 开发工具，不论是 VB、Delphi，还是 PowerBuilder、VC++ 等。使用和控制 OCX 控件都是相当简单方便的。开发人员可以使用这些工具利用 Web-S 提供的方法、事件和工具本身具有的能力对 Web Server 进行任意的控制和扩充。关于具体实现方法，限于篇幅等因素，只就安全控制和响应处理功能扩充等两个方面作一简单的论述。

开发人员可在 Web-S 的 OnAccept 事件(在 Web Server 接受用户请求时触发)中方便地对 Web Server 接受的数据包进行控制。通过对发出请求的机器的 IP 地址进行分析，开发人员可以很容易地进行 IP 地址、域名或主机名的控制和过滤。这时进行的控制同一般的 Web Server 根据 INI 文件进行的 IP 控制不同，此时的控制是可以动态进行并可同企业信息系统内部其他方面的安全性维护结合起来一致进行。此时在这里建立的 Application 级防火墙不再是严格独立运作静态控制的了，它可以成为企业信息系统安全防护体系有机整体的一部分，并可动态地进行维护而具有充分的灵活性与实用性，这是其他 Web 应用模式很难完成的。

Web-S 的应用最方便之处在于对 Web Server 能力扩充的方式上。如果使用一般的 Web Server 需利用 CGI 程序等方式完成，而利用 Web-S 只需在 On Extend Process 事件(在用户请求需扩充能力来完成时触发)中运用现有的工具直接进行处理即可，而且可以利用开发工具进行各种调试。Web 应用的开发人员不必再去学习 CGI 编程以及在处理烦琐的环境变量传递和返回中浪费时间。在这里。开发人员只需对 Web-S 传入的参数直接进行处理并把处理结果返回给 Web-S 即可。在处理过程中可以运用开发人员当前使用的开发工具的各种处理能力，包括访问操纵数据库和其他任何操作。在这种工作模式下具有的灵活性和处理任务的能力同 CGI 等方式相比，是有过之而无不及的。而且，在系统运行过程中，处理调用是采用 OLE 技术实现的，这同 CGI 方式的调用是有着本质区别的。

五、结论

本文讨论的 Web Server 工作模式最根本的思想是把具有一定 DBMS 处理能力的 Web Server 以控件的方式嵌入到企业的 MIS 应用中去，对 Web Server 的控制和维护都可由用户程序动态完成，而不必由系统管理人员在使用中手工完成。并且，使用这种方式可以克服当前使用的其他模式的一些本质的缺陷，完善 Web Server 应用能力的不足，为开发人员提供了更好的开发环境。在这种模式的 Intranet 开发中，开发人员可以任意选择一种可以嵌入 Web Server 控件的开发工具来进行开发，并可以很方便地扩充 Web Server 应用能力的不足，而对 Web Server 的控制维护也可像使用其他控件一样简单、方便，这些对于较大型的 MIS 应用中各部门多级多处具有 Web Server 的信息系统的好处是不言而喻的。

参考文献

[1] Dr. Kris Jamsa, Ken Cope, Internet Programming, 1995.
[2] Rich Stout, World Wide Web Complete Reference, 1996.
[3] (网文)公共网关接口支撑 Intranet. 计算机世界，1996. 12. 30.
[4] Neil Randall & John Jung, Using HTML, 1996.

（郭荣　侯炳辉）

* 原载《管理信息系统》1997 年第 5 期。

70 多级客户机/服务器的企业信息系统模式

【摘　要】 本文通过对多级客户机/服务器的企业信息系统模式的讨论，提出了企业信息系统开发的新思路。

【关键词】 客户机/服务器(client/server)，构件(component ware)

企业运营中许多业务的核心，从财务、办公到订单的输入等等，它们管理的信息是决策的关键所在。随着信息技术的发展及其在企业日常工作中的运用，现代企业对信息系统的依赖也越来越大。据报道在发达国家的众多企业中，企业的信息主管在企业经营决策中所起的作用已超过了企业的财务主管而成为企业主管中地位最重要的一位。由这些我们可以知道，怎样更好地建立企业信息系统，怎样给开发人员提供比以前更易使用、更灵活、更好维护和更多控制的信息系统实现手段已成为当前和今后企业信息系统开发和建立的关键所在。

现在企业级信息系统的解决方案要求比传统的客户机/服务器开发提供更多功能并且更易使用和维护。随着全球信息系统应用发展的推动，企业信息系统开发人员致力于在增强竞争性、价值结构转移和应用需求不断变化中建立系统，同时减少开发成本，保持信息系统的质量、性能和可用性。

当只按传统的客户机/服务器(即系统的物理端点)定义设计系统时，客户机/服务器计算在满足上述挑战方面的潜能就变得非常有限。但是，实际上客户机/服务器技术的潜能比简单的PC机/网络服务器方式更广泛，它不仅侧重于硬件意义上的分布模式，而是更多地转向软件应用模式的多级分层，并基于此建立和管理分布式任务，业务逻辑和共享可重用的各式构件。通过分解应用，开发人员可以设计开发出更多的客户机/服务器应用体系，使客户机/服务器的技术潜能得到最充分的发挥，并在应用成本、利润等方面得到所需的价值和更多的回报。

多级客户机/服务器技术是建立在应用的分解、划分之上的，采用这种开发和应用模式。开发人员可以使用一种对开发过程和结果都有好处的结构，独立的构件可以由分开的项目小组来开发，然后在开发过程和各个应用层中分层组装，最终构成企业的信息系统。通过应用的划分和分层，可以使企业的信息系统具有更好的可管理性和维护性，开发的过程也将更灵活并具有更好的重用性。这种思路的分布性质为开发人员提供了突破传统客户机/服务器概念束缚的机会和可能，这样可以把用户目标、业务目标和面向数据的目标以及它们之间复杂地交织在一起的业务逻辑和应用逻辑包含在分开的操作对象之中。采用该种方法支持的系统及企业就会变得更灵活，并使它们能够与不断变化发展的经营和业务需求保持一致。

此种思路在实现中采用以下方案(见图1)：

- 使用多级而不是传统的两级的逻辑应用体系结构，在此之上构造企业信息系统的应用逻辑和业务逻辑。

- 对用户界面和数据访问根据逻辑分级进行层次上的分级剥离，用户界面追求一致化、并采用最适合需求的数据访问方式以更高效地访问和操纵数据源。
- 经过封装的可重用构件提供给系统更好的灵活性和高效的开发速度。
- 开发管理采用构件解决方案：即把开发从总体上划分为有两个部分，一部分人力用于开发对多种应用中都有效的核心组件（即可重用构件）、另一部分人力通过集成构件提供的能力并根据具体企业的需求建立企业信息系统的集成解决方案。

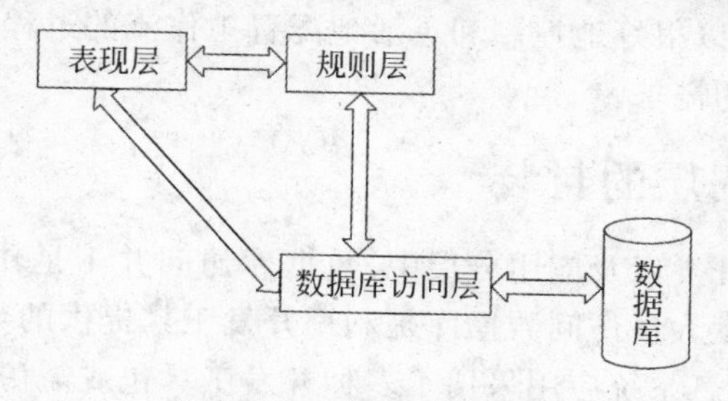

图1　企业信息系统模式

一、表现层的分离

表现层是指同用户直接交流的信息系统应用层次，它运行于客户端直接与最终用户交互，类似于大家常说的用户界面。表现层是同用户直接交互的应用层次，对于最终用户来说，他们直接面对的就是信息系统的表现层。

在传统的信息系统开发中，整个信息系统没有进行层次的分离，表现层与其他应用程序层次混合在一起，大部分的信息系统应用都集中在最终用户的客户端，客户机/服务器结构的应用形式仅限于在数据库访问中存在。从现在的观点来看，这就是所谓的"胖"客户机模式。随着IT技术的发展，当今计算机界都在大力推广所谓的"瘦"客户机模式，即把应用向应用服务器分布，使客户端逐渐"瘦"下来，减少在客户端软硬件的花费和维护工作量。这种应用模式相对于传统"胖"客户机模式的优点许多文献都有论述，此处就不再详述。

在信息系统的整体设计以及开发实现中，把表现层分离出来就可以更好地营构所谓的"瘦"客户机模式的应用。对企业信息系统应用的升级和维护将不必逐台地对客户机进行更新，用户的界面也将趋于一致，这将降低培训等方面的费用。表现层在运行时从规则层和数据库访问层中提取应用规则和数据，并利用这些信息与用户交互，以完成企业信息系统所需的数据查询、录入、修改、分析等等工作。

二、规则层的分离

企业信息系统应用中有众多的商务规则需要满足，并且对于企业应用而言，规则的变化与更新是经常发生并且对企业的信息系统应用来说是必须的。然而，对于众多的企业信息系统开发人员来说，相信不少的人都有因企业应用规则变化而头疼的经历。这类问题对于信息系统开发人员来说是不可避免的。在传统的企业信息系统开发模式中，一旦企业的规则层发生了变化，开发人员就必须对应用程序进行全面改写，在改写完成后还需为每个客户机进行安装，工作量大且没有成效。

因此,在多级的客户机/服务器结构中,规则层被单独分离出来并根据规则的应用层次不同分别存放在不同层次的应用服务器中。在规则发生变化时,开发维护人员只需更新相应规则层的应用服务器中的 Application Server 即可,而不需对其他应用层次进行改动。这种开发形式对开发人员和用户所带来的好处是不言而喻的。

此外,还可以在规则层中封装进对信息系统应用中工作流的控制能力。企业信息系统的商务规则中,工作流的控制实际上也是很重要的部分。在以往的信息系统开发中,很难对已有信息系统的数据流、工作流进行更新与控制,所能做的工作也就是改写程序。把应用程序封装入规则中后,就可以很好地控制和灵活地配置工作流的过程和走向,以满足企业信息系统在应用中不断变化的需求。

三、数据库访问层的封装

在以往的信息系统开发以及应用分层中,数据库访问并不是作为一个单独划分出来的访问层进行操作的。开发人员访问数据库是利用开发工具提供的数据库访问接口和引擎来进行的,如果一个企业信息系统应用采用了多种开发工具包或需访问多种数据源,则往往在数据访问方式、速度和通用性等方面会有问题。例如在 Visual Basic 的开发中利用了 DelPhi 等其他开发工具开发了部分 VB 中使用的控件或动态库等部件,这些部件还需要访问数据库;如果采用传统的开发模式,在此种情况下开发出的应用使用时将不得不需要安装和维护两套数据库访问引擎才能正常运转。并且,当前的信息系统开发工具往往都是各有优劣的,如果开发人员当前所使用的工具在数据库访问方面不能或不利于满足开发的使用需要,那么是否能方便地采用其他工具访问数据库的功能来满足需要呢?这些都是当前信息系统开发人员和企业希望解决的问题。

另一方面,在企业的信息系统应用中,访问数据库是必须的,如果采用以往的开发模式,企业的信息系统人员就需给每个应用的客户端安装和配置该应用访问数据库的模块,如 ODBC 的 Driver 和数据源等,采用这种方式在实现上同现今倡导的“瘦”客户机的模式是相违背的,而往往又不得不为之。要解决上述问题就需要进行数据库访问层的封装。

封装数据库访问即是对应用系统需要同数据库交互的所有操作都通过一个数据库访问的中间层来完成,对于前端和其他需要访问数据库的应用层来说,下层对数据库具体的操作到底采用何种方式来完成以及底层的数据源到底是什么类型都是不透明的。对于应用系统而言,如果需改换数据库的类型(如从 FoxPro 数据库升级到 Sybase 数据库)或数据库的访问方式(如用 VB 开发数据库访问方式由 DAO 方式变为 RDO 方式)只需替换数据库访问层中相同的代码即可,其他层的应用程序都无须改动。对于前端的最终用户和其他层的应用来说,改动都是感受不到的,这将有利于系统的升级和无缝移植。

参考文献

[1] 艾伦·阿尔泊.新一代应用模式:客户/服务器分布技术.计算机世界,1996-08-26.
[2] 郭荣,叶飙.用 VB4 进行三级 C/S 结构的开发.微电脑世界,1997,(6).
[3] 刘启原.分布式对象技术的应用与发展.电子与信息化,1997,(1-2).

(郭荣 侯炳辉)

* 原载《管理信息系统》1998 年第 1 期。

71 试述IT应用展望

“应用”始终是信息技术的动力和归宿。一切从应用出发，为应用服务，在应用中得到发展是IT的宗旨。企业对信息技术应用的根本目的是提高效益，“提高效益是硬道理”。

20世纪90年代以来，信息技术在我国各行各业中的应用得到了明显的提高。种种迹象表明，未来5年中我国信息技术的应用将有一个大的发展：

1. 1999年国家经贸委对我国100家企业调查获悉，他们在信息技术方面的投资达到297亿元人民币，而1998年和1999年两年的投资就占50%以上，这说明这两年的投资力度明显加大了。

2. 在区域信息化建设中也表现出强劲的趋势，广州市未来5年将投资300亿元进行城市信息化建设，即平均每年的投资力度达60亿元。

3. 信息化平台建设已初具规模，为应用提供了物质条件。

4. 人们的信息意识空前提高，各行各业的管理部门都在议论和准备信息技术的应用。从业界到应用部门都在大声呼吁“应用为王”、“易用为王”。凡此种种表明“在‘用’字上下工夫”的思想深入人心。

5. 中国的应用市场巨大，几乎所有国外的信息巨头全部都趋之若鹜地来到中国，纷纷切割“应用”这块大“肥肉”，中国信息产业部门决不会将之拱手送人。

未来5年中我国信息技术的应用将在下列诸方面有明显的发展：

1. 金融、保险、税务、邮电等行业管理将基本实现信息化。

2. 电力、酒店、超市(连锁店)的信息化水平将有突破性的进展。

3. 高等教育信息化将有大的进步。

4. 企业信息化仍然是一个难点，必须实行“有所为有所不为”的方针。由于企业的种类繁多，发展又很不平衡，所以必须对企业信息化做好正确的导向。既不能用所谓的“企业升级”的导向，也要谨慎对待如推广“CIMS”、推广“MRPⅡ/ERP”等善良愿望。

5. 东部地区的一些城市(如广州、深圳、上海、北京、大连、天津等)信息化建设将有巨大进展。

6. 政府信息化重点应在办公自动化方面，中央各部委和省市政府应基本实现办公自动化建设。

7. 社会信息化将得到特别重视，应加快治安、社会保障与就业、培训、市场监控、环境保护、灾害监控等信息化建设。

8. 电子商务继续“雷声大，雨点小”，估计在1～2年内我国还不成气候，也许3～4年后将有些作为。鉴于国外电子商务的迅猛发展，我国在这方面的应用必须给予高度重视，尤其要重视适合于我国的安全标准、规范等的研究和制定。

应用系统的开发必须结合中国的实际，我们没有必要也不可能走西方的信息化道路、应用系统（如 MIS、OA、DSS、ES 等）既是一个“工业产品”，又是一个“艺术产品”，对于这些特殊产品的生产开发，西方走过了漫长而曲折的道路，中国在应用系统的开发、推广应用过程中也遇到过挫折，所以在应用的大发展时期尤其要重视策略和方法。

＊原载《微电脑世界》2000 年 1 月 3 日。

72 信息时代的质量管理

一、信息时代对质量管理的要求

信息技术的飞速发展加速了全球经济化和网络化；经济全球化以及我国进一步改革开放，与国际经济接轨、加入WTO等等都给我国经济发展带来前所未有的良好机遇，也潜伏着严峻的竞争和挑战，于是产品的质量问题就成为国家经济建设的一个战略问题，更是企业发展的战略问题。

企业的信誉、效益以及生存和发展决定于产品的市场需求。产品的品种、质量、价格和服务始终是企业永恒的主题。其中产品的质量是企业最本质的东西，是企业决定胜负、具有否决权的因素。所以“质量是企业的生命”。在信息时代，消费者的质量意识空前提高，对伪劣产品深恶痛绝！产品品种再多，价格再低，服务再好，如果质量有问题，企业毫无例外地将付出高昂代价，甚至灭顶之灾！对一个国家或地区来说，放任假冒伪劣，就没有希望，例子比比皆是，所造成的损失触目惊心！

二、信息时代的质量管理必须现代化

信息技术在生产中的广泛应用，市场对企业的要求越来越高，企业的生产和管理过程日益复杂，规模越来越大，技术越来越先进，质量管理复杂性也就随之增高。以管理科学、系统科学、数学和计算机技术为基础的质量管理理论随之产生，传统的手工和凭经验的质量管理已远远不能解决问题了，质量管理的现代化势在必行。

质量管理现代化首先要求企业生产和管理人员具有现代化质量管理的意识；其次要求企业制定适合于本企业质量管理的模式和标准(如采用ISO-9003或国标Tl9003-92)；最后要有能实现标准化质量管理的方法和手段，即利用数学模型和计算机等信息技术。

三、质量管理现代化的形式

质量管理不仅要有标准、方法和手段，而且还和管理组织与管理人员的心理行为有关，也许更重要的是人的因素，所以质量管理现代化的内容和形式有所不同。随着质量管理的理论和信息技术的发展，质量管理现代化的形式也在不断发展，大体上可以分为如下几种形式与发展阶段。

1. 质量管理电子数据处理(QEDP)

利用现代信息技术进行质量管理，最早也是最基本的形式是利用计算机对产品的生产过程的质量数据进行记录、统计和分析，其主要目的是减少管理人员的繁重劳动，提高工作效率，这就是质量管理的电子数据处理阶段。最典型的应用是电厂施工的质量管理。开始，从工程的质量计划到质量控制、质量验收以及焊口记录、设备验收、事故处理等等用手工处理。由于数据量很大，报表很多，手工记录、处理和分析很难应付。改用计算机进行数据收集、统计、分析和报表生成就非常方便，大大提高了效率。

2. 质量管理信息系统(QMIS)

在质量数据电子处理的基础上，管理人员进一步希望建立从原材料到零部件的加工以及产品的装配，成品的包装、运输和出厂的全过程进行质量控制，以辅助管理人员的管理和决策。此时 QEDP 就显得力不从心，需要由 QMIS 来代替。建立质量管理信息系统并不如 QEDP 那么简单。在一个企业中，建立独立的质量管理信息系统比较困难，因为它总是与生产，供应等各个管理部门密切相关。如那些部门的信息系统还未建立或者已经建立但没有考虑到与质量管理信息系统的接口，那么独立的质量管理信息系统就达不到预期的目的。所以质量管理信息系统总是和整个企业的信息系统息息相关，即或者是整个企业信息系统中的一个子系统，而不是如前所述那样的独立的质量管理信息系统；或者是质量管理包含在其他子系统之内。如包含在生产子系统、设备子系统、供应子系统……之中，即在每个子系统中部有质量管理模块。这两种质量管理信息系统各具优缺点，建立相对独立的子系统能全面、深入地将质量管理集中在一个系统中，不会在某一个环节有所遗漏，但实现起来比较困难，和各个子系统的接口较多。而将质量管理包含在其他子系统中实施起来比较容易，但这是分散的，容易遗漏某个环节的质量管理。总之，质量管理信息系统涉及企业的各个生产经营部门，又要和企业信息系统建设现状有关，和管理体制、管理机构等有关。

3. 质量管理决策支持系统(QDSS)

从上面关于质量管理信息系统的论述中，我们也了解到质量管理并非是一个纯结构化的问题，它和企业财务、人事、库存等管理系统不同，既缺乏集中的规范性管理，又和管理组织行为有关，所以用处理结构化问题的 QMIS 来进行管理存在着许多困难。有些问题几乎不可能由计算机实现的，需要人工干预。例如确定质量的合格水平(AQL)时，合格的检查水平、检查的严格度及其转换机制等均需检查双方协商确定，也就是说需要人的介入。所以，质量管理应该用一种适应于半结构化和非结构化的信息系统即 QDSS 来实现。QDDS 的基本结构如图 1 所示。QDSS 由数据库及其管理系统 DBMS，模型库及其管理系统 MBMS 以及对话子系统 DGMS 等组成。用户通过对话子系统与 QDSS 进行人机交互。QDSS 的主要特点是模型驱动。通过模型运算得到所需决策方案，供决策者选择。QDSS 是面向非结构化问题的，所以用户对话系统是人机接口的关键。

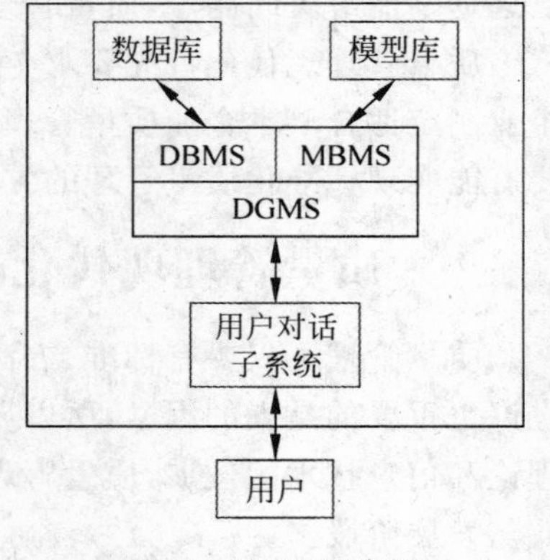

图 1 QDSS 示意图

4. 质量管理的智能化和网络化

由于质量管理的非结构化，既有定量管理还有定性管理，而定性管理以及人的参与，就必然与人的经验和知识有关，所以质量管理现代化的进一步发展是建立具有人工智能的决策支持系统 IDSS,或者建立专家系统 ES。IDSS 或 ES 的核心是知识库,即存放领域专家的经验和知识,还包括质量管理的标准、规则等。

另外,在现代企业管理中,网络得到了普遍的应用,网络将企业的各个管理子系统连接起来,集成的分布式的信息系统为质量管理信息系统创造了有利的条件,质量管理信息系统通过计算机网络获取产品的加工、运输等各个环节的质量信息,同时也通过网络发出各种质量控制信息。网络化和智能化的质量管理信息系统的建立才真正实现了质量管理的现代化。

四、质量管理决策支持系统案例——质量抽样检查 DSS

1. 系统背景

这是一个某部委科技发展资助软科学项目。根据 ISO 9003 国际质量标准,把质量体系中的"最终检验和试验"作为企业生产中质量保证模式,我国 GB/TI 9003—92 等同于 ISO 9003。该标准规定:只有供方能够提供证实其产品检验与试验能力的足够证据时,才能相信质量是符合要求的。因此,产品质量检验是实现生产过程和保证产品质量不可缺少的重要环节,生产过程的质量检查是从原材料、元器件到零部件的加工工序检查以及成品的整机检查等整个过程,所以当产品批量很大或全检费用很高时往往采用抽样检查。在电子行业中,尤其是如电子元器件产品,一般批量都比较大,所以介绍该案例具有一定的借鉴意义。

2. 系统简介

该系统目标是利用 DSS 辅助质量抽样检查,评定、分析及决策的计算机信息系统。系统可以实现:

- 计数调整型抽样检查 ISO 2859-1;
- 计数标准型抽样检查(JIS)Z9002;
- 计量调整型抽样检查 ISO 39510;
- 计量标准型抽样检查 GB 8053-87;
- 具有图形功能:排列图、相差图、直方图、计量控制图;
- 具有用于风险分析的抽样特性曲线(或 QC 线);
- 具有文字编辑等系统服务功能。

图 2 为系统功能图。

系统共分为 10 个子系统,它们是:

(1) 计数标准型抽样检查子系统(JIS)Z9002;

(2) 计数调整型抽样检查子系统 ISO-2869-J;

(3) 计数序贯型抽样检查子系统母 ISO-8422-9;

(4) 计量标准型抽样检查子系统 GB 8053-87;

(5) 计量调整型抽样检查子系统 ISO-395-J;

(6) 计量序贯塑抽样检查子系统 ISO-8422-9J;

(7) 排列图子系统;

(8) 相关图子系统;

(9) 控制图子系统;

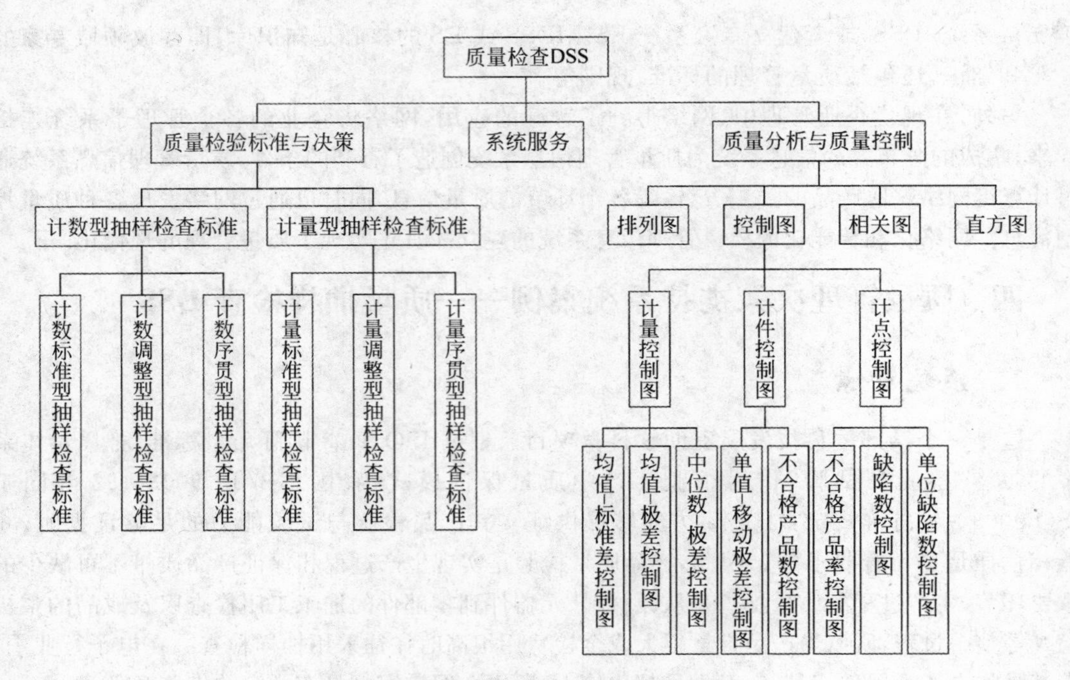

图 2　质量检查 DSS 系统功能图

（10）直方图子系统。

在控制图子系统中还分为 8 个分系统，它们是：

① 场值—标准差控制图分系统；

② 均值—极差控制图分系统；

③ 中位数—极差控制图分系统；

④ 单值—移动极差控制图分系统；

⑤ 不合格品数控制图分系统；

⑥ 不合格品率控制图分系统；

⑦ 缺陷数控制图分系统；

⑧ 单位缺陷数控制图分系统。

3. 系统结构和配置

系统由数据库及其管理系统、模型库及其管理系统、知识库及其管理系统、用户接口及其管理系统、系统调度及维护 5 个模块组成。系统硬件配置为一台高档微机，要求 4MB 以上硬盘空间，VGA 系列显示器，软件为 MS—DOS，采用 C 语言、汇编语言和 FoxBase 数据库语言。系统已于 1995 年通过鉴定，在鉴定之前已在北京玻璃仪器厂等企业实际应用，用户反应良好。

五、质量管理软件

现有质量管理软件为数不多，在一些成熟的企业管理软件中具有质量管理模块或子系统，现介绍如下：

1. CAPMS 系统的质量管理子系统

CAPMS 是我国机械工业北京自动化研究所利玛公司开发的 MRPⅡ/ERP 软件，该软件已有近 20 年的历史，是我国 863/CIMS 目标产品，已成功地在 100 多家制造企业中得到应用，并多次获得国家科委和机械部的科技进步奖。CAPMS 系统有独立的质量管理子系统，用以管理和处理制造数据、库存数据以致车间作业管理。

2. 开思的 ERP 软件

开思公司也是以开发应用 ERP 软件的 IT 企业，它也有一个独立的质量管理子系统。

3. SAP R/3 的质量管理软件包括"质量业务处理"，"质量业务查询"，"质量业务报表"和"质量系统服务"4 个模块，每个模块又有若干子模块。

3. SAP R/3RJ

SAP R/3 是德国公司著名 ERP 软件，它的质量管理子系统中有 7 个模块，即："质量计划"、"质量检验"、"质量证书"、"质量通知"、"信息系统"、"测试设备管理"及"存档"。每个模块下面还有苦干子模块：

六、质量管理信息系统发展趋势

随着我国市场经济的发展以及加入 WTO 和融入国际经济，质量管理信息化必将得到进一步重视，其发展趋势亦将更趋完善和深化，其趋势如下：

(1) 建立完整的质量管理体系。质量管理信息系统的发展的首要任务是建立完整的质量管理体系，包括完善质量管理理论、质量管理标准以及质量管理方法和手段。

(2) 质量管理的智能化。将定性的质量管理知识和经验应用于质量管理信息系统中。

(3) 质量管理网络化。通过网络提高质量管理的效率和效益。

七、结论

信息技术在质量管理中的应用具有很大的潜力，但目前似乎还不够普遍，尤其是完整的质量管理信息系统或决策支持系统还不太多，鉴于信息时代产品质量问题的重要性，有关部门应大力宣传和推广已有的质量管理软件。另一方面，完整的质量管理信息系统涉及较深的基础理论、数学和计算机技术，因此培养既懂质量管理又有数学和信息技术知识和能力的复合型人才已刻不容缓。有关部门可以举办培训班，为企业信息人才培训质量管理知识，为企业质量管理人才培训信息技术。从两个方面培养复合型人才。

* 原载《电子与信息化》2000 年第 1—2 期。

73 客户风险管理及基于 ERP 的解决方案

【摘　要】 ERP(企业资源规划)向企业提供全面解决方案,客户风险管理是它的一个重要组成部分。从理论上阐述了企业运作中客户风险管理的主要环节,在此基础上提出了客户风险管理在 ERP 系统中的解决方案。
【关键词】 客户风险管理,企业资源规划,付款,信用控制

1　前言

当前,中国企业由于缺乏客户风险管理机制和手段,面临着巨大的客户信用风险,如客户不履行合同;应收账款不能及时收回;大量的呆账、坏账损失;贸易和金融欺诈层出不穷等。事实证明,企业的客户信用风险存在于各个业务环节之中,在企业中进行客户风险管理涉及从选择客户到催款的全过程,必然会牵涉到很多的部门和人员。这意味着风险管理需要大量的信息沟通,风险管理具有很大难度[1]。

作为提供企业全面解决方案的 ERP 系统,客户风险管理是它的必不可少的一个功能。然而,由于企业客户风险管理的复杂性,使得客户风险管理一直是 ERP 设计和实现中的难点之一。ERP 中成功的解决方案,应该建立在客户风险管理从接触客户、谈判和签约直至发货等各主要环节的基础之上。笔者结合 ERP 系统的集成性能,探讨客户风险管理的有效途径。

2　风险管理的环节

企业客户风险管理贯穿于销售和财务会计两部分。下面重点分析客户风险管理的 4 个环节,并探讨它们在 ERP 系统中的实现方式。

2.1　接触客户

接触客户的直接目标就是选择信用良好的客户进行交易。在选择客户的过程中,常见的方式有电话或信函联系、实地考察访问、对其各类文件(如营业执照)的审查及专门的资信调查等。在 ERP 系统中,接触用户应该在销售支持(即售前)分系统中完成。一方面,可以通过销售访谈、电话会谈和发推销信等接触客户;另一方面,通过创建潜在客户记录,将已接触并希望保持的客户归档分析。

2.2　谈判——确定信用条件

从最初与客户协商到双方达成一致协议,此过程中的目标是确定信用条件,包括给予信用的形式(如付款方式)、期限和金额。如果这方面出现失误,则往往直接造成严重的拖欠。

信用条件由财务分系统负责设定，譬如信用额、有效期限和是否能使用信用卡等。企业如果用管理软件实施风险管理，则需要进行如下比较完备的过程[2]。

① 为风险管理定义会计组(财务部门应该委派专门小组管理客户信用)。对于大公司，设立风险管理会计组是必要的，这样也能和电算化财会系统有机整合。

② 为会计组定义风险管理员。

③ 为风险管理域定义客户群，譬如，东南亚客户和北美客户等。

④ 为风险管理域定义风险种类，譬如，低风险、中等风险和高风险等。

⑤客户信用管理。在财务分系统的客户信用控制纪录中，定义该客户的信用额、信用期间和货币单位。

2.3　签约——寻求债权保障

交易双方的合同是信用的根据和基础，合同中的每一项内容，都有可能成为日后产生信用问题的原因，合同也是解决欠款追收的最主要文件，因此应格外注意。此外，为确保收回货款，要使用一定的债权保障手段，如担保和保险等。

把合同分成具有法律效应的两个方面，即合同和订单。合同指的是一个期间协议，一般某年度公司与客户就某种产品或服务达成的协议都属于这个合同，譬如出版社与书店达成的代理图书的折扣年度协议等；而订单指的是双方为某项交易签订的协议，针对特定的一笔业务。

在有些企业中，可以对特定的客户进行信用设置，即订单发货前必须有第三方的信用保证书。财务部门在收到第三方的信用保证书后，将该保证书输入系统，销售的业务操作才能通过。

2.4　发货——实施货款跟踪

如果销售部门以赊账的形式售出货物，则面临的一个最直接问题就是如何对形成的应收账款进行监控，保证及时收回款项。此时信用管理的目标是如何提高应收账款回收率。在这一环节上，我国企业目前普遍缺少有效的方法。

现金销售(先收款后发货的销售方式)是不会存在货款跟踪的问题的，因此重点讨论售后收款的销售方式。

笔者认为，可以通过两个途径来加强这方面管理。

① 按付款时间的折扣制度。典型的折扣方式，如 7 日内付款，5%折扣；14 日内付款，2%折扣；30 日内付款，无折扣；30 日外付款，应收账款计息。显然，这种付款折扣方式能够有效鼓励客户及早付清销售款项，当然，它的前提是所选择的客户的信用应该有保证。

② 严格的风险管理。根据客户的信用额度，严格控制给客户的发货。这个方法对代理商很为有效。而最终用户只是一次性客户，公司就要冒被长期拖欠款的风险。但对于代理商则不然，代理商本身也是面对自己的大量客户，他们自己如果得不到产品，就会面临对客户失信的严重风险，所以他们一般不会冒得罪客户的风险而克扣拖款。

代理商若尝试一次拖款，将会得到订货晚到的代价。

加强对上述 4 个业务环节的管理和控制，是企业防范信用风险，减少呆账坏账损失的关键所在。

3 风险管理问题与对策

3.1 付款保证形式[3,4]

销售部门在发货前后，总是希望得到付款保证。在ERP系统设计中，可以把付款保证形式在风险管理域定义。

① 财务单据。财务单据指的是财务部门出具的“信用确认信”或“信用否决信”。在销售业务中，可以指定某个特定客户或者所有客户，在向他们发货前，必须收到财务部门发出的客户“信用确认信”。这对于业务次数少、业务量大、客户信用有待考察的客户是比较适用的。

② 外部信用保证。外部信用保证指的是第三方出具的信用证明。如果第三方拥有兼容的信息系统，则可通过接口直接从第三方信息系统中读出客户的信用保证信息；如果第三方没有信息系统，则财务部门应该获得第三方出具的有效单据，输入ERP系统，决定销售部门能否发货。

③ 付款卡。付款卡指的是客户不直接付款，直接从客户的付款卡中扣除应付账款。由于国内付款卡业务的不完善，必须注意检查由客户提供的付款卡的有效期、余额和支付形式等。客户能否方便地使用付款卡，取决于ERP系统是否已经与信用卡供应商(如银行等)进行了有效互联。

3.2 客户群信用控制

在企业的客户中，很可能其中有一些是隶属于同一个集团的，譬如客户为联想电脑公司、神州数码公司，它们都是联想集团的子公司，并且它们同时也是企业的客户。那么，对于这种客户群，可以采用如下方式进行信用控制。

① 分散控制。对于同一个集团公司隶属的不同公司，分别设定它们的信用控制域。集团公司的信用控制域只用于进行企业与该集团公司直接往来业务的控制。这样，在处理这种情形时，依据各自的信用控制纪录审查客户信用。客户群的分散控制如图1所示。

② 集中控制。对于同一个集团公司隶属的不同公司，仅仅设定它们上级集团公司的信用控制域。这样，在处理这种情形时，系统将这些客户的信用交由同一个信用控制域审查。客户群的集中控制如图2所示。

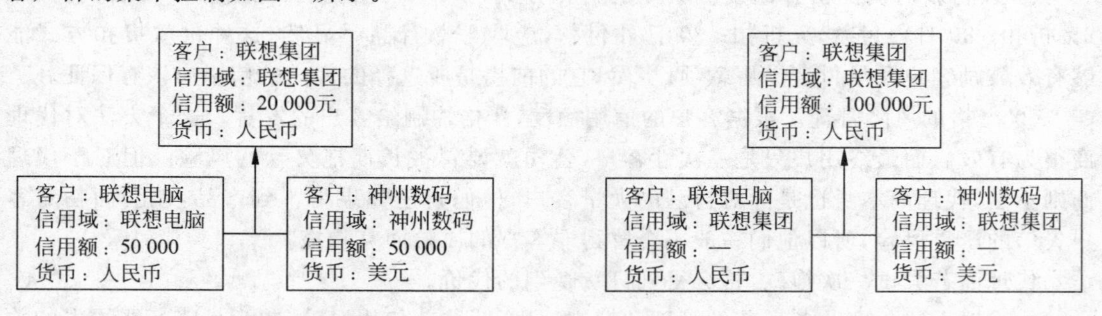

图1 客户群的分散控制

图2 客户群的集中控制

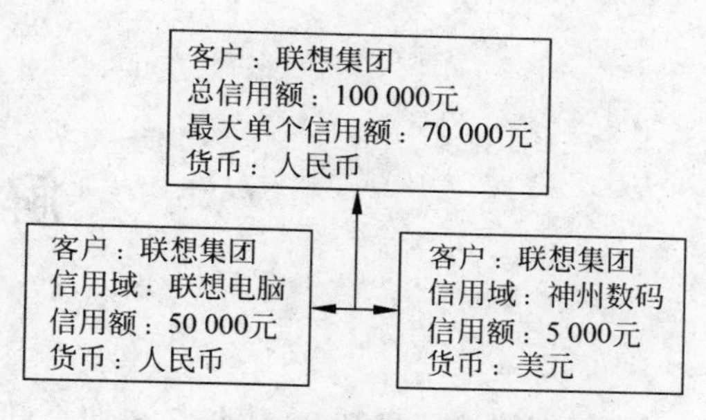

图 3　客户群的分散和集中控制

③ 分散与集中相结合。图 1 和图 2 信用控制方法分别是分散与集中控制的方式。它们各有其利弊，可以寻找一种折中方案，即分散与集中相结合，如图 3 所示。

总信用额限定了该客户在不同信用域的信用额总和的上限，图 3 所示例中，联想电脑和神州数码的信用额总和为 50 000＋5 000×8.4(设定汇率)＝92 000(元人民币)，小于 100 000 元的总信用额，符合限定。最大单个信用额限定了该客户在不同信用域的信用额上限，图 3 中，联想电脑和神州数码的信用额为

联想电脑：50 000＜70 000(元人民币)；

神州数码：5 000×8.4＜70 000(元人民币)；

符合限定。

考虑到时间的影响，同一个客户的信用会有相应的变化。因此每隔一段时间调整信用额度成为 ERP 必须考虑的问题。在 ERP 系统设计中，所有上述的信用指数都应该可以指定一个附加日期，到了该日期时，系统自动提醒用户检查客户的信用设置，根据需要作相应调整。

比较上述 3 种客户群控制方法，各有所长。分散控制适合集团与下属分公司关系业务独立、关系松散的客户；集中控制适用于集团统一采购的客户；而第 3 种方案则集二者之长，更为灵活些。

参考文献

[1] Coffman B S. Complex Systems and Venture Management. Journal of Transition Management, 1997(7): 98-106.

[2] Looi H. Credit Control on Trade. TTG Asia, 1999(1): 17-22.

[3] 罗晓沛，侯炳辉. 系统分析员教程. 北京：清华大学出版社，1992.

[4] 冯锦锋. ERP 系统中的销售模型构建研究. 北京：清华大学，2000.

（冯锦锋　侯炳辉）

* 原载《武汉理工大学学报》2002 年 4 月。

74 解读TOP CIO

我仔细阅读了贵刊2004年2、3期合刊上对于2003年中国50位TOPCIO的报道，经过统计后我发现几个问题：

一、中国CIO的名称问题

50位中国TOP CIO的中文职务名称中，真正称CIO的只有两位："泰康人寿保险"的王道南，其职务名称为"首席信息官"，即CIO；另一位是"上海电气(集团)总公司"的韩斌，他的职务名称为"总裁助理、CIO"，也就是说他还不是"彻底"的CIO。

二、中国CIO的职务问题

50位TOPCIO中，实际上大部分人的职务并非只有CIO的工作，比如"上海贝尔阿尔卡特"的徐智群的头衔是"董事、高级执行副总裁"，"重庆登康"的集体CIO的三位头衔分别是"负责营销的副总裁"、"财务总监"、"经理办公室副主任"，而"南京南瑞"的CIO是"质管部经理"，"哈药集团世一堂"的CIO是"企业管理部部长"，"沈阳商业银行"的CIO是"行长助理"……至于具有副总裁、副总经理、总经理助理等头衔的多达20人。可见，所谓的CIO大多数是行政业务的领导人。

三、中国CIO的学历问题

与职务背景相关的问题是中国CIO的学历与资历问题。在这50位TOPCIO中，并不都是精通信息技术且具有高学历的人，但这些CIO都对本单位的业务十分熟悉，而且是具有战略头脑、又有相当实权的人物。他们十分明确：信息技术和信息化是实现企业战略的工具。

四、企业性质与规模问题

50位最佳CIO所在企业大多数是规模较大的企业，且外资、合资企业有1/3左右。在企业的类型中，除一部分是制造业之外，有不少属于金融(银行、保险、证券)、物流企业，中小企业和私营企业很少。这充分反映了中国企业信息化的现状和水平，即企业信息化还刚刚兴起。

五、应用软件问题

50位CIO所在企业使用的应用软件中，最多的是ERP软件。在使用ERP软件的20多家企业中，用的大多是国外产品，国内的ERP软件没有提及。除ERP软件外，用得较多得还有财务软件、营销软件、物流软件、金融软件等。经过上面的分析后，我想提出几个疑问：是否应该给中国 CIO 一个相对统一的名称？CIO 的标准究竟是什么？如何评判中国的 CIO？另外，在 50 家企业中，有 20 家左右用了 ERP，而其他多数企业在财务、营销、物流等软件的应用中取得了很大效益。因此只要有效益，什么软件都是“好猫”。

* 原载《IT 经理世界》2003 年 8 月 4 日。

75 关于企业管理信息化与企业信息管理师

（答福建省记者问）

2004年4月23日，在福建省企业信息化工作联席会议办公室与福建省工业景气调查领导小组办公室支持下，由福建省信息协会信息主管（CIO）分会与金蝶软件（中国）有限公司福州分公司共同主办的“2004福建企业管理信息化与信息主管（CIO）发展论坛”在福建省计委大楼9楼会议厅召开，我省200多名重点信息化项目企业代表参加了本次论坛。来自“数字福建”建设领导小组办公室、省信息产业厅、省经贸委、省科技厅有关部门的领导出席本次论坛。

来自清华大学经济管理学院侯炳辉教授作了“企业战略与CIO定位”的主题演讲，从企业战略管理的高度，分析了信息主管（CIO）应具有的素质、职责及CIO的定位，赢得了与会代表的一致好评。

下午，侯教授回答了记者问。

问：我们看到省内包括国内的一些大的企业，不惜花上千万甚至几千万的本钱来做这个企业信息化的工作，我想请教侯教授，为什么企业现在会越来越重视管理信息化，国内企业管理信息化的现状又是怎样的呢？

答：20世纪末21世纪初，经济全球化和全球网络化使企业的竞争越来越激烈。在这样的背景之下，如果一个企业不搞信息化的话，实际上将面临生存和发展的问题。甚至将“昙花一现”。在这样的背景之下，有些企业开始明白，企业要生存、要使自己进步发展，必须要搞信息化，这是不以人的意志为转移的一个规律。

因为现在我们国家的企业信息化发展，应该说很不平衡．我们有一些企业还不错，比如说海尔、联想，包括福建的一些企业也还是不错的。但是总体来说。我们企业信息化还不理想，或者说，有一些还相当差。我看有些企业是要“踩深水”了。什么叫“踩深水”呢？和游泳一样。在浅水里游泳风险不大，但当你“踩深水”的时候会有很大的风险。就比如说上千万买的ERP系统没有用起来，这会给企业造成非常大的影响。我认为，在这个时候要特别注意，企业信息化是企业发展战略问题，而信息化本身也有一个战略的问题。

问：整个的情况跟国外相比是否是差距很大？

答：相距很远。我们不能拿最先进的和人家来比，我们要拿整体来比，比如说全国一千多万个中小企业，我一千万个企业里边有多少个信息化是做得好的？包括我们国有资产管理委员会那边的。在千家以内吧，国家的大企业是不是做得很好？也不见得。我想，这个（差距），至少是十多年吧，甚至还要多一点，现在恐怕还很难比较。

问：现在是不是起步或者是朝某个方向发展的阶段？

答：是的。就是说，因为中国企业化发展的最大问题就是不平衡。有很落后的、相对落后的、比较先进的、很先进的，什么样的企业都有。首先，比较先进的和很先进的这些企业，特别是一些规模比较大，覆盖范围比较大，甚至有一些跨国的企业，不搞信息化是肯定不行的，那么这些企业呢，它“踩深水”也踩过了，没什么事，而且还踩得很好，比如说海尔、联想。但是还有一些企业，可能“踩深水”就有点危险。因为它还没有人才、从人力资源、从管理的理念和企业的管理体制上没有做好准备。

问清华大学教授侯炳辉：刚才，李总谈到了观念和认识的问题，观念的这个根源当然是人，我们想知道侯教授是怎样看待这个“管理信息化”与“人”的关系，同时国家为什么要开展企业信息管理师的培训和认证工作？

答：信息化当中有很多制约因素。比如，经费、技术设备、领导支持、社会环境支持等问题。但是我认为第一资源是“人”。因为在信息化进程中，信息系统的主体是人，它的客体也是人：它要管人，而且还要人来管。在所有企业信息系统中，它的开发建设是人，它的使用是人，它的维护是人，也就是说一个信息系统的成败主要是人的因素。如果没有人力资源，你有再多的钱也不行，买了再多先进的设备也没有用。所以，我认为人是第一资源。当然.领导本身也是人的资源的一部分，但光有领导还不够。因为，信息化当中的人才，不光是计算机人才，还包括管理人才，领导人才，以及工程技术人才等。如果没有这样一组人才来做，信息化很难搞成功。也没有条件成功。

那么，刚才提到一个“企业信息管理师”的问题，企业信息化现在定位“一把手工程”，说明领导是关键，但除了领导以外，核心力量应该是具有复合型知识结构的领军人物——CIO。这好像打仗一样，士兵很重要，司令员也很重要，但是各级领军人物包括军长、旅长、团长、连长都是非常重要的。这些人在领导人家一块打仗。信息化当中也是这样，信息化项目往往是一个非常复杂性的工作，它不完全是技术工作，还有管理、组织工作。还要上下左右的沟通，这个“活儿”非常复杂 CIO 这个复合型人才需要什么素质呢？只懂管理不懂技术那不行，他可能会被技术模糊了方向，技术人员要给他牵着鼻子走，技术人员说买一个最先进的东西，你说买不买？你也不敢拍板，拍板拍错了怎么办？所以，领导首先要懂一点技术：同样，技术人才不懂得管理也不行，不懂得管理就不知道为什么要用计算机。所以 CIO 要有这么一种复合型的素质，他既懂管理又要懂得技术。还要有领导的才能，善于沟通，责任心又很强。总之素质要高，只有这样的人，才能称得上是 CIO，才能担当信息化的领军责任。开展“企业信息管理师”国家职业资格认证，我们是要培养这样的人才。

“企业信息管理师”培训与认证工作做得好的话，将对我们企业管理信息化发展，包括我们的信息产业的发展，我们软件供应商的发展以及国内信息管理的学科发展起到或重要的推动作用。所以我们(注：专家委员会)为这件事情花了三年的时间，设计“企业信息管理师”国家职业标准，并编写了“企业信息管理师”的教材，在全国组织开展培训工作，你们福建还有两个培训基地，福建省信息协会 CIO 分会也在组织这方面的工作。

开展“企业信息管理师”培训与职业认证就是要为“CIO”这个职务提供后各军。CIO 是首席信息主管，他是复合型人才当中比较高的一个职务。但这个 CIO 的职务可能在企业里边只有一个，当然，下面也会有些分工或者形成一个团队，国外叫 CIO 办公室。但是 CIO 这个职务毕竟只有一个，就像企业高级工程师是很多，但总工程师只能有一个。通过培养一系列的“企业信息管理师”可以为 CIO 培养后备人才，就是在组织上提供人员保障。

问：也就是说，企业管理信息化过程中会产生 CIO 这个新的岗位，而“企业信息化管理师”的培训和国家职业资格认证工作将为我们这个岗位来输送一些有能力的、具备条件的人才吧？

答：将来选拔CIO从哪里选？大家就会很明白了。设置CIO这个岗位，要明确它的职责、应该具备什么样的知识结构，什么样的能力结构，什么样的素质？这要有一个职业标准。首先应该把这个标准建立起来。没有标准很多事情说不清楚，而有了这个标准以后，将来企业选择CIO，IT厂商和管理顾问公司招人，包括我们大学的专业培养，都有一个比较明确的标准，职业标准的制定是为信息化做好人才准备的一个非常重要的方面。

后记：正如侯教授所言，企业信息化是没完没了的事情，福建的企业信息化也处在一个螺旋上升，不断发展的进程中，论坛结束不久，福建省经贸委就向参加会议的我省重点信息化项目企业负责人发出“优秀案例征文通知”，以“发掘和推广优秀案例，促进经验交流，推动我省企业信息化健康、稳定发展”并将组织编印、发行《福建企业信息化优秀案例选》。日前此项工作正得到企业的积极配合。在政府、企业和社会各方面不断提高认识并努力实践的今天，我们期待着一个美好的明天。

*本文由福建省信息协会CIO分会秘书长谢磊等整理，收入本书时进行了文字上的修改。原载《工业景气通信》2004年第2期。记者为小乔。

76 面向服务是需求导向

中国的信息化是世界难题，20 多年来我们走过了许多曲折的道路，但其中还是有一定规律可循的，把规律找出来，信息化难题就好解决了。

中国信息化的第一个规律是必须以用户需求为主。信息化的第一动力来自对象用户的内在需求，纵观 IT 架构发展历史，ERP 经历了从 DOS 版向 Windows 版本转化的第一次革命，从单机版向三层结构转化的第二次革命，以及目前面向服务架构体系的 ERP 系统的变革。这些其实都是需求导向的结果。

第二个规律是 ERP 一定要符合中国的国情。中国企业需要的是低成本、灵活，能够随时解决发展中的新问题。在金蝶 BOS 上发布新的应用变得非常简单：K/3 要增加新功能可以不用写代码，直接就能实现，这符合中国企业的需要。

第三个规律是信息化必须要有一个规划。信息化对企业的影响不是局部的、某一个阶段的。信息化建设需要投资软硬件，需要对业务流程进行一定修正，与生产设备相比较，在信息化方面的投资具有更深更广的影响。

ERP 不但要符合现在的需求，还要顺应未来的需求，所以 ERP 的平台化发展无疑是个趋势，它使 ERP 具有很好的伸缩性和扩展性，能加快响应速度，可以根据企业发展变化而变化。既然平台是个发展趋势，那么基于平台的 ERP 也将符合主流的发展规律。

* 原载《软件世界》2005 年 9 月。

77 随机服务系统的 GPSS 模拟

一、随机服务系统概述

在日常生活、生产管理、科学研究和社会活动中，有各种各样的服务系统。例如乘车、理发、买菜；工厂内零件加工，整机装配、检验，设备维修，库存管理；科研管理、计算机网络运行以及电话、交通系统……所有这些系统都有一个共同的特点，即系统是由等候服务的“顾客”(customer)和称为“服务台”(server)的服务机构组成的。因为顾客的到达和服务时间大都是随机的，故统称这种服务系统为随机服务系统或等候线系统、排队系统。许多看起来不属于排队系统的问题也可以用排队系统来处理，如生物系统、资金的使用等等。因此我们将特别对排队系统的研究有兴趣。

随机服务系统可以抽象为如图 1 所示的系统。它由下列要素组成：

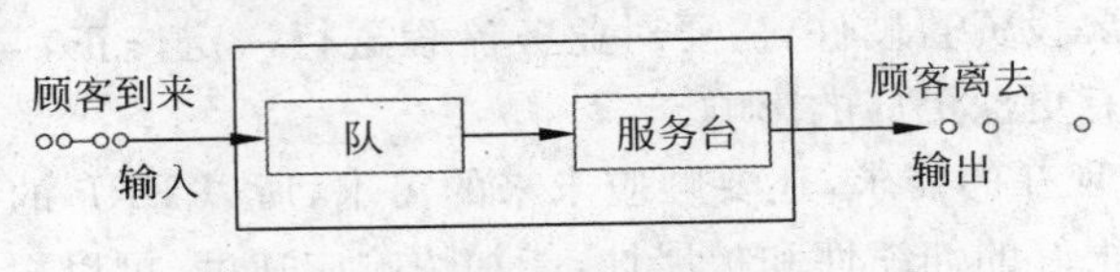

图 1　随机服务系统示意图

(1) 顾客。顾客可以是人，例如去医院就医的病人；也可以是设备，例如等待维修的机器；也可以是物，例如仓库中待领的材料；还可以是信息、资金、洪水等。

(2) 服务台。服务台可以是物，例如火车站售票窗口；也可以是人，例如纺织厂的挡车工。

在随机服务系统中有三个过程：

(1) 输入过程。它描述顾客到达的规律，例如到达间隔时间(或到达率)的分布，成批还是单个到达的，有限还是无限到达的……

(2) 排队过程。这个过程描述顾客排队等待的情况，如队伍的数目和长度，是无限等待还是有限等待等等。

(3) 服务过程。它描述服务台服务规律，包括服务台个数、服务台排列方式(串联、并联、混联)以及服务规则，包括先到先服务(FIFO)、后到先服务(LIFO)，还有优先服务等。

评价服务系统的主要指标有：顾客的平均服务时间、队的平均队长、最大队长、服务台的利用率，以及在损失制情况下损失率等。

二、随机服务系统的计算机模拟

随机服务系统充斥着社会所有角落，它直接影响着社会经济发展、服务效率和质量、社会秩序以及人民的生活，它们和每个单位、每个成员都有紧密的关系。因此，研究随机服务系统十分重要。另一方面，几乎所有这些系统除了随机以外还都是非线性的、开放式的系统，因而特别复杂，研究它尤其困难。数学家们经过了大量努力，从理论上研究了排队规律，作出了很大贡献，但在解决实际问题时又感到缺乏力量。20 世纪 50 年代以后，随着系统科学和计算机科学的兴起，随机模拟技术也随之崛起。有了这个技术，一些看来十分棘手的问题却很易解决了。

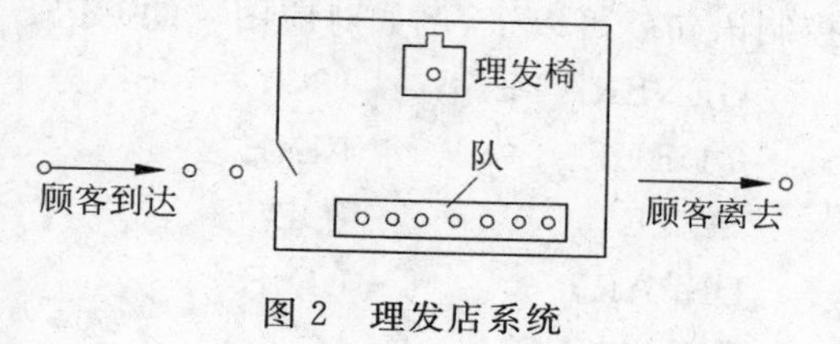

图 2 理发店系统

在经济管理中的随机服务系统大多数是离散系统，有些看起来是连续系统的也可以看做离散系统。因此最适宜于用数字计算机模拟。随机服务系统的计算机程序可以用通用语言，诸如 Basic、Fortran、Cobol、PL/I 等高级语言编制，但是这些通用语言在排队论那里却并不“通用”，这是因为每个排队系统都有自身的特点，某一个系统的程序很难直接用到另一个系统上，因此对每一个系统来说，都要逐条语句重新编制程序，因而十分费时费力。另一方面，随机服务系统都比较复杂，一个小小的排队系统就要有很多条通用语言的语句，编制起来工作量大、调试时间长，很不经济。这样，从 20 世纪 60 年代开始人们就研究模拟语言，诸如 Gaspiv，GPSS，Simscript，Simula，Slam，Dynamo 等专用语言，其中 GPSS 语言尤其适合于离散系统的排队模型。这个语言是面向流程图的语言，系统设计员画出流程图，GPSS 程序也就很易编制出来了。例如在一线一服务员的理发系统中(图 2)，我们很易画出这个系统的逻辑框图(图 3)。

在 GPSS 中，对应图 3 中的某个框图配有一个程序块(Block)，每个程序块反映顾客(在 GPSS 中称动态实体 transaction)的一个动作，例如 GENERATE 程序块代表产生一个顾客的动作。另一些程序块代表加入队的动作，还有一些程序块表示占领设备和释放设备的动作以及代表服务时间，顾客离开的动作等等。这样，就可以利用程序块组合成各种各样的随机服务系统。

每个程序块都有一个名字，并用一种几何图形表示。程序块还都有操作场(operand)，操作场的含义由程序块功能确定。图 4 是由 GPSS 程序块组成的理发系统的 GPSS 模型。

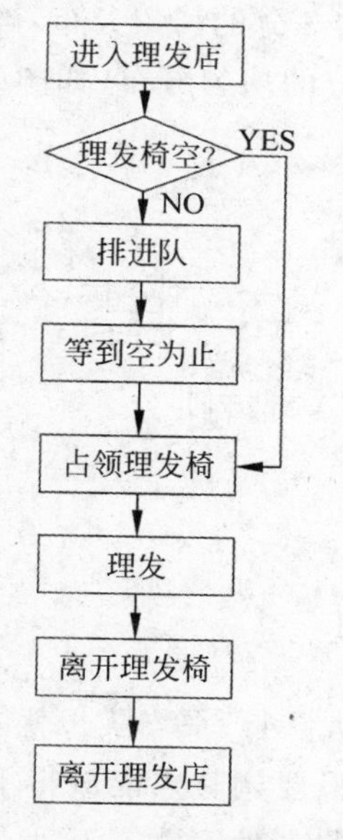

图 3 理发系统的逻辑框图

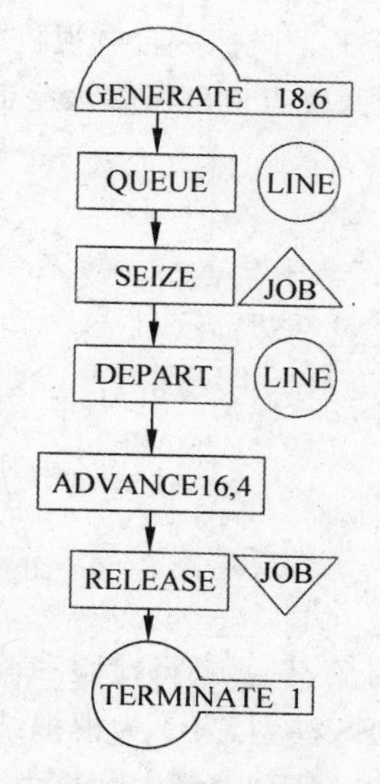

图 4 理发系统的 GPSS 模型

设计出 GPSS 模型以后就很容易书写 GPSS 程序了，一个程序块一条语句，再加必要的控制语句就可以了，例如对应图 4 的 GPSS 程序为：

```
GENERATE     18,6
QUEUE        LINE
SEIZE        JOB
DEPART       LINE
ADVANCE      16,4
RELEASE      JOB
TERMINATE    1
START        25
END
```

控制语句 START 25 模拟 25 个顾客，END 表示模拟的结束。由于 GPSS 语句书写非常方便、简单，故系统分析者就可以把主要精力集中于建立模型的工作上而不必化过多精力去编写程序。实际上 GPSS 语句的功能要比通用语言的多，它的一条语句相当于 Fortran 的一个子程序。因此使用 GPSS 语句等于用 Fortran 子程序，好像积木式一样把各个子程序拼凑组合就可以搭成各种服务系统的模型，具有很大的通用性和灵活性。GPSS 程序块共有 40 多块，功能很多，且能自动统计、输出各种报表和数据，因而可以解决很多复杂的问题。

三、GPSS 模拟模型应用实例

1. 电视机出厂检验问题

电视机出厂前进行图像检验，若检验合格，则送到包装车间包装；不合格则送到调整点调整，调整后再送回图像检验处。已知电视机以 5.5±2.0 分的均匀分布到达，图像检验处有两个服务台，每台电视机的检验时间为均值 9 分偏差为 3 分的均匀分布，被检验的电视机约有 15%需要返工。调整一台电视机的时间为 30±10 分的均匀分布(如图 5 所示)现电视机厂要确定检验调整点应配备多大空间。

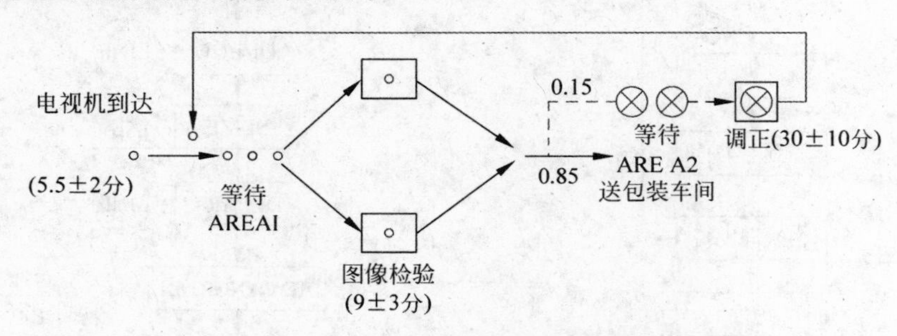

图 5 电视机检验系统图

此问题很明显，只要求得检验和调整点两个队的最大队长、平均队长就能求得所需空间了。图 6 为 GPSS 模型，表 1 为模拟结果，由表 1 可知，只要调整点能放得下 8 台电视机的空间即可。因为 AREA1 最大队长为 1，AREA2 的最大队长为 8。

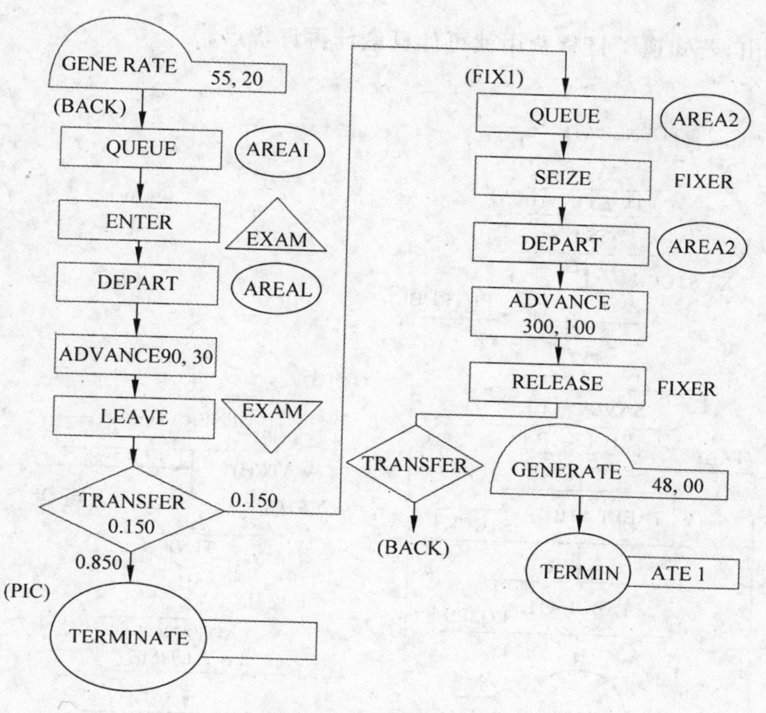

图 6　电视机系统 GPSS 模型

表 1　模拟结果

队	最大队长	平均队长
AREA1	1	0.0
AREA2	8	2.205

2. 库存控制问题

在定点订货制模型中，库存降到订货点 ROP(见图 7)时应再订货，再订货量是固定的，其值为 ROQ。现有某库存系统，已知顾客每天需求为服从 $N(10,2^2)$单位的正态分布，而订货的提前期按表 2 分布。

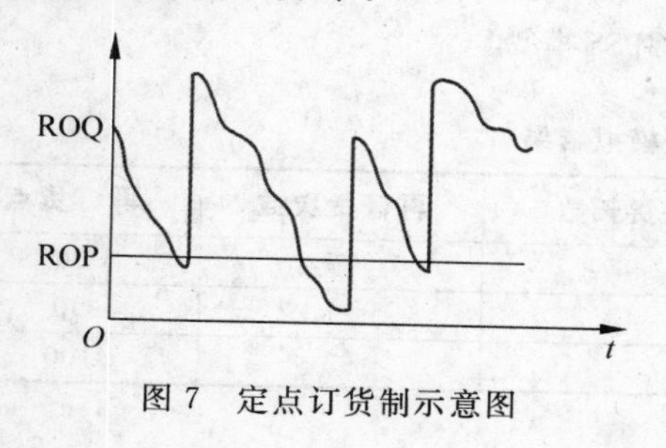

图 7　定点订货制示意图

表 2　订货的提前期

提前期(天)	概率
6	0.05
7	0.25
8	0.30
9	0.22
10	0.18

假定再订货量 ROQ＝100 单位，最初库存量 STOCK＝100 单位，模拟再订货点为 80、90、100 单位的三种情况，每种情况下分别模拟 1 000 天，试求最小缺货及订货损失的再订货点。

GPSS 模型见图 8，表 3 为模拟结果，因此题缺乏订货费用，故只能将 ROP＝80、90、100

的模拟结果列出，若知道了订货费用就可计算最佳再订货点。

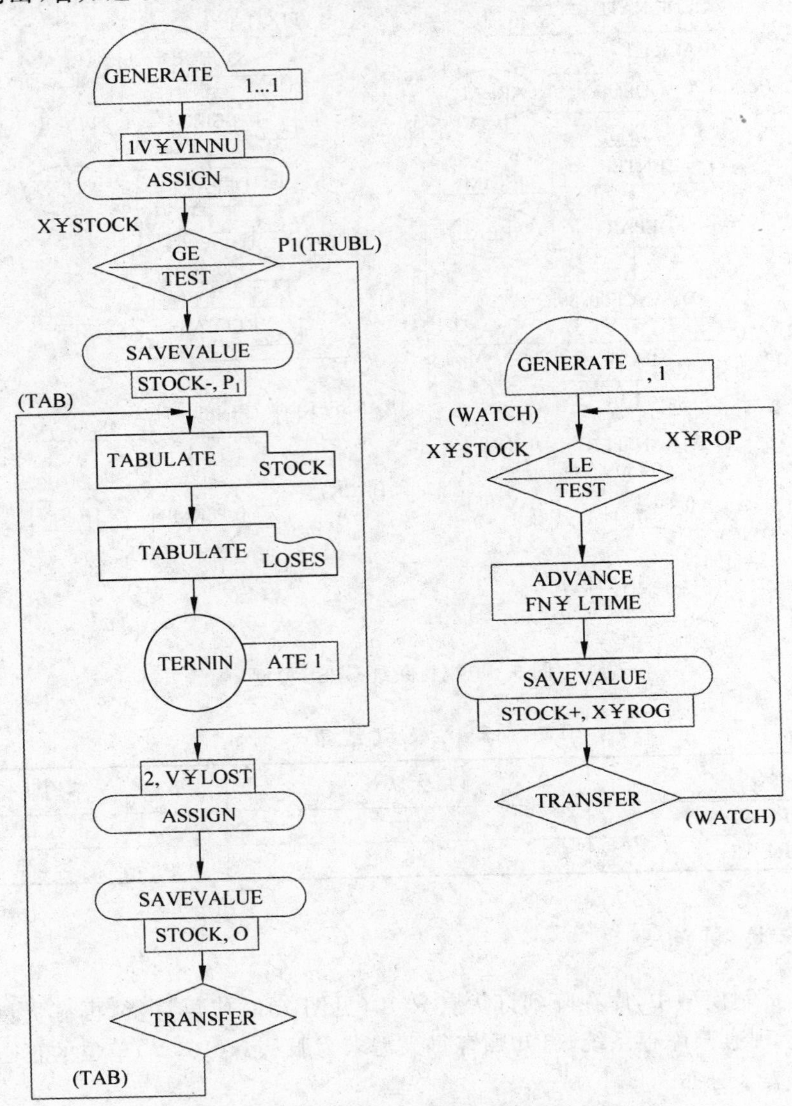

图 8　库存控制系统 GPSS 模型

表 3　库存控制系统模拟结果

运行次数	运行天数	库存大于需求天数	缺货天数	再订货次数	再订货点
1	1 000	903	97	87	80
2	1 000	953	47	91	90
3	1 000	976	24	93	100

3. 煤气站服务人员的配置

某煤气站从上午 7 点开门至晚 7 点关门，中午不休息。晚 7 点后不接受顾客，但 7 点之前到达的顾客必须服务完毕，顾客到达间隔时间为表 4 所示，服务时间如表 5 所示。

表 4　顾客到达时间间隔

顾客到达间隔时间/秒	累积频率
小于 100	0.00
100	0.25
200	0.48
300	0.69
400	0.81
500	0.90
600	1.00

表 5　服务时间

服务时间/秒	累积频率
小于 100	0.00
200	0.06
300	0.21
400	0.48
500	0.77
600	0.93
700	1.00

估计每服务一个顾客可得利润 1 元(不计值班员工资及固定成本),值班员每天付工资 2.50 元只付 12 小时/天,即使他们服务 7 点前进站而在 7 点后才服务完毕的人也如此。其他固定成本为 76 元/天。煤气站想了解用多少值班员使得每天可获最大的利润。

图 9 为 GPSS 模型,表 6 为模拟结果。

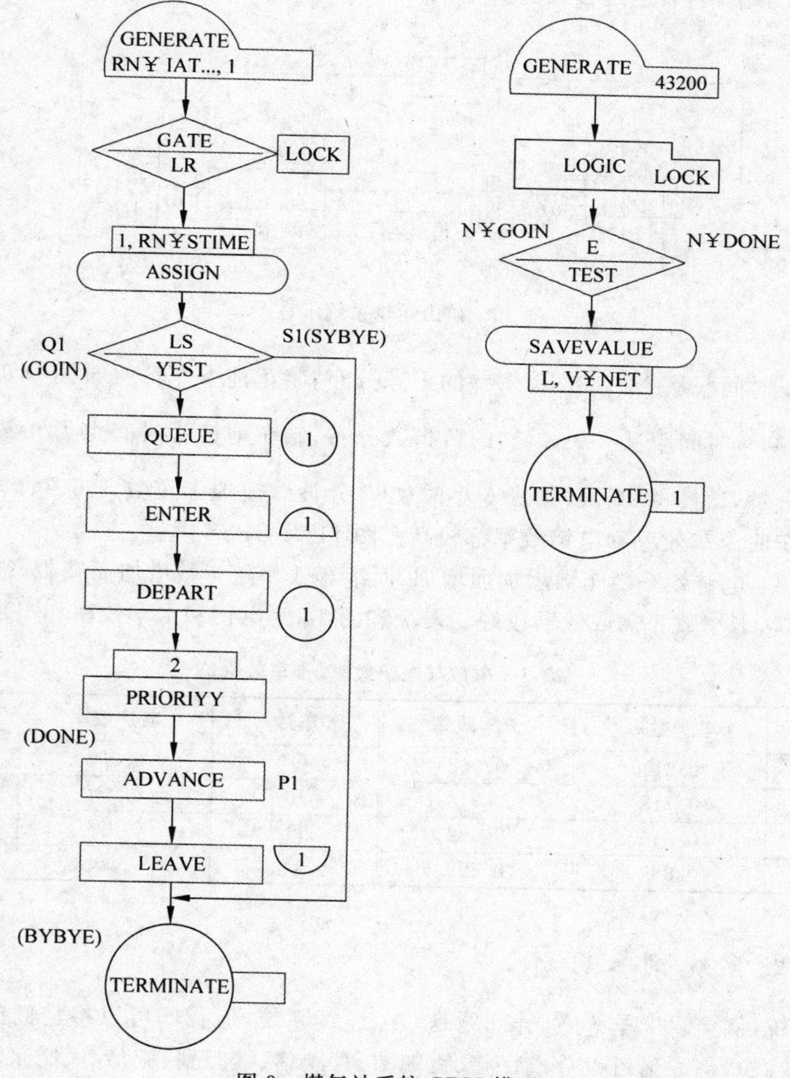

图 9　煤气站系统 GPSS 模型

表6 模拟结果

值班员人数	服务员忙期	平均利润/(元/天)
1	0.991	3.8
2	0.780	35.4
3	0.516	8.0

分析：若一个值班员，则他忙得喘不过气来，平均每天利润只有 3.8 元，两个值班员，服务员得到较充分利用，但有休息的机会，利润却大幅度增加，达 35.4 元/天。3 个值班员，服务员太闲，平均利润不高，只有 8.0 元/天，故最佳方案是值班员为 2 人。

4. 矿山运输问题

某露天矿山用电铲开矿，然后用卡车将矿石运到卸场，设有一个电铲，卸车位置也一个，而卡车可以有若干辆，装运过程如图 10 所示。

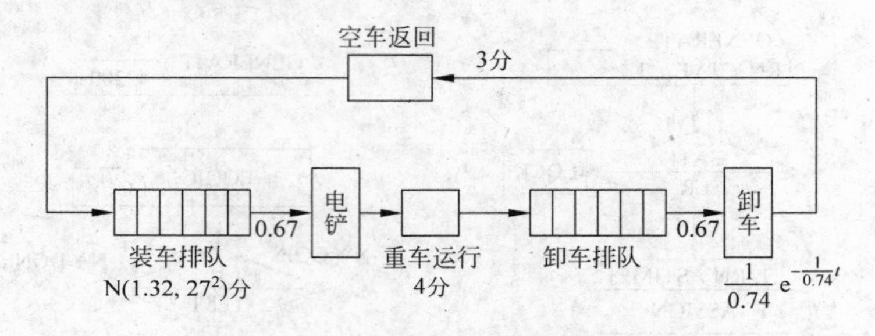

图 10 矿山运输系统示意图

已知装车时间服从 $N(1.32, 0.27^2)$ 的正态分布，装车前卡车掉头时间为 0.67 分，重车运行 4 分钟，卸车时间服从 $\frac{1}{0.74}e^{-\frac{1}{0.74}t}$ 的负指数分布，卸车前掉头时间也为 0.67 分，空车返回时间为 3 分钟，试模拟 20 班，每班 6 小时(360 分钟)，模拟卡车数 5、6、7、8、9、10、11 辆，求多少辆卡车时卡车效率和电铲效率都较高。图 11 为 GPSS 模型。

模拟结果：电铲效率随车数增加而增加，而卡车效率随车数增加而减少，欲使电铲和卡车效率都较高，卡车数 8 辆或 9 辆较好。表 7 和图 12 为电铲和卡车效率和车数的关系。

表7 车数与电铲效率、卡车效率

车数	电铲效率	卡车效率	车数	电铲效率	卡车效率
5	0.611	0.962	9	0.963	0.846
6	0.718	0.945	10	0.987	0.778
7	0.816	0.922	11	0.994	0.506
8	0.889	0.899			

5. 畜牧系统饲养规划

畜牧系统(例猪、牛、羊等)饲养问题是一个连续系统，但我们可以将它们分成各个饲养阶段(或称状态)，例如猪可以分成仔猪、克朗猪、育肥猪、催肥猪、肥猪、大肥猪、后备母猪，初

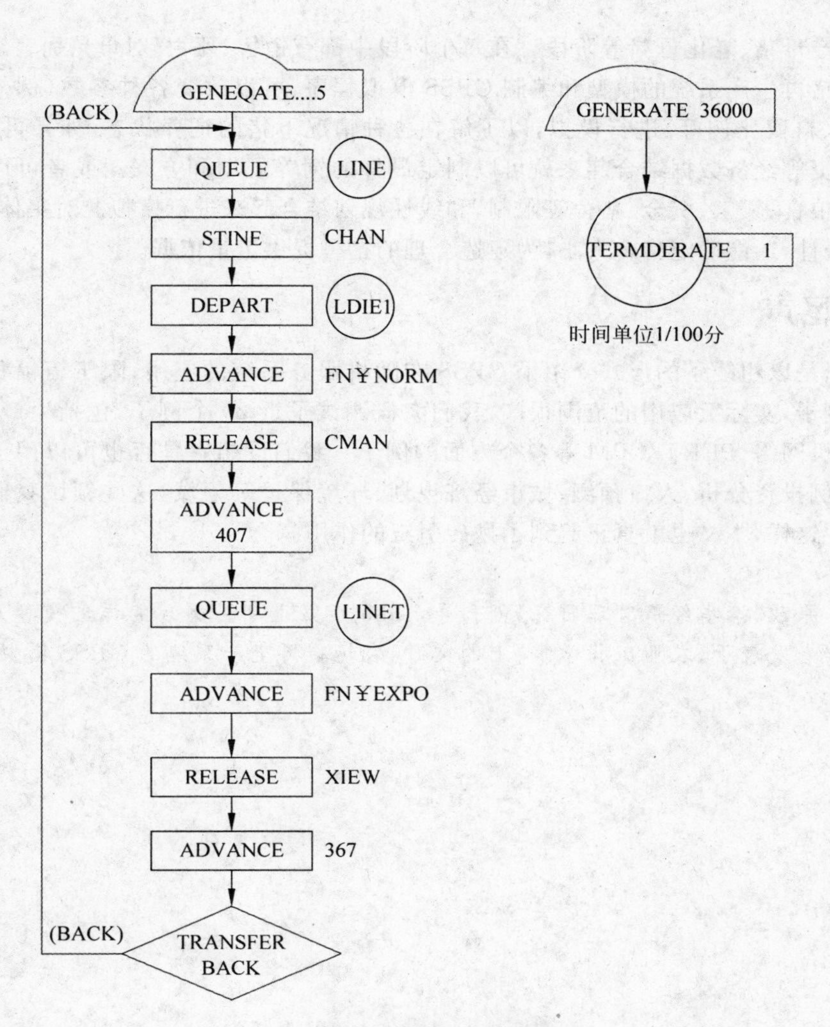

图 11　矿山系统 GPSS 模型

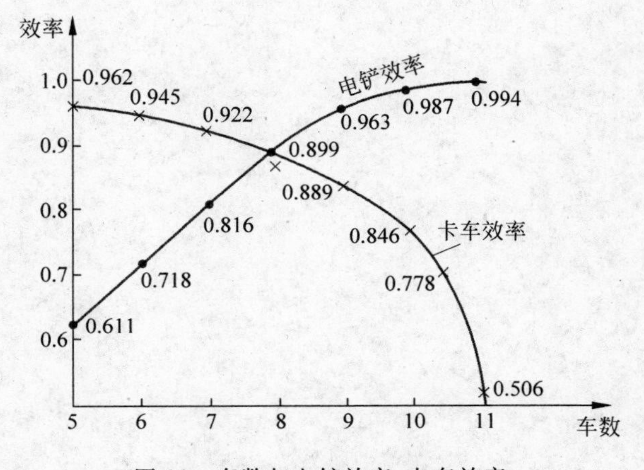

图 12　车数与电铲效率、卡车效率

产母猪，经产母猪、老化母猪等阶段。在每个阶段中都有销售、死亡(对母猪而言还有生育问题)。根据猪再生产系统的模型和编制 GPSS 模拟程序，可以改变各种参数(例外购仔有猪数，销售率、自留比例等)进行模拟，以了解在各种情况下猪的饲养状态，如果再和用粮、售价、人工工资等经济数据结合起来就可以制定最好的饲养规划和方案。或者可以根据国家计划指标、粮食、人工、资金、猪舍等限制，和线性规划结合起来进行模拟。对集体养猪来说，通过排队统计，还能确定猪舍大小，为建造合理的猪舍提供定量依据。

四、尾声

本文只是以粗线条的形式介绍了 GPSS 在随机服务系统的应用，限于篇幅我们仅举了五个应用例子，实际上应用的范围很广，我们大概调试了近 20 个例子，包括生产管理、交通管理、计算机网络、PERT/CPM 等各个方面的例子。我们设想它是否也可以用于其他社会经济项目，例投资分析、人口预测、城市经济规划、环境保护等领域，这些领域我们期待着有人去研究。这样，本文也就真正起到了抛砖引玉的作用。

* 原载《清华经济管理研究》创刊号，1985 年第 1 期。例 5 的详细模型及模拟请见作者发表于《农业工程学报》上的文章《农场猪再生产系统的 GPSS 模拟》。

78 离散系统模拟

一、离散系统

离散系统有两种类型，一种是系统状态的变化根据时间的递增而变化的，或者说，模拟时钟的变化是由时间步长（增量）固定变化的，增加一个时间步长（等步长或变步长），模拟时钟前推一步，这种离散系统称为离散时间系统。另一种离散系统是按照事件（event）的产生推进模拟的，称之为离散事件系统。例如，在排队系统中，产生一个事件（顾客到达或顾客离开），系统状态就发生了变化，模拟时钟得到修正。在现实生活中大都属于离散事件。

在离散事件系统模拟中，用到一些名词术语，如：

事件——系统状态变化的瞬时出现。

事件表——按时间次序出现的事件排成一个表。

模拟时钟——模拟时钟是一个变量，其值就是当前的模拟时间。

系统状态变量——在特定的时间点上，描述系统状态的变量。

统计计数器——是一个变量，用于估计所需的性能测。

二、离散系统模拟的处理方法

和连续系统的模拟一样，离散系统模拟第一步是建立模型。建立模型的本质是分析系统，并对系统进行抽象，以使用数学的、逻辑的或图示的形式来描述这个真实系统。由于模拟系统大多数非常复杂，以致难于用数学的或逻辑的语言进行描述，而是直接用模拟模型来描述。在建立模拟模型时需要收集数据和参数，这些数据和参数定量地反应了系统与其外部（周围环境）以及系统内部各因素之间的关系，这些因素之间的关系或系统与环境之间的关系往往是具有统计性质，因此需要用概率分布来描述。产生服从某一概率密度函数的随机变量的方法，通常用逆变法、取舍法、函数变换法以及卷积法等。这些方法可以产生诸如均匀分布、正态分布、指数分布、泊松分布、爱尔朗分布、贝塔分布、伽玛分布、韦伯尔分布以及三角分布等随机变量，产生随机变量的基础是产生[0,1]上的均匀分布随机数，即所谓的随机数，产生伪随机数的方法很多，目前这方面的技术已相当成熟。

三、离散系统模拟语言

离散系统模拟可以使用通用的高级语言，但更多的是使用专用模拟语言。通用语言如 Basic、Fortran、Cobol、PL/1 等等，专用语言有 GPSS、Simscript、Slam、Q-Gert 等等。通用语言编程复杂，同样的问题需要较多的语句，因而编程和调试时间较长，困难也多。20 世纪 60 年代以后出现的模拟语言，如 GPSS，它的一条语句的功能相当于 Fortran 语言的一个例程子程序，这样，即使少数几条语句也能解决相当复杂的问题。由于编程简单了，系统分析者就可以集中较大的精力建立模型。

四、离散系统模拟的趋势

最近几年,离散系统模拟的使用倾向于复杂的制造系统,并和计算机图形系统结合起来,模拟制造业系统,以优化诸如设备配置、生产、计划、作业控制、存储与供应材料等等。

在设备配置方面:模拟确定:①所需设备的类型、数量以及如何配置;②不同的布置方案的效益的比较,找出最好的布置方案;③设计一个最好的装配线和传输线;④确定设备布置中的机器中心;⑤确定所需运输设备数;⑥确定取货和交货站的位置。

在制定生产计划方面:确定改变人力和操作方法可获得的不同效益;改变库存策略的不同效益;怎样使制品库存极少化;确定最好的维修计划;研究生产计划的改变对系统行为的影响。

在作业控制方面:确定不同的作业调度计划对系统性能的影响;对于混合型生产,如何排列最优加工策略;研究当前运行模式有否改进的潜力;确定作业车间中每天的最少损失。

在物资管理方面:确定怎样存储半成品,成品和原材料;物资如何从一个部门向另一个部门移动;物资应怎样分配和怎样集中半成品。由于计算机图形显示技术的发展,目前离散系统模拟常和图形显示结合起来,分析者可以在图形终端上直接和计算机交互作用,观察模拟的运行过程及结果。模拟的图形显示有其突出的优点,分析者可立即分析和指出调试时出现的逻辑错误,同时图显直观地使分析看和用户了解系统的行为。

另一方面,离散系统模拟越来越多地与决策支持系统(DSS)和专家系统(ES)等结合在一起。DSS所要解决的是半结构化、非结构化的问题,而模拟技术正是通过实验,来解决半结构、非结构化的问题。因此,模拟的发展方向是向DSS渗透,国外有人预言,到1990年,可能出现集成模拟环境的决策支持系统。专家系统和模拟系统实际上及其相似,它们都是基于计算机实验的,目的都是为了决策。

总之,离散事件模拟系统的应用范围将愈来愈渗透到各个领域,应用的复杂程度将愈来愈深,技术要求也愈来愈高,它的应用前景无论怎么说,都不会太过分。

* 原载《计算机世界》1988年9月14日。

79 管理系统模拟的困境与前景

系统模拟(这里指管理系统的模拟),作为现代化管理技术的重要内容,在国外的应用有几十年历史,涉及的范围极为广泛。10 多年前,中国学者相继引进了各种模拟软件,介绍了各种应用技术,在一些领域得到了应用。例如,系统动力学(system dynamics)用于国家和地区的经济规划;GPSS,GASP-iv,Siman 等用于企业模拟;Q-Gert,Vert 等用于科研管理等等。但是,与其说是模拟技术在管理中得到了应用,还不如说只是学术界的研究。事实上,真正的应用还远远没有达到。模拟技术从应用的角度而言,遇到了困难。

一、困境及其原因

管理系统模拟是一种高技术。它既是运筹学的一个分支,又属于信息技术。管理系统模拟属于系统性(或边缘性)的实验性学科,其学科基础极其广泛。如系统科学(哲学思想及方法论),管理科学(如模型论),近代数学(运筹学及应用统计)以及计算机硬件及软件技术。由于上述原因,管理系统模拟在我国的推广应用遇到诸多问题,反映在下列几方面。

1. 管理(或决策者)的观念问题

管理者是否意识到系统模拟的重要性、有用性不是轻而易举的。模拟是为管理服务的,管理是皮,技术是毛。仅当组织和管理者认为技术能有效辅助其决策,能提高其效益时,他们才有投资立项的积极性。实际上,我国大多数管理者还没有这种感性和理性的认识,自然就不可能激发他们应用模拟技术的需求欲望。

2. 管理基础问题

我国大多数企业本身还不具备使用模拟技术的条件。一个新技术的出现和应用是社会生产力的发展结果。例如计算机信息管理技术的应用,是由于工业的高度发展和生产的高度自动化,信息量爆炸性地增加、数据的精度、信息处理和传输的速度、使用方便等要求越来越高,传统的手工信息系统已无能为力,全新的计算机信息系统就应运而生了。我国工业化正在进行之中,信息技术尚处于初级发展阶段,模拟技术是更深一层的信息加工技术,因此从总体上来说,管理本身应用模拟技术的时机尚未完全成熟。

3. 人才问题

前已涉及,模拟技术是覆盖多个学科的高技术,其深度也远远超过通常的信息处理技术,因此模拟人才要有相当的层次要求。目前我国模拟人才寥若晨星,兼有系统理论、管理科学及计算机技术的人才非常缺乏。没有人才,应用就无从谈起,即使科研机构和高等院校取得研究成果,也很难转化为生产力。

4. 投资问题

模拟技术一方面需要相当大的投资，而另一方面效益回收周期较长，又难于度量，随着市场经济的发展，投资者越来越倾向那些立竿见影的项目，凡是今天能产生效益的资金绝不投资于未来甚至明天才能产生效益的项目。因此，模拟技术立项的资金来源极其有限。

二、前景与策略

模拟技术在中国有很大的市场，这是毋庸置疑的。问题是如何加速其推广应用的速度，使之尽快尽多地取得效益。

1. 为经济建设主战场服务

模拟技术必须走出研究机构的大门，为经济建设主战场服务。我国经济建设中需要模拟的地方很多，如大型工程的可行性研究，包括大型水力枢纽工程(如长江三峡工程)；大型交通工程(如北京火车站施工方案)；大型商贸集散中心，大型矿山工程等。这些工程投资很大，工程极为复杂，任何一个环节稍有差错，损失就很大，非常值得花点小费进行模拟研究。

2. 抓重点，突出效益

目前，我国模拟技术的应用还没有普遍推广的条件，必须抓几个重点，予以突破，以取得明显效益。如上述一些工程所涉及的矿山部门、水利部门、建筑施工部门、交通运输部门、物资调运部门、重点工程科研管理部门以及军事部门等，由国家下决心集中人力、物力研究应用模拟技术。高等院校和科研机构也应主动为这些重点部门服务。

3. 做好非技术性的工作

模拟技术特别是大型工程的模拟技术，不是简单的科学计算或计算机应用，它属于系统工程。既然模拟本身是一项系统工程，就存在许多非技术的因素：如领导的支持、系统分析和模型设计、模型实施(模拟)以及实施结果的评价和应用，各个阶段都存在非技术的因素。例如：模型的建立过程中，如何判断模型是否真实地反映了真实系统(模拟确认)就不完全是一个技术问题。又例如模型实施结果的可信度以及决策者认可问题也是非技术因素。对模拟结果的方案选择时，决策者的偏好与素质影响很大，模拟工作者在必要时还要进行宣传、解释以便决策者选择更加合理的方案。

三、结论

模拟技术是一个好东西，在我国存在着极为广阔的应用前景，但模拟本身又是高技术，我国推广应用的条件还不完全成熟，存在着困境。问题的关键是采取合适的策略，使模拟技术在我国经济建设中产生更多的效益。

* 原载《北京航空航天大学学报》1993 年第 3 期。

80 为陈景艳教授所编《决策支持系统》作序

“决策”是一个古老而又年轻的名词。该名词的发明权当属我们的老祖宗。早在春秋战国时代,《韩非子》“孤愤”有:“智者决策于愚人,贤士程行于不肖,则贤智之士羞而人主之论悖矣。”《史记》“高祖记”中记述韩信谋于刘邦云:“军吏士卒皆山东之人也,日夜跂而望归,及其锋而用之,可以有大功,天下已定,人皆自宁,不可复用,不如决策东乡,争权天下。”说它年轻,是因为决策科学是由于近代资本主义的发展而在管理领域中时兴起来的,其中 20 世纪 30 年代美国学者巴纳德(Ch. Barnard)和斯特恩(E. Stene)将决策概念引入他们的著作中,60 年代诺贝尔奖金获得者西蒙(H. A. Simon)等人将决策理论系统化。改革开放以来,我们又从西方引进了决策的概念、理论和方法,所以显得新鲜而年轻。

实际上“决”和“策”是两个不同的概念。“决”有“绝”之意,即断物,拍板定案;而“策”,有策划、筹谋之意,它有一个过程。“策”是为“决”而干的,“策而不决”是谓寡断,将贻误战机,是无能的表现。“决而无策”是谓武断,有很大的风险。因此“决”和“策”紧密相连,“策”是“决”的前提,“决”是“策”的结果。

“决策”作为一个整体活动,需要信息和时间,需要方法和手段。现代化政治经济、军事活动规模空前宏大,问题空前复杂,已远远不能与古代的决策相比拟了。但是,有矛总有盾,现代科技的发展尤其是管理科学和电子计算机技术已为决策提供了前人无法想象的方法和手段。于是一门新的学科——决策支持系统(Decision Support systems, DSS)应运而生。经过二十多年的发展与应用,它已逐渐走向成熟。(下略)

* 原载《决策支持系统》,中国铁道出版社,1994 年 11 月。

81 应当重视经济与管理系统的模拟

电子计算机先是应用于科学和工程计算，而后应用于工程和物理系统的控制等。成效极其显著。20世纪60年代以后，计算机在经济与管理中的应用迅速崛起，用得最多的是数据处理(EDP)，而后是建立管理信息系统(MIS)。但是，计算机在管理中应用的另一个重要方面：管理信息的深加工——管理系统的模拟，却远未被大家所认识。随着科学技术的进步，现代经济的规模越来越大，跨地区的市场环境以及千变万化的经济形势使得经济管理越来越复杂，对管理者的要求越来越高，单靠原来意义上的信息处理和决策方法难以作出科学的决策，决策失误和顾此失彼的现象比比皆是。于是，经济与管理系统的模拟技术便应运而生，并将逐渐成为决策者离不开的"战略和战术实验室"。

经济与管理系统大都属于离散的、随机的和极其复杂的社会系统，它远不像工程和物理系统那样简单地用数学方程描述，因此也不可能获得总体上的数学模型和最优解。管理系统模拟的求解方法论是真正的模仿(simulation)，用系统分析的方法，将真实系统抽象成一个替代物——模拟模型，然后在这个模型上用计算机进行实验。由于建模者世界观的不同，有可能所建模型存在差异，这是管理系统模拟的主要困难。但一旦建立了代表真实系统的模型以后，就可以在这个模型上进行广泛的各种方案的比较，快速而有效地提出供决策者选择的各种方案。因为模拟是在计算机上运行的，一次建模长期可用，名副其实地充当了"智囊"的角色。

对管理系统模拟作用的认识，涉及一些认识论的问题。在我国，由于历史的和其他的原因，经济与管理领域的决策往往源出于定性的分析，对社会经济系统来说，经验确实是非常重要的，人的形象思维能力是无可比拟的。但人的经验毕竟有限，人与人的差别又很大，每个人的经验不一定都能成为别人的财富。更何况，人的逻辑运算和记忆能力很差。一个最简单的三元一次初等代数方程组，凭人的心算就很难快速、准确地求得结果。更不要说复杂的经济系统，动辄几百个、上千个线性方程组的求解了。计算机正好与人相反，即形象思维能力很差，但具有极大的计算和记忆能力，不费吹灰之力，它就可以计算得一清二楚。由此可以看出，把计算机与人结合起来，即人、机互补，会相得益彰。计算机不能解决的形象思维有聪明的人去主宰，繁重复杂的计算和记忆任务由能干的计算机担当，聪明加能干，使事情做得万无一失，漂漂亮亮。由此我们可以得出一个重要结论，"凡决策都应是定性和定量相结合"。因为所有重大的经济决策都是复杂的，单靠定性决策免不了要造成失误，这是客观事物决定了的。过去缺乏定量工具，欲做无能，现在有了好帮手，不去使用，岂不可惜？这里还涉及一个主要问题，即"如何处理好一杯水和一条江的问题"，如果说使用模拟需要的投入是一杯水的话，那么效益就是一条江。许多事例证明了由于决策的失误所造成的损失何止用千万元、万万元计算。但不知从何时起，人们对一杯水看得很重，而对一条江的污染往往视而不见。

究竟怎么来建立经济系统模拟呢？我认为，首先可以利用现成的国家统计信息，对我国的经济形势进行模拟，即建立“经济分析模型”，定期提出分析报告。其次，根据现有数据进行预测模拟，预测“经济发展趋势”，这些工作应该说并不太难，有了这些模型，可以连续不断地对国民经济运行情况提出分析报告，供有关领导参考。再次，为新的改革措施的出台进行测算（模拟），以便寻求合适的方案，辅助经济部门进行宏观调控。最后，为社会服务，发布经济运行态势信息，还可承接咨询项目，如为投资项目进行“投资分析”、“风险分析”、“效益分析”等。

* 原载《宏观经济管理》1995 年第 11 期。

82 信息在宏观经济调控中的运用

现代市场经济时代是信息高度发达的时代，进行宏观经济调控，离不开信息的运用。本文简要说明信息在宏观经济调控中的作用，介绍信息系统的运作和信息基础设施建设，以及宏观调控中信息的运用。

第一节 信息的作用

一、信息的含义和特点

信息(information)和物质、能量一起，构成现代经济的三大资源，且信息愈益显示其重要性。信息有许多定义，称呼也不尽相同，港台称“资讯”，日本称“情报”。按照ISO(国际标准化组织)的定义，“信息是对人有用的，能够影响人们行为的数据”。

经济信息与自然信息、物理信息有很大的不同，经济信息非常复杂，其特点是：

(1) 信息源是分散的、随机的，各经济部门都是产生信息的地方，因此收集工作复杂而繁重；

(2) 信息量大且种类多，经济规模越大，信息量越大，种类越多；

(3) 信息处理方法的多样性，包括信息的核对、分类检索、合并、统计、转录、分析等等；

(4) 信息发生、加工、使用的时空不一致性；

(5) 信息共享性要求高。

二、信息在宏观经济调控中的作用

(1) 经济信息是宏观经济决策的依据。决策和信息始终联系在一起。决策的依据是信息，所谓“情况明，决心大”，“情况”就是指信息，“明”就是要有完整正确的信息。进行宏观经济调控，要求在国民经济运行过程中不断地及时地进行动态决策，因而就需要不断地及时地获得正确的信息。如工农业生产产值产量，财政与税收，货币发行量，银行储蓄，价格，投资规模，外汇与外贸，市场物资，消费基金等等。这些信息的集体构成国民经济运行状态，为宏观决策提供依据。而信息的获取是一个复杂的过程。从原始数据收集、整理到信息的加工、传输和应用，需要许多环节。因此传统的管理体制和管理手段显得愈来愈不适应当前形势的需要。由于信息处理手段落后，或者由于无法加工得到精确的信息(如预测、分析信息)而影响正确的决策，或者由于获取信息的周期太长而贻误决策的时机，再高明的决策者由于没有信息或得到的是不正确的信息或滞后的信息，都将不可避免地造成决策的失误。

(2) 信息是引导经济运行的手段之一。国民经济是一个复杂的大系统，这个系统是由“状态变量”(如产值、产量等)所描述的。状态变量之间相互依存，相互影响，一个变量的变化(如价格)将影响到所有变量的变化，影响整个系统的平衡。这些变量的具体数值就是信息,利用这些信息进行宏观经济调控,可以使系统达到预期的新的平衡点。

(3) 信息是连接各个经济环节的介质和纽带。国民经济是由各个经济环节构成的,国家综合经济部门统一指导、协调各个经济环节的运行。在市场经济体制下,这种指导和协调的主要手段之一就是发布信息,利用信息这个介质和纽带将各个经济环节连接起来,构成整个国民经济的有机整体。

第二节　信息系统

信息系统是收集、加工(处理)、传输和使用信息的集合体。在这个系统中既有计算机硬件、软件和通信网络等技术因素,也有如管理体制、组织机构、规章制度等体制因素。除此以外,还涉及管理者和信息系统使用者、决策者等各种各样的人的因素。因此,现代信息系统是以计算机和通信网络为核心的人/机系统。

信息系统现代化势在必行。为适应国民经济的高速发展和有效进行宏观经济调控,必须建立现代化的信息系统。由于中国的特殊国情,信息系统建设也必须具有特殊的模式,这个模式应具有如下图那样的三维立体体系。也就是说,在最高国家决策层下面建立若干个综合型信息系统,它们是:国家经济信息系统,国家党务、政务信息系统,国家财税信息系统,国家金融信息系统,国家统计信息系统等。同时,国家最高决策者还直接或通过综合部门连接省市级信息系统和各经济部门信息系统。经济部门的信息系统包括工业类信息系统、商贸类信息系统、农业类信息系统等,与国民经济有关的还有教育、科技、人口、旅游、环境、交通、邮电、铁路、海关等信息系统。

我国信息系统发展道路与模式的选择应当从我国的实际情况出发,走国产化道路。这是因为信息系统本质上是一个社会系统工程,它不仅涉及计算机硬件、软件以及通信技术,更重要的是还涉及国家的管理体制以及诸如法律、观念等上层建筑,涉及人的习惯、行为,最重要的是还涉及长达五千年的中华民族的文化背景。因此,我国的信息化不可能走西方国家信息化的老路。人们可以购买一个计算机系统,却不能购买一个信息系统。当然,这里说的国产化绝不是说一切都国产化,系统中个别计算机或其他先进设备的引进是必要的,也不排斥借用国外的管理和开发经验,但这些借鉴和引进都是为了"洋为中用",目的是在消化、吸收的基础上使之成为符合中国国情的信息系统。信息系统是国家的命脉,是不能依赖别人的。事实上也证明了不可能购置到像电视机、傻瓜照相机那样的信息系统。我国不少单位花了大量外汇购买了许多现成的信息系统应用软件,但或是长期无法使用,或是需做重大改造,就是很好的例子。图1显示了我国信息系统的基本结构。

信息系统国产化是一项异常艰巨的工程。我们缺乏经验,缺乏资金,缺乏人才(及其凝聚力)。经验可以向外国人学,在实践中学。资金也不是最难解决的。目前,最重要的是如何将中国高水平的软件人才凝聚在发展民族信息产业的旗帜下,组成一个个振兴民族软件和民族信息产业的集团军。客观形势需要这样做,现在几乎所有外国著名的计算机公司、软件公司都在向中国进军,且无不例外地招聘大量的中国软件人员,用中国人的智慧赚中国人的钱。这是很值得注意的现象。

在世纪交替之际,信息技术以前所未有的速度向前发展,信息系统迅速向集成化和智能化方向发展。在集成化方面,新的信息系统不仅实现了物理设备的集成(如不同计算机和机器人、数控机床的集成),而且还实现了功能和信息的集成(如将应用系统集成起来,实现信

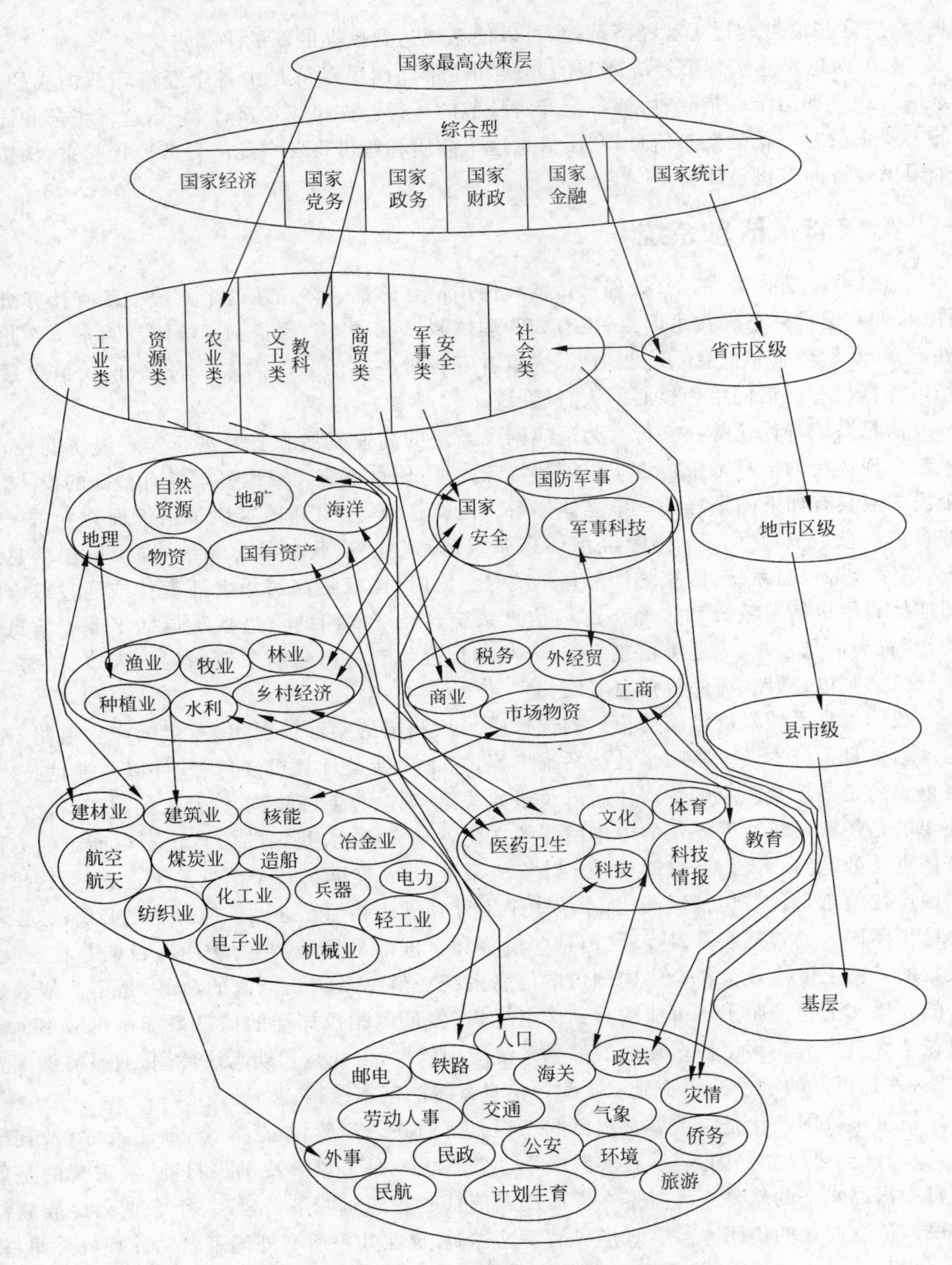

图 1 我国信息系统基本结构

息交换、信息移植和分布处理以及用户界面的标准化等）。更进一步，信息系统将使企业集成起来（如将企业的设计、制造、市场、财务等连接起来），在企业集成中，实际上把人也集成起来了。当前先进的网络技术、开放技术以及多媒体技术的应用和发展，使集成技术如虎添翼。

在智能化方面，数十年来科学家竭尽全力研究的计算机模拟人脑思维的理想将逐步成为现实。随着人工智能、专家系统以及人工神经网络（ANN）的研究所取得的突破，使现代计算机在模拟人的听觉、视觉、触觉和人脑思维、记忆、自学等功能方面前进了一大步。我国“曙光-1000”智能计算机的运算峰值速度可达25亿次/秒，是很有代表性的。随着计算机硬件、软件智能技术的发展，必将出现一个个智能信息系统，我们须随时跟踪智能技术的发展，跟踪智能信息系统，发展智能信息系统。

中国信息化的任务极其宏伟和艰巨，中国内地30个省（市、自治区）的各级机构、50多个部委（行业）的各层管理、几百个城市、587.7万个企业（1994年底统计数字，见《光明日报》1995年5月11日）以及数以千计的各类学校、医院、机关、团体……都将不可避免地逐步实现信息化（更不要说家庭了），中国信息化所需的投资、人力如天文数字那样大。因此，确切地说，中国信息系统建设本身就是一个宏观经济问题。中国的市场如此之广，信息产业的附加值如此之大，再一次说明了中国的信息化必须和只能主要依靠自己，我们不可能也绝不能将如此巨大的市场拱手让人，宏观经济调控信息系统必须由我国自己建立。

显然，建成宏观经济调控信息系统体系是一个浩大的工程，需要漫长的时间和巨大的投资。根据经济信息在宏观调控中的作用，应分期分批地优先排序开发，如首先开发和宏观经济调控关系十分密切的经济计划、金融、财税、市场物价、固定资产投资、农业、外汇、国土资源等信息系统。中国人民银行以及工商银行等专业银行都已建立了局部的信息系统，产生了巨大的经济和社会效益，起到了一定程度的宏观调控作用。中国人民建设银行利用卫星线路建设的资金转汇清算系统，5年来已成为全国最大卫星数据通信网，1993年全国转发往来账目356万条，金额达35 624亿元。又如财税信息系统，现在全国已有500多个基层税务局实现了税源管理、税款征收、纳税检查等计算机管理，1994年在全国50个大中城市建立了税收信息网络，对纳税人使用的增值税发票进行交叉稽核并采用增值税专用发票防伪识伪税控系统，有力地打击了偷漏税行为，保障了国家的税收。无锡市税务局实现税收征管计算机化以后，其管辖的2万多家企业纳税申报率达100%，个体工商户纳税申报率达90%。在物价信息系统建设方面，国家信息中心从1989年开始组织广东省信息中心、上海市信息中心和深圳市信息中心进行建设物价信息系统试点，该项目于1992年完成。在此基础上国家信息中心正在建设国家物价信息系统，该系统在京、津、沪、粤等地部署了15个物价采集点，对农贸市场、百货商店、副食店、物资公司以及农业生产资料销售部门采集200余种商品的价格信息。该系统的建成对发布物价信息，分析物价变化，实施宏观经济调控，指导社会生产经营活动，具有巨大意义。此外，国家信息中心还在组织开发固定资产投资项目管理、国外贷款项目管理、国家与地方经济文献和法规管理、国土资源管理、农业经济等宏观信息系统。“九五”期间，上述信息系统的建成及其他信息系统的投入运行，将会极大地提高我国宏观经济调控的能力。

第三节 信息基础设施建设

信息的收集、传输、处理、应用等等都需要支撑环境。信息系统建设及其所需软、硬件设备是重要的支撑，除此以外还必须建设“信息高速公路”等基础设施。信息高速公路的问题最先是由西方发达的资本主义国家提出来的。为了在21世纪内争夺经济和技术的优势，美国克林顿政府于1993年率先提出了信息高速公路计划,1995年年初,西方七国还专门召集部长级会议部署全球信息化问题。我国于1993年年底也提出了"金桥工程",即信息高速公路的建设。金桥工程对快速传输信息,对加强改善宏观经济调控,具有极其重要的作用。

注意这一点也是必要的,即在建设信息高速公路的同时,注意配套工程的建设。信息高速公路只是基础设施的重要内容而不是全部内容。实际上,信息基础设施包括如下五种要素:

(1) 各种设备,如计算机、键盘、电话交换机、光盘、声像、磁带、电缆、电线、光纤传输线、微波网、转换器、打印机、绘图机等;

(2) 信息本身,如各种数据库、录音录像带、图像、图书资料等;

(3) 应用系统和软件,包括各种应用系统、应用软件;

(4) 网络标准和传输编码;

(5) 人,即各种管理人员、系统开发人员、信息系统应用人员等。

在信息基础设施方面,我们原来的基础不能与西方发达国家相比。我国的国情告诉我们,不可能也没有必要在信息基础设施的建设方面步西方发达国家的后尘,更没有必要与其"并驾齐驱"。我国工农业基础薄弱,需要太多的资金和精力投入工业和农业以及其他第三产业的现代化。我国不可能也无必要建设像美国那样的信息高速公路。当前,我国正在实施的"金桥工程",1995年将完成铺设3.5万公里的光纤电缆,这是一项伟大的工程,它的建成将极大地提高我国信息通信能力。但是"高速公路"毕竟只是"路",如果没有"车"和"货",再高速的路也毫无意义。因此,在建设"高速公路"的同时,一定不能忽视其他基础设施的建设:其中最重要的是信息源、信息系统和人才的建设。按照我国"金桥工程"的规划,该工程要连接全国30个省会、数十个部委、12 000多个大中型企业、200多个中心城市以及国家重点工程。如果这些省会、部委、城市、企业和重点工程没有建立信息系统、没有建立有效的信息库,信息公路和其连接就会失去意义。

进行信息基础设施建设,尤其要注意发展民族信息产业,这是振兴我国信息产业的极其重要方面。信息基础设施建设中需要成千上万种设备、零件、原材料等等。它们形成一个极其庞大的电子信息产业,我们在招标时,应毫无例外地首先倾向于我国自己制造的产品。尽管我国某些设备在性能、质量等方面还不尽如人意,但是它毕竟是我们自己的民族产业,扶持这些产业的成长,无疑将增长我国的经济实力。有些系统软件(如数据库管理系统、操作系统)可能一时还与国外的差距较大,我们可以在引进其技术的基础上,加紧吸收、改造,以增强我国自己的信息技术。各种应用系统的开发,是我们当仁不让的任务。在建造千千万万个应用信息系统的实践中,应该重视培养和造就一支信息产业大军,使他们成为开发、运行、维护国家各个信息系统的主力军,通过他们充分发挥信息高速公路在宏观经济调控中高速运作的作用。

第四节　宏观经济调控中信息的运用

信息既是创造财富的资源,又是宏观经济调控的资源和手段。宏观经济调控中对信息的运用主要体现在如下几方面:

第一,对宏观信息进行分析、预测,提出调控方案。宏观信息是经过加工处理过的信息,如统计信息是将基础信息进行简单数学叠加的结果。如只将这些信息提供给决策部门,有时还不足以解决问题，因为领导或决策部门了解这些信息后还不可能产生调控的方案，因此信息部门应进一步将宏观信息进行分析、预测，通过模型运算或模拟，提出若干种调控方案，供决策者选择。这些调控方案也是信息，是决策信息。决策信息有时也可由决策支持系统DSS提供。

第二，利用信息反馈检查决策执行情况，修正调控方案，调整经济运行状态。宏观经济调控应是一个动态的过程，调控方案的提出和执行，使宏观经济系统发生了变化，产生效果，这种变化和效果需要检验、评判，利用信息反馈检查决策执行情况，以便修正调控方案，调整经济运行状态。

第三，定期发布信息，引导微观经济的运行。将宏观经济信息通过新闻媒介或其他途径，定期向企业或公众公布，引导微观经济的运行，例如定期公布金融货币信息，市场物价信息，投资和消费信息，外汇储备信息，财政税收信息等。有些信息属于机密信息，不便公开，则可以通过内部渠道提供给有关部门，以引导微观经济运行，实现宏观经济调控的目的。

* 原载《宏观经济调控》，中国计划出版社，1995年7月。本文是为国家计委培训教材编写的，关于信息在宏观经济调控中的运用，我还在《宏观经济管理》杂志上发表过一篇文章《信息运用》，该文的主要思想都涵盖在此文中，故本书没有选择该文。

83 游戏规则亟待完善

（关于银联跨行收费与记者的谈话）

中国银联方面在解释此次收费原因时提到，主要是基于银行支出成本的考虑。跨行取现和消费。银联需要为此支出通信、耗材、场租、电费等费用。而就系统资源成本而言，取款和查询所占用的系统资源几乎完全相同。在接受媒体采访时。中国国际经济关系学会常务理事谭雅玲曾表示："如果从市场发展的规则来讲，任何行业、任何企业对客户所提供的服务都应收取相应的费用。从道理上来讲，跨行查询收费无可厚非。"但她同时表示，在收费的背后，人们更多关注的是所提供的服务产品质量能否与费用相称，价有所值是分歧的焦点。

来自中国人民银行的消息。截至去年年底，中国银行发卡量 9.6 亿张，如果按每张卡需要缴纳年费 10 元计算，银行一年就有 96 亿元人民币入账。这些钱源自客户，理应为客户提供相应配套的服务。然而，这笔巨额钱款到底为客户提供了哪些服务？银联方面始终含糊不清，而这恰恰是广大持卡用户真正关心的。相应服务水平未见提高，费用收取却分文不落，这是大众强烈反对银联跨行查询收费最关键的问题所在。

此外，银联解释实施跨行查询收费举措的另一个原因在于和国际接轨。然而，据了解，境外多数卡组织的跨行查询确实需要一定费用，但只是向会员银行收取，而并非持卡者。有些国家的银行是根据客户对银行的贡献度，有区分地向客户收费，也非一刀切。有关专家指出，银行业借鉴国外的经验无可厚非，但既然引用就要全面地应用。如果首先在收费上与国际接轨，服务却跟不上，就很成问题。也有专家认为，内地银行面临的首要问题，不是收不收费，而是如何培育市场、稳定客户。条件尚未成熟，就迫不及待收费，很可能出现没收到费，却把客户赶跑了的局面。

对于类似的垄断性收费，政府就没有相应的监管和约束机制吗？清华大学经济管理学院侯炳辉教授认为："目前对于收费以及如何收费，都缺乏一种规则来对其进行约束。规则没有，裁判就更无从谈起。按照常规，扮演裁判角色的应该是政府部门。缺乏规则和裁判的博弈游戏，最后吃亏的只能是用户。银联的做法明显带有计划经济时代的痕迹，想怎么样就怎么样。银联作为一个独立的企业，需要获得利益，这本身没错，无利可图他们就不会去做了。但是没有提供满意的服务却强行向用户征费，用户吃亏了，今后就不会再玩这个游戏。结果是银联将逐渐失去其原有的客户资源。"

当前银行卡业务的管理存在法律层次低、法律制度不完善的问题，银行卡市场亟待各参与主体提供基本的法律保障。

随着银行卡的大量发行银行卡渐入寻常百姓家。关于银行卡发行的意义，侯炳辉教授这样说道："第一，可以加快资金往来流通的速度，降低社会交易成本费用，提高整个经济的运作效率；第二，可以抵御跨国公司的全球垄断；第三，也是最根本的意义应该是便于用户使用。"推广银行卡可以减少因使用现金所产生的造币、运输、保管等各环节的费用开支。银行卡支付具有强制产生交易记录的作用能够有效提高经济交易的透明度加强税控、增加税收收入、控制非法收入，预防和遏制腐败，从而有效地规范市场秩序。我国现金支付带来的税收流失比较严重，像走私洗钱和腐败现象这些都需要通过推广银行卡达到减少现金使用的目的。银行卡支付的现金替代作用和消费信贷功能能把人们潜在或随机性的消费需求变成实际的支付能力，增加消费支出，促进商贸、旅游、酒店、电子商务等第三产业的发展。除此之外，银行卡还具有方便快捷、安全卫生的特点，有利于培养公众良好的支付习惯，提升城市形象。其中信用卡特有的循环信用消费功能可以培养人们诚实守信理念，推动社会信用文化建设，提高社会的文明程度。

多方利益博弈

我国银行卡产业获得了较快较好的发展已成为全球公认的发展最迅速、潜力最大的银行卡市场。

银行卡产业链指参与银行卡业务的所有企业或机构所构成的功能网链。在银行卡产业结构和价值链中主要包括四类参与主体：第一是整个产业的消费方——持卡人和特约商户；第二是整个产业的供给方包括发卡机构，收单机构和银行卡组织，其中发卡机构可以是银行，也可以是一些非银行机构如信用卡公司及一些其他行业的企业。如旅行社、电信、石油、保险等公司；第三是中间供应商包括机具，芯片生产厂商、系统供应和维护商以及各类第三方服务机构；第四是整个产业的宏观管理者即政府和行业管理者。透过两种费用的征收，我们一览银行卡产业链的利益博弈现状。

首先是银行卡查询收费。它涉及中国银联、发卡行、收单行和消费者四个当事方。表面上看，各方关系错综复杂、利益不一，似乎有可能就收费问题形成一个较为均衡的博弈结果。而事实上，中国银联与各银行之间存在着紧密的利益纽带关系，而消费者与其利益不一致而遭受孤立。银联标榜“关注顾客利益”，但其股东却是包括中国银行、工商银行、建设银行、交通银行等在内的80多家国内金融机构，这清楚地表明到底谁的利益更为重要。在这种情况下，无论是发卡行还是收单行，都同银行卡收费的主体——中国银联之间存在着双重纽带关系，既是银联的客户也是银联的股东。这就意味着银联通过扩大收费而获取的赢利可以通过分红方式返还给各个商业银行。因此对于这三方而言，需要关心的是两件事情，一是向消费者收取尽可能多的费用，二是内部利益分配关系的理顺。

由此看出，在银联、发卡行、收单行三方就利益分配达成共识后，一度销声匿迹的跨行查询收费最终面世，消费者能做的只有乖乖掙钱。侯炳辉教授指出：“从前段时间银联停机事件可以看出，用户对银联愈发依赖，而银联本身却愈缺乏对突发事件的应急管理机制。从停机事件以及收费事件可以看出银联商业行为太重，缺乏对事件后果以及老百姓利益的考虑。一旦造成损失，谁来埋单？还是老百姓自己来埋单。这种现象产生的根源正是银行、银联，用户多方博弈的结果。”

其次是商户手续费。2004年3月1日起，经中国人民银行批复的《中国银联入网机构银行卡跨行交易收益分配办法》正式施行。该办法明确指出，POS机跨行交易商户结算手续费的分配涉及发卡行、提供POS机具和完成对商户资金结算的收单机构（统称收单方），以及提供跨行信息转接的中国银联。换句话说，商户手续费＝发卡行收益＋银联网络服务费＋收单服务费。但是不少商家表示，随着刷卡消费逐年增多。经营压力也越来越大。所谓羊毛出在羊身上。将压力再转嫁给广大消费者则是必然的事情。商户与银联、银行之间的利益博弈,其结果是消费者依然无法摆脱最终受害者的角色。

为此,国家也特别出台了一些相关政策解决商户对推广POS机和税控取款机动力不足的问题。2006年4月26日,全国银行卡工作会议提出:到2008年,六成以上年营业额超过百万的商户将受理银行卡。通过合作对商户购置的带有POS功能的金融税控收款机。考虑按照国家关于推行税控收款机的有关政策,研究制定税收优惠的具体办法:通过费用列支及所得税税前扣除等政策,鼓励商户自行购买金融税控收款机和POS机终端设备:针对收单机构拓展中小商户动力不足的问题,将研究有关税收激励政策;引导电信运营企业按照市场化运作方式,对银行卡交易通信收费实行优惠;针对年营业额较大但不能受理银行卡的商户,考虑加强税务检查。

狼来了还是粮来了

2006年是我国加入WTO过渡期的最后一年。从明年开始,我国的金融行业将全面放开。我国银行卡产业发展潜力巨大,一直是国外相关机构和企业的战略重点。随着VISA、万事达和美国运通等国际银行卡组织全面进入我国市场,国内金融市场将成为国际金融市场的重要组成部分。国内金融机构面对的竞争将从国内竞争转向国际竞争,竞争范围扩大了、程度加深了、压力加剧了,提出“自主民族品牌”的中国银联面临挑战,而如何提升服务品牌则是其中的关键。

中国银联是在政府倡导之下成立的。政府试图打造一个平台,以减少交易成本,给民众提供更多方便、更高质量服务和更安全的资金保障。然而,垄断弊端却先行一步暴露出来。目前,在国内银行卡市场缺乏竞争的状况下。用户办理银行卡。卡上均印有“银联”标识,消费者根本没有选择的权力。像银联这种卡组织在国内也仅此一家,别无分店,事实上形成了一种自然垄断,垄断状态必然成为银行卡服务质量提升的最大障碍。北京大学学者张翼认为,目前,整个银行卡市场缺乏竞争。一家独大,形成垄断。垄断的局面将会使企业缺乏自身发展的动力,服务也无法得到提升,企业的运作效率也将大大降低。而通过外资的进入以及内资企业之间的竞争可以起到强化市场竞争机制的作用。使整个市场形成良性竞争态势,促使银行卡企业降低成本,提高服务质量以争取客户。从而防止垄断性收费、霸王条款的出现。

目前,我国金融机构的综合竞争能力与国外竞争对手之间的差距还非常悬殊,这不仅表现为资本规模等资金实力方面的差距、所能提供的产品与服务方面的差距,还表现为品牌知名度方面存在的巨大差距。我国银行卡产业尚未真正创立自主的民族银行卡品牌。从国际银行卡产业发展经验看,品牌是产业竞争的制高点和实质所在,关系到一国银行卡产业发展的主动权和在国际市场中的地位。目前,银行卡标准基本控制在几大国际银行卡品牌公司手中。如果不突破这种产业发展困境,我国银行卡产业就只能被挤压到全球银行卡产业链的末端。失去在金融标准上的自主权和发言权。国际经验表明,我国金融市场全面开放后,我国银行卡产业如果不能创建出自己的品牌,就难以赢得市场和客户,也就难以在未来激烈的竞争中求得生存与发展的空间。

服务与品牌成为胜负手,银联一系列收费举措引来怨声载道,若服务未能相应提高,却伤了品牌,未免得不偿失。当市场竞争不再一家独大,温室里的花朵是否经得起严寒霜冻的洗礼？当外国资本重构我国银行卡市场，带给民族银行卡品牌的是推动作用还是消极影响？这些问题都有待于银联用时间为我们做出解答。

国内金融机构面对的竞争将从国内竞争转向国际竞争，竞争范围扩大了、程度加深了、压力加剧了，而如何提升服务品牌则是其中的关键。

* 原载《中国信息化》2006年5月20日。此文主要是记者的采访记录。

第二篇　信息化实践

本篇总结整理了信息化项目的建设经验、开发方法和技术等 20 多篇文章，有三部分内容。

第一部分是关于工业自动化的文章。20 世纪 70 年代末 80 年代初，新的电子自动化设备和技术传入中国不久，我有幸较早地参与了这些产品的研制和应用，从而连续在刊物上发表了 7 篇文章，在学术界引起了较大的影响。应该说，我撰写这些文章的态度是严肃认真的，所使用的技术（如程序设计）也好，写作的作风也好，直到现在我还很怀念。

第二部分是关于信息系统实践的文章，包括生产管理、财务管理、成本管理、招投标管理、高校管理等技术和经验，在这些实践的基础上，还总结了一些规律性的东西，如关于系统集成的思想和方法，如何进行系统调查等。我想，这些内容对信息系统实际开发者是有借鉴意义的。

第三部分是关于信息化和信息系统开发的一些纵论性的文章，如《三十年信息化亲历的思考与回忆》、《信息化呼号杂忆》、《MIS 开发纵谈》等。在 2003 年的“非典”期间，我接受“中国国家企业网”邀请，作了“抗非典促发展”的网友问答。同样令本人不能忘记的是，1992 年 7 月，我代表了以张效祥、杨芙清两个院士为首的专家组，起草了利用“三期日贷”建设国家经济信息系统二期工程可行性报告的专家评审意见。除此以外，我们还利用 GPSS 语言模拟了农场生猪的再生产，这个模型是很有意义的，并得到了实际应用参考。

84 逻辑式顺序控制器

顺序控制器是一种适用于生产自动化的电气控制装置。实现顺序控制，不仅可以提高生产效率，而且能够减轻工人的劳动强度。顺序控制器，就目前用于生产实践中的有两种，一种是按逻辑关系组合实现控制的，叫 SK1 顺序控制器；另一种是步进式顺序控制器，叫 SK2(或步进式)顺序控制器。本文仅介绍逻辑式顺序控制器。

一、SK1 的特点

SK1 顺序控制器和继电器控制系统、逻辑元件无触点控制系统比较起来，最大的优点是具有通用性和灵活性。SK1 编制和检查程序集中反映在矩阵板上，由于矩阵板上的逻辑组合代替了继电器系统的死接线，因而制造容易，维护方便，运行可靠，设计时间短。它比步进式顺序控制器结构简单，价格便宜，但编制程序没有步进式顺序控制器方便。

二、SK1 的结构

SK1 的结构如图 1 所示，主要由输入、输出和它的核心——矩阵板三部分组成。

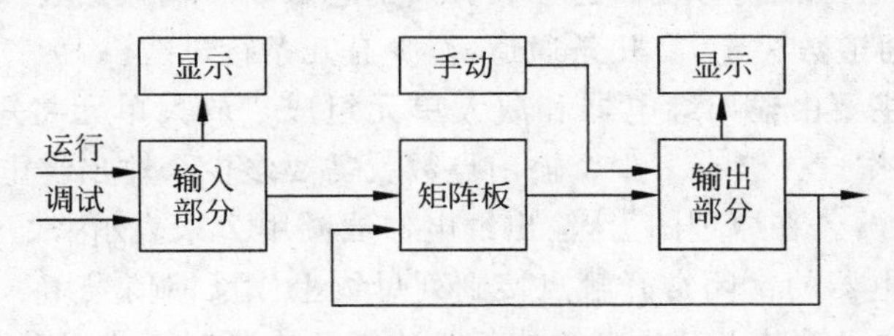

图 1　SK1 的结构框图

SK1 的总原理图见图 2。

1. 输入部分：主要由输入隔离继电器组成。一般输入信号有多少个，就需要多少个继电器。这些继电器把现场工作信号转换成触点信号。XK 表示现场信号，X 表示输入继电器线圈，x 表示常闭触点，$\bar{x}$表示常开触点。

一般输入继电器用 DZ-144 微型继电器，它有四对常开、四对常闭触点，为了调试时模拟现场信号，在现场信号 XK 两端并一个小开关 K。

2. 矩阵板：它是一块双面印刷电路板，正面腐蚀竖条(叫行母线)，反面腐蚀横条(叫列母线)，导电的正面竖线和反面横线是互不连接的。在行母线和列母线上打许多小孔，供插二极管，以便进行逻辑组合。

矩阵板每根行母线都有一个限流电阻，按电源＋24 伏，列母线有的作输入信号用，接在输入继电器的触点上；有的作输出信号和作反馈用。作反馈用时接在输出继电器触点上。由于每个输入点数都可能用到继电器的常开和常闭两种状态，所以，每个输入点需要两条列

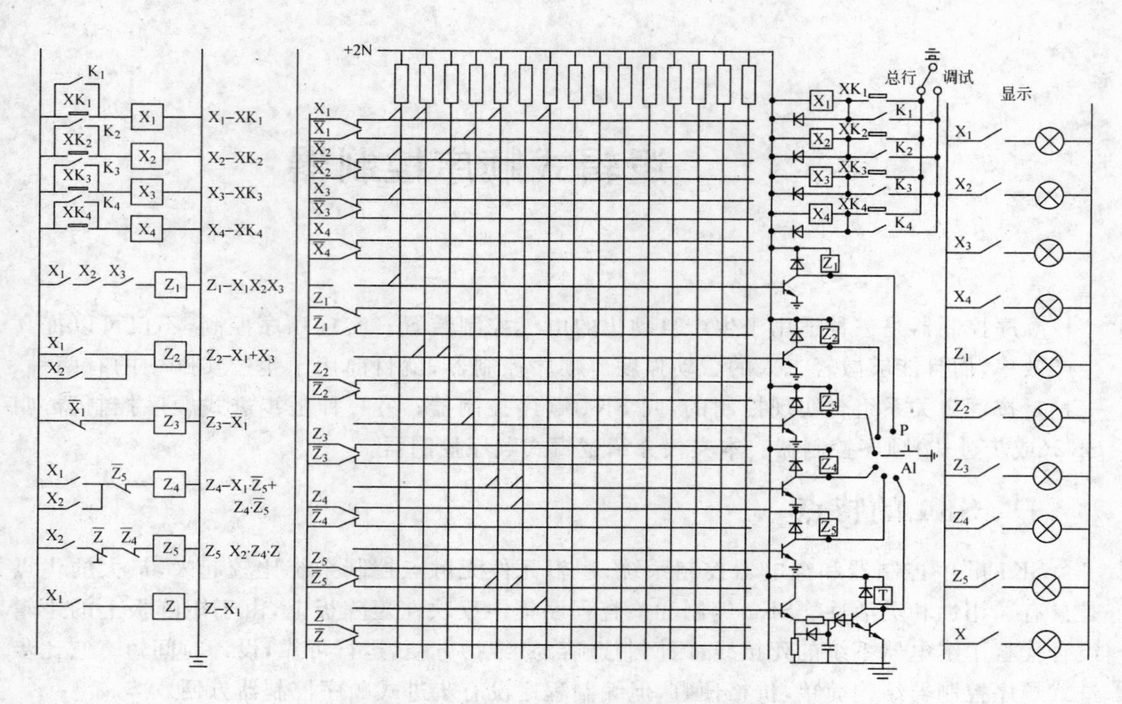

图 2　SK1 总原理图及基本功能的实现

母线。每个输出点都要有一个输出继电器及两个反馈信号，即一个常开触点和一个常闭触点，故每个输出点则需三根列母线。这样列母线的总数 m＝输入点数×2＋输出点数×3，行母线根数根据输出通道数决定，有几条通道，至少有几条行母线。

3. 输出部分：主要由输出继电器和放大单元组成。放大单元将矩阵来的电流信号放大后，驱动继电器工作。一般有多少个输出点数就需要多少个输出继电器，输出继电器也常用 DZ-144 微型继电器。在原理图上，输出继电器线圈用 Z 来表示，常开、常闭触点分别用 z 和 $\bar{z}$ 来表示，输出继电器的常闭常开触点接到列母线上作反馈信号用。为了调试方便，每个输出继电器可以用按钮手动点动。有些执行机构需要有延时要求，则可装延时继电器，图 3 是电子延时继电器线路图。

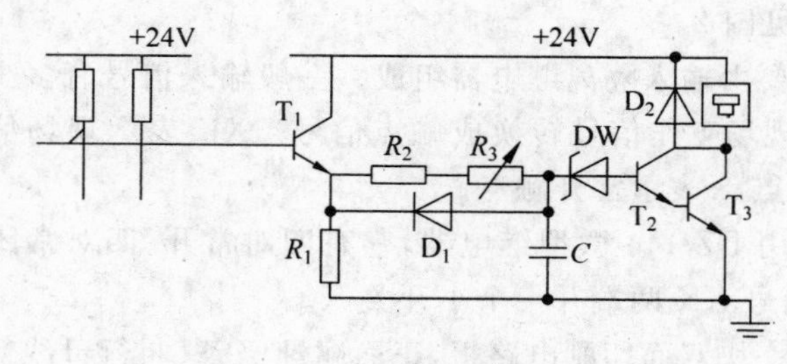

图 3　电子延时继电器线路图

继电器线圈反并联一个二极管，组成续流回路，在继电器线圈由导电到截止的瞬间，不至于因产生过压而击穿三极管。

三、SK1 的基本原理

1. 旁路原理：SK1 的动作是利用旁路原理实现的。图 4(a)继电器线路利用了所谓"接通原理"，当$\bar{x}$信号一来，继电器得电工作。而在图 4(b)矩阵板上 Z 的动作是这样实现的：触点 x 打开时，Z 得电工作，否则被 x 接点旁路，Z 不动作，这个原理叫"旁路原理"。

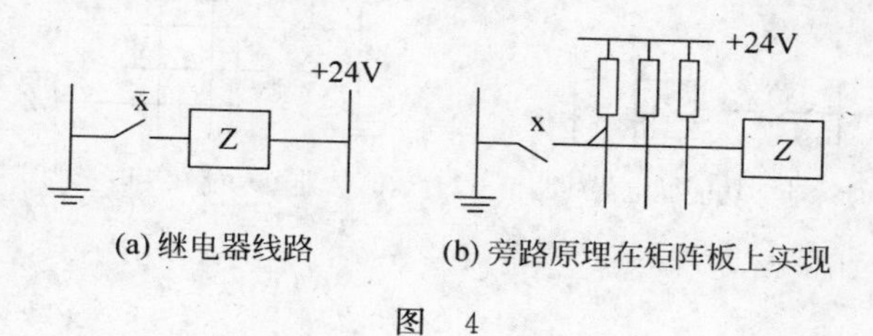

(a) 继电器线路　(b) 旁路原理在矩阵板上实现

图　4

从"旁路原理"可看出，Z 动作的条件决定于 x 的触点状态。在继电器线路和 SK1 中这两种状态恰好相反。

2. 逻辑原理：SK1 是从继电器发展而来的。它通过旁路原理和逻辑关系"与"、"或"、"非"的组合能够完成继电器线路所完成的功能，集中表现在矩阵板上。

"与"功能：图 5(a)继电器 Z 只有在输入 x_1、x_2 与 x_3 都合上才得电吸合，在 SK1 线路中 x_1、x_2、x_3 三个常开接点都打开 Z 才能得电，二极管的插法见图 5(b)。

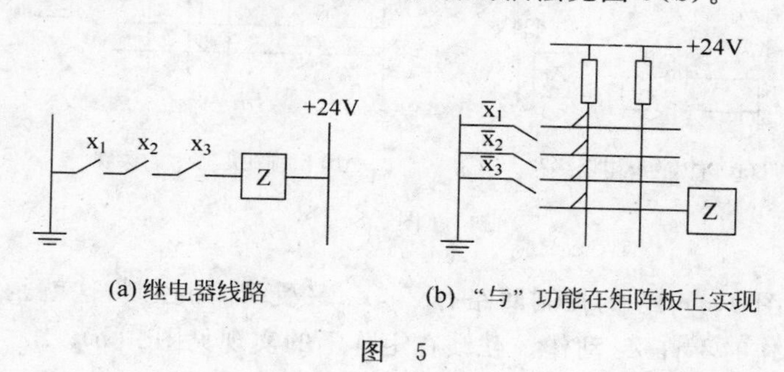

(a) 继电器线路　(b) "与" 功能在矩阵板上实现

图　5

"与"功能的逻辑式用 $Z=\bar{x}_1 \cdot \bar{x}_2 \cdot \bar{x}_3$ 表示。

"或"功能：一个输出机构 Z 有两个输入 x_1 和 x_2，x_1 或 x_2 其中有一个有电，输出机构 Z 就得电吸合，在继电器线路中并联就叫"或"(图 6(a))。输出继电器回路中有几个并联支路叫几个"或"项(或称几个输出通道)，有几个"或"项在相应的矩阵板上就需要几根行母线，如图 6(b)。"或"功能的逻辑式用 $Z_2=\bar{x}_1+\bar{x}_2$ 表示。

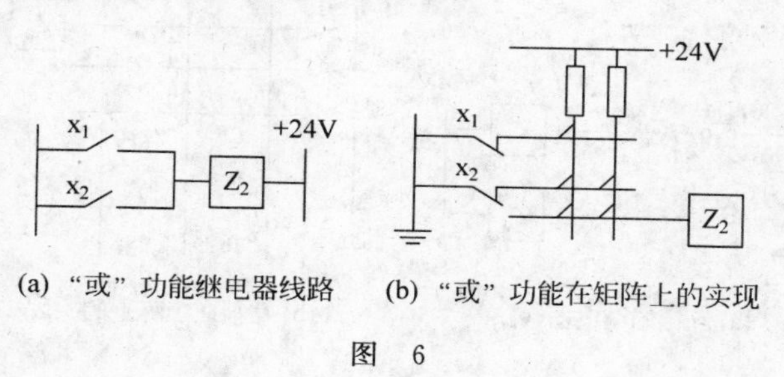

(a) "或" 功能继电器线路　(b) "或" 功能在矩阵上的实现

图　6

“非”功能：所谓“非”就是相反的意思。如图7(a)的继电器线路中，Z_3 动作的条件是 $\bar{x}$ 常闭触点不打开，这种 Z_3 与 $\bar{x}$ 总是一个有电，另一个就不能得电的功能，称作“非”功能。在矩阵板上“非”功能的实现必须用常开触点(图7(b))。“非”功能逻辑式用 $Z_3=\bar{x}$ 表示。

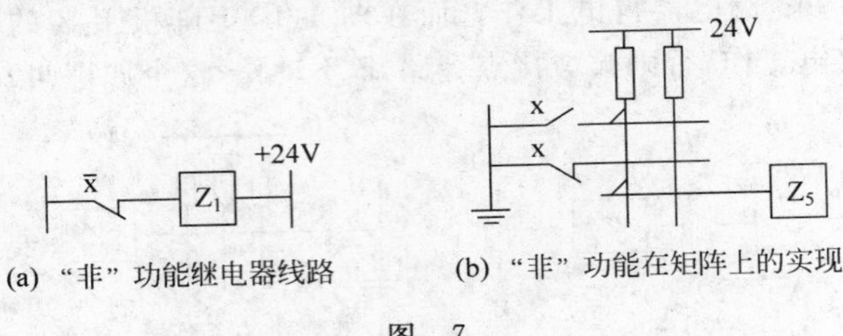

(a) “非”功能继电器线路　(b) “非”功能在矩阵上的实现

图 7

四、SK1的控制功能

1. 自锁：如图8(a)所示，按一下启动按钮 θ，z_4 得电工作，松开 θ，Z_4 能靠自己的反馈触点 z_4 保持自己工作状态，叫自锁。逻辑式为 $Z_4=\theta+z_4$，图8(b)为自锁在矩阵上的实现。

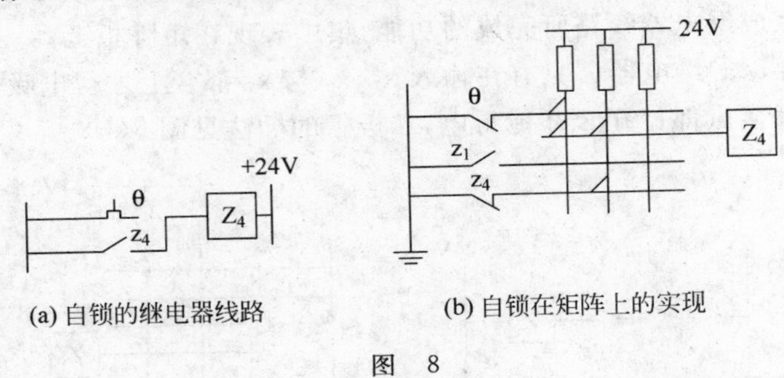

(a) 自锁的继电器线路　(b) 自锁在矩阵上的实现

图 8

2. 互锁：如图9(a)，Z_5 的控制回路有 Z_6，Z_6 又受 Z_5 的控制，这就是说当 Z_6 动作时不许 Z_5 动作，Z_5 动作时不许 Z_6 动作。互锁在矩阵上的实现见图9(b)。

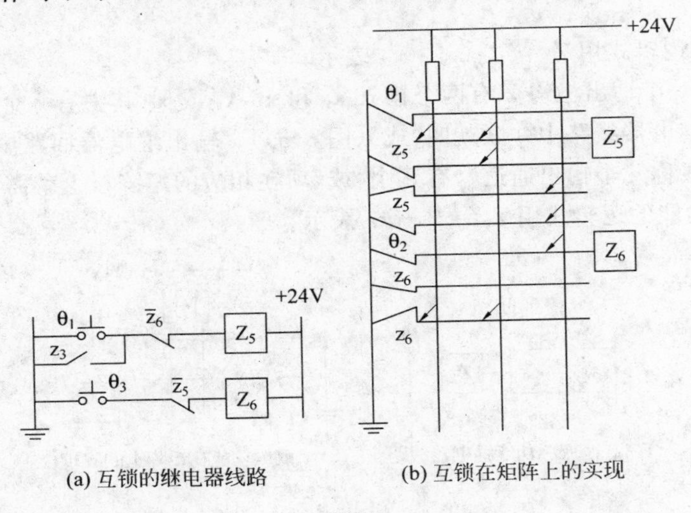

(a) 互锁的继电器线路　(b) 互锁在矩阵上的实现

图 9

3. 延时吸合和延时释放：在工艺上往往有这种要求，当信号来到后，输出继电器不马上动作，而是延时一段时间才吸合，或信号消失后，输出继电器不马上断电，而是延续一段时间释放。这就提出了延时吸合和延时释放问题，延时吸合单元由延时继电器实现（见图 3）。而延时释放也可以通过延时吸合单元实现。图 10 中继电器 Z_6 是利用 T_1 延时吸合，并通过逻辑组合实现延时释放的。信号 x_4 一来，Z_6 动作，同时 T_1 断电。x_4 消失后，Z_6 自锁，同时延时继电器开始延时动作，经过延时时间后，延时继电器 T_1 动作，$\bar{t}_1$ 常闭触点打开，使 Z_6 释放。这样就实现了用 T_1 延时吸合继电器达到控制 Z_6 的延时释放。写出逻辑式为 $Z_6=x_4\bar{t}_1+Z_6\bar{t}_1, T_1=\bar{x}_4$。

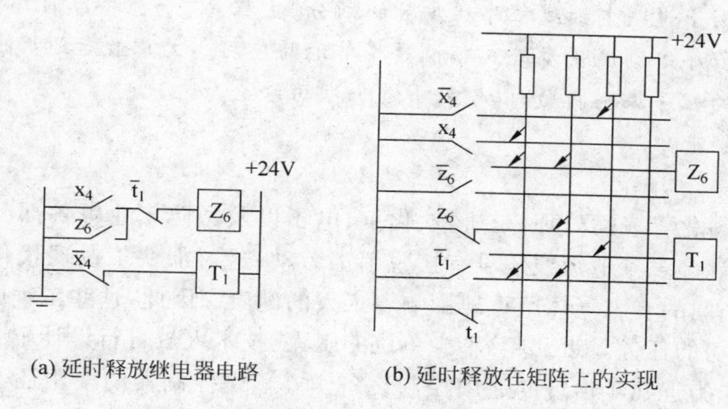

(a) 延时释放继电器电路　　(b) 延时释放在矩阵上的实现

图 10　利用延时吸合单元达到延时释放

以上介绍了逻辑式顺序控制器的基本原理。不管继电器线路如何复杂，在这里只要插入二极管就行了，如果工艺条件改变了，也不要像继电器板那样拆了旧线重新配线，只要改变二极管位置就行了，所以逻辑式顺序控制器比继电器线路的最大优点就是改变程序方便，具有通用性，从而使设计施工缩短了周期，运行维护也方便，有利于促进工业自动化。

* 原载《机械工人》，1977 年 4 月 20 日。这是我的第一篇科技文章，当时“文化大革命”刚刚结束，文章发表时署名为“自动化系”，收入本书时作了文字上的修改。

85 电镀线如何使用步进式顺控器

【摘　要】 本文是专门介绍电镀线如何使用步进式顺控器以达到自动运行的目的。文中用实际例子说明电镀线程序及步数的划分、主程序、子程序及时序程序的编制，并结合程序编制说明步进式顺控器各单元的应用。文章最后还提出了多车及多工艺槽的程序编制问题，以期引出进一步的讨论。

一、前言

电镀、氧化、磷化等表面处理，是机械、化工、电子以及国防工业等各部门几乎都有的一个工种，目前，许许多多条电镀线还没有摆脱手工劳动，这对加快工业现代化是一个很大的矛盾，而且这些车间的有害气体严重地影响着工人的健康。因此，这些工种的自动化是摆在我们面前十分迫切的任务。近几年，不少单位的工人、技术人员自行设计了各种形式的自动化控制设备，但作为近几年出现的通用控制设备——顺序控制器的使用还不十分广泛。目前国内已成批生产步进型顺序控制器，为了推广使用这种顺控器(简称 BSK 型顺控器)，本文就如何在电镀线上使用编制程序的方法发表一些意见，供大家参考。

二、电镀线程序的划分及步数的确定

一条电镀线或其他表面处理线，规模可能不同，但动作大体上相同。图 1 表示电镀线示意图

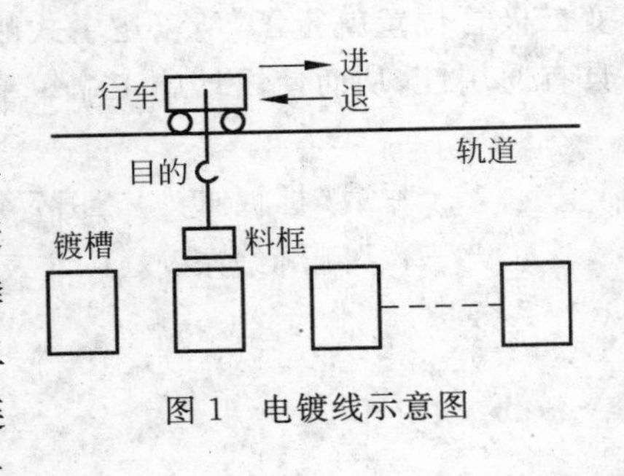

图 1　电镀线示意图

行车在镀槽上空轨道上行走，吊钩吊料框取放镀件于槽中。这种具有十分有规律的动作最适合使用步进武顺控器，步进式顺控器按时间或条件分配电源，以磷化线的程序编制为例，见图 2，步进器在第二步时只第二条竖母线有电(图 2)，其他母线没有电，和这条母线相连的二极管有电流流过，对应这个二极管连接的横母线上有电，因而使和这条行母线连接的输出有电。行母线有电的转换是通过时间或现场条件预先设置的，因此能自动的实行顺序控制。此外这种步进式顺控器还能方便地利用“跳选”，“计数(计时)”、“记忆”、“多‘1’检测”等功能，北京低压电器厂生产的 BSK_1-40 就是一种多功能型步进式顺控器，它有步数 40 步，输入 60 点，输出 60 点，以及跳选、计数、记忆等多种功能，一般这样的一台顺控器能控制几十个镀槽、两台行车的电镀线。(关于 BSK 型顺控器的原理请见《无线电》杂志 1975 年第 5、6、7 期)

现在我们考虑一条磷化线是如何使用 BSK 型顺控器的。图 3 为磷化线工艺流程图，图中水平线表示行车动作方向，垂直线表示吊钩的上下动作方向。吊钩从“取料”位取一框料然后提升到最高位时吊钩电机停止，然后行车前进，到“去油”位停止，吊钩向下，10 分钟后

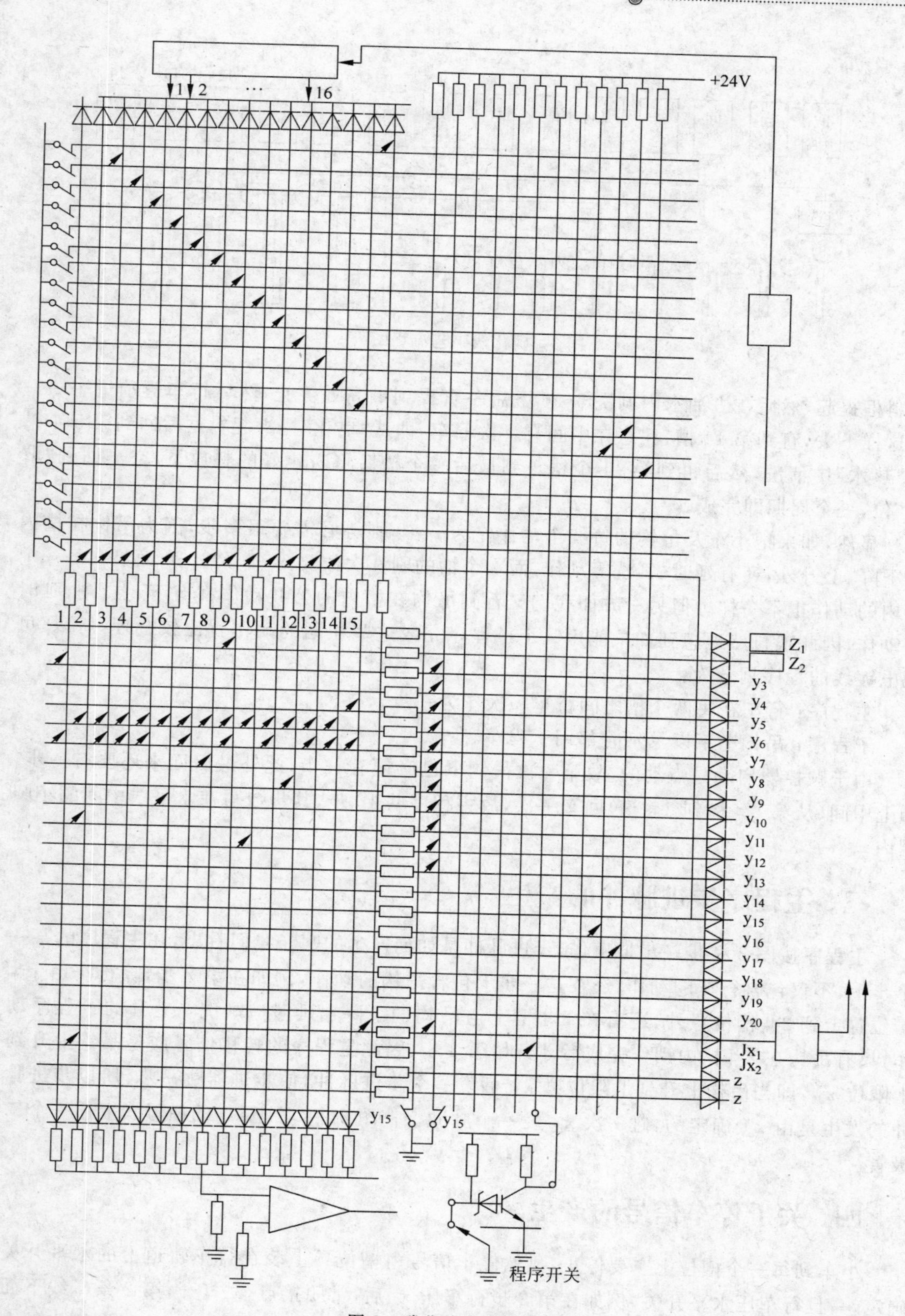
+24V
1
2
…
16
1 2 3 4 5 6 7 8 9 10 11 12 13 14 15
Z_1
Z_2
y_3
y_4
y_5
y_6
y_7
y_8
y_9
y_{10}
y_{11}
y_{12}
y_{13}
y_{14}
y_{15}
y_{16}
y_{17}
y_{18}
y_{19}
y_{20}
Jx_1
Jx_2
z
z
y_{15}
y_{15}
程序开关

图 2　磷化线的程序编制

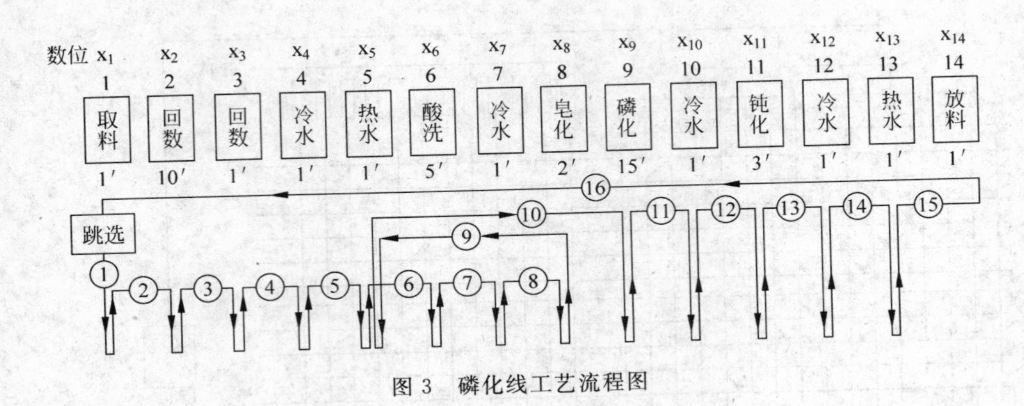

图 3 磷化线工艺流程图

将料框提起，然后在去油水内刷洗 5～6 下后一直提到最高处停止，然后行车再前进……一直这样下去，直到第 14 槽，注意在中间有一次回车，即从“皂化”槽提起料框后回到第 5 个槽位“热水”中清洗，然后再到第 11 个槽。到最后一个槽后将磷化好的料放下，空车回到“取料”位，一个周期即完成。

显然，如果把小车及吊钩的每一个动作作为一步，则势必需要很多步，因为吊钩在槽内除下降、上升外，还有延时、刷洗等动作，而一个槽的刷洗次数要 5～6 次之多，而且在每一个槽内的动作也不一样。但另一方面我们又看到吊钩在槽内的公共动作都有下、上、涮、延时等动作，因此很自然地想到如果能用一个子程序完成这些相同的动作就比较合理，所以，可把电镀线的程序划分为：

主程序：行车在每两个槽之间行车一次作为一步。

子程序：吊钩上下以及延时都用子程序。

由于顺控器启动是点动的，故第一次吊钩下也必须有一步，此外最后回来还要有一步，加上中间（从第 8＃槽到 5＃槽）回车一次，故主程序共 16 步，其步数写在水平线中间的小圆圈内。

三、主程序步进脉冲的产生

主程序按图 3 一步一步地工作，步进脉冲是如何产生的呢？我们看出，在主程序的某一个步上，不仅包含行车的动作，还在这一步上包含吊钩的动作，例如在第 2 步，除行车由 1＃槽位置走到 2＃槽位置外，还有在 2＃槽上空吊钩的下降—延时—刷洗—上升的子程序动作，只有吊钩在 2＃槽内动作完成后才开始第 3 步，因此主程序的转移信号应是吊钩上升到上限位 $x_{上}$，即当吊钩上升到上限位碰 $x_{上}$ 后发一个步进脉冲，使步进器跳一步，所以步进脉冲的发生是由 $x_{上}$ 确定的，碰一次 $x_{上}$ 发一个脉冲。在图 2 中，对应 $x_{上}$ 的横母线上插一个二极管。

四、关于停车信号的产生

小车到每一个槽位上空要停止，显然停车信号由槽位顶上装在行车轨道上的水平开关确定，一旦行车压水平开关，例如在第 2 步行车压 x_2 后，常闭接点 x_2 打开，第 2 条母线下面的高电位“窜”到电阻上面，使停车反馈信号 Y_{15} 动作，其常开接点 $\overline{Y}_{15}$ 闭合，将行车输出继电器旁路，而使车停下。

五、“跳选”和“记忆”的使用

根据工艺要求，有时需要跳过几个槽位，中间几步不需要动作，这就要用到“跳选”单元，在我们所举的程序为16步，而顺控器的步进器为20步，后4步也要通过跳选单元跳过，故用了“跳选”单元1（公称TX_1）使从16步跳到第1步（简写16→1）所以在第16根竖母线上，对应TX_1单元的列母线上插一个二极管。必须指出，从第16步跳到第1步需要在行车已走到1＃槽上空时才能允许，故TX_1被Y_{15}控制。如果另外一个程序（程序Ⅱ）不希望经过2＃，3＃，4＃槽，则可以利用另一跳选单元TX_2，不过TX_2只有在第Ⅱ程序才跳，故用了一个程序反相器控制，只有将程序开关放在Ⅱ处才允许TX_2动作，对其他程序，TX_2被程序反相器封锁掉。这里提出一个问题，跳选2的二极管为什么插在第二条竖母线上而不插在第一条母线上，这是因为“跳选”2是从第2步跳到第5步，这里包括第2步本身也不能动作，因为跳选动作很快，一到第2步，跳选单元动作，立即将步进器清“0”，然后又立即置第5步，故第2步是来不及工作的，如果二极管插在第一步那连第一步也不能工作了。记忆单元用途十分广泛，它可以记状态，也可以用来控制“计数”、“跳选”、“子程序”等单元，但在这里可以不用记忆，故不详细介绍了。

六、计数器的应用

上面谈到，不同的工艺槽可能需要不同的浸泡时间，为了保证产品质量，这个时间又要求正确可靠，利用计数器就十分方便。图4为时序（计时）子矩阵程序编制，当吊钩到下限位时，（吊钩有上限位、涮限位、下限位三个行程开关）计数器立即开门计数，待所计的数和设置的时间相符时计数器封门，停止计数。同时指令子矩阵控制吊钩向上作刷洗动作。由于不同的槽要求有不同的浸泡时间，故必须有不同的时间特征控制计数器的封门信号，例如1＃3＃4＃7＃9＃13＃14＃槽均为浸泡1分，而2＃为10分等等。y_7——y_{13}为特征信号，它们作封门信号用。y_{17}为开门信号，由$X_下$（下限位开关带动）y_1为计数器反馈输出，去控制吊钩向上。为了每个槽都用同一个计数器故必须在行车开动前将前一个槽内计的数清除掉（即计数器复位）故用y_{15}来控制复位，即一旦车开动计数器就复位。

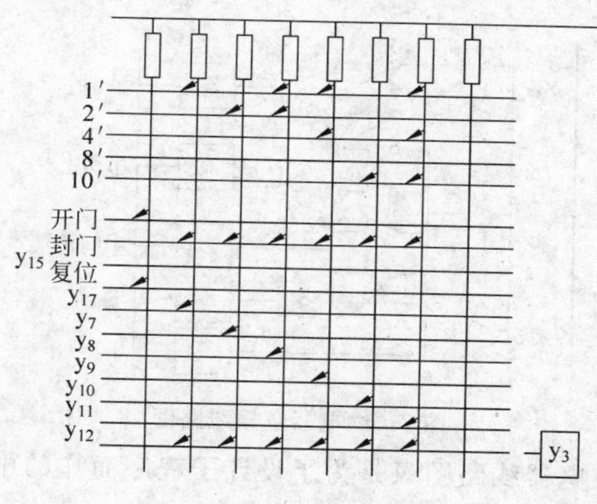

图4 计数器子程序

七、子程序的妙用

子程序本身虽然简单，但作用很大，因为同一个子矩阵可以作许多次相同的动作，因而设置了它可以大大减少主矩阵的步数。在本例中有三种子程序，即取料子程序、放料子程序和刷洗子程序，其中刷洗子程序用的次数最多，也最复杂，这里以此作为例子说明子程序的设计及应用。在设计子程序之前我们先简单介绍一下刷洗工艺，吊钩上下有三个限位开关，如图 5。称 $X_上$，$X_下$，$X_涮$，当吊钩下降到 $X_下$ 时吊钩牵引电机停止，料框在槽中进行处理，待处理时间已到，计数器输出 Y_{17} 控制吊钩上升，当吊钩上升到刷限位位置时，料框要上下涮 5～6 次，如图 6。然后料框一直提到上限位。我们把刷洗一次的时间叫 $T_小$，涮洗全部时间叫 $T_大$。根据这些要求我们设计一个子矩阵的继电器逻辑线路图如图 7。$T_大$ 和 $T_小$ 是两个可以调整的时间继电器。y_6 为主矩阵来的刷洗指令，y_J 为计数器输出信号（计满需要的数后动作），y_{17} 为下限位反馈信号。图 8 为由继电器线路写成逻辑式后在子矩阵上的实现。

$$Z_{21} = Y_0[(\overline{Y}_1\overline{Y}_{17}) + (z_{22} \cdot \overline{X}_涮)]\overline{z}_{22}$$
$$= Y_0\overline{Y}_1\overline{Y}_{17}\overline{Y}_{22} + Y_0 z_{22} X_涮 \overline{z}_{22}$$
$$Z_{22} = Y_0 Y_1(\overline{z}_{24} + \overline{z}_{25})\overline{z}_{21}$$
$$= Y_0 Y_1 \overline{z}_{24}\overline{z}_{21} + Y_0 Y_1 z_{20}\overline{z}_{21}$$
$$Z_{23} = Y_0 Y_1(x_涮 + z_{23})$$
$$= Y_0 Y_1 x_涮 + Y_0 Y_1 z_{23}$$
$$Z_{24} = Y_0 z_{23} x_涮$$
$$Z_{25} = Y_0 z_{23}$$

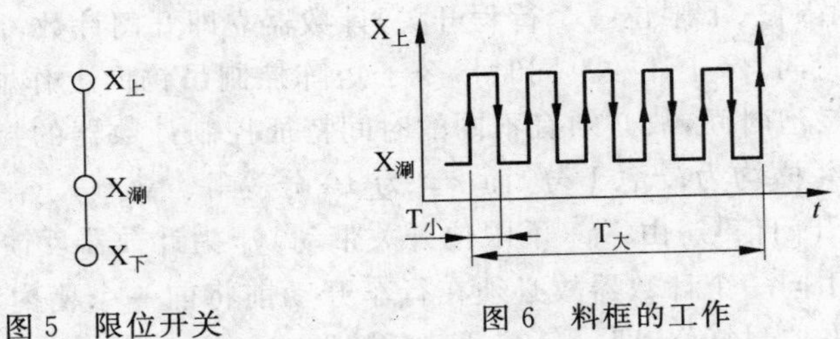

图 5 限位开关　　图 6 料框的工作

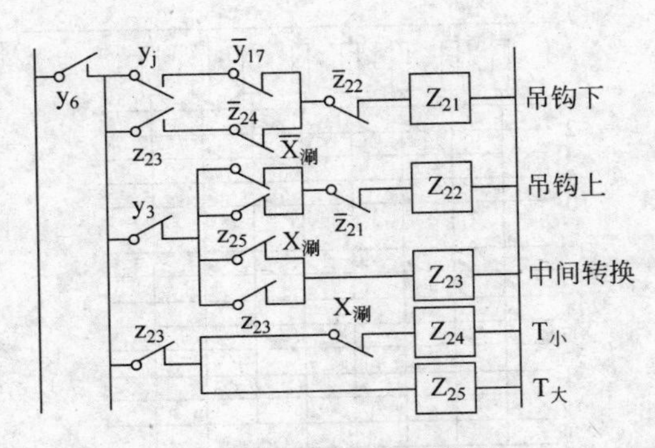

图 7 继电器逻辑线路图

应该指出，图 7 的继电器线路图只是为了设计子程序而作的中间设计，真正使用的是图 8 的子矩阵。

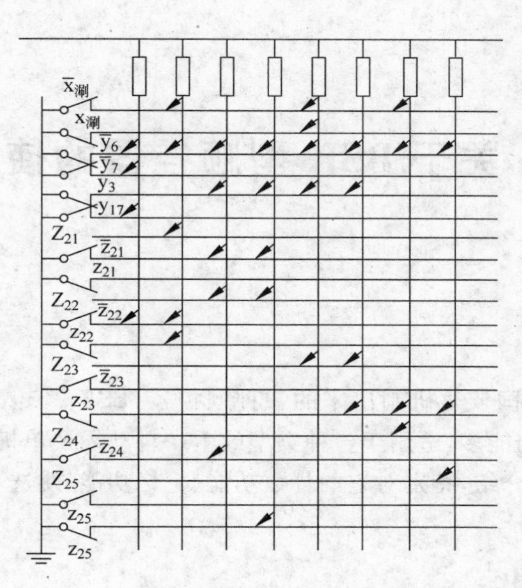

图 8　实际使用的子矩阵

八、多程序如何解决？

一条表面处理线由于处理的工件不同而可能有很多不同的工艺要求，例如要求有不同的处理槽以及不同的浸泡时间，但不管怎么改变，基本动作大体上是相同的，因此只要把基本程序稍加改动即可。例如要增加一个跳选动作，或改变有数几个工艺槽的浸泡时间时，只要用程序选择开关来控制不同程序时跳选及计数就可以了，如第一个程序要求每一个槽都要经过一次，而第二个程序要求 2～4 槽不进行处理，这在程序编制上就是程序Ⅱ增加一个跳选单元(2→5)。BSK_1-40 共有 22 个程序开关，也就是说可以允许有 22 种程序，因此一般电镀线都能满足要求。

九、多车及并列工艺槽怎么办？

为了提高生产率，特别是大工厂电镀车间可能电镀槽多达几十个，也就是同一种电解液的槽并列好几个，遇到这种问题程序当然要复杂些，但如果熟悉了本程序编制，一般也能编制更复杂的程序了。对双车或多车的电镀线来说还有一个两车相遇的问题，这些问题也是很好解决的，限于篇幅，本文不准备详细介绍了。

总之用 BSK 型步进式顺控器控制电镀线是很方便的，随着 BSK 顺控器的大批生产，我们相信一定能有成千上万条电镀线以及其他表面处理线投入自动运行。

＊原载《电子技术应用》，1979 年第 3 期。在 1975 年，我参加清华大学自动化系研制步进式顺序控制器项目，并用此设备在北京内燃机厂得到了成功应用，此文就是根据这个科研项目撰写的。关于 BSK 型顺序控制器的文章共有 3 篇，这一篇是关于应用；还有两篇分别是关于原理和程序设计。在“文化大革命”刚过时，能有这样几篇文章，还属稀品。

86 关于BSK型顺控器的使用原理

一、前言

BSK型顺控器是我国较早研制出来的一种顺控器，BSK_1-40型顺控器于1975年开始批量生产。它规模大，功能多，适用于各种类型的生产自动线及单机群控。本文着重对这类顺控器的使用方法作些介绍，特别对它的计数功能、记忆功能、跳选功能、程序转换功能等使用法作较详细地介绍。

二、问题的引出

有一条大型表面处理磷化线，它有32个工艺槽位，两个行车控制，全线共有427个动作，问：选择什么样的控制方案才能完成？显然这条自动线的动作非常复杂，一般继电器线路很难实现，而用BSK_1-40型顺控器则可以实现，但需要几台这样的顺控器，如何编制程序呢？这就需要了解BSK_1-40型顺控器的规模和功能，而且需要懂得顺控器各功能的使用方法。所以在解决这个实际问题前先介绍顺控器的规模和功能及其使用方法。

三、BSK_1-40型顺控器总原理框图及主矩阵的使用

图1是BSK_1-40总原理框图，因原图太大，这里把相同的部分进行了简化，一些功能单元用方框代替。步进器为顺控器的核心，起分配电源的作用(图2)。步进器由JK触发器搭成的移位寄存器组成，步进器的每一位输出经晶体管放大后分别接至输出矩阵的竖母线上。步进器的启动即为第1位触发器置1，步进器每一位有一个单独的置1按钮，同时有一个共同的清零按钮。

步进器的CP脉冲来自步进脉冲发生器，它是由TTL与非门组成的积分型单稳触发器，CP脉冲的宽度由积分电阻电容R_0、C_0决定，图3为CP脉冲发生器。

矩阵板起程序存储和信号运算作用，它分为输入、输出和联锁矩阵三部分，输入信号经继电器转换后从输入矩阵引入，输出信号首先经过反馈驱动单元(见图4)，每一个反馈驱动单元引出两个反馈信号y及$\bar{y}$，利用y及$\bar{y}$去控制功率输出或作反馈用。功率输出共有三部分，即继电器输出、大功率三极管输出以及小可控硅输出，后两种输出均为无触点输出，小可控硅输出可直接带交直流负载。跳选、记忆等各功率单元的输入也是接输出矩阵的横母线。联锁矩阵将输入、输出矩阵联系起来，它的竖母线上端通过电阻接+24伏电源后可以提高联锁矩阵的使用功能。子矩阵有独立的输入和输出，可独立使用，也可与主矩阵配合使用。在输出矩阵的下面每20步有一个多“1”检测及报警单元，当步进器多步输出时，多“1”检测单元动作，发出光声报警信号。

了解了BSK_1-40步进式顺控器的基本规模及功能后我们就可以回答上面提到的问题了。这种动作很多的自动线，使用BSK_1-40型顺控器是比较合适的，但使用的台数却有很

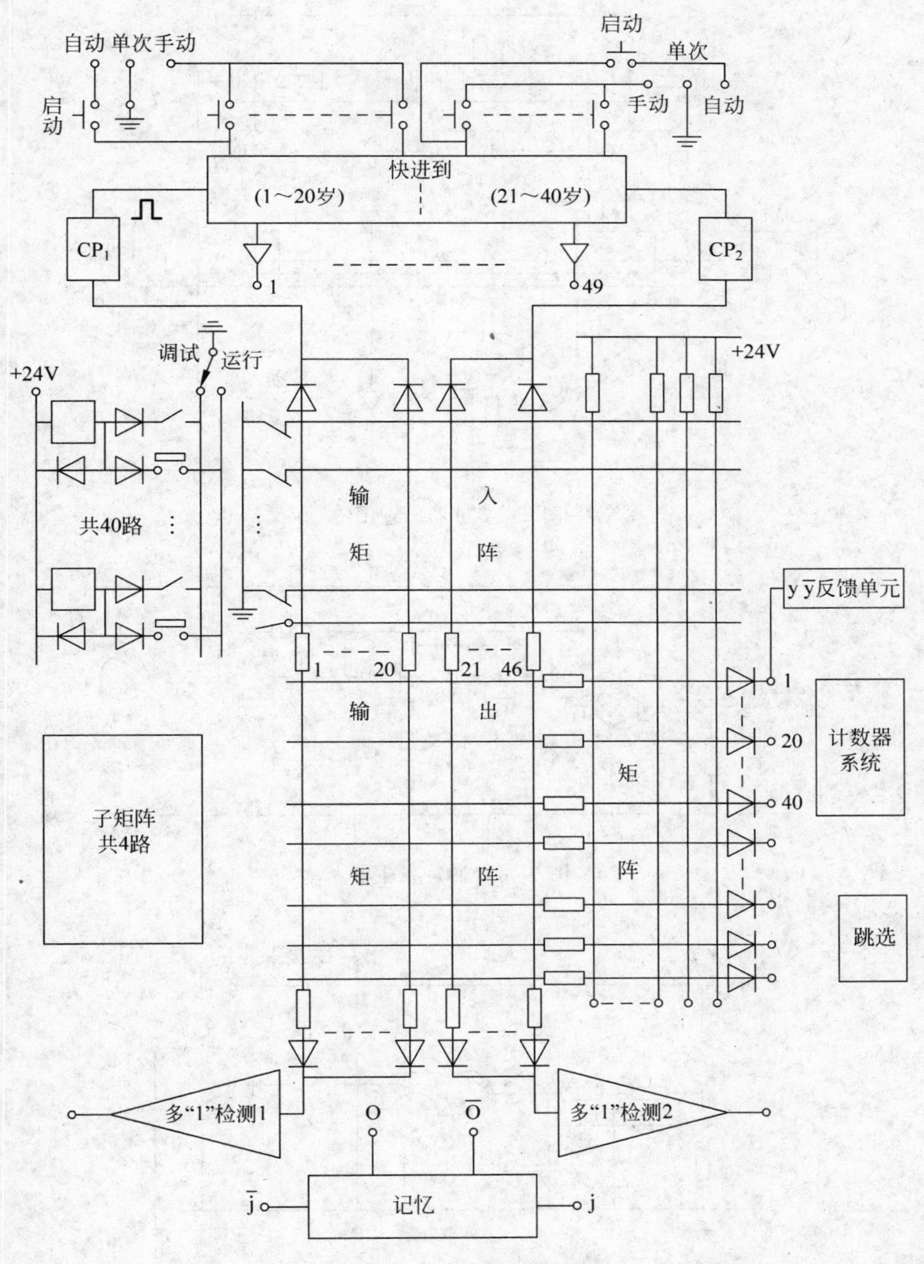

图 1　BSK_1-40 总原理框图

大出入。如果认为每一个动作作为一步，则就需 10 多台，这显然太多了，为了更具体起见，我们画一个上班时在五个空的“去油”槽中放料的程序。图 5 为工艺示意图，上班时“去油”槽 1～5 都是空的，首先要将被处理的工件框由吊车自动放入并放满全部去油槽，我们假定第一框放在去油 5，第 5 框放在去油 1 中，放满后时间正好到了，把第一框从去油 5 中拎出进行以后的工艺处理，图 5 就只画了工件放 5 个去油槽的示意图，小车及吊钩总共动作次数为 29 步，若每一个动作作为顺控器上的一步，则光上班时放 5 个去油槽就要一台 BSK_1-40，

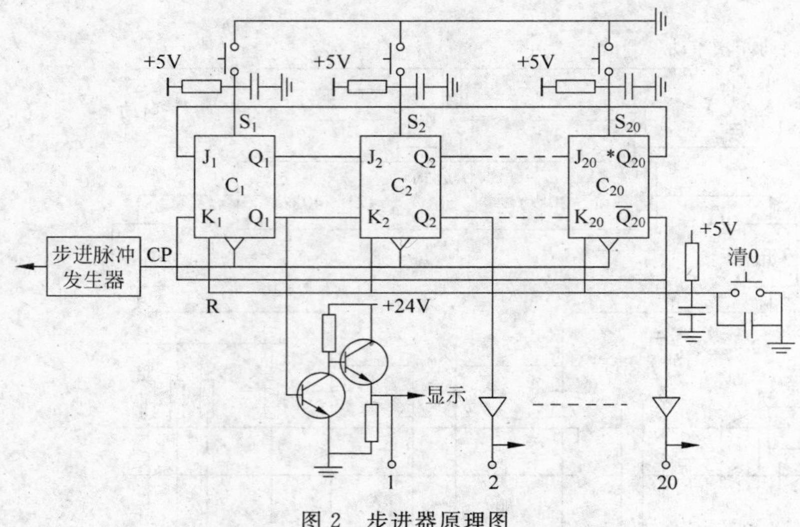

图 2 步进器原理图

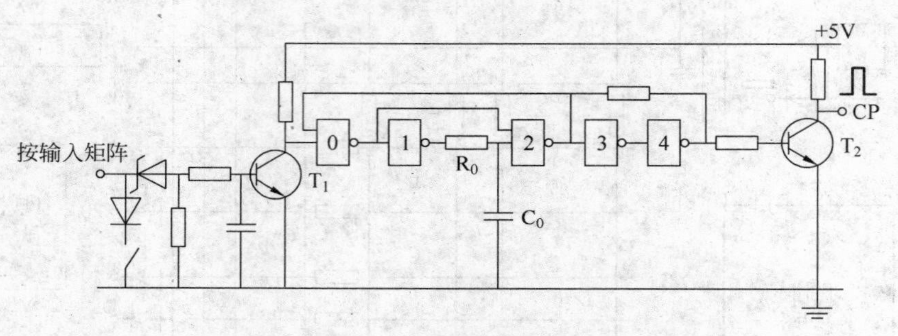

图 3 CP 脉冲发生器

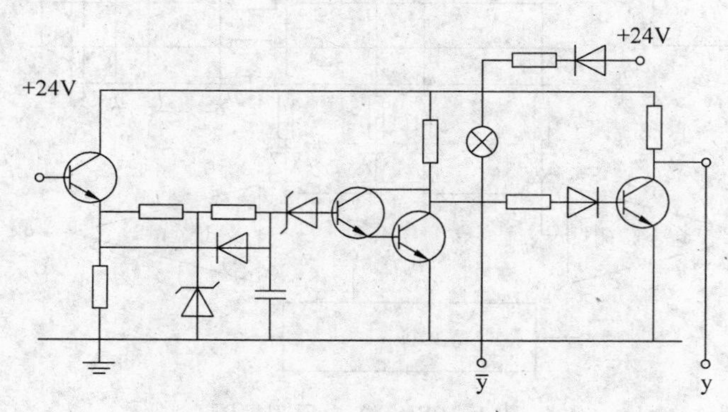

图 4 反馈驱动单元

因此以后的倒框动作必然需要更多台顺控器，这显然是不允许的。我们仔细研究工艺流程时发现，每个槽中吊钩的动作都是先下后上的动作，在取料位置和去油槽内的动作略有不同，我们选两个吊钩子矩阵，一个为“取料”子矩阵，一个为“放料”子矩阵，而把小车每动作一步当作一个大步，这样简化后共有九个大步。进而再仔细分析一下小车的动作，发现都是进和退动作，所不同的是前进到不同槽上空停止，于是可以利用输入信号 $X_1 \sim X_5$，计数器功能，跳选功能，以及子矩阵功能，使上班时放料动作占三位步进器就可以了(图 6)。由此可见，

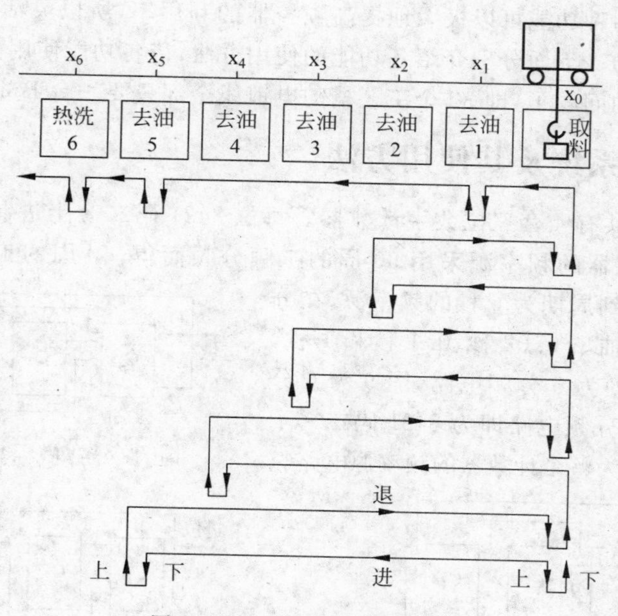

图 5　小车及吊钩工艺示意图

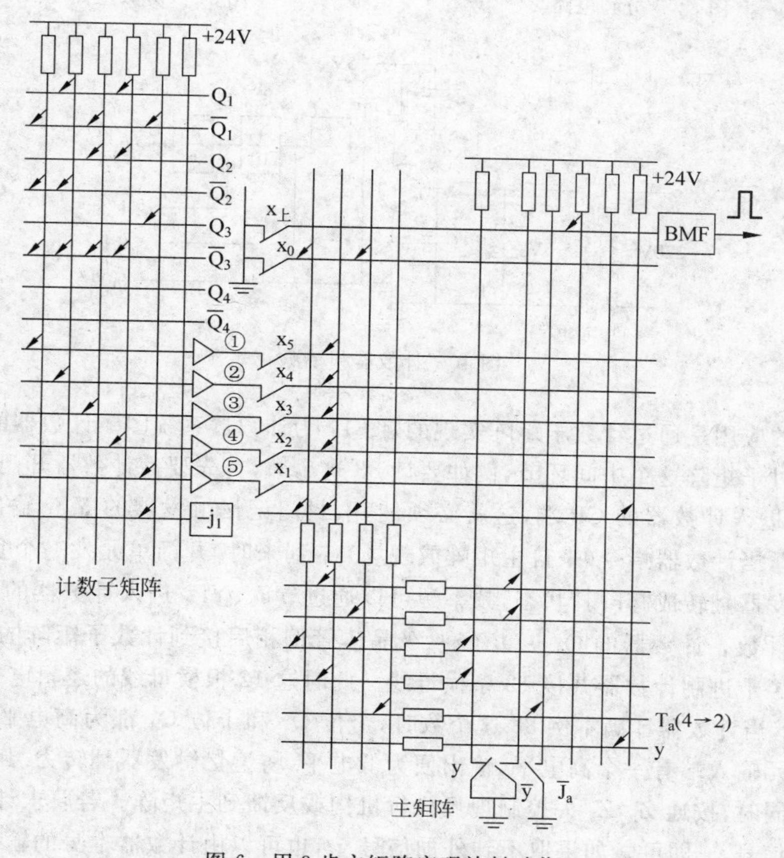

图 6　用 3 步主矩阵实现放料动作

充分利用顺控器的各种功能可以极大地提高顺控器的利用率，所以灵活掌握各种功能的使用方法是极端重要的。下面分别介绍各功能的使用方法，待各功能使用方法知道后，读者就可以回答上面提出的问题了，即 32 个工艺槽的电镀线全部只要一台 BSK_1-40 就够了。

四、计数器系统及其使用方法

在 BSK_1-40 中共有 4 套三位数字计数器。每位 8421 码二·十进制计数器都由 JK 触发器搭成（图 7）计数器的频率源采用 50 周的工频分频而得，50 周的工频经 5 分频、10 分频、6 分频后最后得到周期为 6 秒的频率源，在分频电路的中间分别抽出 0.02 秒、0.1 秒和 1 秒，以便灵活应用。图 8 为 5 分频电路，图 9 为 6 分频电路。图 7 为 10 分频电路即为 8421 码二·十进制计数器。图 10 为整个计数器的频率源电路。

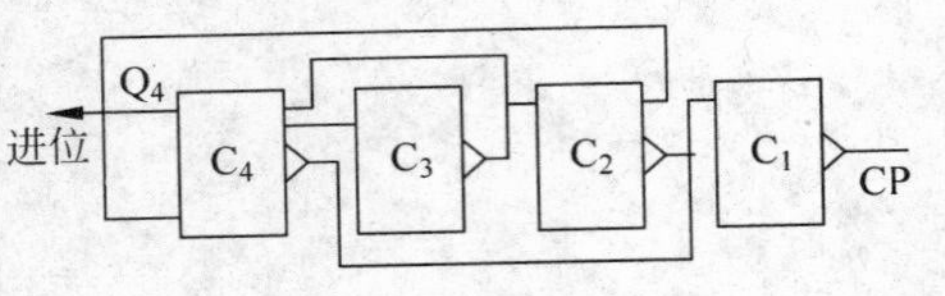

图 7 8421 码二·十进制计数器

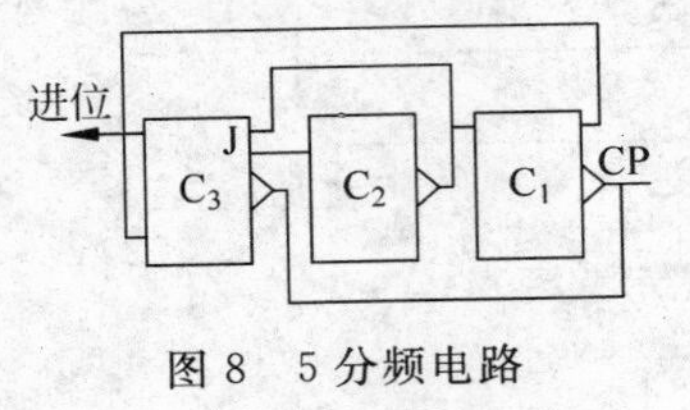

图 8 5 分频电路

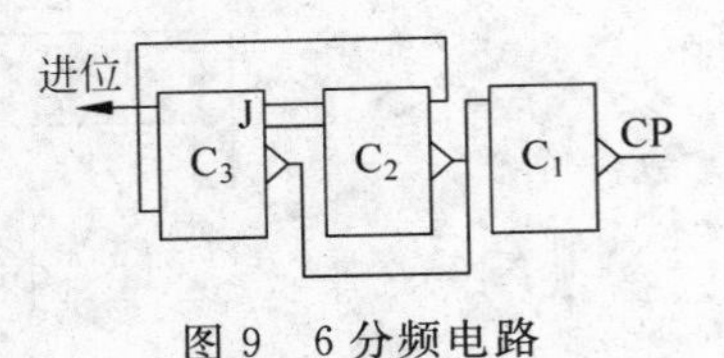

图 9 6 分频电路

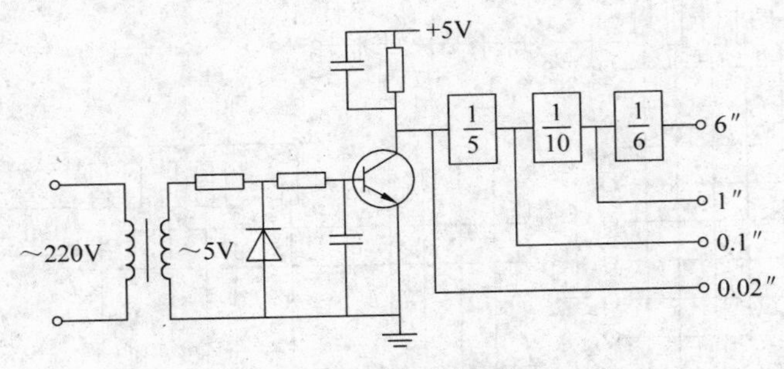

图 10 计数器频率源

计数器的应用是通过计数子矩阵实现的，图 11 为计数器系统图。计数器的开门、封门、复位都是通过子矩阵这个中间环节，例如要计 88 这个数，首先要使计数器开门，即频率源可以通过 YF_3 进入计数器的 CP 端，这就必须使开、封门记忆触发器的 YF_1 输出为“1”，YF_2 的输出为“0”，当计数器指令（来自主矩阵或现场）y_1 到来时，开门单元发一个负脉冲，使开、封门记忆触发器翻转成“开门”状态，频率源可以通过 YF_3、YF_4 进入计数器的 CP 端。于是计数器开始计数。计数器的 $\overline{Q}_1 \sim \overline{Q}_4$ 经一级晶体管倒相后接到计数子矩阵的横母线上，三位数字的二·十进制计数器共接 12 条横母线。此时这 12 根横母线的逻辑电平和计数器输出的 Q 相同，当计数器计满本例 88 这个数时，个位 Q_4 和十位 Q_4 都为高电平，于是计数器的“封门”单元输入端有一个高电平，输出便为低电平，将记忆触发器翻转为“封门”状态。计数器封门的同时，按通 Z_1，Z_1 去控制现场执行机构或反馈到主矩阵。若要求计数器复位，只要外加复位信号 y_3 即可。如果取不到外加信号 y_3，也可以由计数器本身的输出实行延时复位，例如当计数器封门时，同时接通 Z_2，利用 Z_2 接点实现复位。

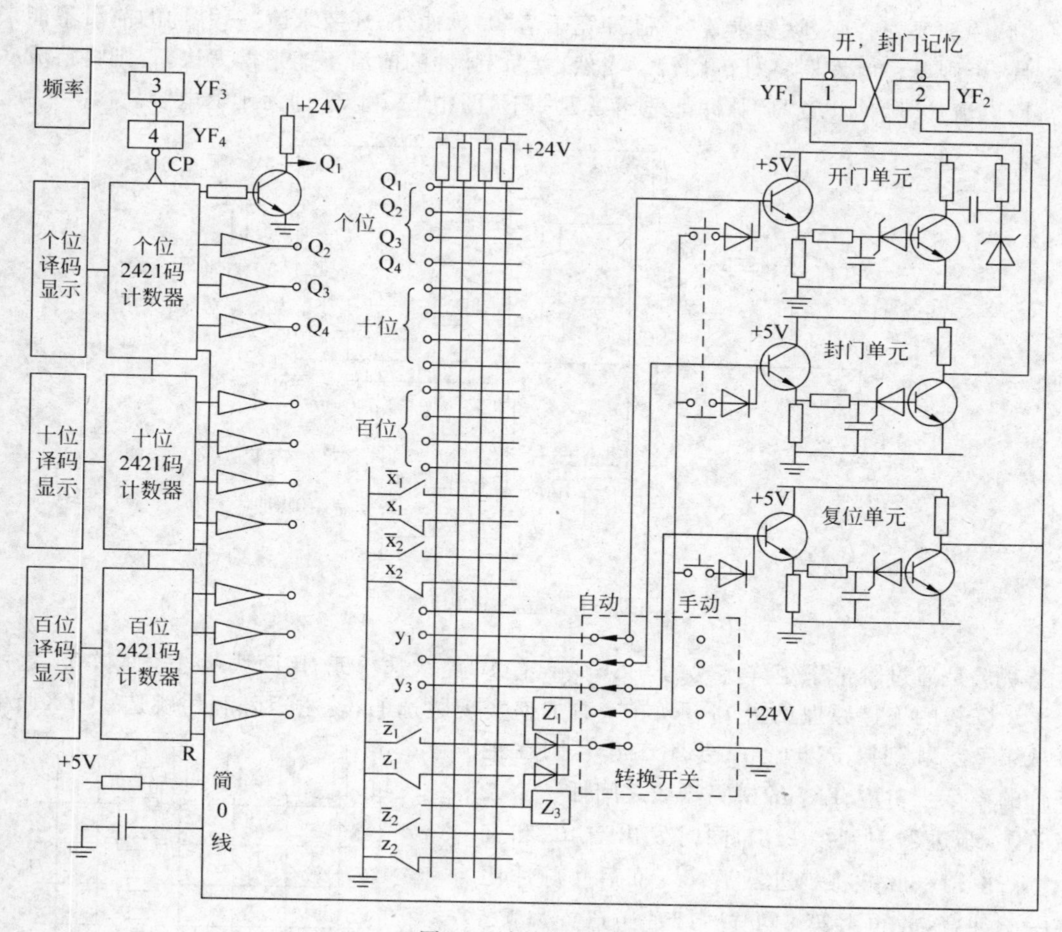

图 11　计数器系统图

计数器子矩阵还可以利用同一个计数器在不同的步上计不同的数，例如在某些步上要计 1 分钟，某些步上要计 2 分钟和 9 分钟，那么只要在主矩阵上选好三个时间指令信号，假如分别为 y_4、y_5、y_6，当某一步要计 1 分钟时就发 y_4 指令，某一步要计 2 分钟时就发 y_5，余类推。图 12 为计数器计不同数的程序。

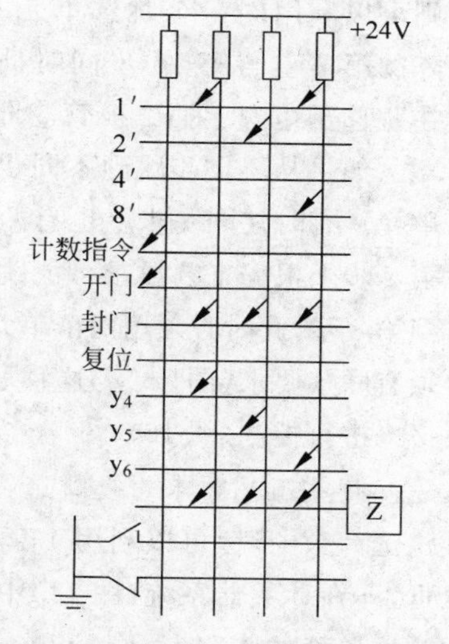

图 12　计 1′,2′,8′的计数子程序

五、跳选功能使用方法

利用跳选单元可使步进器跳过中间几步动作。跳选的基本思想是先清“0”，后置“1”。例如步进器工作完第 1 步后跳过 2、3、4 步直接到第 5 步工作，此时就可以利用跳选来实现，其方法是在第 2 步上插一个跳选二极管，使得步进器一到第 2 步立即将步进器清“0”，然后通过跳选矩阵把第 5 步置“1”。图 13 为跳选清“0”单元，它是一个微分单稳触发器，当输入端有一个高电平时，同时发出清“0”和置“1”两个负脉冲，清“0”脉冲把步进器清“0”，置“1”脉冲去置所跳的那一步。清“0”和

置“1”脉冲需要配合好，除要求置“1”脉冲宽于清“0”脉冲外，还要求清“0”脉冲的前沿不能来得太快，否则单稳触发器将难于翻转。当然，置“1”脉冲的前沿不能来得太快，否则将造成多“1”，所以清“0”脉冲和置“1”脉冲都适当延迟一下，图中 C_3 和 C_2 即为延迟电容。

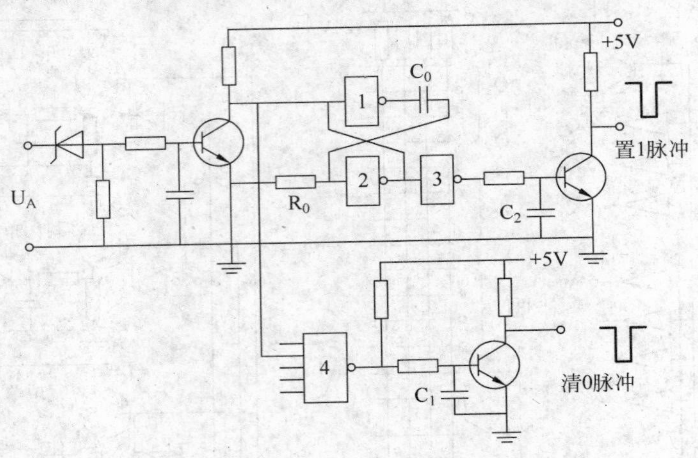

图 13 跳选清 0 单元

跳选是通过跳选子矩阵实现的，BSK_1-40 有 10 路跳选单元，用两块跳选子矩阵板，这两块子矩阵板的连接原理见图 14。现在来看如何实现跳选的，若主矩阵利用跳选 1(TX1)单元从第 2 步跳到第 5 步(第 2 步不工作)，则在主矩阵的第 2 步对应 TX_1 的横竖母线之间插一个二极管①，步进器一到第 2 步，同时发出清“0”和置“1”脉冲，前一脉冲将步进器清“0”，而后一脉冲比前一脉冲宽，故再将第 5 步置“1”。注意置“1”二极管②的方向，二极管的阴极应对 S 线。

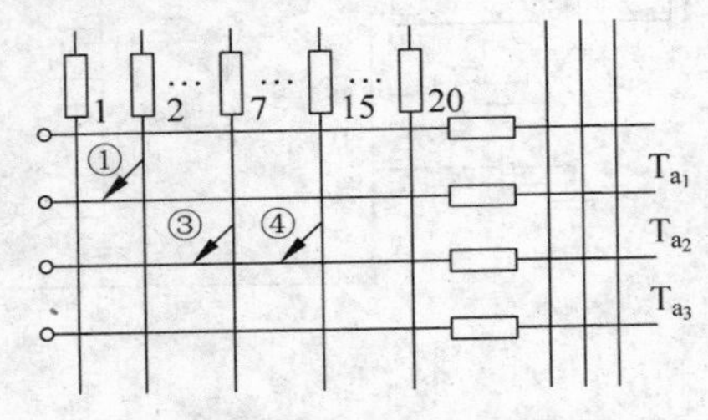

(a) 主矩阵上跳选二极管插法

如从不同步跳到同一步，例如 7→10，15→10 则可以利用同一个跳选单元 TX_2，这只要在主矩阵的第 7 步与第 15 步同时插二极管③、④，然后在跳选子矩阵上插二极管⑤即可。

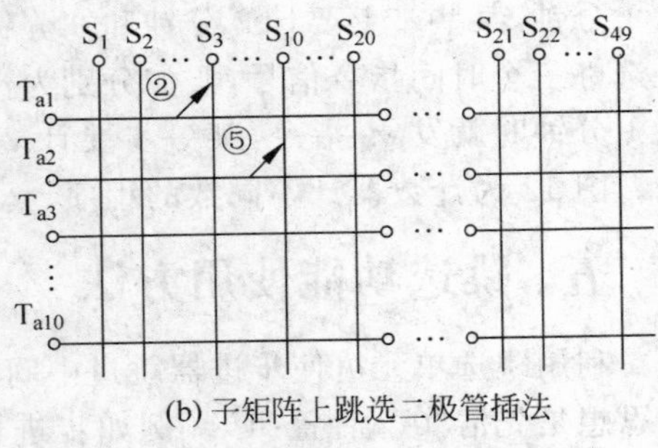

(b) 子矩阵上跳选二极管插法

图 14 跳选的实现

如果从不同步跳到不同步，则必须用两个跳选单元。有时在同一步上也有两种跳选要求，例如在第 2 步上根据工艺要求可能跳到第 5 步，也可能跳到第 8 步，此时必须用两个单元，同时在主矩阵上必须有联锁要求(图 15)。这种联锁要求也可以用记忆来进行控制(图 16)。

有些工艺要求重复跳选，即从某一步跳到另一步连续跳几次。BSK_1-40 没有专门设置跳选计数器，但可以利用 4 套计数器中的任一套作跳选计数用，使用者只要稍为改一根线即可，即在计数器系统(图 11)中 YF_3 和脉冲源连接的那根线断开，然后 YF_3 的那条输入线和跳选单稳的 YF_3 输入线相连即可(图 13)。将图 11 和图 13 有关部分综合起来的重复跳选接

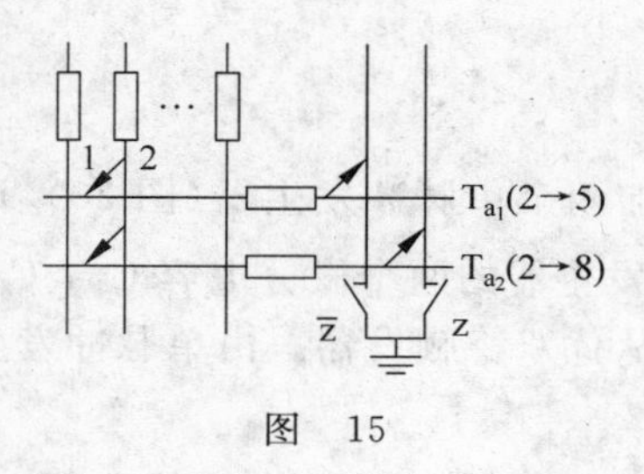

图　15

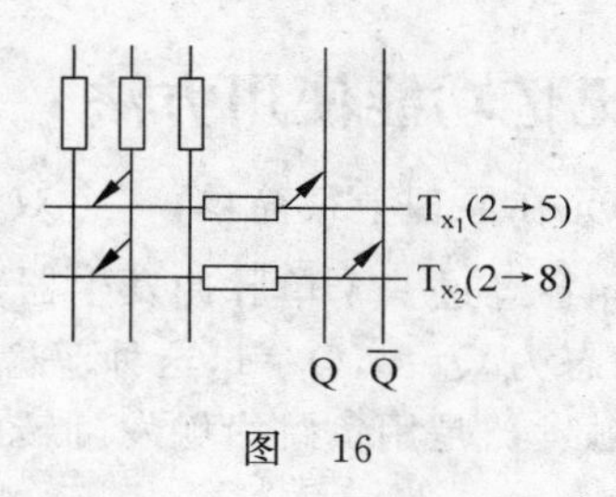

图　16

线图为图 17。图 18 为重复 3 次的计数矩阵，要重复跳选时，主矩阵发一个开门指令，计数器开门，跳选一次，计数器计一个数，跳满 3 次，计数器封门，同时继电器 J 动作，J 动作后它的常开接点反馈到主矩阵，通过联锁矩阵将跳选封锁(图 19)，若以后不再需要重复跳选，则图 18 上的 J 继电器通过其本身的自保作用使得 J 总是按通，则以后就不会再有此跳选，计数器复位可利用延时继电器 T 实现。

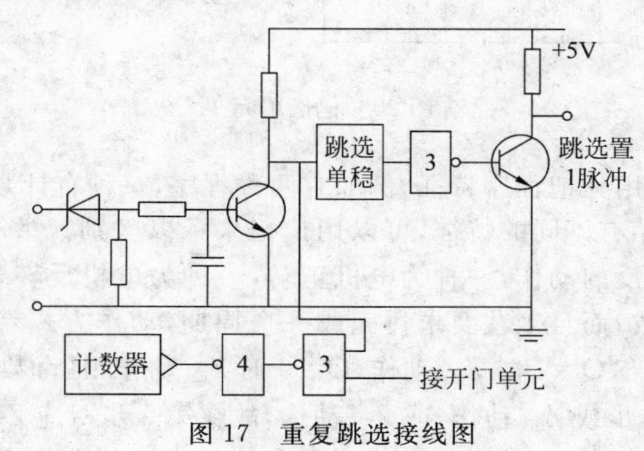

图 17　重复跳选接线图

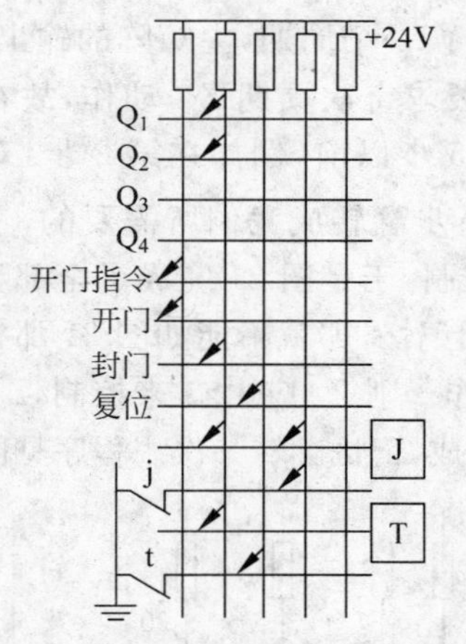

图 18　三次重复跳选在计数子矩阵上的实现

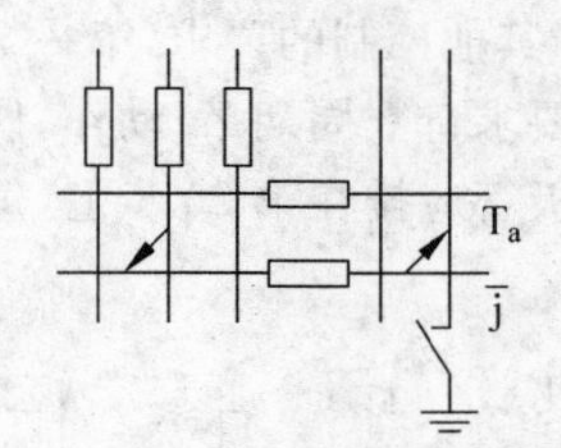

图 19　计数器输出 1 将跳选封锁掉

跳选还可以利用记忆来控制，例如主矩阵第一程序跳，第二程序不跳。这种控制是经常发生的，例如高炉上料时，一次上铁，一次上焦炭，交替进行，因为上铁时需要加附料，上碳时不加附料，故上铁上碳的程序不同，如按上铁编程序，则上碳时必须跳过中间加附料的那几个动作，故上碳时要加跳选，此时就可以用记忆来控制，用法可参考下节记忆使用方法。

六、记忆功能使用方法

记忆单元在原理上很简单，一个双稳触发器加两个单脉冲发生器(图 20)，记忆单元的输入端 j 和 $\bar{j}$ 各经过一个单脉冲发生器，如单脉冲发生器的两个微分电容 $C_4>C_3$，则合闸时触发器的状态为 $Q=0,\bar{Q}=1$，这种双稳触发器叫从优双稳触发器。由单脉冲发生器的电路可以看出，触发器是用负跳沿触发翻转的。

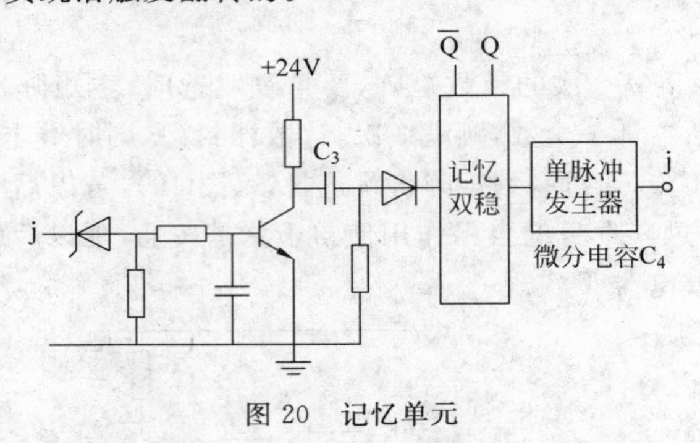

图 20　记忆单元

记忆功能的主要作用为记程序特征，例如有两种程序，一种有计数、跳选等程序，一种没有这些要求，这就是程序有不同的特征，可以用记忆来予以区别。举一个实例，有一个程序要求在第 5 步有两种相反的动作，一种为电机正转，一种为电机反转，且在同一时刻只能有一种动作，否则就出事故，而且工艺要求每完成一个周期，动作方式就改变 1 次。假如步进器为 20 步，要求记忆状态 Q=1 时 $Z_{正}$ 动作，Q=0 时 $Z_{反}$ 动作，且奇数程序 z 正动作，偶数程序 $Z_{反}$ 动作，因为在第 5 步或 $Z_{正}$ 动作，或 $Z_{反}$ 动作，故在第 5 步对应 $Z_{正}$ 和 $Z_{反}$ 输出各插二个二极管①、②(图 21)，同时要求 Q=1 时 $Z_{正}$ 动作，Q=0 时 $Z_{反}$ 动作，故对应插二个控制二极管③、④。现在要问什么时候使记忆翻转，使步进器换一个周期，主矩阵的输出换一个动作？由于记忆为从优双稳触发器，合闸时 Q=0，而我们要求奇次周期 $Z_{正}$ 动作，故在第 5 步之前记忆应翻 1 次，使之 Q=1，所以记忆的翻转应在第 5 步以前，例如在第 2 步，对应记忆输入的横母线 j，$\bar{j}$ 插二极管⑤、⑥即可。为了保证在第 2 步翻转成我们所需要的，还需插二极管⑦、⑧，即利用记忆的输出反馈到记忆的输入进行控制，于是图 21 完成了全部要求。

如果由于其他控制的要求，第一个周期不允许翻记忆，那就不能如图 21 那样在第 2 步翻记忆，如果仍要求奇数周期 $Z_{正}$ 动作，偶数周期 $Z_{反}$ 动作。则 $Z_{正}$ 应由 $\bar{Q}$ 来控制，$Z_{反}$ 应由 Q 来控制，而翻转二极管应排在第 20 步上，每当一个周期完成，记忆翻转一次。程序见图 22。

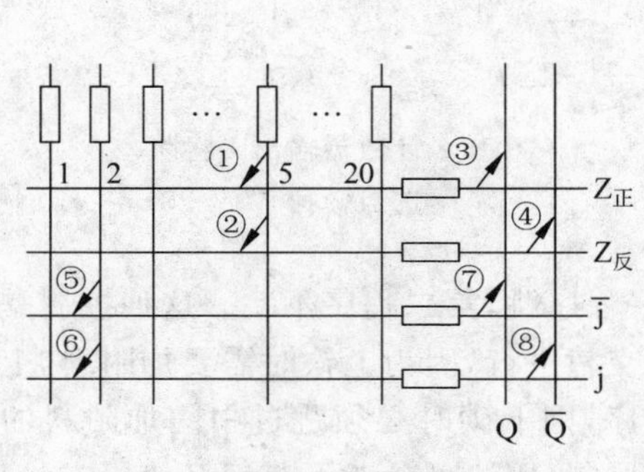

图 21　利用记忆控制正反转

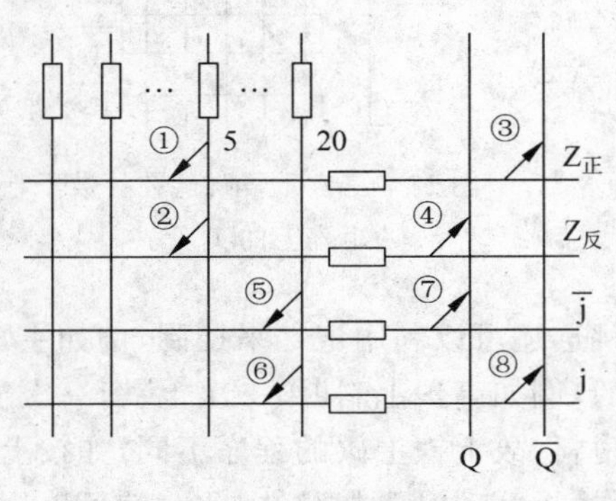

图 22　记忆翻转程序

记忆还有一种用途，就是可以直接控制输出，例如有一个程序第 1 步 Z_1 动作，第 2 步 Z_2 动作，第 3 步 Z_3 动作，第 4 步以后 $Z_1 \sim Z_3$ 都动作直至第 20 步。如果不用记忆时程序如图 23，这样从第 4 步开始，每一步都要插 3 个二极管，这不仅浪费元件，且维修不方便，也降低了可靠性，如果利用记忆编成如图 24 那样只要在第 3 步插二个二极管①、②，同时在第 20 步上插③、④二个二极管，保证第 4 步以后由记忆来给 $Z_1 \sim Z_3$ 供电，主矩阵上第 4 步以后的二极管就一个也不要插了，节省了许多二极管。为了使下一周期开始时又要第 1 步 Z_1 动作，第 2 步 Z_2 动作……故在第 20 步插二极管③、④，把记忆翻回原状态。

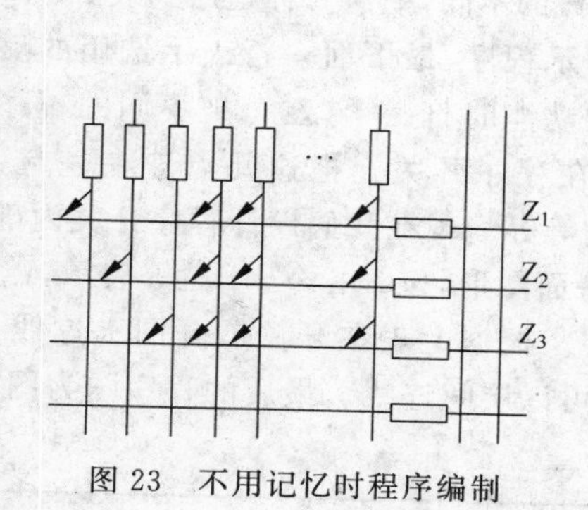

图 23　不用记忆时程序编制

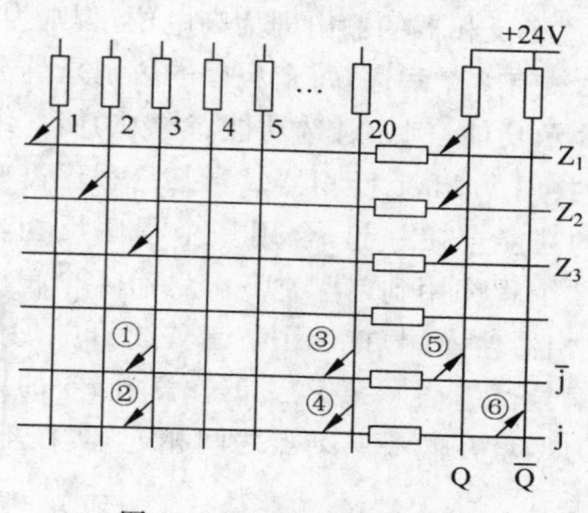

图 24　用记忆时程序编制

七、子程序系统使用方法

子程序主要用在输出输入点数不多，而重复性又很频繁的地方。子程序一般用逻辑式顺控器，也可以用步进式顺控器，有些专用的步进式顺控器的子程序就是用一个比较小的步进式顺控器作子程序的，例如有一台顺控器的主程序为 6 步，每一步中有 6 个动作，于是利用两个 6 步的步进器使前者作主程序，后者作子程序，这样总的步数为 6×6＝36 步。在 BSK_1-40 中没有小规模步进式顺控器作子程序，而是用了 4 套 5 输入 5 输出的逻辑式顺控器作子程序。当然，BSK_1-40 中有两个 20 步的步进器，如果需要也可以把其中一个 20 步作主程序，另 20 步作子程序，这样最多动作步数可达 20×20＝400 步。

但一般说来，用子程序的地方总是输出输入点数不多的地方，例如组合机床每个动力头的动作，电镀线的吊钩的动作等。因此一般用逻辑式顺控器就足够了。逻辑式顺控器的编程借助于继电器线路或布尔代数式，如果程序简单也可以直接在子矩阵上插二极管，例如有三个机器时序动作，Z_1 动作后 Z_2 动作，Z_2 动作后 Z_3 动作，于是 Z_1、Z_2、Z_3 一启动作，延时 T 后全部停止动作就可以直接在子矩阵上插二极管(图 25)，注意图中 X 为输入信号，且为短信号，T 为延时继电器。较复杂的程序则先画一个继电器线路，然后再在子矩阵板上插二极管(子矩阵的一个使用的例子可参看《电子技术应用》1979 年第 3 期第 39 页)。

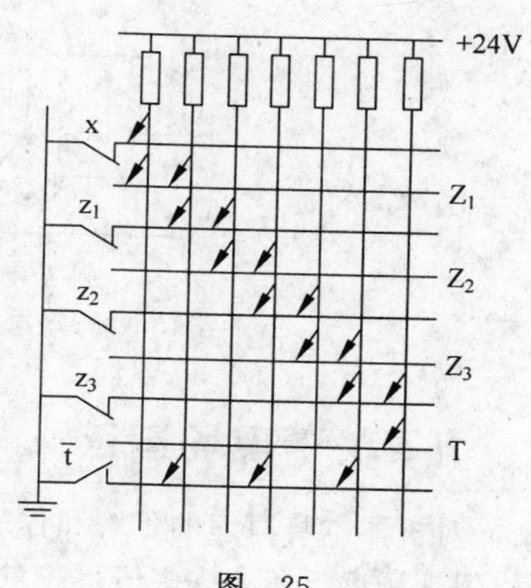

图　25

八、程序开关及程序反相器使用方法

为了编制多工艺程序，可利用程序开关及程序反相器，BSK_1-40 有两个程序开关，每个开关有 11 挡，故总共可有 22 种程序选择。程序开关的使用要和程序反相器配合起来，图 26 为一个程序反相器。程序反相器的原理为输入为“0”时输出为“1”，输入为“1”时输出为“0”。

程序开关为多层多投波段开关，BSK_1-40 中为 5 层（即 5 刀）11 投开关，图 27 画出了一层的示意图。动点（刀）接地，静点接反相器输入端，这样，当刀放到某个反相器所按的那个静点时，这个反相器的输出即为高电位，否则为低电位。现在举一个程序开关使用的例子。有一条自动线有 6 个程序，每个程序的区别是跳选和计数的不同，把这 6 种程序列表如表 1。表的横向表示功能，例如跳选功能、计数功能。纵向表示程序，最下面一行表示选用的反相器号，这里共用了 11 个反相器。当某一程序需要这种功能时打一个“△”，把不同的程序有相同要求的功能合在一起，合用一个程序反相器，并在程序开关上把这几点连在一起，例如 TX_1 有 5 个程序用到，计数 15 分钟有 4 个程序用到等等。现在我们设计程序开关内部及外部（和反相器输入端）接线图。首先把开关展开成平面图形，以 $P_{5/1}$……$P_{5/5}$ 等表示，P_5 为程序开关编号，$P_{5/1}$ 表示第 1 层，$P_{5/5}$ 表示 P5 的第 5 层。根据上表在开关展开图上连线，连线的原则为尽量在同一层结点之间相连，实在不行也可以层间连线。最后的程序图为图 29。

表 1 程 序 表

功能	跳选功能								计数功能		
	T_{x_1}	T_{x_2}	T_{x_3}	T_{x_4}	T_{x_5}	T_{x_6}	T_{x_7}	T_{x_8}			
程序	16→1	2→5	6→10	6→13	6→8	2→4	9→10	12→14	5′	15′	20′
1	△								△	△	
2	△										△
3	△	△	△							△	
4	△				△	△	△			△	
5						△		△			
6	△	△	△						△	△	
反相器号	①	②	③	④	⑤	⑥	⑦	⑧	⑨	⑩	⑪

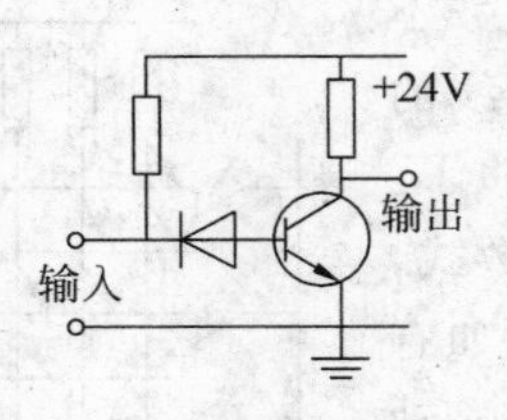

图 26 程序反相器

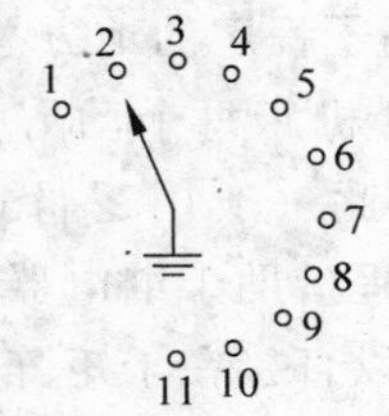

图 27 一层开关示意图

九、关于现场运行

对机器本身原理的了解和程序编制的合理准确，为机器投入生产运行创造了必要的条件，但现场运行还有许多值得注意的地方，解决好这些问题才能可靠运行，这里只简单介绍一些体会，真正会使用还需每个人亲身实践。

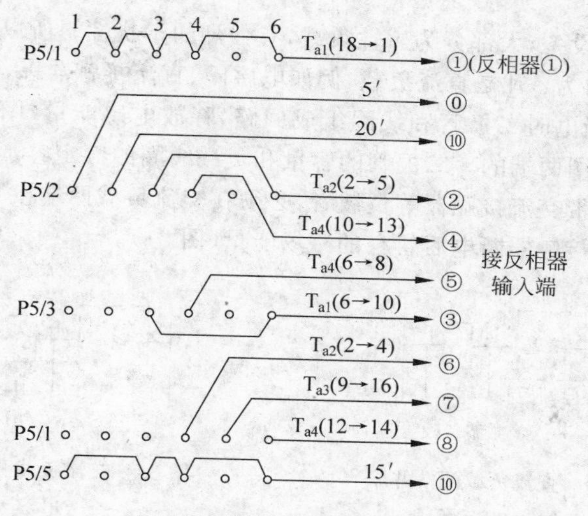

图 28　程序开关展开接线图

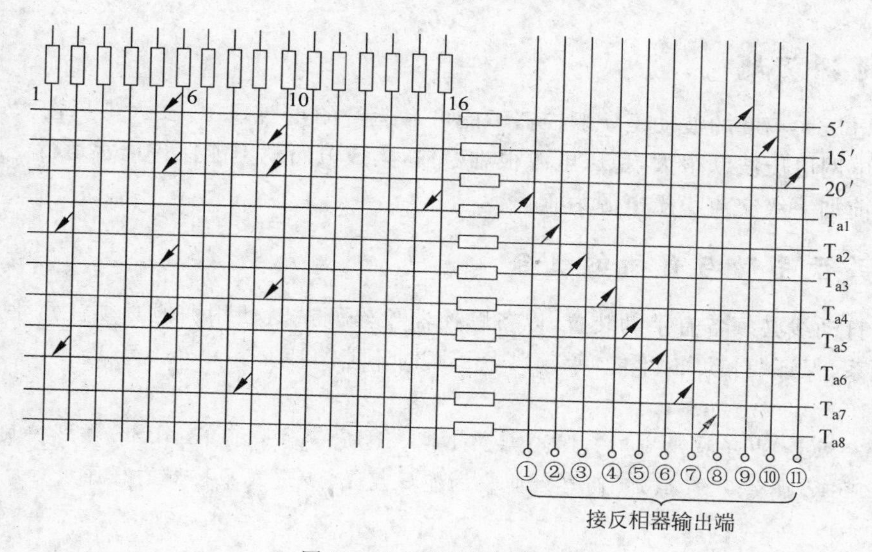

图 29　6 个程序的编制图

1. 输入信号的获取

现场输入信号名目繁多，以前主要用的是有接点行程开关，这种开关寿命低，接触不当时容易损坏，无触点接近开关对接近距离有一定要求，但寿命长不易损坏，许多单位使用效果良好，干簧接点也是一种很好的开关。此外尚有压力继电器、各种传感器等信号，所有这些信号首先在机械安装上要准确、可靠。对顺控器来说只要取得可靠的信号就行。一般车间内引线较长，又有强干扰源，故输入信号必须经过继电器、变压器或光电耦合器等隔离。输入线要单独穿在铁管内，不要和强电电线绑在一起。

2. 关于输出信号及抗干扰问题

顺控器的输出继电器接点或无触点开关需要控制执行机构，例如接触器、电磁阀等。这些执行机构都属强电设备，大部分为感性负载，有强烈的干扰性。所以不应当把这种干扰源引入机器，采取的办法为：凡是直流负载，例如电磁阀、直流接触器等，务必在线圈两端接续流二极管，使得线圈断电时二极管和线圈组成回路，释放电感能量(图 30)。注意这个续流二极管是直接接在线圈两端的。二极管的容量和负载线圈的额定容量相近即可。

凡是顺控器输出带交流接触器等负载者，必须在交流负载两端按 1 微法左右的电容(注意耐压要求)，以吸收接触器断电后暂存的磁场能量(图 31)。

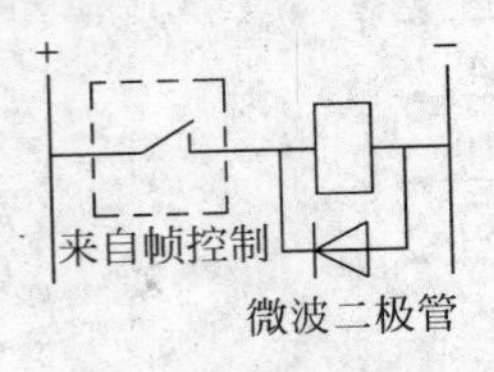

图 30 直流负载两端并联续流二极管

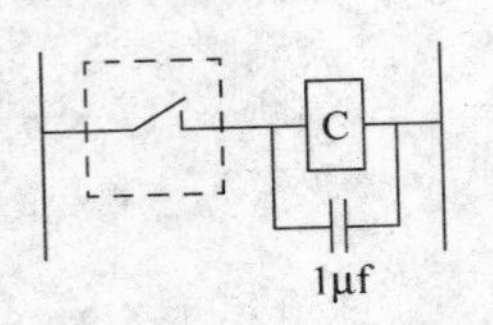

图 31 交流负载两端并一个电容

3. 电源问题

电源电压大幅度的波动是使顺控器不能可靠运行的重要根源，在大工厂内大电机的启动往往使电网电压波动很大，稳压电源很难稳住，集成电路就不能保持正常运行。因此一般在顺控器前加一级交流稳压电源为宜。

4. 关于手动与自动的配合

一条自动线必须备有手动装置，以备顺控器检修调试时使用。但必须注意手动与自动的联锁关系，保证“自动”时不能“手动”，“手动”时不能“自动”。

* 原载《电子技术应用》，1980 年第 1 期。这是一篇系统介绍 BSK 顺序控制器的使用原理，原文没有“原理”两字。此篇的姐妹篇是《步进式顺控器的程序设计》。

87 步进式顺控器的程序设计

一、引言

步进式顺控器适于用在控制对象较为复杂且规模较大的单机或生产自动线上。如对象的规模和复杂程度相同,用步进式顺控器编制程序要比用逻辑式顺控器容易得多。但即使如此,如果一个控制对象的规模及复杂程度相当大时,则步进式顺控器的程序设计仍然是比较复杂的,这不仅是因为规模大了,使用矩阵板的范围较大,而且使用的功能也较多。因此,能否成功地使用顺控器于生产线上,一个极端重要的问题是使用人员能熟悉和灵活地应用顺控器的程序设计方法,本文试图从理论和实践上说明步进式顺控器的程序设计方法。

步进式顺控器的程序设计就是根据工艺要求设计出一个结构最为简单、二极管最省、易于施工维修的二极管矩阵。实现同样一个自动控制系统可以有各种各样的程序。程序设计得好,可以节省元件,使用维护方便,提高机器的利用率,并能保证可靠动作。程序编得不好,不仅浪费元件,而且二极管在矩阵上插的越多,事故的可能性就越大。维护检修不方便,甚至于无法焊接和替换二极管。程序编得不好,本来一台机器可以完成的工作可能需要两台,三台甚至更多台才能完成,从而使得费用成倍增加,以至于被迫放弃使用顺控器。为了说明这个问题,我们举一个简单的例子。例如有 8 个输出继电器 $Z_1 \sim Z_8$,奇数程序(即第 1,第 3,……第 $2n+1$ 次程序)和偶数程序的输出不一样,其动作表如表 1 所示。

表1 动 作 表

程序 \ 步数	1	2	3	4	5	6	7	8	9	10
奇数程序 输出元件	Z_1 Z_4 Z_5 Z_6 Z_7	Z_2 Z_4 Z_5 Z_6 Z_8	Z_3 Z_4 Z_5 Z_6 Z_7	Z_1 Z_2 Z_3 Z_8	Z_1 Z_2 Z_3 Z_7	Z_1 Z_2 Z_3 Z_8	Z_1 Z_2 Z_3 Z_7	Z_1 Z_2 Z_3 Z_8	Z_1 Z_2 Z_3 Z_7	Z_1 Z_2 Z_3 Z_8
偶数程序 输出元件	Z_1 Z_2 Z_3 Z_4 Z_7	Z_1 Z_2 Z_3 Z_5 Z_8	Z_1 Z_2 Z_3 Z_6 Z_7	Z_4 Z_5 Z_6 Z_8	Z_4 Z_5 Z_6 Z_7	Z_4 Z_5 Z_6 Z_8	Z_4 Z_5 Z_6 Z_7	Z_4 Z_5 Z_6 Z_8	Z_4 Z_5 Z_6 Z_7	Z_4 Z_5 Z_6 Z_8

这里有两个程序,即存在"分支"问题,需要有"记忆"装置才能实现。此外每个程序内从第 4 步开始,都有共同的输出,按照一般程序设计,这个程序的二极管就要插得很多。图 1 为奇数程序设计(偶数程序设计还未考虑)就需 43 个二极管。而且从第 4 步到第 10 步的二极管非常拥挤。

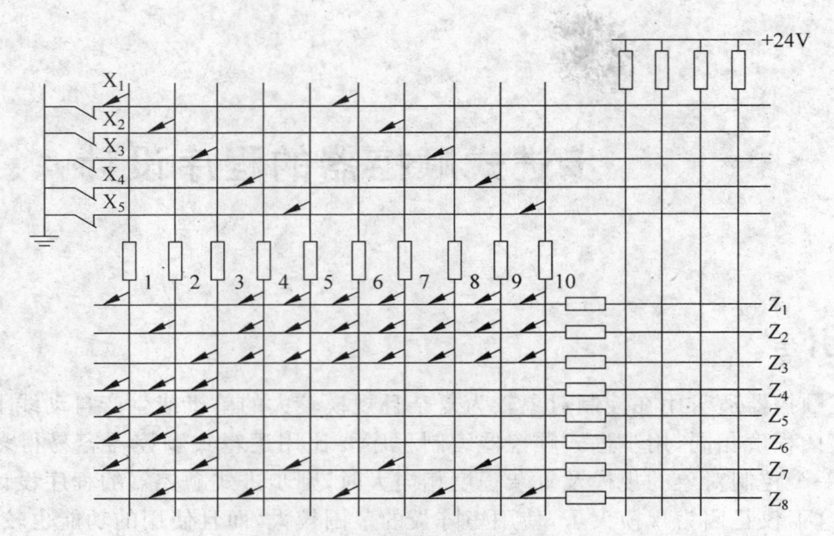

图 1　奇数程序的程序设计

如果增加一个"记忆"功能，可以设计成如图 2 所示的形式，则不仅完成了奇数程序设计，而且也完成了偶数程序设计。二极管的总数仅 26 个，这样一下子就省了许多二极管。

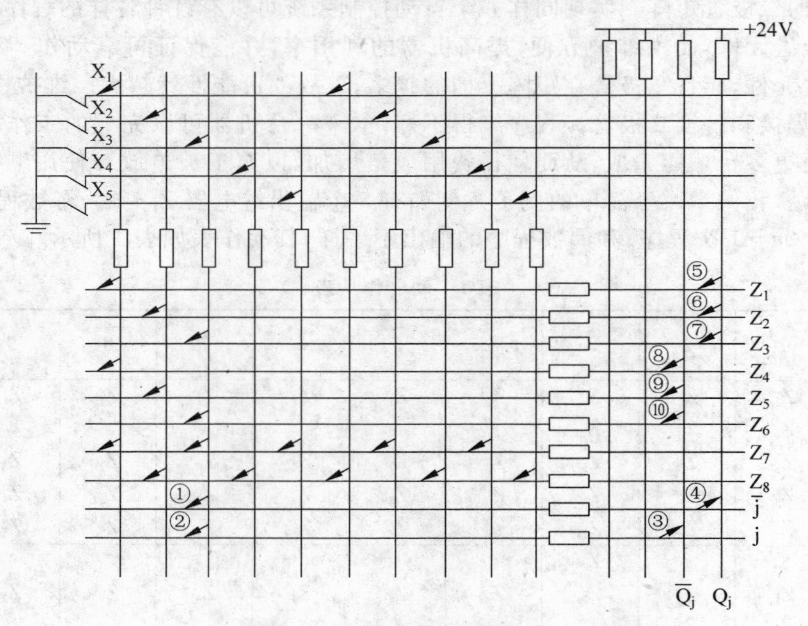

图 2　整个程序的程序设计

在图 2 中，从第 4 步开始 Z_1，Z_2，Z_3 的输出由 Z_5，Z_6 通过二极管⑧⑨⑩供电，而在输出矩阵的第 4～第 10 根竖母线上就不插供电给 Z_1～Z_6 的二极管了，这样，一下子就省了许多二极管。二极管①②是触发"记忆"装置用的，奇数程序时，"记忆"输入端 $\bar{j}$ 能输入（因为 $Q_1=1$）而 $\bar{j}$ 不能输入（因为 $Q_1=0$）所以一过第 3 步，"记忆"就翻成 $Q_J=1$，$\overline{Q}_1=0$，于是，从第 4 步开始，Z_1，Z_2，Z_3 可以通过⑤⑥⑦供电，而 Z_4，Z_5，Z_6 就不能通过⑧⑨⑩供电而当奇数程序完成后，回到偶数程序时，在第 3 步上只有 $\bar{j}$ 能输入（因为 $Q_J=1$，$\overline{Q}_1=0$），所以一过第 3 步，"记忆”就翻成 $\overline{Q}_1=1, Q_1=0$，于是从第 4 步开始只有 Z_4, Z_5, Z_6 可以通过二极管⑧⑨⑩供电，而 Z_1, Z_2, Z_3 不能通过二极管⑤⑥⑦供电了，这样，通过二极管①②③④达到每循环一周，“记忆”翻转一次，奇数程序和偶数程序交换一次。由此可见，利用“记忆”功能和进行分支程序的设计大大简化了二极管矩阵，使程序的结构大为简单。

对程序员来说，要设计好一个程序除懂得程序设计的基本方法以外还必须具备以下两个条件：一是充分了解控制对象的工艺过程、输出输入点数、特殊要求等等。二是熟悉所用顺控器的原理、基本功能、规模（例如机器的输出输入点数、矩阵板的大小）以及机器的特点（例如采用何种元件、步进器的形式等等）。

二、简短程序的设计

【引例】 某铸造工厂中混砂系统的工艺要求如下：混砂机（砧子）电动机由 Z_1 控制，当需要混砂时，造型系统提出要砂信号后启动混砂机，然后按比例陆续加砂、加煤粉、加黏土于电子秤料斗内，等到三种料到达一定重量时电子秤信号动作，停止加料，并卸料于混砂斗内，同时自动打开加水阀门，边加水边碾砂，加水一定时间后停止加水，再混砂一定时间打开卸料门，把混好的砂卸在传输带上，供应造型系统（图 3）。

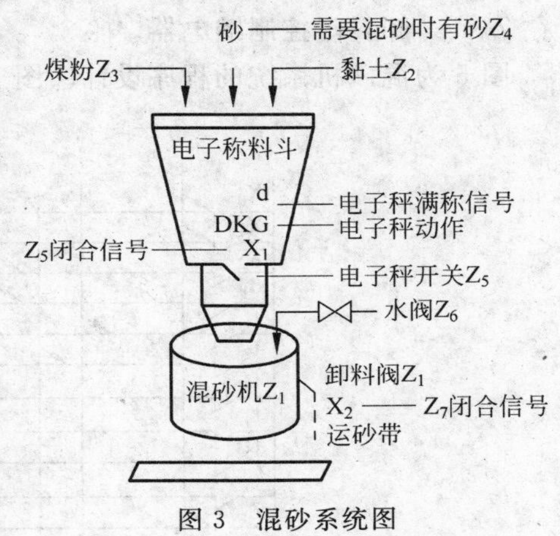

图 3　混砂系统图

这是一个简单程序系统，为了清楚起见，我们画出了动作流程图 4 并标出输入信号。顺便还要说明一下，砂料是胶带运输系统送来的，当此台混砂机需要混砂时才供砂，否则不予供砂。煤粉和黏土是由电动机带动螺旋给料器给料的，给料的多少由时间控制。电子秤料斗内装电子秤一台，当重量达到标准时电子秤信号 d 动作，于是帮动称料斗阀门 Z_5，把料卸入混砂斗内。Z_5 的能否动作，还应由混砂斗卸料门阀联锁，在混砂斗卸料门 Z_7 关闭时称料斗才能下降。

图 4 为控制流程图，也叫顺序图，每一个方框代表 1 步，方框内标输出信号 Z 和延时信号 T，两个方框之间的小写字母 x,t,d,z_1 等表示输入信号，也是步进器的转移信号，现在把这个控制流程图的符号说明如下：

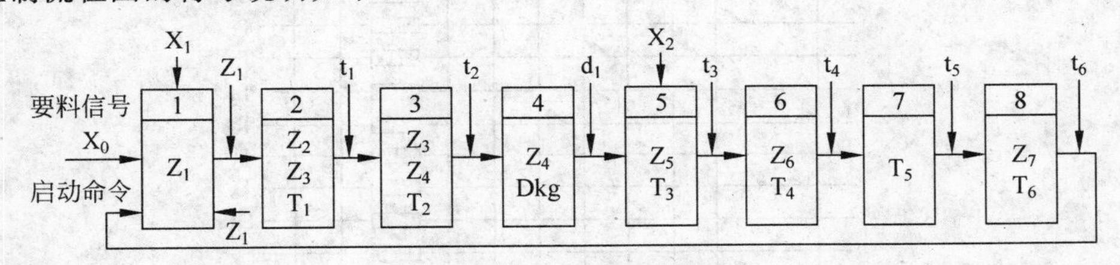

图 4　混砂系统控制流程图

X_0——要料信号；

X_1——电子秤料斗关门信号；

X_2——混砂机卸料门关信号；

T_1——延时 10″的延时继电器；

T_2——延时 2″的延时继电器；

T_3——延时 2″的延时继电器；

T_4——延时 7″的延时继电器；

T_5——延时 180″延时继电器；

T_6——延时 15″延时继电器；

Z_1——混砂机控制继电器；

Z_2——黏土机控制继电器；

Z_3——煤粉机控制继电器；

Z_4——胶带给料器控制继电器；

Z_5——电子秤闸门经制继电器；

Z_6——水阀控制继电器；

Z_7——卸料门控制继电器。

图 5 为混砂机系统的程序设计。图上的二极管可直接根据控制流程图安插。

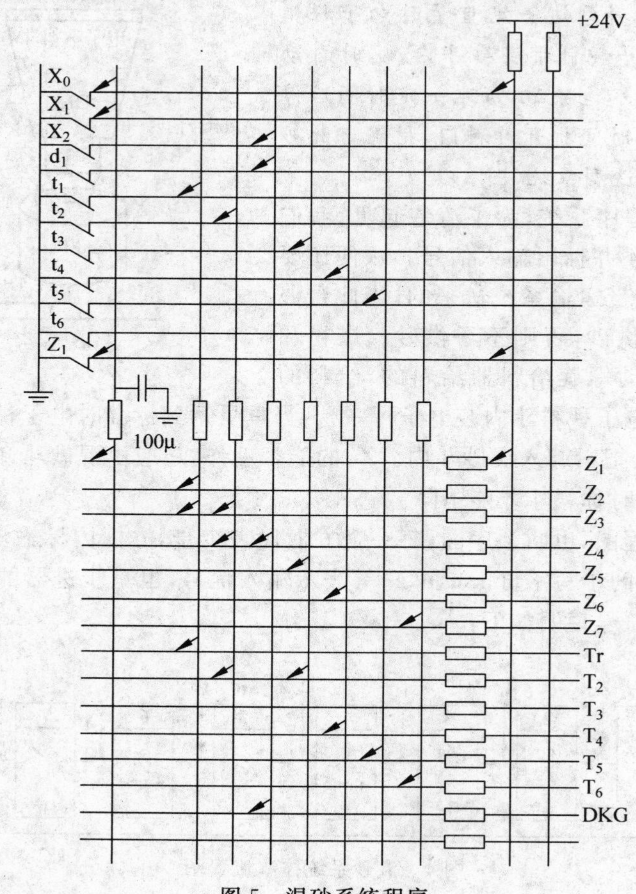

图 5　混砂系统程序

从上面混砂系统的例子可以看出，一个简单程序的结构包括：

输入部分：这里为 X_0，X_1，X_2。这些信号来自现场，反映了现场的状态和要求。

输出部分，Z_1～Z_7，是系统动作的信号，反映系统某一瞬间的动态状况。

反馈信号：包括输出信号直接反馈到输入端的叫直接反馈信号，例如 z_1 就是一个直接反馈信号。还有一种反馈信号是经过第三者反馈到输入端的信号，例如 $T_1 \sim T_6$ 等信号。有了输入信号、输出信号，外加反馈信号，就可以构成一个控制流程图，控制器根据控制流程图实行顺序控制。

简单程序的模型为图 6。图 6 的状态方程为

$$Z(k+1)=F(Z(k),X(k+1))$$

其中 Z(k+1)为第 k+1 步的状态，Z(k)为第 k 步的状态，X(k+1)是从第 k 步转到第 k+1 步的输入信号。图 6 中 d 为延迟环节，是为了工作的可靠性而增加的。这里我们不作过多的理论上的抽象分析。由上述实例抽象出简单程序设计的过程如下：

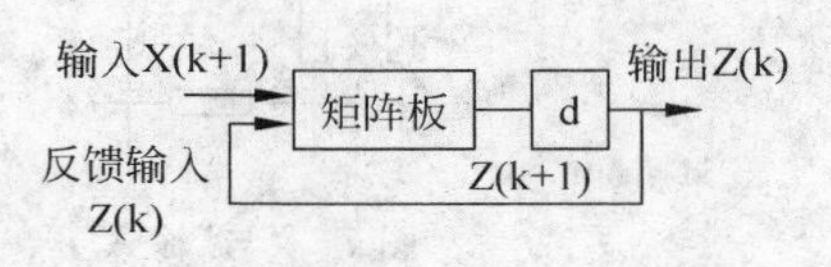

图 6　简单程序的模型图

第一步：画出工艺示意图或工艺流程图。这一步骤如果对于十分简单的工艺，也可以不画，但稍微复杂一些的工艺就不能省略，它有助于程序设计者弄清工艺过程，在程序设计的整个过程都有参考价值。

第二步：画出控制流程图。注意控制流程图不同于工艺流程图。前者为生产过程，后者为动作过程，工艺流程只帮助了解生产的全过程，而控制流程确定了各输出信号动作的先后次序及其相互依赖关系。值得注意的是有些工艺流程恰恰和控制流程相反，例如皮带运输机的启动过程和物料的流向恰好相反。

第三步：列出输入信号、输出信号、二次单元(例如延时继电器 T)信号名表。

第四步：选择控制功能。

对简单程序来说，可能不需要辅助控制功能，例如“跳选”、“计数”、“记忆”等等。如果对复杂的程序必须选择一个或几个特殊控制的功能。

第五步：在矩阵板上按顺序图(控制流程图)设计程序，至此，经过一定的校核，一个程序设计就完成了。对一个简单程序的设计，大致经过这 5 步就可以完成程序设计，但对一个复杂的程序往往需要从顺序图到流程图之间经过几次反复才能完成。

现在我们介绍一下输入矩阵、输出矩阵以及联锁矩阵在程序设计时的应用。

(一) 输入及输入矩阵在程序设计时的应用

输入信号是控制步进器转移的信号。一般输入信号用常闭接点。下面是几种输入的形式。

(1)“与”输入(图 7)

步进器在 A_1 步时仅当 X_1 与 X_2 都打开时才能发步进脉冲 BM，故这种输入叫“与”输入条件步进，或简称“与”输入。写成布尔式为

$$BM=X_1 \cdot X_2$$

(2)“或”输入(图 8)

若输入信号 X_1 与 X_2 串联，则 X_1 或 X_2 中有一个打开就发步进脉冲 BM，写成布尔式为

$$BM=X_1+X_2$$

(3)“非”条件输入(图 9)

仅当 $\bar{X}$ 与 X_2 同时打开时才能发步进脉冲 BM。这里因为有 $\bar{X}_1$ 节点，故称“非”条件输入，没有 X_2 也叫“非”条件输入。写成布尔式为

$$BM=\bar{X}_1 \cdot X_1$$

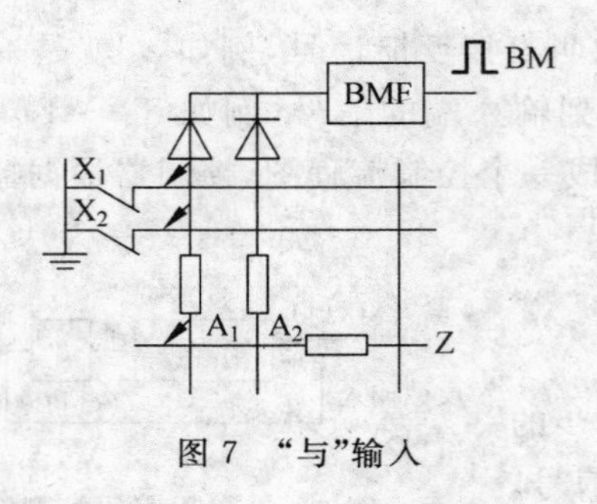

图 7 “与”输入

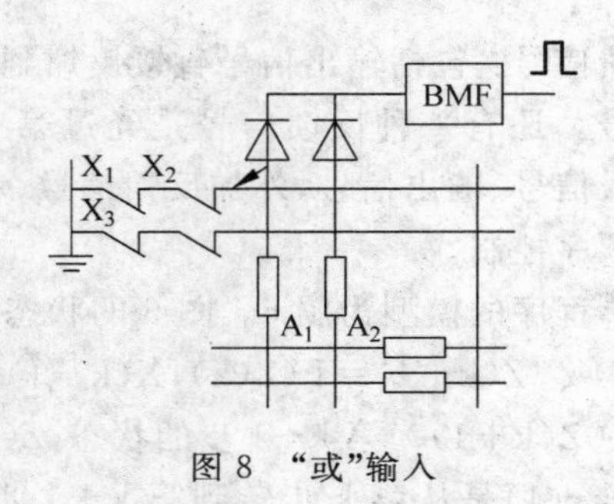

图 8 “或”输入

(4)“无”条件步进(图 10)

步进器的步进和输入信号 X_1,X_2 等无关。由于“延缓”(B 点延迟一下建立高电位)电容 C_1,C_2 的作用,在每一步上发一个脉冲,写成布尔式为

$$BM = A_i$$

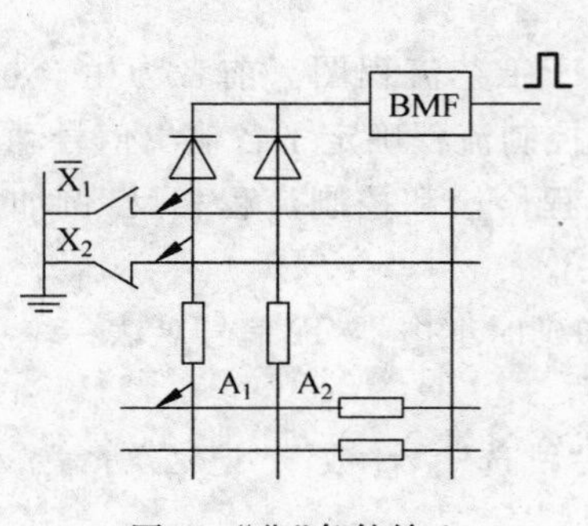

图 9 “非”条件输入

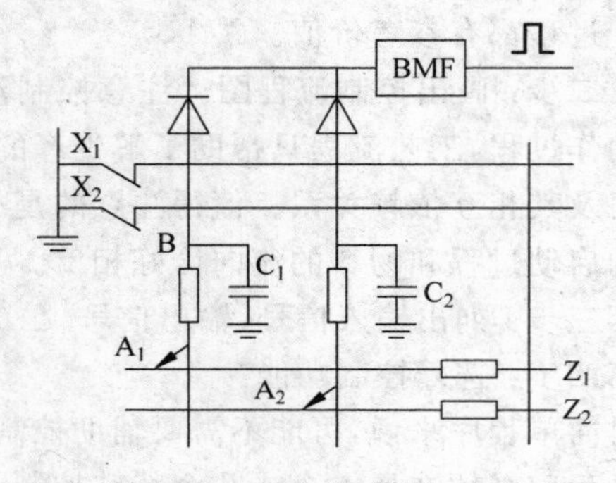

图 10 无条件输入

(二) 输出信号及输出矩阵在程序设计中的应用

(1) 同步输出

图 11 的 A_2 步上有两个 Z 同时输出,故叫同步输出。利用同步输出,配合联锁矩阵还可以实现“插入控制”。图 12 的第 A_2 步上有 4 个输出和一个二次单元 T 输出,通过 T 的常开和常闭接点的正反联锁使得 Z_3、Z_4 的动作和 Z_1、Z_2 的不同,Z_1,Z_2 立即动作,而 Z_3 要在 Z_1、Z_2 动作 t 时间后才动作,而 Z_4 是一开始就动作,但动了 t 时间后停止了。这种在同一步上插入了延缓动作(例 Z_3)或提前切断(例 Z_4)的控制叫插入控制。插入控制使在一个大步上又分了几个小步,在同一步上增加了输出数量,也就等于增加了顺控器的使用功能。

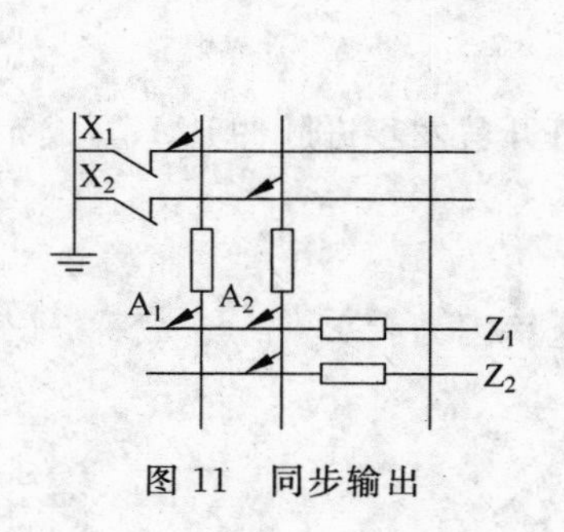

图 11 同步输出

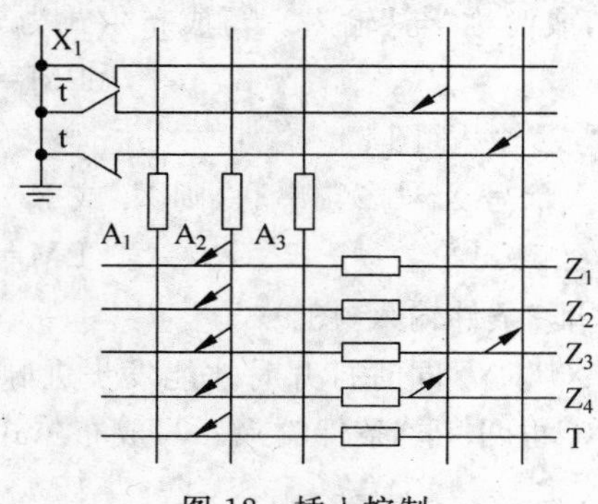

图 12 插入控制

(2) 或步输出

如在一个程序中,Z 在多步中动作,例如,图 13 中 Z 在 A_1,A_3 步都要动作,这种输出叫或步输出。如果当顺控器启动后一个输出信号从第一步开始动作后,以下所有步都输出,这种或步输出叫"全步输出","全步输出"时可用"自保"来实现。在混砂机系统的例子中,混砂机 Z_1 就是从第 1 步开始后一直动作的一个输出信号。自保的解除由外加信号实现。在混砂系统中由要料信号 X_0 解除,当不要料时,X_0 闭合,Z_1 停止动作。同理,图 14 用 X 作自保解除信号。利用"自保"可以节省许多二极管。

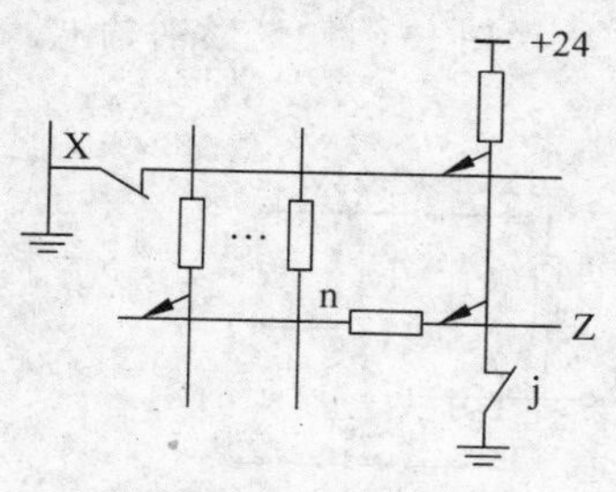

图 13　或步输出

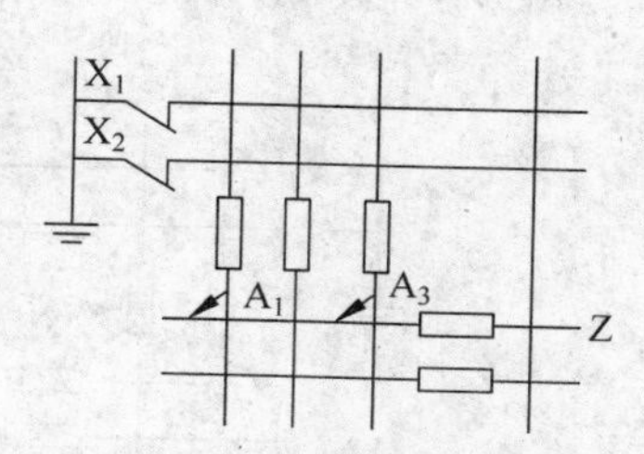

图 14　用"自保"实现全步输出

(3) 正反联锁条件输出。图 15 为正反联锁电路图,Z_1 动作的条件为 y_1 必须打开,即 Z_1 受正联锁条件控制。Z_2 动作条件为 $\overline{y}_1$ 必须打开,即 Z_2 受反联锁条件控制。

(4) 延时输出

在讨论"插入"控制中我们遇到过利用延时单元可以实现延迟动作或提前切断的控制,图 16 的 Z_1 动作需要延时 T_1 时间才能实现,这叫延时吸合动作。而 Z_2 是一到第 A_2 步时立即动作,延时 T_2 时间后切断,故叫延时释放动作。

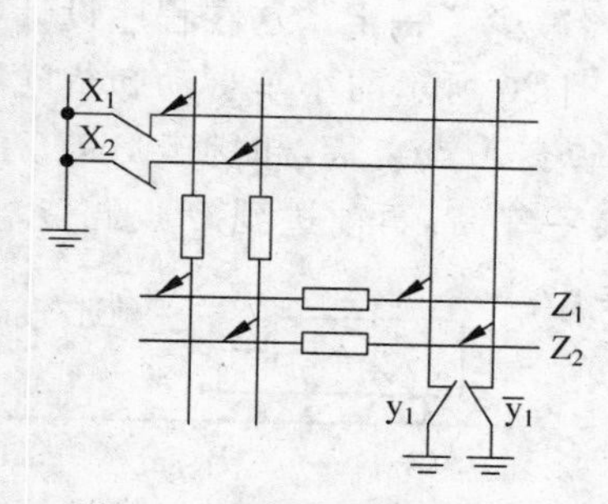

图 15　正反联锁条件输出

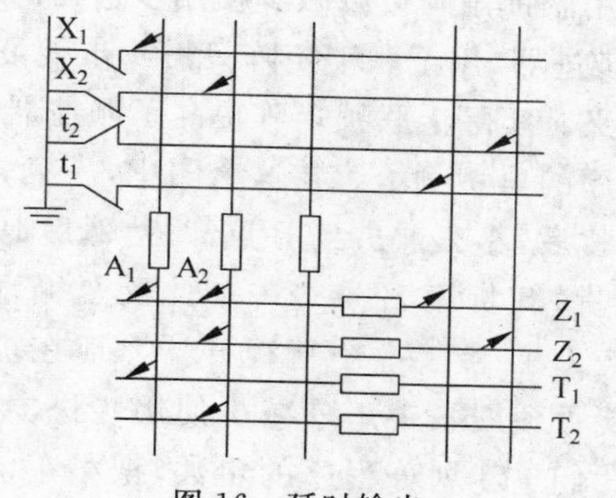

图 16　延时输出

(5) 计数、记忆和程序条件输出

图 17 为计数条件输出,在 A_1 步 Z_1 的动作时间由计数器控制,当计数指令发出后计数器开始计数,达到预定时间后计数器反馈输出 JS 动作,同时在此之前 X_1 也已动作,则步进器转到第 2 步。

图 18 为"记忆"条件输出,在 A_1 步,Z_1 和 Z_2 的动作由"记忆"状态决定,当 $Q_1=1$ 时,Z_1 动作,$\overline{Q}_1=1$ 时 Z_2 动作。

图 19 为程序条件输出,当程序开关拨到程序 3 时,反相器输出 F 为 1,Z_1 能输出,不在程序 3 时,F 输出为 0,Z_1 不能输出。

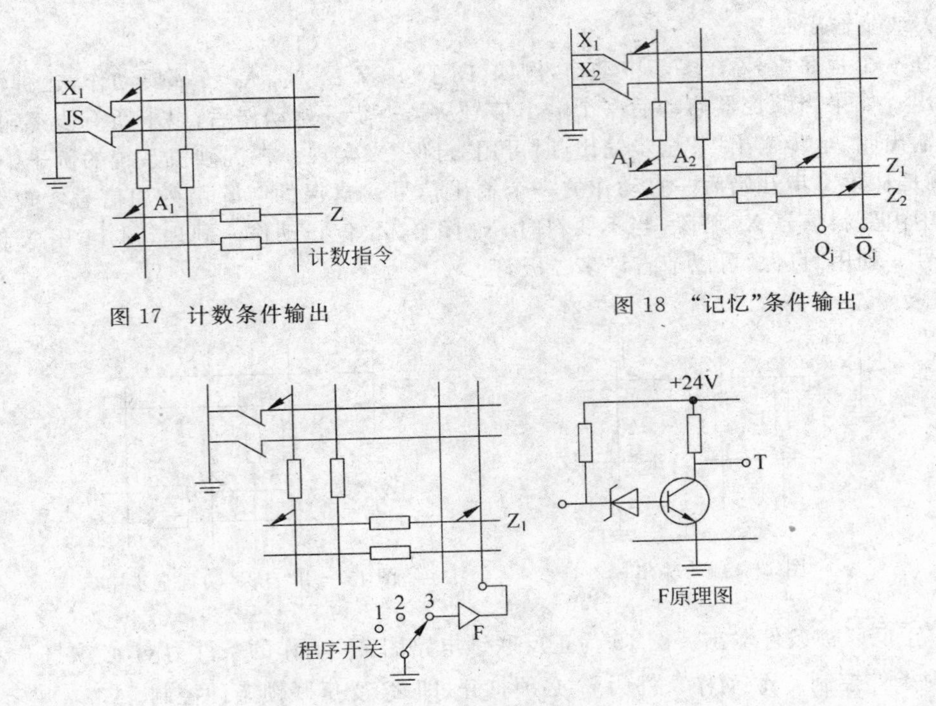

图 17 计数条件输出

图 18 "记忆"条件输出

图 19 程序条件输出

(三) 联锁矩阵在编程中的作用

利用联锁矩阵可以减少使用步进器的步数,例如,如果不用联锁矩阵可能一个程序需要8步的步进器,用了联锁矩阵只需4步就可以了,步进器减少了一半。这在程序设计中有巨大的意义。实际上联锁矩阵提高了顺控器的利用率。图20所示的小车自动卸货问题就是这种程序的典型例子。在这个图中,一辆自动卸货小车于A点装货,卸货于B、C两点。A点装满货后,小车前进到B点卸货,然后退回A点另装一车货,再前进到C点卸货,又退回A点装货,卸货于B点……如此反复循环。在A点、B点、C点各装一个行程开器。现在提出一个问题,能否利用联锁矩阵减少使用步进器的步数。为此,我们重新划分程序的步数,把小车前进及停车后延时卸货合并为同一步,同样把小车后退和延时装货合并为同一步,这样一共需要4步的步进器就可以了。图23为合并步致后的顺序图,图24为合并后的程序图。这里,利用了X_A,$\bar{X}_A$,X_B,$\bar{X}_B$,X_C,$\bar{X}_C$作联锁接点,t_1和t_2做转移信号,这样处理后只要4步步进器就够了。必须指出,小车前进时两次经过X_B处,第一次经过时小车要停下来,T_2要动作;而第二次前进时遇X_B时小车不能停下来,T_2也不要延时,这是两个相反的要求,因Z_1和T_2分别由两条横母线供电,才能实现这种要求。

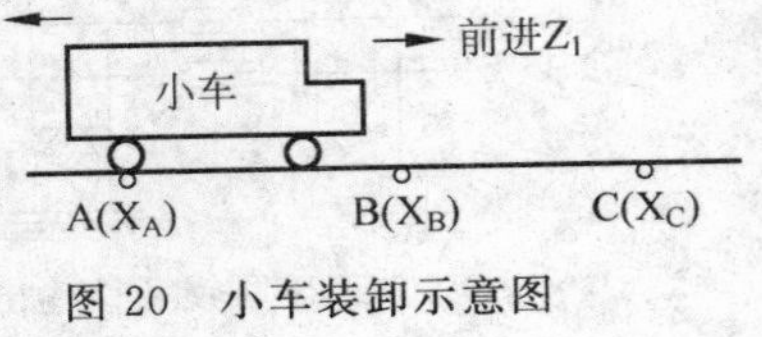

图 20 小车装卸示意图

关X_A,X_B,X_C,装货时间为T_1,卸货时间为T_2。

图21为顺序图。

图22为小车装卸程序,这个程序需要8步的步进。

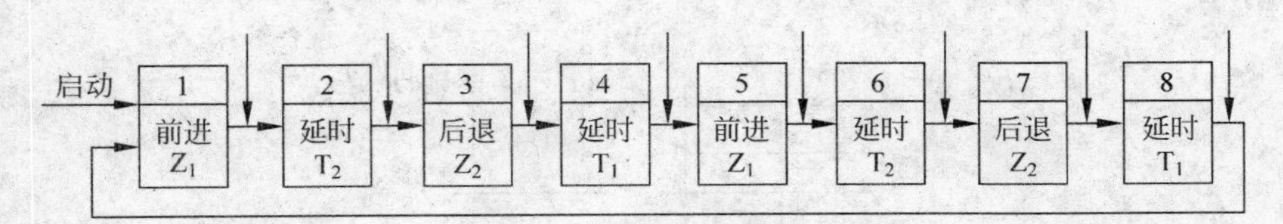

图 21 小车自动装卸顺序图 1

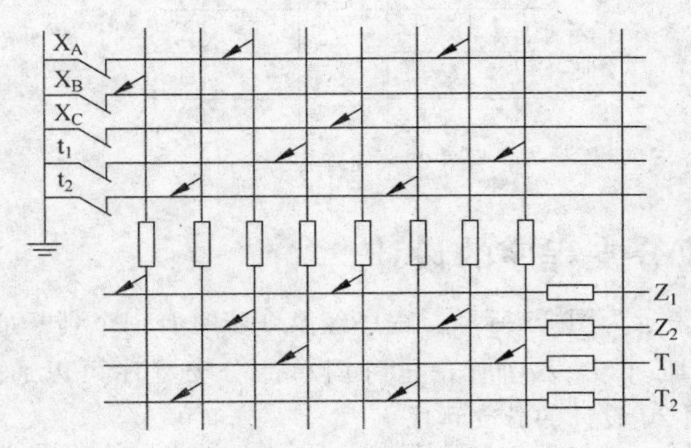

图 22 小车装卸程序 1

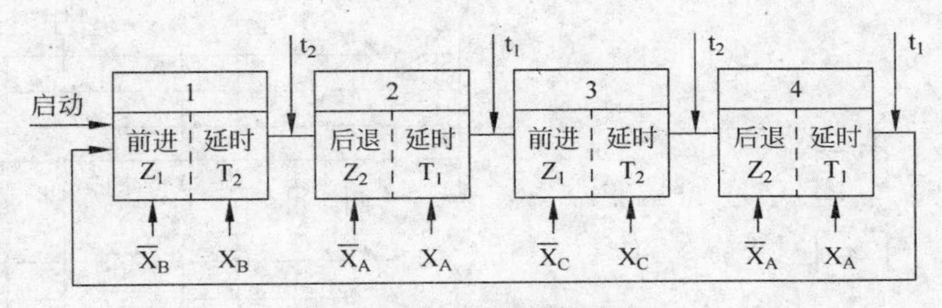

图 23 小车自动装卸顺序图 2

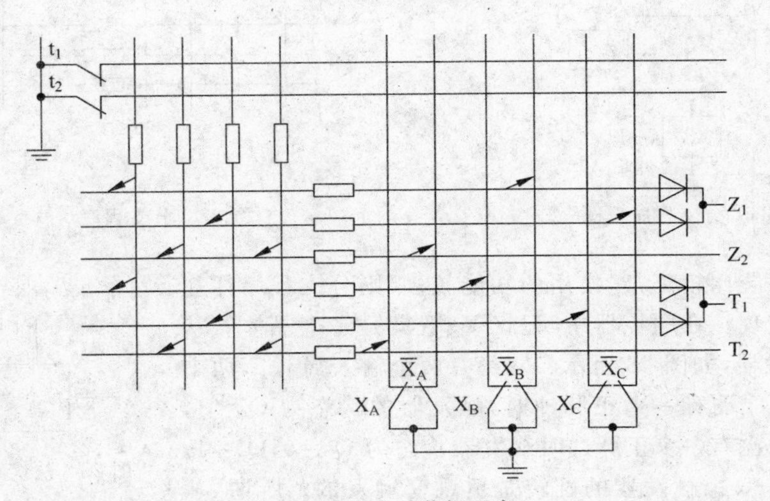

图 24 小车自动装卸程序 2

当我们进一步讨论联锁矩阵的作用时发现联锁矩阵主要在矩阵核的左下角起作用(见图 24),而右上角实际上是浪费了的,所以这一块面积可以单独划出来作辅助矩阵使用,例如作跳选矩阵、计数矩阵或子矩阵等。图 25 为矩阵板分区图。

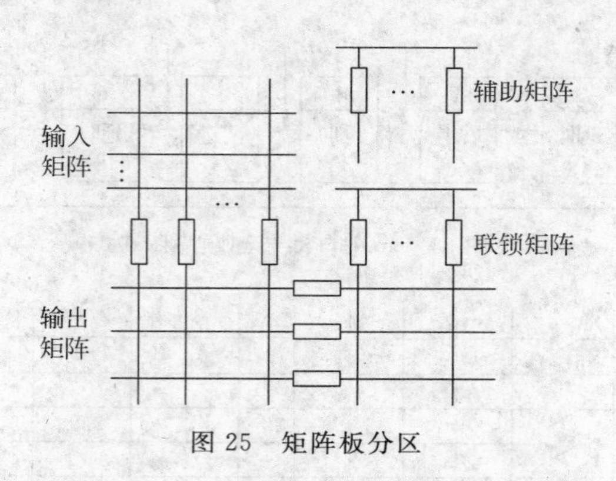

图 25　矩阵板分区

三、"记忆"及分支程序的设计

分支程序的一般表示为图 26 所示。程序经第 3 步时有一个判断过程，当 $y=1$ 时 Z_3 甲动作，当 $y=0$（即 $\overline{y}=1$）时，Z_3 乙动作。这种简单的分支程序可以通过联锁矩阵来实现。图 27 就是一个根据图 20 设计的分支程序。

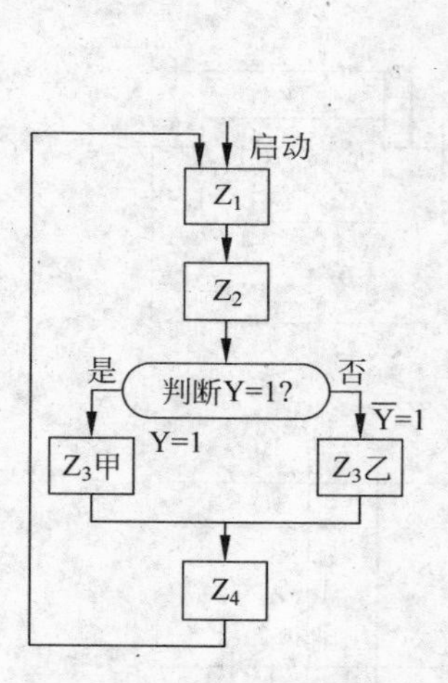

图 26　分支程序框图

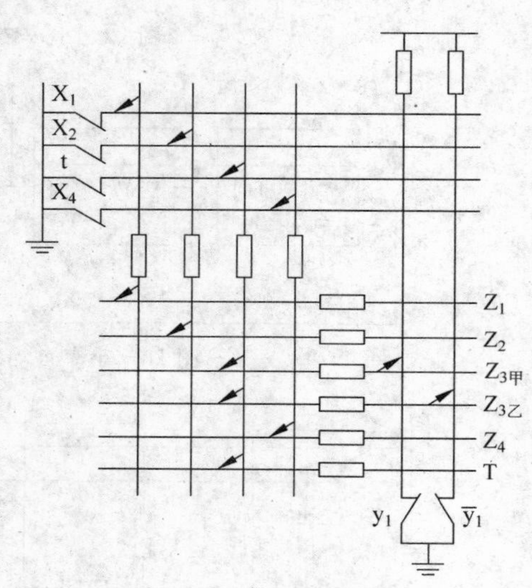

图 27　分支程序

如一个系统比较复杂，使用的功能较多，则分支程序往往用"记忆"来实现。在顺控器中"记忆"装置就是一个晶体管从优双稳态触发器，如图 28 所示。双稳有两个输入端 j，$\overline{j}$，两个输出端 Q_j，$\overline{Q}_j$，j 端有一个正脉冲时，触发器的状态为 $Q_j=1$，$\overline{Q}_j=0$，反之，j 端有一个正脉冲时触发器状态为 $Q_j=0$，$\overline{Q}_j=1$。在顺控器中的双稳触发器的翻转是负跳变触发的。所谓"从优"双稳，即设置这样一个双稳触发器，使得顺控器合闸时触发器的状态为 $Q_j=0$，$\overline{Q}_j=1$。"记忆"的两个输入端，接顺控器输出矩阵的横母线，输出端按在联锁矩阵上。现在我们来看"记忆"如何实现分支程序的，例如汽油机凸轮轴磷化表面处理的程序设计，在 14 槽位置取料和放料就要用到分支程序。图 29 为凸轮轴磷化处理的顺序图，在 1＃槽中提取没有处理的凸

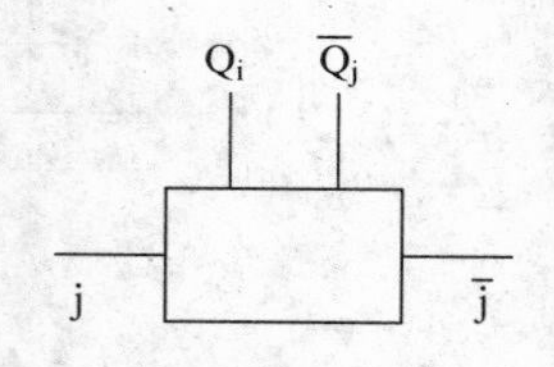

图 28　从优双稳触发器

轮轴，经 2＃～8＃工艺槽后先不去 9＃槽处理，而是用跳选跳到步进器的第 16 步，然后从 16 步回车至 1＃槽位置。把料放下，进行轴颈的保护处理后再取料运抵 9＃槽进行磷化处理。

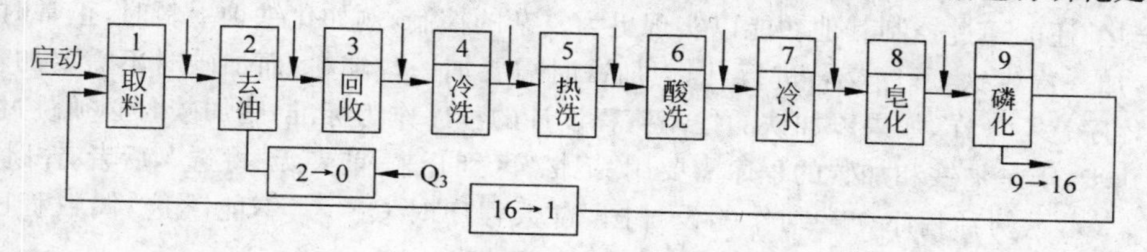

图 29 汽油机凸轮轴磷化顺序之一

显然，在 1＃槽上空吊钩有两个动作，一是"取料"动作，吊钩空钩放下，挂料后上升。另一动作为"放料"，即把吊钩上的料放到下面去作轴颈保护处理，也即"满钩"放料。在同一步上有两种完全不同的动作状态，这只有用"记忆"来控制。图 30 即为其程序设计。

现在对图 30 简单解释一下和分支程序有关的部分。取料时，$\overline{Q}_j=1$，$Q_j=0$，允许 $Z_{取}$ 指令动作，$Z_{放}$ 指令不能动作，达就是第一次取料动作。经 2—8＃槽处理后，在第 9 步发一个跳选动作，实际上因步进器有 20 步，故在第 16 步上 Z_2 动作，小车回到到达 1＃槽上空碰 X_1 开关发一个跳选信号 TX_2，使步进器跳到第一步，但这一次的第一步和刚才的第一步上的动作已不同了，因为刚才经过第 8 步时 j 端已有一个输入信号，将记忆翻转成，$Q_j=1$，$\overline{Q}_j=0$，所以这一次在第一步上只允许 $Z_{放}$ 动作，而 $Z_{取}$ 却不能动作。于是将刚才从 2＃～8＃槽已处理过的料放下，让工作人员对轴颈进行保护处理。这里要提出一个问题，"记忆"选在什么时候翻转。从程序看，从 2～8 步都没有用到"记忆"，只要在回到第 1 步之前翻"记忆"即可，故选择在 2～9 步中间任一步翻"记忆"都是可以的，这里选第 8 步翻记忆，即一过第 8 步"记忆"就已翻成 $Q_j=1$，$\overline{Q}_j=0$ 了，为回到第一步 $Z_{放}$ 的动作做好了准备。

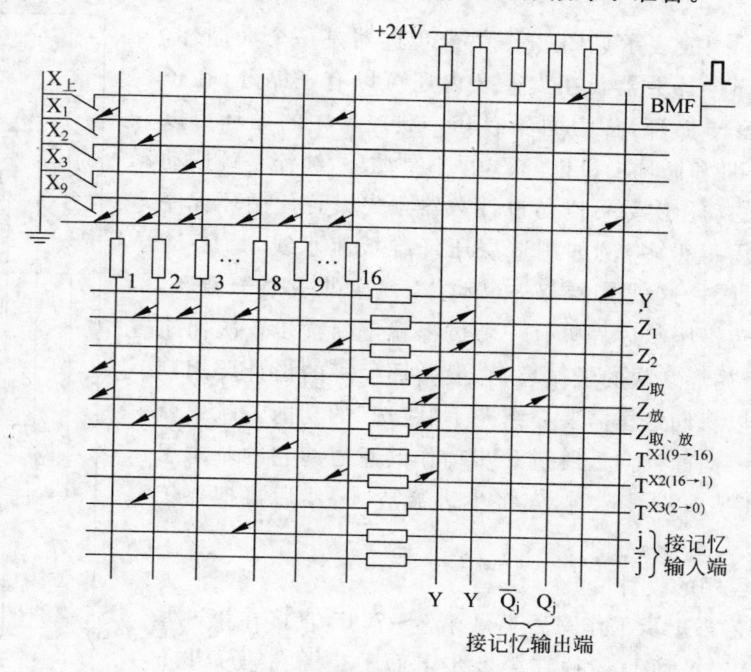

图 30 凸轮轴磷化程序之一

顺便提一下，跳选3(TX3)是只清"0"不置"1"的，它的作用为放料完成后空钩向上动作，步进到第2步时清"0"，待处理好轴颈保护工作后再重新启动步进器。

"记忆"还能通过控制其他功能以实现更为复杂的控制，例如化铁炉上料时，正常时是加一次焦炭，加一次生铁，程序交替进行，因为加铁时需要加一些辅料，而加碳时不需要加辅料，这样两种程序就不一样，如果以加铁的控制流程设计的程序作为标准，则加碳时必须跳过中间加辅料的几步，于是加铁和加碳的程序需要用"记忆"区别开来，前者无"跳选"，后者有"跳选"。

图31表示两种程序交替动作的设计图，奇数程序时 $Q_j=0$，不能跳选，偶数程序时，能跳选。一个程序结束，"记忆"翻转一次。

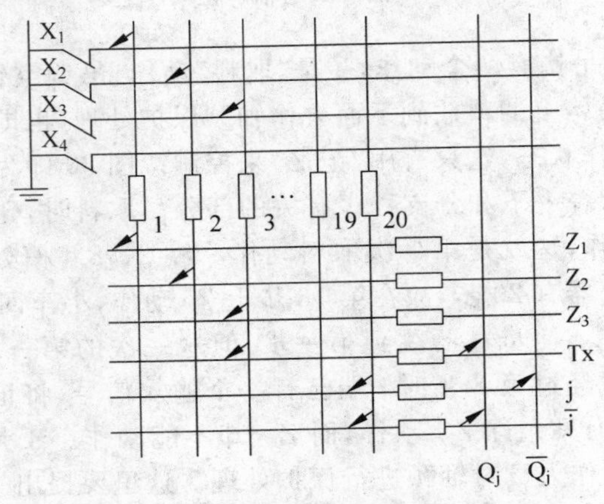

图31 两程序交替动作的程序设计

四、"跳选"及循环程序的设计

循环程序的一般表示见图32。整个步进器是一个大循环，所以又叫它为环行计数器。在大循环内还可以有子循环，在子循环内还可以套子循环，称为循环嵌套。顺控器中的循环可以交叉，例如循环Ⅲ和循环Ⅰ和Ⅱ交叉，Ⅳ不是循环，纯粹是跳选动作。一个循环的动作次数可以通过计数器预先设置。循环程序在工业控制中用得很多，例如制造层压纤维板流水线，每压50张纤维板出一批料，这就是要有一个动作50次的一个子循环，又如耐火砖压砖机压砖过程中有一个过程就是断续压5次保压一次，这是一个循环5次的子循环，一般循环程序的设计要用到跳选单元。所以我们这里需要介绍一下"跳选"的功能。跳选就是根据工艺需要向前或向后跳过几步动作的意思。它的基本思想是，当需要在某一步跳选时，先将步进器清"0"然后再把要工作的那一步置"1"。

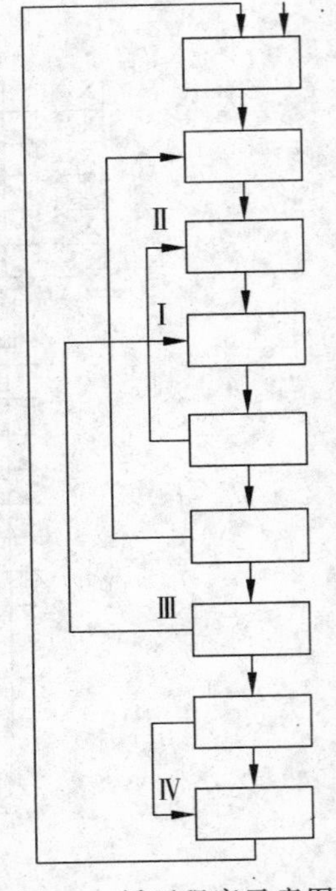

图32 循环程序示意图

(1) 跳选程序的设计

如一个工艺第1步工作完后不做第2～7步，直接在第8步工作，此时跳选二极管D应插在第2步上而不是插在第1步上(图33)，因为若插在第1步上，则第1步也不能工作了。注意，在第 2 步上虽然有 Z_2，但由于跳选动作很快，Z_2 还来不及动作，步进器就清“0”了。

如果图 33 中跳选二极管 D 插在第 1 步，且又要求在第 1 步上 Z_1 动作完毕，此时必须要有一个联锁条件(图 34)，当 Z_1 动作完毕，X_1 动作，于是跳选(T_X)动作。

(2) 其他功能对跳选的控制

计数功能、“记忆”功能以及程序选择功能都可以对跳选实行控制，这些程序设计都很简单，所以这里就不详细介绍了。

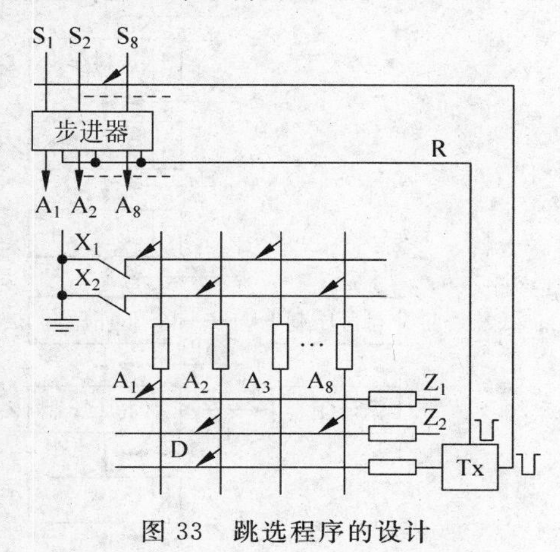

图 33　跳选程序的设计

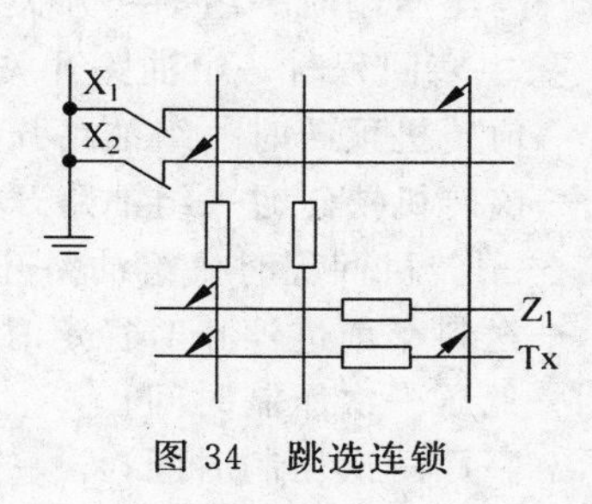

图 34　跳选连锁

(3) 跳选单元的选择

如果从不同的步跳到同一步，则虽然不只一次跳选动作，但可以使用同一个跳选单元。但不管从同一步还是从不同步跳到两个不同的步，则必须使用两个跳选单元。

(4) 重复跳选的设计

重复跳选要用计数器来实现，跳选每动作一次，计数器计数一次，当跳选次数和预置次数相等时封锁跳选脉冲。

(5) 循环程序设计举例

炼钢用的耐火砖砖坯需经压砖机高压压制。压砖机的油路和整个控制系统十分复杂，用步进式顺控器控制比较合适。图 35 为压砖机系统的简化示意图。压砖机系统由“送料车”、“机械手”及“主塞”、“顶砖”等几个系统组成，当送料车把料进入压制位置时后退，主塞快速下降，再慢速下降，然后低压压制(最多 5 次)，再高压压制(最多 5 次)，保压一段时间后，主塞回程，然后顶砖机上升把砖顶出模子，挟砖机挟砖，顶砖机回程，一块砖就压制完毕，一个程序也就完成了。

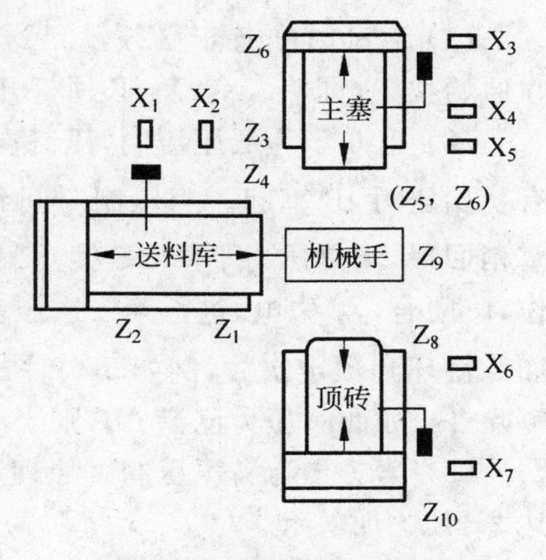

图 35　压砖机系统示意图

图 36 为压砖机系统顺序图，现在把动作顺序图中符号说明如下：

输入信号：

X_1——送料车后退开关；

X_2——送料车前进开关；

X_3——主塞回程开关；

X_4——主塞快下到位开关；

X_5——主塞慢下到位开关；

X_6——顶砖机上升到位开关；

X_7——顶砖机回程到位开关。

输出信号：

Z_1—送料车前进时一组油路开关；

Z_2—送料车后退时一组油路开关；

Z_3—主塞快下时一组油路开关；

Z_4—主塞慢下时一组油路开关；

Z_5—低压压制时一组油路开关；

Z_6—高压压制时一组油路开关；

Z_7 一主塞回程时一组油路开关；

Z_8—顶砖机顶砖时一组油路开关；

Z_9—挟砖机挟砖时一组油路开关；

Z_{10}—顶砖机回程时一组油路开关；

T_1—送料车前进停止时稳定时间；

T_2—低压一次压制时间；

T_3—高压一次压制时间；

T_4—保压时间。

此外还有 4 个压力表：

1P—低压压制时下界压力；

2P—高压压制时下界压力；

3P—低压压制时上界压力；

4P—高压压制时上界压力。

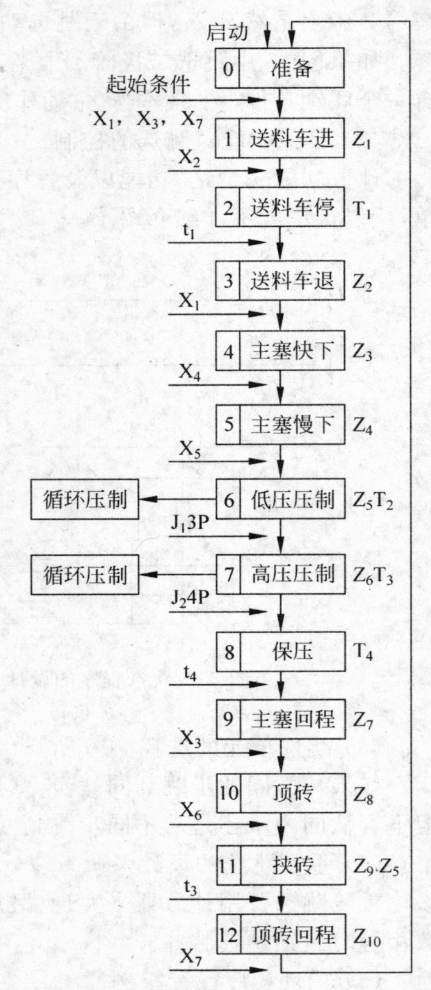

图 36 压砖机程序顺序图

图 37 为压砖机系统的程序设计图，现在把有关内容说明如下。

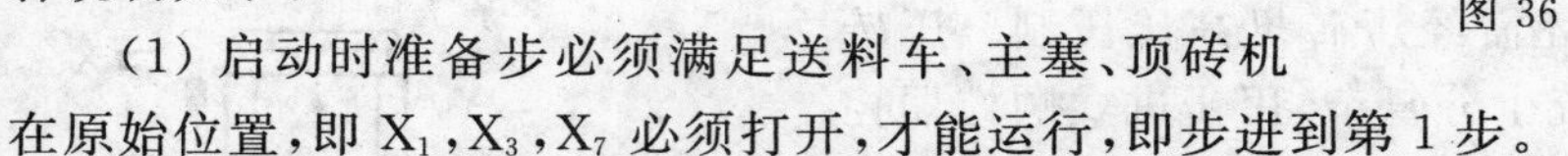

(1) 启动时准备步必须满足送料车、主塞、顶砖机在原始位置，即 X_1，X_3，X_7 必须打开，才能运行，即步进到第 1 步。

(2) 第 6 步为低压压制，压制次数由选择开关 P1 选择，每次压制时间为 T_2，T_2 应从具有初始压力 lP 算起。当压制时间到达 T_2 时，$\bar{t}_2$ 闭合，Z_5 解除，同时，$\bar{t}_2$ 打开，Z_7 动作，主塞稍回程，于是压力下降，lP 接点复位，延时继电器 T_2 失电，其常开接点 $\bar{t}_2$ 打开，Z_5 又动作，t_2 闭合，Z_7 失电，进行第二次压制。当 lP 打开时，给计数器发一脉冲，计数器计一个数，如此循环到预定次数，例如 5 次时，继电器 J_1 动作，其常开接点 $\bar{j}_1$ 闭合，封锁计数脉冲，并解除 T_2，如此时压力已满 3P，则当 j_1 动作时步进器跳到第 7 步。

(3) 第 7 步为高压压制。原理和低压压制相同，压制一次的时间为 T_3，每次时间从到达 2P 压力时算起。

(4) 第 8 步为保压时间。

循环程序是经常遇到的，而且往往用跳选配合计数器来完成循环程序。上例没有用到跳选，直接用仪表(压力表)节点本身和延时继电器 T_2，T_3 来实现循环程序，如果改为用跳选功能来实现此程序也是可以的。

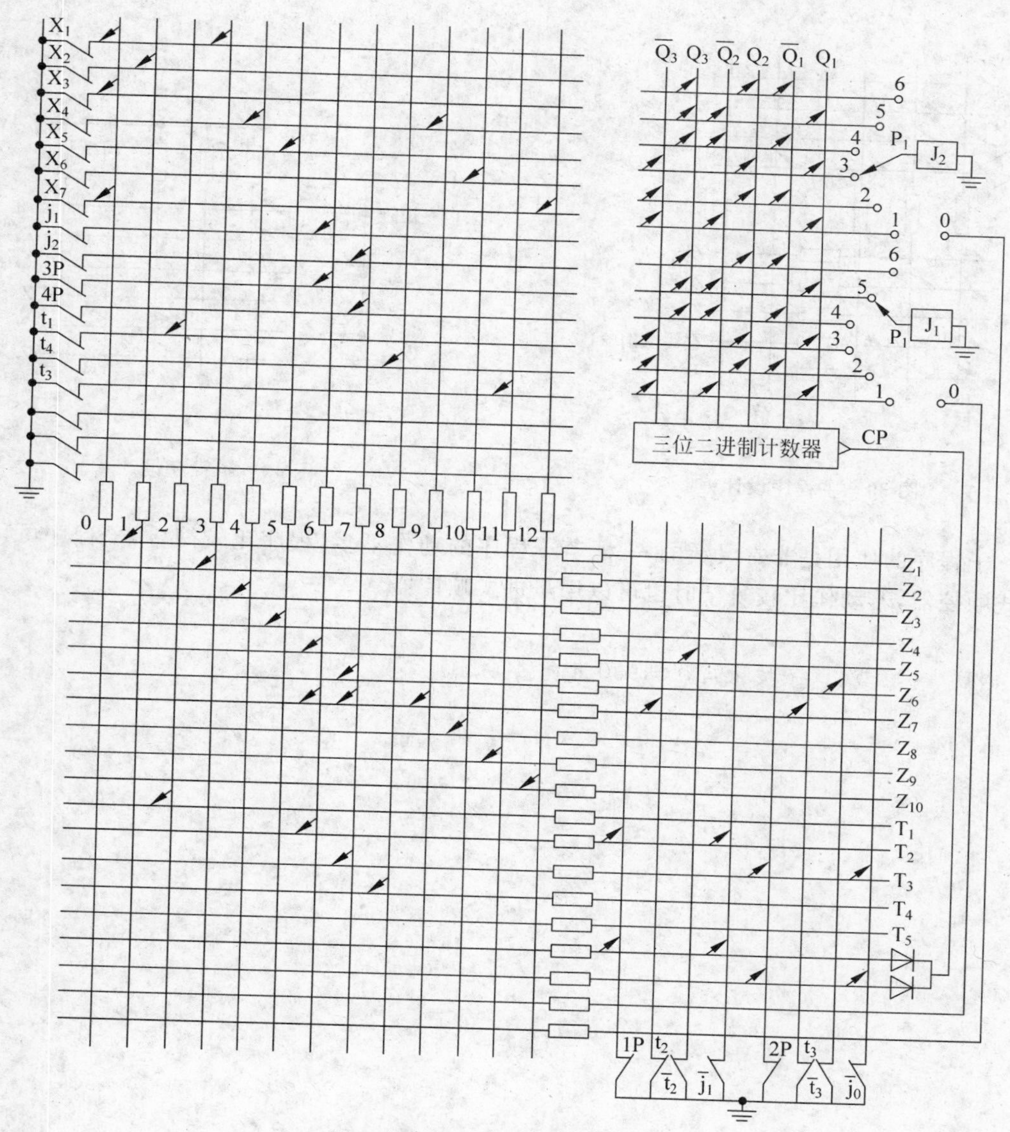

图 37 压砖机系统程序设计图

五、子程序设计

子程序的基本形式如图 38 所示。在主程序执行过程中需要有子程序动作时，主程序发一个"转子"指令，子程序动作完毕，发一个"返主"信号（又叫反馈信号），重新开始主程序动作。

图 39 为主程序设计图。图 40 为子程序设计。图 39 中，第 1 步 Z_1 动作，T 动作，同时发一个"转子"指令 Z 信号，于是 Z 的接点 Z 启动子程序，Z_4，Z_5，Z_6 依次动作，待 Z_6 动作后，其接点 Z_6 返回主程序，待 X_1，t 都打开后主程序转移到第 2 步，依类似动作进行下去，完成整个程序。

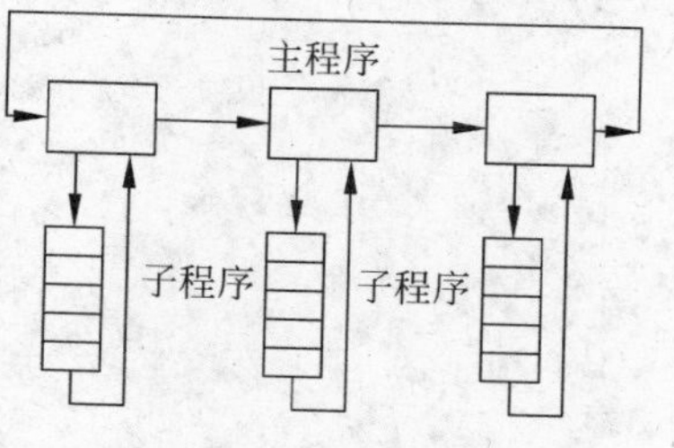

图 38 子程序示意图

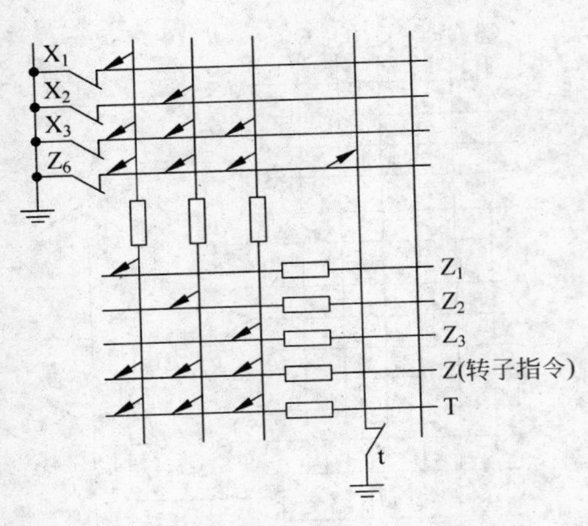

图 39 主程序设计

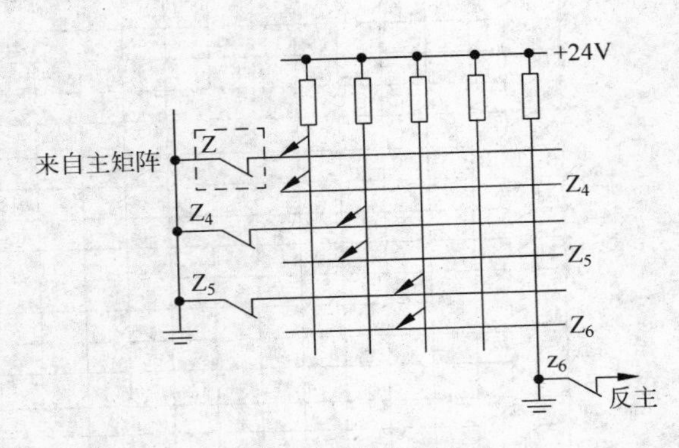

图 40 子程序设计

子程序的使用是非常灵活的，一般若子程序的动作不多，程序比较简单，子程序可用逻辑式顺控器，若动作比较复杂时也可以用步进式顺控器。

* 原载《电子技术应用》1980 年第 4 期。

88 MOS集成电路顺序控制器

一、前言

几年来，已有多种类型的顺序控制器用于各个行业的自动化。顺控器采用的器件是多种多样的，但目前大多仍是双极型半导体器件，至于单极型半导体器件，由于它在我国问世较晚，故使用得也较迟。通过这几年对P—MOS集成电路在顺控器上应用的实践和有关工厂参考我们图纸设计的顺控器已成功地在生产自动线上应用的例子，有必要介绍一下MOS集成电路顺控器的问题。

MOS集成电路，包括P—MOS、N—MOS、C—MOS电路，是一种场效应半导体器件，由于它具有一系列优点，在工业自动化方面将获得更广泛的应用。MOS集成电路的主要优点是：抗干扰性强，可靠性高；具有很高的输入阻抗，负载能力较大，功耗很小；元件制造工艺比较简单，集成度大等。因此，由MOS集成电路制成的整机重量轻、成本较低。

但MOS集成电路的速度较低，我国生产的P—MOS集成电路动作频率为0.5～2兆赫之间，这样的动作速度对工业控制是完全足够的。

MOS集成电路和单个场效应管不同，它的每个电路内部都已安置好保护装置(如图1)，在栅极G和漏极S之间反向连接了一个稳压二极管，这个稳压二极管的击穿电压在50～60伏之间，一旦栅极感应了高电压，稳压管反向击穿，造成低阻抗，把栅极上的电荷泄漏掉，而一般栅一源之间的氧化层SiO2介质击穿电压为100～180伏，故MOS集成电路是不容易受外界感应电压损坏的，也就是很“疲实”的。因而对电源电压也就不像TTL那样要求严格，它可以允许有一定的过电压。

几年来，我们对MOS集成电路顺控器作了一些实验。在抗干扰试验时，无论接触器、电磁阀或电焊机、电烙铁等频繁启动、插拔都不受干扰；高温连续8小时40℃运行不出故障；振动和可靠性试验也比较好。在工作条件很恶劣的车间现场内，交流220伏电源电压的波动为170～290伏的情况下，顺控器仍能正常运行。或在同一电源上4台40千瓦大电机直接全压启动以及离机120米处运行3台100千瓦可控硅中频电源对顺控器也不受干扰。这说明MOS集成电路在工业控制上是大有前途的。

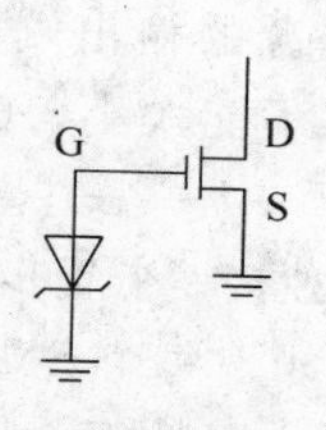

图1　模式电路示意图

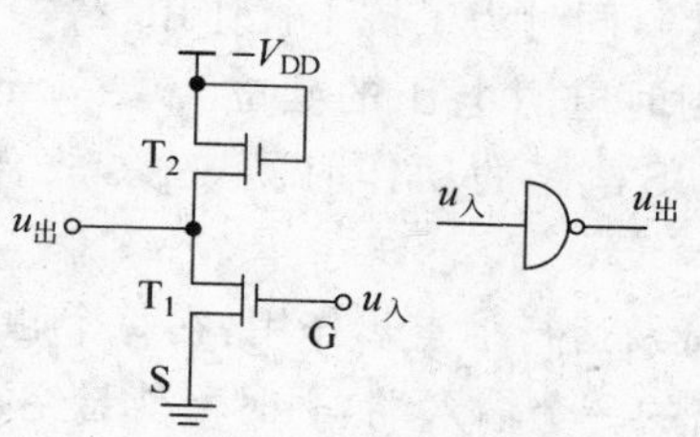

图2　MOS反相器电路及表示符号

二、MOS集成电路顺序控制器的基本原理

在介绍MOS集成电路顺控器的基本原理之前，先简单地介绍一下MOS电路的基本单元——MOS反相器。图2是一个MOS反相器电路及其表示符号。

这个反相器有一个输入端$u_{入}$和一个输出端$u_{出}$。反相器的S叫源极，G叫栅极，$D_{叫}$漏极。当$u_{入}$为高电位时，$u_{出}$为低电位；当$u_{入}$为低电位时，$u_{出}$为高电位。源极S端接地或高电位+12伏，$-V_{DD}$接-24伏或-12伏。当S端接+12伏，$-V_{DD}$端接-12伏时，高电位逻辑电平"1"≥9伏，低电位逻辑电平"1"≤0伏。场效应管T_1叫工作管，它的内阻约1.5k～3k欧姆，T_2叫负载管，相当于一个电阻，它的阻值约30k～50k欧姆。G和S之间有很高的输入阻抗，阻值约为10^8欧姆，故栅极电流很小，$u_{入}$即u_G控制T_1的导通与截止。有关MOS集成电路的详细工作原理请参阅清华大学编的《晶体管脉冲数字电路》下册。

这里介绍的顺控器的基本类型属于BSK型的顺控器，采用移位寄存器作步进器，正脉冲触发。顺控器大致分为五个部分，即步进器、矩阵板、输入、输出、各种控制功能单元(包括跳选、计数计时、记忆、子程序、多"1"检测及报警、延时等)。

图3为MOS集成电路顺控器的简化原理图。

下面分别介绍主要单元的原理。

(一) 步进器单元

步进器是由多功能触发器组成的，一片多功能触发器有两个D触发器，如图4所示。每个D触发器分别有10个MOS反相器组成，多功能触发器的型号为MMJ-3，采用正逻辑。

图5为步进器单元原理图，步进器中每个触发器的输出Q接后一个触发器的D，最后一个触发器的输出Q接第一个触发器的D，这样连接后就组成了"环行计数器"。当CP端来一个脉冲，触发器的"1"状态就后移一位，这样，来一个脉冲触发器的状态就后移一位，一直到最后一位，完成一个周期。

步进器合用一清"0"按钮，同时在R端接合闸清"0"单元。合闸清"0"的原理为在合闸瞬间，电容C开始充电，此时晶体管T_1截止，T_2导通，强迫步进器清"0"。经过一定时间后，电容C上电压充到一定值，足以击穿稳压管W_1时，T_1导通，T_2截止，合闸清"0"单元的输出为高电位，此时合闸清"0"单元对步进器不起作用。注意，清"0"端R是各触发器的一个输入端，MOS电路的输入端平时不能悬空，故必须在R端通过一个51k欧姆电阻接高电位(例如12伏)，同时为了抗干扰作用，清"0"端还必须通过一个电容接地。

由于合闸时电源电压的建立需要一定时间(因稳压电源的输出端有一个大滤波电容)，同时MOS电路的动作时间较慢，故合闸清"0"的电容不能太小，100微法左右是必要的。

为了调试及运行中点步作用，在每个触发器的S端应单独接一个置步按钮。同样，S端是MOS电路的一个输入端，平时不能悬空，这也是抗干扰要求。每个S端必须通过电阻接高电位，通过电容接地(或低电位)。注意，因MOS电路的输入阻抗很大，无论R端和S端所接电阻都不能太小，而电容却不能太大。

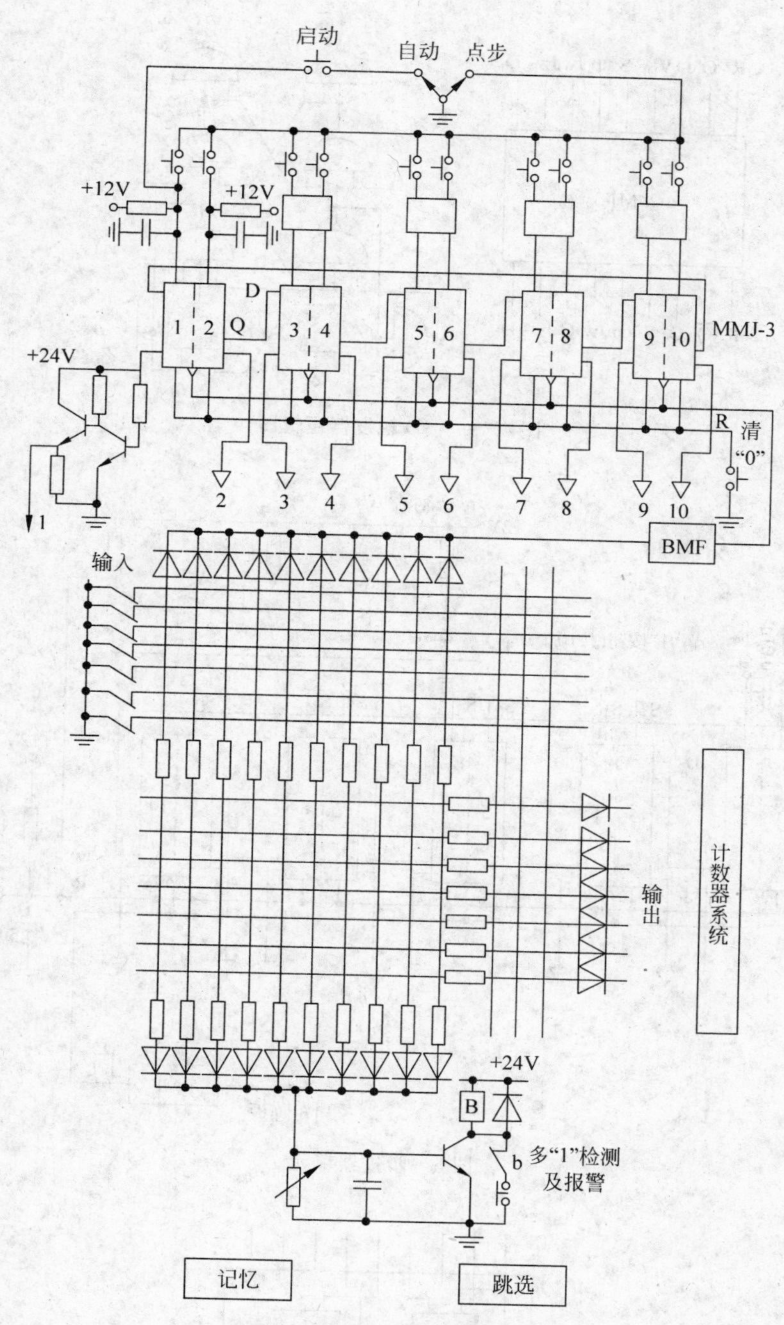

图 3　10 步顺控器简化原理图

步进脉冲发生器(简称 BMF)由 4 个双输入与非门组成，一片 MOS—Q 驱动器有 4 个双输入与非门(如图 6)，故用一片 MOS-Q 就可以组成积分式单稳触发器。BMF 的简单动作原理为，平时 4 个与非门(YF)的状态如下：$Y_{F-1}=$"0"、$Y_{F-2}=$"1"、$Y_{F-3}=$"1"、$Y_{F-4}=$"0"；无输入信号时，晶体管 T_1 截止，T_2 截止、T_3 导通(见图 7)，BMF 输出电位为"0"；当输入有信号时，T_1 导通，Y_{F-1}、Y_{F-2} 翻转，Y_{F-3} 及 Y_{F-4} 也翻转，Y_{F-2} 输出由"1"变为"0"，C_0 上

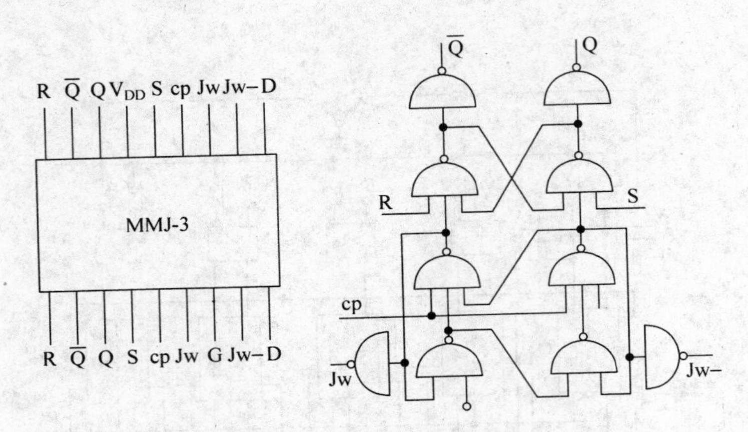

图 4 一个 D 触发器逻辑图

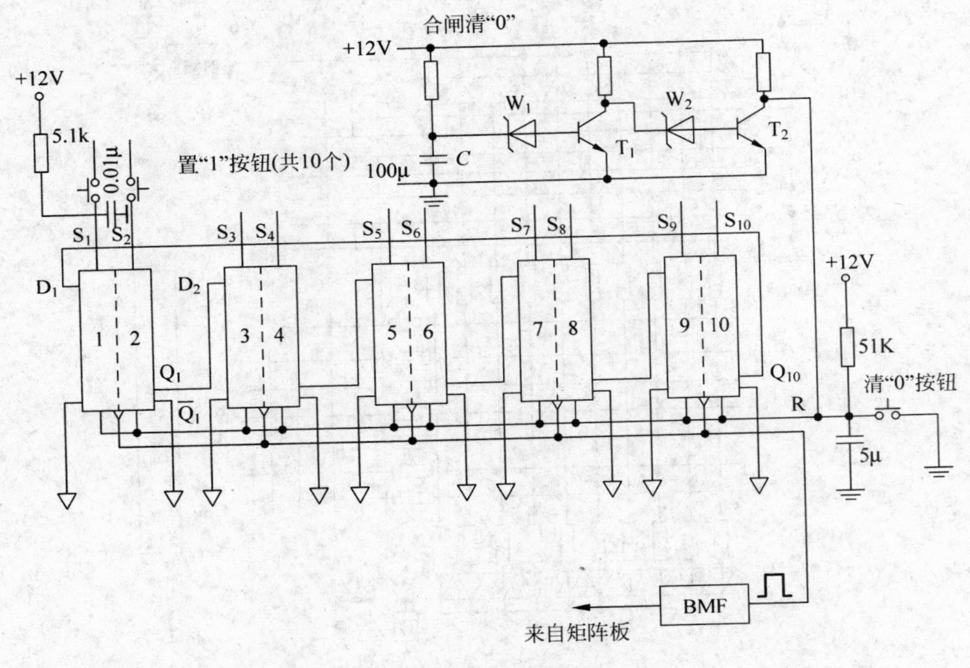

图 5 步进器单元

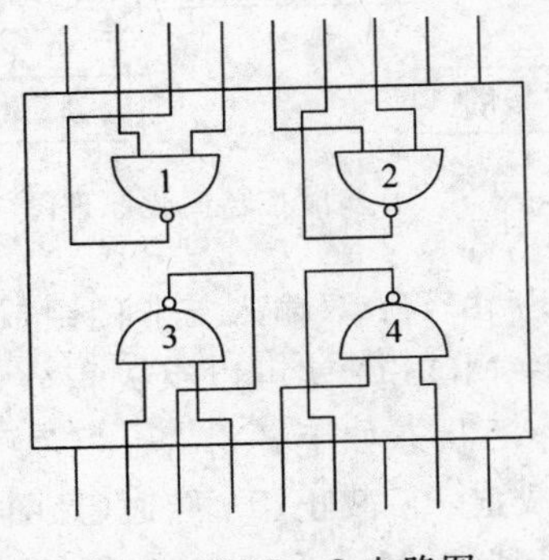

图 6 MOS—Q 电路图

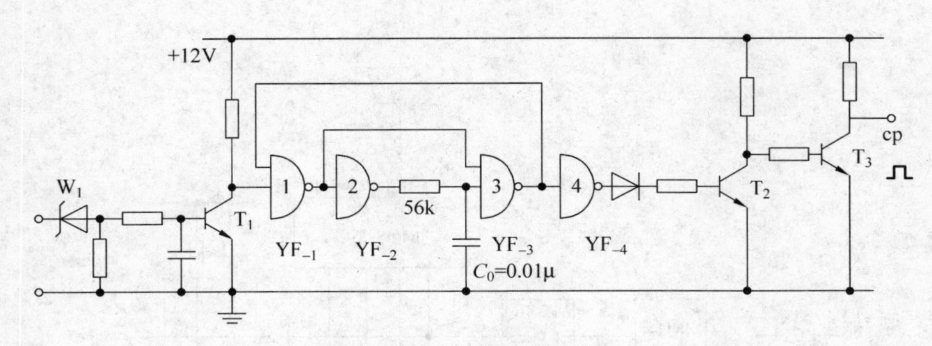

图 7 步进脉冲发生器(BMF)

的电荷通过 56k 欧姆电阻放电，在放电时间内，保持 Y_{F-3} 的输出为“0”，Y_{F-4} 输出为“1”，使得 T_2 导通，T_3 截止，CP 处于高电位状态，待 C_0 放电到足于使 Y_{F-3} 翻回“1”状态，Y_{F-4} 由“1”变为“0”，于是 T_2 由导通回到截止，T_3 由截止回到导通，BMF 输出一个完整的正脉冲。BMF 的输入端加“门槛”稳压管 W1 及阻容滤波，以提高抗干扰性。这个脉冲发生器的动作原理并不复杂，但要注意两点：

(1) 单稳电阻必须较大，这里为 56k 欧姆，而在 TTL 的脉冲发生器的电阻只需 200～500 欧姆。同时单稳脉冲又不能太宽，故单稳电容不能大，一般为 0.01～0.02 微法，而在 TTL 电路中约为 50 微法左右。

(2) MOS 集成电路对触发脉冲的前后沿有一个要求，一般需要小于 2 微秒，否则触发器将不能可靠翻转，故单稳的输出端必须通过整形。这里多加一级与非门及晶体管就是整形用的。

(二) 计数器系统

在顺控器中计数器的使用是很广泛的。例如计时间、计产品数量、计动作次数等等。而且为了充分利用计数器，可以通过程序编排实现各种程序，每个步都能合用一个计数器。为了达到这些目的，必须在计数器周围增加一些其他控制单元，因此，计数器系统应包括计数器、译码显示、“开门”、“封门”、“复位”单元，计数子矩阵等等，如图 8 所示。

计数器可直接用 MOS 集成计数器 MMJ-4 组成，一片 MMJ-4 即为一个 8421 码计数器，它由 4 个 D 触发器通过内部连线构成 8421 码二-十进制计数器。如需要计三位数字，则只需三片 MMJ-4 即可。计数器有进位(JW)及借位(JW)端，可以通过外部连线接成加法或减法计数器。计数器的脉冲源 JMF 接最低位的 CP 端，然后低位的 JW 端接比它高一位的 CP 端。由于 MOS 集成电路计数器的 CP 端平时应固定在低电位，故第一个、第二个计数器的 JW 端及第一个计数器的 CP 端必须通过 51k 欧姆电阻接低电位(－12 伏)，如计数器的 S 端不用，则必须通过一个电阻接高电位。每片计数器有 4 个输出端，即 Q_1、Q_2、Q_3、Q_4。在计数器应用中还必须通过子矩阵板实现，因此计数器的输出端还必须通过一级晶体管转换电压及放大功率。加之译码器需 $\overline{Q}_1$、$\overline{Q}_2$、$\overline{Q}_3$、$\overline{Q}_4$，故 MMJ-4 的输出 Q_1～Q_4 分别接 MOS-Q 的 4 个与非门的输入端，MOS-Q 的 4 个输出端即为 $\overline{Q}_1$～$\overline{Q}_4$，将 $\overline{Q}_1$～$\overline{Q}_4$ 分别接到一个晶体管的基极 b，这 4 个晶体管的输出极 c 的逻辑电平和计数器输出的 Q_1～Q_4 相同，把它们接到子矩阵的横母线上去，就可以利用这个子矩阵作中间环节使用计数器了。计数器的多

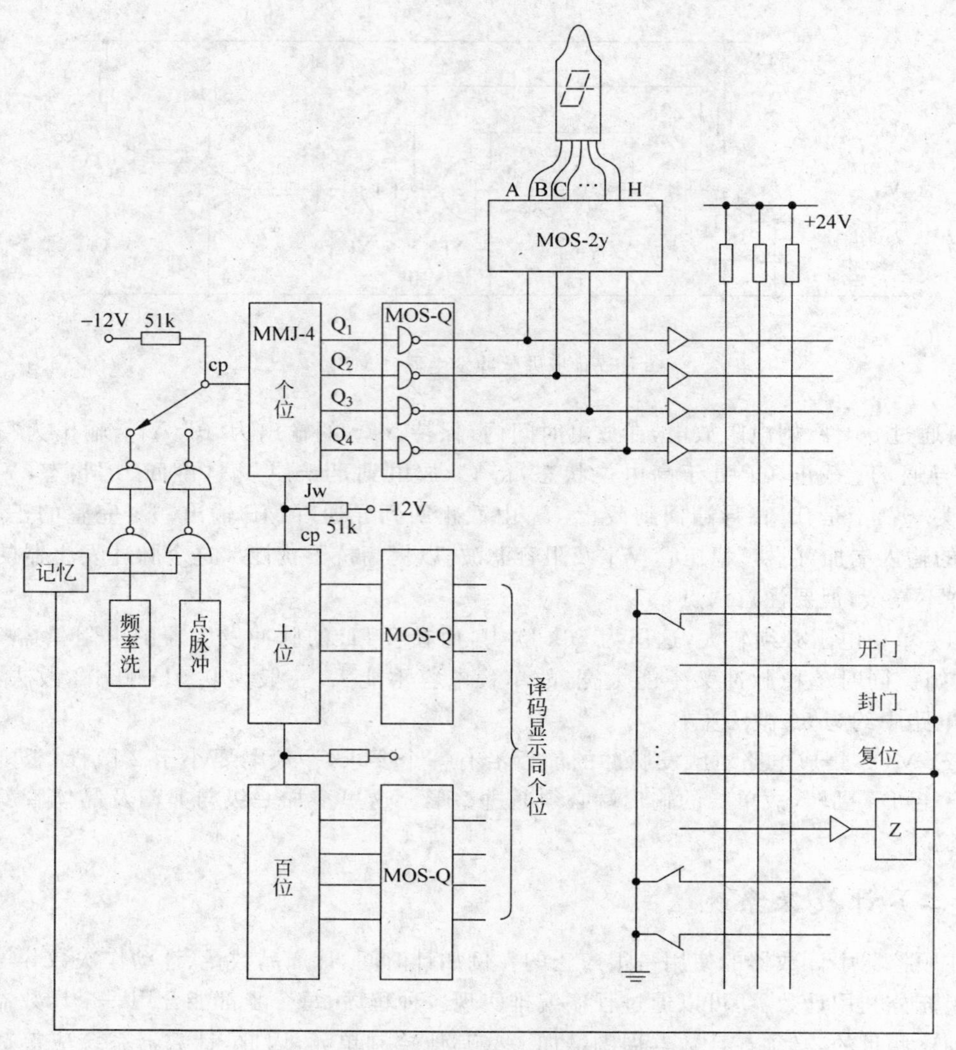

图 8 计数器系统示意图

种用途还必须经过“开门”、“封门”、“复位”等环节，这些环节的动作也必须经过计数子矩阵板。图 9 是计数子矩阵应用的一个简单例子。

若计数器需要计 7 个数，然后停止计数，输出一个信号 Z，则由主程序(或现场)发一个指令信号，于是计数器开门，频率源(或点脉冲源)绘计数器进脉冲，当计 7 个数时，$Q_1 \sim Q_3$ 都为“1”，封门信号动作计数器封门，同时继电器 Z 动作，发出输出信号。

计数器的“开门”、“封门”、“复位”原理见图 10。当计数器需要计数时，由指令发出信号，使“开门”的输入端有一个高电位，于是 M4 的 Y_{F-1} 输出“1”，频率源可以通过 M_5 的 Y_{F-4} 给计数器 CP 端，由 M_4 的 Y_{F-2}、Y_{F-1} 组成的双稳态触发器记住“开门”状态。计数器计到预置数字，“封门”单元有一个高电位，使 M_4 的 Y_{F-2} 翻转，Y_{F-1} 输出为“0”，将频率源封锁，计数器停止计数。当程序或现场发出复位信号时，一方面复位单元的那个晶体管导通，使计数器清“0”，另一方面 M_4 的 Y_{F-4} 输出高电位，使 M_4 的 Y_{F-1} 输出为“0”，封锁住频率源。如需要计产品数量或动作次数以及手动计数时，可通过点脉冲源给计数器。

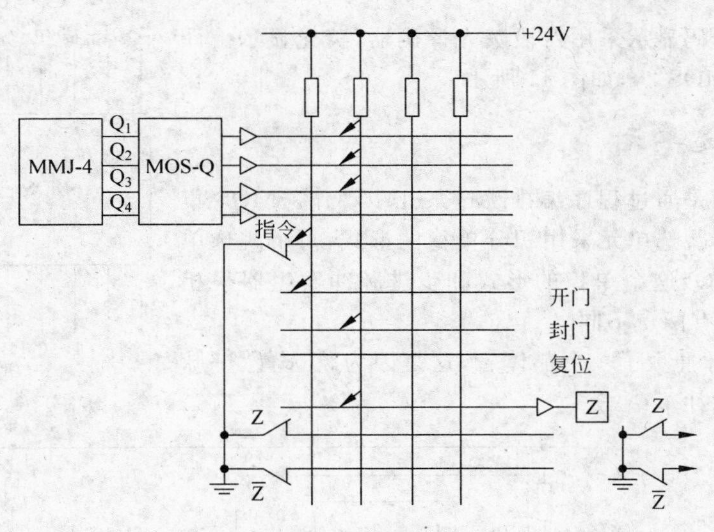

图 9　计数子矩阵的应用

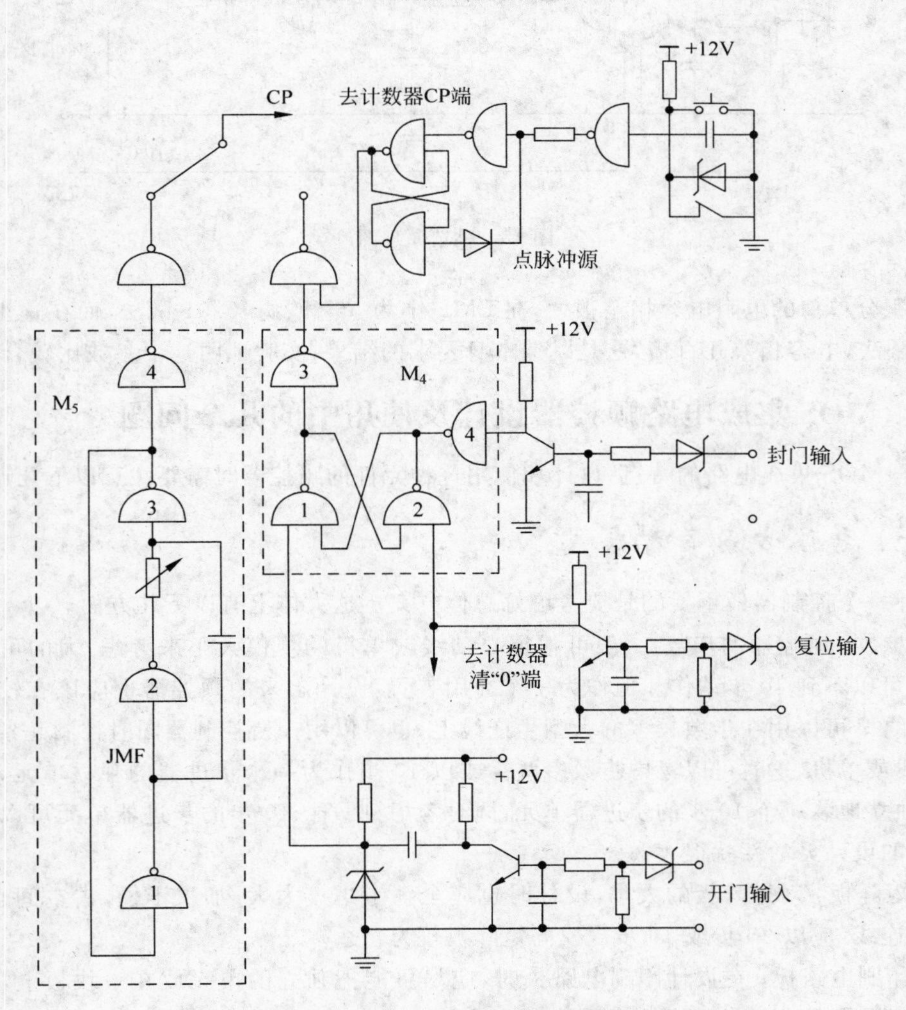

图 10　“开门”、“封门”、“复位”原理图

计数器的译码显示采用八段荧光译码器，荧光显示。译码器的型号为 MOS-2y，如图 11 所示。

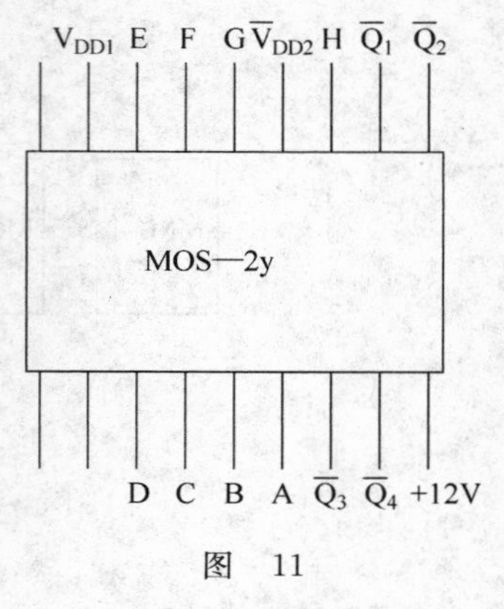

图 11

（三）跳选单元

跳选的作用是通过程序编排跳过某几步动作。MOS 集成电路的顺控器跳选单元采用积分单稳的形式，每个跳选单元用一片 MOS-Q，这个单稳的形式和步进脉冲发生器很相近（见图 12），但有两点不同。

1. 比步进脉冲少了一个晶体管，这是因为跳选置“1”脉冲要求的是负脉冲。

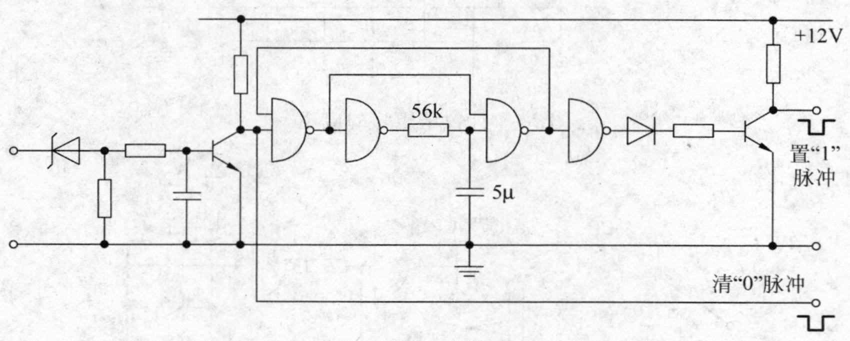

图 12 跳选原理图

2. 积分单稳的电阻电容相差很大，在 BMF 中为 56k 欧姆，0.01 微法，而在这里为 56k 欧姆，5 微法，电容相差几百倍，这是跳选本身要求的结果，实验证明这个参数比较合适。

三、MOS 集成电路顺控器设计及使用中的几个问题

根据 MOS 集成电路的特点，设计和使用这种元件的顺控器时需要注意以下几点。

（一）总体方案的考虑

设计一个控制器最重要的是要考虑好总体方案。这大体上有以下几方面。

1. 步数：顺控器的步数，一般可根据自动线或单机的规模大小来考虑，大的可达几十步，小的可以不到 10 步动作。但作为一个通用装置，设计出来的顺控器也应该有较大的灵活性，使之既可以用在步数较多的大型生产线上，也可以用一台控制器同时控制几条小一些的生产线或单机，这时可以考虑步数多些。或以 10 步作为一个步进器的独立单元，一台机器可以独立地装 4 个 10 步的步进器单元，同时考虑到数个 10 步的步进器单元可以串联运行，这样的设计灵活性就很大。

2. 矩阵板：对矩阵板的大小，设计时也应全盘考虑。太大，加工不便，占空间也大，太小，增加连线，应以 20 步或 10 步规模的矩阵板较为合适。

3. 印刷电路板：在设计印刷电路板时，应尽可能把独立的单元放在一块板上，这样板间连线就很少，可以提高可靠性。例如，10 步的步进器单元及其脉冲发生器、合闸清“0”等

放在一块印刷电路板上，这样虽然元件显得挤一些，但调试和运行时更换备用板等都十分方便。

4. 电源：MOS电路应用的电源是－24伏还是±12伏以及采取正或负逻辑制等问题均应全盘考虑。

（二）元件的选择

这里讲的元件的选择主要是指MOS集成电路的元件选择。目前我国MOS集成电路已有大批生产，P-MOS已有5～6年的历史，也比较便宜，虽然速度慢些，但仍然是主要使用的一种MOS元件。在选择元件时应尽量采用集成度大一些的较好，这样对整机连线、提高可靠性都有好处，投资较少，设计、维修也方便。此外MOS元件的品种不宜太多，品种少一些便于备料、设计和使用都方便，运行者容易掌握其性能。但也要从整体考虑，有时候采用集成度低一些的元件可能更为合适，例如，记忆单元，可以用MOS—Q作双稳态触发器，但由于记忆单元要和主矩阵联系，总要通过晶体管转换电压，此时就干脆用晶体管作记忆单元合适。又如，计数译码单元，有一种将计数器、寄存器、译码器合在一起的“三合一”集成电路，但在顺控器中用“三合一”电路就不太合理，因为顺控器中不需要寄存器，又需要通过晶体管放大，使用一个MOS—Q就可以达到目的了。

（三）设计时应考虑抗干扰措施

在设计时，必须考虑抗干扰措施。对于MOS集成电路不用的输入端必须通过一个50～100k欧姆电阻接高电位或低电位。例如，R、S等凡是负脉冲触发的，接高电位；凡是正脉冲触发的，必须接低电位，CP端接低电位。在一些晶体管单元的输入端通过加一个稳压管以垫高信号的“门槛”，同时加滤波器以吸收高频干扰信号（如BMF、跳选等单元的输入端）以及在插件板的入口处加入电容以吸收电源产生的干扰。这些都是在设计线路上可以采用的行之有效的抗干扰措施，当然还有别的方法，这里不能都详细列出来。

（四）MOS集成电路顺控器在调试使用中的一些问题

MOS集成电路的调试和使用要比TTL的方便一些，但MOS集成电路有它的特点，必须注意这些特点才能顺利地完成调试任务和可靠安全的运行。

1. MOS集成电路顺控器的调试仪器，例如稳压电源、示波器等（包括电烙铁）外壳不能漏电。因为虽然MOS集成电路本身已有保护二极管，但如果调试仪器漏电压较大时，且长时间漏电时，还是要击穿MOS电路的，所以在调试前首先要检查一下仪器是否漏电。外热式电烙铁必须外皮接地。

2. MOS元件的动作速度较慢，而且对触发脉冲的要求比较高，P—MOS要求脉冲的前后沿小于2微秒，否则触发器要误动作。因此在调试时外加脉冲的前后沿一定要好，否则容易造成误动作，影响正常调试。

3. 在使用时必须注意电源问题。这个问题对安全可靠运行特别突出，因为步进器中使用了＋24伏、＋12伏、－12伏三种电源，步进器的输出是经过触发器的$\overline{Q}$输出的（见图13）。当步进器工作在这一步时，$\overline{Q}$为低电位，于是射极输出器有约24伏的输出（图13）。如若＋12伏电源失压，则每一步的Q都不可能有高电位，即每一条相应的竖母线上都没有

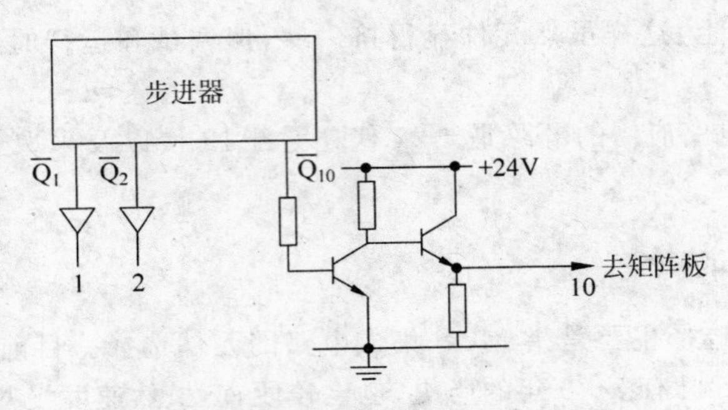

图 13 步进器输出电路

高电位，这样，和各步连接的输出将同步的射极输出器都有高电位输入到矩阵板的相动作，造成事故，这是不允许的。因此＋12 伏电源必须有失压保护，一旦这个电源失压，＋24 伏电源应立即切断。同理，当多“1”检测动作时也应切断＋24 伏电源，才能确保安全可靠。

* 原载《数控技术通讯》，1980 年第 1 期。1978 至 1979 年上半年，我在清华大学自动化系参加 MOS 电路顺控器的研制，包括主机的设计、制造和调试，在当时，这是一个新技术，所发表的文章受到《数控技术通讯》的重视，故连续在该刊物上发表了 3 篇文章，这是第一篇。

89 MOS 集成电路顺控器的调试(上)

近年来,MOS 集成电路在数控、顺控等方面的应用日益增多。因此,对于 MOS 集成电路的数控、顺控装置的单元和整机的调试问题,大家比较关心。这是因为研制和生产数控或顺控装置的单位需要调试,用户在机器的初始使用也要调试,而且在使用过程中由于维修、替换元件,或对机器的改造也需要经常调试。因此,在刊物上介绍、交流调试经验,是有利于推广应用数控、顺控等电子技术的。

本文想从一台 MOS 集成电路顺控器调试的全过程来介绍 MOS 集成电路顺控器的单元及整机的基本调试方法。由于内容较多,拟分(上)、(下)两次刊载,(上)为单元调试,下为整机调测。下面介绍单元调试。

一、MOS 集成电路顺控器的单元划分及调试注意事项

按照顺控器的总原理图(见《数控技术通信》1980 年第 1 期第 22 页图 3),在设计单元板时划分下列单元板。

1. 步进器单元板

包括由 5 片 MMJ-3 多功能触发器组成的环行计数器、步进脉冲发生器、合闸清"0"、置"1"及清"0"端滤波电路。

2. 跳选单元板
3. 计数器单元板
4. 计数器辅助单元板
5. 记忆及报警单元板
6. 延时放大单元板
7. 单管放大单元板
8. 输出、输入继电器单元板

由于大家对晶体管电路及继电器比较熟悉,故本文主要介绍有关 MOS 元件的单元板的调试。调试时必须注意:MOS 元件不用的输入端不能悬空,必须用低电位或高电位固定之,焊接 MOS 片时要用内热式电烙铁,若用外热式电烙铁,外皮必须可靠接地;若电路采用 ±12V 的话,则 MOS 电路的输入端的输入信号不要小于-18V 或高于+12V。

二、步进器单元板的调试

图 1 为步进器单元原理图。图中⑨,$\overline{⑳}$……表示插件板的出线号,$\overline{⑲}$表示插件板正面第 19 号插针,$\overline{⑳}$表示插件板反面第 20 号插针。为了更直观一些,画出插件板示意图如图 2。

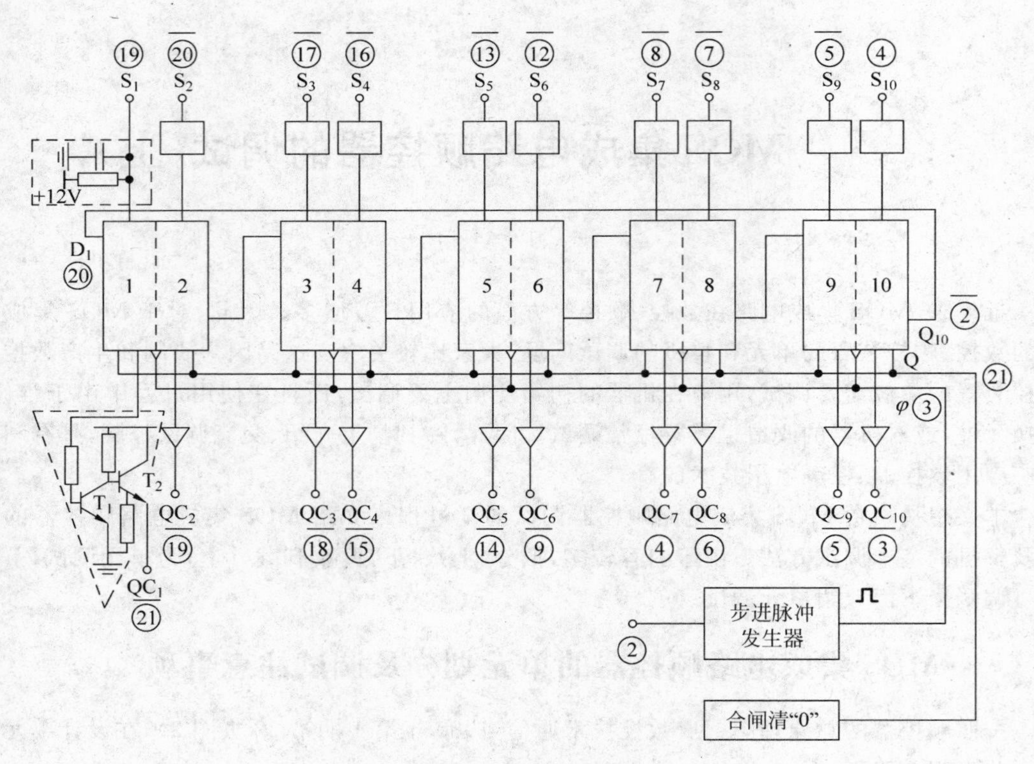

图 1　步进器原理图

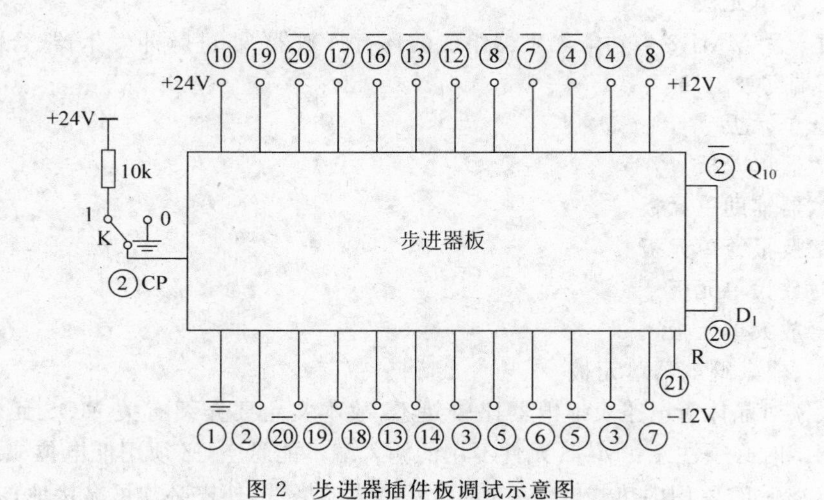

图 2　步进器插件板调试示意图

步进器单元板的调试内容为合闸清“0”、各步手动置“1”、手动清“0”、手动步进。现在分别介绍如下：

(1) 合闸清“0”的调试

将插件板插在调试架上，将已调整好所需电压的稳压电源以下述次序加在插件板上，即±12V 电源、+24V 电源。此时，步进器应处于清“0”状态，即用万用表测输出端 Q_{c1} ～ Q_{c10} 均为低电平(≤0)。重复 5 次，若合闸时输出端 Q_c 不为“0”电平，则可能合闸清“0”回路没有信号，或者合闸电容量过小。除此以外，若步进器 CP 端不在低电位或±12V 电源不正常也可能合闸时步进器不能清“0”。

(2) 手动置“1”

用对地指针分别触 $S_1 \sim S_{10}$，然后分别用万用表测 $Q_{c1} \sim Q_{c10}$ 应为高电平(≥20V)。重复 5 次，如果个别 S 端不能置“1”，则可能的情况为：①驱动电路的 T_1 管击穿或 T_2 管损坏。②该 S 端滤波电阻电容(抗干扰用)没有焊好。如果置“1”后不能自保，且全部 S 端都有这种情况，则可能的原因为 CP 端悬空或处于高电位、±12V 电源不正常以及合闸清“0”电容极性焊反。

(3) 手动清“0”

用接地指针触 R 端，然后用万用表测 $Q_{c1} \sim Q_{c10}$，正常情况应均为低电平。重复 5 次，如果不能清“0”，可能的原因和第(2)项的手动置“1”相同。

(4) 手动步进

将步进器的 Q_{10} 与 D_1 相连，然后将步进器第一位置“1”，将步进脉冲发生器的输入开关 K 由 0 拨至 1 然后又由 1 拨至 0，步进脉冲发生器发一个步进脉冲，步进器的高电位输出应移到第二位，如此做 3～5 次循环，若测量出来的 $Q_{c1} \sim Q_{c10}$ 高电平输出不合格，则首先检查是 MOS 片的问题，还是晶体管驱动电路的问题，然后检查原因。步进器板是顺控器的关键板，内容也比较多，遇到的问题也比较复杂，今举两个例子说明如何分析步进器的调试现象。

例 1：一块步进器板手动步进调试时，出现下列现象：从第一步步进到第二步时，同时出现第二、第三步有高电位输出，用示波器观察，步进脉冲发生器确实只发了一个脉冲。因为步进器各触发器来脉冲后的状态决定于来脉冲前的 D 端的状态。所以为了查出上述原因，必须查一下来脉冲前第二、第三个触发器的 D 端电位，发现第二个触发器的 Q_2 端为 3.7V，即远大于标准低电平(≤0V)，说明第二个触发器质量不高，需要换掉，或如图 3 那样，在 Q_2 和 −12V 之间接一个 10kΩ 电阻，使之降低 Q_2 的输出低电平(即 D_3 的输入电平)，也能长期运行。

例 2：有一块步进器板从第四步到第五步手动步进时，同时出现第五、六两步有高电位输出，而其他各步都正常，用万用表测量 Q_5(即 D_6)的低电平时正常，但当用万用表触及 D_6 时从第四步到第五步的手动步进又正常了，于是在 Q_5(即 D_6)对地接一个 0.02μf 电容即能正常步进(见图 4)。

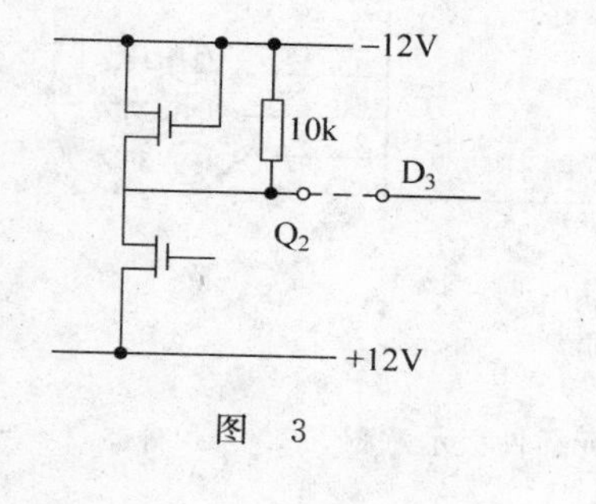

图 3

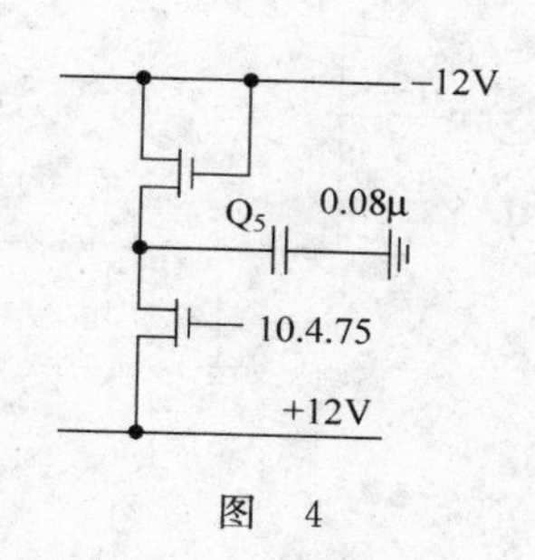

图 4

以上两例说明在调试中出现故障时需要认真的细致分析，而且，即使集成电路的故障也可以用外接元件的办法予以解决。

三、跳选单元板的调试

跳选单元板上有三套跳选单元，其原理图如图 5 所示。图 6 为跳选插件示意图。

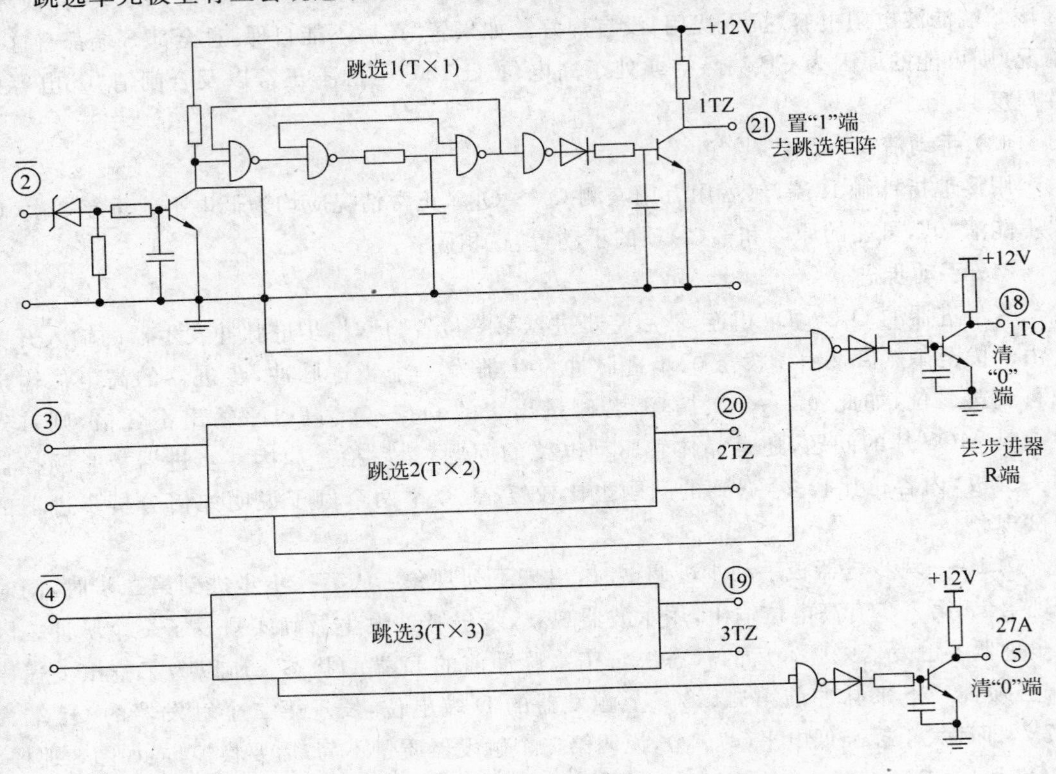

图 5 跳选原理图

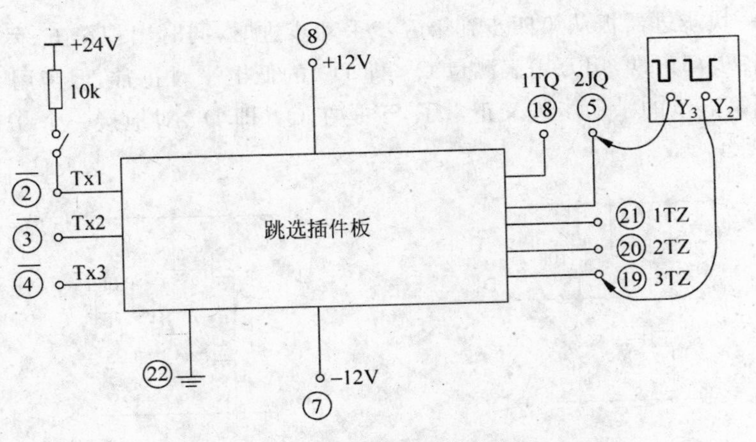

图 6 跳选单元插件板示意图

跳选单元的调试分静态和动态调试两部分。

（1）静态调试

合上电源后，跳选单元的输入端不加信号时，清"0"端和置"1"端应均为高电位（+12V）。

（2）动态调试

分别于 TX_1～TX_3 的输入端加信号，双线示波器上应分别看出相继出现的两个负脉冲，且清"0"脉冲窄于置"1"脉冲。如果没有双线示波器，也可以用两块万用表分别接清"0"及置"1"端，当跳选输入信号加上时，两块万用表的指针分别摆动一下，说明已发了两个负脉冲。

跳选单元调试时可能出现的问题是：当加入输入信号时，不出置"1"脉冲。这主要问题出在单稳上，特别检查一下单稳电阻、电容是否有虚焊。此外，跳选单元调试时最易出现的问题就是清"0"脉冲和置"1"脉冲的配合问题，但是这个问题不可能在单元调试时能够解决，需要整机调试才能解决。

四、计数器辅助单元的调试

计数器辅助单元即计数器的开门、封门、复位单元，图 7 为其原理图。图 8 为插件板示意图。

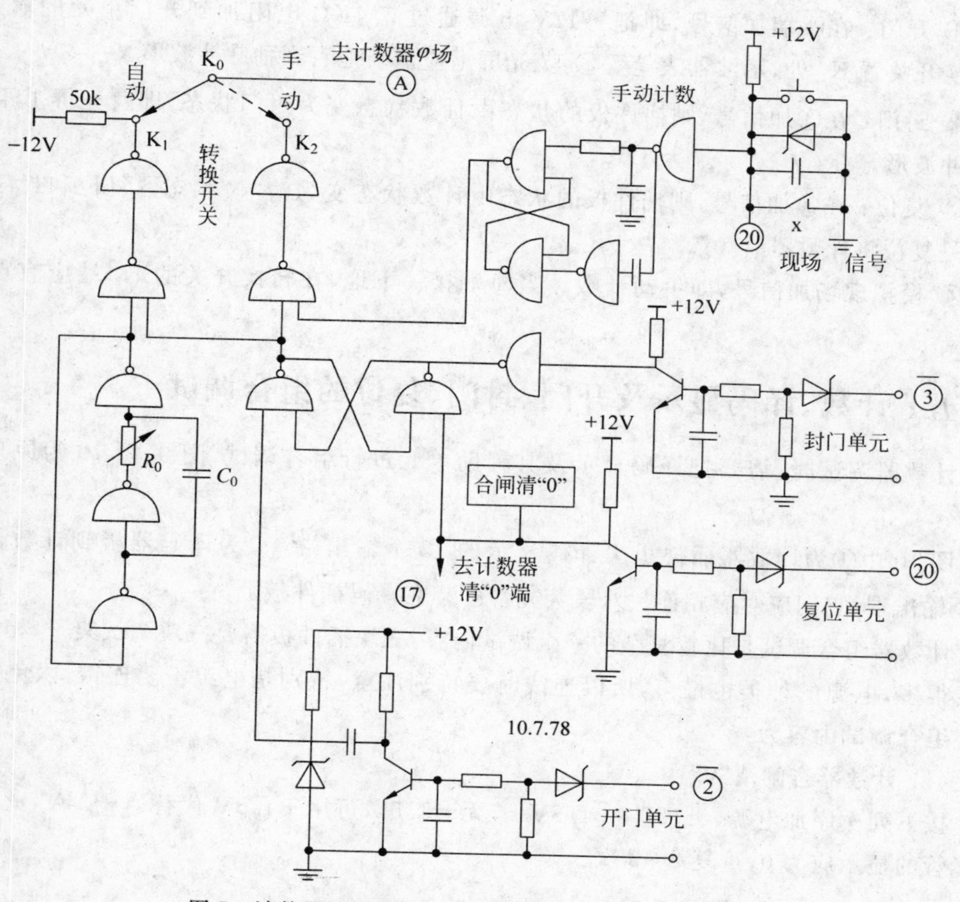

图 7　计数器辅助单元原理图（开门、封门、复位单元）

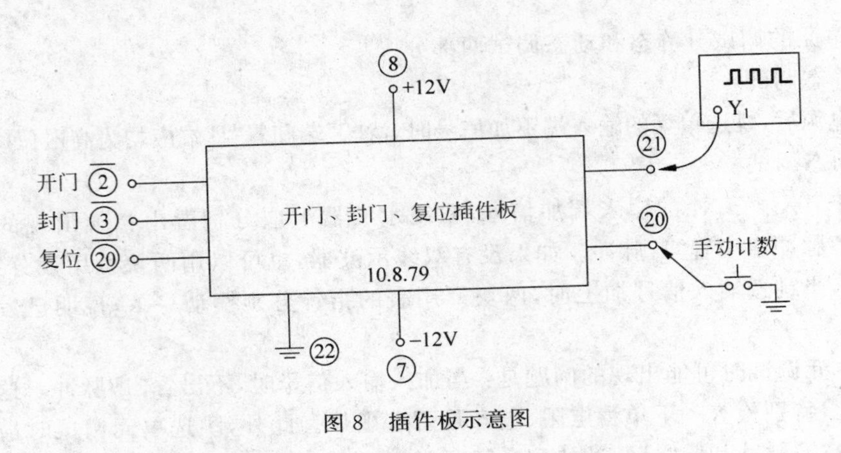

图 8　插件板示意图

计数器辅助单元的调试内容包括：

(1) 测静态逻辑电平：合闸后逻辑状态应为封门状态，CP 端(21)应无脉冲输出。

(2) 调节频率源：用示波器测频率源的频率，调节 R_0，使频率源达到所需频率，比如秒脉冲源。

(3) 功能调试，包括：

① 开门：在②端加信号，即把+12V 电源通过 5.1KΩ 电阻加到开门单元的输入端。将转换开关置 K_1 处，示波器表笔置㉑，荧光屏上应清晰地看到秒脉冲波形。

② 封门：在③加信号，则插件板的状态由计数状态变为封门状态，即荧光屏上不再有秒脉冲波形。

③ 复位：在⑳加信号，则插件板的状态由计数状态变为清“0”状态。复位和封门不同之处是复位将计数器清“0”。

④ 模拟现场加信号，即手动计数。当⑳端接一下地，在转换开关的 K_2 端应有点脉冲发生。

五、计数、译码显示及开门、封门、复位的组合调试

计数器调试时，需要把译码显示及其辅助单元进行组合调试，图 9、图 10 为原理及调试图。

图 10 中Ⓙ为计数器插件板去译码显示的 12 个输出端，Ⓨ为译码器板到计数器板的 12 个输出端，它们应对应相连。八段荧光管已装在译码插件板上。

计数器组合调试是比较复杂的一个调试内容，三块插件板需要三块调试架子，相互之间连线很多，电源的种类也最多，所以连线时要特别注意，特别是电源不要连错，以免损坏器件。组合调试内容为：

(1) 计数器合闸清“0”

按下列次序加电源，±12V，−1.5V(若无−1.5V 可用+1.5V 代替)，+24V，此时 3 个荧光管的显示应为 0，重复 2～3 次。

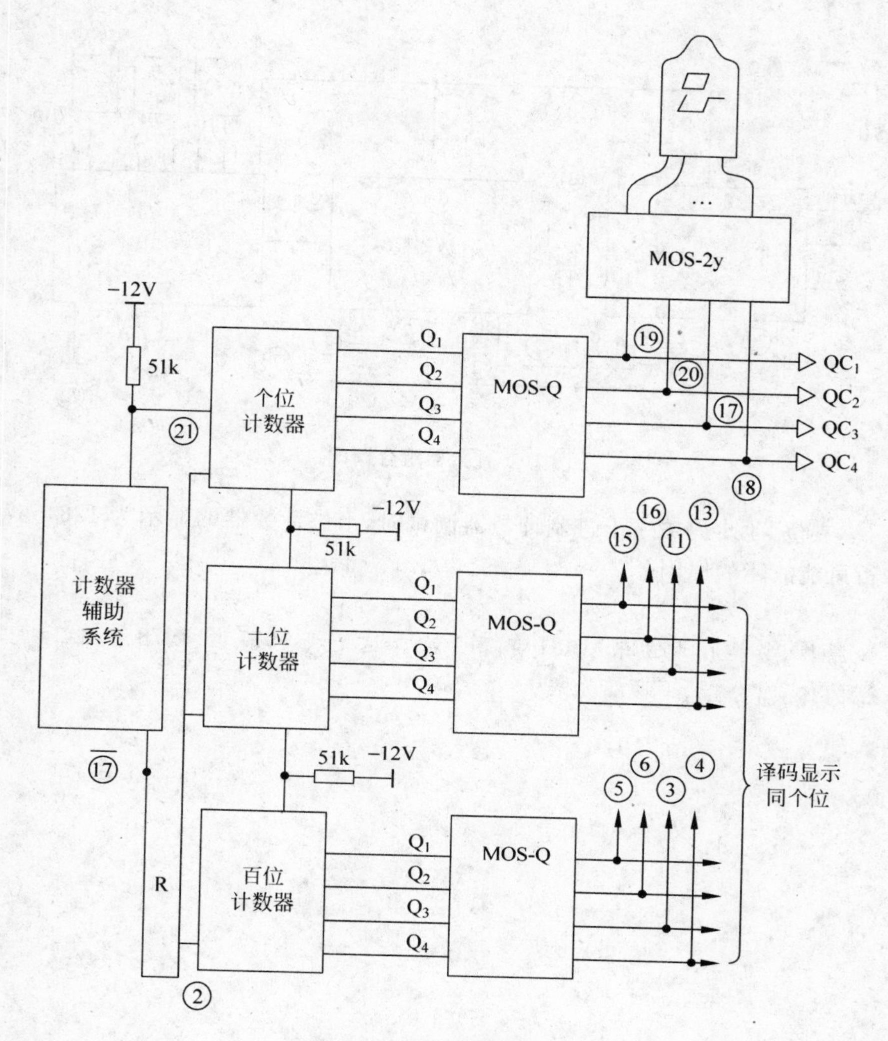

图 9　计数器系统原理图

（2）自动计数（计时）

将开、封、复板上开关放在 K_1 位置，开门端按一下高电位，计数器应自动计数，荧光管应正确显示。重复 3～5 次。在计数过程中加封门信号，计数器应停止计数，若再加开门信号，计数器应从原有数开始继续计数，直至 999 后，计数器溢出清“0”，重新从 1 开始计数。在计数过程中可以作复位试验，即加复位信号计数器应自动清“0”。

（3）手动计数

将开关置 K_2 位置，加开门信号，然后接手动计数按钮，计数器应逐一计数。

计数器系统和步进器系统一样，是顺控器的重要组成部分，因此调试起来也比较复杂，许多调试现象需要认真分析和试验才能找出其原因，下面想举两个现象，有兴趣的读者可以先分析一下故障的可能原因，答案将在下期发表。

现象 1：三位 8421 码二·十进制计数器调试时，百位计数器的荧光管上在连续秒脉冲的作用下的显示为 3334778…3334778…试分析可能的故障原因。

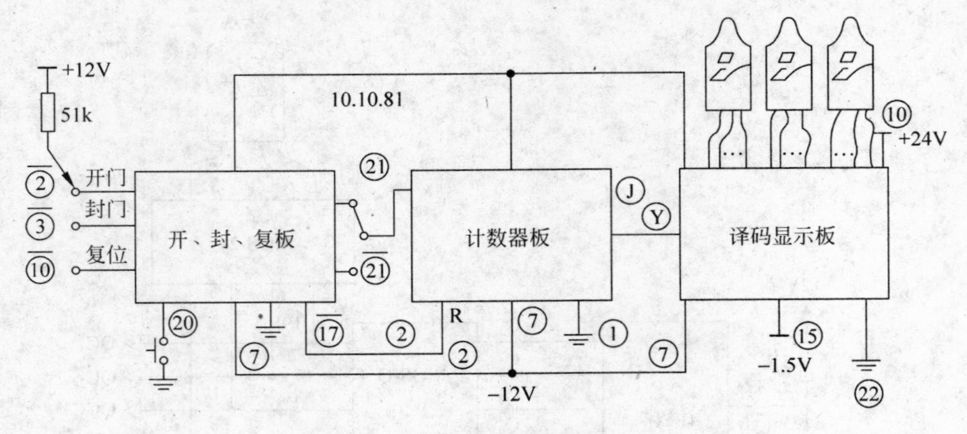

图 10 计数器组合调试

现象 2：三位 8421 码二·十进制计数器调试时，十位计数器的显示为 1234567000→进位。试分析可能故障的原因。

*原载《数控技术通讯》1981 年第 1 期。这是我 1977 至 1978 年在工厂中亲自调试的体会，分上、下两篇发表。

90 MOS 集成电路顺控器的调试（下）

顺控器各单元的调试仅仅是调试工作的一个小部分，内容更多的调试是整机调试。这是机器出厂前最重要的也是最后的一个工作，要十分重视。所谓整机，是将顺控器的各单元通过安装和配线联系成一个有机的整体，成为一台完整的机器。这个机器的各部分能否协调可靠运行，必须通过机上调试和各种考验。有些单元即使单独调试时符合原理设计，但和整机联系起来就不一定符合整机运行要求，有些缺陷光靠单元调试也无法暴露。为了实现一个合格和好的整机调试方案，就要进行从调试内容到调试方案的设计。本文从整机调试方案及调试内容的确定，如何设计调试程序、调试方法及调试中现象的分析，简要地介绍了MOS 集成电路顺控器整机调试的全过程。

一、整机调试的目的及调试前的准备工作

为了具体起见，我们列出下列调试目的：

(1) 查出和改正机器的安装、配线的错误。

(2) 通过调试验证各操作元件是否好用，并做出正确使用这些操作元件的方法。

(3) 在整机上验证各种功能是否满足设计要求，如果不满足要求，可在整机上改进之。同时也需验证顺控器的原理设计是否符合实际需要，如果需要改进，也在整机上改进。

调试之前还需要做好充分的准备工作，一般的做法有：

(1) 用 500 伏摇表测电源变压器原副边线圈对地（外壳）电阻，要求绝缘电阻不少于 10 兆欧。

(2) 用 500 伏摇表测＋24 伏电源、±12 伏电源以及交流 5 伏电源等母线对地绝缘电阻，要求不少于 2 兆欧。

(3) 检查各部件、元件确已安装完整，检查有无损坏现象。

(4) 熟悉面板上各元件的作用及如何使用。

(5) 熟悉稳压电源的原理及使用，并能做到自行修理电源。

(6) 熟悉整机的装配图、总原理图、总配线图，并按上述图纸查线，检查各处连线是否连接牢固，有无错焊、虚焊、断线、接插件松脱等现象。查线可用试灯、音响器或万用表。当用万用表查线时，必须用×1 的欧姆挡检查导线的通断。若发现连线电阻过大，说明有虚焊或接插件不牢固。

二、调试方案的确定及调试前的技术准备

调试方案是整机调试的纲要，对它的确定要十分重视。调试方案首先由主要技术负责人拟订，然后经全体调试参加者讨论、补充，必须做到大家都清楚。例如一台具有两个 20 步的 MOS 集成电路顺控器，它每个 20 步又可分成两个 10 步单元，这两个 10 步亦可进行并、

串运行，由于串联运行要比并联运行复杂，故先按 20 步串联运行方案进行调试。两个 20 步可以单独进行、也可以同时进行调试。

调试方案确定后需要做下列技术准备：

（1）将两个 10 步步进器 CP 端、R 端分别联在一起。

（2）将两个 10 步步进器串联起来，即第一个 10 步步进器的 Q_{10} 和第二个 10 步步进器的 D_1 相连。

（3）将 20 步的步进器环接起来，即将第二个 10 步步进器的 Q_{10} 和第一个 10 步步进器的 D_1 相连。

（4）焊好主矩阵上的调试程序及一些供调试用的临时连线。调试程序用的二极管可用 2CP11 或 2CP12，要求正向电阻小于 200 欧，反向电阻不小于几兆欧。

（5）按调试程序焊好计数子矩阵、子程序子矩阵、跳选子矩阵上的二极管。

（6）按调试程序焊好自动步进的两条反馈线，即 dz_1 和 dz_2 两个常闭接点接到输入矩阵（见图 2）。

（7）按调试程序焊好两条计数器反馈线，即计数器 1 的反馈线由 dz_{24} 接来，计数器 2 反馈线由 dz_{26} 接来（见图 4）。

（8）按调试程序焊好两条子程序子矩阵的反馈线，即第一套子程序子矩阵反馈线由 dz_{10} 接来，第二套子程序反馈线由 dz_{22} 接来。

（9）按调试程序焊好主矩阵给子程序子矩阵的两条指令线，即第一套指令线接到 dz_{11}，第二套指令线接到 dz_{12}。

（10）将主矩阵 CP 母线相连（在两个 10 步步进器主矩阵竖母线上端，二极管阴极处相连），断开第二个 10 步步进器的脉冲发生器的输入端及输出端，即 20 步步进器合用一套 CP 脉冲发生器。

（11）将两个 10 步的多"1"检测输入端相连。

三、调试内容的确定及调试程序的设计

1. 调试内容的确定

在调试方案确定后，必须确定具体的调试内容，并以此为根据设计调试程序。调试内容及调试程序设计的主导思想为：以最简单的程序检查机器的所有部件、连线及各种功能，所以调试内容应包括下列各项：

（1）输入、输出及步进器的调试；

（2）跳选及跳选子矩阵的调试；

（3）计数、计时及计数子矩阵的调试；

（4）多"1"检测及报警的调试；

（5）子程序子矩阵的调试。

2. 调试程序的设计

调试内容确定后就可以进行调试程序设计，调试程序设计是一项细致的工作，其步骤如下：

(1) 输入程序及手动步进的程序设计

在主矩阵上，对应各输入继电器常闭接点的横母线和相应步数的竖母线之间插一斜排二极管，如图1所示。

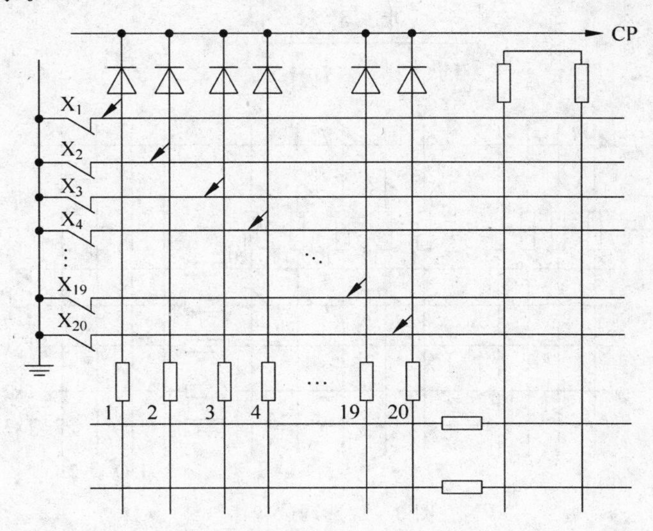

图1　输入程序及手动步进的程序设计

(2) 输出程序及自动步进的设计

自动步进的方法是利用两个延时继电器的接点 dz_1 及 dz_2 的交替打开、闭合实现的。dz_1 打开时，步进器从单数步步进到双数步；dz_2 打开时，步进器从双数步步进到单数步。为了检查所有输出继电器的正常工作以及步进器的带负载能力，在第20步插全部二极管，使得在第20步全部继电器动作，即"多路输出"，如图2所示。

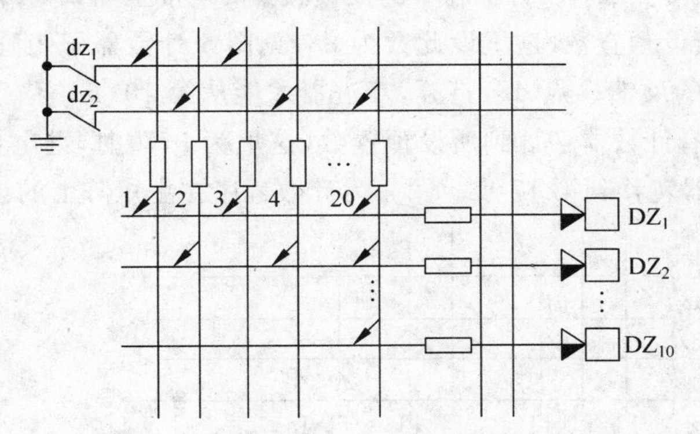

图2　输出程序及自动步进的程序设计

(3) 跳选程序的设计

本机在20步内有三套跳选单元，用符号 TX_1，TX_2，TX_3 表示。在编调试程序时必须将三个跳选单元都编入调试程序。在设计中我们安排 TX_1 从第4步跳到第8步；TX_2 从第13步跳到第15步；TX_3 从第1步跳到第3步，同时 TX_1、TX_2 由记忆1控制，TX_3 由记忆2控制。当记忆1及记忆2为"0"状态时，TX_1 ~ TX_3 均被封锁，而当记忆在"1"状态时，TX_1 ~ TX_3 均能跳选，如图3所示。

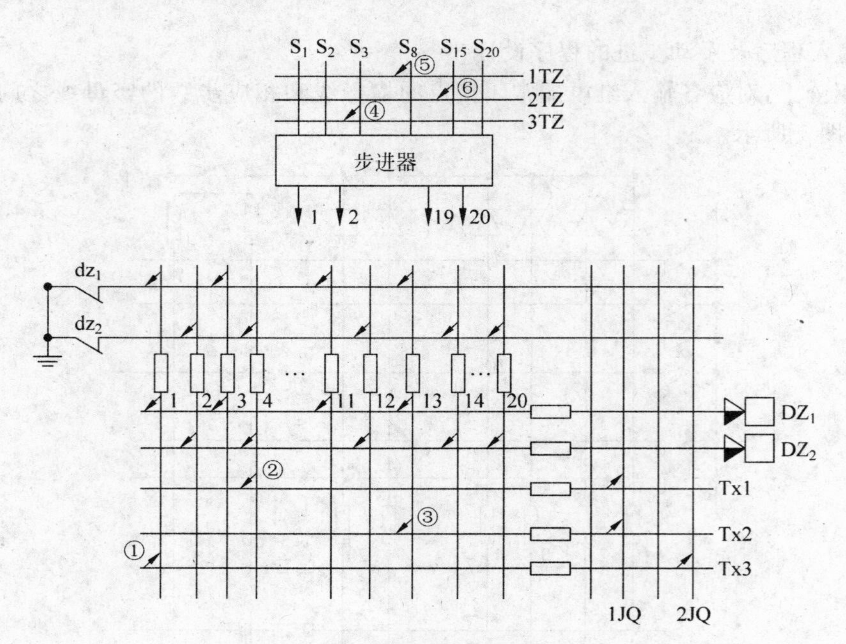

图 3 跳选调试程序

跳选程序二极管插法：在主矩阵的第 1 步上插 TX_3 的指令二极管①，在第 4 步上走 TX_1 的指令二极管②，在第 13 步插 TX_2 的指令二极管③。在跳选子矩阵上，对应 S_3 的竖母线上插置步二极管④，在对应 S_8 端插 1TZ 的二极管⑤，对应 S_{16} 插 2TZ 的二极管⑥。

(4) 计数计时调试程序的设计

步进器在第 10 步计数器 1 动作；即发 1JS 指令；第 16 步计数器 2 动作，即发 2JS 指令。计数器 1 的反馈接点 dz_{24} 及计数器 2 的反馈接点 dz_{26} 接至输入矩阵。步进器在第 10 步只有计数器 1 计到所设预置数(这里设此数为 88，见图 5 计数器子矩阵设计)，继电器 DZ_{24} 动作，接到主矩阵上的反馈接点 dz_{24} 打开，步进器才能从第 10 步转移到第 11 步。同理，步进器在第 16 步时只有计数器 2 计到所设预置数(这里为 777)时，继电器 DZ_{26} 动作，反馈接点 dz_{26} 打开，使步进器转移到第 17 步。图 4 为计数程序在主矩阵上的设计。图 5 为计数子

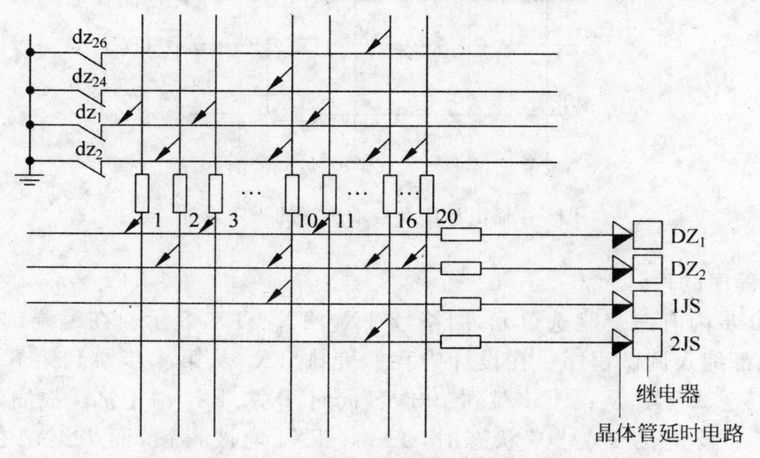

图 4 计数程序在主矩阵上的设计

矩阵的设计。图 5(a)为第一套计数子矩阵，图 5(b)为第二套计数子矩阵。两套计数子矩阵都有两个输出单元，即 DZ_{23}，DZ_{24}，DZ_{25}，DZ_{26}，其中 dz_{24} 及 dz_{26} 两对接点作反馈用，而 dz_{23} 及 dz_{25} 两对接点作计数器复位用。调节 DZ_{23}～DZ_{26} 的延时时间，使得 DZ_{23} 及 DZ_{25} 的延时动作时间比 DZ_{24}、DZ_{26} 的稍长一些，以保证反馈到主矩阵后再将计数器复位。

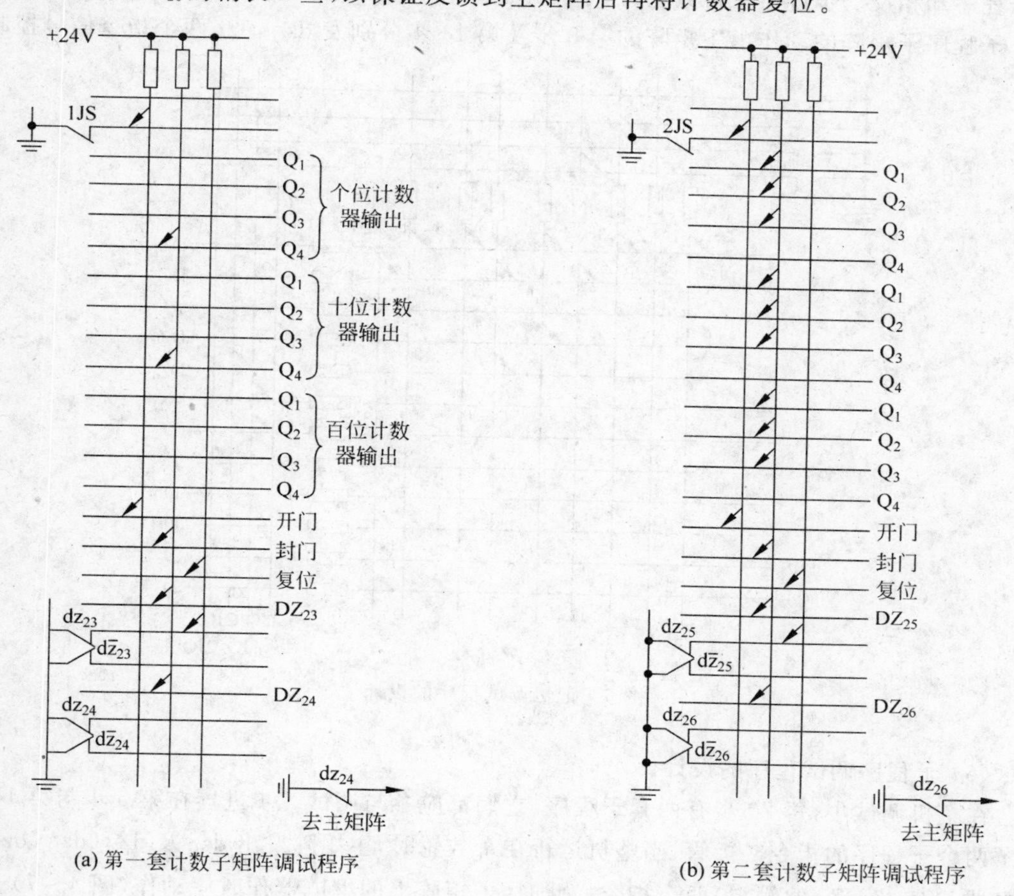

(a) 第一套计数子矩阵调试程序

(b) 第二套计数子矩阵调试程序

图　5

(5) 记忆调试程序的设计

本机在 20 步中有两套记忆装置，每套记忆装置在调试程序运行时都应动作。我们约定，当步进器在奇数循环时，两套记忆的状态为“0”，此时由记忆控制的跳选及子程序子矩阵都不动作，而在第一轮(以后逢双循环亦如此)时记忆翻转为“1”状态，于是它们控制的跳选和子程序子矩阵都动作，考虑到在单数循环中步进器每一步都能动作(即不进行跳选)，故记忆的翻转指令放在第 20 步，图 6 中的 $1\bar{J}$、1J 和 $2\bar{J}$、2J 分别为两套记忆装置的输入端，而 $1J\bar{Q}$ 和 1JQ 以及 $2J\bar{Q}$、2JQ 分别为它们的输出端。记忆的翻转是后沿翻转的(参见本刊 1980 年第 1 期)，当步进器在 20 步时，记忆并不翻转，仅当步进器由 20 步向第 1 步转移时记忆才翻转。在主矩阵的第 20 步上全部记忆的输入端都插上了二极管，由于记忆的输出端本身的控制作用，每次到 20 步只有两个输入端有高电位信号(或 $1\bar{J}$、$2\bar{J}$，或 1J、2J)。由图 6 的程序可以看出步进器第一轮(或奇数循环)工作时，$1J\bar{Q}$ 和 $2J\bar{Q}$＝“1”。一到 20 步，1J 和 2J 输入端有高电位，而 $1\bar{J}$ 和 $2\bar{J}$ 被 1JQ 和 2JQ 旁路，故第 1 次翻转记忆必然是由“0”状态翻转成“1”状态，第二次翻转记忆（偶数循环亦然）必然为由“1”状态翻成“0”状态，如此循环下去。图 6 中还安排了记忆对跳选和子程序的控制。步进器在第一轮（奇数轮亦然）工作时，跳选被封锁，而子程序却相反。步进器在奇数轮时，子程序能动作，而在偶数轮时，子程序被跳选跳过去了。子程序子矩阵的动作由主矩阵的第 5 步及第 14 步分别发 dz_{11}，dz_{12} 两个指令信号控制。

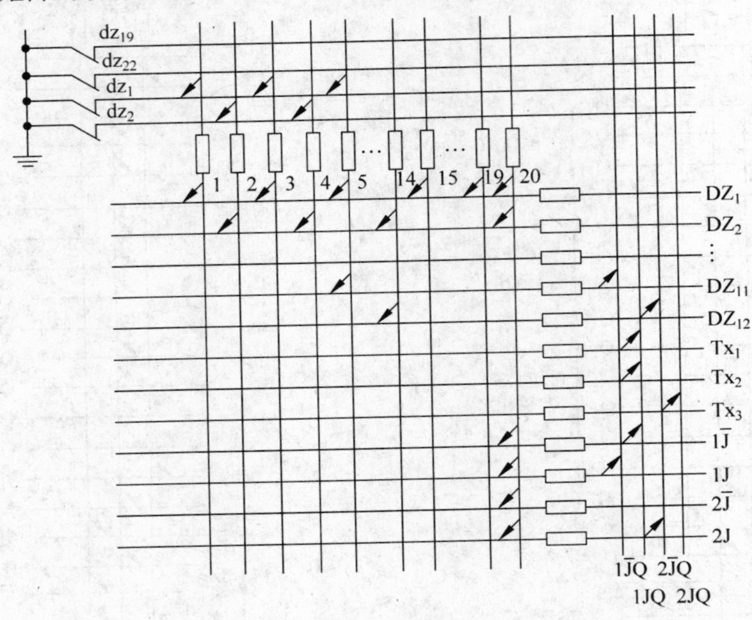

图 6　记忆调试程序的设计

（6）子程序调试程序的设计

在整机调试中，每 20 步有两套子程序，它们都应参与调试。步进器在第 5 步与第 14 步插了两个子程序的指令二极管，当整机运行在奇数轮时，主矩阵发出 dz_{11} 及 dz_{12}（dz_{11}、dz_{12} 是继电器 DZ_{11} 及 DZ_{12} 的触点）两个指令。此时，子矩阵上的继电器作时序动作（图 4～7）。当子矩阵上最后一个继电器动作时发出反馈信号，通过 dz_{19} 及 dz_{22} 反馈到主矩阵，使主矩阵继续向前步进。

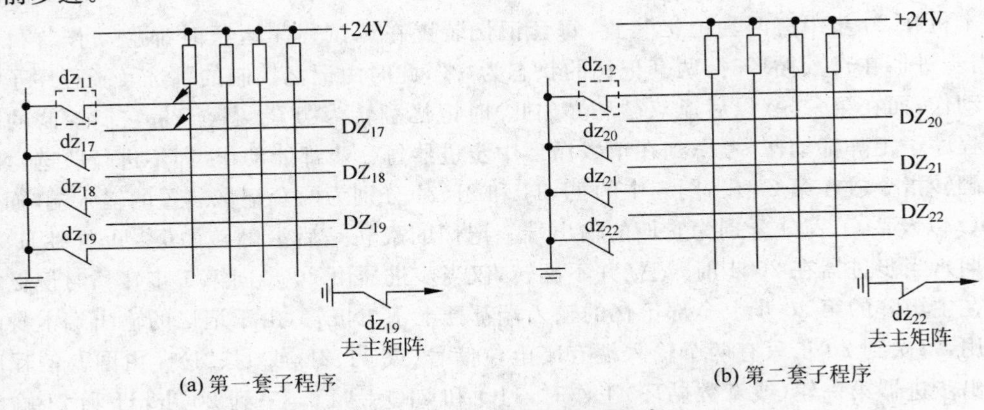

图 7　子程序子矩阵的调试程序

（7）调试程序总图的设计

根据上面各项调试程序的设计，我们就可以在一个主矩阵上完成调试程序的完整设计了，图 8 为其总图（仅把有二极管的母线画出）。由图 8 可见，虽然整机调试程序很简单（二极管不多），但调试的内容却全包含在里边了。每个单元或功能都可以通过这个程序以及附加的相应子矩阵实现运行和考验。

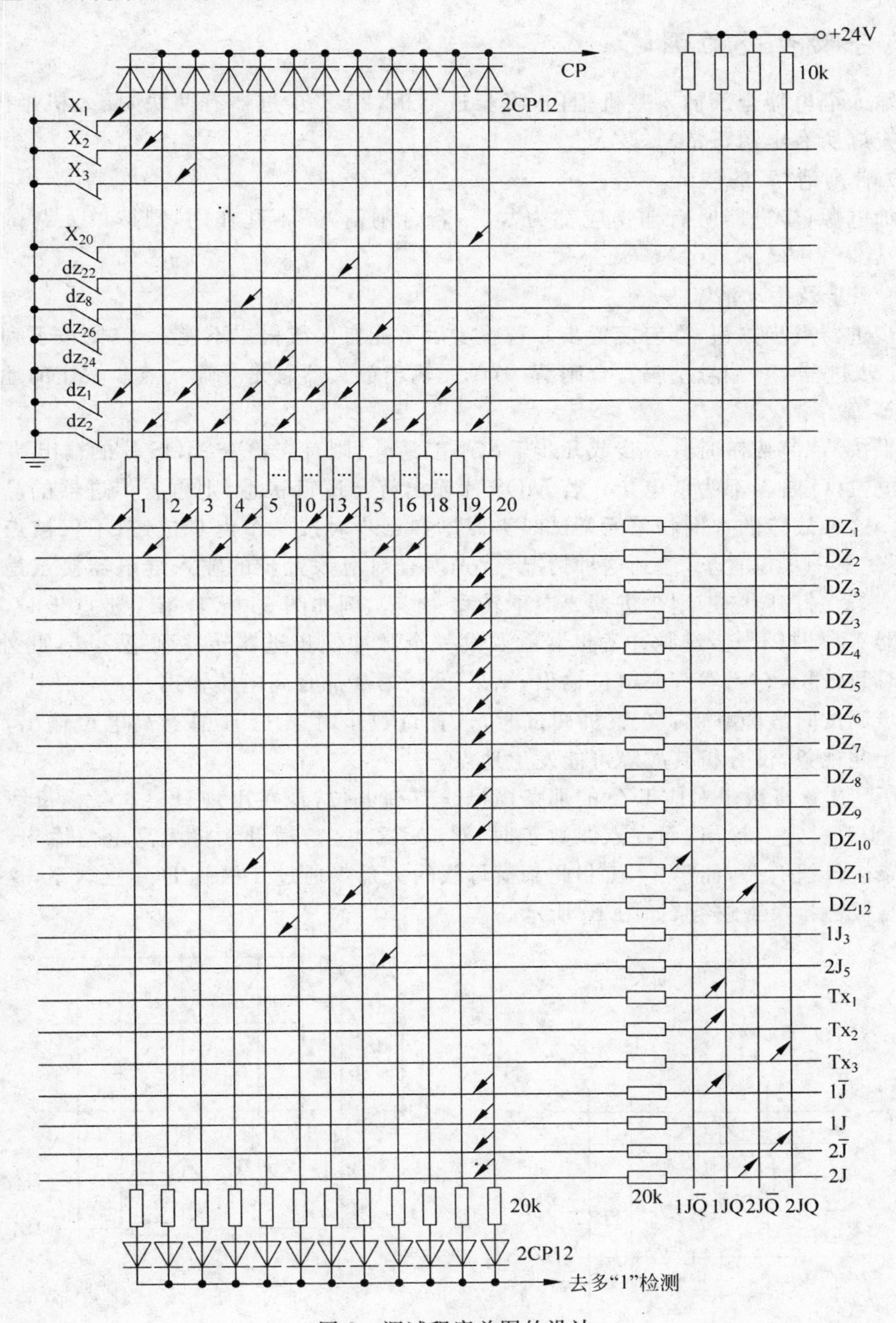

图 8　调试程序总图的设计

四、整机调试之一——输入输出及步进器的调试

步进器是整机的核心部分，所以步进器的调试是整机调试的主要部分之一。要完成步进器的调试必须要加进输入及输出装置，故把输入和输出放在步进器调试的这一部分内。步进器调试包括两部分，一是手动步进的调试，二是自动步进的调试。

1. 手动步进的调试

将输入继电器全部插入整机柜内，将步进器板(20 步步进器有两块)插入机柜内(在之前已检查好所有电源正常)。

(1) 合闸清“0”的调试

一加电源，步进器所有输出应都为“0”。若合闸清“0”不起作用，则按单元调试时查找故障。

(2) 点步及手动清“0”

按步进器点步按钮，都应能置步。若置步后不能自保或根本不能置步，则按下列步骤查找原因：步进器 CP 端悬空吗？合闸清“0”单元输出放大器总是导通？点步按钮的地线是否接牢？等等。

如果按清“0”按钮时有一步或几步输出不能清除，则首先检查 MOS 片的输出端 Q 是否都为高电位，Q 是否都为低电位。若 MOS 片输出符合逻辑状悉，则再查步进器的晶体管输出部分。这种故障的查询和单元调试时类似。如点步时按一个点步按钮，不仅被点那一步置步，还使下一步也置步，遇到这种情况，首先检查对应该置步的输入继电器接点是否在闭合状态。若在打开状态，则步进器要向下转移一步。例如图 9 中，若第 1 步点步时，由于输入继电器 X_1 已打开，步进脉冲发生器就要发一个脉冲使步进器转移到第 2 步，此外若第 1 步点步时间较长，它仍然有高电位输出，结果第 1、第 2 都有高电位输出。

点步调试时故障举例：在整机调试时，凡置奇数步时第 17 步总有高电位输出，而置偶数步时无此现象，试分析其故障可能发生地点。

分析：凡置奇数步对应 DZ_1 的那条横母线有高电位，现在出现只要这条横母线有高电位第 17 步就一定有输出，而在点偶数步时，对应 DZ_1 这条横母线将无高电位输出，所以断定和这条横母线有关，而第 17 步和此条横母线的关系仅通过二极管 D 建立联系，这可断定此二极管极性接反或击穿，如图 10 所示。

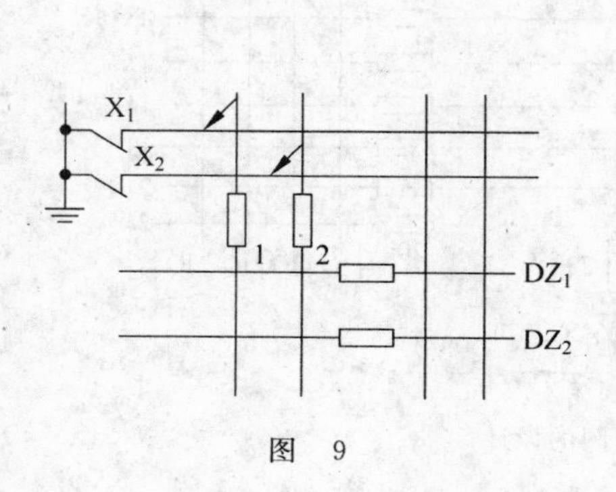

图 9

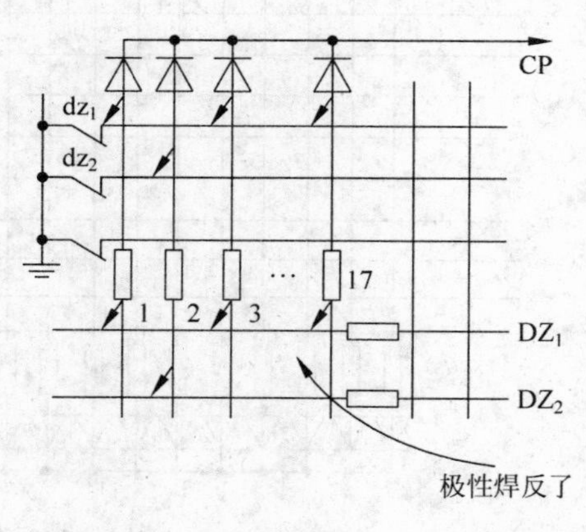

图 10

（3）手动步进

依次扳动输入继电器 X_1，X_2…X_{20} 的调试开关，步进器应依次向后步进。若出现某一步不步进，则应首先检查该步输入继电器触点是否打开。如输入继电器已打开，仍不步进，则量一下输出电位是否足够高，不够高则不能使步进脉冲发生器触发。此外还有可能对应这一步的竖母线上端二极管损坏或虚焊，也将不能发步进脉冲。

2．自动步进的调试

若手动步进正常，则自动步进就比较好调。自动步进是用两个延时继电器接点 dz_1、dz_2 交替打开、闭合实现的，如图 8 所示。要注意 DZ_1 和 DZ_2 的延时时间要适当，不能一个太快另一个太慢，最好两个继电器的延时时间都调在 1 秒～2 秒之间。自动步进时出现故障的查找方法和单元调试时类似。

五、整机调试之二——跳选及跳选矩阵的调试

在整机调试中，跳选也是一个重要内容。每 20 步的 8 套跳选都要在整机上动作。在调试程序设计中我们已设计好 TX_1（跳选 1）为 4→8（第 4 步跳到第 8 步），TX_2 为 13→15，TX_3 为 1→3。在整机上实现跳选必须用到跳选子矩阵。图 11 为跳选子矩阵的程序设计，对应的跳选在主矩阵上的程序设计见图 3。调试前将跳选单元及跳选子矩阵板插入机柜。

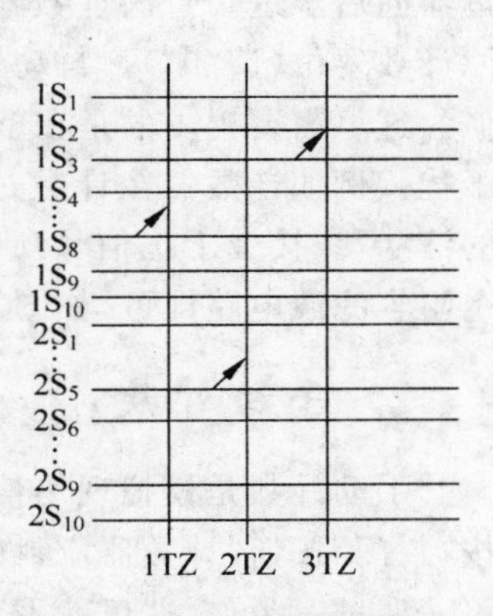

图 11　跳选子矩阵的设计

跳选调试时请注意清“0”脉冲和置“1”脉冲的配合问题。跳选的基本思想是先清“0”后置“1”，所以跳选时必须有清“0”、置“1”两个紧跟出现的脉冲，但清“0”脉冲的出现又不能过早，否则置“1”脉冲（由跳选单稳发出，参见本刊 1980 年第 1 期）来不及出现，步进器就给清“0”了。但清“0”脉冲又不能太迟出现，否则置“1”脉冲已发生，而步进器始跳的那一步还未清除，结果造成多“1”，所以必须在清“0”及置“1”反相器的基极加一个 3 微法电容，如图 12 所示，使之延缓一下脉冲的发出。

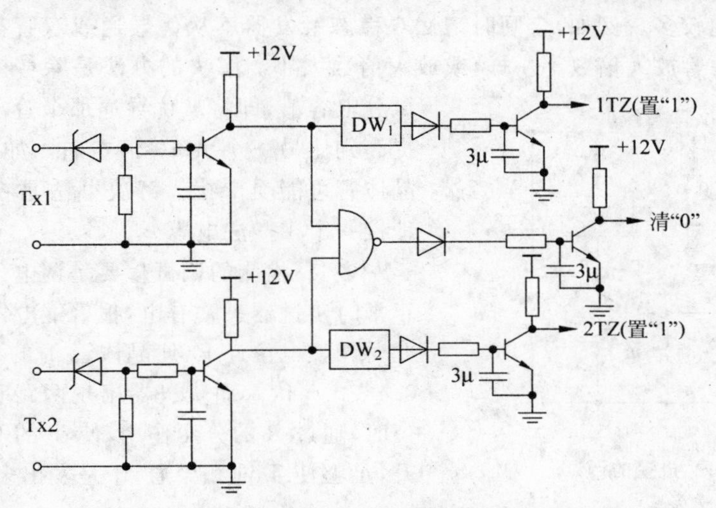

图 12　跳选的清“0”及置“1”输出端加 3 微法电容

六、整机调试之三——计数及计数子矩阵的调试

计数及计数子矩阵的调试也是整机调试的重要组成部分。计数调试时需要插入下列单元板：两套计数器的单元板（每套 1 块）；两套计数器的辅助单元（开门、封门、复位）板（每套 1 块）；两套计数器的子矩阵板（每套 1 块）。此外，还需译码显示板（每套 1 块）以及计数输出继电器及其晶体管驱动单元板。

计数调试时包括自动计数（即计时）和手动计数（模拟现场计数）。

1. 自动计数

计数程序见图 4 和图 5，当步进器在第 10 步运行时，发出 1JS 指令，第 1 套计数器自动计数，计满图 5(a)计数子矩阵上的预置数 88 时，计数子矩阵发出反馈信号 dz_{24}，使步进器向后步进。在第 16 步第二套计数器计数，计到 777 后 dz_{26} 动作，使步进器向后步进。每次计数器反馈信号动作以后，通过 dz_{25} 及 dz_{27} 将原计数复位（清“0”）。自动计数时可能出现的现象和单元调试时类似。这里需要提出的是在整机调试时由于机上连线较长，容易引起干扰。例如计数器在计数过程中可能突然清“0”，这是由于计数器的清“0”线接受干扰信号所致，采取的办法是在计数器的 R 端接一个阻容滤波电路即可，如图 13 所示。

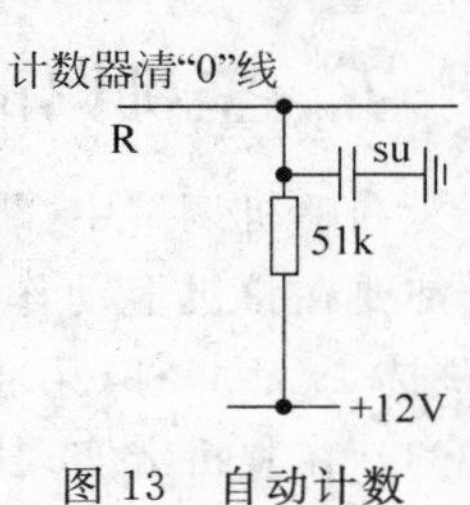

图 13 自动计数

2. 手动计数

手动计数是模拟现场信号加入计数器的点脉冲发生器。按一下按钮，计数器计一数；按“封门”按钮，计数器应封门；按“复位”按钮，计数器应清“0”。手动计数时发生的现象和单元调试时类似，这里就不再重复。

七、整机调试之四——记忆及多“1”检测调试

记忆在单元调试时已详细分析了原理及调试方法，但即使单元板调好后，整机调试时记忆功能仍然问题较多。例如，合闸时记忆双稳态触发器不从优导通或双管都导通。不从优导通的原因是两管放大倍数不一样，或放大倍数太小。解决的办法是除替换管子外可改变微分电容值，即将从优导通那个管子的微分电容值提高到比另一个大 10 倍左右。如果双管均导通，晶体管可能受干扰。解决办法是在两管的基极对地接一个 1 微法电容。

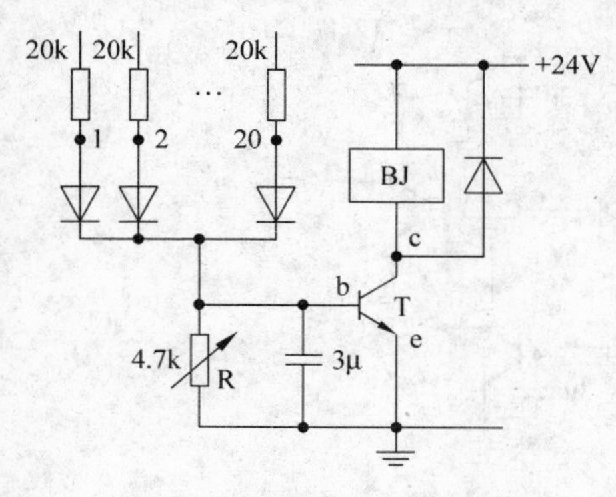

图 14 报警的调试

多“1”检测的调试生要是调电位计 R，见图 14。正常时步进器一路有电，报警继电器 BJ 应不动作，此时调整电位计 R，使晶体管 T 的 b、e 之间电压为 0.4～0.5 伏。而步进器出现两路和两路以上高电位时，通过 R 的分压作用，使 T 的 b、e 之间电压上升，足够使 T 饱和导通，于是发出多“1”报警信号。

八、带负载整机调试及其他问题

在空载条件下将整机调试的所有内容都完成后还必须进行负载试验及高温考验。所谓负载试验就是将顺控器模拟现场情况接入接触器、电磁阀线圈等强电设备，然后将整机连续运行上百小时。在运行的同时还应作必须的抗干扰试验。例如，用同一电源接通电风扇、电焊机、手电钻、电烙铁、示波器、交流电动机、接触器等感性负载。此外，还应进行温度考验，即在带负载的情况下，以高温40℃的环境温度进行考验。所有这些考验都应按国家有关标准进行。必要时还应做一些震动试验，例如用汽车拉到三级马路上进行震颠试验等。所有这些工作都完成后，一台顺控器才算调试完毕。

最后还要谈一下整机调试时的科学作风问题，整机调试是对机器的最后检验，要严格按规章办事，按调试方案逐项内容进行，并做好每一项的记录。在调试过程中，要冷静地分析各种现象，有些现象很有可能难于解释，此时无论如何要抓住这些现象，绝不能轻易放过，特别是有些现象时现时隐，这就有可能存在隐患，就更有必要把它查清，举一个例子，我们调试时发现有一台机器的步进器偶然有一、二次突然清“0”，反复查了多次，查不出原因，后来长期不出现这种现象，以为是空间干扰所致，但后来又偶然出现了一次，这才引起我们高度重视，下决心要查获它，结果发现步进器的清“0”线(已捆在线扎内)有一段被插座压在机架上，塑料皮被压破了，由于绝缘损坏所至，这种现象一般就很难找到。

* 原载《数控技术通讯》1981年第2期。

91 农场猪再生产系统GPSS模拟模型的研究

【摘 要】 本文以北京市永乐店农场柴厂屯分场为背景，应用GPSS模拟技术，模拟五年内猪的再生产系统。建立的模拟模型可以模拟在一定量的外购仔猪以及自繁仔猪的情况下，系统运行的状态，以便为猪的饲养决策提供定量分析的依据。

一、前言

目前用来描述畜牧业生产系统的分析方法很多，诸如常用的费用效益分析、回归分析、线性规划、生产函数等，这些方法最大的缺点是不能很好地反映出畜牧业生产系统的动态特性和随机特性，其方法繁杂直观性差。而随机的系统模拟方法却可以很好地解决这些问题。GPSS(general purpose simulation system)是专门用于解决离散事件的模拟语言，最适于模拟离散事件的问题，目前国外把这项技术已广泛应用于商业、交通运输、电话系统、粮库管理等生产建设及生产管理系统，并且在农业生产系统中也开始应用。近几年来我国正在开发这方面的应用技术，但在农业生产系统方面的应用还未见到有关的文献。

众所周知，我国农村经济改革中，牧业是重要的一个部门。如何确定牧业的规模，需要考虑一系列的因素，如市场需求、国家计划、饲料供应、饲养设备等等，因而在制定农村发展规划时，需要提供这方面定量分析的依据。本文以北京永乐店农场柴厂屯分场为背景，对该分场的养猪生产系统进行模拟，编制了该系统的GPSS程序，在清华大学计算中心M－150计算机上实现了模拟模型。运行结果表明，所建立的验证性猪再生产系统GPSS模拟模型和程序能够反映猪的再生产过程，因而可以作为生产系统使用，为系统决策提供各种饲养方案的定量分析依据。

我们仅对不同规模的猪再生产系统进行了模拟，根据农村的情况，设定了猪再生产过程以仔猪的外购和自繁来建立生产系统。包括：

(1) 每批外购仔猪100头，每年两批。

(2) 每批外购仔猪1 000头，每年两批。

(3) 每批外购仔猪3 000头，每年两批。

这三种生产系统的模拟结果，可以为专业户，村及乡级规模提供饲养所必要的信息。

这项技术在农业上的应用研究工作在国内还是首次，因此也是一次技术上和方法上的探索，还有不足之处，留待今后进一步深入讨论。

二、猪再生产系统的模型

图1为猪再生产系统的简化模型。仔猪有两部分来源：外购及自繁。从仔猪中挑选一

定比例R留作后备母猪，剩下的经过壳郎猪、育肥猪、催肥猪、肥猪、大肥猪等六个饲养阶段。因为老化母猪生育率很低，故一旦老化即予以淘汰销售。

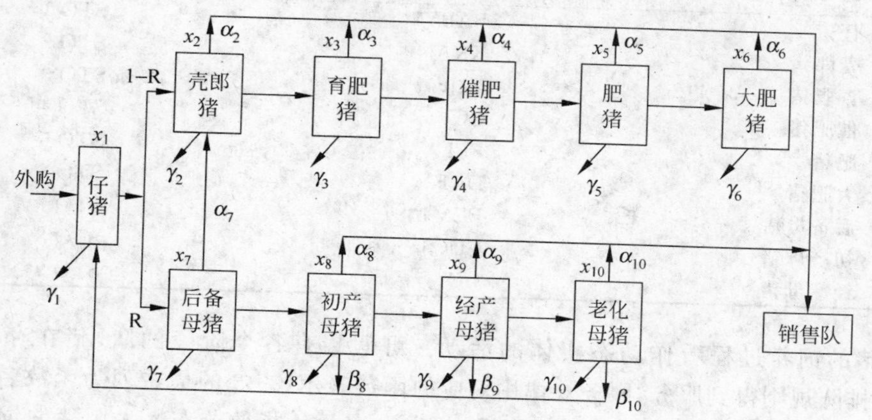

图1　猪再生产系统简化模型

α_i—第 i 个状态的出栏率(或淘汰率)，　β_i—第 i 个状态的生育率，

γ_i—第 i 个状态的死亡率，　R—仔猪中留作后备母猪的预留比例，

χ_i—第 i 个状态的猪数。

有关参数如表1所示，仔猪饲养周期平均为60天，标准差为7天的正态分布，壳郎猪的饲养周期为均值90天的负指数分布，肥猪饲养时间按15天考虑，而大肥猪的饲养时间和其重量 W_6 有关，W_6 按 $N(200,20^2)$ 的正态分布考虑。经产母猪按3年考虑。

表1　饲养过程参数表

序号	饲养阶段	饲养周期(天)	销售率(α_i)	死亡率(ν_i)	生育率(β_i)	重量(W_i)斤
1	仔猪	$N(60,10^2)$	*0.05	0.2	—	<40
2	壳郎猪	EXP,λ=90	—	0.05	—	41—100
3	育肥猪	EXP,λ=30	0.05	0.05	—	101—120
4	催肥猪	$N(25,5^2)$	0.4	0.01	—	121—150
5	肥猪	15	0.9	0.001	—	151—180
6	大肥猪	$(W_6-180)/2$	0.999	0.001	—	>180
7	后备母猪	$N(83,7^2)$	0.001	0.02	—	41—100
8	初产母猪	$N(240,10^2)$	0.1	0.01	0.9	101—320
9	经产母猪	3×360	0.999	0.001	0.9	321—400
10	老化母猪	0	0	0	0	321—400

注：*为自繁率。

三、猪再生产系统GPSS模型分析

1. 把整个饲养过程看作为一个系统，猪是这个系统中的动态实体(Transaction)，每个饲养阶段假想为各个装备实体的服务过程。例如假想仔猪，壳郎猪……各有一个分开的猪舍，每个猪舍称为存储器，存储器名的定义见表2。

表 2 饲养阶段及其对应的存储器地址名及存储器号

饲养阶段	存储器地址名	存储器
仔猪	BABY1	STO 1
壳郎猪	KRAN	STO 2
育肥猪	YUF	STO 3
催肥猪	CUF	STO 4
肥猪	FEI	STO 5
大肥猪	DAF	STO 6
后备母猪	FEM1	STO 7
初产母猪	CUC	STO 8
经产母猪	JIC	STO 9

2. 猪的饲养过程看作动态实体的活动。可假想有各个阶段的队、猪在存储器中按FIFO的排队规则得到服务，服务规律用对应的函数表示、表 3 的最右列为函数名。表 3 中 $N(60,10^2)$表示正态分布饲养时间，(EXP，$\lambda=90$)表示负指数分布。大肥猪的饲养时间变量是重量的函数，饲养时间变量名为 DAFV，大肥猪的重量函数名为 DAFF(即 W_6)。

表 3 饲养阶段的规律

饲养阶段	重量(斤)	饲养时间(天)	函数名
仔猪	0—40	$N(60,10^2)$	BAF
壳郎猪	41—100	EXP，$\lambda=90$	KRF
育肥猪	101—120	EXP，$\lambda=30$	YUFF
催肥猪	121—150	$N(25,5^2)$	CUFF
肥猪	151—180	15	—
大肥猪	>180	$(W_6-180)/2$	DAFV
后备母猪	41—100	$N(83,7^2)$	FEMF
经产母猪	101—320	$N(240,10^2)$	CUCF
初产母猪	321—400	3×360	JICF
老化母猪	321—400	0	0

3. 猪在生长过程中，可能有销售，死亡，这类似于动态实体按比例(销售率、死亡率)走向销售队，死亡队、各销售队、死亡队的命名如表 4 所示。猪的销售和死亡，都可看成动态实体的消灭。

表 4 猪的销售、死亡队统计

猪生长阶段	销售队	死亡队	销售率(α)	死亡率(γ)
仔猪	SAL1	DIA	0.050	0.200
壳郎猪	SAL2	DIB	—	0.050
育肥猪	SAL3	DIC	0.050	0.050
催肥猪	SAL4	DID	0.400	0.001
肥猪	SAL5	DIE	0.900	0.001
大肥猪	SAL6	DIF	0.999	0.001
后备母猪	SAL7	DIG	0.001	0.020
初产母猪	SAL8	DIH	0.100	0.010
经产母猪	SAL9	DII	0.999	0.001

4. 母猪的生产可看成动态实体的分裂(复制 SPLIT),初产和经产母猪都有 90%的生育率。每年生两胎,每胎 5~6 仔。

5. 模型粗框图

根据猪再生产简化模型以及上面的分析,可画出如图 2 的模型粗框图。存储器的当前含量即为猪场的当前状态,它包括各阶段猪的存栏数。

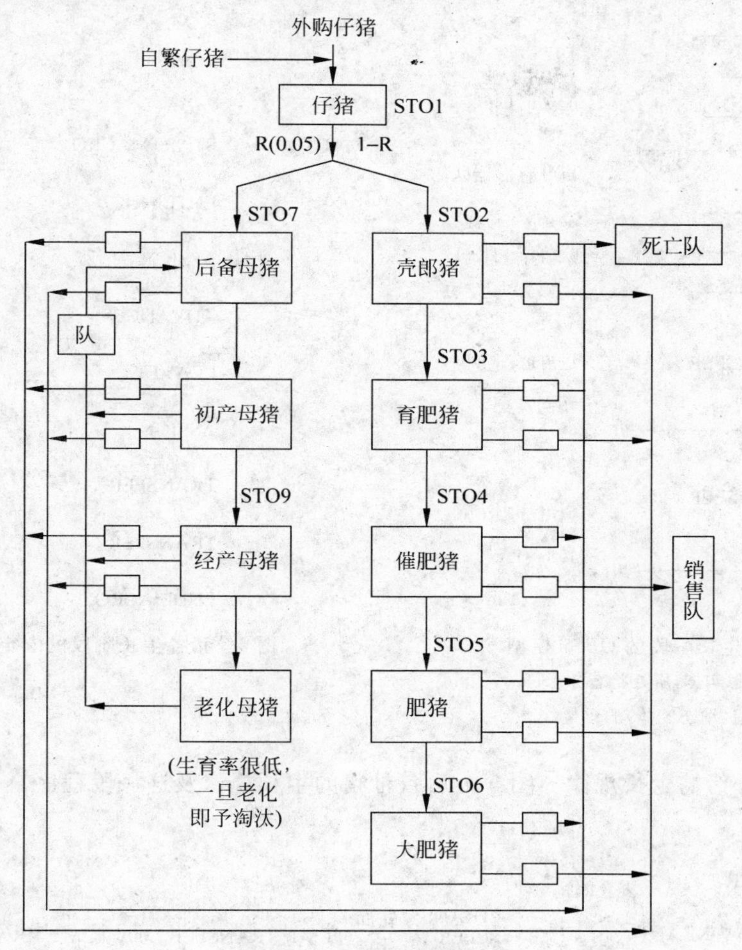

图 2　模型粗框图

四、各分系统 GPSS 模型及 GPSS 程序设计

1. 仔猪、壳郎猪、育肥猪、催肥猪、肥猪、大肥猪六个阶段生长模型的设计。

这六个阶段的动态实体的活动基本相似。可以用一种“宏定义”表示,如图 3 所示,图 4 为展开的程序。

对于各生长阶段的程序,只要给#A,#B,#C,……赋予不同的内容即可。

2. 自繁殖的 GPSS 模型及 GPSS 程序。初期购来的仔猪按 R(=0.05)百分比预留作后备母猪,若发现一些后备母猪不合格,则可转到“壳郎”那里饲养,老化母猪为数极少,为简单起见可不考虑死亡,一般经产母猪 6 胎即予淘汰(销售)。

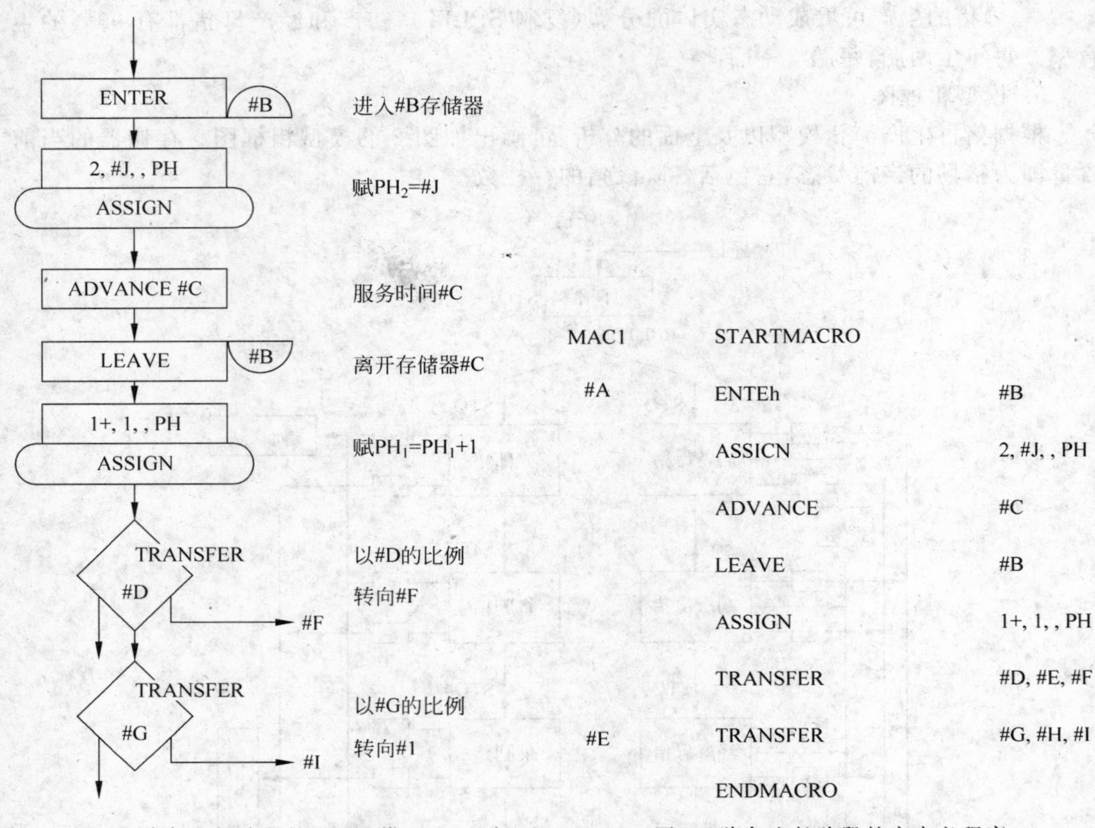

图 3 猪各生长阶段的 GPSS 模型

PH_1—动态实体，所处状态标志；

PH_2—猪（动态实体）的重量。

图 4 猪各生长阶段的宏定义程序

（1）后备母猪的生长规律。图 5 为后备母猪的生长规律及这一段程序。

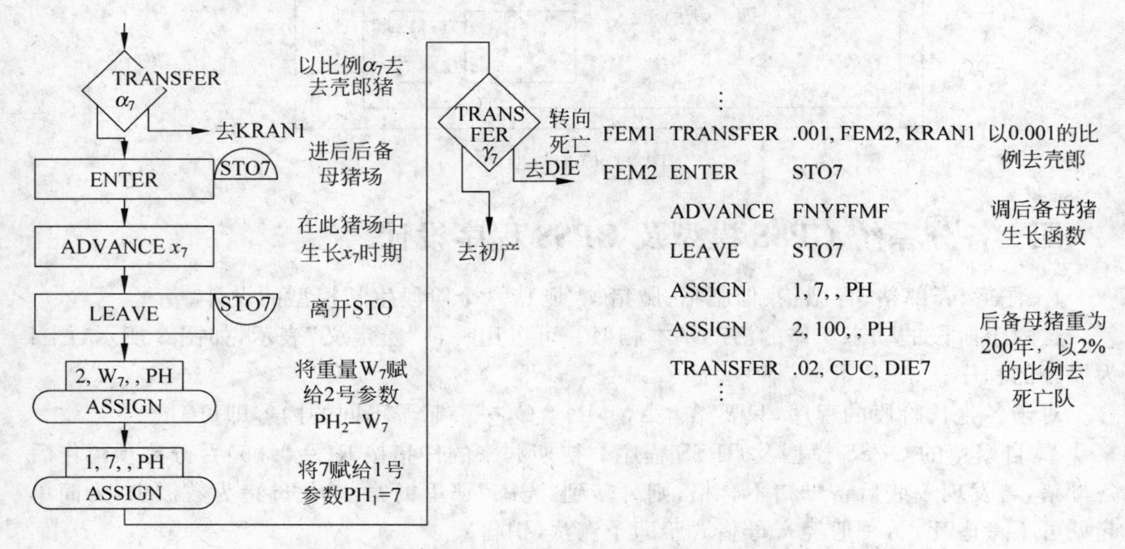

图 5 后备母猪生长规律模型（左）及 GPSS 程序（右）

（2）初产母猪的生长、生育规律。初产母猪指生第一胎的母猪，生完第一胎后称经产母猪。有10％左右的母猪到了初产期不生育，则直接进入经产期。初产母猪的饲养规律模型及GPSS程序如图6所示。程序中“NEXT3；SPLIT 6，BAQ”的意义是一只初产母猪一胎生6只仔猪，仔猪转BAQ饲养。

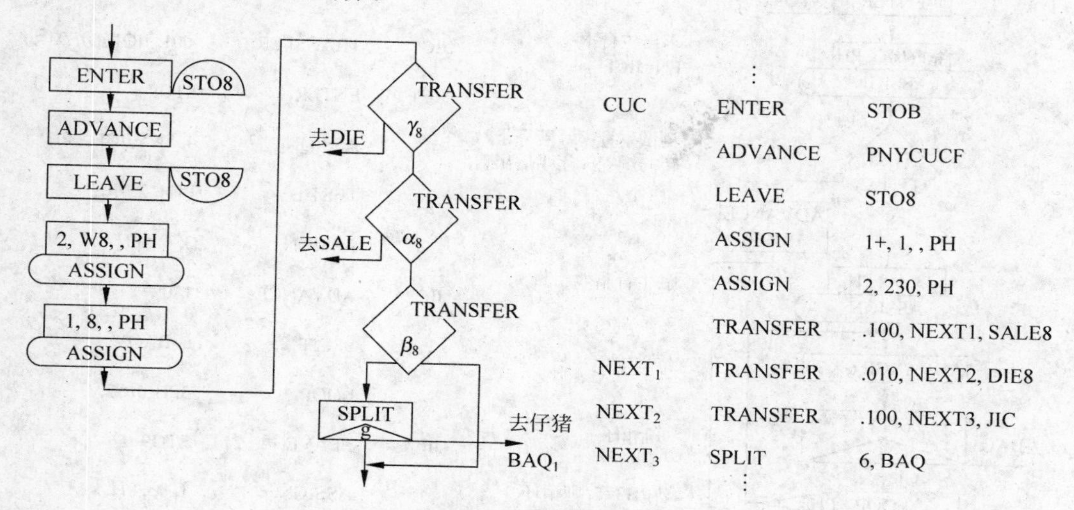

图6　初产母猪饲养规律模型(左)及GPSS程序

（3）经产母猪的GPSS模型及程序。经产母猪的生长规律和其他猪不一样，它要连续生6胎（三年），然后予淘汰（销售）。经产母猪的饲养规律模型及其展开程序如图7所示。

（4）自繁仔猪的排队及统计。自繁仔猪在进入仔猪存储器之前，先经过一个队，以统计自繁仔猪数，图8为其GPSS模型和程序。

3．记录各个状态的销售数、死亡数。以肥猪阶段为例说明销售及死亡队统计（图9）。“SAVEVALUE 5＋，PH2，XF”表示将肥猪进入销售队后的重量累计起来保存在XF5中。SUM1队将销售的肥猪头数统计到MAC1中。各阶段的销售宏定义名为MAC2，其一般形式如下：

对于统计肥猪的宏定义语句为：“MAC2 MACRO SLE，SAL5，5＋”，展开成语句为：

```
SLE  QUEUE          SAL5
     SAVEVALUE      5＋, pH2, XF
     DEPART         SAL5
     TRANSFER,      TOTAL1
```

由于死亡的猪不需统计其重量，只要统计死亡头数即可。故死亡队统计的宏定义语句的一般形式为：

```
宏定义：MAC3 STARTMACRO
        ＃A   QUEUE      ＃B
              DEPART     ＃B
              TRANSFER, TOTAL2
              END   MACRO
```

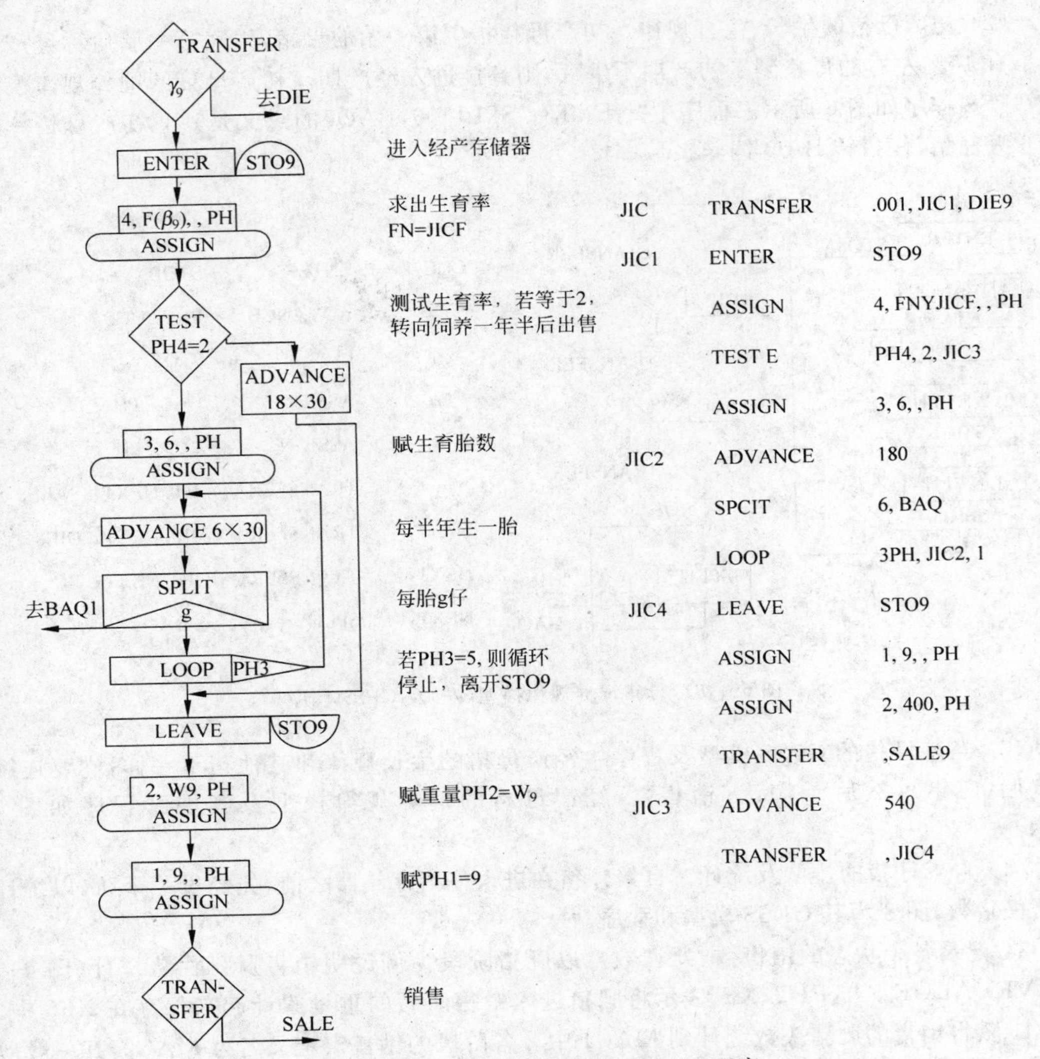

图 7 经产母猪饲养规律模型及 GPSS 程序

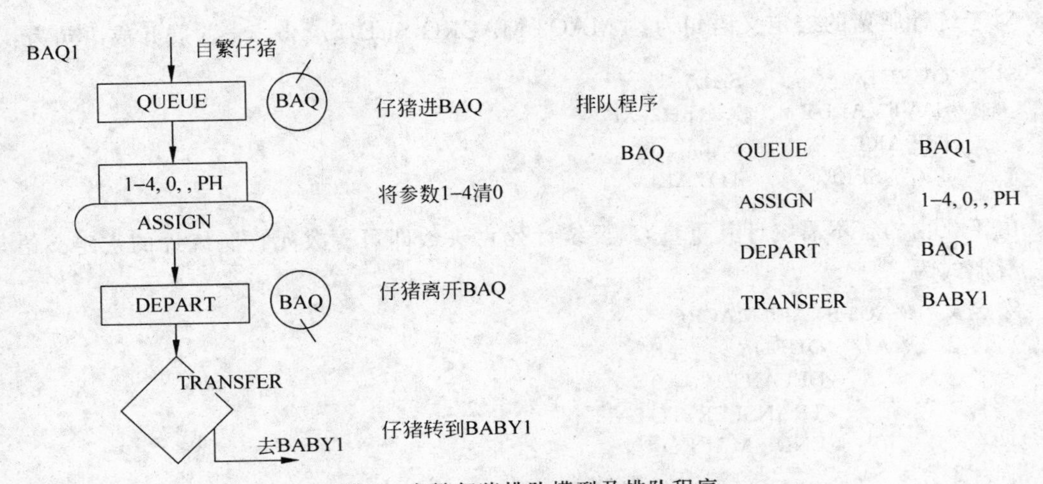

图 8 自繁仔猪排队模型及排队程序

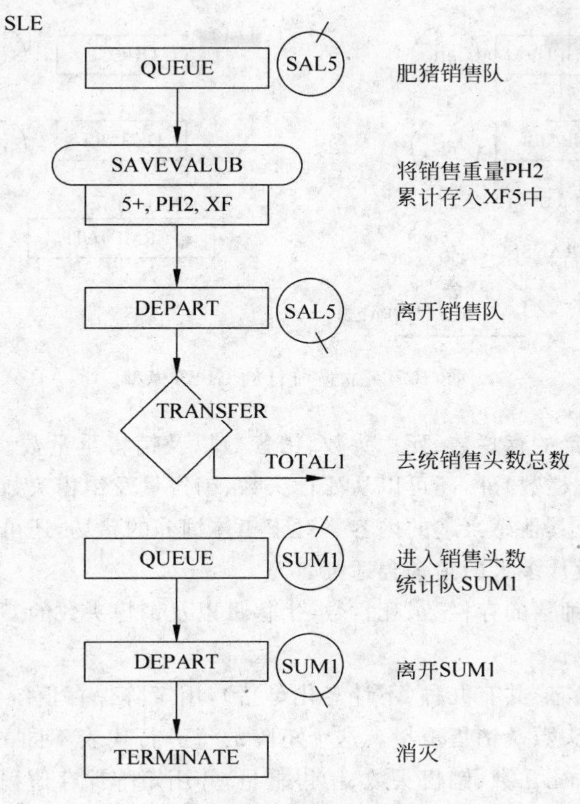

图 9　销售统计 GPSS 模型

比如,统计仔猪死亡的宏定义语句为:

```
                  #A       #B
MAC3    MACRO    DIEAI, DIA
```

展开语句为:

```
DIEA1    QUEUE        DIA
         DEPART       DIA
         TRANSFER,    TOTAL2
```

销售总头数统计队名为 SUM1(地址为 TOTAL1)。死亡总头数统计队名 SUM2(地址为 TOTAL2)这两个队统计的程序框图分别见图 4 和图 10 的右边部分,它们对应的 GPSS 程序为:

```
销售头数统计程序                      死亡头数统计程序
TOTAL1        QUEUE      SUM1    TOTAL2    QUEUE     SUM2
              DEPART     SUM1              DEPART    SUM2
              TERMINATE                    TERMINATE
```

4. 年末统计输出的 GPSS 模型

统计输出设计比较复杂,需要的统计量除销售总重量、总头数、死亡总头数之外,还需要

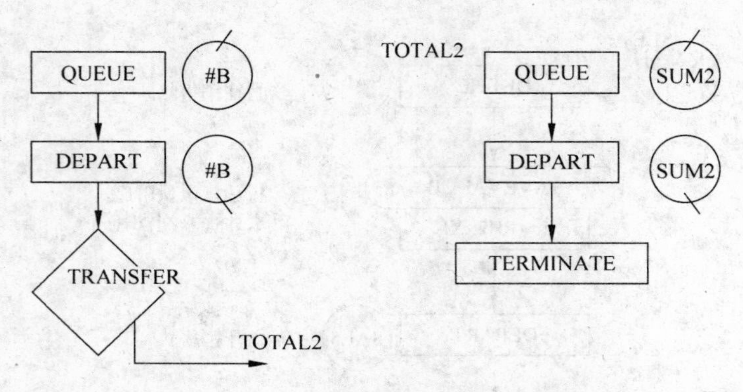

图 10 死亡队统计的 GPSS 模型

年末统计各饲养阶段猪的存栏数、死亡头数、销售数以及销售重量数。据此，除了解猪的饲养状态(各阶段猪的存栏数)外，还可以从死亡头数、销售量及销售头数等统计数据中分析经济效益、饲养技术以及其他感兴趣的内容。对于集体饲养的猪场，还可通过各种统计数据分析猪舍的拥挤程度，设计多大的猪舍合适等。

年末统计当年各种猪的存栏数、死亡数、销售量以及销售头数的 GPSS 统计模型及程序设计。

猪的饲养阶段(状态)共有九种(不计老化母猪)，用矩阵保存值统计年末每个阶段猪的存栏数、死亡数、销售头数及销售重量。这个矩阵的每一行代表不同的饲养阶段，矩阵的每一列依次代表存栏数、死亡数、销售头数、销售重量，并用矩阵保存值程序块实现。为了打印每年年末的这些内容，需要定义三个矩阵 MX1、MX2，MX3，将前几年的各项累计值先放在 MX1 和 MX2 中，将前 $n-1$ 年的各项累计值放在 MX3 中，然后计算：

MAX＝MX1－MX3

MX3＝MX2

该过程可用图 11 来表示，对应的 GPSS 程序如图 12 所示。矩阵定义语句共三条：

(1) MATRIX 9,4

(2) MATRIX 9,4

(3) MATRIX 9,4

例如对仔猪只要写成：

```
                 #A,#B,#C,      #D,#E,      #F,#G,         #H,#I,#J,
MAC4  MACRO  1,1,S¥STO1,  2,QC¥DIA,  3,QC¥SAL1,4,XF1,1—2
```

将其宏语句展开即：

```
MSAVEVALUE  1—2,1  1,S¥STO1,MX
MSAVEVALUE  1—2,1  2,QC¥DIA,MX
MSAVEVALUE  1—2,1  3,QC¥SAL1,MX
MSAVEVALUE  1—2,1  4,XF1,MX
```

其他形式都与其相同。

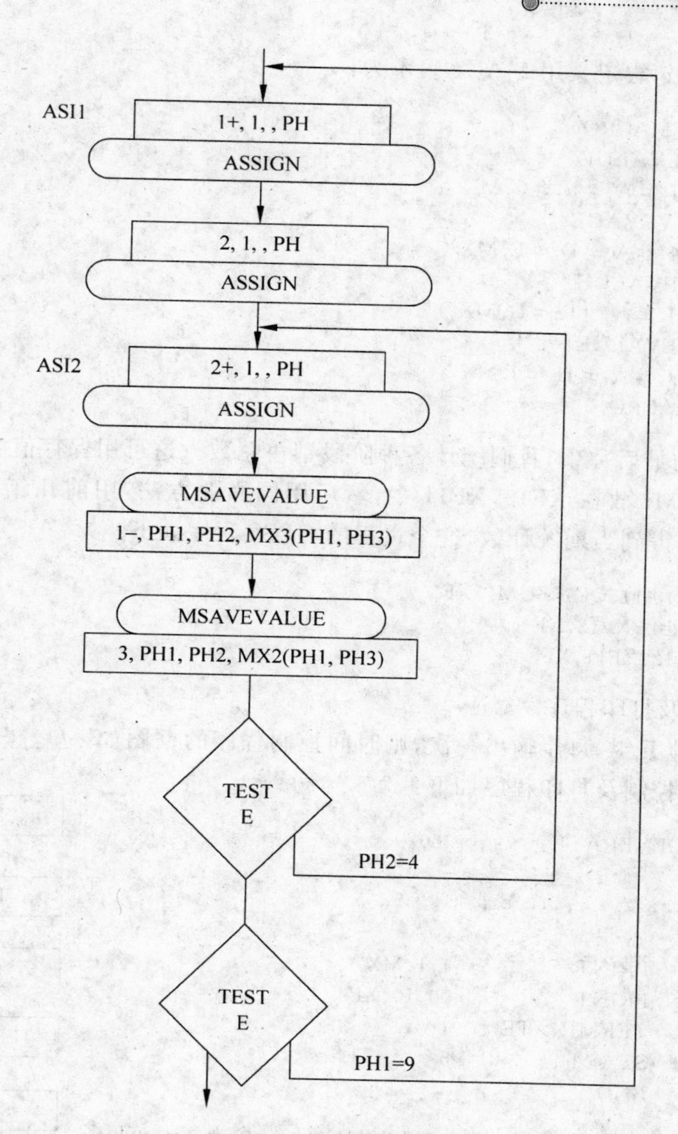

图 11　求死亡、销售数、重量的 GPSS 模型

```
ASI1    ASSIGN        1+, 1, , PH
        ASSIGN        2, 1, , PH
ASI2    ASSIGN        2+, 1, , PH
        MSAVEVALUE    1–, PH1, PH2, MX3(PH1, PH2)
        MSAVEVALUE    3, PH1, PH2, MX3(PH1, PH2)
        TEST E        PH2, 4, ASI2
        TEST E        PH1, 9, ASI1
```

图 12　求死亡、销售的 GPSS 程序

矩阵保存值语句宏定义用 MAC4 表示为：

```
MAC4    STARTMACRO
        MSAVEVALUE
            #J, #A, #B, #C, MX
        MSAL VEVAUE
            #J, #A, #D, #E, MX
        MSAVEVALUE
            #J, #A, #F, #G, MX
        MSAVEVALUE
            #J, #A, #H, #I, MX
        ENDMACRO
```

在年末统计的最后一项，我们统计各种阶段销售总数。这可用保存值实现，譬如将前几年的销售总计 SUM1 放在 XF10，XF11 中，然后用同样的方法，用前几年的总计数减去前 n－1 年的总计数，得到当期统计数，这个过程的 GPSS 程序如下：

```
SAVEVALUE 10-11, QC¥SUM1, XF
SAVEVALUE 10-, XF12, XF
SAVEVALUE 12, XF11, XF
```

5．时间控制及打印程序

假设连续模拟五年，每年输出一次，则时间控制程序的框图如图 13 所示。时间控制及打印程序如下：

```
语句①      GENERATE        360
                ⋮
  ②MACR…………………………………………
                ⋮
  ③          PRINT          1, 1, MX
  ④          PRINT          10, 10, XF
  ⑤          TERMINATE      1
  ⑥          START          5
  ⑦          END
```

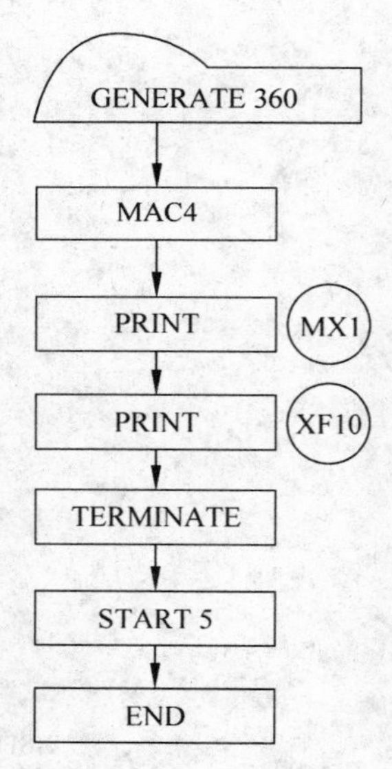

图 13　时间控制及打印 GPSS 模型

语句①表示每 360 天产生一个时间动态实体。②表示中间插入一系列宏定义语句，用作打印输出。③表示打印矩阵 MX1，若改写为 PRINT1，3，MX，则为打印 MX1-MX3④为打印保留值 XF10。⑤动态实体进入此程序块被消灭。⑥表示模拟五年。⑦程序结束。

五、模拟运动及统计输出分析

根据柴厂屯分场农村养猪业特点，猪的再生产系统一般要满足以下几方面需求：国家计划指标、当地的生活及种植业需要。实行生产责任制后，猪的饲养以分散户养为主，随着农村改革的深入发展，将可能出现新型专业化生产体系。不论何种情况，对于农场的农业生产体系来说，猪的再生产仍可作为一个系统。为了适应于不同的饲养条件，我们按前述三种生产规模进行了模拟运行：

方案Ⅰ，每年两批，每批购入仔猪100头自繁体系；

方案Ⅱ，每年两批，每批购入仔猪1 000头的自繁体系；

方案Ⅲ，每年两批，每批购入仔猪3 000头的自繁体系。

模拟长度为五年，猪的各生长阶段以 X_1，X_2…X_9 表示(图1)。模拟运行及每年各个状态的销售数、死亡数、销售重量、年末存栏等有关数据统计输出结果，经整理列于表5。

从以上的模拟运行表明，对于如何组织猪再生产系统，可以分析得到这样一些有意义的信息。

表5 有关数据

序号	分析项目	单位	方案Ⅰ	方案Ⅱ	方案Ⅲ
1	销售总重量(五年)	斤	201 726	2 008 649	5 908 252
2	销售总头数(五年)	头	1 190	11 900	35 096
	其中：肥猪(X_5)比例	%	50.2	50.6	49.7
	催肥猪(X_4)比例	%	37.0	37.4	38.1
3	死亡总头数(五年)	头	557	5 307	15 715
	其中：仔猪(X_1)比例	%	74.9	73.4	74.7
	育肥猪(X_3)比例	%	11.8	13.0	12.0
	壳郎猪(X_2)比例	%	11.5	12.6	13.3
4	平均延迟时间：	天			
	仔猪(X_1)		59.363	59.137	58.956
	壳郎猪(X_2)		81.946	83.534	82.796
	育肥猪(X_3)		28.825	28.886	28.742
	催肥猪(X_4)		23.861	24.128	24.113
	肥猪(X_5)		14.8 262	14.866	14.831
	大肥猪(X_6)		9.257	9.585	9.545
	后备母猪(X_7)		81.449	81.883	82.176
	初产母猪(X_8)		218.202	209.274	198.423
	经产母猪(X_9)		549.709	615.700	519.504
5	平均销售头重(五年)	斤/头	169.5	168.8	168.35
6	自繁仔猪数(五年)	头	1 020	9 762	28 728
7	外购仔猪数(五年)	头	1 000	10 000	30 000

表6 专业户饲养规模投资效果分析

年数	年购仔猪(头)	现金投入(元)	销售收入(元)	累计(元)		
				投入	投入	收投差
1	200	12 737	10 850	12 737	10 850	−1 887
2	200	19 998	21 189	32 735	32 039	−696
3	200	24 617	28 720	57 352	60 759	3 407
4	200	31 351	39 698	88 703	100 457	11 754
5	200	38 555	51 441	127 258	151 898	24 640

注：现金投入指仔猪购入费用和肥猪销售前的饲料费用。仔猪购价35元/头。销售收入以平均销售头重169斤计算，每头127.645元。

(1) 资金投放效果。在这种外购仔猪和自繁相结合的再生产系统中，我们以专业户饲养规模(方案Ⅰ)为例，分析其资金的投放效果，按1984年的价格状况进行计算并整理在表6。计算中未包括设备投资及厩肥收入和存栏的产值。由表可见，到第二年来收入和投入资金基本达到平衡(另有存栏 92 头),五年内可获得纯收入共 24 640 元(尚有存栏 273 头)。依此,就可以对资金的盈亏做出预测分析,确定资金的投入方向和饲养规模。

(2) 猪再生产系统的群体结构。由于各状态的平均延迟时间比较合理,猪的出栏率明显提高。方案Ⅰ的出栏率(从第二年开始计算,下同)平均为 2.36,方案Ⅱ的出栏率平均为 2.03,方案Ⅲ的出栏率平均为 2.37。而猪的五年平均销售重量为 168－169 斤/头。从仔猪到肥猪的总平均延迟时间为 209－211 天(过去则要 240 天以上),模拟反映出实现这种群体结构,系统具有良好的产出功能。

(3) 产前、产中、产后的生产管理。对于不同大小的猪再生产系统,在产前除资金外,可以事前进一步确定仔猪和饲料的供应量,以及不同时间(年)的猪舍的最大容量。在生产中能较好地估计疫病防治工作量,而特别是要降低仔猪死亡率,以科学的饲养保证猪再生产系统按模拟状态控制运行。根据猪的销售状态就可组织产后的需求计划协调。

六、改善农场猪再生产系统的建议

农场的猪再生产系统,过去一直是按行政办法摊派任务,完不成任务时予以补贴养猪。长期以来,建立的猪再生产系统近于自流状态。其结果表现在猪的出栏率低(较好的 1984 年为 1.54),猪群结构不合理,特别是仔猪的供应不足。在不断完善生产责任制的同时,为了改善农场猪再生产系统,根据模拟运行结果及其分析,提出以下几点建议。

(1) 逐步建立定量的指标化管理,根据农牧业优化设计提出了商品猪平均每年为 7 000～10 000 头的规模,可以参考本模拟模型所做的方案,组织猪再生产系统的运行(这还与价格体系改革有关)。扶植建立仔猪繁育专业户和肥猪专业户的生产。逐步改革过去那种行政摊派管理为定量的指标化管理,如检查,控制每年猪的各个状态的数量,每年需要的仔猪购入量及自繁数量,每年猪的销售和存栏数量构成。以及猪的不同生育阶段的饲料配方等。有了这种定量化的指标管理,能更准确地进行猪再生产系统的技术经济分析,减少盲目性,促进系统良好运行。

(2) 加强产前产中和产后服务的计划指导作用。由于旧的价格体系的原因,分析中,猪再生产系统建立到第二年才能达到资金投入和回收的平衡。因此,根据模拟结果,可以提前做好产前的资金计划分配和仔猪、饲料的供应计划,产中加强疫病防治工作,以及有计划地安排商品猪销售的收购、存储和调运。

(3) 要维护一个高效能的猪再生产系统的群体结构。随着市场需求和国家计划的变化,猪的销售亦发生变动,从而干扰系统的正常运行。因此要经常调节生产计划,其关键是要通过控制仔猪的购入量、仔猪的死亡率及存栏构成来适应计划的要求,绝不能乱砍乱上,以保持猪的群体结构处于模拟所表现出来的高效能状态。

(侯炳辉　袁柏瑞)

*原载《农业工程学报》,1985 年第 1 期。本文是实际科研成果的总结。应该说这篇文章技术含量较高,实际意义较大。这是 25 年以前的成果,但我认为这个成果直到现在还有应用价值。

92 我国成本管理电算模式初探

在企业众多的会计业务中,成本管理是很重要的一环。它信息量大、涉及面广,直接影响到企业的经营管理。搞好成本管理对企业来说是一项基础性的工作,是管理人员掌握全面生产情况的第一手资料。有人曾把财务管理说成是企业管理的四大支柱,而成本管理是财务管理中最大的一部分,有着它特殊重要的地位。

长期以来财会理论工作者和实际工作者在实践中总结出了一整套成本理论和管理方式,为我国企业的成本核算做出了很大的贡献。但是传统的成本核算方法都是以手工操作为基础的。由于受计算手段的限制,我国目前的成本工作还基本上是处于"事后算账"阶段,核算程序不严格,没有统一的规范,不便管理。另外,目前生产朝着小批量多品种方向发展,成本信息量急剧增加,会计人员整日忙于繁重的核算业务,且不说成本计算的准确性和及时性,就连完成现有的工作,他们都感到越来越困难。基于这种情况,利用计算机这一先进的手段进行成本管理已成为摆在我们的面前的当务之急。

一、成本电算管理的目标

从系统、控制的角度出发,要建立成本管理信息系统首要的任务是确定成本管理的目标。成本电算管理的目标就是:在准确、及时的核算基础上,用各种指标进行分析,最终达到控制成本,使企业以最小的投入产出最大的效益。

围绕这一目标,成本电算模式必须搞好实际成本与定额成本的计算;历史成本记录的保存、分析,做好成本预测和成本控制等方面的工作。为了方便起见,我们用图1来表示它们之间的联系。

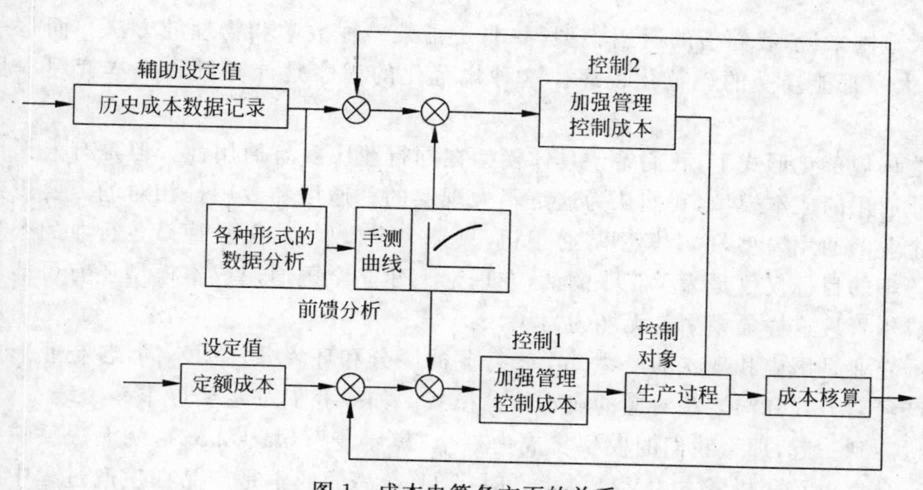

图1 成本电算各方面的关系

1. 成本核算

成本核算是整个成本管理工作的基础。这个基础是否牢固有两个衡量的指标——即成本核算的准确性和及时性。及时性通过计算机这个现代化手段是很容易达到的。而准确性的前提是原始数据本身的严格准确,是什么就是什么,有多少就有多少,含糊不清,乱摊成本的现象计算机无法处理。所以要进行成本电算,首先要严格计量统计,加强基础数据的管理工作。

2. 成本管理

前面说过,目前我国的成本核算由于受计算手段的限制,大都处于事后算账阶段。而且这种事后算账还带有一些估算和主观做账的色彩。一般情况下,当月的成本要到下月的中、下旬才能完全算出来,这种状况是不可能对生产过程实现任何监督和控制的。即使是生产出现了巨大的浪费,也只能是承认既成的事实。对于已造成的损失,因时间已过,望尘莫及。这些弊病随着生产的发展,越来越突出,必须彻底改革。

成本工作应该由原来的为核算而算账向成本管理转变。把核算当成一种对生产过程监督的手段。变事后算账为事前控制。对一些可能出现的不利因素,事先采取措施控制成本波动,这就是成本管理的主要任务。除此之外,成本还有很多作用。如:以成本作为制定商品价格的基础;以成本的完成情况作为检查经济效果的指标等等。这些尽管都重要,但与共主要任务相比都是次要的。所以建立成本电算模型,设计模型的具体数据结构时,都应围绕它进行。

二、关于成本模型的几个问题

计算机用于成本管理首先要遇到的就是模型问题。怎样选择合理的、通用的模型,就成为计算机用于成本系统的关键。

1. 模型的通用性问题

就大范围来说,我们指的通用模型,并非是指某一种数学和物理的方法。而是一种规范,一种大家都能接受的规范化程序。这种规范化的程序是计算机和成本管理本身所要求的。

在这种规范化形式下,我们希望具体模型在同行业中要有通用性。但是有人提出建立全国企业通用的成本模型,我们认为这是不大现实的。通用和专用是相对的。要想建立适合全国企业的通用模型,这个模型势必很粗,只是一个概要,势必会扼杀各行业的个性。如果成本管理的目标仅仅是为了算账的话,在理论上建立全国通用成本模型还有可能性。但要进行成本管理这样的模型就无能为力了。

我国企业是历史和现状的产物。由于行业的区分和环境条件的不同,各企业形成了众多的生产经营方式和与之相对应的成本核算模式。如果我们一定要寻求一个统一的模型,将它们拼凑到一起,那么我们的模型将成为一个"黑匣子"(black box),就无法反映各行业的特点。马克思在分析资本主义商品生产时指出,产品的成本是产品在生产过程中所耗费的物化劳动和活劳动所组成的。马克思在这里特别强调了过程的概念。这种价值的转移是在生产过程中逐步发生的。如何准确及时的反映产品在生产过程中的消耗，最大限度的控制各工序的实际成本，这才是成本管理所要做的工作，所以那种“黑匣子”式的通用模型是没有意义的。

当然在能够准确、及时的反映各工序实际消耗的前提下，我们希望模型能尽可能广泛的通用。这种现象在同行业内部是广为多见的。因为在同一行业内部存在着很多共同的因素。如果能够抓住这些共同的环境条件，研制出适合本行业的通用模型，那么不论对于软件资源的合理使用，还是对于统一的成本管理都是十分有益的。

2. 建立适合于管理的开放式模型

企业的成本系统应该逐步由事后核算向成本管理过渡。因而研制模型时也应该从管理的角度出发，建立适合于管理的开放式模型，而不是仅仅满足于“是什么”、“等于几”的事后算账。这里所说的管理包括成本管理，模型本身的管理和计算机软件的管理三个方面。

成本管理包括用各种指标对各阶段成本的对比、分析、考核，包括成本的预测和控制。这些前面都提到过。下面重点谈谈模型本身的管理和软件的管理。

前面说过我国企业的成本核算系统是历史地形成的。由于所处的环境条件不同，造成了核算方法的不同。不便于统一管理。所以我们在建立模型时必须从管理的角度出发，选择一种最为合理的方法建立模型。同时模型的本身又应该是开放式的，应该是既考虑到各企业的特点和目前企业基础管理薄弱的情况，又要考虑今后模型可能发生的变化以及今后企业建立整个管理信息系统网对成本模型的要求，增强模型本身的自适应，自学习能力，使软件资源能得到更充分，更合理的使用。

模型自身管理对我们提出了更高的要求，增加了我们编制软件的难度，随之而来的是软件本身的管理问题。

软件管理是一个很灵活的问题，因人而异，同样的模块完成同一功能，不同的人对它们的组织、装配、调度就不同。如毛纺织行业中，产品都要经过梳毛条、纺纱、织布、染布四大工序。由于环境条件的不同，它们生产组织方式又有特点。有的厂不设第一道工序，从买进毛条开始生产，有的厂由于受历史原因或地理位置的影响，将同一个工序分成几个车间并行生产等等。对于这些情况在通用模型中如何处理？方法就太多了。可以在软件模型之前设置一个自适应子系统由它来改造和适应实际工作环境；甚至在条件允许的情况下，可以设置附加模块对模型（或系统）重新定义，生成（在 Unix 系统的 Shell 语言支持下就完全可以做到这一点），等等。总之方法很多，要根据具体情况和个人的习惯而定。但是有些东西是可以规范化的。如软件设计时最好采用模块装配式的树型结构，输入输出接口明确，在操作上采用“选单”结构，中文启发式问答操作方式等。数据结构应比较合理，文件组织应满足管理的要求。另外为了充分合理的利用计算机资源，应采用覆盖技术，在装配模块时将常用的装入主存，不常用的装入辅存，运行时由软件自身进行管理、调度。

三、数据结构和文件的组织形式

一个模型、一个实际应用系统是否能既满足管理上的要求，又节省存储空间，其数据结构和文件的组织形式是衡量的主要指标之一。这里所指的数据结构是指数据按成本管理要求的组织形式，这同计算机学科中常说的栈、队、表、树、图等有所区别。当然在确定了整个数据结构形式和文件的组织方式后，就细节来说，这些方法是不可缺少的，它将为程序设计提供方便。

在实际工作中，不管是成本的核算或是管理，最后毫不例外的要落在对数据的处理上。特别是成本管理，它的基本出发点是通过大量的历史和现状数据用数学方法寻找出其中的规律性，进行各种分析。如果我们的数据结构是松散的，将会大大的增加软件本身的开销，给我们的成本分析、预测、控制带来很大的不便。

在计算机中数据结构总是通过文件的组织形式来实现的。合理的数据结构要通过合理的文件组织来实现，无论是文件系统还是数据库系统都是如此。所以在组织文件时应同时考虑到成本核算、管理和数据冗余度较小。一个好的文件系统应该是这三者兼顾的"满意解"。为了说明的方便，下面我们给出一个极端的例子。

某企业管理人员安排生产前，希望找出能使企业获得最大赢利的生产点。根据量一本一利分析，可以得到函数①、②。同时又考虑合同约束③和生产能力约束④。随后还有原料、辅料、动力、运输、库存等等约束。于是有：

目标函数：MAX 利润

约束条件：$y_1 = f_1(x_1, x_2)$ ①

$y_2 = f_2(x_1, x_2)$ ②

$y_3 = f_3(x_3)$ ③

$y_4 = f_4(x_4)$ ④

稍微细分一下十几个乃至上百个约束的数学规划问题便出现了。这个问题的规模不算太大。一般微型机就可求解。但是如果这些数字分别存放在不同的文件中，计算机处理起来就很难了。因为任何一种软件工具，它的文件设置数都要受其软通道的限制，不能无限的增多。

在以上例子中可能有人要问，量-本-利分析就可以求出最佳赢利点了，为什么还要那么多其他条件约束呢？问题的关键就在于具体情况是复杂的。而我们的理论又是高度抽象的，这种高度抽象的理论与复杂的实际情况之间有一定的距离。如我们用单一的方法求出生产 1 万米布获利最大，可是实际生产能力达不到怎么办？生产出来后市场需求量不足怎么办？显而易见，与其这样还不如不算。

文件的组织要满足管理上这些特殊要求，有些相关的数据就会重复的在一些文件中出现，数据出现了冗余。这种冗余是必要的。数据的冗余度应该是管理上对数据结构的要求和计算机硬件资源的折中。在硬资源允许的条件下，适当增加数据的冗余度，将会给系统本身带来极大的方便。所以说那种不顾其他情况一味地强调减少数据冗余度（甚至有人强调无冗余度）的说法是不可取的。

四、成本电算的其他问题

为了便于软件资源的充分利用，成本模型不但要按上述考虑，而且还应标准化，商品化。

1. 编码问题：众所周知，近年来我国的汉字编码技术虽然有了很大的突破，但就目前水平来说键入速度较 ASCⅡ字符还是慢得多。所以一般电算模型基本上都采用编码制输入，只是在最后打印报表时才由机器内部转换成汉字。但是我国目前企业的编码是不很严格的，基本上是各自为政，自行一套。在这种状况下要建立开放式的通用模型是困难的。所以编码必须标准化，建立成本电算模型时最好采用统一编码。

2. 校验和审计问题。校验是一个对计算机本身特别是人机接口的监督过程。为了保证原始凭证在输入过程中准确，我们在模型中应提供校验和审计的模块，以最大限度地降低出错率，保证系统的正常运行。

代码的校验。目前常用的是增设校验位。校验位的计算一般采用加权取余法。权值和模的取法很多，取法不同出错的概率也不同。另外码中的字符可用转换成数字的方法来处理。

记录的校验方法很多。可以根据一些会计账面特有的平衡关系来核对，也可以两次键入来查错，或者是将输入结果显示出来人工核对等等。

审计本身是一门科学，在成本管理信息系统中，它起着对软件和机器本身的监督作用。一个健全的会计系统中审计工作是不可缺少的一环。所以我们的成本模式也应该建立独立的审计模块，以确保系统在运行过程中的可靠性。

3. 软件的标准化、商品化。软件的标准化除了尽可能有较广的适应能力和数据结构尽可能有较大范围的通用性以外，还要求我们在编制方法上尽量用一些常用的手法使软件本身符合一般人的习惯，易读易懂，结构合理，接口明确。选用一些最常用的软件工具，如Cobol、Fortran(包括以这些语言作为主语言的数据库)。使软件在同行业中能更快的移植、推广，使之商品化、社会化。说到软件的移植，就不得不涉及硬设备的选择。我们建议最好选用国家选型机种和目前较常用的机型，以便于成果的交流。

目前我国正在进行经济改革，企业管理正朝着科学化、现代化的方向发展。管理向我们的成本工作提出了更高的要求。成本实际工作者也要求计算机化，管理科学化。再加上我国的微机汉字技术、汉字终端、通信技术、局部网络技术等日趋成熟。计算机进入成本领域的环境条件已经完全具备。可以预言：随着近两年工资、人事档案、库存热后，一个计算机进入成本领域的高潮将要到来。谁看准了这一点，谁将走在企业竞争的前列。

计算机在成本工作中的应用是一个广阔的领域。我们所做的工作仅仅是一个开始，了解的情况也很不全面。但我们还是把这些粗糙的想法，就教于各位专家。我们的目的是抛砖引玉。希望能对上述观点提出批评，以改进成本模式，为计算机更好地用于成本管理而努力。

（姜旭平　侯炳辉）

* 原载《清华经济管理研究》创刊号，1985 年 4 月。

93 MIS的开发策略——研究开发北京送变电公司MIS的启示

【摘　要】 MIS的开发策略是作者根据开发北京送变电公司的MIS写成的。文章指出我国计算机应用水平已经上升到一个新的阶段，因此开发策略也应随之相适应。文中提出了五种开发策略，还以北京送变电公司为例，提出了选择计算机系统结构的策略。

为适应电力建设现代化管理的需要，原水电部基建司于1986年成立了电力建设管理信息系统总体设计组，决定重点开发四个子系统，其中施工企业管理信息系统以北京送变电公司为试点。1987年地处北京良乡的北京送变电公司委托清华大学经济管理学院信息系进行总体设计，第一期工程为设计MIS总体方案，于1987年年底完成，并通过了局级评审。二期工程包括详细设计及部分子系统的实现，也已完成。通过开发北京送变电公司的MIS，对MIS的开发策略我们有以下体会。

一、开发策略的一个重要转变——我国计算机水平已经上升到了新的阶段

我国计算机在管理中的应用大致始于20世纪70年代末。当时只是在少数工厂试点，如南京712厂、北京汽车厂、杭州汽轮机厂、长春第一汽车厂等，所有机器厂家不一，如南京712厂用国产DJS130机，北京汽车厂用德国的C104机器，杭州汽轮机厂用德国西门子机器，20世纪80年代初，微机问世，1984年，由于我国中央领导的重视，"新技术革命浪潮"的宣传和推动，我国涌起一股微机浪潮，仅1984年我国工厂、学校、企业、事业单位就购买了几万台进口微机。与此同时，国产微机也大量生产，因而在一些人的心目中计算机的应用就是微机应用。中国跃进式的"信息革命"无疑对推动我国计算机普及和应用起到了相当大的作用，但从总体来讲，这种跃进有很大盲目性，因而一个时期以来，机器的使用效率、使用水平不高，经济效益偏低。1985—1986这两年对微机的宣传报道不那么热乎了，微机销售量也急剧下降。这两年的实际情况是：一方面，一些技术水平较高的单位在管理中应用微机开发项目并取得了一些实际成果，如铁道部第一桥梁厂、四川宁江机床厂等建立了微机网络；另一方面，有相当多的单位在实际应用中愈来愈感到微机本身局限性，希望认真研究微机在企业管理中所起的作用，研究我国企业管理信息系统的特点及各种模式；认识到建立管理信息系统决不能先买机器，应事先进行总体规划和总体设计。毫无疑问，这些都标志我国计算机应用水平已提高到一个新的阶段。我们也是基于这种认识进行了北京送变电公司MIS的开发工作。北京送变电公司是应用微机较早的单位，1987年年初该公司已有微机近10台，群众应用计算机的积极性很高，也取得了一些成果。为此，1985年上级单位为公司配置了VAX-11/730超级小型机一台。但至1987年为止，虽然一些科室取得了一些应用成

果，但另一些科室和工程处的微机却一直未开封安装，VAX-11/73 超小型机 0 也未能发挥作用。公司的计算机应用出现一些混乱，领导和计算机室对如何进一部开发感到困惑，这就是我们着手开发的背景。

二、北京送变电公司总体开发策略

开发任何一个组织的信息系统，都有一个策略问题，不同系统的具体情况千差万别，开发策略也就各不相同。下面结合北京送变电公司 MIS 的开发谈谈开发策略。

开发策略 1：坚持总体思想

北京送变电公司较早应用计算机进行管理，一些科室各自引进或开发了一些软件，这些软件彼此之间无联系，更谈不上标准化，在总体设计思想上对它们不应迁就，只能对这些软件进行改造，使之纳入正确轨道。

开发策略 2：慎重对待已开发的微机软件

在总体设计前已开发的微机软件是用户的劳动成果，这些软件一方面已有一定的实用性，得到用户的支持，另一方面又不够完善，缺乏统一的格式，如果将它们完全接受必不能满足总体要求；而完全丢弃必然遭到用户的反对，也是一种浪费，我们的办法是对已有软件进行改造使之满足总体要求。例如财务软件是用户在外单位提供软件基础上开发的，已能进行账务处理和一些一般会计报表的输出。我们在吸收其前期成果前提下，按照总体要求，对软件进行了改造，增加了财务分析、成本分析等功能。预算定额软件在原有基础上增加了标书生成与标书管理工作，使预算定额软件扩充为一个完善的标书自动生成软件，其功能远远超过原有软件的功能。

开发策略 3：从软件最迫切的问题着手开发

用户不同，MIS 的实施方案也必然不同，且系统的实现往往需要较长的时间，因此必须站在用户的立场上，急用户之急，解决他们最迫切需要解决的问题。例如我们逐一解决了北京送变电公司最迫切的几个问题：

(1) 需要一个总体规划，将各分散的系统纳入总体轨道。

(2) 明确超小型机 VAX-11/730 的用途，完善其硬件配制，解决计算机软、硬件技术难点。

(3) 开发急需的子系统。如公司首先希望解决辅助经营决策问题。例如我们首先开发并实现了财务招标辅助管理等子系统。

开发策略 4：必须考虑用户的承受能力

开发 MIS 既是管理问题又是技术问题，因此 MIS 的成败也同样有两个方面因素，所谓管理问题系指用户的管理思想，管理制度，管理基础等，如果这方面较差就无法承受 MIS 的管理要求；如果用户的技术力量不足，技术水平不高，技术 MIS 开发完成，用户也不会使用、维护、扩充应变，即承受能力不够同样是不能成功地使用 MIS 的。所以在开发 MIS 时必须注意用户这两个方面的情况，北京送变电公司的管理思想、管理制度及管理基础都比较好，而技术方面的承受力较弱，我们在这方面多次对他们进行帮助并请领导及早派合适人选参加开发使用 MIS。

开发策略 5：锲而不舍，知难而进

开发 MIS 需要时间，不能违背客观规律，也不能忽视客观条件，开发中困难是很多的，经常遇到“干不下去”的情况，有些难点久攻不克，如果遇到困难就后退必将前功尽弃，所以开发 MIS 必须有锲而不舍的精神，在开发北京送变电公司 MIS 时，我们就遇到了不少技术难点，由于不舍而取得了成功。

三、关于计算机配置的策略

开发 MIS 的主要投资是购买计算机硬件，这笔投资数目很大，因而对计算机系统的配置必须非常认真。

系统逻辑方案的确定是选机的前提。一般来说一个 MIS 的系统结构不外有三种方案可供选择(见表 1)对任何 MIS 都必须根据系统具体情况来选择系统结构。就北京送变电公司来说，我们选择了第三种方案，即集中与分散相结合的模式，理由如下：

表 1　三种系统的比较

方　案	优　点	缺　点
微机局网-分布系统	(1) 总投资及初期投资少； (2) 本地响应快； (3) 对机房要求低； (4) 有许多可用软件； (5) 国产化程度高，可用人民币支付。	(1) 远程响应慢，网以外的远程通信困难； (2) 系统的最大处理能力差； (3) 数据库性能差； (4) 系统的扩充性差。
集中系统	(1) 系统最大处理能力强； (2) 数据库管理能力强； (3) 系统易扩充和升级； (4) 系统保密性强； (5) 软件功能丰富； (6) 远程通信易实现； (7) 便于集中维护。	(1) 初期投资大； (2) 响应时间长； (3) 机房要求高； (4) 系统维护及软件技术要求高。
集中与分布结合	(1) 具有方案 2 的全部优点； (2) 响应时间快； (3) 对主机要求比方案 2 低； (4) 可利用微机现有软件。	(1) 初期投资大； (2) 软件开发需较高技术； (3) 对机房要求较高。

(1) 已有一台 VAX-11/730 超小型机，并积累了一些开发和维护主机系统经验；

(2) 各科室、处和工厂已有一些 IBM-PC 和长城 0520-CH 微机并已有一些应用经验；

(3) 已有一个小型机房，机房改造不需要太大投资；

(4) 系统规模和各子系统要完成的功能要求计算机系统具有一定集中处理能力，并能运行大型软件；

(5) 各施工地理位置分散，需要一定的远程通信能力。

根据以上情况，选择系统结构方案，其中主机 MV-7800(或 VAX-8250)以及 PC 终端等选择另有详细考虑，本文不予详述。

对于物理配置的选择策略，建议用各指标加权平均综合考虑法进行，将各机型加权平均打分，取分数最高的机型。

(1) 硬件性能/价格；

(2) 软件性能/价格；
(3) 软硬件的先进性；
(4) 汉化水平；
(5) RDBMS产品水平；
(6) 对数据处理的支持；
(7) 网络产品水平；
(8) 维护水平；
(9) 与现有资源(这里为VAX-11/730)的相容性；
(10) 与上级MIS的相容性。

平均水平=(分数×该性能的权重)/权重

这样选择的物理配置是综合性的，比较全面。一般可选方案有多种(比如5种)，从中选择1-2种最好的方案作为推荐方案，供领导决策时参考。

* 原载《第4届管理信息系统学术会议论文集》，1989年10月。20世纪80年代中，我们参加的"北京送变电公司"的MIS开发是国内信息化中比较前卫的工作，不仅系统得到了初步运行，还总结并发表了三篇文章。

94 工程投标管理信息系统

【摘　要】 本文介绍了作者为某电力建设企业研制的工程投标管理信息系统。着重阐述了在电力建设企业中建立投标处理信息网络的方法。

一、概述

招标和投标制度,目前已在国内外经济活动中获得广泛的应用。现在,不仅在各种工程项目,如基础设施、建筑工程等,运用这种方法进行物资采购和承包工程,而且政府、企业、事业单位也越来越多地采用这种方式采购原材料、器材和机械设备。

对施工企业来说,参加投标工作的目的,通常在于获得工程项目的承包权。在投标工作中,充满了企业之间的竞争,主要反映为以下三个特点:

(1) 及时性。工程投标的工作量是很大的。特别是综合承包项目,报价计算更是十分浩繁。由于受投标时间的限制,若不能按时完成,就失去了中标的机会。

(2) 准确性。投标必须严格按照招标文件的规定进行,标书的建立应建立在科学分析和可靠计算的基础上,要能比较准确地反应造价。

(3) 灵活性。大多数项目的招标程序和背景是比较复杂的。为了获得项目,还要视具体情况制定竞争策略,如:及时调整报价等等。

国外许多企业已将计算机应用投标工作,充分利用计算机存储信息量大、计算迅速、准确的特点,在项目竞争中占据了很大优势。

国内企业应用计算机进行投标工作的为数尚少,在这方面的研究工作开展得也不多。本文试图介绍一个正在研制和使用的建筑工程投标管理信息系统,探讨计算机在投标工作中的使用方法。

二、系统概况

本系统是某电力建设企业管理信息系统中的一个子系统。该企业是能源部下属的施工型管理企业,主要承担各种电压等级的超高压送电线路,各种电压等级的变电站及高压电缆的施工任务。该企业目前基本靠投标承包工程项目。由于管理方法和工具的落后,企业在许多投标工程中不能及时、准确地做出报价和施工组织计划,丧失了工程项目的承包机会。因此,企业领导感到必须在信息的收集、处理、通信等方面能及时、准确、有一个完整而实用的投标管理信息系统。为此,我们与该企业的科研人员合作,共同开发了投标管理信息系统。

三、系统设计

1. 系统的设计原则

如上所述，该系统是本企业管理信息系统中的一个子系统，它既是管理信息系统的一部分，与其他子系统有许多联系，又有其独立性。为此，我们在设计系统方案时，遵循了保证投标管理子系统相对独立的系统性原则；从企业实际出发，充分利用企业现有资源，解决企业急需解决的实际问题的实用原则；为保证系统的先进性而引进的先进方法和技术的先进性原则。

总系统采用集中与分散相结合的硬件连接方案，即各子系统通过终端或微机与主机联系，大部分工作通过微机进行局部处理，共享数据、联系数据以及结果数据放入主机数据库，大型软件或模型的运行由主机承担。

系统的配置是一台 VAX-11/730、4 个终端和 7 台微机。软件采用 DECNET 网络系统，DECNET-DOS 通信系统，RDB-DBMS 和 DBASEⅢ。

2. 投标管理系统的设计方案

根据投标处理的业务可知，投标后签订的工程承包合同是该企业作施工生产计划、财务计划、物资供应计划、设备购置与维修计划的主要依据。在该企业的管理信息系统中，财务、物资和设备等几个管理子系统共享投标管理子系统的数据。这些数据应存入系统的共享数据库中。在该数据库中，对此项数据的存取权限设计为：计划、财务、物资和设备四个站可读，投标管理站可写。投标管理要用到定额数据。该数据是定额管理系统中生成并存入主机的共享数据库中。在该数据库中，对此项数据的存取权限设计为：定额管理站可读写，投标管理等站可读。

根据计算机处理数据流程图，设计出投标管理系统的功能模型。这些功能分布在一台 IBM-PC/XT 上。由于该企业已开发了一套工程费用预算软件，并使用了一年多的时间。本着前述系统设计原则，我们将这套软件纳入本系统。整个系统软件使用 DBASE Ⅲ系统编写。数据库文件包括：标书原始数据文件、工程费用报价数据文件、经济标书数据文件、技术标书数据文件、标书档案数据文件。全部数据文件服从 2 范式。

在网络中调用共享数据的方法是：使用 DECNET 网络系统和 DECNET-DOS 网络系统进行文件的传送。在主机中，用 VAX-VMS 操作系统的 CLI 命令和 VAX-RDB/VMS 中的可调用的 RDO 命令编制，将节点机传送来的数据文件转储在主机中的 RDB 数据库中的操作程序。这里的 DECNET-DOS 网络系统是美国 DEC 公司开发的专门用于 VAX 和微机联网的网络软件，它具有仿真终端和文件传送的功能。

四、系统实现

从 1988 年 3 月对投标管理系统进行设计和实现，到现在已基本完成整个系统的研制工作。目前，该系统已投入使用，并在实践中不断改进和完善。现在，该企业已将其当做投标管理的重要工具，其作用正在得到充分发挥。

五、改进方案

经过使用,我们发现本系统有两个不完善之处。

其一,由于主机采用 RDB-VMS 系统,网络节点采用 DBASE Ⅲ系统。两个数据库系统无法兼容,需要经过数据转换程序才能互相转储,使得系统运行效率大大降低。为此,应采用主机和节点机都可使用的一致的数据库管理系统,如:Orecle 等,或使用文件系统而不用数据库系统。

其二,应引入智能功能。因为投标是一种艺术性很强的技术工作。有些非结构化的、属于人的意识活动的知识和经验往往是投标者能否在竞争中取胜的关键因素。为此,应引入人工智能和对策等技术和方法。

总之,投标处理计算机化是一项很值得研究的课题,它对于企业在竞争中获得机会能起到重要作用。

(谢建国　侯炳辉)

* 原载《第 4 届全国管理信息系统学术会议论文集》,1989 年 10 月。收入本书时有修改。

95 基于VAX-11/730机的财务决策支持系统

【摘　要】 本文着重介绍以北京送变电公司为背景的基于VAX-11/730机的财务决策支持系统(JDFDSS)的分析、设计、运行环境、技术特点及系统功能。

一、引言

决策支持系统(DSS)是伴随系统科学、计算机科学和现代通信技术的发展,融合管理科学、决策理论和心理学、行为科学的一种崭新的信息技术。在理论方面,DSS已逐步形成一套完整的体系,在实际应用系统开发方面,DSS已在诸多领域中积累了成功的经验。财务部门是企业的关键机构,建立完善的财务管理和财务决策支持系统,是改善企业决策效能的有效途径。国外在微型计算机上开发了一些成功的财务决策支持系统,在国内,财务决策支持系统还很少见。JDFDSS是结合我国送变电施工企业并在VAX-11/730小型机上开发的财务决策支持系统,其开发原则、开发方法以及系统结构、系统功能等诸方面都有自己的特点。

二、决策支持系统和财务决策支持系统

DSS是继管理信息系统(MIS)之后兴起和发展起来的信息处理新技术。它不同于传统的MIS,它是将决策人员的决策技能、决策艺术同科学的定性定量分析方法以及计算机科学技术有机地结合起来的一个决策支持工具。DSS为决策者提供了一套辅助工具,使决策者更有效地选择决策方案。DSS最基本也是最重要的特征是以交互的、特定的分析方法,为用户提供尽可能完整和准确的决策手段。

模型的引入为DSS处理半结构问题提供了条件。DSS模型可包含多种模型,如描述性模型、运筹学模型、数量经济模型、模拟模型等。DSS通过运行模型帮助用户了解影响决策的各个因素,以启发用户寻求改进决策的途径。模型思想的产生推动了人们对模型库技术和模型库管理系统的研究。目前,数据库技术尤其是关系型数据库技术已日臻完善,而模型库技术的研究还开始不久,因此,以数据库技术实现模型库的思想是一种常用的方案。

人工智能技术特别是专家系统(ES)的发展,为DSS智能化开辟了新的应用前景。ES知识库和推理机思想的引入,使DSS信息在表达方式和存储形式上完全摆脱了严密而狭窄的数学规范。从根本上讲,DSS没有成熟的知识处理机能,而ES的成功仅限于狭窄的明确的知识领域,在财务分析、策略规则和工程管理这样一类决策问题上,由于它们在处理过程中目标和约束条件不断发生变化,只有将DSS和ES思想结合起来,才真正有可能实现决策支持。当前研究模拟决策支持系统和专家决策支持系统已成为DSS的主要研究领域。

财务决策支持系统是DSS家族中的专用系统类,它是直接面向企业经营管理和财务决

策人员的应用系统。建立财务决策支持系统的目的是促使企业的财务管理从传统的会计记账、算账和报账业务上升到经营管理、参与决策、预测经济前景、控制经营活动、监督财务计划实施、分析因素变化、评价经济效果和考核经营成绩的辅助决策工具。JDFDSS 财务决策支持系统理论逻辑结构如图 1 所示。下面对图中各部件进行说明。

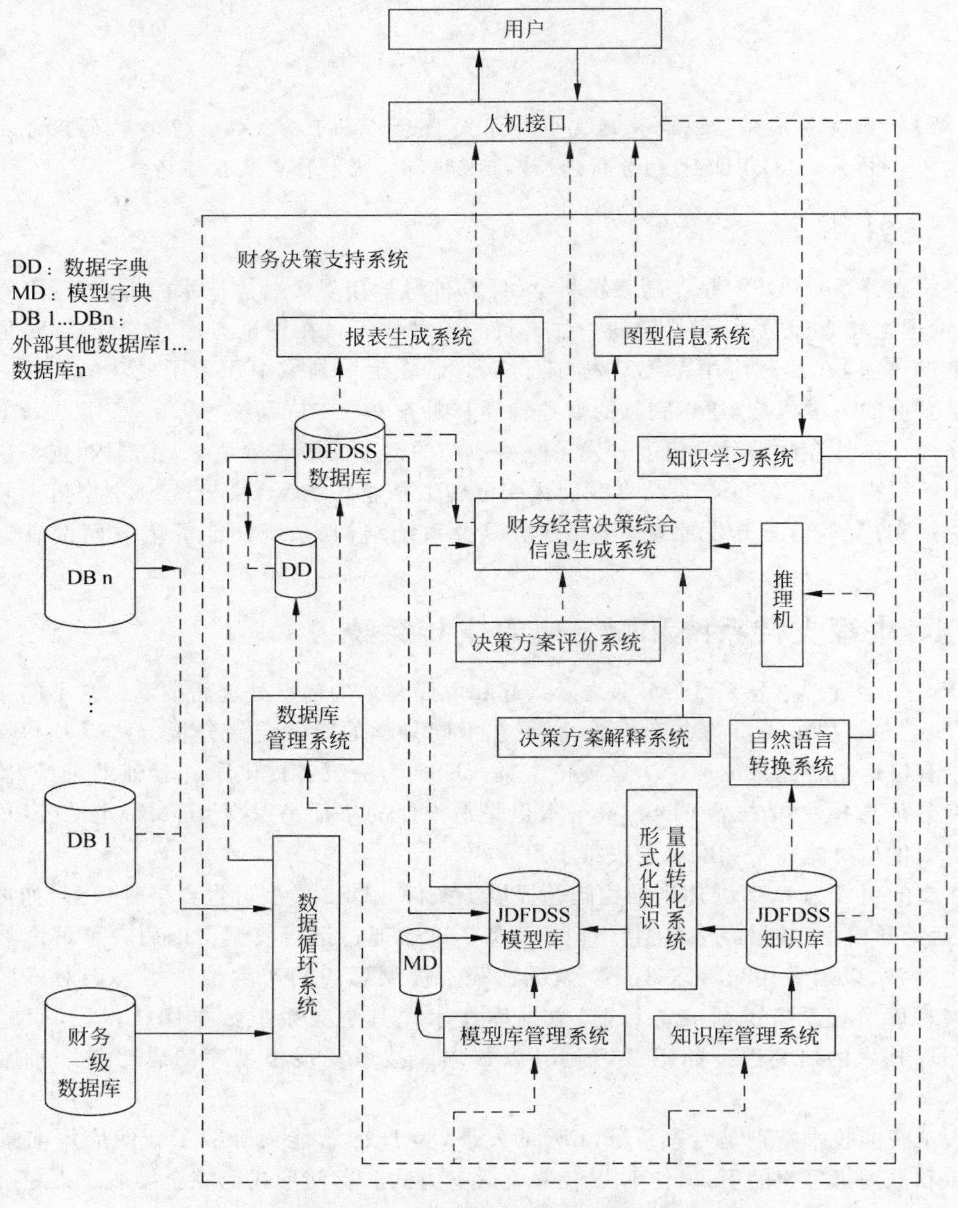

图 1 JDFDSS 理想模式逻辑结构图

人机接口部件：人机接口部件的核心是人机会话系统，它以菜单驱动和提问/回答对话相结合的方式输入和存储用户描述问题的信息和参数，输出生成报表。

数据库系统：这是 JDFDSS 的中心部件，用以存放财务专用数据和公司共享数据。

数据析取系统：数据析取系统用于从低级数据库（如DBASEⅣ）中提炼、简化、集成为二级信息，并存放于数据库中。

知识库系统：知识库内容包含财务事实性知识、财务启发性知识和财务元知识，以产生式系统和语义网络来表达，建立良好的推理机制和自学习功能。

信息转换系统：建立信息转换系统的目的是依据已建立起来的对应关系或经推理得出的映射而实现的由一种存储表达形式转化为另一种存储形式或生成某种形式的输出表达。

决策方案评价系统：评价系统用于向用户提供对策方案的多种分析方法和结论，综合各分析因素形成一套完整的评价指标体系，实现启发用户改进决策效能。

决策方案解释系统：决策方案解释系统使用户能理解由艺术到科学决策的过程，从而使用户从解释过程中得到启发，理解系统运行机制。

信息输出系统：信息输出系统包括简洁的报表输出和直观的图形输出，报表有两类，一类是标准报表，另一类是分析报表，为方便用户，还利用了窗口技术。

三、JDFDSS的分析与设计

（一）系统设计的思想、准则和方法

JDFDSS是继公司MIS总体设计之后进行的，必须符合总体要求。JDFDSS以迭代设计思想作为开发准则，采取如下策略：

（1）整体性策略：JDFDSS是公司MIS的一部分，需要与MIS各子系统进行信息交换，因此在系统的软件结构、模型结构等方面和MIS总体设计保持一致，接口格式必须统一。

（2）综合性策略：财务数据涉及组织的各个部门，财务决策信息必须综合考虑各部门的要求。

（3）适应性策略：系统必须适应管理体制的当前情况和未来可能的变化，适应领导人对决策不断提出的要求。

（4）简洁透明性策略：DSS最终用户是高级决策者，而不是计算机人员，因此操作要简便，输出表达清楚，模型计算过程要作必要的解释。

（5）系统开发时各部件相对独立性策略：系统各部件的特殊性决定了它们在功能、结构和开发设计过程的独立性。

（二）系统结构

图2是JDFDSS的系统实际结构图，实际结构和理论结构稍有差别。

（三）系统功能

JDFDSS共有六大功能，如图3所示，它们分别是分析查询、统计预测、模型模拟、资金管理、数据操纵和系统维护。系统以菜单总控的方式为用户提供功能选择，并将系统的逻辑结构以功能模块的形式反映出来，实现了结构和功能的统一。JDFDSS系统是以层次结构体现各部件的功能的。下面分模块说明。

分析查询功能：决策者首先是查询所需信息，利用查询信息进行分析，分析方法包括替换法、动态分析法等。

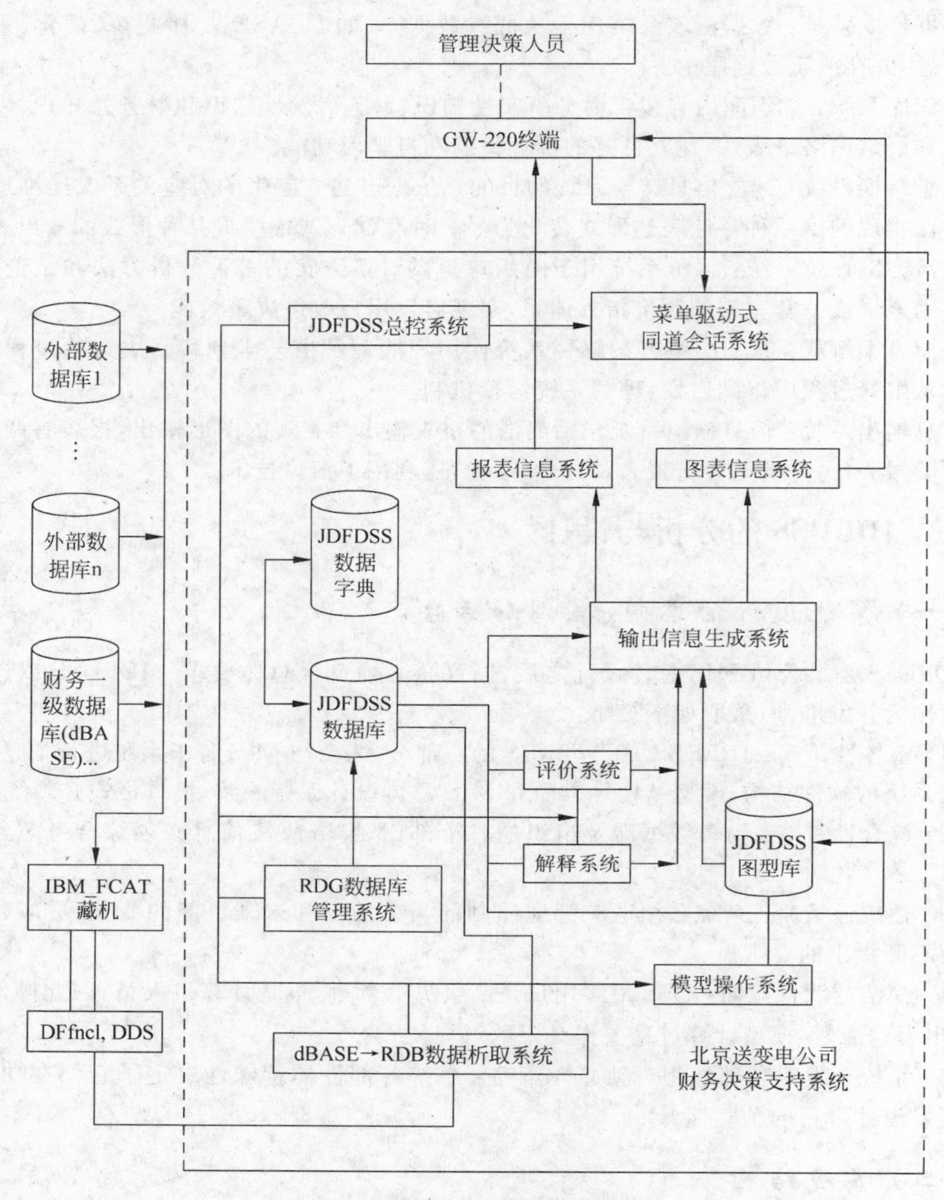

图 2　JDFDSS 的实际结构图

模型模拟：该模块将系统模型分为两大类，一是规范化模型，另一类是描述性模型。模型的管理采用数据管理方式，以数据库技术实现描述模型的问题描述库（QDB）和问题规则库（QRB）与推理过程一起实现两库一过程设计思想。

资金管理：根据公司的资金运动的全部内容，设计一个资金运动的模拟环境，通过互运行方式，实现对资金运动的描述和控制，模拟运行过程中引入资金的时间价值和投资风险性分析。

数据操纵：数据操纵模块用高级语言（FOTRAN）设计更为直观的屏幕格式，将数据以显式的形式映象给用户，克服了 VAX 机 RDO 频繁交互处理过程，为用户提供更理想的决策预处理环境。

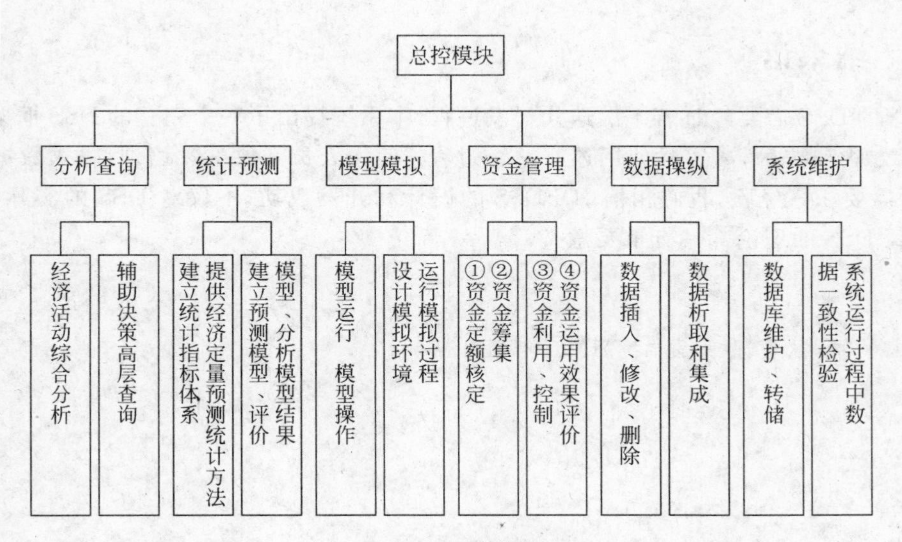

图 3　JDFDSS 功能模块图

系统维护：该模块包括数据库系统的完整性、安全性、一致性控制。

（四）系统运行的软硬件环境和技术特征

JDPDSS 是在 VAX-11/730 上开发的，其前级数据处理在 IBMPC/XT 微型计算机上实现。JDFDSS 运行于 VAX/CVMS 汉字操作系统之下，主语言为 FORTRAN，有效语句一万多条。数据库为 VAX/RDB，通过嵌入主语言采用预编译的形式实现系统数据管理，系统前级数据取自 DBASEⅢ。系统采用 VAX/DECnet 网络软件和微型机 DECnet—DOS 软件产品，在 VAX/CVMS 上运行标准软件包 VAX/CDO 及其所支持的软件系统 VAX/DTR，完成由微机 DBASE 数据库向 VAX 主机的 VAX/RDB 数据库的结构转换和数据传送，从而实现了系统数据集成和数据析取，如图 4 所示。

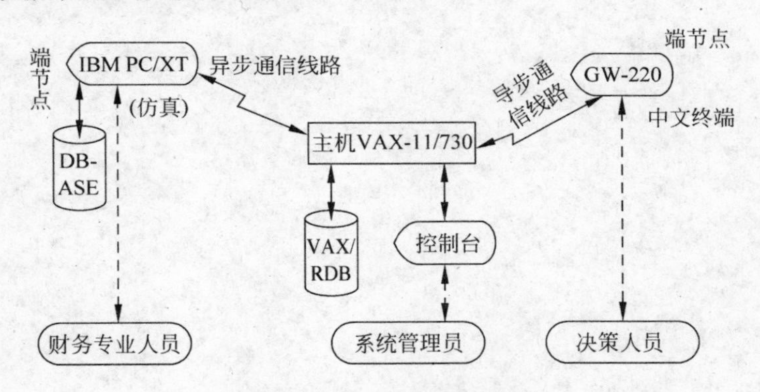

图 4　VAX/DECnet 网络示例

系统的技术特点集中体现在采用 VAX/RDB 和应用通信技术实现数据集成和析取。VAX/RDB 具备关系数据库全部基本功能，如数据安全性、完整性，优化访问、并发控制、故障恢复等。其 DML 语言可支持标准的关系操作和实现事务一级的访问控制，DECnet—DOS 可实现资源共享、信息交换、文件和程序交换等。

四、结束语

完善的DSS需要经过若干次迭代开发过程，本系统提出了一个完整的DSS框架及其开发原则、方法和技术，离实际使用还有一个过程：使用人员需要熟悉培训，输入数据需要时间，运行需要积累经验，我们相信JDFDSS的设计和开发成功，不仅对DSS的实际应用，而且对提高DSS的理论都具有重要意义。

（侯炳辉　黄继红）

* 原载《管理工程学报》1990年第2期。

96 高等学校信息系统的特点及其开发策略

【摘　要】 本文概要地将高等学校以培养人才为根本任务的管理运行过程与企业管理进行比较，指出高校管理信息系统的一些特点。高校在开发MIS方面既有优势又存在不足，在现行的管理体制下如何克服薄弱环节，促进高等学校MIS的发展，根据我国高校具体情况，文章最后提出开发高校MIS的基本策略及其指导思想。

【关键词】 高等学校，管理信息系统，规划设计，开发策略

众所周知，高等学校是国家培养高级专门人才的基地，它通过教学和科研两个中心环节培育建设社会主义的高级人才并产生和传播最新科学技术。办好高等学校必须不断地采用现代化的技术手段和科学管理方法，强化学校的管理机制。科学管理离不开管理信息系统的支持，只有建立完善的管理信息系统（以下简称MIS）才能及时地获取有价值的管理和决策信息，才能对高校进行有效的、科学化的管理，进而有力地支持国家教育管理信息系统。

1. 高校MIS的特点

目前，国内有不少企业单位已建立了管理信息系统，收到了较好的效益，而高校在这方面的工作起步较晚，成效较差，原因何在呢？这里不能不剖析一下高校在管理及运转方面的特点。

高等学校的根本任务是培养人才，这是一个相当复杂的过程，学校在接受国家指令后，要根据本校具体情况做出相应的决策，发出学校的调控指令去安排教学、科研等管理活动，同时又要克服来自社会的各种干扰，以保证教学、科研活动的顺利进行。另外，学校还要从社会对毕业生的反映中不断采样，即质量跟踪调查，进行反馈控制（当然，学校内部各个管理环节也同样在进行这种反馈控制），及时调整教学、科研计划。

高校与企业的共性都是为社会生产“产品”，都要求降低成本消耗，提高产品的质量和数量，但这两种产品的性质有根本的不同。企业的产品是物，物的质量标准和管理比较简单；而学校的主要产品是人，是要求德智体全面发展的社会主义建设者，其质量标准相当复杂。何况高校培养人的层次多，有本科生、大专生、硕士和博士研究生等。

由于上述原因，高校管理带来了以下几个特点：

(1) 从管理目标看，企业注重经济效益（产值、利润等），而学校更多强调社会效益，即培养人才，对社会作贡献，但毕业生的德、才能否满足和适应社会的需要，受各种因素的制约和干扰，因而学生质量不易控制。

(2) 从产品生产周期来看，学校培育人的周期长，学生从进校到毕业离校短则四五年，长则七八年或更长，其社会效益要在学生毕业离校几年之后才能看出。因此，采样周期长，对学生质量跟踪调查又比较困难，表现在采样环节功能薄弱，这给学校的调控带来了较大的

延迟和决策上的困难。

(3) 从内部管理来看，企业首脑可以从各生产部门的统计报表(日报、周报、月报等)及时掌握本单位有关完成产值、利润等数据，从而及时进行生产调度和相应决策活动，而学校管理缺少量化指标，领导也无法在较短的取样周期内获得如此重要的信息，这就造成了学校内部运转和管理的相对松散性，给 MIS 带来了较大的随意性。

(4) 从经费来看，企业从产品的销售可留有固定的设备折旧和更新费用，经营得好就有足够的发展基金来支持 MIS 的建立，而学校只能从国家按学生人数拨款得到一定的教育经费，远不能满足学校的正常运转和发展需要，造成高校资金长期短缺。

以上所述均是高校在建立 MIS 方面的不利因素，客观上致使高校开发、建设 MIS 具有长期性和艰巨性。

高等学校在建设 MIS 方面又存在以下优势：

(1) 高校的管理人员上至校长下至科室负责人一般都具有较高的文化素养，接受新知识、新技术能力较强，这是科学化管理的基础优势。

(2) 高校具有一支开发 MIS 的技术力量，尤其是理工科大学一般都有管理信息系统和计算机专业人才，他们既熟悉学校管理又掌握专业知识，是开发 MIS 难得的有利因素。

(3) 高校一般都具有一定的能支持现代化 MIS 的硬、软件资源，如各种类型的计算机、通信网络以及数据库等软件，开发 MIS 具有一定的物质基础。

我们完全可能充分利用高校这些有利因素，克服其薄弱环节，结合我国高校特点建设具有中国特色的高校 MIS。

2. 高等学校管理机制及问题

一般高校的管理功能按层次可分为三层；决策层、管理层和执行层。

执行层：指教研室、科室一级的单位，是学校运转的基层部门，它们是教学、科研活动的最基本单位，处理基本业务和进行日常事务管理。具有管理职能的科室存储着学校各类业务的基础数据，一般都较早地采用计算机作辅助管理。

管理层：指部、处和系、所级单位。一般高校都设有若干个管理部门，分管着人、财、物，它们是学校运转的关键单位，而系、所是学校中执行教学、科研培育学生、造就人才的实体单位。管理层从执行层的基础数据中获得二次数据，即统计、预测数据，调整内部的管理活动，并为校领导提供决策依据，使学校的管理富有效率和效益。一些高校的管理层已认识到计算机在学校管理中的重要作用，并已着手建立或在完善本部门的 MIS。

决策层：指学校的最高领导——校长、校务委员会。这是学校的管理中枢，决策层由管理层提取决策数据并直接调控学校的管理活动，保证学校教学、科研等活动的正常运转。

决策层要管理好学校就必须耳聪目明，没有完善的 MIS 作为支持是做不到的。目前高管理中的薄弱环节是信息流通不够顺畅，反应比较迟缓，而且数据的准确性不够，使校领导层在决策和调控时缺乏科学依据。这是高校建立 MIS 首先要解决的问题。

3. 高校 MIS 的开发策略

综上所述，建立高校管理信息系统既是一个紧迫的任务，又是一个艰巨、复杂的课题，须用系统工程的理论和方法去进行开发、建设。

(1) 首先要争取学校领导的支持并参与

与企业相比，学校管理数据量化指标少，管理机制结构化较差，表现在制度规范化较难，这些均给开发 MIS 带来了很大的困难，如果没有学校领导的有力支持并参与，要做好这项工作更是难以想象的。因此必须争取高层领导参加规划并参与，高层领导参加规划并任领导组长，以便从组织上保证开发的顺利进行。同时，还要使领导明白，MIS 本质上是一个社会系统工程，它远比单纯配备计算机硬件、软件和通信网络系统要复杂，对开发 MIS 的复杂性和困难性要有足够的估计，期望过高或求成过急都是不适宜的。

(2) 必须与学校各级管理人员紧密结合

高等教育是上层建筑，高等学校是培养人的地方，与企业相比，它的运行机制和管理制度有更大的可变性；学校管理人员有较高的文化素养，凭经验办事，靠主观能动性较多。另外，他们还都有一定的计算机文化水平，对应用计算机怎样搞管理有自己的想法，这就更需要开发 MIS 的技术人员与他们紧密配合，各级管理人员既是系统功能的提出者，又是 MIS 的最终用户和维护者，因此，开发所有 MIS 自始至终要吸收他们参加(尤其是各单位的主要领导和业务骨干)，技术人员要认真听取用户意见和要求，二者的紧密结合是 MIS 顺利开发的重要保证，也是 MIS 的生命力所在。

(3) 集中规划、分散设计、分步实施

根据我国高校的具体情况，开发一般高校的 MIS 策略应以“集中规划、分散设计、分步实施”为宜。

集中规划：就是要在校长的领导下，自上而下地作好整个系统的调研分析，弄清学校在管理方面的各种功能需求，制定好管理信息的规范标准，统一规划好各管理信息、系统的边界和接口，保证全校的信息、资源(数据、软件和硬件等)能够共享。尤其是要规划好基础数据的完整和准确，统计报表的规范化和制度化，以及为校领导提供的决策数据的准确和及时。

分散设计：高校管理信息系统可由十几个子系统组成，不可能组织一支队伍集中完成设计，可以在集中规划的前提下，由各部门组织人力分别进行设计开发，但都要保证支持整体规划的要求。

分步实施：建设以计算机为主要手段的 MIS，要具备两个必要条件，一是要有足够的资金，二是管理体制要顺通，规章制度要完善，否则有了计算机系统而信息的采集、加工处理和流通有问题，那么即使花费了大量资金也不可能见到效益。从某种意义上讲，第二个条件的实现更为困难。由于以上两个原因，MIS 实施不宜一下全面铺开，条件成熟的先实施，条件不成熟的应积极争取条件，使矛盾早日转化，在系统的设计中促进管理的科学化、规范化和制度化。

(沈锡成　侯炳辉)

* 原载《第 6 届全国管理信息系统学术会议论文集》，1991 年 8 月。

97 计算机综合信息系统及其建造与开发

电子计算机自问世以来，历来就是在应用中不断发展。从应用的实践中提出需求，提出研究的课题，从而革新设计、改进产品，以促进计算机技术的高速发展；计算机的新技术、新成就又推动计算机的广泛应用。而“应用”则始终是发展的动力，发展的目标和归宿。

刚刚过去的20世纪80年代，计算机技术及其应用获得了更高速的发展，国家新技术、新成果层出不穷、日新月异，应用水平不断提高，应用领域不断扩张，简直到了“无处不用”的程度。到20世纪80年代末90年代初，计算机已逐渐趋向于集各项技术之“大成”，而应用则趋向于综合化、智能化。

计算机技术及其应用的高速发展，也大大促进了当地“信息技术”、“信息产业”的发展，信息已构成当今世界(与物质和能源向并列)的三大要素之一。信息时代正在向我们走来。

20世纪80年代，随着我国改革开放政策的成功，随着我国国民经济的稳步发展，电子信息技术又获得长足进步，也越来越得到各级领导和技术人员的重视。进入90年代，我们应该预见信息技术的发展方向，研究90年代信息系统的特征，跟上世界发展的潮流，不失时机地使我国的信息技术尤其是应用系统获得卓有成效的发展。

一、20世纪90年代信息系统向综合化智能化的目标发展

20世纪70年代还经常把计算机应用分为科学技术、无人控制、过程控制和事务处理三个方面。到了80年代，三者的内容越来越丰富，而三者之间的界限越来越模糊，越来越倾向于结合，尤其是事务处理方面，发展更为迅速，应用领域也最广，已扩展到工厂企业、金融保险、政府机关、军事指挥、商业、宾馆、医院、学校、农业等各个领域，从而发展为以计算机为核心的“信息技术”、“信息系统”这样一门学科，现代的信息系统也远非当年事务处理的面貌，已把“计算”、“控制”的许多内容纳入了它的应用范畴。它的技术基础除计算机以外，还需要把通信技术和自动控制的知识，通常称为“3C”(computer，communication，control)技术。

到了80年代末，信息系统已明显的趋向于应用的综合化、集成化、英文称“application integration”，或“integrated application”。表现在以下几个方面。

1. 行政管理部门的综合办公自动化系统，英文称“integrated office automation”。从中央到地方的各级政府机构，国外大型、中型跨国、跨域公司的管理机构都属于此列。这类型信息系统先前分办公系统(狭义OA)，管理信息系统(MIS)，决策支持系统(DSS)三种类型，而现在都倾向于三者有机结合的“CIMS”综合信息系统，或称广义办公自动化系统。

我国党政机构的办公自动化系统也正在建立，这方面国务院办公厅起了很好的带动作用，从中央到各省、市政府到基层县政府的政务办公自动化系统正在按这一模式建立。国家工商行政管理局到各省、市、县工商局，也在逐步建立这样的综合办公自动化系统。

2. 工厂制造部门的计算机综合生产制造系统,英文称,简称 CIMS。也可叫综合自动化生产系统。

据报道,近年来美国、日本、欧洲等先进工业国,这方面的需求增加很快,不仅产品设计和生产制造,而且办公、市场、计划、销售、财会等多方面发挥着综合作用,据统计 CIMS 的销售额 1956 年为 500 亿美元,1990 年可达 1 000 亿美元。

在 20 世纪 60~70 年代,国外用于生产制造业的管理信息系统就已兴起,主要用于生产、计划、物资、财务、人事等各方面的管理。后来又有所谓柔性制造系统(FIMS),主要是把 CAD/CAM 技术用于生产制造。在上述基础上,把生产管理、办公管理、过程控制、辅助设计/制造以及预测和决策等综合于一体,形成有机的结合,这就是"CIMS",是又一种典型的计算机综合信息系统,发展下去就是工厂自动化。

在我国许多大学和研究机关正在与工厂相结合,进行 CIMS 的研究与实践。大连机车车辆厂在这方面已经做了有益的工作。

3. 跨地区的大型企业部门,性质介于上述 1、2 类之间,既有行政办公管理又有本行业的具体业务。综合性信息管理的内容也很丰富。这方面国外的实例更多。

在我国东北的哈尔滨铁路局地跨半个东北,下辖七个铁路分局,几十个机务段,已经建立起大型综合性铁路运营管理系统,而且是一个大型的远程网络系统。该系统一直在昼夜不停地可靠地运行着,已经取得了良好的经济效益。

4. 军事部门的管理、指挥自动化系统。

像政府部门一样,军事部门也要"管理",也要"计算",也要"决策",此外还要控制武器,也是一种计算机综合信息系统。平时用于管理和指挥生产,用于作战模拟,用于军事演习;战时用于指挥作战。这方面在国外有高度的发展,在国内也应该快步紧跟。

5. 其他方面:如医疗诊断系统,是探测、诊断、治疗、管理与办公的综合系统。在宾馆是客房、公寓、商场、娱乐室、餐厅、办公室等多种业务的综合管理系统。

综上所述,在国外技术先进的国家中,20 世纪 80 年代末信息系统已明显趋于成熟。在我国也有一些好的"典型尝试"。而"智能化"的目标还在"孕育"之中。

计算机信息系统与科学技术方面的应用不同,除了机器和技术的因素外,还与"人、社会"的因素有着密切的关系,它是一个人/机相关联的系统。因此,在研究和建造信息系统的时候,除了考虑它的技术基础(计算机、通信、控制)之外,除了研究其自身的结构、规范、模式、方法之外,还应该研究并发挥人的积极作用。将人的聪明、才智,将计算机的智能推理技术应用于信息系统中,从而提高系统的智能程度,这就是本文所提的"智能化"目标。

具有智能色彩的一种信息系统——决策支持系统 DSS,20 世纪 70 年代已经出现,80 年代有所发展。作为一个综合性的信息系统,不论用于哪个方面都应该在其高层建立决策支持系统。决策支持功能的水平将体现信息系统"智能化"的程度,模型库、方法库、知识库等反映了人们在这方面的努力,但目前的智能程度还远不如人意。因此,90 年代应该大大加强这方面的研究与实践。迄今为止,计算机仍然是一个"快速而准确"地按人已知规律办事的机器。使计算机自动模拟人的思维和神经活动,以增强计算机的"智能性",这是人们一直追求的目标,80 年代这方面也取得了一定的进展。现今信息系统"处理"和"运用"的信息,不光是文字和数据,还有声音、符号、形状、图像等更多的类型,以便模拟人的听觉、视觉、触觉以及思维与行动。因此,90 年代随着"智能计算机"、"神经网络"等技术的进展,及时地将其应用于信息系统之中，以大大增强信息系统的智能性，应该是一个值得十分重视的课题。

预计到20世纪90年代中后期，智能化的信息系统将出现突破性的进展。

二、计算机综合信息系统的建造

正如前一节所述，20世纪90年代以计算机核心的信息系统将朝着各种技术的“综合化”、多学科的“融合化”这一方向发展，各个部门、各个领域的应用大都如此。因此，我们统称之为计算机综合信息系统，英文叫“computer integrated information system”，简写为CIIS。这一节我们就谈谈CIIS在我国的建造问题，但不准备系统性地论述所有的方面，只是重点讨论建造策略、一般结构和支持环境，下一节谈论开发方法。

1. 建造策略

综合信息系统在技术先进的外国已明显成为一种趋势，并有不少成功的实例。而在我国，人们会说：“信息技术”、“信息系统”还处于初级应用阶段，“单一系统”尚有差距，“综合系统”谈何容易！以上所举国内外少数实例，也只能说是一种典型尝试。情况确实如此。

但是，处于信息技术飞速发展的时代，是一步一步走西方工业国之后尘，还是可以跨越阶段寻找捷径？我们的回答是后者。

本文笔者认为，在改革开放的环境下，不必拘泥于常规步伐，可以借鉴国外成功与失败的经验，引进并消化国外的先进技术，完全有条件跨越阶段，直接建造综合信息系统。尤其是在总体规划和总体设计中，应该从高处着眼，以20世纪90年代的新技术新成果为起点，运用综合化的观点和集成化的技术，瞄向综合系统的目标，使得整个系统布局合理、各方协调、减少重复、节省投资、提高效率、加快步伐，建造得反而会后来者居上。在实施过程中，可以根据具体情况，分期分阶段进行，而不必追求“一气呵成”。

比如在生产制造部门，参照国外CIMS的目标，把生产管理、办公管理、过程控制、辅助设计、辅助决策等内容加以综合设计、综合开发，而分期有计划地实施，可以节省时间、人力、物力，获得“事半功倍”之效。也可以防止设计单一系统，到后来造成较大的反复。

在建造CIIS的时候，是引进国外现成的系统，还是引进技术国产化？这是又一个抉择的策略问题。

计算机信息系统既是个人/机相关联的系统，那么就可能机器与技术与国外相同，而机构、体制、法规、习惯等一系列人和社会的因素与外国大不相同，很难引进“现成”，所以应该十分强调引进技术国产化，以满足我国管理体制和社会现状的特殊情况。

作为国策，与“计算机制造业”的国产化相比，应该更加重视和倡导“计算机应用系统”的国产化。这里讲的国产化是指整体系统的国产化，并不要求各个部分都国产化。作为“整体应用系统”，某些硬、软设备可以引进，或集成为整个系统，但是，“应用软件包”必须国产化，系统的接口和关联部分也应该国产。

只要看准CIIS综合化、智能化的方向，大力倡导和支持CIIS的建造以及国产化，经过认真的努力，就一定会大大缩短与国外的差距，并形成我国在这一领域中独有的特色。

2. 一般结构

根据计算机综合信息的特征，我们给出图一所示的一般结构模式，以供建造时参考。

CIIS 的一般结构由主计算机、通信网络、软件包、工作站四部分组成。如图 1 所示。

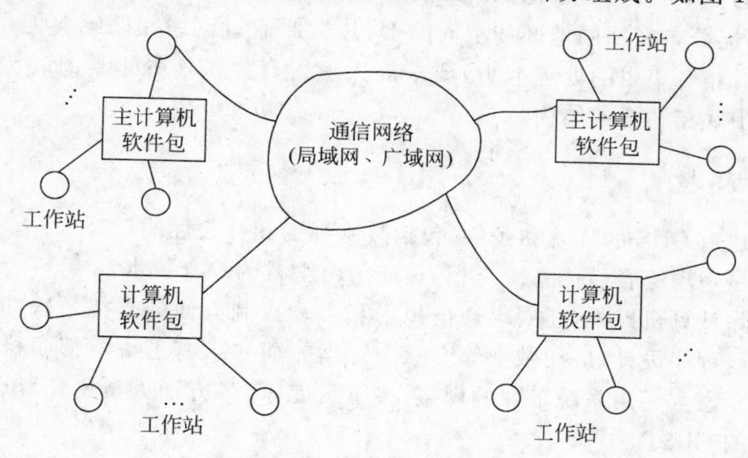

图 1　CIIS 的一般结构

(1) 主计算机

主计算机是 CIIS 的依托和主要技术基础，一个大型系统可能有几十台甚至上百台主机，一个小型系统也要 1～2 台计算机的支持。这里的主计算机包括硬件设备以及操作系统、数据库和网络等系统软件在内。

(2) 通信网络

现代的综合信息系统都是面向社会的、开放的，一般都要求通信网络的支持，可以是局域网或者广域网，大型系统则要有局域网，也要接广域网。信息在网络环境下传输、调用和共享，可大大增加它的社会效能和应用价值。通信网络已成为 CIIS 的重要技术支持之一。图 1 所示的通信网络的拓扑结构可以是总线式、环式、星形或任意网状，范围可以是局域的和广域的。

(3) 软件包

CIIS 的应用软件包是整个系统中最关键最有特征的部分，由它体现 CIIS 的各项功能。软件包宿主于各主计算机之中。

CIIS 应用软件包的功能结构如图 2 所示。

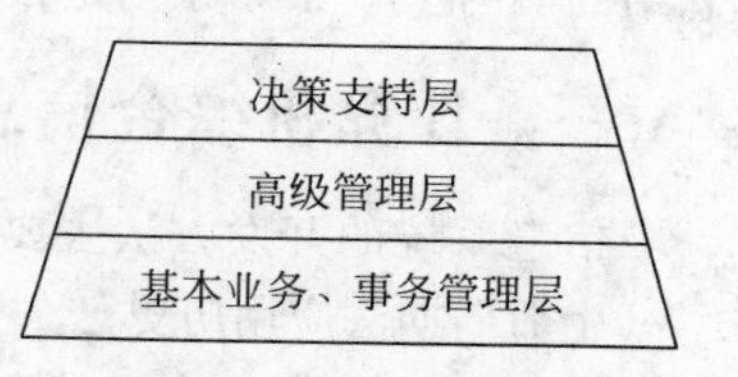

图 2　应用软件包层次结构

基层：处理日常的业务，进行日常的事务管理。通常由各职能部门分别进行，彼此自动联系。技术部门的 CAD/CAM，生产部门的过程控制等业务都在其列。

中间层：高级管理层，指需要定期或随机的协调、控制整个系统的那些管理功能。

高层：决策功能层，指需要预测，决策重大事件或行动的功能。

(4) 工作站

CIIS 的工作站或者叫信息终端机，大多数是 OA 型工作站，也有少数工程工作站(用于 CAD/CAM)。其数量可能很多，按地区和功能需要在各地区以及主计算机的周围。工作人员通过它与系统发生联系，使用系统的各项功能。它可以是简单的字符终端或图形终端，也可能是处理数据、文字、图像、语音的多功能微型计算机。

图1所示的CIIS结构,在功能上和地理上通常是分布式的。主机以及软件包,许许多多的工作站,可能分布在不同地区和不同的部门,彼此通过网络相联结。但是,其中的主计算机通常要求有相对集中的处理能力,要求能大量贮存并快速处理信息。因此,CIIS应该是分布式与集中式相结合的结构。

3. 支持环境

现在谈谈建造CIIS的环境和条件,包括技术性的和社会性的。

(1) CIIS是一项综合性的系统工程,是一门跨学科的综合技术

硬件基础除计算机以外,还要求通信技术和自动控制方面的支持。软件方面要有系统工程、系统分析、程序设计、应用数学等专家。管理方面要求有了解本部门机构和管理功能的领导和管理专家。要用系统工程的观点,多学科专家,各方面人员密切配合协同作战,才能建造一个好的CIIS。

(2) 对计算机系统的选择和要求

这是建造CIIS不可逾越的问题。计算机(包括硬设备和支持软件)是建造信息系统最主要的物质基础,有关的通信网络和过程控制也是通过计算机实现的,选择得好可以节省投资并加快开发过程。

按照CIIS的功能和结构的需求,"选型"至少应考虑以下原则:

* 有完全兼容的大、中、小、微各档次的计算机,有工作站、服务器、处理中心等多种功能类型。这是综合系统尤其是多层次的结构所必需的。

* 要求开放式的网络系统,应该遵循国际标准协议和通用的网络协议。

* 要求有分布式的数据库管理系统,办公自动化软件包,第四代语言之类的高效能开发工具。这可加快开发过程,可提供系统的再建造能力。

* 要求有中文和西文的语言处理功能以及图形、图像处理能力。

* 性能价格比较好,可节省设备投资并便于扩展与升级。

(3) 领导重视和经费投资

这是建造CIIS的先决条件。其中本部门领导重视,上级领导支持更为重要。许多部门总结的"一把手"领导原则是很好的经验。

三、计算机综合信息系统的开发

信息系统的开发方法主要有两种:结构化生命周期法和原型法。

生命周期法应用历史已久,比较成熟,步骤分明,方法严谨;但过程复杂,过于烦琐,开发周期长,见效慢。开发之初就要求对系统有详细的描述和严格的定义,这往往难以做到;开发之后才能见到系统的真面目,此时又常常因先期情况不明而感到不足,修改又难以实现。

原型法,英语为"prototyping approach",顾名思义是一种模型逼近法。此法的特点是开发周期短,见效快,修改方便。它是近年来为适应信息系统的飞速发展而形成的一种新方法。原型法历史较短,过程比较粗略,有时比较混乱,这是它的缺点。

针对综合信息系统的特点,本文倡导采用原型法来开发CIIS,尤其是应该在运用中不断改进和发展原型法——称改进原型法。

下面介绍原型法的开发方法及改进意见。

1. 采用原型法开发综合信息系统

原型法是将系统仿真技术引入信息系统的设计中，它类似建筑和机械工程中常用的模型制作法。比如，建造一座大楼，先造模型，然后对模型进行评价、修改，最后确定设计，再造大楼。但它又与上述的模型制作法不同，初建造的不是仿真模型，而是实实在在的可用的原型，哪怕是初始的、基本的、不完善的，然后在此基础上修改、补充和提高，最后获得满意的原型。图 3 示意了原型法的开发过程和主要内容。图中的过程可概括为三个阶段，下面略加分述。

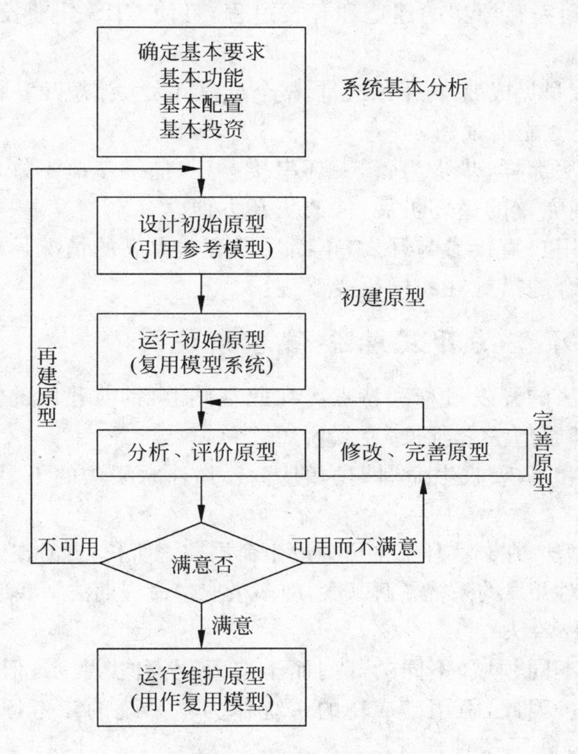

图 3 原型法开发过程

第一阶段：系统的基本分析

原型法不像生命周期法那样，对系统的分析要求那么详尽，功能划分和定义那么严格，而是强调最基本的功能和要求，哪怕是粗略的模糊。用于初型的计算机也可以不是最终的，只要能扩展和升档即可。

第二阶段：建立和运行初始原型

在对系统基本分析和基本了解的基础上，凭借着系统设计师的经验，选用先进的开发工具，快速建立一个初始原型，一个可以运行的初见成效的原型。关键是快建原型。要“快建”，就要抓住基本要求，开始不要求大、求全；要“快建”，就要采用高效能的开发语言和开发工具，如第四代语言之类的开发工具，要求计算机提供良好的运行和再建造环境。

第三阶段：完善原型

在初始原型的基础上。分析、评价、修改和提高原型，不断完善原型，允许循环反复多次，一直到满意为止。

初始原型和循环中的原型都是实在的可用系统，不是纸上的设计。因此，可以一面运行使用，一面讨论改进。不像生命周期法那样，十几个步骤。一步一步地进行，一个一个子系统的设计，直到最后才见系统真面目。

一般说来，应该在半年到一年之内初见成效；一年到两年完善原型，大见成效。

综上所述，可归纳出原型法的主要优点：

(1) 系统的建造过程符合由简到繁，由基本到完整的认识规律。符合开发者通过实践(原型)不断加深认识和掌握一个复杂的CIIS的过程。

(2) 由基本原型到完整原型的建造和开发过程，可使CIIS分期投资、分批实施，避免一次性投资过大的风险。

(3) 快建原型可以早见成效，再不断改进，整个过程可大大缩短开发周期，投资小而见效快。

(4) 修改方便，应变能力强。

它不像生命周期法那样，步步为营，一环串接一环，前一步搞不好，就会影响后一步。而是由简到繁，由基本到完整的循环扩展，修改更新方便。

原型法通常要求用户直接参与开发，不断反馈有关原型的情况，以便及时修改错误。开发若与使用者密切结合的措施在我国很受欢迎。

2. 采用改进原型法开发综合信息系统

以上介绍了原型法的开发过程和特点。在此基础上，针对我国的情况，本文提出了改进原型法的思想，以发扬原型法之所长，克其所短。

(1) 以原型法为主导，吸收生命周期法的优点，弥补原型法的不足。原型法——生命周期法相结合。

在总体上采用原型法，在某些环节中可兼取生命周期之所长。如，在系统分析和总体规划的时候，如果经验不足或对开发的系统了解甚少，应多吸取生命周期法一些成熟的步骤和方法。

(2) 模型参考(原型)法

尽管信息系统因不同领域、不同的部门而千变万化、种类繁多，但在同一行业中可能存在着不同程度的类似。因此，引用已成功的系统作为本系统的参考原型就存在着可能。图3括号中标明的内容反映了这种情况。

如图3所示，在系统分析阶段，明确和确定了基本要求之后，与可用的同行业的系统进行比较，如果50%左右的复用性，即可用做参考模型来设计和建造本系统的初始原型。这样可显著缩短“初建原型”的时间。

(3) 系统复用(原型)法

如果同行业的可用系统有75%以上的复用性，即可用作本系统的“初始原型”并直接运行，然后在运行中分析、评价、修改、提高，使之成为完全可用的本系统原型。

将某一部门的CIIS全部移至另一部门，所谓完全的系统复用，这当然更为理想，但甚为少见。而“系统复用”主要是充分寻找系统之间的共性，充分利用其结构框架，尽可能复用其已有的程序(只要修改本部门有关数据)，力求加快开发速度、缩减投资。

将“系统复用”的思想引入原型法之中，在我们社会主义制度下，互相交流可能甚为有效。

（侯炳辉　吕文超）

* 原载《中国计算机应用文献》，1992年6月。

98 管理信息系统集成及其实践

【编者按】 本文提出了我国建设管理信息系统的一种策略——应用系统集成，对集成的目的、原则、策略和集成的内容等作了简单的探讨。同时，结合清华大学《研究生管理信息系统》的开发，对管理信息系统的应用系统集成技术进行了实践。现介绍给大家，希望能对从事这方面工作的同行有所帮助。

一、管理信息系统集成的意义

管理信息系统（MIS）是以计算机为核心的人/机系统。按照系统论的观点，系统是由相互联系、相互作用的若干要素构成的有特定功能的统一整体，系统的要素（或子系统）之间的关系不是简单的“和”，而是相互作用和联系，通过“集成”构成系统。目前，随着计算机和网络技术的飞速发展，计算机网络系统的集成技术已日益受到重视。本文所讲的集成技术主要是指 MIS 应用系统的集成，既包括硬件集成，也包括系统软件和应用软件的集成。

我国的信息系统建设和应用已经走过了十多年的历程，建立了一大批不同层次的管理信息系统，姑且不严格地称之为我国的“第一代”管理信息系统，它们在实际应用中已取得了较大的社会与经济效益，但我国计算机总体应用水平还比较低，许多管理信息系统是用户自行设计、自行开发的单项或单机系统。

例如在一个企业中存在着许多不同时期、不同用户开发的互相缺乏联系的财务、人事、物资等单项系统，它们互相封闭、各自独立运行。随着计算机技术的发展和应用水平的提高，用户不断扩大与深入，现行的系统在实际运行中已逐步暴露出许多明显的弊病，如：各子系统封闭运行，难于取得及时的、正确的综合信息；各子系统间不能直接通过网络实现信息共享；各子系统自成一体，数据重复和冗余，浪费计算机资源；各子系统自行开发，低水平重复，人力资源浪费等等。显然，这些系统的生命周期行将结束，新系统必须取而代之，建设“第二代”管理信息系统已势在必行。由此，我们将面临两种建设策略：

一是作废旧系统，重新建造一个全新的管理信息系统. 这种策略固然理想，但具体实施起来却不大可行。首先，全盘推翻旧系统、建立新系统，必然与现行系统工作的机构、管理模式、工作人员的习惯发生重大冲突，系统实施风险很大。其次，建立一个全新系统需要较大的投资与较长的时间，这难于被目前我国普遍具有“重硬件、轻软件”观念的大批用户所接受，实际上的经济负担也承受不起。最后，旧系统内部已形成规范，软硬件资源已得到了较好的利用，操作人员已经习惯，这些资源若被废弃，损失太大。可见，在目前条件下，这种策略对许多用户是不可行的。

第二种策略是在旧系统基础上进行改进，使之成为一个比原系统水平更高、效益更好的系统，亦即由单项封闭的信息系统集合成为一个有机的整体信息系统，这也正是本文所谓的

"管理信息系统集成"的含义。

二、管理信息系统集成的策略与内容

管理信息系统的集成无论是在理论上还是实践上都是一个新课题，通过实践摸索，我们在如下几个方面有些体会。

1. 集成的目的与原则

管理信息系统集成的目的是为了在原有系统基础上建立一个适应新需求与新技术的更加高效的整体系统，原有的系统是基本立足点。因此，集成的基本原则是：利用原有的软件、硬件及用户的熟练操作等资源与优势，尽可能使用当前的新技术，从实用性出发，建立一个整体最优的管理信息系统。

2. 集成的策略

管理信息系统的集成可以通过硬件或软件实现。从广度上讲，既可以集成同类、同层次的管理信息系统，也可以集成不同类、不同层次的管理信息系统，甚至还可以将管理信息系统(MIS)、办公自动化系统(OA)等集成起来。集成的深度可以分为两个层次：

第一层次为单项子系统内不同模块的集成。随着应用水平的提高，原有的独立的单项管理往往不能满足用户的需求，只有将两个或更多的管理模块集成起来，有机地结合为一个完整的子系统，才可称之为"系统"。这种集成比较容易，在"第一代"管理信息系统中已得到了广泛的应用。

第二层次为各子系统的集成。在长期的使用过程中，管理信息系统的各个子系统往往逐步得到完善，提高了子系统用户的使用效率与效益，但也带来了很大的副作用，即：子系统的维护与完善往往独立进行，没有从整个系统出发综合考虑，因此子系统优化的程度越深，系统整体的效率可能越低，以致各个子系统都达到最优时，整体系统也可能成为最劣的了。管理信息系统的子系统集成是要解决这一问题，它在原系统基础上，从系统的整体性出发，综合、协调、完善各子系统，集成一个整体上最优的管理信息系统。这是一项在技术上、管理上都很困难的工作，也是本文研究的重点。

习惯了旧系统操作的用户，必然对新系统产生抵触情绪。对于新系统的更强的功能，用户甚至会认为增加了负担。因此，管理信息系统的集成对于用户可采取"黑箱集成"，即：新系统的使用在集成前后保持一致，使用户操作更简便、界面更美观，用户对系统的总体感觉并无变化，却可以在集成前的"窗口"上得到更加综合的、完整的信息。

3. 集成的内容

管理信息系统的集成的内容包括硬件集成和软件集成。

(1) 硬件集成

网络技术的发展，为管理信息系统的硬件集成提供了技术支持和保障。管理信息系统最早为单用户系统，到20世纪80年代开始建立在局域网上，目前较流行的Netware局域网可以将不同型号的微机连接起来，从而使运行在不同微机上的各个子系统在硬件上得以集成。

硬件集成可以采用客户机/服务器(client/server)体系结构,这种结构的主要优点是客户机可以共享网内的各种资源和设备,便于实现多个计算机系统的互连、互操作与集成,提高整个系统的可靠性与实用性,在客户机/服务器体系结构的网络中,通常以小型机或高档微机作服务器,以其他微机做客户机。服务器提供数据库服务、文件服务和通信服务等,这些特定服务可以由不同的服务器完成,也可集中在一台服务器上完成;客户机运行应用程序,独立完成日常业务处理。

(2) 软件集成

软件集成包括应用程序集成和数据集成两个方面,是管理信息系统集成的核心。

通过应用程序集成可以将管理信息系统在结构上、功能上以及输入/输出格式上得以协调和完善,它并非要推翻原有的应用程序,而是作为"红线",将整个系统贯穿起来,使原有的应用程序直接或经修正后,能够在新系统中发挥出原有的或更大的作用。

数据集成目的是使原有的局部数据在新系统中得到一致性维护,提高其准确性。更重要的是,这些局部数据在新系统中集成之后,可以变成用户更感兴趣的综合信息完整信息,进而为用户提供统计分析信息和决策信息,这些信息对于管理信息系统的用户具有极大的实用价值。

三、管理信息系统集成技术

在旧系统基础上通过集成来建造新的管理信息系统的技术目前尚不成熟,清华大学研究生院在开发《研究生管理信息系统》过程中对系统集成技术进行了初步尝试。

研究生管理信息系统是教育管理信息系统中极为重要的一部分,十几年来,全国几百个研究生培养单位都逐步将计算机引入各项研究生管理工作中,分别建立了招生、培养等单项管理系统,但随着我国研究生教育的飞速发展,这些单项管理系统已经远远不能满足管理工作的需要,建立一个覆盖招生、培养、学籍、学位授予等各项研究生管理工作的完整的管理信息系统已迫在眉睫。

清华大学研究生院在十年的计算机应用过程中,先后建立了招生、学籍、学位等单项管理系统,在规划建立新的《研究生管理信息系统》时,从实用性出发,既考虑了现有软硬件资源的合理利用、研究生院的财力和人力状况,又实现了系统的整体性性能,是一次事半功倍的成功的集成实践。主要做法有:

1. 硬件集成

《研究生管理信息系统》的硬件集成通过 NetWare3.11 局域网实现,以一台 486 微机作为服务器,其他原单项系统使用的 13 台不同型号的微机做工作站。服务器提供数据库综合服务、文件服务及通信服务等,工作站运行原有的应用程序,进行日常事务处理。通过硬件连接,将研究生院各科室原有的单项系统作为《研究生管理信息系统》的各个子系统,同时,研究生院局域网直接与校园高速光纤网相连,在校园网上,《研究生管理信息系统》作为一个子系统,与其他并行的子系统集成为整个清华大学教育管理信息系统。

2. 软件集成

研究生管理信息系统的软件集成由安装在网络服务器上的软件集成器完成,该集成器包括三部分：应用程序集成器、数据集成器和集成信息服务器。

(1) 应用程序集成

网络服务器上的研究生管理信息系统“应用程序集成器”将各单项管理功能模块有机地连接起来，同时对各功能模块名进行规范管理。通过“应用程序集成器”，根据需要将各功能模块重新组合、挂接，也可以增减功能模块，使整个系统更具开放性和通用性。

应用程序集成器在技术上是通过“通用功能菜单”实现的，而其核心是“通用功能菜单数据库”。首先，将各子系统统一改造为“主功能菜单”与“子功能菜单”两级菜单，两级菜单的功能模块内容分别对应于两个“通用功能菜单数据库”的记录。因此，将用户“前台”对菜单功能的管理转化为“后台”对数据库的维护；

用户在“前台”屏幕界面移动光标进行菜单选择时，系统“后台”正在对“通用功能菜单数据库”的记录进行查找；

系统的功能扩展或减少，可通过对“通用功能菜单数据库”记录的增减来实现；

功能模块顺序调整、各子功能重新挂接等可通过对“通用功能菜单数据库”的排序来实现。

总之，通用菜单的使用增加了系统的灵活性、可扩展与可维护性，同时，为系统应用程序的集成提供了可能。

(2) 数据集成

研究生管理信息系统的数据集成通过网络服务器上的“数据集成器”实现，各功能模块的数据通过“数据集成器”得到一致性维护与综合管理。只有通过该集成器，各功能模块的数据才能连接起来，进行交换与共享，才能得到综合。

数据集成器的核心是“共享数据树”，它使各功能模块的共享数据能够按树状结构得以维护，使数据单向流动、层次清晰。同时，为保证数据安全，数据集成器的控制权限被唯一赋予了网络超级用户，其他各级网络用户都见不到“共享数据树”的全貌，但却可以共享经过该信息树“流”出的信息。

数据集成器为“共享数据树”的数据流动提供了自动与手动两种控制操作方式。

3. 集成信息服务

能否为管理者提供及时、准确、有价值的信息是系统集成成败的标志，《研究生管理信息系统》的集成信息服务有两个方面：

对研究生院管理人员的内部信息服务，由网络各工作站上功能模块提供本部门的详细信息及必要的其他功能模块的共享信息。

对研究生院有关的外部管理人员的集成信息服务，由网络服务器上的“集成信息服务器”实现。该集成信息服务器分三个层次：

(1) 上层信息服务。为学校及研究生院领导提供通过“数据集成器”集成后的完整的研究生综合信息，包括研究生基本信息、瞬时统计信息、比较统计信息以及统计图示等。

(2) 中层信息服务。为与研究生院有关的学校各部门提供研究生信息查询。

(3) 下层信息服务。为学校各系的研究生管理机构提供其需要的研究生基本信息。

这三种集成信息服务都是通过校园网实现的，通过集成信息服务，为各级管理人员提供了及时、准确的信息，使管理信息系统所能提供的信息资源得到了最有效的利用。

四、结束语

系统集成为管理信息系统的开发和升级提供了一条切实可行的道路，在我国现阶段信息管理水平相对比较落后、系统开发资金普遍比较紧张的情况下，采用系统集成的方式将旧系统逐步更新升级，既充分利用了原有的各种资源，又不失新系统的先进性、实用性。管理信息系统的集成的技术虽然还很不完善，但随着网络技术的发展和管理信息系统应用的普及，集成理论与技术必将在实践中得到完善和发展，从而促进管理信息系统发挥出更大的效益。

（侯炳辉　顾良飞）

＊原载《计算机世界》，1994 年 9 月 14 日。这篇文章是成功集成开发清华大学科研管理信息系统的一个总结。正如文章中介绍的，原来清华大学科研处也有计算机管理，但都是“信息孤岛”，实际作用十分有限。经过系统集成以后，清华大学科研管理上了一个台阶。文中的一些经验具有借鉴意义。

99 MIS 开发中需求分析的用户调查

一、前言

十多年来，我国 MIS 的经验和教训说明，MIS 建设中的需求分析是成败的首要关键环节。而需求分析的基础是用户调查，是千方百计地将用户系统的当前状况和未来需求描述清楚、挖掘出来。如果说系统分析（包括需求分析）是建造 MIS 的基础的话，那么，用户调查是建造 MIS 基础的基础。好像建造房子的基础打桩那样，举足轻重。

一些单位在开发 MIS 时不重视用户调查，技术人员自觉或不自觉地代替用户，越俎代庖，其结果是：或事倍功半，或以失败告终。因此，结合我们在世界银行贷款项目"常州市财政信息系统（CFIS）"中的开发体会，专门谈谈 MIS 分析中用户调查的策略、方法等问题，也许是有益的，希望和同行交流。

二、用户调查的内容、对象、方法及策略

无论是什么样的开发方法，MIS 的开发初始阶段是用户需求分析。在需求分析阶段有六大任务：确定项目范围、建立用户需求、建立处理和数据模型、确定系统需求、分析求解方案、推荐求解方案。可见，新系统的分析设计就是在确定的范围内，按照用户的要求进行的。确立用户需求就是通过调查研究，分析现行系统存在的问题，综合用户需求，归纳出系统目标和系统约束，并对现行系统做出评价。对用户进行哪些方面的调查，收集哪些方面的信息，这是在调查中第一个要解决的问题。

1. 调查的内容

调查内容分为以下四部分。

（1）组织概况：组织的发展历史，组织的环境，包括其社会环境、市场情况、技术环境、所遵循的法律和制度；组织的规模、资源、业务内容；组织的管理目标和经营方针；组织机构；计算机应用状况。

（2）组织的业务活动

① 组织的业务状态：如组织机构中各自的业务内容、如何管理各项业务、业务流程。

② 业务的详细内容：各种规则、作业步骤和各种表格资料；与业务相关的输入信息、输出信息、存档信息及其三者之间的关系；部门、地区之间进行交换的信息及其手段；物资流与信息流的关系；输入、输出信息发生的时间。

信息流向：向一个方向流动的信息，双向流动的信息，由一个部门向其他几个部门流动的信息，在某些部门集中的信息等。

信息种类：文字、数字、报表、文件。

利用的目的：输入输出利用的目的。如果发现有使用目的不明确的信息，则应在新系统中去掉。

信息的使用者和制造者。如果为管理者使用，应提供精练的信息；如果为操作者使用，应提供详细的信息；如果为专家使用，应提供全面的信息。

输入和输出地点。

输入和输出信息量：包括最大值、最小值、平均值、周期。

(3) 存在问题、约束条件：从管理、业务信息处理方面发现存在问题和薄弱环节；在人员、资金、设备、处理时间、处理方式等方面确定限制条件和规定。

(4) 未来要求：性能要求，包括用户要求的新系统处理能力、响应时间、线路等待时间及终端等待时间；可靠性要求，系统中断时需多长时间恢复等；运行维护要求，怎么服务、服务多长时间、如何作设备的定期检查及故障处理、数据更新的周期等；安全保密要求。

2. 调查对象

如此诸多的调查内容，应从哪类用户得到呢？这就是选择调查对象的问题，不同的调查对象，调查内容、侧重点不同。

对组织的高层管理者，进行组织管理目标或经营方针等组织战略问题的调查。调查主要侧重战略、环境、组织机构、业务内容、对计算机化的总体要求、系统化日程的大致要求。

对中层的管理者，进行全部业务流的调查，侧重于计算机业务处理设想、功能要求、安全保密要求、开发预算、新系统开始服务时间、移交时间、条件。

对业务工作人员，进行详细业务信息的调查，侧重于对处理、输入信息、输出信息、性能的要求等。

3. 调查方法

从理论上讲，调查方法有面谈法、书面调查法、研究资料法、实地观察法。

面谈法分为"外交性"面谈、收集事实面谈、跟踪性面谈。外交性面谈是一种不涉及实质内容的一般调查，为取得被访问者的接待和信赖，在进行这种面谈时要限定问题的范围，不要涉及过细的情节和数据，仅是概略地接触调查内容。收集事实的面谈是收集系统分析和设计所需要的资料，尽量收集调查的全部内容。跟踪性面谈是对一些信息产生疑问而进行的再访问，或对提出的方案、整理意见反馈到与此有关的人员中征求意见。面谈法是收集资料最灵活、最有效的一种方法。

书面调查法是由系统分析员将要调查的内容写成表格、问题或选择方式的题目，发给调查对象，填好后收回。这种调查法适用于大系统的调查，因为系统大、分散，被访人员多，系统分析员有限，无力进行广泛的面谈。这种调查范围广，收集的信息更具有代表性，可以节省人力、物力和时间。但是，设计调查问题比较困难。由于书面文字有限，不易将问题表达清楚，易被调查者误解，因此回收的信息会有较大的误差，回收率较低。

通过以上三种方法获取的资料都是间接得来的，因此系统分析员对其可能有比较模糊的认识。而实地观察恰好克服了这一缺点，通过亲临实际操作现场观看、记录，取得具有感性认识的第一手材料。但这种方法效率低，难度大。在调查中，一般是在使用前面几种方法之后，用这种方法作为辅助调查的手段。

可见，四种调查方法各有其特点，在实践中一般将这四种方法联合采用。在我们对常州市财政信息系统分析设计项目中，我们较成功地进行了用户调查，在三个星期的时间里完成了财政局近20个科室及与财政局有业务关系的局、企业的调查。在调查中，我们就综合利用了这四种方法，取得了较满意的效果。

4. 调查策略

在用户调查中，除了采用正确的调查方法外，还必须注意掌握正确的调查策略。

(1) 调查必须按计划进行，即制定调查进度计划。系统分析员和用户负责人要制定调查计划，以便事先安排时间。

(2) 掌握调查顺序。一般的调查顺序有两种，自顶向下和自底向上的顺序。自顶向下的顺序适于业务层次性较强、功能划分比较明确的系统；自底向上的顺序适于业务相对分散且层次性不很强、功能划分不十分明确的系统。在实际调查中，可以综合这两种调查顺序。先自顶向下作初步调查，了解全局、总体，提纲挈领，摸清脉络，在此基础上再自底向上进行具体调查，立足基层，疏而不漏。

(3) 在调查过程中要注意数量概念，要收集足够的数字供定量分析之用。

(4) 在调查中适时地对收集的资料进行研究分析。调查过程中主要是大量原始资料的汇集过程，系统分析员必须对这些内容进行整理、研究和分析，并将有关内容绘制成描述现行系统的数据流程图(DFD)，以便在短期内对现行系统有全面的充分了解。

(5) 在调查过程中掌握正确的调查态度。调查对象是各种性格的各类人员，如何从不同对象的口中得到所需要的信息，必须善于做好人的工作。系统分析员在调查过程中应该始终具备虚心、热心、耐心、恒心等良好性格的修养和调查态度，才能取得理想的调查效果。

在常州市财政信息系统分析设计项目中，我们制定了详细的三个星期的调查计划，使科室业务人员有充分的准备，保证了调查的顺利进行。我们采用自顶向下和自底向上相结合的调查顺序。具体来说，先由行财政局局长介绍省、市其他局及本局概况，副局长分别介绍主管业务，各科长介绍各科业务，自顶向下使我们对现行系统的组织机构、职能划分和与外部实体关联等基本情况有了比较全面的了解。在此基础上，自底向上详细调查，我们分成几组，按组织机构深入科室进行调查。在取得各基层科室的详细信息后，我们返回来对新系统开发的总体要求和设想以及约束条件等问题对局领导进行调查。在调查过程中，我们特别注意了量化资料的收集，如输入、输出、存储信息的数量、发生频率、时间、事务吞吐量、响应时间、数据精确度等等。在调查中，我们及时地对调查、收集得到的信息进行整理，如每个小组在一周内要完成四五个科室的调查，每天在调查完一个科室之后整理并写出科室调查报告，画出数据流程图。在本项目进行过程中，我们与常州市财政局始终保持了密切的协作关系，这是保证本项目顺利进行的重要条件。

三、调查程序

这里仅提供我们采用的调查程序，谈谈我们的经验。

1. 召开调查动员会

在进行大范围的用户调查之前，召开调查动员会，由开发小组领导动员，讲清项目意义、目的、工作计划、调查内容和配合要求。

2. 下发调查提纲

根据调查提纲，用户可以进行准备。在常州市财政信息系统项目中，拟订的调查提纲如下：

① 组织机构、人员构成
② 职责范围
③ 业务流程
④ 部门管理目标
⑤ 本部门存在的问题及原因
⑥ 对未来系统的要求

3. 下发调查表

调查表是调查提纲的细化。在 CFIS 项目中，我们将调查表分成两类，全局的和局部的。全局的调查表在这里我们略去，局部的即科室调查表如下：

① 本部门的管理目标及希望信息系统如何支持各目标
② 本部门的组织机构、人员构成
③ 本部门的职责范围
④ 本部门业务流程，包括下述详细内容：

- 每项业务处理过程的实际操作情况及其所需要的输入信息和输出信息
- 输入、输出信息的名称、数量、发生频率和保存时间
- 每一信息包含的数据项名称、类型、长度
- 输入信息的来源及输出信息的去向（内、外部门）
- 业务处理过程中各个环节的数据安全性、保密性要求
- 本部门各业务过程所产生的凭证、账簿和报表

⑤ 本部门现行系统在管理、业务、信息流等方面存在的问题
⑥ 本部门现有计算机资源及具体应用情况
⑦ 本部门对未来计算机信息系统的功能及所提供的信息等方面的要求及设想
⑧ 本部门对建立新系统的限制条件（时间、空间、人员、现有设备、现有软件）

4. 下发调查计划

调查计划包括时间、地点、调查者、被调查者。

5. 正式调查

在调查采访过程中，用户应尽量填写完成调查表，在此基础上进行座谈，完善调查内容。在座谈中还要强调重点问题并收集现行系统文档。

四、调查成果的产生

调查完成之后，如何对庞大的原始资料进行整理，写成有序的文字报告——调查分析报告，作为下一步分析设计的基础呢？

可以将调查分析报告分为两个层次完成（基层调查分析报告和总体调查分析报告），在完成第一个层次的报告基础上抽象完成第二个层次的报告。基层调查分析报告力求全面详细，按现行系统的子系统或按组织机构统一内容，分别完成。在CFIS项目中，我们完成了18个科室的基层调查分析报告。在这些详细的局部的分析报告基础上，综合成总体现行系统调查分析报告。

报告力求符合现行系统状况，文字通顺、简洁，对结论建议要有见解。在CFIS项目中，我们把总体调查分析报告分为以下八个部分：项目范围，现行系统简介，采访过程，新系统的目标，新系统的约束条件，现行系统子系统的数据流程图，现行系统的改进与评价，初步建议。

从本文上述四个方面的理论阐述和实践证明，用户调查作为信息系统开发设计的初始阶段是极为重要的基础性工作，这个工作做好了，进行下一步的工作就比较顺利。

（侯炳辉　黄京华　孙玉文）

*原载《计算机世界》，1996年第11期。这篇文章是实际经验的总结。20世纪90年代初，我们为世界银行贷款项目"常州市财政信息系统"进行总体设计。而后，常州市财政局成功地实现了该系统，并获得财政部科研成果一等奖。我们认为项目成功的关键是需求分析做得比较彻底，而需求分析的关键是用户调查。在教科书中，关于用户调查的介绍微而又微，鉴于在信息化中，用户调查是如此重要，故《计算机世界》也认为需要专门予以介绍。

100 抗非典促发展

（侯炳辉答网友问实录）

在答网友问之前《中国国家企业网》提了如下问题：

一、关于企业信息化

1. 几十年来，您一直致力于企业信息化的研究，可否请您对我国企业在信息化方面的现状和总体水平作个简单概括？

2. 经过多年来的信息化建设，您认为我国企业在信息化方面积累了哪些成功的经验？同时有哪些教训？

3. 请问国家最近倡导的企业信息化，与前些年提到计算机化、自动化和管理现代化，有没有本质的不同？应该如何看待十年前提出的计算机化、自动化、管理现代化与目前倡导的企业信息化的关系？

4. 请问侯教授，与十年前相比，企业信息化的外部环境和自身的动力有哪些不同？企业对信息化的认识与前些年相比有什么样的差别？这对企业信息化的推进有什么样的影响？

5. 您曾经说过，我国企业信息化走国外的老路不行，一哄而上都搞信息化也不行。只能是“有所为有所不为”，该干的好好干，不该干的绝对不要干。结合目前的企业信息化工作和我国企业的实际情况，哪些应该好好干？哪些绝对不要干？应该走怎样的信息化道路？

6. 企业必须要信息化，而且要搞信息化就必须动大手术。这样的观点随处都能听到。您是否也持同样的观点？为什么？

7. 不同的企业对信息化的认识各不相同，目前，企业对信息化是不是存在一些错误认识？错误认识都有哪些？应该怎样正确认识企业信息化？

8. 有人主张企业信息化应该统一规划、分步实施，有人主张企业信息化应该抓住急需、单项突破，您的意见是什么？

二、关于信息系统建设

1. 应该如何正确理解企业管理信息系统的实用性和先进性？

2. 以前国家大力推行 MIS、CIMS，现在又大力推行 ERP，这是不是意味着 MIS、CIMS 已经落后了、过时了？

3. 现在谈起企业管理信息系统的建设，基本上都要谈到企业的一系列变革。您认为两者之间是什么样的一种关系？

4. 企业应该先进行一系列变革再搞管理信息系统的建设呢？还是应该通过管理信息系统的实施来推动企业的一系列变革？

5. 企业的一系列变革是企业自己的事，还是管理信息系统提供商的事？或者是需要双方共同完成的事？

6. 如果有企业既不想进行一系列变革，又要建设管理信息系统，这样行吗？

7. 如果采用某一个 IT 厂商的管理信息，企业有可能受制于一家 IT 厂商，成本高，风险大；如果用不同 IT 厂商的管理信息系统，又难以避免出现若干个信息孤岛，这个问题应该如何解决？

8. 从我国企业信息化的实践看，实施 ERP，有获得成功的，也有失败的。请问侯老师，ERP 在什么样的企业能够获得成功？在什么样的企业可能会失败？

《中国国家企业网》主持人：

大家上午好！我们今天为大家请来了清华大学经济管理学院教授、中国管理软件学院董事长、全国管理决策与信息系统学会副理事长侯炳辉老师，并请他现场解答各位朋友的问题。侯炳辉老师是我国第一个工科高校 MIS 专业主要设计者之一、全国高教自考"计算机信息管理"专业主要设计者之一。

23 年前，也就是 1980 年，侯炳辉教授在清华大学设计了全国第一个工科高校管理信息系统(MIS)本科专业。从当年招生以来，已有 600 多名本科毕业生、100 多名硕士毕业生走向工作岗位。

为了促进我国企业信息化事业的健康发展，为了帮助广大企业解决信息化过程中的实际问题，侯炳辉教授在百忙之中来到中国国家企业网，在线为企业答疑解惑。请允许我代表今天到来的各位朋友，对侯教授的到来表示热烈欢迎！

问：国家最近倡导的企业信息化与若干年前提出的计算机化、自动化、管理现代化有没有本质的区别，怎样来看待信息化与计算机化、自动化、管理现代化的关系？

答：计算机可以代替一切的观点是不对的，管理搞不好，自动化再好也不行，只提计算机或者只提自动化都是不完整的，企业信息化不仅包含计算机化或者自动化，还包括其他的内容。同样，管理现代化也是比较笼统的，与企业信息化还是有差异的，企业信息化的提法是比较准确的。

问：您曾在一篇文章中说过，我国企业信息化走国外的老路不行，一哄而上都搞信息化也不行。只能是"有所为有所不为"，该干的好好干，不该干的绝对不要干。结合目前的企业信息化工作和我国企业的实际情况，哪些应该好好干？哪些绝对不要干？应该走怎样的信息化道路？

答：上面的话是根据我的实践经验总结出来的，我国企业信息化走国外的老路是绝对不行的，因为时代不同了，国外的信息化成果和经验是一点一滴积累起来的，中国也这样"爬行"的话是不行的，中国应该有自己的特色。当然，一哄而上也不行，这样会带来很多坏处。与国计民生、经济命脉相关的某些企业是一定要搞信息化的，不搞是不行的，这是一个方面：另一方面，如果企业的基础很差，认识不够，条件不够，企业就要提高认识、等条件成熟后再进行信息化，一定要"有所为有所不为"。

至于应该走怎样的信息化道路这个问题，我曾经发表过一篇文章专门论述这个问题，其中一条，就是要低成本信息化，因为信息化是很花钱的，但是我们要能少花钱就少花钱，因为我们的资金有限。另外一个就是要有效益，要考虑效益尤其是长远效益，不能光看眼前效益，不能急功近利。我们还是要走中国自己的信息化道路，中国企业信息化应该是抓大放小，中小企业完全走市场化道路，让企业自己来感觉信息化是否会带来效益。

问：企业必须要信息化，而且要搞信息化就必须动大手术。这样的观点随处都能听到。您是否也持同样的观点？为什么？

答：关于这个问题经常有两种观点：一种是要搞大手术，另外一种观点是不要动手术。必须动手术的说法大概是BPR的赞成者，认为对业务流程要推倒重来，从头开始。但是管理流程不完全是纯技术的问题，还有一部分是管理的问题，如果管理全部推倒重来是会碰到很多阻力的，彻底革命是非常困难的。所以搞信息化就必须动大手术有它合理的一面，但是这样会有很大的困难。还有一部分人认为BPR已经过时，这也是不对的。信息化如果完全建立在原来的机构、组织、流程之上的话，我认为也是不对的。信息化的出发点应该从企业的实际情况出发，这是一个基本原则。从实际出发，一步一步地进行信息化。具体问题、具体企业、具体分析。

问：应该如何正确理解企业管理信息系统的实用性和先进性？

答：我先谈一下实用性和先进性哪个第一的问题。搞管理信息系统是要解决实际问题的。企业信息化是一个应用的问题，目的是把先进的技术应用于企业的管理。评价先进性时要看它能否产生效益，要进行综合评价。如果就实用性和先进性做排序，首先应该是实用，即信息系统是否受欢迎，是否能产生效益，这是很重要的。

问：企业的一系列变革是企业自己的事，还是管理信息系统提供商的事？或者是需要双方共同完成的事？

答：企业信息化肯定要变革，有的是大刀阔斧地变，有的是逐步地变，但都要变。企业信息化既包括企业的变革，又包括IT技术应用，这两个是分不开的。管理信息系统提供商与企业在企业变革中的作用是相辅相成的。企业肯定是要变革的，就提供商来说，是要促进企业的变革。管理信息系统提供商自己推动变革而用户不变革是行不通的。

问：ERP与CRM是什么关系？

答：ERP是一个比较宽的说法，它包括企业内部以及企业外部的资源，CRM指客户关系管理，这个管理是比较复杂的。ERP和CRM的关系非常密切，或者说，CRM就是ERP的延伸，二者相对独立，但是二者之间的关系非常密切。

问：如果企业采用某一个IT厂商的管理信息系统，企业有可能受制于一家IT厂商，成本高，风险大；如果企业采用不同IT厂商的管理信息系统，又难以避免出现若干个信息孤岛，这个问题应该如何解决？

答：上述问题是存在的，我觉得应该从企业的具体情况出发。如果企业已经搞了较多的信息系统，信息化的历史较长，以前在用不同的产品来解决不同的问题，这样就造成了信息孤岛，对于这个问题，现在就要用其他办法来解决。如果企业是现在才开始搞信息化，就要避免这种情况出现，我建议搞招标、投标方式，在投标商中选择性价比较好的厂商。企业信息化是要发展的，可能会不断的增加设备，这时就要注意新系统、新设备的兼容性，这是一定要注意的问题。

问：企业选择ERP软件时的关键要素是什么？指标应该如何界定？

答：ERP软件现在多得不得了，有些是真正的ERP，有的只有ERP的一部分，如：只是进销存软件。这样，挑选ERP时，就要看这个软件是否是真正的ERP，同时要看到企业自己的需求，如果企业需要的是进销存软件，就要注意这类软件的功能是否完善、能否满足企业需要。

问：从我国企业信息化的实践看，实施 ERP，有获得成功的，也有失败的。请问侯老师，ERP 在什么样的企业能够获得成功？在什么样的企业可能会失败？

答：与其说 ERP 是一个软件不如说它是一个管理理念。ERP 里面的管理理念和管理机制是现成的，如果一个企业实施 ERP 而又不想改变自己企业的管理理念．如果只是把 ERP 里面的管理理念改变成自己企业原有的管理理念，这样实施 ERP 就一定会失败。如果企业本身的管理理念很先进，这样可以对 ERP 里面的管理理念进行少量的补充、修改，这是允许的。企业实施 ERP 就是要利用 ERP 里面的先进管理理念来改造自己企业的管理理念。企业的领导一定要有这样的思想准备和认识。

问：煤炭系统信息化应该有怎样的思路？

答：煤炭企业的信息系统最重要的就是安全，在安全的基础上再顺利开展煤炭信息系统，也就是生产、管理等。煤炭行业的信息化是非常有前途的。

由于时间有限，还有很多问题来不及一一回答，请大家给予理解。稍后，我们会在中国国家企业网发布侯教授的完整意见。欢迎大家继续关注我们的网上咨询周活动！继续关注中国国家企业网。

谢谢侯教授！谢谢大家！

＊原载《中国国家企业网》，2003 年 6 月 12 日。在“非典”期间，正是我国企业信息化高潮期间，为了防疫隔离，企业只好通过网上咨询，了解企业信息化知识，因为时间关系，上述问答录十分有限。

101 MIS开发纵谈

MIS开发是一件十分复杂的工作，其根本原因在于开发MIS既是一个工程，又不是一般的工程，而是“社会经济系统工程”，是一个人/机系统工程。所以开发MIS必须有一套指导思想、开发策略、采用的方法论等一系列非技术因素，或者说艺术因素。

1. 指导思想问题

首先明确开发MIS不能有纯技术观点。既要有技术观点，更要有“艺术”观点。而且相对来说，技术比较容易处理，是看得见的、明显和单纯的，而管理（艺术）却不容易处理，是不易看清的、隐含的，有时却十分复杂，这种复杂性反映在如下几个方面。

1.1 环境的复杂性

MIS的目标是辅助管理和决策，而管理内容是由管理组织（机构）、管理体制和管理人员决定的，MIS的引入决不仅是用计算机代替手工作业，它必然要引起组织机构的调整和变化。管理体制和机构要与之适应，管理人员的工作习惯和观念要跟着改变，事实证明这些问题，是异常复杂的棘手问题。

1.2 用户需求的复杂多变性

MIS的最终用户是各级管理人员。用户的合理需求必须予以满足，用户才愿意使用。但是，用户的需求是不完全确定的，不同的管理人员会提出不同的需求；而不同时期的同一个管理人员需求也会改变。而且这种需求的改变有时又是不可避免的，是合理的（例如组织机构或管理制度的改变引起的需求变化）。此外，随着开发时间的推移，用户逐渐认识到MIS能够做什么，又启发了他提出新的需求，如此等等，因此似乎MIS是在不断的变化中开发的，如果开发人员没有把握好变化的“度”，则将使他们感到如入无穷无尽的森林，不知所措。

1.3 开发内容的复杂性

从应用上来说管理信息系统涉及数据的处理、模型的应用、辅助决策等所有领域。采用的技术包括计算机软硬件、数据组织、网络通信等各种信息技术。而从管理上来看，从高层到中层、到基层，从人、财、物到产、供、销，应有尽有，这种复杂性是一般工程项目无可比拟的。

1.4 需用资源的复杂性

MIS需要大量投资，这种投资的密集程度是人所共知的。它也需要大量人工开发软件，因此从软件开发来说又是“劳动密集”型的，而这种劳动又不是简单的体力劳动，而是高智力劳动，所以又是智力密集型的。

由于 MIS 开发关系到如此复杂的内容，所以开发 MIS 首先必须有一个正确的思想方法以便行之有效地处理好各种矛盾。

1.4.1 唯心与唯物的矛盾

开发 MIS 切忌“想当然”。要一切从实际出发，而不是从自己的头脑出发。只有通过调查，掌握了实际材料以后，才能进行分析和设计，那些一看到计算机就想编程序的想法和做法是必然要失败的。

1.4.2 科研与实用的矛盾

开发 MIS 与其说是一个科研项目倒不如说是一个实用项目。有些单位“立项”时总把它列为科研项目，这就往往造成一种误解。实际上开发 MIS 并不必须追求每一项技术的最高水平，而是追求系统总体水平，即是否实用、可靠。一个成功的 MIS 并不在于具体技术（如计算机、数据库）的最先进，评判其水平的指标与科技（尤其是基础科研）的指标远远不同。

1.4.3 局部与全局的矛盾

MIS 是一个系统工程，系统工程的目标是追求系统最优，如果开发 MIS 时每个部门都要最优，其结果一定不是整体最优系统，因此，要善于分清主次，决不能被次要的因素（或子系统）所迷失方向。

1.4.4 开发人员与用户的矛盾

开发人员的思维和用户的思维方式是不尽相同的，例如开发人员总希望工作内容限制在一定的范围内，害怕没完没了地追加任务，而用户人员总希望工作量越多越好，功能越全越好，使用越方便越好。实际上双方都不可能将自己的意见坚持到底，最后总以某种妥协形式而告终。否则往往出现由于一方的坚持不让而造成不欢而散的局面。

2. 划分开发阶段是绝对必要的

开发 MIS 是一个系统工程项目，所以划分开发阶段是绝对必要的，所谓开发阶段是指从 MIS 申请开发到开发完成分成若干阶段，这就是所谓“MIS 开发的生命周期”内的阶段划分，有各种不同的开发阶段的划分方法，通常划分为如下几个阶段：

① 系统规划阶段；

② 系统分析阶段；

③ 系统设计阶段；

④ 系统实施阶段；

⑤ 系统运行、维护阶段。

2.1 系统规划

系统规划实际上是一个长远的全面计划，或者说是 MIS 的战略规划。系统规划阶段的主要任务是：

① 确定 MIS 的总目标、制定 MIS 的发展战略；

② 确定 MIS 的功能及总体结构；

③ 估计所需资源及分配计划；

④ 制定开发步骤和计划。

MIS 规划的核心是信息需求分析，信息需求分析的方法有两大类，一类是“全面调查法”，即 BSP 法(business system planning)，另一类是“重点突破法”即所谓 CSP 法(critical success factors)。前者是进行全面调查，从企业的全面的、长期的目标出发，进行规划、定义信息系统的总功能和总体结构。而 CSF 法是重点找出企业中影响组织成功的关键因素，或者说影响企业成功的关键子系统，然后集中力量首先开发这些关键子系统。所谓关键因素不仅高层管理中存在，中层管理也有关键因素。系统规划结果是提出可行性分析报告和系统总体规划。

2.2　系统分析

系统分析的目的是提出 MIS 的逻辑方案，即解决该 MIS 要“做什么”的问题。系统分析的基础是对现行系统的详细调查。在此基础上认真地对现行系统的结构、功能和信息流进行分析，指出现行系统存在的问题，并写出现行系统调查报告。接下来是进行新系统的逻辑模型设计，包括系统的功能模型、信息模型、子系统划分等等。系统分析常用的工具有数据流程图、数据字典(data dictionary，DD)以及处理工具(如决策树、决策表、结构化语言等)。系统分析的最终成果是系统方案说明书(specification)。这是一个极其重要的文件，需要经过专家和领导评审及批准；系统说明书一旦通过，一般来说就不应随意修改，以后的系统设计等开发阶段都是以系统说明书系统为依据。

2.3　系统设计

系统设计是解决开发 MIS 的“怎么做”的问题。为了顺利完成这个任务，系统设计分两步走，第一步是总体结构设计，或称逻辑设计；第二步是详细设计，或称物理设计。“先逻辑，后物理”。逻辑设计包括系统结构的总体布局的设计；软件系统的总体设计(模块设计)，硬件方案的选择和设计；数据存储的总体设计等。详细设计(又称物理设计)才真正称得上是“怎么做”的设计，包括代码设计、数据库设计、输出设计、输入设计、用户界面设计、处理过程设计等。同时编写程序说明书。系统设计的最后成果是系统设计说明书。系统设计说明书着重阐述系统设计的指导思想和所采取的技术路线和方法，这又是一份十分重要的文件，是以后系统实施的依据。

2.4　系统实施

系统实施是将系统设计转化为可实际运行的物理系统的过程。这一阶段的主要内容是编程(也称编码)、系统测试、系统安装和新旧系统的转换工作。

2.4.1　程序设计

程序设计工作量很大，可以有多人并行工作，程序设计的根据就是系统设计中的程序说明书。程序设计必须按照软件工程的思想，具有良好程序风格和采用结构化程序设计思想。

2.4.2　系统测试

系统测试是一件十分重要且漫长的过程，因为编制的程序总有功能性、系统性、过程性、数据性以及编码性的错误。系统测试分三步进行：①单元(模块)测试；②组元测试(若干单元模块组装起来)；③系统测试。测试是一个极端重要的工作，所有问题应尽可能在投入运行之前排除掉，尽管如此，以后试运行中还将有很多问题出现，所以如果测试时不认真排除各种错误，试运行时就问题更多。

2.4.3 系统转换

系统转换是将旧系统切换到新系统上去，此时将要动用用户(包括领导)的所有管理人员和开发人员，为了顺利实现新旧交替，必须对用户进行不厌其烦地培训，这种培训应面向所有层次的管理人员。培训次数也要多次进行。培训用户必须要耐心、细心、虚心和恒心，用户愿意并会用系统，并产生效益才是真正衡量系统成败的标准。系统转换的方式有直接转换、并行转换和分段转换。直接转换是新系统建成后立即代替旧系统，由于新系统本身的不完善或存在缺陷，用户对新系统的不熟悉，没有"磨合"就投入运行，必然会出现较大振荡，所以直接转换一般不可取。并行转换是在一段时间内(如3～6个月)，新旧系统并行运行，以便互相校对运行结果，用户通过并行运行逐渐掌握新系统，习惯应用新系统后就比较平稳地进行新旧交替，所以并行转换比较稳妥，但工作量增加了一倍。分段转换是建成一部分就投入一部分，这种转换方式能较快地逐步见到效益，比较适合我国情况。

2.5 系统运行维护和评价

2.5.1 系统运行维护

系统投入正式运行后不等于万事大吉了，这不像是一台电视机不需要维护(除非坏了要维修)，而MIS的维护不仅必要，而且非常频繁，原因是MIS系统是一个人/机系统，存在着人和管理的因素。如管理体制和组织机构的变化、管理业务的改变、管理人员的更换、系统本身的错误(如在调试中没有发现的错误)、数据的不正确、硬件的维护、软硬件技术的更新……维护人员就要有"不厌其烦"的精神去维护和管理。系统维护是MIS开发中的一部分，而且是极其重要的一部分。在西方，维护费用占MIS整个生命周期的70%，可见其工作量之大！MIS维护包括程序维护、数据维护、代码维护、硬件维护等。系统维护应配备专门的管理人员(称系统维护员)。

2.5.2 系统评价

这里的系统评价是指系统运行以后的评价，系统评价包括技术评价和效益评价。系统的技术评价包括目标、功能、性能和运行方式等评价；系统效益评价包括经济效益和社会效益评价。

MIS的评价尤其是效益评价是十分困难的工作，现在信息经济学是一门热门课题，MIS的评价是信息经济学研究的重要内容。

3. MIS开发中的管理

正因为MIS是一个人/机系统工程，其本身具有三面体的特征(即IT,OM和SE)，所以开发MIS的管理就尤其重要，如果开发组对自己的工作管理不好，就很难圆满地完成具有管理职能的MIS的开发工作。

3.1 MIS 开发的管理组织

作为一个人/机工程项目，开发 MIS 时要有两个组织机构：领导小组和开发小组（或称技术小组）。

领导小组的负责人应是用户单位的最高集团的主要负责人，如副总经理级的领导，成员是各部门的主要负责人，如财务部门、供销部门、计划部门的最高负责人。总之是由一组最有实权的管理人员组成。为什么要这个组织？因为 MIS 开发过程中不仅投资巨大，而且要涉及企业的战略规划、企业的体制改革、机制变化以及人事调动等等。所有这些都是只有最高领导层能够解决的问题。当然，领导小组成员不见得都懂得 MIS 的具体技术，具体技术问题也不必由他们去解决，所以还必须有另一个组织：开发小组。

开发小组又称技术小组，这是真正实施开发 MIS 的实体，开发小组组长最好由用户单位的既懂技术又懂管理的系统分析人员承担。如果与外单位合作开发，也可以聘请外单位有经验的专家当副组长或顾问。开发小组的领导人员必须有较高的管理素质，有较丰富的经验，他善于组织、领导全组一起工作，善于和各级管理人员建立良好的关系，以达到互相谅解、互相支持，必要时能互相让步，折中分歧、达成共识。开发小组决不能是清一色的技术人员，更不能是清一色的计算机人员。开发组内最好配备各种人员，如系统分析人员，系统设计人员，计算机软硬件工程师，通信网络工程师，管理人员，运筹、统计人员等。开发组本身综合了各种专门人员有极大的好处，可以彼此取长补短，在系统分析员（开发组长）领导之下进行有条不紊的 MIS 开发工作。

这里还要讨论一下用户单位中信息部门的作用问题。如果 MIS 的开发主要由本单位信息部门开发，则这个信息部门的位置就特别重要。目前信息部门的称呼有“信息科”、“计算机室”、“信息中心”、“计算中心”等，这些信息部门所处的地位大概有三种：①从属于某一个职能部门之下，如附属于计划部门或生产部门之下，这是处于最低层次的信息部门，这种信息部门实际上很难组织综合性信息系统的开发。②与其他职能部门平行，如和生产部门、财务部门平行，这是处于中等层次的信息部门，因为它与其他部门平行，也很难进行全组织范围内的综合信息系统的开发。③直属最高管理层但比其他职能部门层次高的信息部门，该信息部门可以综合开发全组织的信息系统，其信息部门领导 CIO（chief information officer）地位相当于副总经理的地位，直接参与组织的重要决策，对组织的战略管理具有支配地位，在这样的情况下，信息中心承担覆盖全组织的 MIS 开发就提供了组织的保证。

3.2 MIS 开发中的管理内容

在 MIS 开发中，领导小组和开发小组分别承担 MIS 开发中的不同的管理职责，对领导小组来说，它的任务是：①确定开发的目标、方针。②主持各阶段工作的评审。③解决开发中的体制、机构、人事的变化所出现的问题。④筹措资金。而开发小组的任务就全面负责开发中的技术和管理问题，包括：①制定开发计划（包括阶段进度计划、人员培训计划、应用软件开发计划、测试计划、安装运行计划、经费筹措和使用计划等）。②控制、协调和评估。③信息资源管理（包括信息系统中的软硬件设备，数据、人员、标准规范和有关文档、政策法规等）。

4. 开发方法论简述

在信息系统开发中，开发方法论是一个十分重要的内容，方法选择得好事半功倍，反之困难重重。所谓MIS的开发方法论是指开发过程中一套指导思想、技术和工具的总和。历史上出现过众多的开发方法，有些方法是贯串开发过程始终的。有些方法仅适合于规划阶段，如企业系统规划法——BSP法、战略数据规划法(strategic data planning methodologies)(又称马丁法，因J. Martin是美国有名的信息系统专家)、关键成功因素法(critical success factors)等。对于整个开发过程而言，目前比较流行的是三种方法，即经典的结构化开发生命周期方法(structured developing life cycle,SDLC)，该法以一组规范的步骤、准则和工具按MIS开发的生命周期进行开发，这是一种比较科学、严格的开发方法，每个阶段都有完整的文档。国内外已成功地用此方法开发了众多系统，但也由于它需要一开始就有不可能完整的需求定义，以及开发周期过长、文档过多等缺陷，故也受到了广泛的批评。20世纪80年代初发展起来的原型法(prototyping methodologies)正好与SDLC相反，即一开始建立原型，然后在原型上快速实现，多次迭代直至满意为止，但原型法也存在一些不能忽视的问题，主要是大型系统较难控制。80年代后期出现的面向对象(object oriented)的开发方法异军突起，得到了信息界的极大重视，它使分析，设计和实现信息系统的方法与认识客观世界的实际过程尽可能一致，因此很可能成为加快MIS开发的主流方法。除此以外，现在还出现了程序和系统的生成工具以及计算机软件辅助工程CASE(computer-aided software engineering)，用CASE实现“自动化的自动化”。在实际开发MIS中应当结合系统特点，博采众方法之长，综合利用于中国MIS开发实际。

总之，开发方法论仍然是MIS研究的热门课题，是学术界不断探索的对象之一。

5. 小结

现在我们将MIS开发的整个过程作一小结：

① 开发MIS必须有正确的指导思想，解决好各种矛盾。

② MIS开发必须划分为若干阶段，通常按结构化开发生命周期法划分为5个阶段，即系统规划、系统分析、系统设计、系统实施和系统运行维护阶段。

③ MIS开发中必须加强管理，要成立两个小组：领导小组和开发小组。其中领导小组必须由组织最高领导集团成员任组长，各部门负责人任组员。领导小组解决开发运行中的大政方针问题。开发小组的领导是既懂技术又懂管理业务的系统分析员，成员包括各种专业的技术和管理人员。

MIS开发中的管理包括计划管理、控制、协调管理、信息资源管理等。

④ MIS开发中选择好开发方法是极其重要的，历史上有众多开发方针，主流方法有SDLC方法，prototyping方法和O-O方法，现在又出现了许多开发工具和CASE，最好尽可能采用“自动化的自动化”开发MIS。

参考文献

[1] 罗晓沛，侯炳辉. 系统分析员教程. 北京：清华大学出版社，1992.
[2] 甘仞初主编. 信息系统开发. 北京：经济科学出版社，1996.
[3] 黄梯云主编. 管理信息系统导论. 北京：机械工业出版社，1995.

* 原载《计算机模拟与信息技术》，国防工业出版社，1997年10月。

102 关于“使用第三批日元贷款建设国家经济信息系统二期工程项目可行性研究报告”的专家组评估意见

使用第三批日元贷款建设国家经济信息系统二期工程项目由国家信息中心统一组织，各省、市信息中心共同实施。项目共由三部分组成：(1)由国家信息中心组织实施八项系统化业务系统及一项公共支持环境(公共信息网)。这八项业务系统是：物价信息系统；固定资产投资管理信息系统；国外贷款项目管理信息系统；宏观综合经济信息系统；国家与地方经济文选和法规信息系统；国际宏观经济信息系统；国土资源信息系统；农业经济信息系统。(2)与上述八大业务系统有关的24个部委信息中心的能力适当扩充及其与国家信息中心的通信网络建设。(3)与上述八大业务系统有密切联系的21个省、市(含计划单列市)的信息系统建设。

专家评估组在中国国际工程咨询公司社会事业部的组织下，从1992年3月21日开始，先后听取了国家信息中心领导和总体组介绍的项目总体情况、八大业务系统的情况，以及人事部、冶金部、国家海洋局、审计署、能源部、物资部、商业部、技术监督局、石油天然气总公司、国有资产管理局、统计局、机电部、石化总公司、经贸部、化工部、工商管理局、税务局、北京市等18个部委和市的汇报，这些报告为专家组评估打下了较好的基础。

专家组认为，国家信息化必须以经济建设为中心。因此，加速国家经济信息系统的建设是非常必要的。这些必要性反应在：(1)当前世界经济变幻莫测、竞争激烈，这种竞争实际上集中反应在如信息技术等高技术的竞争。加速信息系统的建设已势在必行；(2)国家加快改革步伐，必须加强宏观体系的调控；搞活市场，信息是关键。新形势、新要求迫切需要建设与之匹配的高效优质的国家经济信息系统；(3)经过“七五”建设，国家经济信息系统虽然已打下了框架基础。但还远离其应有效应。因此，很有必要在“八五”期间加快配套建设，使其功能更加完善，更加实效。鉴于国家经济信息系统一期工程的建设，虽然未能如人们期望的那样取得效应，但是，专家组仍然认为一期工程的成就远比失误大得多。一期工程的成绩为二期工程的建设打下了坚实的基础，表现在：

(1) 已建立了国家经济信息系统体系框架，这个体系框架的建成，为以后建造信息系统的高楼大厦成为可能；

(2) 已建立并将继续完善一整套规范、规章等成文章法，这是一项极为重要的基础性工作；培养和锻炼了一批信息技术人才。“七五”期间，围绕国家经济信息系统一期工程的建设，在全国范围内培养数以万计的各类人才(如系统分析人员、计算机技术人员、通信技术人员、数量经济和预测人员……)，更为重要的是，国家和各级经济部门在观念上、信息意识上有了很大提高，这些是无法用金钱买到的；

(3) 已积累了建设国家经济信息系统经验和教训，这些经验和教训是既不能引进也不会丢失的宝贵财富。

以上说明，建设国家经济信息系统二期工程是具有基础的。

• 对体系结构的评价

鉴于一期工程整体性不够，各部委、各省市分散建设的倾向较重，二期工程采用“捆绑式”结构，即整个工程围绕国家信息中心实施的八大业务系统，将它们捆成一个有机的整体，这种思想显然是正确的，也是系统建设成熟的标志。在这个“棒体中”，核心“棒元”是八大业务系统，其他部委和省市经济信息系统都是外围棒元，虽然另一些极为重要的棒元如邮电、金融、航空航天、铁路等都不属“棒元”之列，但主要“经济棒元”都已进去了，因此如果能将棒体捆住，是有效果的。

• 对“捆绑”有效性的担心

能否捆住是一个关键的问题。国家经济信息系统是一个有机的整体，只有有机才能产生效应。因此，研究捆绑技术和艺术就极为重要。其中关于捆绑的“绳子”和捆绑“艺术”实际上还没有很好研究，或者说还有些无能为力，集中反应在国家信息中心用什么“绳子”去“捆”？

可行性报告中说，国家信息中心通过三条“绳子”捆绑：(1)行政管理。即通过国家计委，从行政上要求各“棒元”接受捆绑。(2)法律制度。即通过国家信息中心与各部委和省市签订信息交流合同(用合同法)，进行捆绑。(3)经济手段。贷款发放时间和数量的权力在国家信息中心，如不执行协议或运行不好，国家信息中心不给棒元发放贷款。仔细研究一下，这三条绳子的刚性都不够，如第一条绳子，因为国家计委和其他部委处于同级地位，其权威性不足；第二条绳子的刚性也不够，因为，实际上在我国不遵守合同法的比比皆是，尤其“公对公”时，合同法往往无能为力；第三条绳子有一定的刚性，但弄不好也只能短期有效，因为一旦贷款到手，是否执行协议就难说了。

如何保证整个过程的一体化？这个问题的等效说法是如何保证棒体在五年建设的全过程中被捆住。这是一个艺术问题。目前对工程进行过程中的总体协调、监控技术和艺术还不够清楚。例如对如下问题的总体协调、监控问题还很模糊。

如何在建设过程中分期分批地合理采购设备？

如何在建设过程中监察、评价各子系统的建设效益？

如何协调在建设过程中产生的矛盾和研究解决的办法？其机制是什么？

如何研究并协调建设过程中的开发规范和“系统复用”技术？

如何研究其他共性问题，如信息源，信息用户等等？

应建立什么样的监控、协调机构？其职能、结构、权力是什么？

• 关于第三期日元贷款分配问题

专家组审核了46个单位的经费分配方案，认为该方案总体上是合理的，考虑是全面的，但也有不足之处：

有些部门力量明显不足，目标不够明确，而经费不少，这些单位连自己都不知道如何使用经费；而有些单位，技术力量很强，目标明确，基础较好，但款项分配偏少。

有些部门对二期工程重视不够，甚至对实施存在意见，不知是不愿说，还是说不清楚，专家组始终弄不清楚他们使用贷款干什么具体内容。

有些部门体制尚未确定，目标不清，好像要不要贷款也无所谓，要了不知怎么用，谁来用，“不要又不能白不要”，对这种单位需进一步分析后才能发放贷款为好。

由以上分析，对贷款分配需要再认真研究，切实做好合理分配贷款，做到钱用到刀刃上，款尽其用。

• 关于八大业务系统的建设

在可行性报告中，八大业务系统的建设由国家信息中心实施，实际上对于这些覆盖全国的大系统只靠国家信息中心实施，技术力量似感不足，例如预测部和数据库部分别承担三个业务系统，信息部承担两个业务系统，是否负担过重？能否和一些科研单位或高等院校，或地方，或其他相关部委合作开发更好一些，请国家信息中心研究。总体感觉这是一个极其复杂、极其重要的特大系统，国家信息中心组织实施的任务极其繁重，除了加强领导，精心设计，精心实施外，必须有一个常设的总体咨询小组。该小组的任务是不断研究有关实施过程中的问题，为领导小组和总体设计小组提供决策方案。

* 采用第三批日元贷款建设国家经济信息系统是我国信息化建设的一件大事，我有幸对这样大项目的是否可行进行评估，并受专家组的委托撰写了这个报告(1992 年 7 月)。鉴于这个报告结构比较严谨，逻辑性较好，也许对类似大项目的可行性评估等有一定的参考意义。该项目可行性分析与研究报告的评审专家还有张效祥、杨芙清、董新宝等。

103 信息化呼号杂忆

在我30多年从事我国信息化的生涯中，自己认为学习是勤奋的，热情也是有的。因此，就喜欢发表意见、提出看法，尽管有些内容显得幼稚甚至差误。这些意见和看法，我称之为“信息化呼号”。将这些“呼号”回忆起来，集成一起，与之命名曰“信息化呼号杂忆”。作为我国“信息化过来人”，这些呼号也许对仍在进行信息化事业的人有所裨益。

1. 关于我国信息化模式问题

中国信息化是一个世界难题，因为中国是在工业化同时进行信息化的，而且，中国各地域经济社会发展很不平衡。关于中国信息化模式问题，我们于1992年承担国务院电子办软科学项目时作了专题研究，作为项目负责人，由我执笔撰写了“我国信息系统基本模式和开发策略研究”的成果报告，该科研成果经张效祥院士、杨芙清院士等五位专家评审，认为达到国内领先水平。该成果的核心思想是以我国的行业职能划分信息系统，并用“立体网状结构”的“山峰”模型表示。该成果先后在《电子软科学》、《中国计算机用户》、《资讯科技新论》(香港：商务印书馆)等发表，还多次被原国务院电子办副主任、电子部信息中心主任陈正清引用。

另一篇关于信息化模式的文章是发表在1993年VOL3.3《清华大学学报》上的“我国信息系统发展道路和模式的探讨”。该文明确提出中国信息化“主要依靠自己的力量走信息系统国产化道路”、“建造综合信息系统和智能信息系统”、“基于远程网络的信息系统”模式等。该论文被EI检索。

2. 强调总体设计

鉴于管理信息系统是一个社会经济信息系统工程，是既有技术又有管理和社会环境的复杂系统，如不进行总体设计(又称总体规划)，则无疑的将会出现信息不能共享，低水平重复，大量信息孤岛，最后不得不将这些孤岛推翻重来，或化巨大力量进行集成，信息化成本就会大大增加。为此，我们于1991年8月在《清华大学学报(哲学社会科学版)》发表文章《论MIS的总体设计》，文章提出了MIS要进行总体设计的主要理由和作用，指出MIS和通常讲的计算机应用不同，MIS项目是和管理有关的信息系统工程，与其他工程项目一样，必须进行可行性分析和总体规划设计。在文章中指出，总体规划是信息系统实施开发的基础，是MIS开发的“总指挥”、“笼子”。还介绍了进行总体设计的方法。

在信息系统建设中，要不要进行规划以及如何进行规划，始终有人不理解和不了解，因此，我还在《信息与电脑》、《计算机世界》等杂志与报纸多次撰文予以呼号。

3. 论述MIS的本质

MIS究竟是什么？较常时间内业界和社会上是模糊的，有人说不就是计算机应用么，也有人说就是网络系统等等，就是忽略了它是社会经济系统的本质。为此，我专门在《管理信息系统》、《信息与电脑》、《中国金融电脑》等刊物发表文章予以阐述。在这些文章中，我把MIS比做一个三面立体，这三个面分别称为“信息”、“系统”和“管理”。因为MIS是立面图，人们最易观察到的是“信息”这一面，也确实是看得见摸得着的物质系统，而“管理”是涉及体制、机构、人员等等，这些因素在建设MIS中的作用是不确定的。而“系统”，其含义是必须以系统工程的思想和理论进行信息系统开发，核心思想是考虑问题必须有整体的思想、联系的思想，它的一套理论和方法是“看不见、摸不着”的，但又那么重要。所以，如果不按MIS的本质去开发，失败的可能性就很大了。因此，对于MIS本质的呼号现在也不能停止。

4. 强调MIS建设中组织领导必须亲自参与

正因为MIS建设中要涉及组织机构、管理体制、工作人员等等，那么这些问题的变动、改革，技术人员、一般管理人员是无能为力的。所以，MIS开发成功的最重要因素是领导的支持、参与。在国外提出的所谓“一把手工程”，要领导重视。我们认为不仅“一把手”要重视，而且在整个建设过程中要参与；而且不仅是一把手，而且各级领导也要重视和参与。早在1989年11月在国家体改委召开的第五次企业管理应用计算机讨论会上，我发表了《论厂长、经理在企业管理计算机应用中的作用》一文，强调厂长(经理)在企业信息化中的作用是“一个领导者、组织者和策划者”。

5. 主张信息化建设要“与时俱进”

由于我国信息化建设起步较晚，开始，我们引进了西方10多年前的信息化的思想和方法，但是，我们毕竟不是西方国家，管理的不同，社会的差异，不可能照搬照用；而且，社会发展很快，信息技术更是突飞猛进，难道西方的、过去的一套能一成不变吗？于是，我在《决策与决策支持系统》、《电子展望与决策》等刊物发表《MIS开发与MIS民族产业》、《关于MIS开发的三个转折》(1995)等。这些文章强调因国情的不同，时代的不同，必须“因地制宜”、“与时俱进”，采用新思想、新方法、新技术、新工具。

6. 鼓吹发展民族软件产业

20世纪90年代中期，鉴于西方国家计算机硬件、系统软件(操作系统、数据库等)已经完全垄断，而应用软件又将被国外软件侵吞之势，在国人惊呼“狼来了”呼声中，我发表了两篇文章，一篇是上面提到过的《MIS开发与MIS民族产业》，另一篇是1994年12月发表在《电子展望与决策》上的《关于发展民族软件产业》，文章论述了什么是软件，发展民族软件产业必要性和关键措施。

7. 提倡“低成本高效益”信息化

鉴于信息化的投资很高，不易精确预算，而效益更是难以计算的，这样，在信息化过程中，我明显感到投入与效益的不匹配，故大声疾呼“要低成本信息化”，并在《中国计算机报》发表《提高效益是硬道理》(2002-03-11)和《再论提高效益是硬道理》(2002-12-09)，指出提高效益从两方面进行，一方面是从投入考虑，主张低成本信息化；另一方面是从收入考虑，即提高信息系统带来的效益(含社会效益)。

8. 提倡企业信息化的战略战术

20 世纪 90 年代中，我国企业信息化掀起了高潮，新闻媒体配合 IT 厂商重炮宣传“大干快上”，在这样的背景下，我认为应该理智地论述“企业信息化的战略战术”，2000 年 2 月，我在《电子展望与决策》上发表文章《刍议企业信息化》，系统阐述了企业信息化的战略战术。同时，在北京、河北、福建、黑龙江等有关企业信息化的会议上，提倡企业信息化“战略上要持久战，战术上要速决战”，“要有所为，有所不为”，“谨防误导和陷阱”，“风险共担”等。

9. 呼吁大力培养信息人才

1997 年我在《信息与电脑》上发表“管理信息系统中人是第一个重要因素”，鉴于信息化中培养信息人才的重要性，我不仅在发表文章中大声疾呼要培养人才，而且无论是在公办、民办学校的信息教育，还是在科研、各种培训机构的人才培训中倾注了最大的热情和精力。

10. 关于建立信息化制度建设

进入 21 世纪，越来越感到要关心企业信息化的制度建设，如建立“首席信息官(CIO)”制度问题，为此，我们于 21 世纪初，设计“企业信息管理师”的标准，并由国家劳动部国家职业鉴定中心发布，从此，在我国历史上又增加了一种职业名称，从而为企业的信息化制度建设奠定了人才基础，CIO 也就有了标准和人力后备。

11. 信息化中的哲学问题

通过信息化的理论研究与实践体会，我越来越感到信息化工程充满着哲学思想。比如，必须从实际出发进行系统开发，来不得半点“想当然”。又比如：在系统开发中充满着各种矛盾，矛盾是那么普遍地存在。但是，要成功开发，又必须在众多矛盾中抓住主要矛盾，如此等等。

* 这是一篇类似总结性的文章，但又零碎，故称“杂忆”，表示它是不系统的，但我想它总归有用的，至少对我如此。原文写于 2006 年，2010 年稍有改动。

104 关于出版《三十年信息化亲历的思考与回忆》的一封信

30 多年来，我目睹、亲自经历了我国信息化的历程，包括参与我国工科高校第一个 MIS 专业的建立(1980)，参与创办高教自考“计算机信息管理”和“计算机网络”专业(1992，1994)，参与创办“中国管理软件学院”(1984)，参与创办“全国信息技术及应用远程培训教育工程”(2000)，参与创办“国家职业技能鉴定企业信息管理师专业委员会”(2002)，参与“全国计算机等级考试”(1994)，参与软件水平、资格考试和国家信息化技术证书考试(1985，2001)，以及其他有关信息化的活动。与上述活动平行时程，我还参与从事了多达 20 多项的信息化科研实践。在信息化教育和信息化实践的过程中，我经过观察、思索和总结研究，同步地在报刊上发表了多达 100 多篇文章。于是，我在这 30 多年的时间里，从信息化教育、信息化实践和信息化论述三个方面，联结成了“信息化亲历”这一条线。我认为这条线的意义就远比单独一本书、一篇文章或一个项目的意义更大了。它是一个连续的过程，使之可以从一个侧面、一个亲历者的视角在观察和思维中找出一些规律性的、经验性的东西。鉴于我国的信息化基础本来就薄弱和落后，又十分不平衡，所以，我国信息化任务还远远不能满足经济和社会发展的需要。所谓任很重，道很远。因此，这些经验也许有较强的借鉴意义。所以我想出版这本文集就不能仅局限于个人的工作或经验总结的思维模式，因为这样就太狭隘和有私虑了。这是社会的财富，它激发我予以整理的感情。我希望获得有关人士的支持。

书名初步定为《信息化亲历》，分三个部分：(1)信息化教育，约 40 篇文章；(2)信息化论述，约 89 篇文章；(3)信息化实践，约 23 篇文章。配合文章发表的背景，还有一些附录，全书共约 170 多篇文章，45 万字左右，除少数文章外，绝大多数都是正式发表过的，可以直接扫描录入。

侯炳辉　2009.9.1

＊这是我最早想编辑此书的设想，这封信并未发出，为保持原来想法，收入本书时没有修改。

105 三十年信息化亲历的思考与回忆

如果说从 1977 年我在清华大学自动化系时发表的第一篇关于自动化文章算起的话，到现在已有 32 年的历史了。1978 年开始的改革开放，我国历史迈开了新的一页，从而广袤的中国大地发生了翻天覆地的变化，与此联系的是我所从事的专业自动化和信息化也步入了黄金时代，于是在我不惑之年开始的三十多年来，在信息化领域中，我亲自参与创办了我国第一个《管理信息系统》专业以及全国高教自考《计算机信息管理》专业、《计算机网络》专业，还创办了民办信息大学——中国管理软件学院；还参与教育部的《信息技术及应用远程培训教育工程》、劳动与社会保障部《企业信息管理师职业证书考试》、《全国计算机等级考试》、《全国信息技术证书考试》等项目……在从事这些信息化教育、培训的同时，我还编、著、审几十本书籍，从事 20 多个科研实践项目，发表了 100 多篇文章。

21 世纪第一个 10 年即将过去，我也早就进入了"随心所欲"之年，回忆我所经历的道路以及我国 30 年信息化的历程，我想将我的亲历观察、实践参与以及思考总结等所发表的文章联成一条主线，从而进行回忆和再思考，这不是没有意义的。首先是历史意义。从我个人以及所处清华大学和首都北京的视角出发，历史地见证了 30 多年来我国信息化的全过程。历史是宝贵的财富，从历史中可以吸取成功和失败的经验、教训。我国国家信息化事业的历史巨卷也应该详细地记录下来，如果我的所作所为以及留下来的这些东西，能为我国信息化历史作些细末佐证，那我就十分欣慰了。其次是现实意义。信息化是一个过程，是一个没有尽头的社会发展事业，从总体上来说，我国信息化还远远没有达到应有的水平，比西方先进工业国家还有相当大的差距，而且，我国幅员辽阔，人口众多，各地区各民族经济社会发展很不平衡，不仅东部地区还要提高信息化水平，而比较欠发达的中西部地区更要逐渐推进信息化，那么，我所亲历的和提出的一些经验和论述就仍然有一定的指导意义。积累的经验和教训可成为迁移作用的财富，信息化尤其如此，如果我的这些文章能起到这样的作用，那是我最所期望的，这也是我决定付出这么大的力气，做这件工作最初的原始动力。

全书拟分五个部分。(1)信息化教育，包括普通教育、高教自考、民办高教以及远程教育等，约 25 篇文章。(2)信息人才培训，包括对信息人才的定位和分类，对各类人才的不同培训方式等，约 26 篇文章。强调一点是必要的，信息化人才尤其是复合型人才，不可能只靠学校培养，还需要采取另外的培训思路和方法。(3)信息化论述。这一部分内容比较多，包括信息化的理论、方法、策略、技术等，约 80 多篇文章。(4)信息化实践。这是我带领学生亲自参加信息化实际工作的体会等，约 20 多篇文章。我认为这一部分对实际开发信息系统有一定的借鉴作用。(5)其他。与信息化关联很强或者说其本身就是信息技术的一部分，如关于决策支持系统与专家系统的文章，关于系统模拟的文章等，约 20 多篇文章。全书约 170 多篇文章。

我自知我的理论知识和实践经验都很浅薄。我尽管努力，仍难将浅薄叠为深厚。但我是实事求是的，讲究实际，有什么说什么的。文章也比较通俗，有时候有些重复，这是因为有些观点不得不反复论述，如“提高效益是硬道理”，“有所为有所不为”等。作为一种历史的反应，也只好重复了，希读者见谅。当然，在这些文章中也一定有不少错误，我衷心希望获得读者的见教与批评指正。

侯炳辉

2009年12月10日于清华园

* 这也是较早设想编辑本书的一篇文章，为保持当时的思想，故也不加修改地收入本书。

106 信息化历程上的脚印

在30多年我国波澜壮阔的信息化大道上，一个"士兵"沿着这条大道紧跟着，留下一些零碎的"脚印"。我将信息化过程中的所见、所闻、所做、所议，予以记录下来的东西喻之为"脚印"。这些脚印是随机的，零碎的，粒度不同的。如果将这些离散的印子，连接起来，再加以拟合，一条轨迹就形成了。对轨迹的观察，就远比对单独的印点甚至比印点集合的观察有意义多了。在拟合的轨迹上，我们可以得到有趣的现象和规律性的东西，从而给人以启迪。如果说，离散的印点是客观事实的记录符号，即所谓"数据"，那么，拟合后通过分析得到的启迪和规律就成了"信息"，甚至是"知识"和"智慧"。这样，我的这些东西就有些"值钱"了。有鉴于此，我下决心要做现在的工作，尽管这件事工作量很大，困难很多，而且对我个人来说也没有多少效益。我曾将这件事的设想告诉过有关人士，无例外地得到肯定，但却难以得到出版社的实质性响应。这不难理解，出版社最关心的是发行量，这是最直接、最现实的考虑。所以，直到现在，我还不知道这个"印记"嫁给谁呢？但是，我决不灰心，既然做了，就不能半途而废。

再不到一个月，我就活了75周岁了，我还能为国家做多少事呢？我上大学时，校长希望我们至少健康地为祖国工作50年，今年我们正好工作50年了。但这里讲的是"至少"，也就是说我的任务还没有完成。做什么呢？我的原则是"力所能及"，"能做应做"，"应做能做"，"要做就快做"！叶剑英诗曰："老牛自知夕阳近，不用扬鞭自奋蹄"。所以，我要亲自做文字的录入工作，以便快些做成这件事。我没有学过汉语拼音，又"吴侬软语"，汉字录入的水平就可想而知了。又操作不当，臂膀疼痛，但我乐此不疲，欣慰有加呢。

我的学生，清华同方知网的赵正青特别支持我做这件事，他帮我查询文稿、扫描录入、提供设备以及其他联系等工作。而中国交通科学研究院信息资源室主任王辉先生，更给了我精神上和经费上的资助，对他们的慷慨与帮助，我是深深地感激的。工作稍告段落，写了如上感想，聊以自慰。

2010年3月8日于清华园

＊本文后记：在写此文的时候，我还没有和清华大学出版社联系，后来，出乎我的意料，清华大学出版社的同志热情支持我出版此书，在此予以说明。

第三篇　信息化教育

信息化教育篇也是内容非常丰富的。教育是我的老本行，或者说教育是我做得最多的工作。1979年秋季，我从清华大学自动化系调到清华经管系，该系第一门由本系教师给研究生开的课就是我讲的，教COBOL程序设计。当时没有教材，自己编写，1982年年初，《COBOL程序设计》在清华大学出版社出版，在全国发行20多万册，后被评为清华大学优秀教材二等奖。

有关信息化教育的文章可分为五个部分，第一部分为关于普通高校教育的文章，主要是论述"管理信息系统"专业的建设和发展。1980年，我参与了全国工科高校第一个"管理信息系统"专业的创建。当时，为了容易被人理解和接受，专业名称为"经济管理数学和计算机应用技术"(1984年正式称为"管理信息系统")，围绕这个专业的建设和发展，我一共发表了10多篇文章。

第二部分是关于自学考试的文章。信息化需要大批量信息人才，尤其是需要懂得管理的信息人才，仅靠全日制学校培养，远远满足不了经济和社会的需求。因此，20世纪90年代初，国务院电子办和全国高等教育自学考试委员会，创意开设高教自考"计算机信息管理"专业。为此，原国务院电子办成立"全国电子信息应用教育中心"，并聘我为该中心的教育委员会主任。围绕这个自考专业我确实花费了很多精力，遇到了不少矛盾，所以也发表了近10篇文章。

第三部分是关于民办教育的文章。在20世纪80年代，中国高等学校招生的规模还比较小，高校的数量比现在也少很多，许多高中毕业的学生求学无望。基于这样的背景，一些知识分子急国家之急，应社会所需，自觉地起来创建民办高校，本人也于1984年和其他几位专家创办了"中国管理软件学院"，初任教务处长，我亲自设计了学院的办学方针、教学计划，后当了该学院两届共8年董事长。期间发表了一些文章，还接受《中华英才》记者的专访，记者进行了长篇的报道。

第四部分是关于远程教育的文章。进入21世纪，互联网广泛应用于电子商务，远程教育悄然兴起。2000年5月26日，国家教育部教育管理信息中心技术处邀请一些高校专家参与"全国信息技术及应用远程培训教育工程"(ITAT)，聘我为专家组组长，《知识经济、教育与信息人才》那篇文章就是我在那天成立大会上的发言稿。2001 年，在 ITAT 年会上我又作了《试论大开放教育》的报告。关于远程教育的领域，我还参与了中央电视大学的教学工作。最近，在 ITAT 十周年庆祝会上，我还以专家组组长的名义作了发言（见《继往开来，做好更高层次的教育培训工作》）。

第五部分是关于社会教育（继续教育）考试的文章。这方面的内容很多很杂，有三件事情需要重点介绍一下。一是教育部的“全国计算机等级考试”，我当了两届考试委员；二是信息产业部的“全国软件水平考试”，我也是最早参与的；三是劳动与社会保障部的“企业信息管理师”职业资格考试，我任该专业考试的专家委员会主任。为了培训和选拔高层次复合型信息化人才，专家委员会精心设计了职业标准和培训教程，这个工作花了我很多时间和精力，也是退休以后所从事的令我感到最有成就感的一项工作。在社会考试中还有一件事也要交代一下，即教育部考试中心于 2007 年开考的“全国计算机数字图形图像等级考试”，本人也是专家组长，但可惜考了三次后，因考生太少，停止了考试。

教育本身是无止境的。信息化教育仍然是一个新生事物。无论是普通高校的“信息管理与信息系统”专业，还是民办高校和继续教育等信息化教育的专业，都还在发展之中，学科还不完善。所以，信息化教育的办学思想、学科建设等等还差得很远。不仅要积淀，还要发展。所以，我始终不敢懈怠，更不愿停顿脚步，“脚印”会延续下去的。老骥未伏枥，蹄响是不会断的。

107 关于“管理信息系统专业”办学情况的回顾

一、一般情况

1980 年清华大学经济管理工程系(经管学院前身)管理信息系统专业开始招 5 年制本科生,1985 年暑假已有第一届毕业生。

二、培养目标及专业方向

管理信息系统专业是试办专业,基于我国的实际情况,我们在 1980 年提出培养目标是:“培养学生具有社会主义经济管理的理论知识,较好的数学基础,掌握计算机系统软硬件基本知识,能建立数学模型,进行软件包设计以及管理信息系统分析、设计、开发和评价等技能的经济管理方面的工程技术人才”。“专业方向主要是企业的计算管理和用计算机进行国民经济部门的规划、统计、技术经济分析、预测及有关经济管理工作”。

1985 年修订新的教学计划时对专业方向及培养目标的提法稍有区别,即培养目标为:“本专业培养立志为我国社会主义现代化事业献身的,有系统的经济管理理论,较好的数学基础,较强的计算机软硬件知识和能力的专门人才,培养目标为经济、管理信息系统分析师”。“专业方向为:从事各经济部门、规划部门经济系统分析、数学模型的建模和模拟,进行经济统计分析、经济预测等决策支持工作;进行各种经济信息系统、管理信息系统的分析、设计、实施和评价”。

这两种提法无实质性区别,都着眼于数学、计算机等现代化工具和手段来管理经济,着重点是培养为经济管理服务的技术人才,从事决策支持而不是决策者。

三、知识结构

根据培养目标及专业方向,组织教学模式及知识结构,大致构造如图 1 所示,共分 4 层。

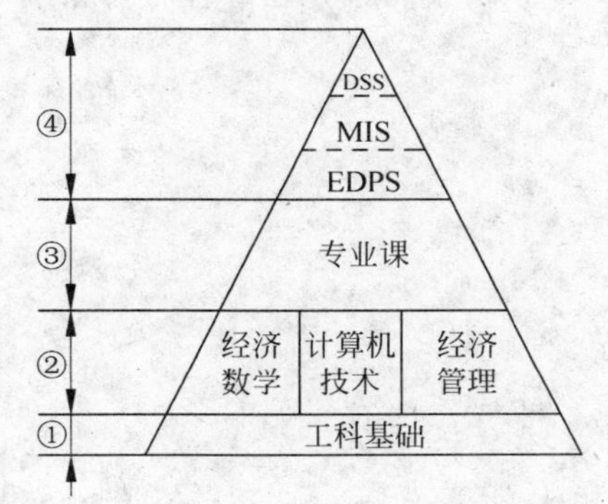

图 1 管理信息系统知识结构图

1. 以工科为基础

在大学一、二年级和自动化系、计算机系等工科专业相似,学习数学、物理、外语以及一般机、电等工程知识,以便有较好的工科基础,约 1260 学时。

2. 专业基础课

分三部分:(1)经济管理理论。包括政治经济学、西方经济学、国民经济计划、统计、会计以及管理学基础、企业管理等。约 400 学时。(2)经济数学。包括离散数学，运筹学 1、2、3，应用数理统计等，约 200 学时。(3)计算机技术。包括计算机语言程序设计、计算机原理与系统机构、数据结构、操作系统、数据库、数据处理等。约 300 学时。以上三部分专业基础课共 900 学时。

3. 专业课

包括管理信息系统、模型与优化、经济控制论、计算机网络、软件工程、系统动力学等，约 200 学时。

4. 围绕培养目标的实践环节

包括在课程设计和毕业设计阶段建立 EDPS、MIS 或 DSS 等。其中课程设计 6 周，毕业设计 16 周。五年讲课学时共 2400 学时。

四、几点想法

1. 国家很需要这样的人才。现在很多单位有计算机，但没有使用，其中一个原因是缺乏人才，尤其是缺乏既懂经济管理，又懂计算机及现代数学的系统分析人才。从首届毕业生的情况来看，毕业生还是很受欢迎的。

2. 知识结构较宽，工作易于适应。毕业生既可在宏观经济部门从事经济规划、预测等工作，也可到各经济信息中心、计算中心或工厂企业从事计算机管理工作。

3. 办学难度较大，对教师要求较高。由于我们初办专业，教师来自各系，知识面不够宽，学生对专业方向也不易明确，总想把经济和经济系比，数学和数学系比，计算机和计算机系比。当他们发现任一“单项比赛”比不过人家时往往感到一切不如人家，或说自己的专业是“既不能飞也不能跑的鸭子专业”，从而产生专业思想，教师感到办学太难，“吃力不讨好”。

我们认为，建立一支有一定水平的数学和计算机基础知识又有丰富的管理实践知识的教师队伍，逐步明确培养目标和专业方向是今后的主要任务。

* 本文是 1986 年 4 月在全国高等管理工程教育研讨会上代表清华大学管理信息系统系的文章，该文提出的办学思想及教学计划受到很多高校注目，不久有许多高校相继建立管理信息系统专业。

108 关于创办清华大学管理信息系统专业的指导思想

（为清华大学第十八次教学讨论会而作）

一、前言

1979年，清华大学成立经济管理工程系。于是，一个称为“经济管理数学和计算机应用技术”的专业也宣告在该系成立。次年秋季，该专业招收了第一届本科生（经0班）。这是我国理工科大学第一个以后被称为“管理信息系统”专业的5年制本科班，（1985年该专业正式改为管理信息系统MIS）。8年过去了，我们已招了9届、毕业了3届本科生。9年来，对本专业的办学方向等等一直有纷纷议论。本人是参加创办该专业的教师之一，借此第18次教学讨论会之际，谈一点个人体会，求教于各级领导及同事们，错谬之处，祈请教正。

二、简单的回顾

1980年，办这个专业是冒着一定的风险的，因为这是一个从未有过的新专业。但是，出乎我们的意外，尽管当时社会上还不太熟悉管理信息系统，报名的学生还相当踊跃，也许当时专业的名称起了注解作用。新生素质很好，虽然全系（即清华大学经济管理学院前身）仅此一个本科班，且还是大一新生，比起全校兄弟系来，相当孤独，工作也比较难以开展。但是，学生情绪很好，经0班连续5年被评为全校先进集体，毕业论文受到学校表扬，毕业时“大面积丰收”：近一半加入了中国共产党，80％考上了研究生，有6人考取了美国邹至庄的留美研究生（那时邹至庄只在中国各高校招收10名数量经济学研究生），毕业分配时成了“抢手”“品牌”。以后的经1班、经2班的毕业生也有类似的情况，有限的可分配学生走上工作岗位以后，领导反映能力强，能适应工作，与相近的专业比较有明显的优势，大多数工作后不久就成为业务骨干。

三、管理信息系统专业有广阔的前途

20世纪70年代末80年代初，我国人民对以经济建设为中心的路线已深入人心，世界技术革命和信息革命浪潮冲击着中国大地；经济管理及其为之服务的现代化管理方法与手段越来越被人们注目；在这样的背景下，与祖国命运息息相关的一些高教战线上的知识分子，感到需要创办一些新专业，以适应这样的形势。于是，管理信息系统专业和系统分析（有些学校称系统工程）、管理工程、技术经济、国际贸易等新专业相继问世。80年代初，以微机为标志的信息管理在我国的广泛应用，愈益感到需要一种既懂经济管理业务又懂现代化方法和计算机技术的复合型人才，而目前这种人才极端缺乏。因此，国家和社会需要创办这个专业。

开发应用计算机管理信息系统和计算机在科学计算中的应用、在辅助设计中的应用、在过程控制中的应用不同。计算机管理信息系统是人/机系统，系统开发者只懂得计算机技术是远远不够的，他在必须懂得经济管理以外，还要懂得系统运行机制、系统分析和系统设计的方法等等。因此，培养这样的复合型人才并不容易。正因为如此，人们怀疑能否在本科生中培养这样的人才是可以理解的。根据现阶段中国信息化现状以及清华大学理工科的优势，事实证明，培养这些复合型人才是完全可能的，其他兄弟院校只要组织得当，也是可以做得到的。

四、培养目标是工程技术人才

对于管理信息系统的培养目标，长期以来是争论的焦点。有人认为是培养高级经济管理人才，有人主张是为经济管理服务的技术人才，如果只能这二者的话，我倾向于后者的提法。

在我们 1980 年的教学计划中，明确提出："本专业培养具有社会主义经济管理的理论，较好的数学基础，掌握计算机系统硬、软件基本知识，能建立数学模型，进行软件包设计及管理信息系统分析、设计、开发和评价等技能的经济管理方面的工程技术人才。培养目标是工程师。"我们提倡培养为经济管理服务的工程技术人才，而不赞成培养高级经济管理人才的主要理由如下：

(1) 高级经济管理人才不可能在大学 5 年内培养出来，更需要从社会实践中培养。

(2) 在目前中国的情况，前一提法毕业分配时，没有一个合适的岗位，造成分配和使用困难。

(3) 掌握一定的经济管理理论、现代数学和计算机技能的大学生首先适合做技术工作(当然不排斥他们以后走上管理岗位)。后一种提法不仅分配主动，而且学生的基础比较扎实。

几年前，国内掀起创办管理专业的一股风，目前已经出现管理专业学生分配的困难，而管理信息系统专业的学生仍然非常抢手，实践证明，我们提倡培养懂得经济管理的工程技术人才的教育思想是合适的。

五、专业方向宜宽

在专业方向方面，我们主张宽一些好。对这个问题，也有不同的争论，有人认为我们的专业太窄，也有人说太宽。在我们 1980 年的教学计划中提出，专业方向主要是"企业的计算机管理和用计算机进行国民经济部门的规划、统计、技术经济分析、预测及有关经济管理工作"。其实，这个方向是比较宽的，但并不太宽。这个方向既面对微观经济，又面对宏观经济，甚至是其他企事业部门。总之，不管是什么部门，只要使用计算机和数学的地方都是我们的专业方向。

专业宽的好处是：

(1) 易于毕业生分配。我们的毕业生可以分配到很多部门，从国家经济部门(如计委、经委、统计中心、人民银行等)到企业、事业单位，都是我们的分配对象。

(2) 易于适应工作。学生毕业出去以后工作内容可以很宽。甚至于一些学生还可以在经济学、管理学、计算机科学、数学、系统科学等方面继续深造。

六、知识结构是综合性和层次性的结构

为了达到培养目标和适合专业方向，必须有一个有机的知识结构及教学计划。这个知

识结构是综合性的和层次性的。

所谓综合性，是指知识内容包括：工科基础、经济管理、经济数学和计算机技术，并把它们综合起来，形成一个有机的整体，而不是拼盘。所谓层次性，是指按学生的培养规律，将知识和能力分成若干层次。下面是关于知识结构和层次的说明。

1. 以工科为基础

由于本专业的工作对象为经济管理，所以，除政治、体育以外，无论在微观经济，还是在宏观经济部门工作，必须有一定的工科知识。为此，教学计划的具体安排是：在大学一、二年级时的课程和自动化、计算机专业相似，学习基础数学（如数学分析、高等代数、概率统计、计算方法等），普通物理，外语及一般机电工程知识（如电工、电子、制图、金工、工业生产过程概论等）。上述总学时约 52.5％。

2. 专业基础课

专业基础课也称技术基础课，是综合性的核心，它既要满足专业方向的要求，又要适当集中和精选，因此，设计好专业基础课是知识结构的关键。

专业基础课由三部分组成：

经济管理理论方面的课程：政治经济学，微观经济学、宏观经济学、企业管理学、统计学、会计学等。

经济数学（或系统科学）方面的课程：离散数学、运筹学、控制工程、应用数理统计等。

计算机科学与技术方面的课程：计算机原理与系统结构、计算机语言（多种高级语言）、数据结构、数据库、操作系统、计算机网络等。

专业基础课约占 37.5％。

3. 专业课

专业课的性质为综合性或复合型的课程，它综合了基础或专业基础课的内容，大都具有方法论或操作技能的性质，主要为提高学生的分析问题和解决问题的专业能力。专业课包括：管理信息系统、系统分析与设计、系统模拟、计量经济学以及一些选修课。专业课课时约占 8.3％。

4. 专业实践

专业实践对本专业来说非常重要，它是培养学生分析问题和解决问题的基本手段。专业实践也有层次性，包括认识世界的实践、信息处理实践、毕业设计（“真刀真枪”），详见九。

七、系统分析与计算机应用技术是本专业学生的“看家本领”

每个专业都有本专业的“看家本领”，管理信息系统专业的看家本领是：(1)系统分析与设计；(2)使用计算机技术。用现代化方法和技术管理经济时，首先要对经济系统或管理系统进行分析，不会系统分析和系统设计的学生无论如何不能很好地为经济管理服务。因此，系统分析就成了第一个看家本领。管理信息系统专业实质上是一种特殊的计算机应用专业，因此本专业的学生突出在对计算机的使用上，反应在我们的教学计划中每个学生有充足的上机机时。

八、主干课必须建设好

本专业知识覆盖面宽，课程很多，在有限的学时内既要照顾全面，又必须突出重点。这些重点课程被称为主干课。目前，本专业的主干课包括如下几门（随着专业的发展，以后会有调整和变化）：

1. 在经济管理方面：企业管理（学）、会计、宏观经济（学）；
2. 在经济数学（系统科学）方面：运筹学、控制工程、应用数理统计、预测原理与方法；
3. 在计算机科学技术方面：数据结构、数据库、操作系统、计算机网络；
4. 在专业课方面：管理信息系统、系统分析与设计、系统模拟、计量经济学。

九、在提高能力上下工夫

本专业属于应用性专业，因此，实践能力的要求就尤其突出。实践能力包括(1)认识实践的能力，即具有观察、调查社会的能力；(2)分析实际问题的能力，即系统分析的能力；(3)综合实际问题的能力，即系统设计的能力；(4)实际操作的能力，即系统实施的能力。培养能力也有一个过程和层次。在低年级第一个暑期安排一次社会调查、组织金工实习；在中年级，管理实习和课程设计，以培养初步的分析问题和解决问题的能力；在高年级，用整整一个学期进行真刀真枪的毕业实践，以锻炼较大系统的分析、设计和实施能力，实际上，这是在走向工作岗位之前的预演，具有特别重要的作用。

十、成熟的教学计划必须相对稳定

培养目标、专业方向、知识结构、能力结构、课程安排等等，最后都要反映到教学计划上，如何组织和实施教学计划是非常复杂和艰巨的系统工程，教学计划中每一个环节都是有机地联系在一起的，一个比较成熟的教学计划就应该稳定一段时间，最忌随意改变教学计划，目前这个教学计划已经多次修改，相对比较成熟，可以稳定一段时间。

十一、教师队伍要配置适当

教师队伍的合理结构是非常重要的，包括教师的专业背景、职称、年龄、性别等合理配置是非常重要的。要发挥各个教师的长处，尽可能做到合理分工，各按步法，共同前进。也尽可能通过科研项目将各有长处的教师组合在一起，协同工作，一起提高。

九年很快过去了，在我们创办我国第一个管理系信息系统专业的过程中，遇到了不少困难，也走了不少弯路，上述内容还很不成熟，热切希望大家批评指正。

* 这是1988年系统总结的创办管理信息系统专业的讨论报告。清华大学创办MIS专业是我国信息化教育和信息化事业的一个重要事件。实际上，在我们创办这个专业后，许多国家重点高校也相继成立了管理信息系统专业，从这个意义上来说，清华大学起了示范作用。这不仅是一个历史文件，而且，它的教育思想和包括一些具体的教育措施，今天仍然具有意义。

109 试办管理信息系统专业的体会

清华大学经济管理学院从1980年试办管理信息系统专业以来，已招收九届本科生，其中四届共130名同学已经毕业。在我国理工科大学中，这是第一个试办的管理信息系统专业，下面谈谈办学九年来的体会。

一、社会需要管理信息系统专业

社会需要是办学的根本出发点。从毕业分配的情况和毕业生工作岗位来看，对于管理信息系统专业的本科生，社会是需要的。究其原因，主要有以下几个方面。

首先，信息社会需要复合型人才。当前，信息、能源、材料出现了革命性突破，标志着人类第三次技术革命已经到来。这次技术革命的主要特点是综合性。因此各传统学科之间的界限已变得越来越模糊了。交叉学科得到了蓬勃发展。为适应这一形势，世界高等教育出现了进一步基础化和综合化的趋势。正如美国《潜力》所说，"谁也不能确切地知道，新技术将会怎样影响我们未来劳动力所要求的技能和知识。因此，我们的结论是：为未来作的最好准备不是为某一具体职业而进行面窄的训练。而是使学生能够适应不断变化世界的教育。"

在高等教育基础化和综合化的趋势中，包括经济管理在内的文科教育越来越受到重视。"掌握现代的经济思维、具有管理工作能力"，已成为理工科大学生的基本要求，具有复合性知识结构的人才受到社会的普遍欢迎。近来有关部门对用人单位和毕业生的调查，强烈地说明了这一点。管理信息系统专业培养的学生正是具备复合型知识结构的人才。他们具有经济管理方面的基本知识，有较高的数学和外语水平，又掌握计算机应用的技术和能力，显然是适应社会发展需要的。

第二，我国目前需要大量在经济管理方面应用计算机的人才。统计数据表明，在1985年，全国拥有大、中、小型计算机6 400台，微型计算机13万台，预计到2000年，仅中小型机和微机将达到580万台。从目前技术人员的构成看，硬件人员占80%，软件人员占20%，在系统和应用软件开发的领域中，技术人员不足的情况极为严重，这是目前计算机利用率低的一个重要原因。计算机用于信息管理，在发达国家已经普及，而我国正处于起步阶段。国家经济信息系统的规划和开始实施，预示着我国管理信息系统将进入快速发展的时期；更有几十万个企业随着管理水平的提高和对经济效益的追求，开发管理信息系统已逐渐成为普遍性的要求。所有这些，说明了社会对管理信息系统专业人才的要求十分迫切。在我系四届毕业生分配时，企业每年向我系提出要人的数量都达到可分配的3倍甚至4倍，但迄今为止，除个别保留研究生学历，到企业锻炼两年的学生外，正式分配去企业的学生还基本没有。人们也许会问，在企业中已经有许多计算机专业培养的人才，为什么要在管理工程学科内还要设置管理信息系统专业？大家知道，开发管理信息系统的人员要直接面向经济管理、面向企业、面向最终用户，所以他需要具备一定的经济知识、企业管理知识。而对系统分析人员来说，应具备更多的经济管理知识以及其他知识。我系在企业锻炼保留研究生学籍的学生反映，我们的毕业生与计算机软件专业的毕业生同在一个企业从事管理信息系统开发工作时，我们的毕业生明显具有优势。企业反映他们适应工作快，系统分析能力强。

社会需要并欢迎掌握计算机应用技术、具有复合型知识结构的人才，是我们管理信息系统专业能够办下去并继续办下去的根本动因。我们相信适量的管理信息系统的本科生会在越来越充满人才竞争的社会中找到自己的岗位。

二、管理信息系统专业应培养侧重工程技术的复合型人才

管理工程学科的每一个专业，都应该培养具有复合型知识结构的人才，但各有其侧重面。例如，工业管理工程专业，需要学生有一定的工程技术背景，但它所培养的是侧重管理的复合型人才。管理信息系统专业则不同，它所培养的是懂得经济管理的侧重工程技术的复合型人才。对于这一培养目标，我们也有一个逐步明确的过程，有一段时间，由于思想不够明确，工作不力，学生中少数人以管理人才甚至以高级管理人才作为培养目标，从而放松了技术课程的学习，走了一些弯路。我们对培养复合型人才的教学计划进行了精心设计。这个教学计划要有鲜明的综合性和层次性。所谓综合性，是指知识内容是综合的，包括工科基础、经济管理、数学和计算机技术。并将它们综合起来形成一个有机的整体而不是“拼盘”。所谓层次性，即按学习规律将知识划分为若干层次，每一类课程都贯穿于各个层次之中，各自按串联结构形成一个有机的、循序前进的知识体系。这样的教学计划可按图1所示。

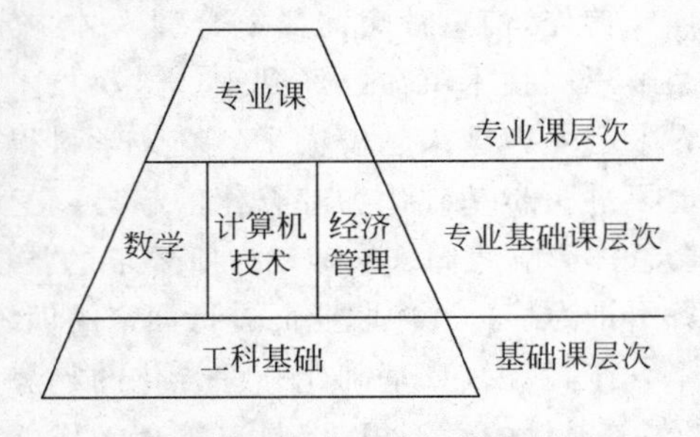

图1 管理信息系统知识体系图

既然以侧重工程技术为培养目标，那么学生的工程技术方面的看家本领是什么呢？我们认为是计算机应用和信息系统的开发技术。因此，在对学生的专业思想教育中，要纠正学生以“经济管理人才”为目标的思想，实际上，所谓经济管理人才，尤其是高级经济管理人才，怎么可能在本科生阶段培养出来呢？因此，所谓培养目标为经济管理人才的提法会误导学生。我们培养目标提法的好处是使学生有一个脚踏实地学好技术的思想。该培养目标是现实和留有余地的。事实上，根据我们的教学计划和知识结构，并没有排斥学生未来也可能成为高级管理者、经济学家、财政金融专家、数学家、计算机科学家等等，因为我们已为他们打好了知识、能力以至逻辑思维的基础。

三、管理信息系统的学生要有严格的工程实践锻炼

目前高等学校培养的大学生主要优势是基础知识较厚实、有一定的理论水平、专业知识和外语能力较强；但其主要缺点是理论与实际结合不紧、动手能力较差、不适应也不愿意做具体的实际工作等。这是用人单位的普遍反映。针对这一情况，加之管理信息系统是一个工程实践性很强的专业，所以必须要求学生进行严格的工程实践锻炼，为此，我们安排了一系列实践教育环节。学生从入学到毕业，五年中要经过五次集中时间的实践教育活动，前四次是利用夏季学期（当时清华大学实行6周夏季学期）完成的，第一次是金工实习，第二次是工业生产认识实习，第三次是管理实习，第四次是课程设计实践。每次实践都和课程紧密相连。最后一次是为期一个学期的毕业设计实践。毕业设计的选题是真刀真枪的科学研究项

目或信息系统开发项目。通过由简单到复杂的五次教学实践，学生受到了较大的实际锻炼，提高了分析问题和解决问题的能力，为他们毕业以后较快适应工作打下良好的基础。此外，从教学和教师方面考虑，教师带领学生进行教学实践，也提高了教师的科学研究水平，增加了教学案例，丰富了教学内容。

计算机类课程大多是实践性很强的课程，所以在课程教学的时候也要紧密联系实际，无论是计算机硬件，还是软件；无论是计算机网络还是数据组织与管理，都必须通过在计算机上练习、实验才容易掌握，所以各门计算机课程的实验就不能太少，基于此考虑，我们在五年内课程上机机时每人不少于 500 机时，再加上毕业设计时每个学生上机机时也不少于 500 机时，所以每个学生在五年中上机机时达 1 000 机时。

通过这些教学实践环节，我们的毕业生基本上在学校中就做好了参加工作的准备，走上工作岗位时就能较快地适应工作。

四、必须建立一支多学科的综合性师资队伍

师资是办学诸多条件中最为重要的条件。培养复合型人才的专业需要有一支多学科、跨学科的师资队伍。九年来，为办好信息系统专业，经管学院引进了经济管理、财政金融、数学、计算机和自动化等学科的教师，全院基本上组成了一支复合型师资队伍。在这个队伍中，每个教师发挥所学学科的长处，并通过教学、科研、指导毕业设计等过程，互相交流渗透，逐渐地，教师的教育思想和知识结构也被“复合”起来了。与此同时，我们还有计划地安排教师撰写讲义、出版教材等。

五、我国管理信息系统专业建设应以稳步发展为基本方针

管理信息系统专业在我国不仅需要，而且还要发展，这是毫无疑义的。但是近一两年来，要求新设或者由其他专业转向管理信息系统专业的学校为数不少。这又不能不引起人们注意是否有盲目发展的倾向。目前，社会对管理信息系统人才的需求也只能定性估计，很难定量预测。一方面，管理信息系统与国家社会进步、经济增长的联系非常紧密，确实需要快速发展；另一方面，因为它是一个跨学科专业，与其他如计算机应用专业、管理工程等相关专业有一定的竞争性，如生源、就业分配等的竞争。另外，已如前述，管理信息系统广阔的市场在企业，但由于各方面原因，管理信息系统的毕业生又不愿意去企业，那么是否可能在某一时间内，局部地方出现这种人才的“过剩”现象也是有可能的。

培养高水平管理信息系统人才并非易事。除了上面谈到的需要一支多学科、跨学科的师资队伍和必须的教学实践条件等外，学习年限也是一个问题。在五年制的情况下，学生除了具备较扎实的工科基础、较深入的经济管理、数学、计算机应用等复合性知识以外，还有可能给学生以总计一年半左右的实践时间。但是，当学制改为四年后能否办好这个专业，需要认真研究。

以上是我们试办管理信息系统专业办学九年的粗浅体会，借此机会与同行们进行交流。我们仍要不断努力。以“适应社会需要，提高学生全面素质”为宗旨，把管理信息系统专业办好。

* 这是本人于 1988 年 10 月参加全国高等管理工程教育研讨会上发表的论文，该文比较全面地总结了我们试办管理信息系统专业的体会，也提出了一些具有方向性的问题，该文引起了与会人士的较大兴趣。

110 经济与管理类计算机基础教育的新概念

1998年11月5日至11日，中国计算机基础教育研究会编辑委员会和教育出版社一起在成都科技大学召开教材评审会，制定今后三年高等学校计算机基础教育的教材出版计划，我是经济与管理类教材组的负责人。涉及经济与管理类的专业很多，包括经济、管理、信息、财经、统计、银行、物资等专业，为了方便起见，今后统称这些专业为经济与管理类专业。这类专业的计算机基础教育的教材如何编写，课程如何设置，教学的目的是什么，非常复杂。过去有人误认为学习计算机就是学习微机原理，或掌握一两门语言，我认为这种观点不够全面。

一、经济与管理专业学习计算机的根本目的在于本行业中应用

计算机在经济与管理中的应用已越来越普遍，越来越受到重视。但是，依靠计算机专业的毕业生从事上述领域中的开发工作是远远不能满足要求的，一是计算机专业毕业的学生数量有限，二是这些学生不熟悉经管知识和业务，开发困难。因此计算机在经管中的应用尤其是初级应用，应主要立足于从本专业学生中培养，让他们学会在本行业中应用计算机的本领。

二、经济管理中应用计算机的基本内容是信息管理

经济与管理领域中计算机的应用和科研机构、制造企业中的应用不尽相同。在科研、生产中的应用除信息管理以外还有科学计算，计算机辅助设计，计算机辅助制造等等；而在经济与管理中的应用主要进行信息管理。信息管理固然需要用到计算机，要了解计算机知识。但信息管理还涉及本专业知识以外的众多社会科学和自然科学知识，如系统分析，管理科学，通信与网络技术等等，因此，在经济与管理类专业方面的计算机基础教育就不能只局限于计算机教育。

三、经济与管理类专业的计算机基础教育应围绕信息系统进行

由上所述，对于经济、管理类专业的学生，其计算机基础教育的模式应突破传统的概念，即只讲授微机原理或计算机语言的模式，我认为，凡属于此类专业的学生，必须也只需修一门课程，即“××管理信息系统”，如财会专业的学生学习“财会管理信息系统”，物资专业的学生学习“物资管理信息系统”……有行业性质的管理信息系统教材具有强烈的综合性和实用性：它是专门为本行业学生使用的(当然其他行业也能参考)；它具有综合性的知识结构，包括系统分析与系统设计的知识，管理科学的知识，计算机硬件与软件的知识，通信与网络的知识，以及系统开发的知识等等。诚然，写好这样的教材难度较大，组织此课的教学困

难也较多，但为了高效率培养计算机应用人才以及推广计算机在经济与管理中的应用，以获取更大的经济效益，我希望按这个思路去考虑。

＊原载《软件报》，1988年12月。这是我参加“全国计算机基础教育研究会”时的一个发言稿。会后，《软件报》主编约我写的一篇文章。在这篇文章中，我明确提出经济与管理类专业计算机基础教育，不同于其他非计算机专业的计算机基础教育观点。

111 系统分析员与 MIS

从今年开始，全国将首次进行计算机应用软件人员系统分析员级水平考试，清华大学从1980年开始，试办了培养系统分析员的专业——管理信息系统。通过十年来的办学过程，我想谈谈一些体会，以便抛砖引玉，和大家讨论。

一、MIS是培养系统分析员的边缘科学

我们通常所说的MIS有两个含义，一是从学科观点出发，MIS是一个独立学科，从应用观点出发，是一个具体的信息系统，这里我们仅从学科方面而论述。MIS的历史充其量不过20多年，还在发展之中。MIS的学科是系统科学的分支，它综合了经济管理理论、运筹学、统计学、计算机科学以及系统科学等逐步形成的学科。1980年，清华大学在全国工科院校中第一个成立MIS专业，明确提出MIS专业的培养目标是系统分析员，经过几年的努力，MIS学科及其专业得到了很大发展，理工、财经院校拥有MIS专业的高等学校已达数十所，在全国范围内，从事MIS教学、研究以及开发的队伍相当可观。

我们说的系统分析人员，是指这样的计算机应用软件人员，他是高技术人才，除文化知识较高以外，还要求有实际经验，有较丰富的想象力、较强的创造能力、宣传能力、协商能力、预见能力，分析问题的能力以及具有经济和管理才能。显然，系统分析员与一般工科大学毕业的工程技术人员不同，也与一般的经济管理专业毕业的人员不同。

系统分析员的知识结构是一个有机的整体，而不是“拼盘”。这个知识结构有两个特点：综合性和层次性。所谓综合性，是指知识内容是综合的，包括工科基础，经济与管理，数学和计算机技术，并将它们综合起来。所谓层次性，是指按学习规律将知识分为若干层次，每一类课程都贯穿于这个层次之中，各自按串联结构形成有机的循序前进的知识模块。这个知识结构共分三层，由底向上渐成宝塔形，分别为基础课层次、专业基础课层次和专业课层次。

1. 基础课层次

经济管理的基础是生产部门，懂得生产过程才能分析和管理经济，因此系统分析员必须具有工程基础知识，除数学、物理、外语、政治等一般基础课外，应掌握电工、电子、机械、制图等一般工程知识。

2. 专业基础课层次

专业基础课层次是“综合性”学科的核心，它由三大部分组成：(1)经济管理方面的知识，(2)应用数学方面的知识，(3)计算机科学与技术方面的知识。

3. 专业课层次

系统分析员专业知识大都由具有综合性或覆盖性的课程组成，这些知识从哲学意义上来说，一般具有方法论的性质，如信息系统的分析与设计，管理信息系统，系统模拟等等。

二、系统分析员的实践能力及看家本领

在培养系统分析员的一开始就要安排实践环节，例如大学一、二年级，可安排一些认识实践的环节，如参观工厂，到机械厂实际操作机器；中年级时，到工厂去进行企业管理实习；高年级时应集中安排两个实践环节，一是计算机程序设计，培养编程和上机能力；二是集中一个学期真刀真枪毕业实践，分析设计一个计算机管理信息系统。

显然作为计算机应用软件人员之一的系统分析人员，其看家本领应该是系统分析和计算机应用技术。计算机应用技术在整个大学培养阶段始终不能断线。而系统分析这个本领不可能在大学中完全学到手，主要锻炼还是在工作以后的实践中学习、积累。因此，对系统分析员级的水平考试对象坚持要求从事过计算机系统工作若干年的人员为宜。

*原载《软件报》，1989 年 1 月 4 日。这是一篇为“系统分析员”定位的文章。在全国软件考试开始，把“系统分析员”看成一般的软件人员，这样，容易误导“系统分析员”的培养和选拔。本文发表后，起到了较好的反应。

112 教材要适合于“教”和“学”

没有料到在拙编《COBOL 程序设计》出版六年之后被评为清华大学优秀教材二等奖。该书是在“COBOL 程序设计”授课讲义基础上写成的，全书共九章，40 万字，可在 40～50 学时内讲完。该书内容充实，系统性较强，语言精练、通俗易懂，有大量实例，适合教学和自学，因此该书一出版就在社会上受到欢迎。

COBOL 语言是商用计算机语言，专用于数据处理。1982 年该书正式出版时是中国第一本 COBOL 教材，由于它更适合于中国的老师和学生的口味，一出版就被全国各大学选用，出版社多次重印：

1982 年 1 月第一次印刷，20 000 册；

1982 年 1 月第二次印刷，40 000 册；

1984 年 5 月第三次印刷，40 000 册；

1985 年 5 月第四次印刷，50 000 册；

……

始终是一本畅销书。

回忆一下这本教材的编写体会是有意义的。

一、编书者首先要把自己放在读者位置去“品书”

毫无疑问，编写教材的目的是给别人看的，编书者是自己书的第一个读者，自己首先应该满意（或者说基本满意，因为编者永远不会满意自己的作品的），为此，编书者首先要以学生的身份去品评本人的及别人的每一本书，以便做出比较。在正式出书以前，我将能搜集得到的有关 COBOL 的讲义、语法手册、外文书籍都收集了起来，然后逐本去品评，吸收其营养。这是一项非常有意义但却是十分艰苦的工作，有些书籍非常难懂，有些书却又枯燥乏味，深感阅读科学著作远不如看小说那样轻松、有趣，有时恰恰那些枯燥烦琐、乏味之极的内容可能就是精华，例如 COBOL 书的数据描述部分正是如此。

像学生那样去品评每一本书，你就会体会学生的心情，了解应该如何写才能适合学生的需要，这是教材编写者非常重要的任务。

二、站在教师的位置，严格“评书”

教师和学生都是读者，但毕竟层次不同，作为教师，他希望有一本内容充实，先进，适当，系统性强的教材；他希望有一本观点正确，说理清楚，逻辑性强的教材；他希望有一本论题配合，能举一反三，实践性强的教材；他希望有一本文字精练，语言流畅，图表美观并有一定趣味性的教材。

编书者以教师的身份去评价每一本教材，就站得更高，要求更严，实际上是更高层的为教材提高了要求。

三、博采众长，编好适合中国国情的教材

通过上述过程，编写教材就有了基础，就可以博采众长，结合自己的思想经验、体会去编写教材了。但是说实在话，编教材是一件苦差使，融会贯通各家教材不容易，博采众长，形成自己教材的风格、体系更不容易。这是一件艰苦的创造性劳动。采（博采众长）、编（编写）、连（连接），用自己的思想、知识、经验去融化，使之成为活生生的有生命的教材实际上是一个系统工程。

不同民族有不同的习惯、风格，教材也如此，中国教材应当有中国的习惯和风格。回忆起来，拙著所以受到欢迎，除了时代背景以外，大概是因为它确实具有中国教材的风格，适合中国人的“教”和“学”。

* 原载《教学与教材研究》，1989 年第 1 期。《COBOL 程序设计》是我编写的第一本正式出版的教材，也是清华大学出版社最早出版的教材之一（1982 年年初出版）。由于我第一次教授 COBOL，既无经验，又无合适的教材，所以困难很大。也正因此，成全我编写了一本教材，还得了奖。于是《教学与教材研究》主编白光义同志邀我撰写此文。似有吹嘘，但当时我真是这样做的。

113 试论工科院校管理信息系统(MIS)专业

【摘　要】 本文是根据清华大学创办 MIS 专业的经验写成的。在简单回顾了 10 年办学过程后，提出了 MIS 的专业特征、培养目标、专业方向、知识结构、毕业生的看家本领以及其他一系列办学经验。

一、前言

我国工科院校的 MIS 专业最早是由清华大学试办的。1979 年清华大学经济管理工程系(清华大学经济管理学院前身)筹建了 MIS 专业(当时的名称为经济管理数学与计算机应用技术)，1980 年招收第一届本科生。1984 年又在原有经济管理工程系基础上成立经管学院，经济管理数学与计算机应用技术的专业名称也正式改成 MIS。MIS 专业每年招收一个班的本科生，到目前为止，共招了 10 届，已毕业五届。通过十年的教学实践，我们对 MIS 专业的培养目标、专业方向、课程设置提出一些看法，在此与大家讨论，以便总结经验、吸取教训，办好具有中国特色的 MIS 专业。

二、MIS 专业的培养目标及专业方向

近 20 多年发展起来的 MIS 专业是一个边缘学科，其理论基础是系统论、信息论和控制论，其实践基础是现代数学和计算机技术，其服务对象是经济管理系统，因此，MIS 人才必然是既懂经济管理又懂数学和计算机的复合型人才。正因为如此，在 MIS 专业的培养目标上有两种不同的看法，一种认为是培养高级经济管理人才，另一种认为是培养高级技术人才，两者都有一定的合理性，但都不够确切地反映 MIS 的内涵。

明确培养目标无论对办学、对毕业生分配、对招生、学生的学习情绪等等都具有极为重要的意义。通过十年的讨论和教学实践，我们在培养目标上的主要思想是：有社会主义觉悟的，掌握经济管理理论、较好数学基础、较强计算机应用能力的管理信息系统的分析设计人员，即培养目标为从事系统分析的工程师。

显然，这样的培养目标比较具体，也比较合乎我国国情。简单提培养高级经济管理人才既不确切，也太笼统。而且，所谓高级管理人才绝不是通过大学本科学习就能培养出来的，主要是通过实践的锻炼，另一方面，这种提法除教学难于安排外，毕业分配也有问题，因为很难为刚毕业的大学生找到一个合适的工作岗位。从干部的成长规律来说，掌握一定经济管理理论和现代数学及计算机技术的毕业生，首先应做好技术工作，这对于以后走上管理岗位的干部无疑是必要的，当然不一定都适合做管理工作。这样的做法避免学生一心想当高级管理者，从而鄙薄技术工作以及缺乏勤奋、踏实的刻苦精神。实践证明，我们提出的培养目标能使学生有较好的政治和业务素质，毕业后容易适应工作，工作分配容易，使用单位欢迎。

专业方向是培养目标的具体实现，像 MIS 这样的新专业，我主张专业方向宽一些好，在我

们的教学计划中对专业方向有如下描述：该专业培养的学生能建立数学模型，能用计算机在国民经济部门从事规划、统计、技术经济分析、预测等有关经济管理工作，也能在经济管理部门、企事业部门、机关事务部门分析、设计与实现评价计算机信息系统。总之，根据上述描述，不管什么部门，只要用到数学或计算机的地方都可以去工作。我国有几十万个大中小型企业，还有无数机关、事业等单位，它们最终也将逐步用计算机进行管理，需要大量的系统开发人员。

三、MIS 专业的知识结构

一个专业的知识结构及其实施的教学计划是实现培养目标的主要保证。MIS 专业的知识结构有两个鲜明的特点：综合性和层次性。所谓综合性，是指知识是综合的，包括工科基础，经济与管理，数学和计算机技术，并将它们综合起来，形成一个有机的整体，而不是“拼盘”；所谓层次性，指按学习规律将知识分成若干层次，每一类课程都贯串于各个层次之中，各自按串联结构形成有机的循序渐进的知识模块，如图 1 所示。

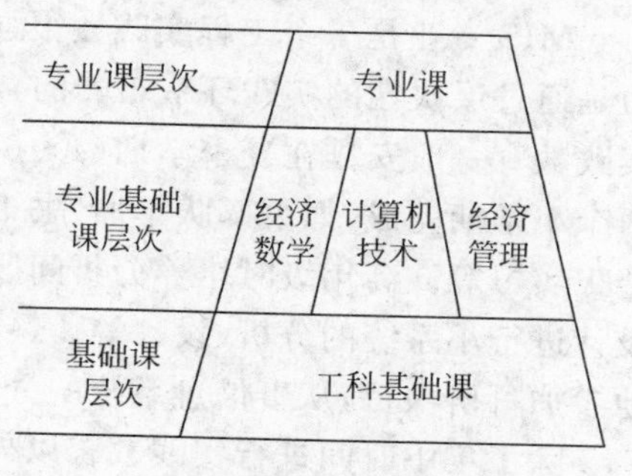

图 1　MIS 知识结构

(1) 基础课层次：在大学一、二年级是进行类似自动化专业、计算机专业的基础教育，包括政治、外语，体育、数学、物理、电工、电子机械、制图等课程。

(2) 专业基础课层次。专业基础课是知识结构的核心。这一部分知识由三大块组成：

- 经济与管理：包括政治经济学、西方经济学、企业管理、统计学、会计学、国民经济管理、经济法等必修课，以及工业经济、财政与信贷、市场学、国际金融与贸易等选修课。
- 经济数学：包括离散数学、运筹学、应用数理统计等。
- 计算机技术：包括计算机原理与系统结构，计算机语言，数据结构，数据库原理与应用，操作系统等。

(3) 专业课层次：专业课是一些综合性和覆盖性质的课程，如管理信息系统、系统模拟、计量经济学、经济控制论等。

上述三个层次的组成比例见表 1。

表 1　MIS 专业课程设置层次

序　号	层　次		所占学时比例	
1	基础课层次		52.5%	
2	专业基础课层次	经济与管理	16.7%	37.5%
		经济数学	8.3%	
		计算机技术	12.5%	
3	专业课层次		10%	

四、MIS 专业的“看家本领”及主干课

每一个专业都有自己的“看家本领”。什么是 MIS 专业的看家本领？MIS 专业的毕业生培养目标是开发计算机信息系统的系统分析师，从长远来说，系统分析能力当然是 MIS

专业的看家本领，但是系统分析与其说是技术，不如说是艺术，因此系统分析能力不可能都在学校中培养。而从近期考虑，学生可以学到也必须学到的看家本领是计算机应用能力，为了掌握这个看家本领不仅要掌握计算机的科学知识，更重要的是应用能力。

为使学生掌握好看家本领，必须抓好几门主干课，我认为这几门课应作为重点的重点来抓：企业管理，运筹学，数据库与操作系统，管理信息系统。当然，还有一些课程也很重要，如会计学、应用数理统计、系统模拟等。

五、MIS专业的实践环节及实践能力的培养

MIS专业是一个工程实践性很强的专业，没有实践能力的学生很难适应工作。实践能力是通过层次性的实践环节培养的，从入学到毕业一般要经过若干次实践教学环节。大的实践教育一般安排在夏季学期(4～6周)集中进行，低年级是培养认识实践的能力，一般由两个小学期完成，如去部队军训，去工厂参观，到社会上进行社会调查，在学校实习工厂组织金工实习等。高年级时培养分析问题和解决问题的能力，如去工厂进行管理实习，通过课程设计进行小系统的分析、设计等。最后半年是毕业设计，这是最后一个教学环节，真刀真枪地参加科研项目，从事信息系统的分析与设计工作。

除了集中时间进行实践教育以外，在每门课的教学过程中加强了实验环节，除计算机课程必须上机实验外，运筹学、计量经济学、系统模拟、管理信息系统等课程也都安排上机实验，这样，在五年的教学过程中除了毕业设计外，每个学生应有500机时的上机时间。通过这些实践环节，学生受到了严格的锻炼，掌握了应用计算机的看家本领。

六、结束语

MIS专业是一个年青的专业，无论在国内还是在国外，都在不断地发展，我们的认识不免有所偏颇，讨论总是有益的。希望此文能引起有关领导、专家及同行们的重视，为办好中国特色的MIS专业而各抒高见。

参考文献

[1] 高等工业学校《管理信息系统》专业教学指导小组第一次会议纪要，1987-12-24.

[2] 高等工业学校《管理信息系统》专业教学指导小组第二次会议纪要，1989-02-02.

[3] 高等管理工程教育研讨会论文《试办管理信息系统专业的体会》清华大学经管学院管理信息系统系，1988-10.

*原载《管理工程学报》，1989年第3—4期。这是在清华大学创办MIS专业后，第一次在权威刊物上发表的文章，标志着通过9年的摸索，该专业的模式已趋成熟，为全国各高校设置该专业提供了样板。

114 我国管理信息系统教育的现状与未来展望

一、MIS的专业特征及培养目标

MIS是一个以计算机为依托的具体的信息系统。它是由系统科学、管理科学以及计算机及通信技术“综合”而成的新学科。这里“综合”的确切含义是“化合”而不是“混合”。正是由于MIS是基于各学科“化合”基础下成长起来的，故有其自身的特色。它具有综合性和实践性两大特点。实践性是指MIS学科强烈地依赖实践，离开了实践就不能成为专业，这又和一般工程学科有相似之处。MIS专业培养的学生是实现信息系统的工程技术人员，直接为实践服务。因而在教学计划中就不得不包含众多实践环节，如在课堂教育阶段强调计算机的应用，平均每个学生至少上机200小时左右；在低年级强调认识生产过程，去工厂参观、访问，进行生产认识实习（1～3周）；在中年级，强调管理实践，到工厂进行管理实习（4～6周）；在高年级强调程序设计实践，安排6周的程序设计实习；在毕业设计阶段，真刀真枪地接受开发MIS的任务，进行系统分析、系统设计和系统实施的实践。所有这些实践的总学时共1000多学时，这是任何一个专业都不可及的。由于MIS专业具有这两大特征，可以说MIS的培养目标是系统分析员。

二、MIS教育的现状分析

MIS教育在国外起始于20世纪60年代，国内起始于20世纪80年代初。目前国内有三类MIS专业教育：(1)工科类MIS专业教育，这类MIS专业教育主要设置在工科院校的管理学院内。最早试办工科类MIS专业的是清华大学经济管理学院，1979年开始招研究生，1980年开始招本科生，已毕业9届研究生、6届本科生。较早的还有上海同济大学、北京航空航天大学、北京理工大学等管理学院。1986、1987年以后，哈尔滨工业大学、吉林工业大学、华中理工大学、北方交通大学等管理学院内也相继招收MIS本科生。工科类MIS专业是最大的一类，主要培养实际系统的开发人员。(2)理科类MIS专业。理科类MIS专业数量较少，但影响较大，如上海复旦大学、天津南开大学等，这些学校的MIS专业大多成立较晚，对MIS理论及其发展方向有较深的研究，毕业生也要从事MIS的开发工作。(3)文科类MIS专业。文科类MIS起步较早，如中国人民大学、北京经济学院等在70年代末就设置了称为“经济信息管理”的专业，较早的还有上海财经大学等，1987年以后，另一些财经院校如中央财政金融学院、中国对外经贸大学等也相继设置MIS专业。这类学校培养的学生主要在经济部门从事信息处理工作。

1987年是MIS大发展的一年，也是MIS教育受到挑战之年。这主要表现在如下几个方面：

(1) 1984年开始，中国微机数量骤增，而计算机应用人员跟不上，强烈刺激着MIS的发展。

(2) 外专业向 MIS 的靠拢，进一步促进了 MIS 的发展。如本科管理工程专业，从 1987 年开始靠拢 MIS 专业；计算机、自动化专业的计算机应用方向也转向管理；其他如机械、化工、应用数学、会计等专业培养本领域的计算机应用人员等等。

显然，MIS 专业自己的发展，以及外专业的“挤压”，无疑会引起如下反应：一方面，从内外两方面的力量促使 MIS 的提高和发展；另一方面，会引起专业界限模糊和混乱。上述形势有可能出现 MIS 人才“过剩”，而真正符合 MIS 要求的又不符需要。除此以外，由于近年来各种名目繁多的计算机系统的出现，如 DPS、DSS、OA、ES、CIMS 等等，人们还要提出新的疑问，即有什么理由只将 MIS 作为一个专业？总之，MIS 受到了挑战，如有没有存在的必要，未来发展如何？就很自然地又提出来了。

三、建立 MIS 的必要性及其未来展望

10 年前在国内围绕着是否要建立 MIS 专业有过讨论，5 年前这种讨论更为激烈，今天重提这个问题说明了除由于宣传不够，人们对它不太了解以外，MIS 本身还存在着边缘特征不够明显，学科不够完善之处。

关于建立 MIS 的必要性问题，我们重申，MIS 是一个独立的学科，是其他学科不能替代的一个学科。因为，其培养的复合人才（系统分析员）的复合性远比其他专业强。如表 1 的比较，说明只有 MIS 专业的毕业生最适合于做系统分析员的工作。

表 1 各专业培养系统分析员的优劣势比较

专业名称	优 势	劣 势
理工科 MIS 专业	有较强的系统观点，一定的经济管理知识，较强的数学基础，较强的计算机能力，较好的理工基础。	对每一块知识，不如相应的专业，如数学不如数学专业，经济不如经济专业。
财经文科类 MIS 专业	有一定的系统观点，较强的经济管理知识，一定的数学及计算机知识。	理工基础较差，在企业中更显劣势，数学和计算机基础也不如理工类 MIS 专业。
计算机专业	有较强的计算机硬件知识，有一定的数学基础。	系统观点不如各类 MIS 专业，应用数学和经济知识较差。
自动化专业	有较强的系统观点，较好的数学基础，一定的数学及计算机知识。	缺乏经济管理知识，数学和计算机知识也不够深。
管理工程系统工程专业	有较好的系统观点和经济管理知识。	工程知识不如工科类 MIS，也不如自动化专业，数学和计算机知识都较差。
其他专业，数学、物理、机械、会计等	有本专业知识，对本专业比较了解。	总的说劣势多于优势。

但是，MIS 毕竟问世不久，其学科方向不够完善，因此在展望未来的时候，必须着重在如下诸方面给以努力：

(1) 进一步完善与加强“综合性”。MIS 的特征之一是综合性，而正如前文所述这种综合性不是“混合”，而是“化合”。“化合”才能创造新物质。显然目前 MIS 教育的“化合”工作还远远不够。“化合”的关键是集中在几门专业课上，如“管理信息系统的分析与设计”，“管

理系统的模型与模拟”,“管理系统的数据组织与管理”等。

(2) 进一步加强“管理”内容。MIS学科的对象是为管理服务,在所有计算机系统中,MIS是唯一涉及管理(management)的一个名称,这说明了MIS学科的内涵强烈地包含着“管理”色彩,如“企业管理”、“管理科学”、“管理会计”等等。而DSS、ES、OA、CIMS等都没有反应“M”。由此可见,MIS是和上述计算机系统既有联系,又具特色的一个独立的学科。同样,计算机专业、自动化专业都不可能包含如此众多的管理内容。例如在MIS的教学计划中设置了众多管理课程,而且把这些管理课程看做和计算机课程同样重要的必修课(例如在MIS中将会计和操作系统作为同等重要的必修课),这在计算机专业和自动化专业中是不可思议的。

但是,目前MIS教育对管理的重视还远远不够,除课程的数量和质量外,人的思想观念上也亟待改变,尤其是要改变“重理轻文”的思想。例如MIS的一些教师由于其出身大多是非管理专业,往往轻视管理课程,学生也往往对管理课程缺乏兴趣,当作“软课程”,深入不下去,真正用时又嫌不够。

(3) 必须进一步加强实践环节。MIS另一个重要特征是实践性。MIS专业课本身就具有强烈的实践性,例如“管理信息系统分析与设计”,“管理系统模型与模拟”等课程,其理论和内容完全是建立在实践基础上的,首先建设好这两门课程可大大增强MIS的特色。其次,在MIS的教学计划中必须加强对生产过程实习、管理实习以及管理软件设计等实践环节的重视和实际工作,很显然,某些实践环节其他专业是不会安排的,而这是培养MIS人才的关键因素。

以上分析表明,尽管MIS目前处于“夹缝”之中,但由于它有自己的学科特色,就有强大的生命力,前途光明。当然,上述三个方面的学科建设还需要做出艰苦的努力。

* 原载《计算机世界》,1990年6月6日。20年前,在MIS专业创办10年后,业界又一次讨论了这个专业,说明这个专业仍然具有可讨论之处。无独有偶,20年后的今天,MIS专业的办学方向又一次遇到了议论,说明本文仍然具有现实意义。

115 关于调整专业目录给国家教委的信（摘要）

一、管理信息系统是一个独立的学科

管理信息系统（management information systems，MIS）是一个特有的名词，它既不单是管理（M），也不单是信息（I），也不单是系统（S），也不单是三者的拼合。MIS是一个独立的学科，如数学、物理学一样，有自己的学科体系、学科方向。经过将近20年的争论，MIS从产生、发展到成熟，度过了艰难的历程。尽管它还在发展之中，还存在这样那样的不足，它毕竟已被大多数人承认，并立于学科之列了。在美国、日本、澳大利亚、加拿大、中国香港……都设置MIS专业本科生、硕士研究生、博士研究生学位。中国晚了10～20年，1980年在清华创建了我国工科高校第一个MIS本科专业，而后，许多理工科高校也相继成立了MIS专业，截至1998年，国家教委二司统计，设置MIS专业的著名高校已达14个（见附录），至于其他地方院校、干部学院等，很难估计其数量，这说明了MIS之生命所在。

二、社会需要是创办MIS的动力

教育是上层建筑，其根本任务是为经济基础服务，创办MIS是为我国经济社会信息化服务，也就是为我国社会主义建设服务。毫无疑问，材料、能源、信息三大资源中，信息是最为活跃和最有生命力的资源，信息时代正向我们走来。小平同志1983年题词"开发信息资源，服务四化建设"，江泽民同志发表论文："振兴我国经济，电子信息技术是一种有效的倍增器，是现实能够发挥作用最大，渗透性最强的技术"。信息化需要各类人才，但起关键作用的是既懂管理又懂信息技术的复合型人才，MIS专业的培养目标就是这样的人才，因此应该重视和加强MIS专业，而不是削弱更不应该取消这个专业。

三、清华创办MIS的12年回顾

清华大学创办MIS已有12个年头了，已毕业了7届本科生，10届硕士研究生，他们很受社会欢迎，说明我们的办学是成功的，因此，无论怎么说，取消这个专业是没有道理的。

四、建议（略）

附录

截至1998年设置MIS专业的大学有：清华大学、北京理工大学、北方交通大学、北京航空航天大学、北京信息工程学院、北京科技大学、同济大学、上海建材工业学院、天津大学、哈尔滨工业大学、大连理工大学、吉林工业大学、大连海运学院、华中理工大学。

* 本文写于1991年6月。原文起草后，会同哈尔滨工业大学、北京理工大学等老师致信国家教委。后教委决定在专业目录上增添“信息管理与信息系统”专业名称，现在，在我国全日制高校中，至少有60%以上的高校设置这个专业。本文对原文有删节。

116 为彭澎等所著《计算机网络技术及应用》所作的序

从一定意义上来说，一个没有数据库和网络的计算机应用系统不能称为管理信息系统(MIS)。MIS本质上是一个系统性专业，这是一个边缘(或复合)性专业，其培养目标是既懂管理又能应用计算机和通信网络，开发管理信息系统的系统分析人员，即通常所说的复合型人才。MIS的独立学科方向说明，它有别于计算机专业。因此，在MIS的教学模式中，必须具有自己的特点，反映在教材上也必须不同于计算机专业的教材。因此，建设适合于MIS专业的计算机及通信网络类教材的任务就十分迫切而重要。

计算机网络是近几年来在我国新近发展起来的学科分支，它是介于计算机软硬件之间的交叉分支。由于历史的原因，大部分网络教科书中硬件设备和通信线路占据了较大的篇幅，而实际应用技术却介绍得非常少，因而不适于从事应用研究和信息管理等方面的广大读者使用，从这方面说也妨碍网络技术的推广与应用。从我们多年从事计算机推广应用的角度看，特别希望看到一部面向应用，便于非计算机专业学生使用的教材。本书可以说是一个很好的尝试，它突破了传统的计算机专业教材的框框，从指导思想到教材体系、内容取舍都有自己明显的特色。

(1) 本书强调理论联系实际，面向应用，在保证一定的理论深度的前提下，突出实用性。

(2) 本书体系完整，结构合理，覆盖面宽，系统性很好。

(3) 本书内容新颖，适合于信息技术的快速发展，有较好的先进性。

(4) 书中选用了LOTUS公司的NOTES实用网络平台，详细地介绍了网络平台的概念和使用方法，实现了先进性和实用性的结合。

本书不仅适合于信息、管理等专业使用，也适合于实际开发信息系统的技术人员使用。因此，可以预见，本书将有广大的读者。

本书作者北京经济学院经济信息管理系的彭澎老师和北京科技大学计算机系的张国林老师，他们在多年教学和科研工作的基础上，请教了众多专家、学者，博览了多种网络教材，历时数载，精心设计和编著了本书，通过数届学生的教学实践，取得了较好的教学效果，现经作者整理、锤炼后奉献于读者。我们既非网络专家，又知识浅薄，寡闻陋见，承作者惠邀，我们有幸得以先睹，感以他们对学业之执著，对从教之真挚，故而欣然命笔，并乐于为之序。

* 原载《计算机网络技术及应用》，北京科学技术出版社，1995年。署名的还有盛定宇教授。

117 高层次信息人才及其培养

一、信息化急需高层次信息人才

信息化社会正以极其迅猛的步伐走向世纪之交。中国必须迎接这个历史性的挑战。20世纪80年代，日本提出研制第5代计算机计划，引起世界范围的强烈反响：英国的阿维尔计划，西欧的尤里卡计划，美国的星球大战计划，中国提出了863计划……90年代，美国克林顿政府提出了信息高速公路计划，再一次引起了世界范围的强烈反响：西欧、北美、日本、韩国、新加坡、俄国、印度等国相继提出自己的信息高速公路计划，我国提出了以"三金工程"为代表的金系列工程信息化计划。在这样的背景下，一个极其尖锐的矛盾提出来了，即中国缺乏为数众多的高层次信息人才。

二、高层次信息人才的界定

什么是高层次信息人才？其特征是什么？知识结构是什么？等等，社会上还比较陌生。在经济和社会发展中，各行各业都有自己的高层次人才做排头兵和组织者。工程建设的高层次人才是工程师，高级工程师；农业建设的高层次人才是农艺师、高级农艺师。那么究竟什么是信息化的高层次人才呢？这需要从信息产业的特征谈起。信息作为一种资源不仅已与能源、原材料并驾齐驱地成为社会三大资源之一，而且已日显其重要性。我们通常称谓从事信息的获取、加工(处理)、传输、存储和应用的专门人才为信息人才，称与之有关的产业为信息产业。由于其不同于工业、农业和服务业，故又被称为"第四产业"。信息产业是高新产业，是集计算机、通信、微电子以及其他新技术之大成的新兴产业；信息产业又是和国家的经济、体制、文化背景以及其他社会形态紧密相连的产业。因此。它既无法划归于第一、二、三产业的范围，又和它们有千丝万缕的联系。由于其特殊性、复杂性和对于当前以及未来社会的重要性，故几乎世界上所有国家都十分重视发展信息产业，占人类近1/4人口的中国，当然不能在信息产业的发展方面甘居人后，更不能拱手让人。中国信息产业的振兴和发展只能在改革开放的环境下主要依靠自己，建立自己的民族信息产业，走"科教兴业"之路。因此，培养信息产业的排头兵——高层次信息人才就尤为重要。由上可以理解，高层次信息人才是一种新型的复合人才，它既是工程师又是经济师，既是科技工作者又是社会工作者。有两种类型的高层次信息人才：信息系统开发的组织者和领导者、信息资源的管理者。前者通常称为系统分析员和项目经理，后者通常称为高级信息经理(chief information officer, CIO)，无论是哪一类高层次信息人才，他们都必须是既懂技术又懂管理的复合型人才，即科技和经济的复合、知识和能力的复合。研究开发和管理的复合型人才。

三、高层次信息人才的培养

大学本科教育是一切高层次人才的基础。高层次信息人才的培养也不例外。这里仅以信息系统专业(在我国称管理信息系统或经济信息管理)为例予以说明。信息系统专业既有别于工程类专业,也有别于财经类专业。因此,其培养模式既不同于培养工程师的模式也不同于培养经济师的模式。它有自己的培养模式。

1. 指导思想

在指导思想上必须强调信息系统高层人才是这样的人才:它是复合型的、实践型的、全新型的人才。培养方法落实在“复”、“实”、“新”三个方面。所谓复合型,包括知识结构的复合、研究能力和实践能力的复合、技术和社会经济的复合。所谓实践型,强调解决实际问题,包括业务(如开发信息系统)和管理(如信息资源管理)的实践能力。所谓“新”,即要求高层次信息人才能迅速接受新思想、新方法、新技术。大家知道,信息技术是发展最迅速、最活跃的高新技术,新技术层出不穷、瞬息万变,必须用最新的技术武装信息人才。“新”的另一个含义是,要有与最新技术相适应的全新的管理思想和管理方法。善于适应和促进管理体制、管理机构和管理观念的更新,因此高层次信息人才具有“全新型”的特征。

2. 知识结构

根据高层次信息人才的特征及其培养目标(系统分析员和 CIO)设置的知识结构原则是:

(1) 宽厚的基础知识和专业基础知识:包括具有良好的政治和心理素质,良好的身体素质,良好的外语基础,良好的数理和工程基础,良好的经济和人文基础知识。

(2) 全面的定量方法和计算机应用技术。包括数学模型、运筹学和数理统计。完整的计算机知识和应用技能。

(3) 系统的专业课,包括管理信息系统的原理和开发。管理系统的建模与模拟,最新信息技术和软件工具。必要的系统开发案例等。

3. 能力结构

高层次信息人才是现代化管理和高新技术的应用人才。其质量的最终标志反应在分析问题和解决问题的能力上。因此,高层次信息人才的能力要求置于特殊重要的位置。能力培养分三个层次。第一层次:认识能力层次:主要是认识世界的能力层次。通过去工厂参观、学习,到机械实习工厂加工机械零件,到企业进行管理实习等活动,培养认识世界(生产与管理)的能力。第二层次:计算机应用能力层次;作为工具的计算机是高层次信息人才的重要武器。学生从入大学起就要通过计算机操作基础、语言课、数学课等应用计算机,在所有基础课和专业课中,毫无例外地和计算机发生关系。通过经常的应用实践,使学生应用计算机的能力长足进步。第三层次:综合能力层次:主要是指系统开发的能力。包括程序设计、系统分析和系统设计的能力等。

当然,要真正称得上高层次信息人才只有大学本科的基础是不够的,进一步在理论上的深造和实践上的锻炼还十分必要。

高层次信息人才也不一定都来自信息系统专业，计算机专业、管理工程专业、会计专业及其他理工类或财经类本科毕业生，经过长期信息系统建设和复合型知识的积累也都有可能成为高层次信息人才。现在，国家和有关部委设置的计算机软件专业水平考试（系统分析员级）、计算机等级考试（4 级及以上）都企图从实践中不拘一格地选拔高层次信息人才。总之，高层次信息人才的培养可以通过多种渠道。现在另一个问题倒是如何稳定和用好这些人才。

＊原载《电子展望与决策》1995 年第 8 期。

118 管理信息系统理论与教育

一、关于管理信息系统的理论探讨

管理信息系统(MIS)理论是一个广泛议题,内容非常多,这里仅从观念、理论、方法、策略和工具诸方面进行阐述。

1. MIS 观念冲突及其后果

MIS 是什么?说它是管理系统,却又充斥着当代高科技技术;说它是计算机应用,又和先前的科学计算不一样,它又涉及管理的体制、机构以及管理者的行为等等。于是,对 MIS 属于工程技术还是属于管理学科,始终争论不休。反应在学科建设和专业设置上,工科院校和文科院校几乎同时建立了名称相异但内容相近的 IS 专业。不仅如此,在同一个工科学校内,不同的系还有不同的信息系统专业,有的学校多达 3 个相近的专业。至于开发,更是似乎谁都有能力建造 MIS。

正是由于上述现象,MIS 的研究、开发和教学就带来一系列与其他学科不同的问题。首先是对 MIS 核心理论的争论。自从 1985 年美国明尼苏达大学的 G. B. Davis 在其经典著作《管理信息系统》对 MIS 提出定义以来,关于 MIS 的理论始终没有重大突破。站在不同的侧面观察 MIS 会做出不同的解释,计算机、管理、近代数学,社会的、行为的、心理的、法律的等等,几乎无所不包。于是,如果不从整体上观察、分析,就不可能对 MIS 下一个恰当的定义。

由于 MIS 核心理论的单薄,或者说它和其他许多学科存在着交叉,“边缘效应”自然地产生了作用,各个部门都敢于开发 MIS,同时也总存在开发思想的误解和开发工作的缺陷。例如,计算机领域的技术人员在开发 MIS 时主要强调技术的作用,容易忽视非技术因素的影响,因此,往往没有做好充分的需求调查和系统分析,就匆匆忙于软件的开发。尽管在软件技术上有许多创造性,结果却不能满足用户的需要。而经济管理领域的人员在开发 MIS 时又经常感到信息技术复杂、深奥,往往道听途说或盲目信任计算机厂商,同样付出了高昂代价。

MIS 理论的单薄反应到各级主管部门对于信息化的投资方向、专业设置以及其他一些宏观策略上,就容易出现偏颇,甚至于失误。

2. MIS 的基本问题

MIS 的本质问题是什么?首先必须明确 MIS 学科必然是一个独立的学科,是“多面体”学科。MIS 就是 MIS,既不是计算技术也不是管理,因此很难归并于某一学科。只能称之为 MIS 学科。其次它必须有自己的核心理论,它的核心理论是 MIS 研制和开发中一整套的思想、方法和策略。例如系统规划的思想、系统分析和系统设计的理论、系统实现和系统测试的方法、系统维护和系统评价的理论、组织和行为的理论、用户领导和管理人员在系统建设和应用中的作用等理论。

从概念上来说 MIS 的学科基础是一个三面体。最底层通常是理工科和经济管理学科共有的理工、人文基础，中间层是 MIS 的支柱基础，这一层的内容最丰富、变化发展最快，它包括信息技术（IT）、组织管理（OM）和系统工程（SE）。顶层是 MIS 的核心理论。即 MIS 有概念、结构和开发过程的一整套思想、方法、策略工具。下面重点说明一下中间这一层。

(1) 信息技术（information technology，IT）。在 MIS 中，IT 是“硬因素”，而且现代信息技术飞速发展，使 IT 的“硬化”程度越来越高，这一方面反映在对技术人员的知识和能力要求越来越高；另一方面，IT 人员的社会地位迅速上升，例如，长期作为“后台”技术支持的信息部门负责人已逐渐走向“前台”决策岗位，所谓信息经理（CIO）的权力越来越大。在战略决策中越来越处于举足轻重的地位，大有与总经理（CEO）并驾齐驱之势。信息技术的内容极为广泛，凡是与信息的收集、组织、管理、存储、传输、加工（处理）、显示、使用等有关的技术都应归属于信息技术的范畴。信息技术涉及计算机、通信、网络、数据库等广泛内容，毫无疑问 MIS 是 IT 用得最多的市场。

(2) 组织管理（organization management，OM）。MIS 是为管理服务的，毫无疑问，MIS 的引入也必然对传统的管理过程（业务）、管理机构（组织）、管理思想、管理行为（观念）以及管理理论等发生影响深远的冲击，MIS 引起管理的变革是不可避免的。在原有管理基础上运行 MIS 不仅取不到巨大的效益，相反，往往由于投入巨大的成本而得不偿失。或许唯一的益处是由手工作业变为计算机处理而使效率提高了，而仅提高效率不应成为引进 MIS 的根本目的。因此，MIS 在管理中的引入，必然与管理发生矛盾和冲突，一方面要为管理服务，另一方面又要使管理变革。为管理服务是技术问题，其矛盾的主要方面是 MIS 的开发人员（当然管理者要与之配合）；而变革管理（包括管理过程、管理机构等）是管理问题，其矛盾的主要方面是管理人员（用户）。管理变革的难度很大，管理人员由于习惯、观念、利益机制以及心理因素（如害怕不能适应新的技术、害怕调动工作岗位）等往往不愿冒险变革；即便管理人员愿意变革也不明白怎样才能适应 MIS。因此开发人员，尤其是系统分析人员需要做说服、解释工作。另外，系统开发人员自身要熟悉管理业务过程、管理组织机构以及管理的理论、方法，了解管理人员的行为心理等等。

(3) 系统工程（system engineering，SE）。MIS 包含技术和管理中各种因素。使其极为复杂，所以 MIS 只能用系统工程的理论和方法来解释和建造。系统工程理论的核心思想是“系统”思想，即从全局（整体）出发，寻求整体而不是局部的最优。系统工程方法是定性和定量相结合的方法，通过对系统的分析、设计、实施和评价求得系统的解、评价系统的优劣。MIS 是社会系统工程，是涉及机器、组织、体制和人的系统，它除具有一般系统特征之外，还有其自身的特点，所以在 MIS 核心理论中不仅有一般系统的内容，而且还有其自身特点的内容，如 MIS 的原理、MIS 的分析和设计、MIS 的评价等等。在 MIS 开发过程以及维护运行过程中，一切出发点都应以系统的观点去分析和思考。围绕 MIS 系统工程方面的课程、参考书、手册等多种多样，包括定量方法、模拟方法等等。

3. 关于 MIS 的方法论

由于 MIS 开发的实际需要以及失败、教训，对 MIS 的开发方法论的研究要远比 MIS 理论的研究更为迫切和深刻。MIS 是一个实际的应用性学科，开发、使用 MIS 的根本目的是提高效益，因此对 MIS 开发方法论的研究更加受到开发单位和软件公司的重视，这方面的著作不断出现，许多 MIS 教科书和专著均有大量篇幅介绍各种方法论，从一定意义上来说，MIS 的开发方法论已经成为 MIS 理论的重要组成部分。

到目前为止，MIS 开发方法论已为数很多，从 60 年代 IBM 提出的 BSP 法以及以后发展的 SA&SD 方法、战略数据规划法、快速原型法以及目前兴起的面向对象(OO)方法等。面对众多的开发方法，我们始终要注意如下三点：

(1) 这些方法都是一定时期的产物，随着时间推移，开发经验、开发技术的提高，信息技术的发展，管理和组织机构的变化。开发方法也会有变化，不能盲目照搬。

(2) 这些方法大多是在外国产生的，不同的地域，不同的国家，有其不同的社会经济基础和不同的文化背景(包括不同的体制、文字、语言等)，因此开发方法也就不一定放诸四海皆准，不能盲目照用。

(3) 对待一切方法必须一分为二，既要吸收其精华又要去除不适于我国的东西。另外，当前信息技术的飞速发展，反映在开发方法上也就可以利用某些技术优势，实现方法论上的突破。

信息系统的开发方法还与行业关系很大，不同的行业可能采取迥然不同的开发方法。MIS 开发方法的选择又是开发策略的一部分，而选择策略和人的因素有关，和具体问题的联系更密切。此外，还可以采取综合方法，即选取几种方法的部分内容，综合成一个 MIS 的开发方法。

4. 关于开发工具

随着 IT 的发展，MIS 的开发工具也是当前研究的特点之一，MIS 开发工具又经常和开发方法论结合在一起，因此它也成为 MIS 理论体系的一小部分。例如通常讲的原型化开发方法，其主要对象是半结构化问题或小型 MIS，而采用原型化方法的基本条件就是能有快速修改原型的开发工具，如 4GL 或 CASE。

在选择开发工具时，我们要强调尽可能减少传统的编程方法，尽可能采用现成的程序生成器和系统生成器，实现“自动化的自动化”。

二、关于管理信息系统的教育

1. 我国 MIS 教育概况

如果从 1979 年成立第一个 MIS 专业算起，我国 MIS 教育已历时 17 年，截至 1995 年年底，我国全日制高等学校共设置了 5 种类似于 MIS 的专业，共 152 个学校，179 个专业。这 5 种专业的数量及比例如表 1 所示。

表 1　5 种专业的数量及比例

专业名称	专业数/个	占总数的百分比/%
管理信息系统	31	17.32
经济信息管理	89	49.72
电子学与信息系统	26	14.53
信息工程	31	17.32
地理信息系统与地图学	2	0.01

由表 1 可知我国全日制高校中已有 14.1%的学校(1994 年年底全日制高校为 1 080 所)设置了 MIS 专业,如果按平均每个专业招生 45 人(1.5 个班)计算,则每年可培养 8 000 多人,发展的速度还是比较快的。但从我国是 12 亿人口的大国来衡量,每年培养不到 1 万名 MIS 人才又太少了,因此,需要采取其他措施,加速信息人才培养,才能满足信息化的需要。

2. 中国电子信息化人才的开放教育

从 1992 年起,在原国务院电子办的领导下,通过国家教委自学考试办公室,在全国范围内开办了"计算机信息管理"这一新专业。1995 年开始有了第一届大专毕业生,同时开办本科段,截止 1996 年中,该专业已有在校学生 3 万多名,其中本科生 21 980 名,专科生 11 565 名,共有 30 个省市成立了教育中心,310 个大学承担了助学工作。这种开放教育完全符合中国国情,具有极大的生命力。

3. 关于全日制 MIS 专业教学计划的设想

由于 MIS 学科正在形成之中,与 MIS 有关的经济和社会因素在快速变革,信息技术的飞速发展。决定了 MIS 的教学计划是动态的、不断变化的"软计划"。

根据我国 17 年来办学经验以及参考国外 IS 教学模式,MIS 教学计划的知识结构应由以下几部分组成:

(1) 通用基础课程。包括:政治、经济、管理、会计、统计、法律、外语、数学、电工、电子、机械等。

(2) 三个知识体。①信息技术知识体,包括计算机原理及系统结构、程序设计语言、算法和数据结构、操作系统、数据库、人工智能、通信网络等。②组织和管理知识体,包括一般组织理论、信息系统管理、组织行为、项目管理、生产管理、经营管理、财务管理等。③系统开发理论,包括系统分析、系统设计、系统实现与测试、系统运行及维护、系统开发方法论、系统开发工具和技术、系统模拟、运筹学与应用统计。

由于 MIS 面向各种行业,可以将行业分组,组织各个知识模块,适当补充相应课程。

* 原载《中国金融电脑》1997 年第 1 期。

119 关于 MIS 工厂化生产与 MIS “船长”式人才的培养

（为某 MIS 企业一本书的序言）

尽管管理信息系统（MIS）这个名词进入中国将近 20 年了，也尽管在我国各个部门开发了众多 MIS，但遗憾的是：人们对 MIS 的认识还并不十分清楚。而且，尤其是在企业中，MIS 的成活率甚低。有些已经开发成功的 MIS，由于某些企业领导机构的变革，或由于原系统缺陷的暴露、维护不当等等因素，MIS 又凋敝了。由此，20 世纪 80 年代以来，在我国，对 MIS 一直存在着纷纷扬扬的各种议论，乐观者有之，悲观者也不少。乐观者以国外信息化的成功作为依据，信心百倍地认为中国也一定会成功；悲观者也以中国开发 MIS 的诸多教训为例，作为悲观的理由。于是，对 MIS 的继续议论就不可避免。我是属于乐观主义者，信息化是全球的必然趋势，中国也必然在各个领域实现信息化。

中国实现信息化必须制定非常严密和正确的策略，每个部门建立信息系统时也必须有正确的策略。我们清醒地认识到，中国的信息技术水平、管理水平以及人员素质、经济实力等各方面与西方差距很大，各地区、部门之间的差距也很大，因此，不可能走西方信息化的老路，历史已不允许我们这么做了。我们只能在新的机遇下制定自己的策略，走中国特色的信息化道路，因此，在建造成千上万个信息系统时必须正确处理如下一些问题。

1. 统一对信息化的认识

信息化是一个广泛的概念。信息化并不等于计算机化或网络化。信息化不仅要有百万台、千万台计算机等设备，需要百千万公里的网络线路以及其他硬设备；信息化还必须用这些平台建设多如牛毛的各类信息系统；信息化还要建立许许多多数据库；信息化还要制定许多相应的规范、标准和法规；信息化还要培养千千万万开发利用信息资源的人才，并要在总体上提高全民族的信息意识和科技文化素质……总之，这是一个十分艰巨而伟大的过程。

2. 管理过程的重构

一个组织，不管是企业、事业、机关、学校、医院等部门，信息化的目的是提高效率、产生效应、降低成本等等。因此，这些部门建立信息系统绝对不能单纯地代替手工劳动。计算机不仅能代替手工业务，而且还能完成手工不能完成的工作，因此原先的手工管理时的体制、机构、工作流程就必须改变，信息化是一种极为深刻的、静悄悄的社会变革。MIS 用户领导和管理人员，甚至组织的所有人员、系统的开发人员均要有这样的认识和思想准备，从而在开发 MIS 之前首先进行适合于 MIS 的“管理流程的重构”，即所谓 BPR（business process reengineering），主动地在 MIS 开发之前考虑 BPR 是 MIS 产生效益的先决条件，纯粹代替手工的 MIS 不仅效益甚微，而且带来负担。

3. 统一标准与“信息立法”

所谓统一标准与“信息立法”是广义的概念。国民经济和社会信息化涉及大至全国、部门/行业、地区、城市；小至企业、事业、机关、学校以至家庭。建设信息系统不仅是一个工程项目，而且是一个社会行为，没有统一的标准、规范就不可想象。信息立法、统一标准和规范是信息化有序的必要条件，也是产生效益的有效手段。

4. 复用与工厂化生产

传统上，MIS 基本上是定制的，单个系统单个解决。其结果是开发周期长，低水平重复，效率低浪费资源。曾经有一种观念，认为像 MIS 这样的社会过程，只能是“裁缝店”式的小生产方式，1994 年我在《电子展望与决策》上首次提出建立“MIS 工厂”的构想，在 MIS 工厂中批量生产适合于各类组织的 MIS 产品、通用部件和零件。实际上，近年来已出现了诸多 MIS 工厂，例如本书就是 MIS 工厂——“智慧电脑有限公司”编写的，而“智慧 MIS”就是一个 MIS 产品。

目前，MIS 工厂化生产的概念已逐渐被业界和学术界接受，也已有多种类型的 MIS 工厂，有些生产通用的 MIS 产品（如智慧、雅奇、王特等），有些生产专用的 MIS 产品（如档案系统、财务系统、旅店系统、教育系统等），但所有这些 MIS 工厂规模还都不大，实力还不强，产品种类不多，在市场和管理方面还存在诸多问题，但这些 MIS 工厂毕竟是实现我国信息化的希望。

5. 信息化呼吁“船长”式人才

信息技术是知识、智慧密集的高新技术，没有人才就没有信息化。从总体上来看，我国信息人才和管理人才都较缺乏，但毕竟已培养了近百万信息技术人才。严重的问题是缺乏信息管理人才，尤其是缺乏顶层的信息管理人才即“船长”式人才。中国人的勤奋和逻辑思维的能力是世界公认的，我们有许许多多的优秀人才服务于国内外的外资计算机公司，这些能干的“水手”们在人家的“大船”上施展才能，为外企公司在中国的土地上攫取巨大的财富。我国信息产业还很羸弱，缺乏民族信息产业的“大船”，优秀的“水手”在种种因素的趋势下流失了。我们太缺乏优秀的“船长”了，缺乏善于组织、指挥、掌舵、凝聚“水手”的“船长”。信息化呼吁“船长”式人才。

苏州智慧电脑有限公司是最近几年在南方崛起的一个软件公司，也可以说是一个 MIS 工厂，因为他们生产了名为“智慧 MIS”的通用产品，该产品突破了程序生成器的框框，是一个地道的 MIS 生成器。由于产品的新颖和便于使用，市场情况很好，业务量迅速扩大，所以该公司是一个很有潜力的 MIS 工厂。摆在面前的智慧 MIS 产品也许谈不上采用了最复杂的技术，但它适合我国国情，从应用上观察它无疑是一个优秀的产品。中国如此之大，部门如此之多，存在着如此巨大的差别，因此，需要各种各样的 MIS 产品，既要有曲高和寡的“阳春白雪”，更需曲俗和众的“下里巴人”。我希望生产出更多的如“智慧 MIS”那样的产品，大的、小的、简单的、复杂的、精尖的、通俗的……统统都要，成为系列，如服装厂生产各类衣服那样绚丽璀璨。我不可能透彻弄清智慧 MIS 的真谛，也不可能消化本书的全部内容，只是一种信息，即MIS及其工厂化生产的事业和思想使我与智慧电脑公司联系在一起了，于是，欣然答应为之作序，借此抒发一下我的情感、观点。谬错之处，请读者批评指正。

1997年3月25日

*这篇序言是用感情写下的。直至今天我用计算机录入时仍非常激动。我太希望中国有更多的MIS“大船”和“船长”式的人物了！今非昔比，10多年来，我国果然有一批“大船”、一大批“船长”了，多么欣慰啊！

120 再论工科院校MIS专业的发展

【摘　要】 本文是在总结我国MIS专业创办15年和当代信息技术发展的基础上写成的。根据我国国情提出MIS学科发展问题、MIS专业的培养目标MIS的知识结构、MIS的教改方向等。

【关键词】 管理信息系统，学科发展，培养目标，知识结构，教改方向，MIS工厂

1. 前言

5年前(1989年)，在我国创办MIS专业10周年时，我们曾在《管理工程学报》第3卷第3期上发表《试论工科院校管理信息系统MIS专业》一文，对MIS的专业特征、培养目标、知识结构、看家本领、能力结构等发表了自己的看法。5年来，我国国民经济高速增长，信息技术飞速进步，原有的MIS专业的模式已与当前的形势不相适应了。MIS专业的教学改革已势在必行。为此，本文提出了一些想法，但还不够成熟，恳请专家和读者指正。

2. MIS学科方向及其发展

MIS学科是现代经济、社会和科技高速发展的产物，其特征之一是复合性(或边缘性)。现在这一具有无限生命力的新生事物已从其他学科的边缘迅速崛起成为一个独立的学科。MIS另一个特征是动态(实践)性，它始终伴随社会信息化的进程而动态地发展和变化。因此，MIS的学科必然和必须根据社会实践和科技的发展而不断调整。反映在MIS专业的教学计划上也要相应地进行调整。清华大学MIS专业的课程设置至少经过了4次调整，这种调整现在仍在继续。

伴随MIS的不断发展变化，这个学科也渐趋成熟。如果说清华大学从1980年创办我国第一个MIS本科专业起整个20世纪80年代的主要任务是为MIS的“合法性”而斗争的话，那么进入90年代后，我们的主要任务是建设成熟的MIS学科，尽速提高其社会地位。由于MIS学科和专业地位仍然面临严峻的挑战，这个任务是艰巨的。挑战的重要方面是人才市场的竞争。近年来，国家和社会信息化进展很快，新建管理信息系统项目越来越多，不少各类专业的毕业生跨向MIS领域，其中尤以计算机、自动化等专业为甚。这些专业基础较好，知名度较高，它们的涌向MIS领域本是一种好现象，但也使MIS专业的毕业生增加了求职的困难，影响MIS专业的招生及其在社会上的影响。此外，原来攻读MIS专业的学生由于金融财贸等领域的吸引，求职方向倾向于财经类领域，这也对MIS专业起反作用。我们分析了上述现象，认为产生这些现象的原因有：

(1) 我国经济和社会的发展需要为数众多的信息人才，为计算机、自动化等专业的毕业生提供了跨越机会。

（2）一些招聘人员不熟悉MIS专业，认为只有计算机专业的毕业生才是计算机应用的理想人才。

（3）MIS大多设在管理学院内，专业名称又以“管理”当头，误以为MIS专业毕业生是管理人才，怀疑其运用计算机的能力。

（4）MIS的开发工作艰巨而艰苦，MIS专业毕业生的地位和待遇也不高，他们利用其可跨向财经、金融的优势求职于这些更具吸引力的工作领域。

以上的因素形成了这样的不正常现象：不是MIS专业的学生去搞MIS，MIS专业的毕业生不愿搞MIS，于是从两个方面似乎都怀疑MIS专业是否具有存在的必要性。清华大学就是一个例子，参与开发MIS的除计算机专业、自动化专业以外，还有电机、电子、机械、核能、环保、水利、力学等系和专业，而清华MIS专业的毕业生却热衷于到银行投资、股票、财政、经济、管理等领域。这种局面的产生有个认识的过程，因而可能还要延续一段时间。随着信息化和经济的发展，这种现象将会改变。

我们坚信，尽管许多专业可以参与MIS的开发，但是最适合的还是MIS专业培养的毕业生。因为国家信息化最缺乏的是既懂管理又懂技术的复合型人才。MIS学科和专业优势就在于它的培养目标是复合型人才。

我们接触到很多开发MIS的企业，都感到，尽管他们也很需要计算机硬件、软件人员，但是最需要的是既懂管理又懂计算机及通信网络的项目管理和系统分析人员，“纯计算机人员搞不好MIS”恐怕已成为一种共识。某大学的一个教师承接一个MIS项目，由3个都很优秀的本科毕业生参与开发，甲是计算机专业毕业，乙是MIS专业毕业，丙是档案专业毕业。该老师对这3个学生的开发能力作了比较(见表1)，MIS专业的毕业生明显处于优势。

表1　不同专业开发MIS的能力比较

学生	系统规划分析能力	项目组织能力	编程能力	文档整理能力	系统维护能力	开发财务模块能力	开发经济预测能力	开发其他模块能力	综合评分/平均分
甲	一般	一般	强	一般	强	较差	较差	较差	38/4.75
乙	强	强	强	强	一般	强	强	强	54/6.75
丙	较差	较差	强	一般	较差	较差	较差	较差	30/3.75

* 资料来源：刘仲英，MIS教育的若干问题。

能力强弱的评分：强：7分；一般：5分；较差：3分。

3. 再论MIS的培养目标

对MIS的培养目标，传统上有两种相反但均不全面的理解。一种认为MIS的培养目标是计算机程序人员，是工程技术人才，这等于将MIS专业理解为计算机软件专业。另一种认为MIS专业培养的是从事管理工作的管理人才，这等于将MIS专业理解为管理专业。这两种思想的出发点都是传统的专业思想。我国专业设置受计划经济的影响很深，专业面很窄。工科专业的学生培养目标为工程师，财经专业的学生培养目标为经济师、会计师等等。这些专业设置的背景是由于工业化时代的分工需要。MIS是信息时代的产物，培养目标应为信息化服务。MIS的培养目标既非工科专业培养的工程师，也非财经专业所培养的经济师、会计师，而是培养一种适应信息化需要的信息时代的特殊人才，如西方发达国家最为时髦的信息系统分析员、信息中心管理员(信息经理)等，也就是说是既懂管理又懂计算机信息技术的复合人才。在我们80年代的MIS专业教学计划中强调了培养目标是“为经济管理服务的工程技术人才”,限于时代的局限性,这样的提法有所偏颇。有了10多年的办学体会,尤其是近5年来对MIS的理解,我们明确提出了MIS的培养目标是“既懂管理又懂计算机、通信网络等信息技术的信息系统规划、分析设计、实现评价和管理的复合型人才——系统分析员”。

4. MIS专业的知识结构

MIS专业既是复合性专业,其知识结构就必然与计算机、自动化等工科专业以及与财经类专业均有明显不同。MIS专业知识结构设置的出发点是培养高质量的系统分析员。MIS知识结构是一个有机的整体(见图1),在这个有机的整体中,纵向有两条主线,一是系统分析人员所需的财经管理类知识,另一是系统分析人员所需的定量方法和信息技术知识。横向分三个层次,即公共基础课层次、专业基础课层次以及专业课层次。该知识结构是为4年制工科MIS专业设计的,其中公共基础课应和一般电类工科要求类同,如政治、外语、数学、体育(含军事)、电工电子和金工等,所不同的是加一门“计算机中、英文写作基础”,即利用计算机进行文字处理,练习在计算机上进行中英文写作、编辑。设置该课的目的是“一箭双雕”,一方面从一开始就让学生接触计算机,引起使用计算机的兴趣,养成使用计算机的习惯,培养操作计算机的能力。另一方面,培养学生在计算机上书写中英文章(尤其是中文),学会编辑排版和写作能力,为日后系统分析员大量编辑、整理文档打好基础。最复杂的是专业基础课那一层,此层由两条主线组成,一条为财经主线,首先选学一些公共的财经知识课,如宏观经济学、微观经济学、管理学、会计学、统计学、市场营销学等,而后根据学校的不同重点再分4大块,偏管理的可学生产管理、经营管理、工业会计、工业统计等;偏经济的可学技术经济、数量经济、信息经济等,偏商贸的可学财政学、货币银行学、税收、商业会计、商贸统计等;偏外贸的可学国际金融、国际贸易、国际合作、技术转让等。另一条的方法技术主线有运筹学、数理统计、系统模拟、计算机硬件、计算机语言、操作系统、数据结构及数据库,计算机通信网络等。

专业课层次主要有MIS原理(含OA、DSS、ES、CMS等)、系统分析与设计、项目管理、组织行为学、最新信息技术和开发工具、定量方法案例、MIS案例等。专业课强调“精、新、宽、实”,精,就是要突出重点,讲深讲透,如“MIS原理”、“系统分析和设计”;新,就是要紧跟信息技术发展变化的趋势,如设置“最新信息技术及开发工具”;宽,就是内容要宽广,不局限于一种理论和方法,如“系统分析与设计方法”中的方法论要多介绍几种;实,就是要讲究实用,联系实际,如MIS案例、定量方法案例。

MIS专业的培养方式应重视在实践中培养。课堂教学是获取知识的重要途径,但由于课程很多,不可能所有内容均在教室内讲授,必须强调以自学来获取知识。能力培养尤为重要,MIS是应用性、系统性专业,尤其要培养学生的分析问题、解决问题和动手能力,因此MIS专业的教学计划中要安排各个层次的实践环节,如通过认识实践(管理实践等)了解企业(或其他组织)的机构、管理业务以及人际关系等;通过文字处理和程序设计培养上机和编程能力;通过课程设计(或去MIS工厂编程实习)培养系统设计和实现能力;通过毕业设计培养系统分析和项目管理能力。实践不仅能培养能力,而且也可获取知识,有些知识需要通过实践获取。

从上述的知识结构可知，MIS专业拥有其他相邻专业无可比拟的优势，计算机或自动化专业都不可能开设这么多的财经、管理类课程，而财经管理类专业也不可能开设这么多方法技术性课程。

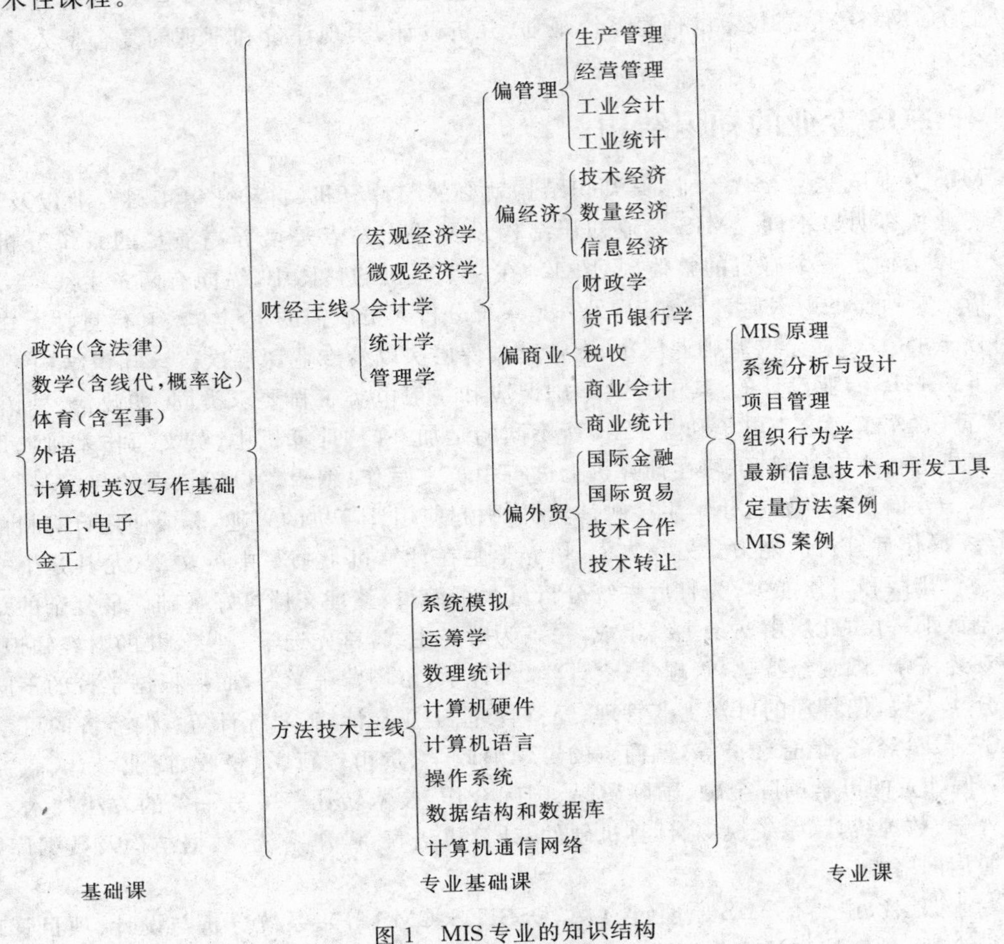

图1 MIS专业的知识结构

5. MIS专业的教改方向

MIS是一个充满活力的新生事物，既富有生命力又不成熟、不稳定。传统的MIS专业思想显然已和当前信息化要求不相适应，改革已势在必行，我们认为改革的主要方向是：在知识结构上突出加强管理类课程的力度，尤其是要加强经济、财务与会计、市场营销等课程。在专业课中要加强项目管理和系统分析与设计课程，尤其还要密切注视最新信息技术的发展和应用。在能力培养上尤其要加强MIS项目建设的全过程培养。这种全过程培养不能只寄希望于最后的毕业设计，应从低年级开始让学生接触到MIS，受MIS所熏陶。为此，我们设想建立"MIS实验工厂"(或MIS实验室)，即创办一个批量生产MIS的体系结构：包括硬件、软件、网络、数据库、整套文档、操作手册、管理规范和培训、服务的工厂。既然把MIS作为一个整体产品，则可以把整机拆成"部件"、"零件"。在这个工厂中生产(装配)成整机、部件和零件；例如MIS中的系统(如财务、销售子系统)可以看做一个部件，它也是一个系统，在一个子系统中可以划分为若干模块(如财务中的记账、核算等模块)，模块即零件。于是，低年级同学可以到此工厂中当“工人”，编写程序模块，这样使学生一开始就能实际使用计算机并从感性上了解 MIS 的概念，增加对专业和未来工作方向的认识。到中年级时，学生有了相当的管理和计算机知识以后可以参加数据文件的设计，进一步提高对 MIS 的了解，高年级参加毕业设计项目时参与系统调查、分析与设计。这样，将实践贯穿于教学全过程，而不是在开始时仅在课堂上上课，最后毕业设计时才接触到信息系统实际。这样的改革结果必将使学习效果大大提高。当学生毕业时，一方面学业完成得到了学位，另一方面也从 MIS 工厂中实习完成，成为 MIS 的合格建设者。这要由学校和 MIS 工厂联系起来培养 MIS 人才。

当然，某些学校缺乏建立 MIS 工厂的环境，则可以建立“MIS 实验室”，仿照 MIS 工厂的模式，编制几个实验产品，让学生进行身临其境的模拟。

(侯炳辉　黄京华)

*原载《管理工程学报》，1997 年第 11 卷第 1 期。这是我们第二篇发表在权威刊物上论述 MIS 专业的文章。MIS 经过 17 年创办、建设和发展，应该不断地与时俱进，本文的用意就是要让 MIS 再前进一步。实际上是年我已退休，也只是关心而已了。

121 为马慧、杨一平著《质量评价与软件质量工程知识体系的研究》所作的序

“三鹿”奶粉一个质量事故使整个奶粉企业集体陨落，而且还波及农业（尤其是奶农）、工业（尤其是食品业）以及医疗卫生、幼儿教育、社会心理，以至涉外纠纷、国际信誉……其损失之大，影响之深刻，也许我不适当地要借用“罄竹难书”来喻之了。

与此同时，第29届奥运会和残奥会的成功，“神七”飞船的成功发射和翟志刚的跨步太空，又证明了这两项伟大工程的质量管理的成功。

我们不敢想象这届有代表团204个，运动员达11 438人，新闻记者（注册的和非注册的）达30 000多人，80多个国家元首、政府首脑和王室成员的贵宾，以及开闭幕式上施放的数以万计的焰火弹，全球观众达40多亿的“历史上最好的奥运会”（萨马兰奇语），“真正的、无与伦比的奥运会”（罗格语），如果有一个环节出现问题，后果将会如何？更不要说“神七”飞天了！火箭、卫星包含着数以万计的元器件，难以统计的生产、组装、发射、测控程序，又如果在那么一个小点上，即一个焊点或一个程序字符出错，那后果又是谁也不敢想象的。上述，我无非想从正反两个方面说明质量及其管理的重要性，致命的重要性。

进入21世纪，质量管理的新观念是“社会责任”。企业必须以社会责任（CSR）的理念在生产、服务中满足用户的持续要求，满足员工的生产、生活要求，满足社会的和谐发展要求。一句话就是，企业生产、服务的产品满足“人”的这个根本要求：食品要安全、有营养且好吃；电脑要便宜、功能多且好用；汽车要省油、舒适且好开；电影内容要深邃、有意义且好看……并且，所有这些产品的底线是安全。

质量及其管理的概念是人类有史以来就存在的。20世纪初泰勒的科学管理思想中就把质量管理从管理职能中独立出来，成立了专门的质量检验机构。而后，从“质量检验”到“质量控制”、“全面质量管理”，以至当前的“以顾客为中心”、“国际质量标准（ISO）”等等。尽管100多年来质量管理的思想、理论、方法和工具等不断发展和应用，但质量管理的“知识体系”仍在发展之中。人们的认识和重视还很不平衡，尤其是快速发展和社会转型中的中国，加强质量意识仍然是一个十分严重而迫切的任务。当然，“三鹿”的例子还不能仅仅用质量观念缺失来解释，它是良心和灵魂的缺失。

软件产品是知识产品，由于它的特殊性，软件产品生产的质量控制就尤其困难。软件又是用来指挥、控制一切活动的，所以软件留不得半点瑕疵。因此，软件产品的质量控制除具有一般产品的质量管理的共性以外，还要考虑其特殊性。本书即是根据软件产品和一般产品的共性和特性编写的专著。该书首先介绍了一般质量管理的知识体系，然后再介绍软件质量管理的知识体系。这样的构思是正确的。理论上，强调质量“链条”，强调“知识体系”，因为没有链条上各个环节的质量，包括供应方质量等相互协调，就得不到质量；没有一般质量管理知识体系的介绍，就缺乏软件质量工程的厚重根基，也就是说，不可能将软件质量工

程的知识体系丰满起来。实践上，强调走向法治，与国际接轨。

软件质量管理的历史也有几十年了。20 世纪 60 年代末，鉴于软件质量的难于保证，提出了软件工程化的概念。20 世纪 70 年代又提出了“软件质量工程学”以及后来的 CMM 和 CMMI。与此同时，国际上又制定了软件质量的国际标准 ISO 9000 和 6σ 标准等。

本书的第 6 章、第 7 章分别介绍了软件质量标准 6σ 以及 CMM 和 CMMI 标准。其中，本书作者在 CMM 和 CMMI 方面的实施与实践获得了殊为珍贵的第一手经验，取得了多个处于国内前列的成果。本书第 8 章是全书的精华，在这一章中，系统地汇集与总结了软件质量工程的知识体系，也包括质量管理投入的决策分析，需求驱动的质量管理，效益驱动的质量管理，软件质量管理链的研究，以及软件质量管理体系中战略管理、工程化管理、效益管理、信息资源的利用和质量管理标准的比较等。第 9 章是软件质量管理的更深入的研究，提出了通过数据挖掘技术和数据资源的耦合来提升软件质量管理。

作为一个读者，在结束此篇读后感之前，我想用书中的一段话作为结束语是合适的：“在新世纪出现了一些影响深远的新情况，要求采用相应的行动……由此触发了质量革命，用广义的质量取代狭义的质量……如此宏大的运动，从逻辑上讲，将激发起一种相应的回响，亦即质量管理系统和知识体系的研究。”是的，本书就是一个很好的回响，我深信本书的付梓，定能为我国软件质量工程体系的建设起到引导性作用，甚至具有里程性的意义。

122 为刘世峰教授所编《管理信息系统》所作的序

在我的书架上，名为《管理信息系统》的教材、专著有几十本。无论是面向高职高专的，还是面向本科甚至是研究生的，基本上具有一个共同的“胎”本，这就令我有一种思考，难道《管理信息系统》就是这种的定型？

毫无疑问，“管理信息系统”，不管是专业名称还是教材名称以及实体名称，都是信息化的产物。如果信息化的起始标准定为1946年ENIAC算起，也仅仅只有60多年历史，而采用计算机进行企业综合数据处理的历史也只有40多年。鉴于计算机信息处理系统能支持管理和决策的功能，自然地就出现了一个十分恰当的词语——“管理信息系统”。1985年美国明尼苏达大学高登・戴维斯教授为管理信息系统下了一个比以前更完整的定义，于是“管理信息系统”就更通晓于天下了。

生活在信息化时代的人们，如果不是神经迟钝的话，总会时时感到一种紧迫性，“社会以不正常的速度猛烈地撞击着计算机化企业革命”，“技术正以前所未有的速度发生着变化，在人们还没有很好地学会使用它们之前就已经变得过时了”(James Martin)。谁能在几十年甚至在10年前可以预测到今天具有运算速度达千万亿次的高性能计算机、3G网络和云计算？于是为培养信息化人才而设置的“管理信息系统”专业及其核心课程“管理信息系统”就不可能一成不变了。30年前，我们在清华大学创办我国第一个MIS专业时的教学计划怎能与今天相比？管理信息系统(现在称信息管理与信息系统)确实需要经常调整其教学计划、改进其教学方式、修改其核心教材。我认为《管理信息系统》教材必须符合三个层次的要求：(1)信息化形势层次。要适应信息化形势的发展，学校教育和教材不能落后于社会生产实践；(2)知识层次。必须分清不同人才层次对教材的知识要求；(3)技能层次。同样，不同层次的信息人才技能要求也是不同的。所以同一本教材用于各个层次是不太现实的，如果确实希望同一本教材既要用于基层信息人才(如高职高专)，又要用于本科，则必须在教材中有所取舍注明，知识结构上，必须有所创新。

当然，《管理信息系统》教材应和不同层次的信息管理和信息系统专业的培养目标结合起来。不同层次的信息管理专业的培养目标是不同的。对专科学生来说，应是培养“初步了解组织管理，具有过硬操作技能的复合型技术人才”；对本科学生来说，应是培养“具有较深理解组织管理，具有过硬的系统分析、设计和实施能力的复合型技术人才”；而对于本科以上的学生来说，应是培养“掌握系统分析、设计和实施能力，以及组织管理能力的复合型管理人才”。所以，如果同一本书用于不同层次的信息管理专业，则在教学中要注意侧重。

管理信息系统的特点是综合性和实践性。综合性是指其核心理论反映多科知识融合，尤其是管理理念、系统思想和信息科技的有机融合。在企业中，“管理信息系统”是一个人机系统，它本身就是一个有机体。由于它的存在，使企业更像一个生物体，能“始终保持警觉，能够对环境变化、竞争、消费需求做出即时反应，以便实现其目标”。实践性是指具有实用的指导实践的功能，学生通过教材的学习就能直接利用学到的知识和技能开发信息系统。正是由于上述两个特性，所以撰写一本高质量的管理信息系统教材就很不容易。经典管理信息系统教材具有这两方面的特性，所以它经得住较长时间考验，目前众多《管理信息系统》教材基本上继承了它的衣钵。但是，尽管"胎骨"相同，"血肉"是可以不同的，如怎样把核心知识的融合更深更紧密，又如在骨架中嵌入更多、更新的神经和血肉，如果这样也就不会感到千篇一律、缺乏新意和枯燥乏味。

由上所述，如果没有广博的知识和丰富的信息系统实践经验，肯定是写不好《管理信息系统》的。摆在我面前的这本书，是我所见到的教材中比较好的一本，该书主编刘世峰教授和其他编写人员或长期从事管理信息系统专业的教学和管理，或实际开发过众多 MIS 项目(有些还是相当复杂的综合信息系统)，所以这本教材就具备了一定的深度和广度，有些地方还有创新。综合该教材的特点是：

(1) 内容充实，科学性好，时代性强；

(2) 结构严谨，层次清晰，逻辑性强；

(3) 行文流畅，通俗易读，文字精练。

本书第一章居高临下地描述了当前信息化趋势和我国信息化的大政方针，这为培养信息化人才作了铺垫性的准备，这是很有必要的创新。第二、第三章是管理信息系统的基础性知识，没有这些知识的垫底，就无法理解管理信息系统的真谛。第四、第五章是 MIS 的原理性知识，描述了管理信息系统的定义、结构以及开发策略、开发过程和开发方法论。第六至第九章详细介绍了采用结构化开发方法建设、运行、维护评价 MIS 的全过程，这是经过较长时间采用的行之有效的一种经典开发方法，也是本书的精华和重点，学生应认真学习，理解和牢固掌握。当然，还必须通过案例学习、练习和实验等环节，才能举一反三，深入理解和掌握教材内容，从而获得分析问题和解决问题的能力，即获得初步开发 MIS 的能力。当然，进一步的提高必须在工作实践中积淀。

我国创办 MIS 专业已有 30 年历史了，但这个专业的学科始终在成长之中。"社会不正常地快速变化"，促使我们也以不正常的速度学习和紧跟，因此撰写本书的序言也就感到有一定压力，偏颇难免。以上与其称为序，倒不如称为一次讨论的砖屑，目的是求取批评、指正。

侯炳辉 2009 年 9 月于清华园

* 这是为北京交通大学刘世峰教授所编，中央广播电视大学教材《管理信息系统》所写的序言。这篇序言不完全是评价一本书，而且还涉及专业建设等问题，而这些问题也正是当前大家所关心的。

123 关于参与创办高教自考“计算机信息管理”专业给学校领导的信

清华大学继续教育学院

吕森院长：您好！

我是经管学院管理信息系统的一名教师。1980年，我们教研组在全国工科高校中创办了第一个MIS专业。经过10多年来的办学体会，深深热爱我国信息人才的培养、教育事业。为此，我也非常赞成国务院电子办和国家教委开办“计算机信息管理”自学高考专业，因此冒昧致函您，谈谈自己的想法，不逊之处，请予原谅。

纵观世界大势，国家富强，经济发展，人民幸福，教育科技为其先。1990年的海湾战争给世界以强烈的震撼。它表明时代已到了重要的时期：全球范围内的政治、经济、军事的全方位较量中，电子信息技术已成为战略性武器。

谈到国家信息化水平，中国暂时落后了。有人估计落后15～20年，且有进一步拉大的趋势。中国信息化的问题固然很多，但人才是关键之一。按照经验，一个单位具有像样的信息系统，至少有1%的人从事信息技术工作。由此可见，中国实现信息化所需各类信息人才不是几十万，几百万，而是上千万！如此信息人才大军，光靠全日制高校培养已望尘莫及了。为此国务院电子办，会同国家教委筹备成立以自学高考为主的“电子信息技术学院”（第一个专业“计算机信息管理”专业将于1992年招生。），采取电视教育和地方各级培训的办法，在全国范围内招生，以补充全日制教育的不足，并希望清华大学承担“开考单位”。

清华大学以其名声、地位，学风和质量而著称于世，相信清华的支持将对我国信息化事业具有功德无量的贡献。我希望清华大学的领导思想再开放一点，胆子再大一点。我相信清华能成为培养我国信息技术人才大军的一面旗帜，从而在未来几十万个企业以及成千上万个城市、机关、学校以至各个部门的社会信息化浪潮中都有清华的声音。这是一个多么宏伟的事业！

为此，我呼吁您，作为清华老一代领导人和继续教育学院院长，以您的声望和影响争取学校领导的支持。

专此顺颂　暑安

侯炳辉　1992年7月15日

又：具体办学方法等材料将由国务院电子办张五球主任提供。

* 这是一个重要的历史文件。是办成自学高考计算机信息管理专业的关键证据。它为培养几十万信息人才立下了汗马功劳。

124 社会助学国家考核培养计算机信息管理人才

【编者按】 去年全国高等教育自学考试指导委员会、国务院电子信息系统推广应用办公室发布信息：1993年高教自学考试开考“计算机信息管理专业”，决定成立“全国电子信息应用教育中心”，直属国务院电子信息系统应用办公室领导，并在全国各省市电子办领导下成立相应的教育中心或分院。这项重大措施将对促进我国社会信息化及经济建设产生深远的影响。

为此，我们特邀请全国电子信息应用教育中心教学委员会主任侯炳辉，将有关“计算机信息管理专业”社会助学与考试的情况，向读者作一系统介绍。

一、指导思想

教育是上层建筑，它是为经济基础服务的。因此，开考计算机信息管理专业必须坚持为经济建设服务；坚持“面向现代化、面向世界、面向未来”；坚持“按需施教，学以致用，讲求实效，便于自学”的指导思想，要通过严格教学管理，社会助学和国家自学考试，在总体上达到普通全日制高校同类专业的水平。同时，根据自学考试的特点，着重考核运用所学知识于实际，具有较好的分析问题和解决问题的能力。

二、培养目标及专业方向

计算机信息管理人才必须具有所适应各行业的公共知识能力。如系统的思想，经济与管理理论，数学基础，英语能力，计算机及通信网络知识等。也就是说，信息管理人才绝不等同于计算机专业人才，也不等同于经济或管理专业人才，而是兼有上述知识和能力的复合型人才。

对于本科段的培养目标是：“为经济建设主战场服务的，具有一定的计算机信息系统的开发能力、信息系统的维护和管理能力的专业人才。”对于大专段学生，则培养目标的要求应更适当一些为好。主要培养软件人员（初级程序员或程序员）、信息系统的维护人员和管理人员。

上述两型的毕业生都可以在国家和社会的各个部门工作。如金融、财税、经济管理、机关、医院、学校、工厂以及其他企事业单位从事计算机信息管理工作。

＊原载《信息产业报》，1993年2月17日。这是《信息产业报》记者报道的一个通讯，也许这是第一篇关于高教自考计算机信息管理专业的报道，故特以选于本书。

125 关于“计算机信息管理专业”的高教自考

一、前言

1992 年 10 月 18 日,“全国高等教育自学考试指导委员会”和原“国务院电子信息系统推广应用办公室”联合发布考委字(1992)55 号文件(关于开考计算机信息管理专业和组织电子信息技术人员学习的通知),一个新型的高教自考专业宣告诞生。从 1993 年下半年开始,该专业已连续 3 年进行了自学考试,取得了很大成绩。

二、专业特征与办学方式

进入 20 世纪 90 年代,世界范围内的信息化步伐明显加快,我国经济和社会的发展愈益急需大量信息人才。仅靠全日制高校培养,大有杯水车薪之感。在这样的背景下,有关部门于 1992 年年初酝酿通过自学高考培养这方面的人才。由于信息人才既不同于一般的计算机或自动化人才,也不同于通常意义的财经管理人才,因此,专业的名称及其设置就需要认真设计。首先是专业名称,进行过多次论证和斟酌,专业名称统一在“计算机信息管理”上。它既强调了作为管理工具的计算机,又强调了管理对象是信息。这个名称不仅统一了目前我国高校类似专业的名称繁多、内涵偏颇的缺陷,而且给人以“直截了当”的理解和感受。

计算机信息管理专业主要有两大特征:综合性和实践性。它是一个复合型(或称系统型)专业,它复合了经济、管理、教学和计算机等知识和技术,使之形成一个多方位新型专业。它是一个应用型专业,培养的人才要能实际应用于国家经济和社会信息化,要有实践能力。由于上述特点,就决定了该专业高教自考办学方式的特殊性。首先,它不能完全依靠自学,绝大多数考生需要社会助学。由于该专业涉及复合型所需的现代经济、管理和信息技术,而且这些知识和技术还在不断的更新和发展,未经有组织的助学和引导。学好本专业是很困难的。其次,该专业强调实践能力的培养,而学员本人不可能都有自己的实验环境和计算机上机条件,需要助学机构提供。由此,该专业的办学方式就与其他自考专业不同,在管理上自成体系,形成教学、助学的三级管理体制。

三、培养目标和专业方向

创办一个专业的首要关键是明确培养目标和专业方向。目前高教自考的“计算机信息管理”专业是专、本分段制的,专、本两段的培养目标应有不同的层次要求,对专科段学习的学生来说,培养目标应为这样要求较宜:培养“具有一定的经济管理理论。初步掌握使用计算机进行信息处理与管理知识和手段,为实现国家及社会信息化目标服务的初、中级专门人才”。由于在专科段只有 13 门课程。其中公共课 4 门,财经类课程 3 门,计算机和信息类课程 6 门。很明显。计算机和信息类课程是重头,而财经类课程和综合类课程较少,故专科毕业生大多数适合于参与信息系统开发或者在运行管理部门进行维护和管理工作。对于本科生来说，除大专的13门课程修完外还有11门必修课，从知识结构来看，已大体上和全日制高校相应专业一致。因此培养目标也应相应改变。我认为这样提法较宜：培养“具有一定的现代经济管理理论基础，掌握使用计算机进行信息处理与管理的知识和手段，为实现国家及社会信息化目标服务的中、高级专门人才”。无论是专科还是本科。本专业的专业方向无例外地都为从事国家经济、管理部门、企业、事业单位的信息系统的开发、运行和维护人员。

四、知识结构分析

这里主要以本科为例进行本专业的知识结构分析。该专业本科和专科两段共修课程24门138学分(毕业论文除外)，大体上可由三个层次组成：

(1) 公共基础课，共8门：大学语文、政治经济学、英语(一)、高等数学(一)、中国革命史、哲学、高等数学(二)、英语(二)。共53学分，占总学分的38.4%。

(2) 专业基础课，共12门：财政与金融、基础会计学、国民经济统计概论、管理学原理、市场营销学、运筹学基础、计算机原理、计算机应用基础、程序设计、计算机网络、操作系统原理及应用、数据组织与管理。共62学分，其中财经管理类5门，26学分；管理数学类1门，4学分；计算机与信息类课程6门，32学分。专业基础课占总学分的44.9%。

(3) 专业课，共4门：计算机实用软件、管理信息系统、软件开发工具、信息系统开发。共23学分，占总学分的16.7%。

由上可见，该专业的知识结构有如下特点：

(1) 对公共基础课要求不低，例如有3门政治课，2门数学课(实际上含数学分析、线性代数和概率统计3部分内容)以及较重的英语课。

(2) 专业基础课中重点为财经管理类课程和计算机信息类课程，毕业生数学建模的基础较弱，着重于事务管理。

(3) 专业课及计算机信息类专业基础课中都安排了较多上机内容.再加上毕业论文实践，说明教学计划的安排上能保证实践能力的培养。

五、几点看法

尽管社会需要以及所设计的一套教学模式提供了办好该专业的信心。但由于缺乏经验。也将会出现许多问题，这些问题如下。

(1) 不平衡问题

不平衡是一个突出的问题。如参加助学的学生程度不平衡，给教学带来困难；如不同地区办学条件不平衡。造成地区间考生成绩有较大差异等。不平衡会带来一系列问题。如考生不稳定，淘汰率高，教学管理困难等。针对客观存在的不平衡。我认为应实事求是地提出对策，使之各得其所。例如考生不平衡问题可采取不同处理方式：

① 完成自学高考各门课程的，发给相应的国家承认的学历证书或学位证书。这些考生和全日制相近专业毕业生一样得到使用；

② 虽然不能全都通过自学高考的。但通过了助学点考试的考生，助学点发给“结业证书”，供用人单位参考；

③ 由于没有学完全部课程，或只需通过一门或多门单科的，由自考办发给“单科结业证

书”，供用人单位参考。

总之，尽管考生不可能全部通过自学考试。但凡参加该专业自考的都因学到一部分知识或一部分技艺而受到社会的承认和发挥其作用。这里我们不妨和社会上的各种培训班作些比较，实际上拿不到学历证书或不需要拿学历证书的考生在某些情况下类似于参加了一个学习班培训。

至于实践条件的不平衡需要由各教育中心严格管理。无上机实验条件的不能作助学点。

(2) 教学管理问题

高教自考是一种教育，是国家级考试，必须保证质量才能保持信誉。因此在教学管理、教材出版、命题、考试、评卷等方面都要保证质量，不能降低要求。为此，各助学点必须认真负责地选择教师，保证教学学时和实验等环节。这方面的工作，各教育中心要积累经验，认真做好。

＊原载《电子展望与决策》，1995 年第 8 期。

126 中国大陆开发信息人才的战略措施

——国家信息化的开放教育

中国大陆在20世纪70年代末确定以经济建设为中心，对内实行经济改革，对外实行开放政策、和世界经济接轨。17年来，中国大陆取得了世人瞩目的经济成就。尤其是进入20世纪90年代，中国经济以两位数的速率快速增长，稳定、可持续高速增长的关键是科技教育，特别是国家信息化水平。信息化的关键是信息人才，据90年代初统计，中国大陆需求信息人才200万～300万人，而现有全日制大学每年培养的信息人仅几万人，离要求简直是“杯水车薪”。因此早在80年代有关人士就设想筹办中国式的信息化开放教育。有三种开放教育形式：第一种形式是举办各种计算机和软件培训班。这些培训班根据社会急需开设课程，时间短、见效快，起到了“雪中送炭”的作用。但培训班内容单一，缺乏系统性，培养具有一定技艺的软件开发或维护人员比较有效，而对要求知识面较宽、基础较厚、既懂技术又懂管理的复合型人才的培养较难胜任。

第二种形式是创办民办高等信息类学校。例如1984年在北京创办的中国管理软件学院，10多年来累计培养了2 000多名软件人才，除200多人出国深造外，大多数分配到国家机关，从事信息系统的开发和管理，取得了很好的社会效益，但民办大学力量分散、缺乏经费和办学条件(住房、设备等)以及其他种种原因，困难很大。

有鉴于此，从1992年起，有关部门及信息界设想筹办第三种信息化开放教育，即“公管民办”开放教育。在各级领导支持下，原“国务院电子办”于1992年6月30日向国家教委“全国自考办”建议开考“计算机信息管理”专业。经过一段时间的论证和筹备，1992年10月18日“全国高等教育自学考试指导委员会”和原“国务院电子信息系统推广应用办公室”联合发布“考委字(1992)”55号文件，正式通知在全国范围内开考该专业，并于1993年招生和考试，于是，一种具有中国特色的信息化开放教育宣告问世。据不完全统计，截止1995年年底，在校专科生3万多人，助学点(办学机构)310多个，遍布于全国各地。由于第三种国家信息化开放教育是通过国家电子部(全国电子办)和国家教委(全国自考办)两条具有政府行为的渠道在全国范围内进行的，因而办学规模大、生命力强，具有典型的中国特色，故下面主要介绍这一种国家信息化开放教育。

一、教育机制

高等教育自学考试“计算机信息管理”专业类似于全日制高校的“管理信息系统(MIS)”或“经济信息管理(EIM)”专业，其培养目标相似，但教育机制有很大不同。

首先，招生不纳入国家计划，也不投入经费，完全由社会根据市场需求办学，也不限制或干预助学点具体操作。

第二，该专业是以自学和助学相结合的教学模式，学生入学不经考试，凡高中（或中专）毕业生均可报名上学，具有初级以上专业技术职务的在职人员也可报名参加，也不限年龄、职业、籍贯等，具有一般开放教育的"宽进"特点。

第三，助学点也不限制是否已有全日制的MIS或EIM专业，只要具备师资和其他办学条件的，均可申请助学。

第四，全国使用统一的教材、统一的考试大纲和试题，同一时间进行考试，这样保证教学质量和考试秩序。

第五，实行"考、辅分离"，即命题人员和教学辅导人员分离，所以这种考试具有相当的严肃性和公平性。

第六，实行"一进多出"策略，为了保证助学点考生的稳定性以及用人单位的选择人才的方便以及学员的不同背景，充分承认和解决学员程度背景等不平衡问题，采取一条道上"宽进"多条道上出的机制，即考生具有4条学习出路：

(1) 通过国家考试，取得国家承认的学历或学位证书；

(2) 通过全国电子办的专业考试，取得"全国电子办"颁发的"专业证书"；

(3) 通过助学点的结业考试，取得省、市教育中心和助学点联合颁发的"结业证书"；

(4) 通过各个层次考试的单科考试的，发给各个层次的"单科结业证书"。

这种"一条道上进，多条道上出"的机制如图1所示。

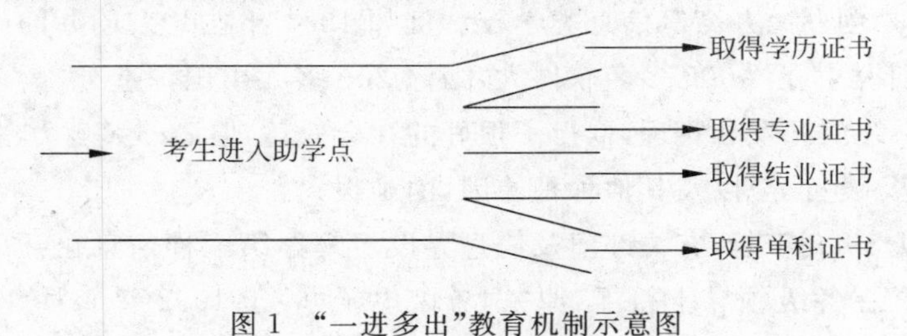

图1 "一进多出"教育机制示意图

二、教育体系

高教自考"计算机信息管理"专业属于"公管民办"的三级教育和考试体系。所谓"公管"，即这个专业接受国家进行教育和考试的宏观管理。国家电子部全国电子办委托国家教委全国自考办在全国范围内开考，前者负责教育管理，后者负责考试管理。为便于教育管理，全国电子办成立"全国电子信息应用教育中心"及其"教学指导委员会"。相应地，各省（市、区）电子办成立省（市、区）级电子信息应用教育中心及其教学指导委员会，并委托各省（市、区）自考办进行自学考试。所谓"民办"，是指助学点的教学工作是由他们自行组织的，省（市、区）教育中心批准当地若干大学（一般均为条件比较好的大学）为助学点，由这些助学点按考试计划进行教学和管理。三级教育和考试体系见图2。

图2展示了两个政府行政网络：国家电子部（全国电子办）、省教委（厅）（省自考办）。这两个政府网络的具体职责是：全国电子办及其教育中心制定教育方针和教学计划、组织编写教材、制定和调整考试计划（并报全国自考办公布），进行教学过程的宏观指导和监督。

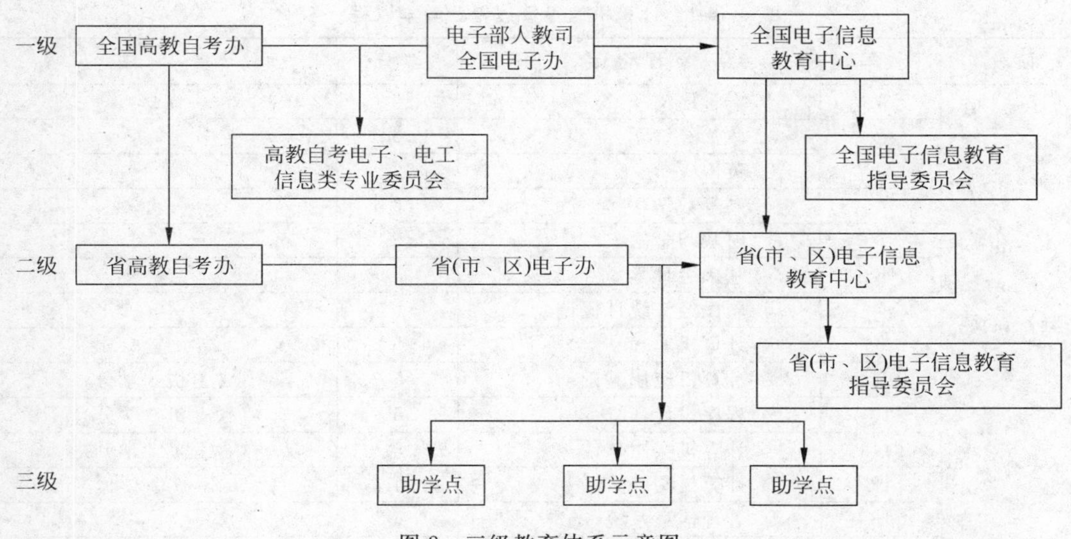

图 2 三级教育体系示意图

省电子办及其教育中心是教育管理的“管理实体”，具体负责招生、报名、自学考试、专业考试、发放毕业证书、联系和征订教材、组织编写辅导材料、组织实践环节的考核、总结教育经验等。各助学点是“教学实体”，具体组织有经验的教师进行课堂教学、辅导以及组织上机等实践环节。助学点由省级教育中心批准确定，一般都是条件较好的大学，在相对稳定的前提下根据需要增减或调整助学点。

全国教育中心和省教育中心分别设置教学指导委员会，教学指导委员会由具有教学和专业知识的专家教授组成，具有一定的权威性：负责制定教学计划、编写教材计划及审定教材大纲，监督教学质量等。成立教学指导委员会是非常必要的，这是一个很好的经验。全国自考办及“电子、电工及信息类专业委员会”负责制定专业教学计划、考试大纲等。全国自考办及省市自考办负责命题、考试等管理工作。

三、教学计划

本专业设专科和本科两个学历层次（见表 1），采取分段制，专科段即基础科段，共 13 门课程：凡在基础段全部课程考试合格、累计学分达 70 学分者，发给专科毕业证书，并可继续参加该专业的本科段学习和考试，专科毕业后又通过本科段 11 门课程考试后累计学分达 68 学分者，毕业设计（论文）成绩及格者发给本科毕业证书，并由主考学校授予学士学位，北京市主考学校为清华大学。

在本科段教学计划中，毕业设计（论文）是一个重要环节，在这一个环节中通过真实背景的选题，在一个学期之内综合应用学过的知识，解决一个具体的实际题，撰写 1.5 万字左右的论文，使毕业生受到“真刀真枪”的锻炼，培养综合分析问题和解决问题的能力。毕业设计（论文）要由答辩委员会评审，只有通过答辩者才能毕业和得到学位。毕业设计是保证学生质量的重要手段，这一环节必须抓好。

表1 计算机信息管理专业教学课程

阶段	序号	课程名称	学分	备注
	1	大学语文	6	
	2	政治经济学	6	
	3	英语(一)	7	
	4	高等数学(一)	6	
	5	财政与金融	5	
	6	基础会计学	5	
基础科段	7	国民经济统计概论	b	
	8	计算机原理	5	
	9	计算机应用基础	5	(含上机3学分)
	10	程序设计	5	(含上机2学分)
	11	计算机实用软件	5	(含上机2学分)
	12	计算机网络	4	
	13	管理信息系统	6	
	合计		70	
	1	中国革命史	6	
	2	哲学	6	
	3	高等数学(二)	9	
	4	英语(一)	7	
	5	管理学原理	6	
	6	市场营销学	5	
本科段	7	运筹学基础	4	
	8	操作系统原理及应用	5	(含上机2学分)
	9	数据组织与管理	8	(含上机3学分)
	10	软件开发工具	5	(含上机2学分)
	11	信息系统开发	7	
	12	毕业论文		(未列学分)
	合计		68	

四、办学方式

(1) 全日制。学生全时上学，一般以走读为主，有条件的助学点也提供部分或全部住宿，解决外地或远郊区学生的住宿困难。

(2) 半日制。以走读为主，一半时间工作，一半时间上学。

(3) 业余制。全部利用业余时间上学，如星期六、日和晚上等根据社会需要还可组织其他办学形式(如函授或短期培训)。

五、结论

中国大陆国家信息化的开放教育是一种利国利民适合中国国情的战略措施，它不受年龄、学历、身体条件的限制，根据国家需要和个人志愿，自行选择该专业进行学习，从而极大地调动了广大青年和职工的积极性。具体来说有四大好处：

(1) 为国家信息化培养了大批人才，而国家没有投入资金，真正做到了“多、快、好、省”

办教育。

(2) 合理的利用了现有的教育资源,为广大求学无门的青年提供了上大学的机会,据中国 1995 年统计年鉴,中国 1994 年普通高校在校学生 279.9 万人,成人高校在校学生 235.2 万人。而同期普通中等学校在校学生 5 707.1 万人,成人中等学校在校学生 5 082.26 万人,这就是说全部高校(普高,成高)学生与全部中等学校(普通中等学校和成人中等学校)学生之比为 1∶120,在全国范围的创办高教自考计算机信息管理专业可使一部分中等学校毕业生进入该专业学习。

(3) 增加就业机会,改善了一部分教职工的生活。在全国范围内开考计算机信息管理专业必然带动一系列工作,如进行教学和辅导教材的印刷出版:音响教材发行,辅导学生上机实验等等,使一部分待业或退休的教职工增加就业机会,授课教师增加收入。

(4) 增加社会文明度,改善社会治安。由于待业青年取得了上学的机会,减少了社会闲杂人员,从而提高了社会的文明度和改进了社会治安。

总之,中国国家信息化开放教育是一件功德无量的利国利民的千秋事业,其深远意义将随着我国经济和社会的发展而愈益显示出来。

参考文献

[1] 关于开考计算机信息管理专业和组织电子信息技术人员学习的通知,1992-01-18.

[2] 关于高等教育自学考试开考计算机信息管理专业本科的通知,1995-10-05.

[3] 侯炳辉.关于高教自考"计算机信息管理专业".电子展望与决策,1995(4).

(侯炳辉　张惠民)

*原载《第二届海峡两岸资讯发展战略研讨会论文集》,台湾,"中央"大学,1996.5.2;英文稿原载《ACME 会议论文集》,美国,芝加哥,1996.8.15。这原是一篇用繁体字写的文章,是 1996 年在我国台湾发表的,同时,英文稿在美国发表。此文全面论述了高教自考计算机信息管理专业的办学理念、培养目标、专业方向以及就业前景等等,从而引起海峡两岸以及国外专家的极大兴趣。

127 不用国家花钱培养国家急需人才

——我国电子信息开放教育介评

进入20世纪90年代,全球信息化步伐明显加快。中国信息化有长足进步,但明显感到不足的是人才缺乏。据90年代初统计,中国已有信息人才50万人左右,预测到本世纪末需要200万~300万人之间,而现有全日制高校每年仅能培养数万人,离实际需求相差甚远。1992年,由"全国高等教育自学考试指导委员会"和"国务院电子信息系统推广应用办公室"联合发出通知,在全国范围内开考"计算机信息管理"专业。于是一种适应中国信息化需求、具有中国特色的信息化开放教育模式应运而生。截至1996年年底。全国已有省市级电子信息应用教育中心30个,助学点310多个,在校专科生3万多人,本科生1万多人。

这种电子信息开放教育的一个重要特色就是"公管民办"。即一方面依靠政府强有力的"公管"职能,另一方面又尽量发挥"民办"助学点的积极性。根据这个指导思想,依靠政府行为,利用300多个助学部门以及热心于电子信息教育的专家学者组成的教育指导委员会,建立了三级教育机制的模式。

这种办学模式中"公管"的含义包括了两条政府体系,一条是全国高等教育自学考试办公室(简称全国自考办)及其对应的各省(市、自治区)级教委自考办,这是一个严密的组织体系。全国自考办负责专业论证,审定教学计划、考试大纲和教材等。省自考办组织命题和考务管理等。另一条政府体系是原国家电子部及其各省(市、自治区)的电子厅(局、办)。全国电子办制定教育方针和教学计划,组织编写教材,进行教学的宏观指导。各省(市、自治区)电子厅(局、办)及其教育中心是教学管理的实体,具体负责助学点的选择,负责招生、报名,组织考试,发放证书,组织辅导教材的编写、实践环节的考核、毕业论文(设计)的选题等。

"民办"的含义是:将教学过程由助学点自主去办,如在助学点上根据统一的教材进行课堂教学、上机实践(实验)、课外辅导、毕业设计指导等等。助学点的选择应有严格的标准和条件,如师资、教学条件等。助学点一般都是当地有名的大学,并在相对稳定的前提下,根据需要增减或调整助学点。由于教考是分离的,考试合格率就反应了各助学点的教学质量,因此使不同地区的助学点有了可比的指标,使得各助学点自然地形成了竞争机制,从而保证了教学质量。"民办"的另一个环节是教育指导委员会,这是一个咨询机构,由全国和省教育中心聘请具有教学经验和专业知识的热心于开放教育的专家组成,是"公管"和"民办"的桥梁和纽带。

"公管民办"的中国电子信息开放教育是一种非常特殊的教育,它既非是全日制高校教育却又实行全日制上课、进行教学实践和毕业设计等,在各个教学环节上和全日制高校基本上没有差别:它既是以自学考试获得学历的但又不完全是自学。

这种教育模式的一大特点是不拘一格培养人才和不拘一格使用人才。由于客观上存在人才规格的不平衡和使用人才的不平衡,我们试行的教育模式是"大宽进、多严出"的策略。

所谓“大宽进”，即进来（学习）时不必卡得那么死，只要高中毕业、中专毕业、社会同等学力者都不必经过入学考试，直接报名入学。“多严出”即学生从多条道上走向用人岗位，但必须有一定的标准，当前主要有以下几个考核标准：(1)通过国家（自学）考试者，取得国家承认学历的“学历证书”及“学位证书”（本科）。(2)通过电子部专业考试的，取得电子部颁发的“专业证书”。(3)通过助学点结业考试者，取得省（市、自治区）教育中心和助学点颁发的“结业证书”。(4)通过各个层次考试（全国自考、专业考试、结业考试）的单科考试的，发给各个层次的“单科结业证书”。

实际上，各用人单位需要各种层次的人才，所以从“多严出”道上出来的信息人才都会得到使用。

这种“公管民办”的教学模式，另一个最大的特点是效益高。它似乎在国家不投一分钱的情况下突然增加了许多高校，更充分地利用了现有教学资源，投入少但产生的经济和社会效益却较大。首先它为国家培养了急需的信息人才，为国家和社会信息化作出了贡献；其次为广大求学无门的青年提供了上大学的机会；第三为社会增加了就业机会，改善了部分教职工的生活，例如部分教职工通过兼职上课、教材的编写等，增加了收入；第四，这部分社会青年得到了上学机会，减轻了社会压力，提高了社会文明度。

* 原载《中国高等教育》1998 年第 5 期。

128 关于高教自考“计算机信息管理”专业的一些情况向校院领导的汇报

1. 1992年上半年，基于对电子信息人才的需要，原国务院电子办及“中国计算机用户协会”有关人士筹建高教自考电子信息类专业，委托国家教委开考。同年5月16日正式敲定教学计划，5月17日正式定名第一个专业的名称为“计算机信息管理”(以下称CIM)。当日，我征求经管学院副院长李子奈意见，他说“只要你同意，且能腾出一些时间，且教研组组长李端敏同意，就办”。

2. 1992年7月17日，在清华大学工字厅，由国务院电子办主任张五球、工作人员王永，中国计算机用户协会秘书长刘彦明等一起讨论CIM开办事宜，清华大学由继续教育学院院长吕森同志和我参加。吕森表态“很支持，有必要与可能办，请提要求。”

张五球：“希望清华做主考学校(北京市)。”吕森：“由清华做主考学校，可以向领导汇报。”

3. 1992年12月25日，国务院电子办与国家教委联合召开新闻发布会，发布“1992(55)号文件”正式开考CIM专业，新华社、人民日报等新闻媒体进行了报道。

4. 1993年1月3日下午在国务院电子办讨论如何办好CIM专业，1月10日人民日报刊登招生广告，2月4日北京日报刊登招生广告。

5. 1993年1月15日，应国务院电子办要求，我致信吕森同志希望学校支持办学，并于1月16日、17日分别与经济管理学院的李子奈、赵纯均和继续教育学院的吕森面谈，争取他们支持我参加办学工作。

6. 1993年2月2日，经管学院MIS教研组讨论后同意作为CIM的助学点，并发函北京市电子办希接收全日制学生100名，函授生数量不限，并答应提供床位50张，机时每人200小时。2月9日教研组还讨论了分工，组长李端敏负责住宿，毛波负责办班。

7. 1993年3月4日北京市自考办周欣同志正式同意北京市CIM的主考学校为清华大学，聘任我为CIM专业主任，正式文件7月份发。

8. 1993年3月8日，国务院电子办发便函于清华大学经济管理学院，正式要求清华大学作为北京地区的主考学校，并正式聘请吕森同志和侯炳辉兼任工作。我被聘为国务院电子办全国电子信息应用教育中心教学委员会主任、教务部副主任。

9. 1993年4月12日，由于报考清华的全日制学生只有16人，教研组认为不宜办班，于是派人将已报学生的材料退回北京市电子办。

10. 1993年5月31日，北京市电子办成立CIM教学委员会，我被聘任为北京市电子信息应用教育中心教学委员会主任。

11. 1993年年底国务院机构改革，国务院电子办并入电子工业部，全国电子信息应用教育中心归属电子部领导，CIM继续开办。

12. 截至2001年上半年，CIM在校考生已达17万人。其中专科生12万人，本科生5万人。覆盖全国30多个省、市、自治区，一些名校分别为各省的主考学校。

*2001年上半年，北京市CIM本科毕业生越来越多，学生纷纷按规定要求清华大学颁发学位证书，而清华认为自考生获得清华大学的证书不能太多，并提出一些较高的要求，如毕业论文成绩需要达到75分以上等，因此和考生以及北京市自考办发生了分歧，新的继续教育学院院长不了解办学过程，让我予以说明。事后，学校与北京市自考办达成一致意见，同意清华大学不再是北京市的CIM主考学校，将主考学校改为北京邮电大学。

129 一个别开生面的座谈会

2003年，在北京电子信息应用教育培训中心举行了一个人员成分“纷杂”的座谈会。出席座谈会的人员既有清华大学的教授，也有行政管理人员，还有政协委员和新闻工作者；而出席者人数最多的还是来自各个战线的自学考试的考生。他们坐到一起谈论的话题是，围绕计算机信息管理、计算机网络这两个专业，各自站在自己的角度畅谈自学考试。他们在交流中沟通，在沟通中理解。

北京教育中心教学指导委员会主任侯炳辉还是清华大学的教授，他首先介绍了北京开展高等教育自学考试社会助学工作的情况，他说，1992年原国务院电子办委托全国自考委开考计算机信息管理专业，1995年原电子工业部委托全国高教自考委开考计算机信息专业（本科），1997年信息产业部委托全国高等自考开考计算机网络专业（独立本科）。主考学校先后为清华大学和北京邮电大学；北京教育中心负责这两个专业的社会助学工作。到2003年，报考这两个专业的考生达7 962人。作为助学单位，北京教育中心为做好助学工作，重视师资队伍的建设，组织开展教学活动，使得自考及格率得到大幅提升：管理信息系统、大学语文、计算机网络技术超过60%，数据通信原理、互联网及其应用超过70%。运筹学超过80%。侯炳辉充满激情地说，搞好协作是做好助学工作的前提，强化服务是做好助学工作的原则，只有认识并做到把服务作为义务和职责，才能真正做到帮助考生通向成功之路。

屈继成是1998年计算机信息管理专业的本科自考生。现供职于现代设备中国有限公司（新加坡）。他首先发言，1995年从北京气象学院专科毕业后踏上自考路。此后，利用业余时间参加辅导班、学习是艰苦的。8年来在IT行业，所学知识全部用得上，在单位里也是不可或缺的人，现在担任高级系统工程师。在2000年自学考试通过以后，又从中国科技大学研究生院计算机及应用专业的研究生毕业。李震、黄朝岸、张磊、刘欣荣等自考生在发言中还对自学考试提出建设性意见，归纳起来有几条：开选修课，扩大知识面；自学考试的教材要经常更新；加强实践课考核，切实提高教自考生的实践能力；加强考办与自考生之间、助学单位与考生之间的交流，以及设立自考生奖学金等。

这两个专业的创始人侯炳辉听完7位自考生的发言，非常激动：“我对自学考试的前途充满信心。对自学考试有了更深刻的认识。自学考试是一个很好的办法，除了学习知识以外，还可以培养学生的毅力、能力和学习方法。”北京邮电大学自考办主任张本卿表示，作为主考院校深知自考生的学习之路的艰辛，所以在办理毕业论文答辩、申请学位等方面，努力为他们创造良好的条件。同时，她也指出，作为主考学校有责任和义务提出建议，对自考教材、课程设置和课程衔接等方面存在的问题应予以改进。

（记者 徐卫红）

* 原载《中国考试》，2004 年第 6 期。记者徐卫红是北京市自考办的一位老师，她非常关心自考学生的成长。那天座谈会上我也很激动，例如那位屈继成同学，他在自学考试时的本科毕业论文是由我指导的，他的成长，说明自学考试是能够培养高级人才的。

130 关于“计算机应用基础”采用新软件进行机上考试给周轩副主任的信

北京市自考办周副主任：

研制以 Windows95/98 为平台的“计算机应用基础”课程考试系统是一个系统工程。不仅仅是一个考试软件的问题，如能立项，当然是一个完整的系统研制开发项目。先将该项目的研制过程说明如下。

一、项目名称

北京市高等教育自学考试非计算机专业公共课“计算机应用基础”（Windows95/98）考试系统（简称考试系统）。

二、目的与意义

计算机应用基础课程是北京市高教自考非计算机专业的公共基础课程，几年来均采用 DOS 平台并以全国通用教材为内容的上机考试，每年考生达数万人。鉴于计算机技术的飞速发展，采用 DOS 平台以及通用教材为内容的上机考试愈来愈不适应社会需求，学非所用的矛盾日益突出，考生反映强烈，也与北京市的地位和发展水平很不相称。为此，我们拟对课程的内容、考试平台作相应修改。新系统采用 Windows95/98 操作系统，内容作较大修改，如操作系统以 Windows95/98 代替 DOS，删去 BASIC 语言，增加数据库及与字表连接的切换功能，增加多媒体与网络等新技术，适当倾向使用国产软件，更加重视操作能力等。

三、项目内容

该系统的研制是一个完整的研发项目，具体说应包括如下四个方面，每个方面都是系统的一个部分，缺一不可。

1. 系统规划、分析与总体设计

- 系统策划、构想与可行性研究
- 系统总体框架设计
- 系统实施、计划、步骤、策略的确定

2. 教学大纲及教材的编审、出版

- 教学大纲的编、审
- 教材的编、审
- 辅导教材的编、审
- 模拟考试内容的编制
- 软件公司的选择

3. 考试软件的研制与开发

- 考试软件的设计与实现
- 考试软件的测试与试运行
- 模拟盘的研制

4. 命题、考试、考务等

四、分工与合作

项目内容1：由周轩、侯炳辉负责；
项目内容2：由周轩、赵洪德、侯炳辉负责；
项目内容3：由被选软件公司负责；
项目内容4：由周轩负责。

五、计划

1999年10月底完成项目内容1；
1999年年底完成项目内容2，并交出版社；
2000年2月底教材出版；
2000年6月底完成软件开发；
2000年8月考试软件测试并试考试一次；
2000年11月交付使用。

六、经费(略)

七、约定(略)

命题工作由北京市自考办负责，另付命题费。

八、经费及其他问题

由总体组协商解决。
以上意见仅作参考。

此致
敬礼

侯炳辉 1999年1月16日

* 应该说，北京市进行"计算机应用基础"课程的"全机考"是非常成功的。本人认为进行任何一个项目必须要精心设计。10多年来，我作为总体组一员，对该考试项目的成功进行，印象极为深刻，我想这些经验，今天仍然是有意义的。

131 计算机应用基础课程采用“全机考”方式的体会

《计算机应用基础》是自学考试中众多专业的一门基础课，在北京市每年就有几万考生，考试工作量、复杂性以及重要性可想而知。因此从20世纪90年代起，北京教育考试院自考办就酝酿着采用计算机考试，1998年年底自考办和有关高校教师设计考试大纲，编写教材以及选择软件公司开发考试软件，于2000年下半年正式采用计算机考试，至2005年上半年止，5年来该课程的考生累计10多万人，取得了良好的社会效益和经济效益，下面谈谈该课程全面采用计算机考试的体会。

一、“全机考”真正体现了公平、公开、公正的原则

高等教育自学考试既是水平考试又是资格考试，对考生来说，每一门课程都有举足轻重的作用。因此，考试的公平、公开和公正就成为最重要的原则，为此就必须做好试卷的保密、评卷的公正等一系列环节。但是，采用笔试方式的考试，试卷的命题、印刷、运输、保管等众多环节，稍一疏忽就可能出现意想不到的问题，后果就不堪设想。此外，由于参考人员很多，评卷的工作量也很大，评卷人员的观点和水平不尽相同，对试卷的评判也会出现差异。上述种种表明，笔试方式考试做到公平、公开、公正的难度较大，而采用全机考方式，根本不存在纸试卷，也不需要评卷人员，考试软件提供了试评一体化功能，考试完成，评分也同时出来了，既不担心试卷的失密，也不担心评分差异，充分保证了公平、公开和公正的原则。

二、“全机考”有效地保证安全保密性

质量是考试的生命线。考试质量的第一要素是试卷的严格保密、考试的杜绝作弊。正如上述，采用笔试方式时，由于试卷的命题、印刷、运输、保管等多个环节，试卷的保密工作非常繁重，而全机考没有纸试卷，而考生也只是在机器上答题，作弊的难度很大，所以能有效地保证考试的质量。

三、“全机考”有效地提高考生的技术本领和实际操作能力

《计算机应用基础》是一门实用性很强的课程，它是所有专业学生的基础性、应用性课程。在现实生活中，几乎所有行业的工作人员都要应用到计算机，因此掌握计算机应用技能已成为考生必备的基本功。该课程的内容和考试要求也都是为应用设计的，例如考核学生在网上进行计算机操作，掌握汉字录入技术，会进行字、表处理，会编辑演示稿，会收发电子邮件以及进行简单的多媒体应用等。显然，如不会计算机操作，光靠死记硬背就不可能通过考试，这样就迫使考生努力熟悉上机操作及各种软件的应用，真正成为应用型人才。

四、"全机考"减少了考试成本，提高了考试效益

全机考不需要纸试卷，不必组织专门的评卷和考分录入人员；考试完成，成绩也就立即出来了，考生不必较长时间的等待、查分等费用和时间消耗，所以全机考降低了考试的社会成本，提高了经济和社会效益。

五、实施"全机考"的其他体会

《计算机应用基础》从笔试到全机考的过程是一个创新过程。在这个过程中不仅要有高度的责任心和极端负责的精神，而且要有正确的思想和方法，那就是"系统"的思想。实施全机考是一个"工程"，参加的人有自考办的领导，多所高校的老师，软件企业的开发人员，考试的组织实施人员；工作的内容有"工程"的设计，大纲、教材的编、审和出版、印刷发行；上机考试软件的开发；机上试卷的设计、命题、评分标准的确定；考试的实施等等。每一个环节都是具体的、严肃的，"工程"的全体人员必须通力合作，用系统工程的思想统筹全局，所以我们说，该课程全机考的成功是系统思想和方法的胜利。

* 原载《理论研究与实践》，中国人民公安大学出版社，2005 年 11 月。

132 论本本与本领

（在中国管理软件学院开学典礼上的讲话）

今天是星期天，我们进行开学典礼，有些国家办的全日制大学也开学了，也要进行开学典礼。比如清华大学的学生进校了，也要进行开学典礼。那些考分在600分左右的学生进入了清华，从家庭甚至到地方各级政府，到学校的领导和老师以及各方面人士，亲戚、朋友都高眼相看，以羡慕的眼光看着他们，种种夸奖之言不停地吹进他们的耳中。此时此境，有些人被吹昏了头脑，飘飘然，不知把自己放在什么地方好，于是骄傲得不得了，谁都不放在眼里，似乎老子生来就是天才。相反在我们这里，也有一批同学由于种种原因，学校的原因，原来的基础，当然也有个别同学在高中时刻苦不够，高考落榜了，进了我们这个学院，你们的心情究竟如何呢？也许你们自己知道，但是，我要给你们鼓鼓劲，说几句鼓励的话。

中国管理软件学院的学生算不算大学生？

回答这个问题好像很困难，说是吧，国家没有承认学历，没有权威机构承认，当然和一般大学生不一样。不是吧，也不能这样说，我们的学校名称是学院，学院者，大学之谓也，学院两字和北京航空学院，和北京邮电学院的学院两字完全一样，我们的教师是大学的教师，我们的课本是大学的课本，我们的一套管理制度、专业设置等也是按大学组织的，因此我们可以理直气壮地说我们是大学生，因为，从本质上说，而不是从表面上来说，我们是地地道道的大学生，不信，请看看我们的教材，哪一门课程不是大学生使用的？因此，人家问起来，我们可以理直气壮地告诉人家，告诉自己的亲朋好友，我们是地地道道的大学生，不信请把课程目录及教材的出版社抄下来告诉他们，把教授、副教授、教师的名字告诉他们。这一点尤其重要，如果一个人连这一点自尊心和勇气都没有了，就不可能有勇气去学习。人总要有一点精神的，首先就不能妄自菲薄，自己泄自己的气。

本本和本领问题：

在1984年，我们在本院首届学生的开学典礼上，虎气生生地论述了“本本”和“本领”的关系，我们一方面承认有“本本”即学历证书是重要的，但我们曾反复强调本事更重要，“本本”是形式，“本领”是本质。有了本领，没有本本，也可能找到工作；只有本本，没有本领，有了工作也不能胜任。我们谈这些内容的信心来源是坚信改革只会前进，不会后退；有了本领一定有用武之地，可以施展你的才能，做出成绩，甚至发明创造，正是这样的信念，我们在三年来没有解决学历的情况下坚持把学校办下去。三年来，我们的学生一年多过一年，毕业学生很多都找到了很好的工作。我们84届的一个同学毕业以后被西苑大饭店聘请为软件维护负责人，工资比我还高。但是，我们是现实主义者，要考虑中国当代实际，学历仍然是一个不能忽视的问题，我们和同学们一样，当它是一个心病。最近，我们看到了一个希望，即等一会儿董老师介绍的双轨制，走自学高考的道路。实际上本领和本本是矛盾统一的两个方面，只要你一心放在学习上，不仅能学到本领，还要通过自学考试，则能取得本本。反之，你一心想着本本，又不刻苦，则可能什么也得不到。

办我们这个学校要比办公立学校困难得多，学生基础较差，没有很好的教室，教师也是不固定的。大家一定会感到有些失望。但是，请不要担心，既然我们走出了这一步，我们绝不会走回头路，一定对你们负责到底，让你们学到本领，也希望你们能通过自学考试取得学历证书。显然，这对我们大家来说是一种挑战。靠什么完成任务、取得胜利？在 1984 年创办这个学校时，我们提出要靠两个条件取胜，一是质量，二是学风。我们只能以质取胜以及以好学风取胜。这当然是一种挑战，我们学生的基础如何是人人清楚的，怎么敢提质量取胜呢？与此相关的、再加上这样的办学条件，也怎么敢提以学风取胜？没有别的办法，我们只能这样要求，否则一定夭折无疑！从已毕业的两届学生表明：我们的口号起到了作用，事实证明我们的学生是能够做得到的，我充分相信你们也是能做得到的，是吗？

学风搞不好，那是自毁前程，对学校是毁学校前程，对个人是毁个人前程。如果行为不正、打架斗殴，违反了学校规章制度，受了处分，那是自己给自己找麻烦，这一点必须言之在前。

同学们，也许在你们的一生中，这是最后一次集中学习的时间，机不可失，时不再来，珍惜吧！努力吧！祝同学们学习进步，精神奋发，身体健康！

* 这是 1988 年 9 月 13 日在民办大学中国管理软件学院开学典礼上的讲话，我时任该学院的教务长。

133 关于信息人才的社会培养

前言

世纪之交，世界充满着纷繁与复杂。信息技术迅速改变着地球上一切的自然与社会现象。没有一个领域、没有一个人与信息技术不存在关系。于是信息人才似乎是永远那么俊俏和短缺。美国直接从事信息技术（IT）的达 2 000 万人，仍嫌不足。而中国，目前充其量只有 100 万左右 IT 人才，相差如此之远。我国全日制高校每年只能培养 1 万～2 万人，毫无疑问，中国的国家信息化仅仅依靠全日制大学培养已远远不能满足需求了，于是必须采取各种措施，充分调动社会资源和各方面的积极性，加速信息人才的社会培养极具战略意义。本文就信息人才社会培养的教育思想和教学模式提出一些看法，欢迎讨论和批评。

一、中国信息人才社会培养的基本模式

中国改革开放为社会培养信息人才开辟了广阔的道路。早在 20 世纪 80 年代初就有称“电大”、“职大”、“函大”、“刊大”“业大”为“五大”学校，这些非全日制大学也设置一些计算机应用等专业。从 80 年代开始，另外一些信息人才的社会培养模式得到了发展，例如 1984 年在北京首先创办了民办“中国管理软件学院”（该校目前在校学生达 4 000 多人）。经过近 20 年的发展，信息人才社会培养的模式大致已有如下几种。

1. 文化普及型

如全国计算机等级考试和各地方计算机水平考试。这是把计算机作为一种文化，面向全社会以普及计算机知识及应用的国家级考试，这种考试由教育部全国考试中心组织，每次报考人员数以百万计，影响很大，效果很好。

2. 专业渗透型

在全日制高校、中等专业学校的非计算机专业中结合本专业开设计算机类课程，使之普及计算机知识及其在本专业中的应用，这也已几乎普及到所有学校和专业，效果也很好。

3. 即学即用型

根据某一部门或某一工作需要。开设专门课程或操作技能，短期培训“即学即用”技术，如汉字录入、WPS 文字处理、财务报表处理等，效果也很好。

4. 高级培训型

举办高级培训班，以培养信息系统工程的项目负责人，系统分析、设计人员，高级技术人员和信息资源管理人员。

5. 系统培养型

利用社会力量创办信息技术专业，进行如全日制高校那样的系统教育，培养具有较多的基础知识有一定后劲的专门技术人才。实际上这是全日制学校培养的补充，但又不同于全日制学校的模式。这是一种在我国当前条件下很有希望的办学模式。系统培养型还分为如下三种：

(1)“电教”、“成教”、“网教”型

“电教”即中央电视大学及各省、市地区“电大”。“电大”中的计算机应用专业是三年制的大专，一般按计划招生。“成教”即成人高校，也有计算机专业，一般也是由各级教育部门按计划招生的大专类教学。“网教”即利用计算机在网络进行远程教学，现在远程教学还刚刚开始，但这是很有前途的教学形式，已受到有关方面的重视。

(2) 独立民办型

独立民办型信息技术教学模式是另一种系统培养型的教学模式，它类似于全日制高校，但没有统一招生的分数线限制，一般由社会团体或个人创办，从80年代开始，该类学校如雨后春笋般的涌现。但由于资金、教师、设备等诸多困难，真正办得成功的为数不多。

(3) 公管民助型

另一种特殊的系统培养型教学模式是公管民助型办学模式，这是一种很具特色的教学模式，下面将予以详细介绍。

二、论“公管民助”型信息人才的办学模式

所谓“公管”，即该模式利用了两个部门的政府行为，一是教育行政部门，另一是信息产业行政部门。教育行政部门管“考”。信息产业行政部门管“教”。而民助是指各地全日制高校及其他有条件的助学机构进行助学，具体的教学模式参看图1。这是一个三级教育模式，有两个部门的政府体系，即教育行政部门执行的“考试”体系和信息产业行政部门执行的“教育”体系。它们分别从中央—省—助学点形成三级网络。教育部自考委及其电子电工与信息类专业委员会制定教育方针、考试大纲、考试计划，组织教材编写和考试命题、评分等工作，各省市自考办在全国考委的指导下具体实施考务工作。信息产业部人教司及其全国教育中心负责教学全过程的宏观指导和管理工作，如建立、批准各省市教育中心，发布全国性

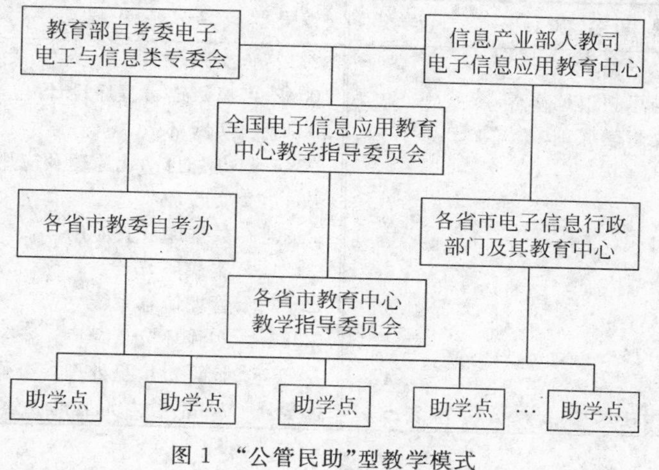

图1　“公管民助”型教学模式

教学指导文件等。各省市电子信息行政部门及其教育中心是教学管理的实体，具体负责助学点的选择、审批，负责考生的报名、组织考试、发放证书、组织辅导教材的编写、实践环节的考核、毕业论文的答辩等。“民助”的含义集中反映在助学点办学上，助学点根据全国统一的考试计划，统一的考试大纲及教材进行课堂教学、课外辅导、上机实验、毕业设计指导等。助学点的选择有严格的标准，如师资、实验设备、教学经验等。所以助学点一般由当地有名的大学或其他助学机构承担。在相对稳定的前提下，助学点根据需要进行增减或调整。由于教考是分离的，故助学点的考试合格率就自然地反映了教学质量，因此在同一地区的助学点就有了可比的竞争指标，这种机制可有效地促进教学质量的提高。全国及各省市教育中心聘任的教学指导委员会是一个专家组成的咨询机构。该机构与各级考办也有密切联系。它是“公管”与“民助”的桥梁和纽带，能起到很好的协调作用。

三、“公管民助”型电子信息类专业及其培养目标

到目前为止，由信息产业部委托开考的公管民助型信息技术专业主要有：“计算机信息管理”和“计算机网络”。前者成立于 1992 年，1993 年开始招生，截止 1999 年 7 月全国已有 31 个省市的教育中心，500 多个助学点。在校学生约 12 万左右，其中专科生 8 万，本科生 4 万多人，已培养专科生 1 万多名，本科生也有好几百人。按照最新调整的教学计划，计算机信息管理专业专科生的培养目标为“能从事计算机信息处理和信息管理的复合型应用人才”。本科生的培养目标为“从事计算机信息系统建设、维护和信息管理的高层次复合型专门人才”。从 2001 年开始实施的新的教学计划规定专科生 16 门课程，共 70 学分；本科生 15 门课程，共 77 学分，具体课程见表 1 和表 2。

计算机网络专业只有独立本科段，没有专科，2000 年开始招生。计算机网络专业的培养目标为“从事计算机网络系统设计、应用、维护和管理的高层次工程技术人才”。计划规定，4 门课程 78 学分。具体课程见表 3。

四、“公管民助”型教学模式的特点

“公管民助”型教学模式采用了国家考试、个人自学和社会助学（主要是面授）的教学模式，实行“宽进严出”。所谓“宽进”即学生不受高考录取分数线限制，

表 1　2001 年起实施的计算机信息管理专业专科教学计划

编号	课程名称	学分	编号	课程名称	学分
0002	邓小平理论概论	3	2317	实践环节	3
0003	法律基础与思想道德修养	2	0342	高级语言程序设计	4
0001	马克思主义哲学原理	3	0343	实践环节	2
0010	大学语文	4	0346	办公自动化原理及应用	5
0012	英语(一)	7	0347	实践环节	1
0020	高等数学	6	2120	数据库及其应用	4
0067	财务管理学	6	2121	实践环节	1
0041	基础会计学	5	2382	管理信息系统	5
2650	组织与管理概论	4	2383	实践环节	1
2384	计算机原理	4		计算机信息处理综合作业	3
2316	计算机应用技术	5	总学分	70(括号内为上机学分)	

表 2 2001 年起实施的计算机信息管理专业本科教学计划

编号	课程名称	学分	编号	课程名称	学分
0004	毛泽东思想概论	2	2332	实践环节	1
0005	马克思主义政治经济学原理	3	2336	数据库原理	5
0015	英语(二)	14	2337	实践环节	1
0021	高等数学(二)	9	2141	计算机网络技术	4
0420	物理(工)	6	3173	软件开发工具	5
0421	实践环节	1	3174	实践环节	2
2628	管理经济学	5	2376	信息系统开发	7
2375	运筹学基础	4	2378	信息资源管理	4
2326	操作系统	5		毕业设计(论文)	
2327	实践环节	1	总学分	77(括号内为上机学分)	
2331	数据结构	4			

表 3 计算机网络专业教学计划

编号	课程名称	学分	编号	课程名称	学分
1	毛泽东思想概论	2	8	计算机网络基本原理	7
2	马克思主义政治经济学原理	3	9	网络操作系统	5
3	大学英语自学教材(上、下册)	14	10	数据库技术	5
4	高等数学(工本)	10	11	工程经济	3
5	物理(工)	6	12	计算机网络管理	3
6	信号与系统	5	13	局域网技术与组网工程	5
7	数据通信原理	5	14	互联网及其应用	5

* 原载《电子展望与决策》2000 年第 1 期。

134 在中国管理软件学院青年教师座谈会上的发言摘要

很久以来，我一直想与我院青年教师座谈、交流。青年教师是我院的生力军、我院的希望。青年教师一直战斗在第一线，肩负着学院正常运作和发展的责任。因此，一方面青年教师要埋头苦干、求实创新，另一方面，我们还要高瞻远瞩，即抬头看远。看什么？看我们的位置，即如何给现在定位；看我们的前景，即如何给未来定位；看我们的左邻右舍，与之比较；最后还要看时代的发展，以及在时代中的定位。

我们的学院发展到今天的规模实在是来之不易，它是土生土长起来的，是一个"土学院"，和清华不一样。旧清华是洋生洋长的，是美国人用庚子赔款办起来的美式大学。中国管理软件学院是80年代在改革开放的春风和大气候下"破土而出"的(当时很幼小，84年第一届学生仅96人，每学期每人收学费120元)，因此它有天生、天然的顽强的生命力；同时它开始也十分娇嫩、脆弱。它缺乏更多的阳光雨露，缺乏营养，而且还时不时经受风雨甚至雪霜的锻炼。因此，18年来，我们总是谨小慎微、战战兢兢，艰苦地求索和挣扎。在教育领域我们深感自己是弱势群体。

但是，世界潮流，浩浩荡荡，顺之者昌，逆之者亡。毕竟我们是在顺势而流，所以必然会生存发展。近20年的民办高校发展证明：教育改革势在必行，公办教育一统天下的格局必然会被打破。最近北京市教委对100所民办大学进行了专家评估，其中24所被评为合格学校，我院名列其中，朱院长还介绍了经验，这说明形势对我们十分有利：在社会承认十多年后，政府的承认也指日可待了。去年11月11日晚上11时，我国加入WTO，教育作为服务行业，既然我国已承诺开放，所以国外各类教育机构行将大肆进军大陆。基于这样的形势，"首届中国教育改革博鳌论坛"将于5月底在海南召开，其主题就是"教育体制改革与民办高等教育事业的发展"，会议将总结教育改革经验，理清和解决民办教育发展的理论和实践问题，提出经济全球化背景下我国教育改革和发展的新思路。这又是一个信号，表明我国民办教育将有一个新突破。种种迹象表明，我们这个不受重视的土学院行将登上新的历史舞台。好比"游击队"要进城了，农村要城市化了，而且还要放到国际环境之中了！在这样的形势下，我们是否具备了这样的思想准备，即在国内外双重竞争的态势下，乘风破浪，再创新高！

我们现在承受着内外双重压力：内是院内的压力，如教学质量、教学秩序、教学管理、教学设备、教师队伍、学科建设、实验基地建设等等压力；外，兄弟民办大学、公办大学、中外合资大学，他们有丰富的教育经验和雄厚的师资、资金，强大的社会背景。面对众多强大对手，如何与他们竞争？所以今天开个座谈会，先听听大家的意见，群策群力。

主题是：如何乘风破浪，再创新高，包括：

(1) 教育质量：突出"信息蓝领"技能(双证书)的培养。

(2) 教学管理：突出“文明校风”的建设。
(3) 师资建设：突出培养自己的骨干教师。

* 这是我于 2002 年 4 月 22 日在“中国管理软件学院”青年教师座谈会上的讲话。当时，我是该学院的董事长，鉴于当时学院的形势，我真心希望能培养和提高青年教师的水平，但由于种种原因，这个愿望实现得并不理想。

135 垦殖在民办教育的田野上

——记中国管理软件学院

在北京，唐家岭这个地方无论从哪儿说都平常和微小得一般人难以知晓，但这里的中国管理软件学院近20年的办学和育人成果，却使她名声远播。中国管理软件学院也以自己朴实无华、孜孜耕耘的独特品质，以为同步发展的中国IT领域源源不断地培养和输送高科技人才而被业界熟知。

近20年来，中国管理软件学院的“桃李”尽管还没有遍布天下，但已绝对遍布北京的中关村。为探寻其垦荒之路，记者走访了该院院长朱忠才与院董事长侯炳辉。

辅助设施的低调与事业追求的一流

在夹缝中生存的民办教育经过20余年的发展，已经在全国遍地开花。在北京的100多所民办高校中，中国管理软件学院是一所拥有计算机、通信，电子等特色专业，工、理、经、管、文、法等学科协调发展的全日制民办高校。成立于1984年。中国管理软件学院自1993年经国家教委批准成为第一批国家高等教育学历文凭考试试点院校后，于2001年经国家教委评估成为首批24所合格院校之一。当然，这期间还有诸如“全国计算机等级考试培训点”，“远程教育培训点”、“北京市英语口语等级证书考试培训点和考试点”以及“全国计算机等级证书考试点”等一系列表明该院资质与信誉的“指定头衔”。最近，在北京市教委最新发布的2003年北京市民办高校质量报告中，中国管理软件学院的学历文凭考试及格率排名第二和取得国家承认学历毕业证书的毕业人数排名第一。

院长朱忠才在接受采访时告诉记者：中国管理软件学院在近20年中取得的成就，与学院一贯的办学宗旨和切合实际的教学设置是分不开的。中国管理软件学院最大的特色是所设专业全部都是根据社会紧缺的相关人才培养而设置，其中计算机控制及应用，通信工程、计算机网络、计算机软件及应用等专业特色突出，优势明显。同时，还设置了与计算机应用相关的电子、信息、外语、旅游、国际贸易、财会、金融、法律、工商企业管理、商务、建筑等20个系50多个专业。

中国管理软件学院从开办以来，一直是以聘用北大、清华、北科大的教授和教师为主要师资来源，近年来又增加了本院优秀的毕业生留校任教。朱忠才介绍说：我国高等教育结构的现状使民办高校的生源基本上是高考落榜生，他们相对基础要差一些，成为合格大学生的过程也相对困难。聘请重点高校教师授课的目的就是，要使所有走进中国管理软件学院的学生，都能在接受一流教学的过程中有一个较大的提高幅度，超越自己、超越过去，最终在毕业走出校门时都能成为真正对社会有用的人才。学院自创办以来已毕业1万余名学生，其中有1 000余名学生先后去了澳大利亚、日本、美国及欧洲等国家或地区进修和工作，更多的学生进入了中关村科技园，其中不少学生现在已是所在单位的业务或技术骨干。

对于“所谓大学者，非大楼之谓也，乃大师之谓也”的经典理论，朱忠才持有发展的观点“中国管理软件学院既重视大师，也重视大楼，老师们的知识用以培养优秀人才，大楼则给予学生现代化的学习环境。”谈起学院在昌平沙河购地120亩和正在那里建设的新校区时，他更是兴致勃勃，历数着在唐家岭已经建好的和正在沙河建设的十几个计算机房，1 000多台“奔4”的电脑；建有数字化功能的语言室、电子实验室、通信实验室，艺术设计实验室，财务模拟实验室以及多媒体教室；400米标准体育运动场；24幢学生宿舍楼、4幢教学楼，1幢实验楼、1幢办公楼、4幢教工宿舍楼和一个大礼堂；1亿多固定资产以及780多万元的教学仪器设备，如同清点着自家的财产那样稔熟。为学生创造尽可能好的硬件设施与软件环境，成了中国管理软件学院几代管理者和教学者不懈的追求。

尽管学院的主体工程全部在现代化的基点上起步，但辅助设施的水平却很低调。至今，学院的操场还是煤渣铺成，学生宿舍的设施也相对简单，朱忠才说目的只有一个，就是尽可能降低学生的收费，让那些来自边远省份、落后地区、贫困家庭的孩子都有学上。

学院降低的只是对学生收费的门槛，但培养人才的模式却始终追求的是一流，即培养专业、能力、素质三位一体的复合型人才。朱忠才认为，国外的快乐教学与国内的教育模式其实各有各的长处，国外的教学方式使学生的动手能力强，而国内的教学方法则使学生的基础知识扎实。管理软件学院力图将两种教学方式的优点结合，以形成本校的教学特色，既培养学生具备创新思想，又训练学生拥有团队精神。

甘当“没有股份”的铺路人

中国的民办教育伴随改革开放20余年的道路走到今天，其体制与产权的矛盾日益凸显已成为一个普遍现象。中国管理软件学院现在的体制是董事会领导下的院长负责制。学院的董事会成立于2000年，董事会成员是当年参与创办学院的一批专家级元老，除了清华大学教授侯炳辉外，还有来自北方交通大学、邮电大学、中国科技大学以及中关村软件园的几位教授。

采访董事长侯炳辉教授时，他不仅介绍了学院从最初创办走上的艰难道路，也深深缅怀了已逝老院长刘颖水对学院的贡献，并戏称自己是“没有股份”的、最不“懂事”的董事长。

1984年，政府决策高层借鉴农村改革的成功经验，提出了进行城市经济改革的战略设想。当时，城市经济改革的核心问题是管理现代化，而现代管理的工具是软件，实现管理现代化很重要的一个方面是实现计算机的应用，但当时这方面的应用人才奇缺。中国管理软件学院就是在这种大背景下，由几位专家创建，侯炳辉是学院的第一任教务长。

侯炳辉在介绍学院当年艰苦创业的情况时告诉记者：学院于1984年10月7日正式开学，第一届学生96人。当时的招生广告都是油印的，沿路张贴；学院的第一所校舍是租了一家中学的教室，学生每学年的学费120元，是当年学费标准中较低的。几个重点高校来学院兼课的教师仅拿一点点讲课费；几位院领导出差、开会都是自费。“这些学生大部分来自郊区农村，我也是从农村走出来的，知道农民的处境，这些孩子上学已经给家庭带来了很大的经济压力，学校绝对不会赚这些学生一分钱。”

在当年的开学典礼上，侯炳辉讲：“看一个学校，不要仅仅只看它的外观有几座楼，要看你们的老师都是全国名牌大学的老师，你们用的教材都是标准的大学通用教材。如果说清华大学的学生是我的学生，那么你们现在也已经是我的学生，对于你们，这才是最本质的所在。”是打气也好，是提升也好，反正学生们的情绪是被调动起来了，侯炳辉的“开学典礼演讲”也延续至今。

截至2003年9月，学院的在校生已达7 878名。期间国家没有一分钱的投入，完全是靠学院自身的滚动和筹集资金发展而来。侯炳辉动情地说：我一生从事教育，培养学生是我的终生职业。把一个学校办好，是几代人的事，我们这些当年的创办者，都是铺路人。

作为教授的侯炳辉，他一生的事业在水木清华；作为董事长的侯炳辉，他寄予厚望的是中国管理软件学院。

介于中学与大学之间的管理模式

在最近的几年里，中国管理软件学院将增设研究生教育，并将开展留学生的交换式教学。目前，学院正在与澳大利亚的大学进行接触。在学科建设方面，学院考虑增加边缘学科和交叉学科；在招生数量上，将根据学院的实力有计划、有节制地逐渐扩大。

朱忠才特别强调，民办高校是以教育质量和教育管理求生存。检验教育质量的重要标准是学生就业，中国管理软件学院的毕业生一直在中关村高科技园区的企业群落中享有盛名。当记者问及学生从入学到毕业的成才指数，朱忠才给出了一个相对客观的比例，即三分之一的学生可以与公办高校的学生媲美，三分之一的学生与其他民办高校的学生基本一样，三分之一的学生最终淘汰。作为学院的骄傲，97届毕业生施俊峰所编写的软件被中关村电脑节评为我国十大优秀软件之一，其“信息网络平台”获“2000年软件国际博览会”创新奖。93级学生罗兴东的“JFZ-2000110报警服务系统”、“大客户信息服务系统”“LAN Office System的设计”等多项科研，在投放社会后创造了良好的经济效益和社会效益。

严格的教育管理是良好教育质量的保证。中国管理软件学院的封闭式管理与其他高校确实不一样，学院的大门日常是关闭的，有保安人员在门口把守，学生周一到周五进出校门要有班主任批准的请假条。当然，学院还是允许并鼓励学生双休日走出校门与社会接触。这种介于中学与大学之间的管理形式，带来的最直接好处就是希望引导学生们能够在纪律的严谨中走向思维的活跃。就像朱忠才院长所阐释的学院的专业特点，计算机是逻辑思维极强的一门专业，它既需要严谨缜密的程序思路，又需要宽广灵动的创造空间。

（记者　祁然　李琦）

* 原载《中华英才》2003年第22期。

136 中国管理软件学院院庆感言

在欢庆中国管理软件学院成立20周年之际，我心潮澎湃，思绪万千。20年在人类历史上只是弹指一瞬间，但对于中国管理软件学院来说却十分不平凡。1984年8月，中国管理现代化研究会管理软件专业委员会在常州召开年会，时任研究会秘书长兼专委会主任的刘颖水同志建议：为响应中央经济建设的号召，专委会拟实施"一主两翼"的方针。一主，即办好学会（专委会），两翼，即办一个学校（培养人才）、办一个公司（积累资金）。我是专委会理事，因1980年参与过创办我国第一个工科高校管理信息系统专业，故自告奋勇地表示愿意为办学出力。会后，我回苏北探亲，从江阴渡江后，在由靖江开往南通的长途汽车上设计办学模式，包括办学宗旨、学校名称、学校性质和学制、专业设置，组织机构、教学计划、规章制度、学费、教师、教材等。8月底，我回到北京，将办学模式交理事会讨论，并上报主管单位——中国管理现代化研究会，同时立即筹备招生。原计划招管理软件专业50人（一个班），后报名人数为96人，改成两个班，10月初正式挂牌开学上课，校址为租用明光中学的两间教室，教师来自附近高校，一般都是热心的"志愿兵"，不取或象征性的收取少量讲课费，而从院长到院务委员不取分文，连开会的交通费都是自己出的。尽管如此，大家都十分兴奋，并乐此不疲地奔波鼓噪，认为这是一种价值观的体现。

为了学校的发展，刘院长冥思苦想地开拓另一翼，在五道口临时棚户内租了一个店面，从事公司买卖，但缺乏资金。恰在此时，我参加财政部财政科学研究所几个硕士研究生的论文答辩，研究生导师、原财政研究所所长黄菊波同志和另一位导师王世定同志想办会计电算化实体，苦无人才，我和黄所长说："您缺人才，我缺资金，我们交换吧！"这样我和刘院长与黄菊波、王世定签订了合作协议，在三年中学校每年分配给他们25名毕业生，他们在三年内支持人民币30万元，我方由刘院长和我签字。协议生效不久，黄所长就拨来20万元，不久又拨来10万元，这30万就成了公司的原始投资。两年后，正当公司如日东升时，由于用人不当，出现重大变故，公司化为乌有，"城门失火，殃及池鱼"，学院由此也就跌到低谷。明光中学的租费难以为继，学院迁至原"打钟庙"小学的三间废弃的破旧小屋。以后，学院又两起两落，学院总部又先后迁至广播器材厂、学院路中学、牡丹园小学以及圆明园、西三旗、香山、清河等，最多达九个教学分点。

世事规律，顺世者昌，逆世者亡。如果方向正确，只要坚持，就能成功。20世纪90年代以后，学院有了较快的发展，1998年院务委员会决定建立自己的根据地，刘院长租用了唐家岭校区。正当学校大发展之时，刘院长积劳成疾，于1999年9月12日与世长辞，但他为学院留下了有形和无形的不朽业绩。

老院长逝世后，朱忠才接任院长，北京市教委建议学院建立新的管理体制，成立由创办时的主要老专家组成的董事会。2000年4月24日召开第一届董事会，董事会成员有侯炳辉、罗晓沛、陈景艳、徐大雄、汪雍、郑建中、朱忠才。聘任朱忠才为院长，苗福官、郭志远为副院长,实行董事会领导下的院长负责制。并报北京市教委。

4 年来,学院发生了翻天覆地的变化,初步实现了腾飞;《民办大学促进法》及其实施条例颁布后,学院更是前程无量。学院正处于大转折、大发展时期。在这关键时期,我要重温温家宝总理在今年记者招待会上引用的两位伟人的诗句,以与全院师生员工共勉:

"路漫漫其修远兮,吾将上下而求索。"(屈原)"雄关漫道真如铁,而今迈步从头越。"(毛泽东)

* 这是 2004 年 2 月 26 日为纪念中国管理软件学院成立 20 周年而撰写的文章。老实说,在这篇文章中,我并没有表示十分兴奋的心情,因为我心里明白,学院的前途仍然未卜。但是,我无能左右这个形势,所以,在文章最后我用了屈原和毛泽东的诗句。

137 为陶细泉博士著《中国广电集团治理》一书所作的序

2002年，由著名学者吴树青教授为会长的中国老教授协会、北京大学和“北大青鸟”联合创办的中华研修大学招收“申请美国普来斯登(Preston)大学工商管理博士学位”的博士生，我有幸被聘为导师，指导三位博士生，陶细泉是其中之一。我没有想到陶细泉的博士论文选题最终定为“中国广电集团治理研究”。老实说，对于这样的选题，无论对于他还是对于我，都是一种挑战。

众所周知，一个国家的广播电视是极为重要和敏感的事业，它是国家的喉舌、民族的脸面和群众生活不可或缺的部分。因此，一方面我们要像爱护眼珠一样防止其受丝毫损害，另一方面我们又希望其欣欣向荣，茁壮成长。

中国的广电事业必须立足和坚持中国的国情、民族的精神以及优秀的传统文化。但是，今天的中国广电又是一个面向经济全球化的世界，不仅要与国际接轨，而且还要适应社会主义市场经济体制，因此毫无疑问应主动而不是被动地参与国内外激烈竞争。也就是说中国广电的治理改革势在必行。

显然，中国广电的治理改革是古今中外前所未有的，这是一个困难而崭新的课题。在南方电视台总编室工作的陶细泉出于事业的责任心，义无反顾地研究了此项课题。他对国内外广电治理及其相关的企业治理的政策、理论和实践进行了广泛的调查、分析和研究，然后提出了比较系统的中国广电治理的观点、方针和方法，数易其稿，最后形成了博士论文，经答辩委员会审定，得到了较高的评价，从而更加增强了信心，在论文的基础上进一步加工、提炼成书，付梓出版。

尽管如此，我仍然认为这本探索性的著作还有不少可以推敲的地方，许多观念是否存在偏颇也未可知。但值得肯定的是他有勇气，敢于思考、研究这个敏感而复杂的问题，其目的不是为了中国广电事业吗？有感于此，我欣然命笔，为此而作了不像序的序。

* 原载《中国广播电视集团治理》，中国广播电视出版社，2005年2月。

138 试议民办大学的办学伦理

中国管理软件学院商务管理系成立5周年，召开庆典会，让我讲话，我的讲话题目是“试议民办大学的办学伦理”。主要内容如下：众所周知，办学是公益事业，公办大学、民办大学都应是公益机构。在计划经济时代，教育全由政府出资，国家包下了学费、杂费、住宿费，经济困难者还有生活补助。在市场经济的时代，即使是公办学校也想市场化了，不仅学费高昂，住宿费也很可观，还有诸多名目的借读费、赞助费等等，穷学生苦不堪言。所以公办学校的办学首先已大踏步后退了，民办学校更不要说。顾名思义，民办学校的办学经费是取之于民，生存的希望也只能依靠学生的学费、杂费、住宿费等等。这样也就有一个更严重的办学道德或称办学伦理的问题。

民办学校的办学伦理大致有以下10个方面：

(1) 办学的社会责任。要满足社会对人才的需要和学生对知识的渴望。

(2) 合理收费。要考虑学生家长的承受能力，不能仅以赢利为目的。

(3) 教育质量问题。要对学生负责，使之学有所成。

(4) 后勤服务问题。要便宜，方便学生的就餐、交通和住宿。

(5) 校园文化。建设有正气，健康舒适的校园文化。

(6) 环境卫生。要保证学生有整洁卫生和美丽的校园环境。

(7) 思想教育。要有培育人的观念，要使学生德智体全面发展。

(8) 宣传广告。要真实不欺骗。

(9) 学校生态。要能持续发展，而不是只看眼前利益。

(10) 学习型组织。全校教职员工都是学习型组织的人。

总之，民办大学必须有一个办学态度的问题，即要讲究道德、讲究伦理，使之真正具有公益性质。

* 在中国管理软件学院的讲话(根据2005年4月24日记整理)。

139 知识经济、教育与信息人才

一、人才——知识经济的源泉、现代国防的柱石

20世纪末叶种种迹象表明，人类正在进入知识经济时代。一个崭新的、朝气蓬勃的人类社会形态正在地球上出现。以信息技术、宇航、生命科学、环保、海洋工程等为代表的高新技术取得了前所未有的成就，并将以比以前快数倍、数十倍的速度向前发展。毫无疑问，一个国家的综合国力取决于科学技术的进步和广泛应用，所有科技进步及其应用的原动力就是掌握知识的人才。在信息社会，以信息技术为代表的高技术更决定了一个国家的国防实力，任何尖端武器无不高度应用了信息技术。高空侦察、卫星导航、立体战争……所有这一切都是由于信息技术才成为可能。而且，一种新的战争形式——信息战，在不费一兵一卒的情况下，利用数字、计算机病毒可在顷刻之间瓦解敌方的指挥系统。在网络社会内，网络使国家、民族的界限模糊起来。不发达国家提供原始数据，而发达国家将加工后的增值信息反过来高价出售给发展中国家，于是富者愈富，穷者愈穷，经济全球化可能造成新的社会不平等以及民族的脆弱性。以上种种表明，在知识经济社会内，掌握知识的人才对于一个国家的民富国强具有多么重大的意义。

二、隐忧——我国国民素质和IT人才的现状

知识来源于教育。高新知识是建立在基础知识之上且经过积累的结果，没有扎实的基础教育就不可能培养千千万万个高新知识人才。教育是基础工程，是需要相当时间才能见效的千秋大业，欧美如此，日本如此，亚洲新兴国家和地区如此，印度也如此，他们的经济的腾飞和发达史都说明了这一点。

据1995年9月27日《光明日报》报道，中国有2亿文盲，占6岁以上人口的20.6%，有4.2亿人只有小学文化程度。时隔5年，不管采取多大扫盲措施或教育措施，我想这一半人口的文盲和小学文化者已在很大程度上影响了我国的国民素质！在基础教育方面，尽管采取了如“希望工程”那样的伟大创举，但仍然不容乐观。1996年9月24日《光明日报》报道江苏泰兴(注意，这不是最落后的地区)每年初中毕业13 000人，能进高中(含中专、职高)的只有3 000人，不能升学的达10 000人，即3/4不能升高中，不知现在是否有较大改观？在高等教育方面，国内外报刊多次报道我国适龄青年(18～24岁)接受大专以上教育的比例为10%～10.5%，而发达国家的这一数字达50%～70%。《北京晚报》2000年4月10日报道，全世界不发达国家中受过高等教育的人数比例平均为8.8%，而中国只有5.7%；发达国家为30%～50%，美国为60%，日本、韩国为30%，印度为16%，北京市为20%。

当前，在世界范围内，最受青睐的是信息技术人才。它在一定程度上代表着一个国家的科技实力，所以对信息人才的现状、培养和使用备受关注。据1995年电子部科技情报所报

告，美国直接从事信息工作的技术人员为 2 000 多万人，占人口的 8%，而从事农、林矿业的人口只占 3%，有 2/3 人口从事与信息有关的工作。我国从事信息技术的人员估计为 100 万人，各类高校每年培养 3.3 万人。也就是说我国 IT 人员仅占人口的万分之七。在信息技术人才中，我国尤其缺乏软件人才，而软件是信息技术的灵魂，所以软件人才更代表了一个国家信息技术的实力。据有关报道，目前全世界软件人才约 600 多万，其中在美国有 200 万，日本 100 多万，俄国 100 多万，中国 15 万，印度 25 万（它每年能培养数万软件人员）。值得注意的是印度，它目前是世界第二大软件国，据《国际金融报》2000 年 1 月 20 日报道，印度在 1999 年 4 月—2000 年 3 月的一年中软件产值达 56 亿美元，其中出口 39 亿美元；而 1999 年 1 月—10 月我国软件出口 4 672.7 万美元，而进口达 2.1 亿美元，1999 年全年软件出口约 2 亿美元。由于软件的高附加值，全球最大的富豪就是软件巨子比尔·盖茨，其资产 531.2 亿英镑（1 000 亿美元）。而据 2000 年 3 月 19 日英国《泰晤士报》公布，全球 20 大富豪的排名中美国就占了 11 名，其中软件富豪一半以上，在 20 名富豪中排名第三的却是以前不太知名的印度人阿齐姆·普雷姆吉，其资产达 350 亿英镑，这个全球第二大软件大王一下子便扬名天下！从阿齐姆身上我们已感到了印度的经济与科技的实力，体会到印度大肆试验核弹、中子弹、远程导弹以及建造航空母舰，扩军到南中国海等咄咄逼人的姿态。

从以上我国国民教育和 IT 人才的现状，我们不能不感觉到巨大的隐忧和产生奋发的激情。

三、穷国如何办大教育？兼论是贵族教育还是平民教育

尽管改革开放 20 年来中国取得了世人瞩目的成就，但无论怎么说中国还是穷国，12.6 亿人口中有几千万贫困人口没有脱贫，而且还有数以千万计的下岗人员过着艰难的生活，每年还有 1 000 万小生命出生……据 1999 年统计，我国 1998 年的 GNP 为 9 289 亿美元，人均 GNP750 美元，占世界第 149 位。美国 GNP 为 79 213 亿美元，人均 GNP 为 29 340 美元，巴西 GNP 为 7 580 亿美元，人均 GNP 为 4 570 美元，相比之下中国还是一个又大又穷的国家，这是基本国情。

为了尽快提高国民素质，唯一的办法是扎扎实实地提高教育水平，但是中国又不富裕，国家不可能将更多钱投入到教育，就只能发动全体国民，动员一切力量重视教育，举办教育。中国既不能由国家一手包办搞教育（如计划经济时代一统天下），也不能提倡贵族（精英）教育，中国必须精（英）平（民）兼顾，尤其是要提倡平民教育，从平民着眼，面向大众。一方面从每个娃娃抓起，扎实基础；另一方面采取各种平民教育方式普及文化，普及知识，培训技术、技能，要给平民们补课，“欠”他们的要“还”给他们。

作为教育工作者，我们有权利和义务对精英教育的危害进行评述。青少年家长、全国人民以及党和政府都被精英教育（应试教育）害苦了。在计划经济体制下，小学、中学、大学就这么几所，国家承受不了巨大的财政压力，不可能办更多的学校，于是千军万马就只能走应试的“独木桥”，这种压力首先施加在当事人——青少年及其父母身上，于是便出现了一系列言之吓人的悲剧：

1999 年 9 月 12 日，湖南长沙县 12 岁少年杀死要见其家长的老师；

1999 年 9 月 27 日，陕西黄陵县 9 岁小学生因未完成作业挨父母鞭子 280 下；

2000 年 1 月 10 日，山西屯留县郝妮、牛李惠因未完成作业不敢回家而冻死雪地；

2000年1月17日，浙江金华高二学生徐力因不堪其母对其施加的学习压力，用榔头将其母亲活活砸死；

……

升学已成为一个人命运的大关，每年7月的7、8、9日是“三大差别”的分水岭，考上大学的(尤其是考上如清华、北大的)无疑前途似锦，考不上大学的就将名落孙山，家在农村的或当农民或出去做小工。所以无论是青少年本人还是学生家长面对高考这条独木桥都会拼着命去死争，原因就是我们招生太少，学校太少，资金太少……近年来党和政府在教育方面已有了许多措施，如允许办民办学校，于是民办学校如雨后春笋般地涌现出来，其中还有一种特殊的学校——“贵族学校”，这是富人学校，学费贵得吓人。据北京市一个贵族学校(中学)称，住校学生的高中三年将花费6万～7万元，这只有暴发户或有特殊背景的家庭方能承受得起。我不排斥这种学校，但显然不是我们穷国办大教育的方向。我们主张大办“平民教育”。

四、中国“平民教育”的模式

什么叫平民教育？也就是面向全民的教育。贵族学校以及那些一流大学或将要成为一流大学的那些国立、省立大学，不可能真正面向全民，他们属于精英教育，在我们大力扩展精英学校的同时必须大张旗鼓地发展平民教育，也只有在全民教育的基础上，精英的将更精英。

改革开放以来，党和国家非常重视各种平民教育，如早先的电视大学、职业大学、业余大学以及20世纪80年代中提出的高等教育自学考试。这些教育对提高民族文化素质建立了不可磨灭的功勋，其中最叹为观止的是自学高考，据教育部陈至立部长在2000年全国考委会上透露，截止1999年上半年，我国自考生报名数累计达9 048万人，累计毕业生达283万人，其中本科16.4万人，专科227.7万人，中专39万人，现在在册学生1 240万人。

90年代初，针对信息技术人才奇缺的情况，当时的国务院电子办和高教自考委共同组织，在全国范围内开考了“计算机信息管理”专业，教委考试中心开考了计算机等级考试。计算机等级考试是面向全社会具有普及计算机文化性质的考试，而“计算机信息管理”是弥补全日制大学“信息管理”(或“管理信息系统”)人才不足的专业考试，这种教育模式既非完全公办的全日制教育，又非完全靠自学的自学考试，而是实行个人自学，社会助学，国家考试的三级教育和考试模式，这种教育模式取得了很大成功，截止1999年上半年，在册学生15万人，其中本科5万人，大专10万人，其在册的人数远比全日制公办大学相似专业的学生多几十倍，为我国信息技术的开发和应用，为国家信息化作出了贡献。

培养信息人才的另一种办学模式是民办高校，如前所述80年代起就有许多民办高校涌现出来，其中成立于1984年的中国管理软件学院就是一所著名的培养信息技术人才的民办高校，创办16年来已培养5 000多名毕业生，目前该校在校学生已达4 800多名，是北京地区民办高校中的佼佼者。

五、将要问世的一所最大的平民学校

近年来，国家做出重大决策，大规模地扩大高校招生规模，如第十个五年计划提出了要使我国适龄青年接受大专以上教育的比例从10%提高到15%的指标，则每年需扩招高校学生150万人，四年累计达600万人。目前高校无法承受，故必须发展远程教育，例如1999年先期投资 25 亿人民币建立了连接北京院校及教育机构，覆盖 300 万可教育人口的北京教育网。利用国家数字网（计算机网）、语音网（广播网）以及视频网（电视网）进行远程教育是穷国办大教育的战略性措施，而且也有一定的网络及设备基础。我国有 3.5 亿台彩电，4 000 多万台 VCD，2 000 多万台学习机，7 000 多万台寻呼机，7 000 多万台手机，PC 机装机容量已达 2 100 多万台，所以完全有可能利用这些资源进行远程教育（培训）。

值得注意的是今天启动的教育部项目“全国信息技术及应用远程培训教育工程”（IT&AT）可能将成为中国最大的平民教育（培训项目），该项目充分利用最方便、最便宜的有线电视频道进行培训教育，全方位（各种教学内容）地，“有教无类”地，“短平快”地，“雪中送炭”式地将知识、技术传授给需要的人。国家实行西部大开发，我们尤其要满足西部地区对各种人才的需求，基础的、高精尖的、技术的、应用的，凡是大开发需要的都要优先照顾，还要紧跟国际科技发展形势及时报道新技术和发展动向，总之，只要精心策划、组织和实施，这个最大的平民学校和最有力的信息技术学校将对我国民族振兴事业做出难以估量的贡献。

* 本文为 2000 年 5 月 26 日在教育部教育管理信息中心、中国教育电视台启动的“全国信息技术及应用远程培训（IT&AT）教育工程”大会上的报告。

140 中央广播电视大学《信息管理系统》课程教学大纲(摘要)

一、课程的性质和任务

《信息管理系统》是中央广播电视大学计算机应用专业信息管理方向的一门专业必修课。课程的特点是综合性和实践性,它综合应用了专业公共基础课和专业基础课,尤其是有关信息技术和经济管理方面的课程。

通过该课程的学习,使学生掌握信息管理系统的基本原理、开发过程和运行、维护、管理等环节的知识和能力。

二、与其他课程的关系(略)

三、课程的主要内容与基本要求(略)

教学建议

《信息管理系统》最大的特点是综合性强。学科覆盖面宽,内容繁杂。所以,教学起来有一定的困难,学生往往觉得"听得懂",但"学不到"的感觉,即上课时好像都听懂了,课后却记不住,更不清楚如何使用。所以要求讲课教师要深入浅出地讲清、讲透。学生要深思熟虑地复习、弄懂,切不能粗心大意、似是而非地不求甚解。同时,要多做练习,通过练习深入消化内容和锻炼应用能力。

四、教学要求的层次(略)

* 中央广播电视大学于20世纪90年代进行教学创新,开设新的专业和课程,聘请本人为专家小组成员,我为计算机应用专业信息管理方向的专家,为此设计了该专业方向的教学计划和本人主编的《信息管理系统》的教学大纲,后来,中央电大成立了信息管理与信息系统专业,同样,本人为之咨询和指导,本大纲和教材还在使用着。

141 试论大开放教育

全国人大八届四次会议批准的我国国民经济和社会发展“九五”计划和2010年远景目标纲要指出：“未来15年，在新的国内外环境和条件下，我国有不可多得的历史机遇，也面临着严峻的挑战。”为了实现这个宏伟目标，中央提出：“实施科教兴国战略”，“优先发展教育”，“依靠科技进步和提高劳动者素质”[1]，这无疑是非常正确的战略决策。

我国是一个拥有12亿人口的大国，占世界人口的22%，同时我国又是一个国民生产总值仅占世界2%的穷国[2]。经济上如此，教育上就更加落后，我国12亿人口只有1 000多所大学[3]，而美国2.6亿人口就有3 000多所大学。改革开放以来，我国人民的生活水平有了很大提高，许多青年迫切需要学习文化和专业知识，无论是初中等学校还是高等学校，现在看来似乎都是“人满为患”，缺资金、缺教室、缺设备、缺师资、缺教材……似乎一切都不够用。尤其是农村，广大优秀青年上不了高一级的学校，或失学在家，或外出做小工，实在可惜。例如苏北泰兴市每年初中毕业生达13 000人，能升入高中（含中专、职高）的只有3 000人，不能升学的达10 000人，占76.9%[4]。高中毕业生升不上大学的也占很大比例，1994年全国应届高中毕业生209.3万人，而当年普通高等学校招生数为90万人，即能上普通高校的高中毕业生仅为43%。也许有人会说，除普通高校以外，不还有许多成人高校吗？不错，但同样还有成人中等学校毕业生达6 751.65万人，其中大部分是成人职业中等学校毕业生，他们将首先进入工作岗位，但其中一部分成人高中毕业生是希望继续进入高校深造的。有一个数字最可以说明问题，我国每万人口中大学生人数是23.4人，即每100个人中只有0.23个大学生！实在少得可怜！不仅大学生的比例少，中学生、小学生比例也不高。中学生，每万人口中占476人，即每100人口中有4.76个中学生；小学生，每万人口中占1 070人，即每100个人中只有10.70个小学生[3]。这样的教育和人口素质必然成为实现宏伟目标的主要障碍。谁都明白我们必须办好教育，但也很明显，摆在我们面前的是“穷国办大教育”的问题。如何解决穷国办大教育的大难题是从领导到每一个公民都十分关心的事。为此，我试图提出一种设想，即“实行大开放教育”政策。

一、大开放教育的含义

所谓大开放教育，并不是要打乱现有的教学秩序和教育管理体制，现有的教育体系和教育管理体制只是大开放教育的一部分。这里讲的大开放教育不仅是指思维方式，而且也包括实际的内容。邓小平同志说的“教育要面向现代化，面向世界，面向未来”是真正的大开放教育思想。我的理解的大开放教育应包括如下含义：

(1) 空间上大开发。我国的教育不仅要对部门、对地方实行开放，不仅国内开放，而且也要对国际开放。过去高等学校过于强调部门办学、行业办学，科类单一，隶属单一，对外封闭。这种老死不相往来的办学模式必然会在一部分人中造成坐井观天，与世界越离越远的后果,危害无穷。

(2) 内容上大开放。我们要不拘泥于“专业”框框,只要社会有需求就可以设学科、设专业、设课程、教育管理部门不必干涉太多,由市场经济和社会发展需要来决定办学内容,只要不违反法律和道德,不影响精神文明建设就都可以成为教育内容。当然目前的普通高校的专业设置需稳妥调整。

(3) 形式上大开放。教育的形式是由社会发展而逐步变迁和形成的。中国古代有私塾、科举教育,近代才引进洋学堂,设置了小学、中学、大学等形式,因此大开放教育的思想就不必拘泥于现有形式,只要有利于我国社会主义市场经济建设,有利于穷国办大教育,我们就不拘一格设学校。应该说,我国在这方面做得是比较好的,我国学校的形式很多,除“正规”学校以外,还有各种名目繁多的办学形式如民办大学,各种培训班,自学考试,继续教育,专业考试教育,等级考试教育,认证资格考试教育,电视大学,职工大学,业余大学,函授大学,刊授大学等等。其中最具规模、最有成绩和威信的是自学考试,从1981年建立自学考试制度以来,累计报考人数逾2 000万人,目前在考生600多万人,今年下半年报考人数达440万人,比去年多70万人,全国已有130余万人取得国家承认的学历[5]。

(4) 规模上大开放。现在我国教育形势空前大好,学生迫切要求上学,社会急需各种人才,应充分利用这“一推一拉”的大好形势,扩大办学规模。这里不应该出现“人才过剩”因而需要“控制规模”等教育管理思想。这里讲的扩大规模并不是说无限制地扩大国家办的普通教育,国家没有这么多钱,而是放手让社会、群众去创造办学形式,筹集办学费用,让群众自己大办开放教育,教育管理部门管得越少越主动,过多限制和指责可能适得其反。

二、大开放教育对中国的特殊意义

先进工业国家无不十分重视开放教育,美国、日本、德国十分重视职业教育,甚至于企业部门都要投入很大的精力进行职工培训教育。中国发展经济也必须走大开放教育之路,而且与西方国家相比更有特殊意义。

(1) 大开放教育是穷国办大教育的好办法

中国经济落后,教育落后,在短期内不可能投太多的资金于教育方面,只有扩大开放教育才能少投放(或无投入),多产出(人才)。例如自学考试就是一种极好的形式。1993年开始的培养电子信息人才的高教自考“计算机信息管理”专业开考后,优化利用了现有教育资源,不仅不花国家一分钱,还利用自学高考使各级教委自考办和电子信息部门得到了一笔可观的经济收益。目前全国每年为国家和社会培养几万名电子信息人才,为国民经济信息化作出了重要贡献。

(2) 大开放教育才能真正提高全民素质

唯有教育才能提高全民素质。不可能设想,在充满文盲、科盲、法盲的国家里能建设好一个高度文明的社会。旧中国贫穷落后的根本问题是教育的落后,如果说失误,就是放松了教育。改革开放以来,尽管经济有了很大发展,但精神文明这一手没有真正抓好,于是干部的消极腐败,行业的风气不正,黄赌毒与封建迷信的沉渣泛滥,文化垃圾的涌现,社会治安和环境的恶化等等莫不与全民素质低下有关。实行大开放教育,全民素质提高了至少能减少上述弊病,也容易克服上述弊病。

(3) 大开放教育是减少我国就业压力的有效途径

中国人口众多，但人才缺乏。人力资源丰富，但素质不高。高素质的人力资源是经济建设和出口创汇的源泉。中国人力资源太丰富了，现在不是缺人力，而是缺人才，现在不是有事没人干，而是有人没事干，国家的就业压力太大。据报载，2000 年年末我国农村将有 2.14 亿剩余劳动力，而乡镇企业只能吸收 7 000 万人就业，即农村剩余劳力达 1.41 亿[6]。城市剩余劳力也很大，这样大的就业压力，国家必须采取各种措施"减压"。减压的办法很多，其中就是人力资源出口，这是两全其美的措施。菲律宾女佣出口几十万，每年有几十亿美元的外汇收入，中国为什么不可以开拓这个业务呢？

但是，反过来说，无论是国内建设的需要，还是人力资源出口，低素质人才都难济于事，所以必须加强教育。实行大开放教育，一方面可以把剩余劳动力暂时吸收到学校里去，教育、培训，存储人才，起到就业压力的"减压"和缓冲作用(例如初高中毕业生的升学)；另一方面，将教育培养好的素质较高的人才送到建设岗位，替换素质较低的职工进行再教育、再培养，同时为人力资源出口提供了源源不断的高素质人才。我们要提倡"不拘一格输出人才"，越多越好。这里有一个观念问题，长期以来我们一直惧怕人才流失，如果国内不能有效地吸引和安排使用人才，则留在国内不仅是浪费，而且还成为负担，于国于人才都不利。而且，进一步讲，这么多人口的大国，流出去的毕竟是少数，这少数人不可能成为国家建设的主体，我们还能源源不断地生长和培养新的人才。当人才流动到一定的时候自动会达到平衡，甚至倒流回来，而倒流回来的人才素质更高，而且还会带回国外最新的技术和管理经验，于国于人不是更有利了吗？

(4) 大开放教育才能真正落实精神文明建设

国家目前十分重视和强调精神文明建设，把精神文明建设提高到社会是否变质的高度，但精神文明建设的根本是教育，只有从根本上提高了人的素质才能有效地解决精神文明建设问题。如果有兴趣，查查成百成千个犯罪分子的历史，文盲、科盲、法盲的比例远远高于文化素质高的比例，文化上贫穷，即使经济上不一定贫穷的人也可能做出坑害人民的事，相反，尽管经济上清贫的知识分子，能坚守住高尚的道德和情操。古今中外都有这样的事例。

三、大开放教育的内容和层次

大开放教育不仅对高等教育，初等、中等教育也可以实行大开放教育，也就是说大开放教育是全方位的教育。当然，基础教育首先应该由国家负责，例如九年义务制教育必须由国家承担，在尚未完全承担的时候，搞些民办教育、"希望教育"也未尝不可，但这是国家不能推卸的责任。中等教育、高等教育的开放教育内容很多。

(1) 现有普通高校的开放教育。要把现有普通高校的"封闭模式"打开，无论从逻辑上还是从物理上都要真正实行大开放教育，即学校与社会相结合，服务社会的需求，接受社会的资助，实行校际、厂校联合办学，让教师、学生走向社会，或兼职或咨询，解决社会的问题而不仅仅了解社会问题。让社会上能人、科学家、企业家进课堂，上讲台，使学校与社会紧密相连，息息相关。再进一步，与国外学校和企业交流，甚至联合办学。

(2) 提高成人教育的社会地位。成人教育包括职工大学、电视大学、民办大学等等，这些教育如雨后春笋般势不可挡，这是我国经济、政治形势大好的象征。但是，现在社会上对成人教育存在偏见，有些人往往以“不正规”，“档次低”等进行贬低或吹冷风，尤其可怕的是用“国家不承认学历”把一些民办学校套上了紧箍咒。实际上成人教育的学生几乎在基层或乡镇企业，甚至于政权机关都成为主力军，所以必须摒弃“国家承认学历”的“唯成分论”思想。建议取消“国家承认学历”这一用语，改为各校自己承认学历，让社会来评价各个学校的学历，例如清华大学的学历、中国经营管理大学的学历、中国管理软件学院的学历等等。让社会来判断学校，挑选学生。人事用人部门也要改变“用人唯凭”的思想。

(3) 大力发展广播、电视等开放教育。这是最好的开放教育形式，随着信息化的进程，积极推进远距离教育，进行虚拟教育(virtual education)，这是我们奋斗的方向，让任何地方的学生都可以听到看到最好的老师讲课，可以进行远距离课堂讨论……

(4) 大力开展培训教育。培训教育是最丰富的教育，因为社会极其丰富多彩，变化极其迅速。因此，培训就要紧紧跟上，不拘形式和学时。形式多样，长短结合，长者半年、一年，短者一周或几日，甚至几个小时。“即训即用”，并形成制度，形成风气。和继续教育结合，实行终身教育，无论年龄大小、职位高低，都要接受培训教育。而专业证书考试、上岗证书等考试通常是由行业主管部门统一组织的。这些考试具有极大的引导作用，弄得好起好作用，弄不好起相反作用，“一刀切”从来就没有起过好作用，例如计算机等级考试，用意是好的，把计算机作为文化，为推动计算机普及应用设置了若干等级的考试，曾起到了很好的作用，但如果考试大纲陈旧不变以过时的技术(或工具)作为考试内容，则考生为了应付考试就会集中精力去学习落后的内容，即使通过了考试也无助于工作，此时等级考试可能起了相反作用，值得注意。

四、大开放教育的管理

大开放教育并不等于取消管理，并不等于盲目发展，教育主管部门有义务进行宏观指导和引导，为大开放教育服务，为广大考生服务。服务才是真正的管理。

首先，教委要真正地从传统观念中解放出来，要克服“唯我是管”的思想。所谓“国家承认学历”的“唯成分论”，实际上就是“教委承认学历”，“没有我教委承认，休想得到文凭”，这种思想的要害是“管”字当头，而不是“服务”为主。

其次，在舆论上、宣传上要进行大开放教育思想的传播，发动全民办教育，包括各个层次的学校，尤其是要注意资助经济困难的学生上学，宣传、表扬那些无私奉献的教育工作者，那些办得好的，使同学“有钱能上学”，“无钱也能上学”的学校及其组织者。

最后，进行规范化管理，使办学有章可循。教育主管部门不断提出方针、政策和规范，建立各种教学模式，例如自学考试的教考分离模式。教学收费由物价局制定统一标准，由法律和社会规范来限制违法和不文明的行为，如欺骗、过分商业化行为等。

大开放教育是政策性和实践性都很强的内容，真正实行起来必然有许许多多的问题，这里提出的思想、考虑的问题也一定有许多偏颇，欢迎有识之士来讨论和批评指正。

参考文献

[1] 中华人民共和国国民经济和社会发展“九五”计划和2010年远景目标纲要. 光明日报，1996-03-20。
[2] 袁正光. 迎接信息化革命. 中国计算机报，1996-10-14。
[3] 国家统计局. 中国统计年鉴，1995。

[4] 关于农民工的若干思考.光明日报,1996-09-24。
[5] 林用三.农业劳动力就业问题十分突出.光明日报,1996-10-12。
[6] 今年参加高考自学考试人数剧增.光明日报,1996-10-26。
[7] 中共中央关于加强社会主义精神文明建设若干主要问题的决议.光明日报,1996-10-14。

*本文作于1996年年底,在2001年年底数字教育高峰会上报告时,作了文字上的修改。这篇文章的写作,花了我很多的时间和精力。老实说,撰写这篇文章时,我是充满感情的,这很可能和我出生农村有关。我充满着对不能上学的农村青年的同情,也充满着对祖国的感情,所以,我花了两天的时间,奋笔疾书了这篇文章,并投诸《人民日报》、《光明日报》,但均未获得响应,延至2001年,在全国数字化教育高峰会上,我才有幸在会上宣读了这篇文章。

142 数字化教育的现在与未来

随着国家现代远程教育工程的实施，数字化教育在我国蓬勃发展，发挥着日益重要的作用。它已经并正在改变着我们的教育理念和教学面貌，丰富和影响着我们的办学形式，为教育创新提供了广阔的前景。然而，每个事物的发展都有其两面性，数字化教育的发展也是如此，况且，数字化教育本身是对传统教育的全新挑战，人们有一个适应过程，因此，在其具体实施过程中也已经出现了一些不正常的问题，有的问题将直接影响数字化教育的未来，需要我们去正视。基于这样的思考，也应读者的要求，本刊记者（以下简称“本刊”）就“数字化教育的现在与未来”这一主题，在北京专访了清华大学侯炳辉教授（以下简称“侯”），以飨读者。

本刊：侯教授，如今在我国，以网络学校为主要形式的数字化教育呈现出了强劲的发展势头，对此，社会反映不一，您能对这种发展势头作一评价吗？

侯：数字化教育在全球的确是个趋势，但也并不意味着数字化教育就可以包打天下，代替其他一切形式的教育。数字化教育并不能解决教育的所有问题，如果我们的纯学历教育都采用数字化教育的形式来进行，那对我们下一代综合素质的提高、人际交往能力的发展等，都会产生不利的影响。因为综合素质的培养不能够纯粹依靠知识教育、技术教育，更需要人文环境的熏陶，靠学校、家庭乃至社会等这样一些聚集人文气息的场所的感染而共同协作来完成。但是如果是纯学历教育中的某一门课，而这门课又是比较适合通过信息技术来教授的那就可以采用数字化教育的形式；或者是某几门课的辅导、答疑也可采用数字化教育的方式来进行，这样也更便捷。每种教育形式都有它的局限性，正确的做法应该是尽可能地发挥某种教育形式的优势，从而提高整个教育的效果。在我看来，数字化教育在成人学历教育、继续教育等方面应该是大有可为的，由于现在企业在招聘人才时，需要一定的学历，给社会上相当多人造成了一定压力。工作多年而学历不高的人们由于没有太多的时间与精力投入学习，就需要一种更加灵活、更加方便的方式来迅速获得学历教育；对那些以前靠自己的辛苦和机会创业的老板来说要想使自己在知识经济时代不被淘汰，也需要在繁忙的工作间隙充电以提高的自己的知识水平，而网上继续教育和培训的费用也非常低，并且更方便、快捷、灵活、有效，使教育投资可以在更短的周期内获得更大的回报。我们的数字化教育应该在这方面多下工夫。

本刊：不管怎样，数字化教育已经强烈地冲击着传统的学校教育，引来了习惯于接受传统教育的人们的担心和忧虑，有的甚至产生排斥情绪，您认为学校教育该如何来面对这种冲击？

侯：冲击应该说是很大的，包括两方面，一是对人的传统教育观念的冲击，二是技术的冲击。技术的冲击还好解决一些，因为只要通过学习和培训，我们的广大教师就可以掌握一定的信息技术，使自己跟上技术发展的脚步；而对传统教育观念的冲击这个问题解决起来就比较难一点，因为几千年来我们一直是传统的课堂面授教学形式，师生之间是直接见面的，课上得怎么样可以马上就有反馈，而现在采用数字化教育的形式，师生之间互不见面，通过网络来上课，这个观念上的弯要转过来还是要花一点时间的，这对我们中小学中一些年纪比较大的教师来说尤其为甚。如何面对这种冲击？我认为，首先要认识到，这种冲击是社会进步的表现，是未来教育发展的必然趋势，我们办教育必须自觉地去适应这样一种发展趋势，迎合趋势的内在要求，与时俱进；其次，鼓励我们的教师在努力学习新技术的同时，积极学习先进的教育理念和与数字化教育相适应的教学理论和学习理论，然后以这些理念和理论为指导，努力把数字化技术内容融合到学科教学活动之中，实现数字化技术与学科教学内容的有机整合。换句话说，鼓励有数字化技术基础的教师先把技术用好，然后加以推广，以减少对数字化技术的障碍感；第三要加大数字化教育的宣传力度，尽快获得社会和大众对数字化教育的认同，从而形成一个有利于数字化教育快速、健康发展的大环境，获得社会、单位和家长的支持。

本刊：侯教授，您说的就是循序渐进、积极应对的意思。那么如何实施才能使数字化教育更有效呢？人们普遍认为数字化教育的关键是数字化的教学资源建设，因而大家都在进行数字化教学资源建设，大量的重复投入、重复建设，客观上已经造成浪费，也造成了无效投入。对此，您有好的建议吗？

侯：数字化教育的资源建设非常重要，加快教学资源建设是开展远程教育的关键和核心任务。重视投入，加快资源开发建设的进程这是对的，现在的问题是比较乱，相互之间没有一个协调，大家都是自己搞自己的，我开发的这个东西别人是否已经开发好了，或者是否比我现在做的这个东西要好等等都不知道，这样就造成了很大的人力、物力和财力上的浪费。资源建设要有统一规划，可通过成立资源建设委员会来抓好此项工作。现在教育部对这个问题也比较重视，并有“开发资源、抓好试点、注重应用、滚动发展”的十六字指导方针。网络教学资源建设首先要根据远程教育的客观规律，加强教学设计、规范开发流程，建立包括教师、教育技术设计人员、计算机软件开发人员组成的课题组，提倡各校之间和与有实力的企业合作共建，发挥各自的优势，避免重复劳动；其次要注意各种媒体的选择和搭配，通过媒体之间的配合，使学生真正能够利用媒体进行自学，提高学习效率；第三，具有多种形式、多种风格。根据不同的使用群体，不同的教与学的环境(硬件条件)，不同的教学需求(内容)；不同的使用时间，不同的使用地区开发出多种形式、多种风格的教学资源，以满足不同条件下的远程学习者的学习需要；第四，建立共享机制，要做到保护知识产权和开放共享的统一；第五，除重点开发网络和多媒体课件外，还应加强其他媒体的建设，为学生利用媒体学习提供一定的选择余地，要讲究时效和实用性，让学生用得上、用得起，并且喜欢用；最后是资源建设要与网络教育试点相结合，及时发挥效益并能在实际应用中不断检验、改进和完善。

本刊：除了上述问题外，数字化教育教学资源的建设还存在着一个成本问题，投入大，目前存在着投入与产出的反差问题，反过来又影响了资源的建设。对此，您是怎样认为的？

侯：这个问题比较复杂，数字化教育需要大量的资金投入，也成为开展现代远程教育一个实际面临的巨大压力，这个压力需要国家协助，又不能完全由国家来承担。目前投入主要依靠各试点学校自筹，包括财团捐赠(清华)、从公司引资(人大、东南大学)、电信部门优惠(北邮大、湖大、浙大)、地方政府投入(地方电大)、学校自筹和教学点自建(清华等)等多种形式。多种形式的投入将成为解决教学资源建设投入的主要方式，随着教育的发展，教育投资的环境将得到不断改善，相信投入问题是不难解决的。现在的问题是大量的资金投下去后，我们的教学质量是否上去了，学生的素质是否提高了等等，存在着许多争论，也担心投入产生不了预期的效益。对产出这个问题难以定量化，有学校说产出效益很好，老师说好，学生也说好，并且学生的素质确实是提高了，而也有人认为没有或是产出效益较差，两种说法很难分辨出孰对孰错，因为没有一个确定的可操作的标准来鉴定。但总的来说，我对数字化教育的产出和前途是充满信心的。

本刊：数字化教育的目标是建立一个良好、真实的学习环境，而我们现在离这一目标还存在一定距离，是否请侯教授您谈谈有哪些有效的途径来尽快缩短这种距离？

侯：一个良好、真实的学习环境对数字化教育的实现非常重要，数字化教育学习环境包括两个方面的内容，一是教学过程的构建，教师站在学习者的角度上，设计教学过程；二是学生基于网络进行学习过程的构建。教师不能简单地认为把课堂搬到网上去就完成了数字化教育，教学方式的改变是最重要的，可以采用讨论、案例、研究等方式让课堂气氛活跃起来，实现教师和学生的互动。在网络上，生动的、方式多样的网络交流便于学生们抛弃心理的、语言的及其他障碍，畅所欲言，从一定程度上来说效果将比课堂讨论效果更好，它也将是未来网络教育的重要核心，正是有了它，网络教育的未来不可估量。

本刊：教育本身离不开学校、教师对学生的人文关怀，在网络教育环境中，学校、教师的人文关怀如何来体现？

侯：教育是认知和情感相互结合、相互促进、协调发展、共同进步的活动和过程。而网络教育是一种在师生处于准永久性分离状态下，利用文字、音像、计算机多媒体、网络等多种媒体进行的新的教育教学形式。在传统教育中教师是言传身教，他的一举一动都对学生具有很大的影响力，并且对学生进行集体主义的培养，人际交流能力的锻炼都有很大作用，但是网络教育就不行了，学生整天只是在和一台冷冰冰的机器打交道，老师的言传身教、谆谆教诲，校园文化的熏陶，互助友爱的同学友谊等都无从谈起，这对我们培养下一代高素质的接班人是不行的。以“科技，以人为本”为核心理念的人本主义是网络教育哲学的精华所在。“人本主义”不是一句空洞的口号，在它的指导下，可以衍生出许多具有深刻内涵的触及网络教育本质的理念，“智能化”、“个性化”、“人性化”、“多媒体化”、“交互化”就是人本主义理念指导下，网络教育的核心理念。我们从事研究的同志要积极研究这个问题，因为只有解决好这个问题，我们的网络教育才能得到大发展，我们网络教育培养出来的学生才会被社会所接受。

（记者 应悦）

*原载《中国远程教育杂志》，2002年第6期。2002年由ITAT组织召开的全国数字化教育高峰会议时，我做了一个报告。会后《中国远程教育杂志》记者应悦访问我，就我国远程教育的理念、现状和前景等发表了看法。事后，记者整理和发表了我们的谈话记录，我也记不住当时是否有这么多内容，当然，意思是对的。

143 开放大网络教育

2003 年 12 月，中共中央破天荒地召开了全国人才工作会议。把实施人才战略提高到建设全面小康社会和实现中华民族伟大复兴的空前高度，实施这两个“大”是全民都瞩目关心的。我认为实施开放大网络教育不能不说是一个有效的方法。

1. 什么叫开放大网络教育

开放大网络教育有两层含义。一是“开放”，二是“大网络”。开放的含义是要提倡全民教育。胡锦涛着重指出实施人才战略要树立“大教育”、“大培训”的观念。如何、全时和全方位办教育的思想。教育不应当仅是教育部门的事，全社会，全体人民以及整个社会发展过程中的各个部门都应当始终关心教育、接受教育和参加教育，这是时代的需要。知识经济时代决定了学习型社会的形态，即时代要求人人、时时以至终身都要学习、接受教育。所以，在一个国家中除传统的国民教育以外，还应当有各种非学历型的教育体系，如继续教育，成人教育、网上教育、短期培训等等。

大网络教育的含义不仅是网上教育(E-learning)，还应包含两个“三网融合”的教育。第一个“三网融合”的融合，如卫星、电视、光纤电缆、电话网等“天网”、“地网”以及各个部门、行业等组成的教育(“人网”)网络，如司法部门的司法警官培训考试网络，劳动人事部门的各种职能培训考试网络，党政部门的各种党校、行政学院等培训教育网络，如此等等。在这三个网络融合中“人网”尤其重要. 它是主动性网络，是教育培训成功的关键。第二个“三网融合”是技术融合，如将密如蛛网的有线和无线电话(语音)、铺天盖地的广播电视(视频)以及由 0 和 1 组成的计算机网络(数字)融合起来，使之资源共享以发挥最大的教育效应。

2. 为什么要实行开放大网络教育

尽管改革开放以来我国的综合国力有了很大的提高，但和国际比较起来仍然是一个发展中的国家，不仅经济不够发达，文化教育尤其不发达。中国的人均 GDP 刚达到 1 000 美元。而欧、美、日发达国家在数万美元，相差几十倍，而且中国还有数以千万计的下岗人员，数以千万计(3 000 万)的贫困人口……中国的教育尤其是农村教育更不能和西方发达国家相比，我们还有不少青壮年文盲，全国九年义务制教育还未完全普及，2003 年高中生入学率仅为 43%，虽然国家的教育经费逐年大幅度增加，但也只占 GDP 的 3%，远远低于发达国家，甚至低于某些发展中国家。我们国家有太多的事要做，公共建设、社会保障、行政开支、国防建设……国家也好、老百姓也好，在教育支出上已不堪重负……所以我们只能走大开放教育的新思路。20 世纪末出现的经济全球化浪潮以及我国加入 WTO，中国只能而且必须进一步向世界开放，国际产业结构的提升和向发展中国家迁移，以及中国稳定的政治环境和丰富的人力资源，中国将迅速成为世界制造业中心，于是高新技术产业、现代制造业和现代服务业需要大量的智力和技能的劳动者，中国必须迅速抓住这个机遇，快速准备和赶上这个千载难逢的机会。显然仅靠传统教育注定完成不了这个历史使命。

另一方面，经过20多年的快速发展，中国已具备了实施大开放教育的物质基础，中国已有自己的教育卫星，有数以亿台的彩色电视机，数以亿计的移动电话和固定电话，数以千万台计的计算机，数以百万公里的光纤电缆，还有国家公共和各部门的全国性数字通信网络，有许许多多的全国性的教育培训机构和管理网络……种种事例说明，中国已具备了实施开放大网络教育的有利条件。

3. 一个开放大网络教育的成功实践

2000年初夏，由教育部教育管理信息中心博汇英才公司和中央教育电视台共同发起成立"全国信息技术及应用远程培训教育工程"（简称IT&AT），这是一个典型的开放大网络教育工程。其核心是利用教育卫星，通过电视、计算机网以及管理机构，培养IT及其应用的急需技能人才。如程序员、网管员、服装CAD设计员、建筑装潢设计员、多媒体演示制作员、网页设计员、电子商务实务员、中小学IT教员等等当前急缺的"灰领"人才，同时也以快速地跟踪最新信息技术，通过卫星宽带网传输给计算机网络，以补充高校学生最新知识。由于其定位正确、措施得当，成立一开始就得到领导和广大群众的支持，不到1年全国就成立了500多个培训机构。出版了数十本教材和高质量的数十个多媒体课件。现在该工程正在总结经验，以便更好地响应中央提出培养数以亿计的技能人才（关于IT&AT工程的详细情况可参阅网站 www.itat.cn）。

为了中华民族的复兴，在网络时代，要大教育，能大教育。

* 原载《计算机教育》2004年第4期。20世纪末，中国面临良好的发展机遇和严峻的国际挑战。提高全体国民的科技、文化水平，不仅成为关键，而且已迫在眉睫。为此，作者一方面信心勃发，另一方面又有些忧心。感到需要做出自己的行动，发表自己的观点。因此，1996年我曾以长篇文章论述"大开放教育"的必要性与可能性，并投诸《光明日报》等大报，但未获响应。2000年我参加ITAT教育工程工作，并任专家组长，这是我投身大开放的一个实际行动。2001年由ITAT召开的第一次全国数字化教育高峰论坛上，我做了《试论大开放教育》的长篇报告。本文就是那篇报告的摘要和主要观点。

144 首都信息化与人才培养

人们正在送走一个波澜壮阔的世纪。人类另一个更为辉煌的1000年正扑面而来。信息技术的突破性进步及其在各个领域的渗透和应用,使人类越来越能解开宇宙的秘密,越来越能解决社会的复杂问题。足不出户可以通晓天下、寻求商机、进行各种活动,于是地球变得越来越小,天体变得越来越近,经济迅速在全球化,全球迅速在信息化,其势不可阻挡。

中国——地球上人口最多的最大的发展中国家,北京——中国最令人神往的首都,中国一定也必须要实现信息化,首都应该也必须是首先信息化的城市。但是,首都信息化又极其伟大和艰巨,如何有效、高速、经济地实现首都信息化,使之成为屹立在世界都城之林的信息化城市,这是从中央到普通老百姓都极为关心的事业。

一、首都信息化既要高瞻远瞩,又要因时因地制宜

经济全球化意味着中国以及首都的经济是全球经济的一部分。全球信息化意味着中国以及首都的信息化是全球信息化的一部分。所以首都信息化的空间视野是高瞻全球。信息化的规划和逐步实现必须考虑与国家和全球信息网络的接口、信息标准规范以及全球信息技术的应用和信息网络建设相适应。

也许首都信息化是首都一个最伟大的基础建设,我们通常对一个重要工程的建设要求"质量第一,百年大计",对于信息化这样技术含量极高、投资很大、几乎覆盖所有领域的社会系统工程更应强调"百年大计,质量第一"。因此,首都信息化的时间视野是远瞩新世纪。但是,由于信息技术在日新月异地高速发展,我们既要在时空视野上高瞻远瞩,又要注意国情,因时因地按实际办事,这就是一个巨大的矛盾。但必须处理好这个矛盾。

二、首都信息化既要只争朝夕,又要循序渐进

全球信息化的步伐飞速前进,时代要求中国尤其是首都必须以只争朝夕的精神加速信息化。但是信息化是一个社会行为,社会系统的惯性极其巨大,变革非常不易,反映在信息化上也绝不能一蹴而就,只能循序渐进,如登楼梯一样,一步一个脚印,既不停顿,更不倒退地快速走向顶层。而且这个过程不能低估其艰苦性,可能需要相当长的时间,于是只能在总体规划的框架下一个系统、一个系统的去实施和应用。这又是一对矛盾,但必须冷静而积极地处理好这对矛盾。

三、全国人民的首都,北京人民的职责

首都是全国人民的首都。首都北京和上海、天津等特大城市的信息化有其共同的一面,但更有其特性。首都是全国的政治文化中心,也是经济中心。北京是中央所在地,集中了数以百计的中央党政军和各部委机关以及科研、文教等单位,北京还有许多外事、外企等机构,所以首都信息化就异常复杂。它远远超过了其他城市信息化的概念。因此首都信息化就不能由北京

市一家来承担，但客观上又不能让全国其他城市来建设，只能依靠北京市具体组织和实施。北京要承担这么重大的任务必须要解决好北京市和中央的关系。首都信息化需要巨大的资金和大批技术人才，显然对北京来说这又是一个巨大的矛盾，但又必须妥善地解决这个矛盾。

四、首都信息化的关键是有一个权威的统一协调组织

首都信息化不仅涉及北京市本身还涉及中央所有部门。作为首都信息化整体工程的实施，必须有一个十分"权威"的组织，由这个组织统一领导和协调信息化过程。五十年代首都十大建筑是北京市人民在中央的直接关怀下建设起来的，当时周总理亲自主持审查人民大会堂等建筑方案，在全国人民的人力、物力的支持下，十大建筑优质高速地建成了。虽然信息化工程不能完全与建筑工程相比，但在一定意义上说它更为复杂，因为它覆盖和渗透到所有部门，和所有人都息息相关，所以困难就尤其多，因此有一个权威的统一协调组织更为必要。

五、首都信息化需要一个结构化的人才体系

首都信息化涉及自然科学和社会科学的各方面高、中、低人才，而不仅仅是计算机和通信人才。这个人才体系的结构如图1所示。有三类人才：信息技术人才、管理人才、系统性人才。

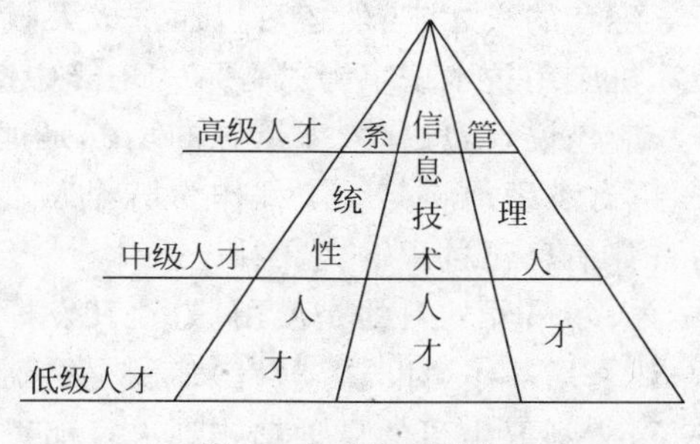

图1　人才体系结构

1. 信息技术人才

信息技术人才包括计算机软硬件人才、通信、网络人才、数据库人才以及电气、控制等工程人才，这是信息化过程中的技术骨干力量，需要的数量较大，每种人才中再分为高级、中级和低级人才，呈金字塔结构，其中，低级人才(如程序员、操作员、一般维护、维修人员)需要量较大。

2. 管理人才

信息化过程中不仅要铺设电缆、安装机器、开发软件。还要直接面向应用部门进行系统分析和系统设计，直接为管理服务。所以各级管理人员要参与系统开发。对管理人员要进行培训，只有广大管理人员掌握了信息技术的应用，才能真正利用信息资源，所以需要合格的管理人才。此外，在信息化过程中需要计划、组织、管理、协调和控制系统的开发过程，这种管理信息化过程的人是更为重要的管理人才，他们是既懂得管理又懂得技术的复合型人才，是"船长"式人才，目前最为稀缺的就是此类人才。

3. 系统性人才

所谓"系统性"人才是指对系统进行规划、预测、优化等人才。信息化的根本目的是提高生产和管理效益，即明显地甚至大幅度提高经济和社会效益，而不是只简单地用计算机代替手工劳动的提高效率。由此，就必须对组织的生产、经营、管理进行优化设计，进行预测分析，进行管理决策以便寻找商机等等。而这些属于"系统性"的工作首先就要建立数学模型，如统计模型、预测模型、优化模型(如线性规划)、决策模型、存储模型等等。然后用系统工程

的方法和计算机技术求解模型、评价方案，最后提供给决策者进行方案选择，做出决策。

由以上分析可知，在进行首都信息化的时候，所需人才绝不仅仅是计算机人才，而是一个人才体系，哪一方面的人才都很重要，缺一不可。现在有些部门往往只重视计算机人才，而对另外两种人才尤其是管理人才的作用不够清楚。国内外无数例子证明，纯技术人才很难建成和运行一个信息系统，这个教训太深刻了。

六、首都信息化人才的培养和使用

首都信息化需要大量各方面人才，从一定意义上说人才决定一切，尤其是如项目管理人员、系统分析人员以及系统设计人员那样的高级复合型人才更是关键性的人才，目前正在进行首都信息化的人才中比较缺乏这方面的人才。所以需要认真解决首都信息化的人才问题，不仅培养还有使用问题。解决首都信息化人才的渠道有两个：一是从在京中央各部委机关和事业单位招聘优秀的高级人才。首都集中了这么多部委信息中心、科研机构、大专院校以及企事业单位，从宏观上来说可谓人才济济，采取特殊的政策选拔高级管理和技术人员应该是不太困难的。二是通过首都高校尤其是首都直属高校有计划地培养和培训与信息化任务配套的人才，当然还可以通过成人教育、自学考试以及计算机等级考试、软件水平考试、计算机应用技术证书考试等形式培养中低级人才。

应该说，信息化人才最好的培养是通过工程实践，信息化工程是培养人才的最好的学校，可有意识地将某个工程作为培养人才的基地和“孵化器”，在这个培训基地上源源不断地为首都信息化过程输送和补充人才。

人才培养的目的是使用，是让其发挥才干，作出贡献。我们现在的人才政策上确实有问题，认真培养了(如高等教育)却没有得到很好的使用，结果都跑到外国或外企中，为人家服务了。“刚要生蛋的良种鸡跑到人家那里去了”，养鸡人不是要气歪鼻子吗？我们不能做这样的蠢事。如何稳定人才？我认为要有三个条件：(1)让人才有“事业感”。有关部门通过政治思想的和具体工作的有力措施，使首都信息化人才确实感到自己在从事极其光荣伟大的事业。他们不仅有具体的“事”可干，而且还明显地看到自己为之奋斗的“业”绩。显然无事可干不行，光干事无业绩也不行。(2)要有好的“环境”。不仅要有一定的物质环境，更主要的是要有一个好的社会环境。即人才所在单位的上下左右关系和谐，人人心情舒畅、民主平等的环境，使之一心扑在事业上，不为胸前背后之虑而忧。

(3) 要有适当的“待遇”。中国的知识分子包括年轻的知识分子并不都是只为钱而工作，但目前确实有些太不相称，尤其是高级人才的待遇，人家用多于我国十倍数十倍的待遇来吸引他们，而我们的待遇连基本生活都成问题，更不要说住房、汽车了，所以对于信息化人才应有特殊的政策，大幅度提高他们的待遇，体现他们的价值，使之无后顾之忧地为首都信息化全力服务。

当然这三件事做起来比较难，但一定要做，否则人才的流失和不稳定就难以避免。

总之，首都信息化太重要、太伟大、太复杂了。本文的意见不一定正确，仅供有关部门参考。

* 原载《首都信息化》1998 年第 8 期。本文是和《首都信息化》记者蒋向东的谈话记录。其姐妹篇为发表在《首都信息化》1998 年第 3 期上的“首都信息化的特征、目标和方针”，也收录在本书的“信息化论述”篇中。

145 中国软件行业协会考试中心 1989 年度首次系统分析员级水平考试总结及试题分析

中国软件行业协会考试中心于 1989 年 12 月 17 日进行了第一次系统分析员级水平考试(试点),在京参加考试的 9 人,外地考试的 5 人,共 14 人,考试分上、下午进行,上午 150 分钟,共 15 题,每题必做,满分 75 分;下午 150 分钟,共 9 题,每题必做,满分 75 分。上下午一起,满分共 150 分。

一、考试结果

表 1 至表 3 是考试结果统计,表 1 为总成绩统计,表 2 为上午成绩统计,表 3 为下午成绩统计。

表 1　总成绩统计

考试人数	及格人数	及格率	平均分数	最高分数	最低分数
14	3	21%	76.4	105.5	62.0

* 满分 150 分,及格 90 分(合百分制 60 分)。

表 2　上午成绩统计

考试人数	及格人数	及格率	平均分数	最高分数	最低分数
14	3	21%	35.4	50.5	20.5

* 满分 75 分,及格 45 分(合百分制 60 分)。

表 3　下午成绩统计

考试人数	及格人数	及格率	平均分数	最高分数	最低分数
14	4	29%	41.0	55.0	16.0

* 满分 75 分,及格 45 分(合百分制 60 分)。

二、试题分析

试题由两大部分组成,上午试题重点在基础,下午试题重点在应用。上午 15 道试题中,管理类 3 题,占 20%;运筹学 3 题,占 20%;计算机软、硬件及通信网络 6 题,占 40%;专业外语 3 题,占 20%。下午 9 道题中,一般知识 2 题,占 22%;系统开发 6 题,占 67%;系统配置 1 题,占 11%。

系统分析员不同于高级程序员和程序员，除应具备一定的计算机软、硬件知识外，系统分析员的知识面应更宽，尤其是在管理科学、系统科学方面应有较好的基础，因此在上午试题中安排了20%管理类试题，20%的运筹学试题，而在下午试题中67%的试题涉及系统开发，我们认为这样的安排是合适的，从试卷中明确区别了系统分析员和高级程序员的不同点，这是试题的特点之一；试题特点之二，强调广博而不是深窄，无论是上午试题或下午试题，每道题本身并不十分深难，但是将这些题综合起来却并不容易，这样体现了系统分析员考试的指导思想：即单纯具有计算机知识(包括编程能力)的人员可能考好高级程序员的试题，而要考好系统分析员的试题却是困难的，当然，单纯从事管理工作的人员也是无法通过系统分析员级考试的，这对引导系统分析员考试有重要意义；特点之三，强调实际开发经验。在下午试题中，和系统开发有关的试题占2/3，而且这些试题几乎都涉及系统开发策略和开发方法，还要联系考生本人过去开发的项目，总结成功和失败的经验、教训，这样做可以较全面地考察应试人员的经验，便于选拔有理论基础而又有实践经验的系统分析员。

三、结论与建议

这次系统分析员级水平考试的命题与考试是成功的，总的来说是合适的，题的分量和内容比较符合我国实际情况，具有一定的特色和达到一定的水平。由于这是第一次考试，加上时间仓促，也有不少经验教训值得总结。为此建议：

1. 认真做好进一步的总结工作，尤其是总结命题考试工作；
2. 提早准备，作好宣传报道工作，以便使更多的考生有机会参加考试；
3. 加强考试指导工作，如辅导培训等工作；
4. 尽量吸收国内外有关命题工作的经验，尽可能地使命题工作符合中国实际又做到科学化，如建立水平考试题库，并有一支相对稳定的组织管理队伍。

软件水平考试工作在国内起步不久，尤其是系统分析员级的考试刚刚开始，但其意义和责任却十分重大，必须严肃对待，以求通过考试能真正起到培养人才，发现人才，选拔人才的作用。

* 原载《软件产业》，1990年第8期。本文作者是最早参加中国软件水平考试的专家之一。20多年来，我国软件水平考试为培养软件人才、选拔软件人才，做出了不可磨灭的贡献。时至今日，软件水平考试的模式还没有多大变化，尤其是系统分析员级考试有待改进，如教材需要修订等。

146 关于系统分析员水平考试的浅见

从概念上说,“系统分析员”和“软件系统分析员”并不是同一码事。前者通常是指一个管理信息系统的系统分析者；后者是指一个具体软件系统的分析者,实际上是一个高级程序员。

管理信息系统从本质上说是一个系统工程。它的开发成功与否与其说是技术倒不如说是“艺术”,这里的“艺术”含义是广义的,包括社会的、经济的、心理的以及方法论等诸因素。管理信息系统不仅有计算机软件(而且是非常重要的要素)还有计算机硬件及通信网络,更重要的是还有管理机构、管理制度、管理环境以及管理者本身等等,将所有这些包含在内的一个以计算机为依托的信息系统工程是典型的社会经济系统工程。所以称 MIS 为人/机系统。

开发 MIS 既然是一个系统工程,其开发策略、开发方法、开发组织领导等等和单纯开发一个软件相比,其复杂程度可想而知,从而这两者在开发策略和开发方法上相差甚远。(1)从开发人员(尤其是系统分析员)的知识结构看,他们涉及系统科学、管理科学、数学和计算机技术,而不仅仅是软件技术。(2)从开发方法而言,开发 MIS 必须遵循系统工程的理论和方法,即从整体出发、寻求整体最优、采用系统分析和系统设计的方法等,这也远比程序员实现一个程序要复杂得多。(3)从开发组织来说,MIS 的开发队伍必须有领导支持和参加,人员包括各种专业人员：系统专业人员、管理(业务)人员、数学工作者、计算机硬、软件人员、通信人员等等,而开发一个具体软件当然主要由程序员来完成。

总之,谈到开发 MIS 时,我们更多的是强调 IT(information technology),强调 SE(system engineering)；强调,OM(organization & management) 另一方面,当人们谈到程序设计时,更多是强调 CT(computer technology)。两者思路相距甚远。

由此,我们就自然而然地想到目前我国试行的系统分析员水平考试问题,提出两点不成熟的看法：

(1) 系统分析员水平考试有无必要也称“软件水平考试”? 如果按现在的称呼,不仅造成产生上述的概念性误解,实际实施时也就非常困难,甚至有流产的危险。历年报考人数如此之少,值得总结。

(2)目前的系统分析员考试大纲有些不适应,应认真重新考虑一下,修修补补跳不出原来的圈子。

* 原载《软件世界》1990 年第 12 期。

147 信息化培训的三个根本措施

信息化培训要抓住三个措施，即：

(1) 以"全民教育(培训)"为永恒主题的根本性措施：①包括全部公办、民办大、中、小学校都要普及计算机和信息技术教育。②对全民进行信息技术的教育培训，包括通过计算机等级考试、能力考试、网上教育与培训等推动"全民培训"。

(2) 以网络为手段的教育培训。包括电信、电视和计算机三种网络。其中电信和电视教育是最大的平民教育平台，还有数字网，即计算机网络，最好是"三网合一"，通过电视上网是最好的形式。要大力推广电视上网，在电视机的机顶盒尚未普及之前，可以采用电视教育或光盘上课件教育。

(3) 以"应用"作为"推进器"的教育培训。应用是培训的发动机和推进器，没有应用，只是游戏，当然，好的游戏软件也是应用，但我们还是强调应用创造效益。应用有多种形式，简单的、复杂的各种应用。为了推进 IT 的应用，必须强调结合应用进行培训教育。

* 本文是 2000 年 11 月 8 日在本人作为专家组长的信息技术及应用远程培训工程(ITAT)上报告的核心内容，其观点今日仍然有意义。

本人早在之前指导研究生时就主张"三网融合"。2009 年中央正式提出了要推进三网融合。

148 信息化教育要从娃娃抓起

“我在扬州、锡山等地看到10多岁的孩子就参加全国计算机等级考试，而海门至今还没有全国计算机等级考试考点，我感到很焦虑。”这是海中校友、清华大学经济管理学院教授、全国管理决策与信息系统学会副会长侯炳辉在回母校参加九十校庆活动时对记者所说的话。侯炳辉，我市常乐镇人，1955年考取清华大学，毕业后留校任教，曾参与我国核反应堆研究。1979年在清华大学创建了全国第一个管理信息系统专业，后又创办了中国管理软件学院（民办）。40多年来，他一直以信息化教育、科研为主攻方向。

侯炳辉说，国务院在“十五”规划中明确必须以信息化带动工业化、促进现代化的国家发展战略举措。他认为，信息化必须从娃娃抓起，让孩子们从小建立“地球村”的概念，站得高，看得远，成为信息时代的佼佼者。侯炳辉表示，他将尽快促成海门建成一个全国计算机等级考试考点。

当听说海门已成为全国最发达的百强县（市）时，侯炳辉异常高兴。他希望家乡加快人才特别是高等优秀人才的培养，为海门的经济建设注入新的活力。

（记者　姜新）

* 原载《海门日报》2002年3月29日。

149 人才需要新“教练”

——培养IT复合型人才的新思路

新型的培养IT复合型人才的“教练”是一种全新的教学模式，即以“练”为主的模式，是学校和IT企业有机结合和分工的模式。“教练”模式的主体是IT企业的教学模式，这样的“教练”模式需要精心设计、精心组织。

进入21世纪，经济全球化加速，全球迅速信息化。中国加入WTO以及进一步对外开放，企业已感受到了前所未有的机遇与挑战，为了生存和发展，政府和企业纷纷发出了企业信息化的呼声，种种迹象表明，我国一些企业在信息化的认识、舆论和资金等方面已做好了准备，企业信息化的高潮即将到来，甚至将有燎原之势。但是，沉下来想想，总感到还欠“东风”，“东风”即人才，尤其是既懂信息技术又懂管理的复合型人才，更尤其是奇缺高层次复合型人才。

据统计，目前我国系统分析员级的人才约为1 000人，而美国有10万人。日本有4万～5万人。数字表明中国与美国比差100倍，与日本比差40～50倍，更何况中国人口是美国人口的4.5倍、日本的10倍呢！复合型人才的短缺是制约企业信息化的主要因素，甚至说是致命因素。于是，整个社会，尤其是明白其理的主管部门、企业领导们都在着急地探索如何快速地培养、获取并应用好复合型人才。本文试图通过分析学校教学，IT企业培训以及其他与此相关的因素，研讨复合型人才的培养和获取之道。

大学教育培养人才有劣势

我国众多高校设有不同层次的IT专业和IS专业，其中IS专业是复合型专业，其培养目标是复合型人才。复合型专业的特点是综合性和实践性，既有综合性知识，又有实践性能力。国内外经验表明，高等学校在培养复合型人才方面起到了重要的基础作用，例如在MIS专业的知识结构中既有众多IT课程，又有众多经济、管理以及系统性、人文社会性课程，通过系统的、规范的教学过程，学生可获取比较深厚、宽广的知识，具备了复合型人才所需的综合性要求，这是基础，没有这个基础就不可能有发展潜力和后劲。

但是，众所周知，学校在培养实践能力方面存在着固有的劣势。其一，理论知识往往和实际脱节，尤其是飞速发展的高新技术类知识更是如此。其二，教材跟不上“日新月异”的变化，教材的陈旧和落后于现实已成了人所共知的事实，其三，教师跟不上知识的更新，其四，学校的实验环境与实际情况脱节，其五，学校资源有限，学校不可能都及时更新设备。

由于上述原因，IS专业的学生在大学里只能是打下成为复合型人才的基础，至于日后能否成为复合型人才还有很多制约因素，如环境、条件、机遇等等，还有其本人的努力程度，志趣改变等等。所以MIS专业的学生，以后成为真正的复合型人才的还是为数不多，不少学生毕业以后改行了，搞投资和金融的有之，搞管理的有之，一般经商的也有之。而真正成为复合型人才的还需要在信息化实践中摸索和磨炼，这种摸索和磨炼成本太高，时间太长，是不确定的、不规范的、单个性的，因此远远满足不了预先的设想和社会的需要。

IT 企业培养人才有局限

近年来，许多 IT 企业已经感觉到"培训"已成为一个重要的商机，无论是国际企业还是国内企业都大办培训，且收费较高，如 Cisco、微软等知名公司进行网络证书、微软证书等培训，其特点是培训专门技能。IT 企业的培训有其优势：其一，理论与实际紧密结合。它们的目的非常明确，是学而致用(学而取证的目的也是为了用)，其二，边用边学，以用带学，无论是教材还是讲课，都把用放在第一位。其三，教师即专家，专家即教师，所以能保持知识常新。其四，有实际的实践环境和条件，可以不断地"与时俱进"。其五，资源丰富，不仅有硬件产品还有软件产品。由此可见，IT 企业的"培训"有明显的优势，但也有明显的劣势，即缺乏适合于培养复合型人才的教学模式和教学管理。

优势集成：创造一种新的教学模式

我们的目的是寻找一条更好、更快、更多、更省地培养复合型 IT 人才的途径，它既不同于学校也不同于目前的 IT 企业的技能证书，但集成了两者的优势，避开了两者的劣势，一种新型的教育培训模式，这种新型的"教"和"练"相结合的模式，为了与旧模式相区别，我们权且称之为"教练模式"。该教学模式将最新的知识和技能培训学员，重点是教练信息系统的实际开发\软件的实际应用，"教"与"练"的关系是以练带教。具体模式如下：

必要的最新知识的补充及产品的介绍　信息技术发展很快，管理也变化很快，有必要给学员以新的知识。此外，新产品，尤其是新的应用软件不断涌现，必须解读和使用新产品。

案例介绍　要用较多的典型案例，介绍信息系统分析、设计和产品选择等经验，这些经验在学校是很难学到的。

进行模拟教练　即提出一些背景，培训学员由分析、设计、产品选择以及实施等全过程。

用实际项目教练　以实际项目(这项目可能是学员单位的)为背景，将学员分成若干小组，每个小组一个项目，并切实解决实际问题，进行真刀真枪的教练，同时培养团队协作精神。

讨论式教学　即在培训教师指导下进行讨论。无论是补充知识的教学，还是模拟或实际教练，都要强调讨论。

学制：1～1.5 年为宜　少数大项目适当延长，但一般不宜多于 1.5 年。

场所：以 IT 企业为基地(例如用友)

我们设想，通过在这样的教学机构教练后，学员将能承担中小项目的项目负责人(经理)或系统分析员的工作。同时，在专业技能方面达到"企业信息管理师"甚至于"高级企业信息管理师"的水平。毫无疑问，这是一种成本较低、时间不长、可以批量培养 IT 复合型人才的有效途径。

＊原载《计算机世界》，2002 年 8 月 26 日。

150 时代呼唤“企业信息管理师”

国家信息化已成为我国国民经济与社会发展的战略举措。企业及各部门信息化急需既懂经济管理又懂 IT 的复合型人才。劳动和社会保障部近期颁布了《企业信息管理师国家职业标准》,并将依据该标准在全社会范围内开展企业信息管理师职业技能培训和资格认证工作。为此我们登载该职业标准及培训教程的主要起草者侯炳辉教授撰写的一组介绍性文章。

1. 为什么需要企业信息管理师

1980 年,我们在清华大学设计了全国第一个工科高校管理信息系统(management information system,MIS)本科专业。从当年招生以来,已有 600 多名本科毕业生、100 多名硕士毕业生走向工作岗位。

10 年前的 1992 年,我们又与当时的国务院电子办和国家教育委员会一起设计了全国高教自考“计算机信息管理”(CIM)专业(专科、本科),现专科、本科在读学生就有 20 多万。目前全国有几百所全日制高校,此外,还有许许多多成教高校、民办高校都设有“信息管理与信息系统”专业。

从培养目标及教学计划方面考察,无论是“管理信息系统”还是“计算机信息管理”以及“信息管理与信息系统”专业,其知识结构均为集信息技术、经济管理、系统科学等为一体的复合性结构,其培养目标为既懂经济管理又懂信息技术且具有系统思想的复合型人才。显然,我国国民经济和社会信息化紧缺这些人才,尤其是紧缺如 IT/IS 项目负责人和系统分析、系统设计那样的高层次复合型人才。

由于我国人事职称体制等因素,MIS 或 CIM 等专业毕业的学生始终没有一个与所在岗位匹配的“名分”,有些单位对他们评定的职称为工程师,有些单位评定为经济师、会计师。

这些职业名称的专业性单一,显然,对复合型人才的定位很不确切,因此,我强烈感到他们必须有一个恰如其分的“名分”,这不仅是对他们,而且对企业、对社会、对国家的信息化都将具有极大的意义。

首先,对信息管理者本人而言,无论是在读的信息管理与信息系统专业的学生,还是已经在从事信息管理或信息系统的开发者,毫无疑问,他们总希望有一个名副其实的名分,而不愿意随便安一个工程师(太一般)或经济师、会计师的头衔。我想,如果有一个“企业信息管理师”的职业称谓,将会积极地激励他们为企业、为国家的信息化而奋斗。

其次,企业,首先是 IT 企业,面临我国信息化的黄金时代。经济全球化和我国加入 WTO,IT 企业迎来前所未有的发展机遇和压力,这些企业不仅需要计算机软、硬件工程师,网络工程师,通信工程师,更需要信息化建设的复合型开发和管理人才,以便进行企(事)业和部门的应用系统的开发、维护,进行信息资源的开发利用。

企业信息管理师的职业鉴定为这些企业招工、用人提供了鉴别、使用和培养标准。其次，对我国数以千万计的各类企(事)业以及机关、学校等单位，信息化过程必然需要本单位的管理和技术人才，其中也尤其需要既懂管理又懂IT的复合型人才。例如企业需要一个CIO(企业信息主管)岗位。毫无疑问这个角色应首先从企业信息管理师中去选择、培养或引进。

最后，国家信息化也需要。进入新世纪，我国开始了第三步战略目标的奋斗历程，国家提出了"以信息化带动工业化，以工业化促进信息化"的战略举措，提出了我国国家信息化宏伟蓝图。对于这样一个伟大的历史进程，应该而且必须有强有力的学科支持，以便培养数以千万计、几千万计的管理人才、IT人才及其综合型的复合人才。

可以预期，"企业信息管理师"职业的建立必将极大地促进信息学科的发展，从而反过来促进人才的培养、凝聚和使用，从而极大地促进国民经济和社会信息化进程。

当然，我们在这里仅仅提出一些设想和方案，而真正要实施这一伟大工程还需要各级政府、教育部门、企(事)业单位以及社会各界的关心和支持，无论是对该职业进行的教育、培训，还是实施考核和人才使用等方面，都需要共同努力去探索、试验和开拓创新，使之更好地为国家信息化作出实实在在的贡献，这是我衷心的期望和祝愿。

2. 什么是企业信息管理师

什么是企业信息管理师的职业定义？按照《企业信息管理师国家职业标准》界定，其定义为"从事企事业信息化建设，承担信息技术应用和信息系统开发、维护、管理以及信息资源开发利用的复合型人才"。

该定义有几层意思：一是从事的工作是企事业单位的信息化建设，而不是一般的技术工作，即该人才不是一般的技术人员或IT人员，而是"信息化建设"的人员；二是承担的任务是综合性的，不仅有通常的IT应用，还有信息系统的开发、维护和管理以及信息资源的开发和利用；三是明确点出是复合型人才，而这尤其重要，在国家职业标准中，界定为复合型人才的职业是很少的，这才是定义的要害所在。

国家职业标准一般是将某职业划分为五个等级，由低到高分别为国家职业资格五级、四级、三级、二级和一级。企业信息管理师设定为三个层次，即"助理企业信息管理师"(以下简称"初级")，相当于国家职业三级；"企业信息管理师"(以下简称"中级")，相当于国家职业二级；"高级企业信息管理师"(以下简称"高级")，相当于国家职业一级。之所以不设立国家职业五级和四级，是因为企业信息管理师的知识结构复杂，能力要求较高，所从事的工作难度较大，即便对助理企业信息管理师的要求也很高。

三个层次的企业信息管理师的工作要求和能力要求有明显的区别。

例如对初级企业信息管理师的要求着重在具体操作的工作方面，如情报的采集、系统的运行维护、系统开发中的辅助性和操作性工作。

而对高级企业信息管理师而言，要求具有战略性的头脑，对企业信息化提出战略规划，对信息系统开发、运行、维护以及信息资源开发利用等方面提出指导性意见，并能进行协调和组织领导等工作。

中级企业信息管理师是承上启下的中坚人物，他们的工作量最大，既要领导初级人员工作，又要提出符合高级人员战略思想的方案，并在信息化实施中承担繁重的组织工作和技术工作，中级企业信息管理师在信息化中的人数也比较多，一般中小企业如果没有高级企业信息管理师，实际上组织信息化工作的是由中级企业信息管理师承担的。

3. 对企业信息管理师的要求是什么

任何一种职业都有与之相应的职业道德。企业信息管理师也不例外。在职业标准中，专门列出了企业信息管理师的职业道德要求，其内容是："遵纪守法，恪尽职守；团结合作，热情服务；严谨求实，精益求精；尊重知识，诚信为本；开拓创新，不断进取。"共5项10条。

遵纪守法，恪尽职守。企业信息管理师是从事企业的神经系统工作，信息作为资源，既可以为企业创造财富也容易被窃取、修改，给企业带来损失，例如修改财务数据进行犯罪活动，泄密数据为企业带来损失等等，所以要强调遵纪守法，强调恪尽职守。

团结合作，热情服务。企业信息化是一个集体的事业，要强调团队精神。只有精诚合作才能顺利完成一项信息化工程。同时，信息化工作又是一个服务性工作，要以人为本，全心全意热情地为用户服务，使用户的工作习惯适应于信息化环境。

严谨求实，精益求精。信息化工作技术性很强，对待科学技术来不得半点虚假，必须严谨求实。另一方面，信息技术是当代最为活跃的高新技术，发展极其迅速，面对日新月异的技术进步，企业信息管理师也必须跟上形势，精益求精。

尊重知识，诚信为本。企业信息化涉及许多软硬件知识，尤其是软件这样一种具有高附加值的知识产品。盗用软件侵犯知识产权就是典型的不尊重知识的表现。另一方面，由于软件本身的特点，用户较难识别其真假优劣，所以企业信息管理师对用户要诚信为本，不能有丝毫的欺骗行为。

开拓创新，不断进取。上面提到过信息技术是发展很快的高新技术，其发展是没有止境的，所以企业信息管理师一定要树立创新观点，不仅要在技术上创新，而且在应用上、在创造效益上也要创新。创新的机会客观上是存在的，而且非常多，问题是你是否及时去把握它，抓住它。从一定意义上来说，企业信息管理师是创新的职业，是开拓的职业，是具有不断进取空间的职业。企业信息管理师一定要在严谨求实的基础上，时时刻刻不忘"创新"二字。

关于企业信息管理师的技能和知识结构问题，这里不准备展开。这是一个复合型结构，主体由六大模块组成，即信息化管理、信息系统开发、信息网络构建、信息系统维护、信息系统运作及信息资源开发利用。

*原载《中国计算机报》，2003年3月3日。本世纪初，我国经济腾飞的架势已经确立，国力得到大幅度增长，企业，尤其是大型国有企业，迫切要求加快信息化步伐，但苦于人才匮乏，特别是信息化领军人物更是稀缺，这已严重地成为信息化的瓶颈，在这样的背景下，加快培养和选拔企业信息化所需的复合型人才，已迫在眉睫。为此，国家劳动与社会保障部组织有关专家，开展"企业信息管理师"职业资格考试项目，本人被聘请为该考试专业的专家委员会主任，从而一个新的国家职业在中国问世。

151 你能成为企业信息管理师吗

1. 企业信息管理师需要什么样的能力

企业信息管理师尤其强调能力，而它所要求的能力特征也和一般技术人员不同。在《企业信息管理师国家职业标准》中，对企业信息管理师的能力特征有如下描述："具有较强的学习能力、信息处理能力和应变能力；能够准确判断问题和解决问题，善于沟通与协调，合作意识强，语言表达清楚。"

显然，企业信息管理师的能力指的是综合能力，而不仅仅是某一方面的能力。这其中包含有四个意思：

（1）较强的学习能力、信息处理能力和应变能力，这是基本能力。

对于企业信息管理师而言，他不仅要和一般技术人员一样，具有通过别人的传授而获取知识的能力，更要具有通过自学等方式得到知识的能力，也就是说具有较强的学习能力。同样，信息处理能力也是一个基本能力。而应变能力的要求是特别针对企业信息管理师而言的，是对企业信息管理师特有的基本要求。众所周知，在企业信息化过程中需要应付千变万化的管理、技术以及各种人的行为心理，纯技术不行，书呆子更不行。

（2）能够准确判断问题和解决问题。这是核心能力，也是最难达到的能力。

企业信息化是一个系统工程，不仅仅是信息技术的应用，还包括信息系统的建设、信息化管理制度的执行和电子商务的应用等等。所有这些工作都涉及的关键问题即是方案的规划和设计，所以分析和判断能力就显得尤其重要。例如信息系统建设中，逻辑模型（即所谓解决方案）的确定，物理模型（系统架构）的构造，以及实施一个实实在在的信息系统（物理系统）时，其间必定要经过许许多多大大小小的分析、判断和决策。

（3）善于沟通与协调、合作的能力。这是外延能力。这比一般科技工作人员要求更高。

信息化是事关企业全局的大事，信息系统工程是一个十分复杂的领导工程（有人也称之为"一把手"工程）、全员工程（和企业全体人员都密切相关），是一个人机结合的社会系统工程，涉及企业上层建筑的管理理论、组织机构、业务流程等等，所以绝不像建设一个技术工程那么简单，需要上下左右各方面的协调沟通。许多例子证明，信息化建设的成败经常受这些非技术因素的影响。有时，这些影响甚至是决定性的影响。

（4）表达能力。如上所述，信息化建设是一个沟通协调的过程。无论沟通也好，协调也好，都需要用语言表达出来，而且不仅是语言表达，还要用文字表达。

语言和文字是沟通的桥梁、协调的工具。信息化过程当中尤其强调要有描述清晰、逻辑清楚的文档资料，所以同时也要求企业信息管理师具备较强的语言文字能力。

2. 从事什么样的工作

《企业信息管理师国家职业标准》提出了对初级、中级和高级企业信息管理师的工作要求(见表1)。每个级别的工作要求都由6种职业功能组成,这些职业功能分别是:信息化管理、信息系统开发、信息网络构建、信息系统维护、信息系统运作和信息资源开发利用。

每项职业功能再细分为若干个工作内容。每个工作内容分别设置若干技能要求及对应的相关知识,如表1所示的企业信息管理师(中级)的“信息系统开发”的总体规划工作内容,共有4个技能要求、6种相关知识。

表1 企业信息管理师(中级)工作要求

职业功能	工作内容	技能要求	相关知识
一、信息化管理	略	略	略
二、信息系统开发	(一)系统总体规划 (二)略 (三)略 (四)略 (五)略 (六)略	1. 能够归纳企业各部门对信息系统的不同要求,并撰写初步调查报告 2. 能够起草信息系统总体方案 3. 能够建立综合平台 4. 能够提出系统的总体开发模式和选择合适的开发工具和平台	1. 系统规划知识 2. 可行性分析方法 3. OA和EIS基本知识 4. MRP/H和ERP知识 5. DSS/GDSS/IDSS知识 6. CIMS基础知识
三、信息网络构建	略	略	略
四、信息系统维护	略	略	略
五、信息系统运作	略	略	略
六、信息资源开发利用	略	略	略

标准中其他工作内容、技能要求及相关知识不一一列出,具体细节可以参阅《企业信息管理师国家职业标准》中的相关内容。

根据职业标准编写的培训教程共分为4篇:第一篇为基础篇,有三部分内容,即信息技术、企业管理和法律法规;第二篇为初级企业信息管理师的工作要求和相关知识;第三篇为中级企业信息管理师的工作要求和相关知识;第四篇为高级企业信息管理师的工作要求和相关知识。其中第一篇是公用的,第二至第四篇格式完全相同,但内容不同。

培训教程的写作完全按工作要求编写。工作要求的每项职业功能中,每一个内容都有具体的技能要求和相关知识,对每一个技能要求可能再分为若干“知识点”(在教程中称“单元”),并对“单元”进行可操作性的描述。同时,对应每一个单元,再辅以相关知识进行解释,必要时再以“注意事项”栏内注明附言。教程的具体结构如下:

第X篇

第X章

第1节

第1单元

1. 学习目的

2. 技能要求

3. 相关知识

4. 注意事项

5. 思考与练习

3. 进行什么样的培训与考核

（1）培训

不论是初级、中级和高级的企业信息管理师，都必须经过正规培训和鉴定考核。培训采取面授培训与网上培训相结合的方式。三种不同级别的培训时间见表 2。

表 2　不同等级培训时间

等级	标准培训学时（其中网上培训学时）
初级	240(140)
中级	220(130)
高级	200(120)

（2）培训申报条件

申报者首先要完成规定的培训要求，并具有如下条件之一者，方可分别申报各个级别的资格鉴定培训。

初级：

a. 具有大专学历（或同等学力），连续从事本职业 2 年以上；

b. 具备信息管理或相关专业的本科学历。

中级：

a. 取得本职业初级证书后连续从事本职业 3 年以上；

b. 具有大学本科学历（或同等学力），连续从事本职业 4 年以上；

c. 具有管理类、信息技术类专业或相关专业硕士以上学历，连续从事本职业 2 年以上。

高级：

a. 取得本职业中级证书后，连续从事本职业 4 年以上；

b. 具有大学本科学历（或同等学力）连续从事本职业 8 年以上；

c. 具有管理类、信息技术类专业或相关专业硕士学位，连续从事本职业 5 年以上；

d. 具有管理类、信息技术类专业或相关专业博士学位，连续从事本职业 1 年以上。

（3）考核方式及考核内容的权重分配方案

a. 理论知识考试

采用闭卷笔试形式，三个级别的考试时间均为 150 分钟。满分 100 分，60 分及以上合格，不同级别的考核内容权重不尽相同，见表 3。

表 3　理论知识考试分数分配

基本要求及相关知识	分数分配（权重）		
	初级	中级	高级
职业道德	5	5	5
基础知识	20	15	10
信息化管理	4	15	21
信息系统开发	11	17	21
信息网络构建	22	16	11
信息系统维护	21	11	8
信息系统运作	13	12	12
信息资源开发利用	4	9	12
合计	100	100	100

b. 技能考核

技能考核采用笔试及上机操作相结合的方式进行。初级考核时间为 120 分钟，中、高级考核时间为150分钟。满分100分，60分及以上为合格。中、高级还须进行综合评审。技能考核的分数分配(权重)见表4。

表4 技能考核分数分配

技能要求	分数分配(权重)		
	初级	中级	高级
信息化管理	8	18	25
信息系统开发	16	25	25
信息网络构建	24	20	16
信息系统维护	27	13	9
信息系统运作	20	14	12
信息资源开发利用	5	10	13
合计	100	100	100

以上两种考试、考核的分数分配表明，不同级别对相关知识和技能的要求是有层次区别的。

例如对理论考试中的基础知识的要求，初级的分数比例最高，达20分，中级15分，而高级的比例最低，仅需10分。而技能考核中，信息化管理的要求恰好相反，初级最低，为8分，中级18分，而高级最高，达25分。

* 原载《中国计算机报》，2003年3月10日。这是3月3日发表的“时代呼唤企业信息管理师”一文的姊妹篇，重点介绍“企业信息管理师”的标准、报考办法等。

152 解决信息化瓶颈

——根本出路在于全员培训

众所周知，当前推进信息化的主要难题是观念落后，而观念落后的首要原因又是人才缺乏，不仅缺少高水平的CIO，一般人才也缺。从普通员工到部门主管再到主要领导，应用IT的能力都亟待提高。笔者认为，解决这些信息化瓶颈的根本出路在于扩大培训规模，实行信息化全员培训。

什么是信息化全员培训？对企业来说，就是全体职工都要参加信息化培训，提高全体职工的信息化意识和计算机操作能力。我国的信息化人才培训大致经历了四个阶段：第一阶段是科研培训阶段。20世纪80年代初，主要是为大学、研究所培养科研和教学人才，人数较少，内容主要侧重前沿的IT技术。第二阶段是技术培训阶段。1985年后，有关部门开始在全国范围内推广计算机水平考试，是以培养程序员为主的技术培训，主要是面向软件业人才，至今还在进行。第三阶段是文化培训。1990年后，为普及计算机文化，在全国范围内推广计算机等级考试，基本上是面向全民的一些普及培训内容相对简单，但普及范围很广。第四阶段是管理培训。近两年，随着信息化的推进，人们发现如果要建设信息化，必须对高层管理人员进行培训，把崭新的管理思想传递给管理人员，于是推出了各种面向高级管理层的培训，到现在为止基本还停留在这个阶段。

但对整个国家的信息化来说，目前的培训水平远远不够，必须开展更大范围的培训。农业社会人人都要学会种地，工业社会人人都要会用电灯，都要知道电的基本知识。现在到了信息社会，如果没有信息技术，国家就不能快速发展；对企业来说，没有信息技术就别想翻身；对个人来说，不懂得信息技术将来可能就会寸步难行。因为将来一切东西都与信息化有关，对IT一点不了解，在企业里面可能就没有立身之处。这意味人人都要学IT，但对不同人员培训的内容并不同，对信息技术人员的培训以前沿技术为主，对高层的管理人员的培训要以IT如何促进管理为主；对一般的操作人员的培训就是以基本应用为主。

信息化培训上去后，有了人才，领导、技术人员、操作人员都明白，每个人都朝同一个方向去努力，信息化的阻力当然就会渐渐减少。其实，搞信息化和种地还有点不太一样，种地的不确定因素比较少，如果天气不好，还可以抗旱、灌溉等；而信息化的不确定性和复杂性，要比种地大得多，如需要多少投资、产生多少效益等有很多变数。这里面既有管理、认识的问题，也有体制的问题。但如果全员对信息化的意识普遍提高，许多认识等问题，就会迎刃而解。

* 原载《计算机世界》，2003年8月4日。

153 全员信息化复合型人才培训与职业鉴定

昨天高主任在作主题报告《中国 CIO 现状与趋势》时讲到："CIO 是信息化当中的领军人物。"所以我们想为领军人物做一点认证。所谓的"领军人物"应该具有什么样的标准、进行什么样的培养、拥有什么样的职业认证？这就是我今天主题演讲的题目：《全员信息化复合型人才的培训与资格认证》。

1. 我国在信息化历程中遇到的问题

第一，我国二十多年来的信息化历程证明：信息化的成功关键是人力资源。现在这个已经不是疑问了，而是大家都认同的观点，已经成为共识。

第二，最近胡锦涛主席在第十一届 APEC 会议期间有关信息化的一段话，给我的印象很深。胡锦涛主席说："我们应抓住加强信息基础设施建设和人力资源开发这两个关键环节。"对于"信息基础设施建设"这个问题比较明显，我们在这方面做了不少工作，成绩也很大；而"人力资源"这个环节目前确实存在不少问题。

第三，中共中央组织部、国家人事部、国务院信息办联合下发的组通字[2003]1 号文件指出："推动信息化和电子政务建设，培训要先行"。由此可见，信息化的瓶颈是信息化人才；信息化人才中的关键是复合型信息人才；现在复合型的信息人才十分稀缺，是瓶颈中的瓶颈；复合型信息人才的职业培训和资格认证已是迫在眉睫的战略任务。

1980 年清华大学在全国理工科大学里成立了一个"管理信息系统专业"。我就是从清华大学自动化系到清华大学经济管理学院建设这个专业的。也就是说 20 多年以前，我们对当时所招学生的培养目标就是：既懂管理又懂技术的复合型人才。现在已经重视复合型人才的人员很多，但是我们有很多的毕业生，他们没有一个恰如其分的名分。这些毕业生毕业以后，在评职称时被评为"工程师"、"会计师"、"统计师"，我认为对他们来说都不太公平。因为工程师、机电工程师、电气工程师，它们的专业性很强；会计师专业性更强；统计师、经济师专业性也很强。但是，对一个复合型人才以及已经重视复合型人才工作的这些人来说，光叫他们工程师、会计师是不恰当的，应该给他一个名分，一个职业资格的认证。

2. 复合型信息人才的定位与标准

什么叫复合型信息人才？复合型信息人才的定位应该是信息化的组织者和领导者。比如说昨天的杨国勋主任，就是一个信息化的组织者和领导者；在信息化建设的系统分析、设计以及整个建设过程当中的组织者和领导者；信息化建成以后，信息化管理和运作者；信息资源的开发和利用者。我们认识到能够解决组织领导、进行分析设计、管理和运作的人，一定应该是复合型人才。

复合型人才的标准：他从事的职业应当是信息化管理、信息化建设、信息技术应用、信息系统开发以及信息资源开发利用等。我们知道，信息化复合型人才需要的能力和一般的工程技术人员的要求应该更加全面一点。它需要的是：(1)“既懂管理，又懂技术；思维敏捷，思路开阔。”我们有一些纯技术人员思路就不够开阔，纯技术人员对管理不够熟悉。光懂管理不懂技术的人不行，光懂技术不懂管理的人也不行。复合型人才应该是既懂管理又懂技术，而且思维很敏捷，思路很开阔，能够站在更高的层次来看待问题。(2)“善于沟通，长于合作。”因为复合型人才是领军人物，CIO 就是最高的一个复合型人才。作为领军人物、总司令，他当然要善于沟通，长于合作。(3)“分析综合，一丝不苟。”他还要会分析、会综合，分析综合整个过程当中要求一丝不苟，中间不能含糊，因为他技术性又很强，所以要一丝不苟。

对于复合型人才应该给他一个名称，或者说给他一个名分。我们认为称他为“企业信息管理师”。为什么加“企业”呢？我们是强调的“宏观”与“微观”。实际上面是有政府部门、事业部门、企业部门，凡是搞信息化的人，他的领军人物应该是一个信息管理师，或者我们也简称叫“信管师”。它的具体标准是由劳动与社会保障部制定和颁布的《企业信息管理师国家职业标准(试行)》。这个标准已经于 2002 年年底正式发行，在网上可以查到。

《企业信息管理师国家职业标准》将企业信息管理师定义为“从事企业信息化建设，并承担信息技术应用和信息系统开发、维护、管理以及信息资源开发利用工作的复合型人员”，并按知识和技能水平的不同将该职业划分为助理企业信息管理师(国家职业资格三级)、企业信息管理师(国家职业资格二级)和高级企业信息管理师(国家职业资格一级)三个等级。企业信息管理师经过培训和认证以后，持有《中华人民共和国职业资格证书》，盖的是国徽章。

3. 设置企业信息管理师职业的重要意义

第一点，根据国家职业资格证书制度，我们可以直接借助政府的力量，正规化、标准化、法制化地为全社会培养复合型信息管理人才。我们看到的 CIO 是一个岗位，他应该是一个复合型人才。他是一个领军人物，是一个搞信息化的总司令。但是对复合型人才来说，我们不光是需要总司令，同时还需要师长、团长，还有下面一系列的复合型人才。如果一个企业里边有大量的企业信息管理师的话，那么这个企业在信息化方面，特别是管理的信息化方面，我想就顺利得多。

第二点，大力促进企业信息化的进程，(1)配备 CIO。它有一个标准，如果高级企业信息管理师来当 CIO 的话，我想应该是非常合适的。(2)在促进企业信息化进程当中，我们要物色系统分析人员和系统设计人员，而他应该是一个复合型人员。(3)通过企业信息管理师，我们可以组织以信息管理师为核心的开发、运行、维护管理队伍。

第三点，大力促进信息产业的健康发展，(1)为 IT 企业招工、用工确定标准。现在很多 IT 企业、软件企业、系统集成商，他们在招工的时候很想招一些复合型人才，比如说系统的咨询、维护与开发，但是现在没有这个标准。如果我们有大量的企业信息管理师的话，招工单位就要以确定他是一个复合型人才，可以根据使用来招工，得到一个招工和用工的标准。(2)为信息服务业提供复合型的人力资源。信息服务业是指系统咨询、系统开发、系统集成、系统维护……这些也需要复合型人才。因为在企业管理当中，如果进行系统维护的话，它不仅是一个硬件维护、软件维护的问题，还有一个应用维护的问题。

第四点，激励信管专业，也就是说 MIS 专业，或者叫信息系统与信息管理专业的学生为信息化而奋斗。我们的学生在入校的时候不明白这点，我们说：“你毕业以后，将来当信息管理师，信息管理师还可以当 CIO。"也就是说，在校的学生有一个明确的目标，已经毕业的学生有个恰当的名分，而且促进信息管理和 MIS 学科的发展。现在 MIS 的学科在我国还不是一个很强的学科。我们国家要信息化，而且信息化要带动工业化，叫国家信息化。也就是说国家信息化是一个战略地位，而我们学科的发展还远远不够。如果说把企业信息管理师的目标与标准比较清楚的话，可以大大的促进信息管理学科的发展。

4. 企业信息管理师的职业培训和鉴定

企业信息管理师是不能随便得到的，它不是靠命名或是靠任命就可以得到的。企业信息管理师一定要进行严格的职业培训和职业鉴定。

第一、要有严格的职业标准及规范。关于职业标准，劳动与社会保障部 2002 年，已经发布了。它是由劳动出版社出版的。在这个标准里，一共包括基础知识和职业功能两个部分。

基础部分包括：管理、IT、法律三个方面。因为搞信息化的人一定要懂得知识产权法、专利法等等；搞信息管理的人一定要懂得技术，IT 所占的分量很重，还要懂得管理，包括：企业管理、会计、市场营销、人力资源管理等等。

职业功能部分分类六个方面：(1)信息化管理。它是一个宏观的问题，不是信息管理，也不是信息资源管理，而是信息化管理。当然，它包含着信息系统的管理，信息资源的管理，等等。(2)信息系统开发。它有系统开发的功能。(3)信息网络的构建，也就是说能够懂得基础设施的建设。(4)信息系统维护。它能够承担系统的维护，昨天杨国勋总工程师讲到，系统维护的工作量非常大。(5)信息系统运作，信息系统运作要产生效益，运作不是简单的开个机器能够运作，而是如何使得信息系统创造效益。(6)信息资源的开发利用。

第二、"以职业技能为核心"的培训内容。它的核心是技能，要突出技能的要求。信息管理师应该要懂得什么，能够干什么，要兼顾相关的知识，技能一定要知识来扶持它，来衬托它，所以要有相关知识。面对实际的问题，这个培训一定要面对实际的问题。

第三、"以职业活动为导向"的培训方法。它的具体内容为："以案例为导向，剖析技能要求"，我们拿出一个案例来，找出它的某一项的技能，要求把它剖析；"以案例为主线，贯穿理论知识"，通过案例的介绍，某一个理论知识要放进去，一定要给他知识，光技能是不够的；"以案例为蓝本，切磋实践经验"，在培训的过程当中把案例拿来，让大家进行讨论，主要是让大家提出实践经验。我们在几个班级做过试点，效果非常好。把自己的实践拿来与大家一起分成小组讨论：怎么样做是最合理的，成本是最低的，效益是高的、可靠的。

企业管理师的职业培训和鉴定是要经过严格的国家考试和认证，它的证书是由中华人民共和国劳动与社会保障部颁发的。证书盖的是国徽章，它的含金量相当高，所以不能马马虎虎的，要经过严格的国家考试和认证。在考试与认证中包括：理论知识考试、技能考核。理论知识考试是对知识进行全面的考核，考试方式为闭卷；技能考核需要多方面的要求，例如：案例分析，我们拿出一个的案例背景出来让他分析，这是靠实践才能够完成的，光念书是不成的；论述能力，一个问题提出来以后，能够以论文的形式把它写出来；综合评审，考的是论文及答辩，他写完论文以后还要进行答辩，如果人很多的时候一个一个答辩是很困难的，我们这时应该采取一种书面答辩的形式；实务能力，在考核时重点看他曾经做过什么，干过什么系统，开发过什么样的系统，然后让他描述出来；写作能力，因为复合型人才一定要写出好的文章，不能他写出的文章别人都看不懂，那是不行的。技能考核是非常有用的，我们在试行了两期高级的企业信息管理师学习班之后，发现真正有本事的人确实就在这里。

5. 企业信息管理师与CIO的关系

昨天中国信息协会信息主管(CIO)分会成立了，我很高兴能够来参加这个会议，同时也学习到了很多东西。CIO是信息化的领军人物，我们企业信息管理师是中国CIO人才梯队。大企业有大的CIO，小企业有小的CIO。比如说：海关总署有CIO，而我国各个海关又有自己的CIO，那么这就形成了一个梯队。那这个梯队所需的人才应该到哪里去找呢？我认为应该到复合型人才中去找。也就是说我们可以给你提供企业信息管理师队伍中的人员。

企业信息管理师是国家承认的职业资格。昨天，高主任讲了：CIO是一个岗位。CIO是一个企业或组织内部的行政岗位。应该说企业信息管理师是CIO的基础。《企业信息管理师国家职业资格标准》就是根据CIO应该掌握的复合型知识与能力专门设计的。最近，清华大学信息技术学院的院长来找我们，他们在搞CIO的培训班，想找个CIO标准，最后在网上发现CIO的标准和企业信息管理师的标准是一样的，所以就找到我们。今后，企业信息管理师国家职业资格证书将成为企业选拔、任用CIO的主要依据。

企业信息管理师的标准已经出版了，培训教程也已经出来了，将在十一月底由机械工业出版社出版，共有两本，共计一百多万字。

中国的企业信息管理师的发展，需要我们大家一起来奋斗，我们是为CIO服务的，为CIO提供人才，为CIO做后勤。但是中国企业信息管理师这个工作，还希望大家来做，放眼未来，任重道远。希望大家一起努力，谢谢大家。

* 在《2003年中国信息化高层论坛》上的演讲。中国信息化高层论坛是一个大会，本文作者以“企业信息管理师”为背景，作了长篇发言，受到与会者广泛重视，也为开展“企业信息管理师”的职业资格认证和培训做了宣传，这为培养高层次复合型人才起到了很好的作用。

154 论名分的重要性

(《企业信息管理师培训教程》序言)

中共中央十五届五中全会提出“信息化带动工业化”,“发挥后发优势”,实现“跨越式发展”,并将此思想载入“十五”计划。中共十六大报告提出“信息化带动工业化,工业化促进信息化”“走新型工业化道路”,充分说明了信息化在实现我国社会主义现代化中的战略地位。

实现信息化关键在于人才,尤其是执信息化之牛耳的复合型人才。在企业信息化中,这种人才的多寡很大程度上决定了企业信息化的成败。在这样的大背景下,“企业信息管理师”应运而生。

实际上,在27年以前的1980年,我们在清华大学创建我国第一个工科高校MIS专业的时候,曾设计了复合型信息管理人才的知识结构和能力结构。而后,全国数百所高校以及成人高校等开办了“信息管理与信息系统”专业,培养了一大批信息管理人才,其中目前正在从事复合型工作的为数众多。但是,这些人没有一个确切的称谓,或者说没有一个恰当的“名分”。他们在工作岗位上或被评为工程师,或被评为经济师、会计师……显然,这对他们来说无论从心理上还是实际待遇上都有所欠缺。

进入21世纪,无论是新经济还是传统经济,无论是发展还是改革,也无论是企业现代化还是政府现代化,都离不开信息化。所以说,“时代在呼唤着企业信息管理师”。出于职业感情及专业激情,我十分愿意响应时代的呼唤,为此而奔波、鼓噪,并乐此不疲,因为这是一个十分有价值的工程。我想企业信息管理师国家职业资格认证至少有如下几方面的意义。

(1) 对在学或已毕业的信息管理和信息系统专业的学生,或已从事企业信息化管理工作的人而言,是一个鼓舞、一个激励。

(2) 对广大企事业单位的信息化工作来说有了一个招人、用人的标准,如招聘CIO、项目负责人等有了明确的选择对象。

(3) 对IT企业。无论是集成商、软件产品供应商,还是咨询商,有了因人而设、用人而招的标准,从而会从人才角度积极促进信息产业的发展。

(4) 为整个国民经济和社会信息化提供了人才培养、积聚、使用的标准,毫无疑问,这将对我国信息化起到巨大的促进作用。

当然,这是一个浩瀚的工程,工作量之大而实施之艰辛是始料不及的。两年多来,自策划伊始,职业标准的起草与论证,教材(包括网上教材)的编写、试用与出版,CIO网站的建设,教学大纲的制定,培训课程的设计,鉴定考试方式的研磨,如此等等,凝聚了无数人的智慧和精力。据不完全统计,不同程度参与或关心此项工程的专家就有50多位,至于参与具体组织、服务等工作的人就更多了。尤其要特别指出的是,具体承担此项工程的“北京金谷田经济顾问有限公司”的专业组织工作十分优秀和杰出,该公司在劳动和社会保障部职业技能鉴定中心的直接领导下,为本职业开发和建设作出了突出的贡献。

摆在读者面前的是一本培训教程,其内容结构和风格是我们以前没有遇到过的。作为"企业信息管理师"全国统一鉴定的推荐培训教程,要坚持"以职业活动为导向,以职业技能为核心"的原则,紧扣职业标准,突出技能方法,兼顾理论知识体系。具体地说,本教程具有如下特点:

(1) 内容的复合性、有机性和完整性。教程力求将管理科学与信息技术有机地结合在一起,充分体现企业信息管理师在技能和知识两方面的复合性特点,并按照《企业信息管理师,国家职业标准》规定的六大职业功能模块(信息化管理、信息系统开发、信息网络构建、信息系统维护、信息系统运作和信息资源开发利用),完整阐述了企业信息化建设的基本工作内容和方法体系。

(2) 以职业活动为主线。与一般教材不同的是,本教程追求的不是某一个学科在知识体系方面的严谨性和完整性,而是尽可能全面、一致和连贯地刻画企业信息管理师所触及的各个工作环节及其活动内容,并以此为牵引,对相应技能方法和多学科理论知识予以详细阐释。因此,按照一般阅读和学习习惯,本教程由于"学科纷呈"而看起来"有点散";但若顺着"活动"这条主线去看,则本教程实际上"形散而神不散"。

(3) 具有一定的理论方法创新。本教程"信息化管理""信息系统运作"两部分内容,作为体系化的理论和方法是一种独创,可以说是对我国企业信息化理论建设与发展的一种贡献,也正因为如此,本教程才更加需要得到社会各界贤能的进一步补充和指正。

(4) 与网络版教程互为姊妹篇。信息技术和现代管理都是不断发展变化的,两者的结合更是日新月异。因此,企业信息管理师职业培训,仅靠书本教材+传统课堂是难以跟上时代步伐的。所以,网上培训便成为本职业培训不可缺少的组成部分,网络版教程与本教程也就结为互不重复、各有侧重且相互补充的姊妹篇。网络版教程主要涉及发展变化快、篇幅较大或需要动态演示的技术和管理方法,如 ERP、BPR、CRM、SCM 等专题课程。网络版教程的内容将根据时代的发展不断调整和更新,以保证本职业的先进性。申报者(学员)参加鉴定考试前,须同时经过本教程和网络版教程的学习。本职业网上培训通过"中国企业信息管理师网站(http://www.cio.cn)"统一开展。

2003 年 3 月份和 4 月份,由全国企业信息化工作领导小组办公室主办,劳动和社会保障部职业技能鉴定中心负责鉴定考试的全国第一、二期企业信息管理师职业资格认证示范性培训班,取得了圆满成功。本教程作为试用讲义在此当中得到了进一步检验。经过对 300 名学员反馈意见的认真研究,编著者对教程作了最后一次(也是最大一次)修改,使本教程的实践基础变得更加扎实。

2004 年开始,"企业信息管理师"进入全国统考阶段,越来越多的来自我国企业信息化实践第一线的学员参加了培训和认证。2005 年 2 月 27 日,国务院国资委与劳动和社会保障部联合下发了《关于在中央企业开展企业信息管理师国家职业资格认证工作的通知》(劳社部函 E2005121 号),决定自 2005 年起,在中央企业开展企业信息管理师国家职业资格认证工作。该通知要求"各中央企业要高度重视,加强领导,精心组织,积极推进此项工作的开展","根据岗前培训的基本原则,有计划地组织企业信息化工作主管领导、信息化项目负责人以及管理技术骨干参加企业信息管理师职业资格培训和鉴定"。该通知的下发,标志着中央企业信息化人才培养工作正式被纳入国家职业资格证书制度,并已进入整体推进阶段。这一举措引起社会各界广泛而强烈的关注,人民网专门发表评论称此举是"央企向信息化人才瓶颈开了第一刀”。从2005年开始到2006年，在短短两年当中先后举办了10期面授培训班，近2 000人分别参加了三个级别的职业资格鉴定考试。他们大部分都是各中央企业总部及分(子)公司的信息化主管、负责人及信息化业务骨干，遍及石油、石化、电力、航空航天、烟草、电信、通信、建筑、金融等诸多关乎国计民生的重点行业。本教程第一版于2003年年底出版，近两年多中央企业信息管理师国家职业培训和认证工作，广泛接受了实践的检验，也从实践中汲取到了丰富的营养。2006年年末，随着企业信息管理师国家职业标准的修订，本教程根据新标准也同步进行了修订。修订后的教程，更符合时代的要求，更符合实践的要求，将进一步促进企业信息管理师培训工作的顺利开展。

事实上，本教程的确是集体智慧的结晶，十多人动笔，前后两次数十人参加修改或提出意见，几易其稿，真可谓一项系统工程。纵然如此，由于中国企业信息化无论是理论还是实践均处于成长期，编写一本如此“复合型”的教程不可谓不难，所以，本教程依然存在这样或那样的不妥甚至不是，我们真诚地希望，全社会致力于企业信息化建设事业的有识之士，均能关心本教程，提出宝贵的修改意见，从而使其越来越完善，为培养中国优秀CIO人才队伍发挥积极作用。

本教程第一版的主要工作人员有侯炳辉(教程大纲设计，职业道德部分主写以及全书审编)、郝宏志(教程大纲审定，信息系统运作部分编写以及全书审编)、刘世峰(信息系统开发、信息系统维护部分主编)、张真继、刘红璐(基础知识、信息网络构建部分主编)、张志军(信息系统运作部分编写及参与信息化管理部分编写)、陈建斌(负责全书的文稿整理、修改及部分编写工作)，高复先参与了信息资源开发利用部分编写。第二版的修订工作，主要由侯炳辉、郝宏志、陈建斌、张俊温、高学东等完成。此外，参加补充、修改和提供资料的还有张晓东、刘绿茵、董祥军、高学东等。特别指出的是，由于该书内容广泛而综合，参与编写的人员又很多，因此无法列出许许多多参考文献及作者的名字。在此我们对这些无名的作者致以深深的谢意和歉意。

* 这是作者作为企业信息管理师专业委员会主任及其培训教程主编，于2003年教程初版所写的序言，2007年教程再版时作了部分修改。设置“企业信息管理师”职业资格项目，是我教育生涯中一件重要内容，为了这个事业，我几乎动员了所有“关系”资源。我希望“企业信息管理师”的培训与考核健康地进行下去。

155 中国企业信息化建设期待"瓶颈扩张手术"

毋庸置疑，如今的中国企业信息化建设业已度过"觉醒"时期，并进入了实质性发展阶段。其速度之快、规模之大令人惊愕不已。于是，一种错觉也开始产生——似乎中国企业全面实现信息化指日可待。但是，在中国企业信息化建设的快速膨胀背后确实存在着一个较大隐患，即复合型人才的培养已经跟不上信息化建设的步伐。形象地说，复合型人才的严重匮乏就像细细的"瓶颈"，与胖胖的"瓶肚"——信息化建设本身很不相称。

中国企业信息化建设中存在复合型人才匮乏的"瓶颈"问题早已是个不争的事实。这个"瓶颈"严重制约着我国企业信息化建设的顺利进行。如今，在信息化建设的步伐持续加快、规模不断扩大的大形势下，原有的"瓶颈"愈益显得狭窄和闭塞。毫不夸张地说，这将直接构成中国企业信息化建设的巨大风险。

在经济全球化和我国加入 WTO 的大背景下，国际国内的市场竞争空前激烈。企业无不清醒地意识到信息化具有"安身立命"之地位，"觉悟"之下纷纷纵身投入到信息化建设的洪流当中。在大家的推波助澜下，中国企业信息化建设迅速膨胀为一个巨大的投资市场。但在这个市场中，"投资品"更多的是硬件、软件产品等，而很难寻觅到"成建制、上规模"并且"标准化、规范化"的复合型信息管理人才培养的痕迹。

众所周知，企业信息化不同于一般建设项目，绝对不是简单的技术应用，而是一项以信息技术为核心的管理创新工程，因此需要既懂管理科学又懂信息技术的复合型人才来领导、组织并承担有关规划、设计、实施、运作等复杂工作。因此，信息化首先是人的"信息化"，信息化建设首先是复合型人才队伍的建设。

胡锦涛主席在 APEC 会议专题发言中谈到信息通信技术问题时说："要抓住加强信息基础设施建设和人力资源开发这两个关键环节"。而信息复合型人才的培养无疑是 IT 人力资源开发这个关键环节中的关键。无数事例证明，如果缺乏复合型人才，信息化的投资规模越大，失败的可能性就越大，此种类型的惨痛教训数不胜数。因此，在人才"瓶颈"尚未消除并且更加凸显的时候，中国企业信息化建设的快速膨胀，事实上就是一种高风险运行。

造成我国企业信息化建设人才瓶颈"久治不愈"的根本原因有两方面：其一，企业自身很难准确把握所需复合型信息化人才的"标准"，在培养何种人才、如何培养、由谁培养等问题上无可借鉴、无所适从，因此在人才投资方面有顾虑，往往举棋不定，甚至最终放弃；其二，社会上信息化培训门类繁多，质量不一，在复合型信息化人才培养方面没有统一的定位和标准，这在一定程度上影响，甚至误导和扭曲了企业信息化人才培养的方向。

由此可见，"人才瓶颈"的存在使得中国企业信息化建设处于一种"高风险"的运行状态，随时都有可能使企业信息化"窒息"甚至"停摆"。在解决这个问题的过程中，企业和培训市场都因为自身的局限性而无法彻底消除这一隐患。因此，要想尽快为中国企业信息化建设实施"瓶颈扩张手术"，就必须在国家制度和法律、法规的保证下，直接依靠政府力量，整体接受“治疗”。企业信息管理师国家职业资格认证就是响应这一需要而出台的。

2002年9月，国家劳动和社会保障部根据国家职业资格证书制度正式颁布了《企业信息管理师国家职业标准》(以下简称《标准》)。该《标准》的出台，标志着我国企业信息化复合型人才的培养和资格认证有了统一规范和科学依据，并将被纳入法制化和制度化的轨道。

该《标准》是在劳动和社会保障部的组织下，在原国家经贸委的参与和支持下，由十几家高校、科研院所和IT公司的数十位专家、学者、咨询顾问，历时一年共同设计起草的。该《标准》涵盖了企业信息化建设的全部工作内容，并对助理企业信息管理师(国家职业资格三级)、企业信息管理师(国家职业资格二级)和高级企业信息管理师(国家职业资格一级)应该掌握的技能和知识进行了系统化的设计和规定：《标准》同时还对培训期限、申报条件、鉴定方式、考试时间及考务管理等诸多方面提出了明确要求。可以说，《企业信息管理师国家职业标准》是人们翘首以待的一个纲领性的文件，它使中国企业信息化复合型人才的培养有了一个正确的定位。时隔一年之后，2003年9月，国家劳动和社会保障部培训就业司、中国就业培训技术指导中心、劳动保障部职业技能鉴定中心联合下发了《关于开展企业信息管理师职业资格培训和全国统一鉴定试点工作的通知(劳社培就司函[2003]1153号)》，正式拉开了企业信息管理师全国统一鉴定试点工作的序幕。根据文件精神，各项工作以“质量第一、社会效益第一”为宗旨，按照统一标准、统一教材、统一命题、统一考务管理和统一证书核发的原则开展；劳动保障部与各省、自治区、直辖市劳动保障厅(局)按照一定的职责分工原则共同负责此项工作的组织管理；申报者经面授培训和网上培训合格后可参加全国统一鉴定考试(理论知识考试和专业技能考试，高级企业信息管理师还需参加综合评审)，鉴定合格者可获得相应等级的《中华人民共和国职业资格证书》。

由此可见，企业信息管理师国家职业资格培训及认证与一般信息化培训或认证大不相同。它具有以下几个显著特点：其一，国家承认，社会通行，它以国家法律为依据，由劳动和社会保障部颁发国家职业资格证书；其二，政府主导，基于国家职业资格证书制度，由中央、地方各级人民政府劳动保障部门以及国务院有关行业部门直接推行和管理；其三，标准化、规范化、法制化运作，根据国家职业标准开发专门的国家职业资格培训教程和国家题库，并在此基础上组织开展正规培训以及国家考试和认证；其四，确保质量，通过全国完整、严密的职业技能鉴定组织实施系统开展统一鉴定工作。

显然，企业信息管理师国家职业资格培训及认证以其独有的国家权威、政府主导、规范运作、全国联动等优势特点，能够有效地承担中国企业信息化建设的“瓶颈扩张手术”。尤其在党中央、国务院提出学历文凭证书与职业资格证书“两种证书”制度并重的战略目标后，将中国企业信息化人才培养定位于国家职业资格证书制度，以企业信息管理师国家职业资格认证为核心，既符合国家政策导向，又贴近企业和个人的实际要求，可谓利国利民。

由此我们可以相信，随着企业信息管理师国家职业资格培训和全国统一鉴定工作的迅速展开，社会上获得企业信息管理师国家职业资格证书的人数将会越来越多，因此，中国企业信息化建设的“人才瓶颈”有望逐步消除，最终恢复到一个充满活力的健康肌体。

* 原载《中国金融电脑》2004年第1期。

156 企业信息管理者有了名分

“一个企业的CIO,应当具备高级信息管理师的知识结构和综合素质。”《企业信息管理师国家职业标准》的主要起草者、清华大学教授侯炳辉对《财经时报》说。

日前,包括宝钢、中石油等特大型企业在内的220名企业信息化中、高级管理人员,通过了国家职业技能鉴定,获得由劳动和社会保障部统一颁发的企业信息管理师、高级企业信息管理师国家职业资格证书。这标志着一种集管理和信息技术的“两栖人才”职业被标准化。

给企业信息管理者一个名分

根据劳动和社会保障部制定并颁布的《企业信息管理师国家职业标准》,企业信息管理师是指“从事企业信息化建设,承担信息技术应用和信息系统开发、维护、管理以及信息资源开发利用工作的复合型人员”,并按照知识和技能水平的不同划分为三个等级:助理企业信息管理师(国家职业资格三级)、企业信息管理师(国家职业资格二级)、高级企业信息管理师(国家职业资格一级)。

侯炳辉认为,企业信息管理师的职业认定对各方都有意义。对信息管理者本人而言,将得到一个名副其实的名分,是一种无形的激励;对企业来讲,在进行招聘、用人时提供了鉴别、使用和培养标准;第三,更有利于国家信息化人才培养和储备的需要;而且,“企业信息管理师”职业的建立,必将极大地促进信息学科的发展。

据悉,最早的一次全国性考试评审将在2004年上半年开始。

价值在于复合型

侯炳辉认为,企业信息管理师的价值,在于它的复合型特质。“在国家职业标准中,界定为复合型人才的职业是很少的,这才是定义要害所在”。

“中国企业在信息化进程中面临着巨大难题,既不是技术,也不是资金,而是复合型信息管理人才匮乏。”侯炳辉说,“信息化问题与企业组织机构、业务流程等密切相关,因此信息化离不开管理,光懂技术的人搞不好企业信息化。但如果只懂管理也不够,那会被技术人员牵着走。”因此,如果不解决好信息、管理这“两栖人才”问题,将极大地影响企业信息化水平的快速提高。

据了解,在国外并没有“信息管理师”这种叫法。对此侯炳辉的观点是:“西方发达国家的信息化过程已经很长,也曾出现这样的问题。但由于其信息化程度已经较高,人才供给也充分市场化,使这一矛盾并不突出。而对正在加快信息化建设的国内企业而言,界定信息管理师的职业规范显然更为必要。”

用市场的眼光看待职业资格认证

对于新的职业资格标准应该有一个科学的态度和认识。国务院发展研究中心研究员林泽炎博士指出，应当用市场的眼光来看待职业资格认证，并采用市场化的方式运作职业资格认证，它不应是一种政府行为，也不应该是政府控制下的中介组织以纯粹赢利为目的的行为。企业雇主是否派员工参加认证学习或企业员工是否参加由市场决定。

（记者　齐馨）

＊原载《财经时报》2003 年 11 月 29 日。

157 复合型信息化人才的培训与认证

我国20多年来信息化历程证明，信息化的成功关键是信息人力资源，或者说信息化的瓶颈是信息化人才。最近。胡锦涛在第11届APEC会议期间有关信息化的一段话中也说道。"我们应抓住加强信息基础建设和人力资源开发这两个薄弱关键环节"。中央组织部和人事部、国务院信息办就电子政务建设发文说："培训要先行。"

现在的问题是，在有关信息人才的培养、教育、培训这些人力资源开发的系统工程中，关键之关键，瓶颈之瓶颈，迫切之迫切应有明确的认定，我认为信息人才的瓶颈之瓶颈是复合型人才。无数现实证明，无论是企业还是政府信息化，既懂管理业务又懂信息技术的复合型人才，尤其是高级复合型人才决定着信息化的命运。宝钢的信息化，海关总署的信息化，海尔的信息化，联想的信息化等等成功例子是最有力的证明。

毫无疑问，我国复合型信息化人才十分稀缺，而且有限的复合型人才也没有得到很好的利用。所以，培训、鉴定以及有效利用复台型人才已成为我国信息化中迫在眉睫的战略任务。

1. 复合型信息化人才的定位与标准

(1) 复合型信息化人才定位

我认为，复合型信息化人才是信息化中的领军人物，是一个组织中的信息化组织者和领导者。除此以外，还应当是从事信息化中的复合型工作的高、中级人才，如系统建设的项目负责人(包括子项目的负责人)、系统分析员、系统设计员以及真正的系统咨询人员和系统集成人员。关于系统集成人员为什么需要具有复合型知识结构的问题，我想在这里稍微多说几句。系统集成并不只是技术和设备的集成。还应包括功能的集成、信息的集成、组织机构的集成、业务流程的集成以及人员的集成等等。所以真正合格的系统集成商应是复合型人员。当然，承担企业的信息化管理和信息化运作的人员更需要具有复合型知识。

(2) 信息化管理

信息化管理不是简单的信息中心的管理或信息系统的管理，而是更为广泛的概念，实际上是与企业战略管理同步进行的管理过程。正因为信息化是一个过程，它是随着管理与技术的发展变化而与时俱进地变化的。与之相适应的人才只能是复合型人才。同样，信息系统运作，不是简单地支持信息系统的正常运行，而且还要从运作中研究如何创新和创造效益。而与此息息相关的是信息资源的开发利用，目的是最大限度地提高企业的效益和核心竞争力……凡此种种，不言自明地得出结论：复台型人才决定着企业以及信息化命运！

为了对复合型人才有一个恰当的定位，应当有一个适当的名称和标准。经劳动与社会保障部国家职业鉴定中心组织有关专家的制定和鉴定，对复合型信息人才定名为"企业信息管理师"或简称为"信管师"。该职业的标准已正式颁布，并出版了培训教材。

“企业信息管理师”分三个级别。即助理企业信息管理师(国家三级),企业信息管理师(国家二级),高级企业信息管理师(国家一级)。每级都要求不同的六个职业功能:信息化管理、信息系统开发、信息网络构建、信息系统维护、信息系统运作和信息资源开发利用。

2. 设置企业信息管理师的重要意义

设置企业信息管理师职业是时代的要求和呼唤。在我国信息化建设高潮伊始以及长期的发展时期,设置企业信息管理师具有特殊重要的意义。

(1) 完善国家信息化需要的信息人力资源结构

从信息人力资源结构而言,在相当长的时期内似乎有一种定势,即一提起信息人才就只指计算机技术人才、网络技术人才等等。这种人才观造成种种误导和误解。事实上,这种人才观既不符合信息化实际,也不利于信息人才的全面培养。如果从实现信息化的高度观察,企业信息管理师的培养与职业鉴定,补充和完善了信息人力资源队伍的结构,从而有利于科学认识和培养使用信息化人力资源,进而极大地促进国家信息化的进程。

(2) 促进信息产业的全方位健康发展

信息产业的发展不仅是产品和技术的发展,更是包括各种信息应用,如应用软件业、系统集成业、系统开发和信息咨询业、信息服务业等等。应用始终是产品和技术发展的动力和归宿。我国的政府、社会以及数以千万计各类企业,其应用市场之巨是怎么估计也不过分的。但是众所周知,我国信息应用尤其是一个薄弱环节。凡应用,都毫无例外地和管理、业务流程等等有关。产品和技术有钱可买,而应用就复杂多了。即使花巨资购买了应用系统(如无数个 ERP 系统),没有很好地应用,不仅不创造效益,而且在大量浪费。有关人士称,未来 5 年内中国信息化建设投资将达 5 万亿元人民币。然而,复合型信息管理人才的匮乏已成为众多企业共同面临的巨大难题。反过来说,如果我们尽快培训认证和凝聚为数众多的企业信息管理师,那么,这支复合型信息管理队伍将对我国信息产业的发展和信息化起到不可估量的作用。

(3) 为政府、企业以及社会各方面提供了招人、用人的标准

任何单位在信息化过程中需要各种人才:计算机技术人才、管理业务人才、会计财务人才等等。这些人才都已有标准,而复合型人才过去没有具体的标准。因此往往招人不当,用人不适。企业信息管理师职业标准的确立与职业鉴定为各部门的信息化配备系统分析人员、维护管理人员等提供了标准。

(4) 促进信息管理学科的发展

现在,我国设置信息管理专业的学校有几百所,已经毕业和正在该专业攻读的学生有数十万。设置企业信息管理师职业使该专业在读的学生有一个明确的奋斗目标,也使已毕业的学生有一个追求的恰当“名分”。毫无疑问,这些都将给信息管理学科提出新的要求和发展方向。

3. 企业信息管理师的培训和职业鉴定

企业信息管理师职业不仅要求有比较完整的知识体系,而且要求有相应的技能。达到这些要求必须经过适当的正规培训和严格鉴定。

企业信息管理师的培训必须严格按标准和教材进行,培训和鉴定的方法必须有所创新。

例如课堂培训与网络培训相结合，理论与实践相结合，课堂培训以案例为主线，系统串讲完整的知识体系与技能要求，网络培训着重补充新的知识和应用技能。无论是课堂还是网络培训，都要强调理论联系实际。除此以外，还在培训期间组织生动活泼的讨论与实践切磋。

要通过严格的理论与技能的考核进行职业鉴定。职业鉴定不仅是考核培训内容，还要考核其实际工作经历和能力。前者包括理论知识考核和技能考核。技能考核形式为案例分析以及考核论述能力、写作能力等。还要通过书写论文和书面答辩来考核实际工作经历。

4. 企业信息管理师与CIO的关系

现在业内对CIO炒得很凶，期望也很高。但目前对CIO的定位还没有统一的认识。我们认为CIO是企业（包括政府、事业部门等）中的一种特殊的职位，是组织中主管信息化的负责人，也可称为总信管师。它应当与总工程师、总经济师、总会计师等具有相同的地位。而且，由于信息化涉及技术、管理等方方面面，所以CIO应是典型的复合型人才。其知识结构和能力结构应达到高级企业信息管理师的要求。在一个企业中，CIO职位的多少应视企业规模而言。集团型大企业除最高层的CIO以外，还可能有各部门的CIO。在一个CIO之下，应有多个企业信息管理师。包括高、中级企业信息管理师，这样，企业信息化就顺利得多了。因此，企业信息管理师和CIO的关系可以概括为：企业信息管理师是CIO的参考标准，是CIO的助手和后备军。

* 原载《计算机教育》2004年第1期。

158 央企向“信息化人才瓶颈”开了第一刀

近日，劳动保障部、国务院国资委联合下发通知，决定自2005年起，在中央企业开展“企业信息管理师”国家职业资格认证。这是一个明显信号，说明我国企业信息化建设中的人才瓶颈问题已经到了非解决不可的程度；两部委此次采取联合行动，共同借助国家职业资格证书制度，大力推动央企向“信息化人才瓶颈”开刀，就是再也不能容忍这个问题继续存在下去的重要表现。

众人皆知，企业信息化不同于一般建设项目，绝对不是简单的技术问题，而是以信息技术为核心的管理创新工程，因此需要既懂管理科学又懂信息技术的复合型人才来领导、组织并承担有关规划、设计、实施、运作等复杂工作。因此，信息化首先要“化”人，信息化建设首先是复合型人才队伍的建设。无数事例证明，如果缺乏复合型人才，信息化的投资规模越大，失败的可能性就越大，在此方面有许多惨痛的教训。长期以来，我国企业信息化进程一直受到“人才瓶颈”的严重制约，尤其是在目前企业信息化建设步伐持续加快、规模不断扩大的情况下，原有的“瓶颈”就显得更加狭窄和闭塞，从而直接构成了信息化建设的巨大风险。

显然，在国民经济当中扮演重要角色的央企尤其不能允许上述风险发生，因而在两部委的推动下，率先向信息化人才“瓶颈”开了一刀。这一刀的力度很大，似乎志在将“瓶颈”彻底切除。此一点可以通过两部委联合下发的《关于在中央企业开展企业信息管理师国家职业资格认证工作通知》中明显感觉到。《通知》要求：在两部委的强力推动下，尤其是在国资委的直接领导下，央企“信息化人才瓶颈”问题有望以“企业信息管理师”国家职业资格认证为切入点，从战略层面上整体得到解决。毫无疑问，这不仅为央企的信息化建设铺平了道路，更重要的是为其他企业树立了一个良好典范，倡导了一个“人才先行、以人为本”的健康信息化环境。

＊原载《计算机世界》2005年4月11日。

159 关于系统分析师的培训与选拔

2007年下半年软件考试报名在即，经过多年的考试选拔，初、中级人才逐渐成长，报名高级资格考试——系统分析师的人越来越多。系统分析师是信息系统开发的高端人才；是了解经济管理和熟悉IT技术的复合型人才；是对信息系统的分析、设计和项目管理的领军人物。但是目前很多人对系统分析师的定位等概念还模糊不清，基于此，赛迪网特聘请清华大学侯炳辉教授做客赛迪聊天室，帮您解读系统分析师的相关问题。

侯炳辉：清华大学经济管理学院教授，中国管理软件学院董事长，信息产业部全国电子信息应用教学指导委员会主任，教育部全国信息技术及应用远程培训教育工程专家组组长，全国管理决策与信息系统学会副理事长等多项职务，是我国第一个工科高校MIS专业主要设计者之一，全国高教自考《计算机信息管理》专业主要设计者之一，软件考试指定用书《系统分析师教程》主编之一。

主持人：侯老师，您好！首先代表“赛迪网”全体员工欢迎您来到我们的聊天室。侯老师已经从事信息系统研究二十多年了，对信息系统人才定位、课程建设和培养模式都有比较成熟的想法和实践经验。下面首先请侯老师给大家介绍一下信息系统的由来以及信息系统人才的定位吧。

侯炳辉：信息系统专业确切的名字是信息管理与信息系统。早在20世纪80年代的时候，这个专业的名字叫管理信息系统，即MIS。1980年，在清华大学的经济管理系，现在叫经济管理学院，首先成立了这个专业。90年代教育部的专业目录中定为“信息管理与信息系统”，实际上是一回事。这个专业培养的人才不完全是计算机人才，也不完全是管理人才，而是管理与计算机相结合，既懂得管理，又熟悉技术的复合型人才。信息系统人才主要学习的是信息化知识，比如政府的信息化、企业的信息化。当然信息化过程中需要很多计算机的硬件人才、软件人才和网络人才。但是在信息化过程中，无论是企业还是政府，都涉及管理。特别是企业的信息化，首先是企业管理，企业管理的一套流程(我们称为业务流程)需要了解。如果你不知道业务流程，就不可能用计算机去管理它。政府也一样，就是干什么事情也都有工作流程问题。也就是说他既要懂得政务管理过程，又要熟悉技术，而且对技术的要求也很高。在我们建立这个专业的时候，专业知识主要包括这样几个方面：

第一是经济管理知识，因为企业里一定会有有关经济和管理问题。例如宏观经济、微观经济、财务、会计、计划管理等等，综合起来就是经济和管理方面的知识，这方面的内容占据了我们专业课程的相当大比例。

第二是信息技术知识，包括计算机硬件、软件、网络等知识。软件包括数据库、软件工程等。网络知识包括网络的应用、网络的管理、网络的安全，网络的布线等等。这方面要求也是非常严格的，如果这些方面没有学好的话，也不能够说是合格的人才。

第三是系统方面的知识。比如要解决一个复杂问题，需要用系统的观点来看待。比如一个企业，是非常复杂的一个系统，有人、有机构、有设备、有各种各样的东西。所有的东西要完整运转的话就非常复杂。显然如何对待企业这样的系统，仅有技术是不够的。一个企业系统是一个复杂的大系统。比如宝钢，有好多万人，每日生产很多钢，还有很多的设备、诸多的组织机构，构成了一个大系统。用计算机管理宝钢必须要有系统的概念，也就是从企业整个出发研究问题。而不是只看某一点。要解决系统问题往往要用模型描述，用图形、图像、文字、数学的东西描述出来，然后去认识这个模型，解决这个模型，很多问题可能需要用数学去解决，比如成本怎么计算？产品生产多少合适？解决这些问题就要建立数学模型，这些都属于系统方面的知识。

我们这个专业可以这样来描述"既要有系统的观点、数学的知识(如运筹学、数理统计等)，又要有计算机的技术(网络、硬件、软件等)"。由此可见，我们的培养目标，显然不是一个纯技术人员。如果我们这个专业培养出来的学生只会编程序，那就是培养的失败。

主持人：您说的培养目标，也就是说信息系统专业的人才需要具备什么样的知识结构和能力。首先他必须有精通的技术，以及有关管理的能力。尤其您强调要加强管理能力的培养，那么怎样才能更好地提升管理能力呢？

侯炳辉：是的，应该提升管理能力。包括对技术的管理，对团队的管理和项目的管理。如果不懂技术他就无法进行技术管理，可能会被技术人员牵着鼻子走。举个例子，假如一个企业虽然规模不是很大，但技术人员对技术非常感兴趣，他可能把最好的设备用到这个上面来，那不就是"杀鸡用牛刀"了？进行企业信息化，首先站在整个企业的角度进行系统分析。如果企业规模较大，直接去解决非常困难。对大系统来说，最拿手的办法，就是用系统工程的理论，将系统一块、一块分析。比如钢铁企业，这样的大系统，就要先调查分析企业的规划是什么，产品是什么，产量是多少，设备是什么等等。这叫系统分析。系统分析就是以大变小，逐个解决。

主持人：系统分析是由大变小来解决问题，那么是否会产生片面，缺乏全局性？

侯炳辉：只有分析也是不够的，分析的目的是把企业的模型建立起来，然后把企业弄清楚，描述出来。分析完了以后要综合，就是要设计。就是要告诉人家这个企业是怎样的企业，需要什么功能，需要什么设备。在这个基础之上，要做什么样的信息系统方案。也就是提出一个逻辑方案。所谓逻辑方案就是企业要信息化，应该做什么事情。这一步完成以后，要实现这个方案，也就是要设计"物理方案"。逻辑方案是系统分析后逻辑设计的结果，物理方案就是用物理的形式满足这个方案。比如网络应该多大的规模，数据库应该什么样子，系统的子系统(功能模块)应该是几个等。模块还要更细地划分，就是系统设计的事。系统设计完成以后，就让程序员编程序去实现。

主持人：现在信息产业部有一个计算机技术与软件专业技术资格(水平)考试(即软考)，它现在的体系分成初、中、高三级，从程序员、网络管理员到网络工程师、软件设计师以及到最后的系统分析师，有一个不断提高的路径。您刚才讲的系统分析师是最高级的，您能不能给广大计算机以及相关专业的从业者推荐一个职业成长的方案呢？

侯炳辉：1990年的时候我曾给系统分析师考试命过题，当时系统分析师考试办公室在上海复旦大学，负责人是上海复旦大学计算机系的系主任，也就是当时国家软件考试办公室的主任。因为我们的命题思路和他们有差异，我专程去了上海，沟通以后发现，我们说的系统分析师是一个企业管理应用系统的分析师，而国家软件考试办公室所理解的系统分析师是软件系统的分析师，两个概念有所不同。最后商榷的结果就是现在系统分析师考试大纲的内容。但是现在系统分析师考试题目过度偏于计算机技术和数学方面。

当时，系统分析师的考试安排是这样的：上午是考基本知识，下午是考案例分析和写论文。论文题是根据实际经验命的。有经验的人一般工作了五六年、甚至十多年，他考系统分析师时，通过上午的题，有些困难，因为大都忘掉了；下午的试题倒还可以，因为实践经验丰富。但上下午分数平均起来还是不行。反过来说，有一些刚毕业的大学生，他对上午的试题可能还可以，但是下午由于没有实践经验，论文试题可能不行。这样就出现了两个问题。第一个问题是及格率很低。真正有本事的人不容易通过系统分析师考试，考不到这个资格证书；没有证书的话这个人就不可能被很好地录用，没有放到系统分析师的位置，没有用好他，就浪费了。第二个问题是有些高年级大学生跟着老师搞过项目，他也可能在案例分析和论文中有较好的回答，这样就能通过了，如果把刚刚毕业的年轻人放到项目负责人的位置，那可能会耽误企业信息化。所以别小看系统分析师的考试，它也会影响到企业、政府以及我们国家的信息化，也将影响人才的培养和选拔。

主持人：系统分析师对于国家信息化的发展是非常重要的角色，那么，您能否对有意成为系统分析师的人提供一些自我成长的思路和建议呢？

侯炳辉：人才培养的问题实际上是一个系统的问题。所谓系统的问题也就是说要做全面的考虑、整体的考虑。这个系统问题需要从几个具体方面来考虑。

第一是定位，系统分析师究竟能做什么？应该具备什么样的知识结构和能力结构？从知识结构来看，就是要懂得管理、懂得技术、懂得系统；从能力结构看，就是站在组织的角度进行分析、进行设计和提出方案。为此要建立一个知识体系，不仅要学习数学、软件工程知识，还要掌握其他相关知识，如经济管理知识等，当然，就知识深度而言，不一定要求很深，但是要比较广地了解基本知识。

第二，对IT知识的掌握需要完整性。建立一个企业的信息系统，需要具备系统的IT知识。除了了解主机、网络、设备等以外，还要了解与主机配合的数据库、系统软件、信息安全等知识。因为将来搞逻辑方案时，第一件事情就是系统结构是什么样的，是C/S还是B/S结构，主机用的是哪一家，数据库用的是什么品牌的数据库，网络的安全应该怎么样，这些都能说得出来，我们称为信息系统结构。这部分知识的学习要注意从应用角度出发进行适当培训，然后进行考核。

第三是系统分析设计的基本知识。系统分析设计就是对系统进行分析和设计，分析和设计的一套规则和方法，叫信息系统开发方法论。系统分析与设计包括建立逻辑模型、物理模型等。设计的时候需要把数据库知识和软件工程知识整合起来，才能构成一个完整的系统分析和设计的体系，形成由系统分析、系统设计、系统实施构成系统开发流程，其中的系统实施是指如何编程序、写软件。这里还需要具备各类相关应用软件的知识。

第四是信息化和信息系统原理知识，这里需要强调掌握信息化、系统理论和管理信息系统的相关知识，这样才能具备解决系统问题的原则和方法。

第五是最新技术与产品知识。因为信息化过程中，技术在不断的发展。这个“新”指的不仅是最新的，同时也是成熟的、好用的产品。比如现在提出的SOA、EAI、中间件等新技术，如果系统分析师不懂的话，会很落后。比如大家现在搞的B/S结构，根本不懂B/S结构是不行的，就需要培训。这些内容的学习最好能够结合要具体解决的任务、结合具体问题进行学习。

第六是辅导论文和案例分析的知识。有些人写的论文一塌糊涂,逻辑思维很乱,那肯定是没有经验的人写的,因为做系统管理的肯定是有系统思想的。比如说给出一个背景,一个企业有多大规模,原来情况怎么样,现在的情况怎么样,把你的观点用800个字写出来。如果没有经验写这800个字不是那么容易的,如果写得好的话,一看就知道是有经验的。有些人可能有经验,但文字能力不够,这也不行。这方面的知识需要具备较强的文字表达能力、语言表达能力、人际沟通和交流能力。

主持人:侯老师,比如说我现在是程序员,那下一步的正常轨迹就应该是准备向软件设计师、系统分析师努力了吗?

侯炳辉:大学刚毕业的人都可以当程序员。经过程序员以后考软件工程师,这是比程序员更高一点,他不仅会编程序,还能做一些模块划分等等工作。软件工程师有一定工作经验以后显然要往上走了。从软件设计师向系统设计师过渡则跟他的大学背景有关。计算机系出来的人,有一部分是他的强项,比如IT是他的强项,网络、数据库这些都是强项,都好办。但是和系统分析有关的系统性课程和管理的课程可能是弱项,所以要加强。其他专业出身的,比如自动化等,编程序也可以,但是要考系统分析师的话,他还要多学点东西,要学一点管理和计算机方面的课程。还有管理出身的,管理这块可能算强项,但是IT知识又不够了,所以要进行培训。所以系统分析师不一定都由计算机专业出身的产生,什么人都可以达到。

主持人:您已经系统介绍了成为系统分析师需要具备和掌握的知识和能力,那么除此之外,还需要注意哪些问题呢?

侯炳辉:前面提到信息系统分析师是复合型人才,既要懂得计算机技术,又要熟悉系统工程知识,还要具备管理知识。其学科背景不一定都是计算机专业的,这也说明构成系统分析师学科背景的广泛性和复杂性。对此,还要有另外一门课,即"项目管理与信息监理"课程,它包含质量管理、审计知识。通过这门课程的学习能够帮助大家成为具备项目管理、信息监理和质量管理知识的综合型人才。

主持人:侯老师系统介绍了信息系统分析师的定位、知识和能力结构,并多次强调从事系统规划和分析设计的人才必须是复合型人才,这对于我们明确学习策略和学习方法都具有非常重要的指导意义。

再次感谢侯老师百忙之中做客赛迪网聊天室!

侯炳辉:谢谢大家,我的观点只是一家之言,仅作参考。

* 原载《赛迪网站》2005年11月1日,收入本书时稍有修改。

160 为了在数字化世界中遨游

数字化已是当代世界的特征。计算机、网络和多媒体技术使整个世界都数字化起来。于是，出现了所谓数字企业、数字社区、数字城市、数字国家以至数字地球等等的时髦名词。传统的文字、图画、音乐、戏曲、影视等等都毫无例外地受到数字化的冲击、改造和提升。

在文娱领域内，数字化图形图像技术使一个与电影、电视并列的新的娱乐产品——“动漫产品”油然而起，据报道现有游戏软件用户达2 600多万户，2009年达5 000多万户，其极大地刺激着人们的感官和思想，其对人们的生活方式、思维方法以及意识形态的影响将难以估计。

在社会经济活动中，利用数字化图形图像技术，在经济规划、工业布局、物流设计、商业广告、产品开发等进行模拟和创造。

在社会生活中，数字化图形图像技术在远程教育、远程科技合作、远程医学会诊、反恐防灾、公安交通、环境保护等领域发挥着越来越大的作用。

在社区和家庭生活中，数字化图形图像技术用于建立数字化社区、智能大楼、室内装饰以至数字家庭等等，使人们的生活质量极大地提高。

总之，人类活动的一切都在数字的海洋中，我们的目的是使人们在数字的海洋中、在数字的时空中，自由地游泳、翱翔。为此目的，国家教育部考试中心和北大方正软件技术学院合作启动了《全国计算机图形图像应用技术等级考试》，这是一个利用政府和社会力量，通过培训考核、个人练习以及国家考试，面向公众的社会考试，其目的是在全国范围内大规模的普及数字化图形图像知识和技能，培养数字化图形图像应用型人才。我想，这是一个极有远见的大手笔，其意义之大将随着时间的推移越来越显露出来。由于时间的关系，我还有一个书面发言附在后面，题目是《成功的核心在于创新》。

* 在《全国计算机数字图形图像等级证书》考试新闻发布会上的讲话，2007年7月12日。

161 成功的核心在于创新

在“全国计算机数字图形图像应用技术等级考试”新闻发布的时候，请允许我谈些感想。在我经过的20世纪的生活中，总感到时代在翻天覆地的变化，但真正让我感到变化之快的是20世纪八九十年代以来的日子。世界本身似乎在这一时间内要飞起来了，新技术飞速发展，新现象层出不穷，在人们不知不觉的一刹那，一不小心，一个新事物从眼前溜过去了。曾几何时，人们对游戏软件是那样的生疏，可一个早晨，西方的游戏软件如洪水猛兽般地出现在青少年的面前，弄得家长们不知所措；还有青少年的早恋、性泛滥以及其他丑恶现象的来势之猛，也是始料不及的。上述种种说明，我们还是敏感欠缺，思维惰性，或者说没有或不去挖空心思去思考、去创新！

鉴于这个世界瞬息万变的特征，我想我们民族立于不败之地的核心，就只有创新思维、创新活动，成为创新性国家。应将创新作为灵魂，而不能一味“跟新”，更不能满足“跟新”。“跟新”可能尝到一些甜头，但一味跟下去，后面却一定是苦头。

实际上，新和旧是相对的概念，我们觉得是新的东西是因为我们还没有掌握，而对已经掌握的人来说已经是旧的了，所以，我们认为的“跟新”，对他们来说是“抛旧”。适度的跟新是有用的，是观察，是为了学新和超新，从而实现创新。所以，归根结底，创新是灵魂，是本质。关于跟新、学新和创新的例子，经验教训是很多的，例如彩色电视机。游戏软件的出现又是一个例子。我们今天举行新闻发布会的目的，就是要动员在数字化的宏伟事业中加速创新的步伐，开创符合我们民族需要的、具有中国特色的数字化图形图像技术。

*《为了在数字化世界中遨游》是我在2005年7月12日“全国计算机数字图形图像应用技术等级考试”新闻发布会上的讲话。《成功的核心在于创新》是这次会议的书面发言。

162 略论信息课程的考试命题

从事教育工作的人都知道，考试命题是一个困难又十分重要的工作，作为讲课教师，自己命题，自己评卷以及对授课学生的了解，命题评卷不能说是最困难的。高考、中考命题的要求非常严格，试想成百上千万考生参加考试，只要考题中有一个小瑕疵，那就成为一个大事故。所以对全国性（国家级）的或者是全市、全行业的考试命题工作，就是一个十分严肃且很有学问的工作。有幸，我参加了多种全国性或全市性的命题考试，为此，我想简单地谈谈我对命题考试的一些看法：

首先，命题的原则是以大纲为依据，以教材为内容，不能超纲；其次，题卷要有合理的结构，即要有合理的考试内容，包括试题在教材中分布合理，重点突出，题型、题量科学适当，认知层次和难度恰当。

下面，稍微具体谈一下上面提到的有关问题：

1. 题卷结构。是指一份试卷的题型、题量、难度及其教材内容的分布，这是最重要的命题根据，要精心设计。

2. 题型。题型应根据不同课程来定，一般来说，可包括选择题，有单选（四选一）或多选（五选多）；填空，名词解释，简答，计算，应用题等。

3. 题量。根据题型、难度以及考试时间决定题量，题量太多，在规定时间内考生答不完，题量太少，或太容易，都不能客观地检查考生掌握程度。

4. 认知层次。分为识记、领会、简单应用和复杂应用。识记就是对知识的认识，即知道；领会要求在知道的基础上能理解，即能理解该知识为什么是这样的；而应用是考察能否解决问题的能力。由此可见，从前到后难度越大。

命题是一种再创造，也是一件没有底的工作，每次命题都要精益求精，一丝不苟，来不得半点马虎。

* 在提倡终身教育和继续教育以及当前诸多名目繁多的考试教育年代，认真做好考试命题工作，无疑具有深远和现实的意义，本文以切身体会考试命题工作的重要性，有现实意义。（本文写于 2007 年 5 月 7 日）

163 注重实训环节，把握就业机会

（清华大学侯炳辉教授谈大学生的学习与就业）

应我校教务处的邀请，清华大学侯炳辉教授于12月3日下午为我校学生作了“IT人才需求与人才培养”的报告。报告前，记者对他就大学生学习和就业问题进行了采访。

侯炳辉所致力的ITAT（信息技术及应用培训）教育工程项目，起初是为了给西部大开发战略中的西部地区培育人才，后来演化为一种IT职业技能的培训，但他认为，职业技能的培训对于就业前的大学生来讲同样很有必要。

侯炳辉分析说：今年就业形势非常严峻，一方面当今社会人才供需的矛盾越来越突出，另一方面学校的专业设置和社会需求之间存在失衡。而我国的大多数高等学府在本科四年都致力于基础知识的教育培养，同学们对课本上理论知识掌握得很扎实，但缺乏实际经验，很多用人单位却恰恰把工作经验作为用人条件，给应届毕业生设了不小的“门槛”，大型公司、企业多倾向于这种招聘策略。小型公司、企业相对而言招聘要求不高，但有些大学生认为自己进这种“小公司”是“屈就”了。这也是造成就业率上不去的原因之一。

侯炳辉还结合多年从事就业相关信息的研究，向我校学生和广大毕业生提出以下四个方面的建议。

（1）合理规划，明确自己未来的发展方向

国家需要高端研究人员，但对实践型人才的需求量更大，所以，同学们在选择就业还是考研时，一定给自己一个合理的规划，不要人云亦云。为了逃避就业而选择读研是更不明智的选择。假设某位同学给自己的定位不是向高端研究方向发展，那三年校内的研究生生活远不如到社会上锻炼来的实际。

（2）端正态度，只要能获得锻炼就是值得的

刚刚迈出校门的大学毕业生，一定要给自己一个合理的定位，不要好高骛远。大多数人的第一份工作都不是自己理想的，但如果过分坚持，可能会错过很多机会。刚刚离开校园迈入社会，一份不理想的工作或许更有利于磨炼一个人的意志。而且，自己一定要有决心和毅力把自己的第一份工作做好。好的开始是成功的一半，只有迈好自己职业生涯的第一步，未来才会平坦。

（3）用知识武装自己，以便适应社会发展需要

青岛大学为同学们开设了金融、国贸、英语、计算机等多个双学位专业，这对同学们综合素质的提高和知识结构的拓展是十分有利的。增加了同学们就业的筹码。所以，建议同学们在学好本专业的基础上，一方面多培养自己的实践能力，另一方面通过各种途径拓展自己的就业面。

（4）信心满怀，积极应对金融危机

全球性金融危机正在向经济危机蔓延，这次金融危机对大学生来说既是机遇又是挑战。市场调节必然导致优胜劣汰，一些结构不合理的公司或企业本身就存在很多弊端，因此经受不住金融危机的刺激，可能纷纷破产，而国家必然会在相应领域扶植新型公司企业。这样，新型公司企业对员工的专业知识、综合能力等各方面的要求必然会提升，这也对同学们提出了更高的要求。同学们一定要把握时机，努力提升个人综合素质，适应时代发展的需要。

（学生记者　袁季伟）

* 原载《青岛大学日报》2008年12月9日。在2008年下半年开始，全球金融危机，殃及我国，于是工厂关门，工人失业，大学生就业形势十分严峻，再加上教育制度本身的一些缺陷，如何解决大学生的学习与就业的矛盾，各高等学校都感到棘手，为此，教育部教育管理中心希望我去青岛，为青岛大学等4个大学，做学习与就业关系的报告，取得了较好的效果。

164 IT人才需求怪圈与技能竞赛

一、金融危机与大学生就业危机

金融危机/经济危机前所未有，有人认为比20世纪二三十年代更甚，因为全球化缘故，金融/经济危机还在扩散、深化，前景不明朗；对中国来说，最大的冲击就是就业问题，中国有2亿多农村剩余劳动力、1亿多农民工，西方的金融/经济危机，中国商品出口大幅度减少(20％～30％)，劳动密集型企业大量倒闭，工人下岗，农民工大量失业。中国的扩内需、保增长有效果，但危机没有根本解决；大学扩招，每年毕业生有600多万，去年就业率为70％，今年更少，究竟今年就业率多少还没有确切数据，肯定不比去年高。

二、IT人才需求与供应怪圈

1. 我国IT人才需求十分旺盛

IT人才是高新技术人才，其特点是一“高”(高新)、二“实”(实际能力)。IT是当今最活跃、渗透力最强的高新技术，无论是制造业、服务业、物流业、行政管理、社区管理等等都离不开IT，所以从总体上观察，IT人才需求不是过剩而是不够。例如，现在信息产业部门招不到过硬的IT人才，其他行业，尤其是中小企业、农业和农村、政府机关、教育、医疗、环保、社区、零售业等等都要信息化，都需要IT人才。

2. 我国IT人才供给十分充盈

我国大概有70％的高校设置计算机专业，还有许多高职高专、中职中专、民办大学、自学考试、等级考试、计算机应用技术考试、各种培训班等，IT人才的供给不谓不丰富，也就是说每年IT人才的毕业生有几百万人！如此巨大的需求，又有如此巨大的供给，怎么会出现需求方招不到合适的人，供给方找不到合适工作的怪圈呢？

三、试述IT人才供需怪圈之根源

既然我国IT人才需求与供应都很正常，那么为什么会出现供需不匹配的悖论呢？怪圈的原因在哪里呢？能否解套这个怪圈，或者说至少缓解这个怪圈？

根源1：“学非全所用，要用非全学”

我们学校的教育重理论轻实践的弊病是根深蒂固的，理论严重脱离实际，再加上某些课程的落后过时，学了也没有用处，这就叫“学非全所用”。从本质上来说IT专业基本上是一个实践性专业，或者说是一个应用性专业。绝大部分学生毕业以后从事IT服务和应用工作，进行科研为主的毕竟很少。所以，课程设置应尽可能结合实际应用，同时加强实验和实践教育环节,尤其是一般高校和高职高专等学校更是如此。但是,学校毕竟不是工厂,他们的实践环节有限,所以要用的知识尤其是实践知识和能力不可能全学到的,这就叫做"学非全所用","要用非全学"。这是从供给方的观察。

根源2:"又要马儿好,又要马儿不吃草"

我国实行市场经济后,企业一切以效益为中心,他们恨不得招一个人就能立即投入工作,他们不像计划经济时代对新职工进行培训,他们不愿意承担这个成本。另一方面,他们还担心新职工经过一段时间,掌握技能后跳槽走了。为避免这种风险,他们宁愿到社会上去挖人,也不敢招收新职工。企业希望"又要马儿好,又要马儿不吃草",那是不现实的,于是怪圈就形成了,一个恶性循环圈。

四、试述IT人才怪圈解套之术——兼论IT技能竞赛

很显然,我国教育与用人市场之间存在缝隙,这个缝隙实际上哪一个国家都有,即教育不可能代替工厂,解决的办法各国都有自己的办法。就我国而言,最近有一些学校设置实训基地,如深圳技术学院,在实训基地着实完成了就业前的一切准备,该校的毕业生一出校门就是一个很好的职工,学生根本不愁找不到工作,企业也根本不担心找不到职工,供需实现了互相匹配的良性循环。但是,我国大多数学校不可能都有这样的条件,于是在社会上就出现了形形色色的培训班,甚至也有冠名曰实训基地的。在市场经济的条件下,肯定有良莠不齐的,为此需要一个权威部门、采取权威方法来检验、挑选真正合格的教育、培训单位和被培训者,这就是由教育部管理信息中心组织的IT就业技能大赛的初衷。经过前4次大赛证明,大赛无论对学校、对学生,还是对用人单位都是一个好措施,所以受到各方面的强烈反响,产生了良好的社会效果,也可以说这是一个怪圈的解套术之一吧。

五、小结IT就业技能大赛的社会意义

解决部分大学生的就业困境,促进大学生的刻苦学习,获得真才实学;

为用人单位提供了真正需要的人,减少了招工成本和人才流失的风险;促进了社会的和谐,减少了社会成本;招工用工的公平、透明,减少了用人之中的不正之风;促进学校的教育改革和学科建设。

*2009年9月13日在中央财经大学对ITAT就业技能大赛教师培训班的报告大纲。

165 ITAT的教育培训要处理好三个关系

教育部教育管理信息中心进行的《信息技术及应用远程培训教育工程》(ITAT)已实施整整10年了,成绩很大。回忆过去,展望未来,我认为教育培训要处理好三个关系,即:“教学”——教与学,“教考”——教与考,以及“教用”——教与用的关系。

1. 教学——教与学的关系

教与学的关系是谁都明白的,但真正理解和处理好它们之间的关系并不容易。教师教好书,不仅要考虑怎样使学生能接受,更重要的是切实为学生负责,要教有用的知识,不能马马虎虎,随随便便,误人子弟,更不能害人子弟。教书实质是教人,所以对教师的要求就不仅是授业、解惑,而且要为人师表,培养人的灵魂,那当然对教师的品质要求就很高。同时,为了达到良好的教学效果,还应懂得一些教学心理学和学习心理学。

学生是受教育者,也应认真处理好与老师的关系,认真听讲,认真完成作业,尽其可能帮助老师做一些工作。师生关系应上升到与父子关系相同或相近的关系,古人云:一日为师,终身为父,虽然夸张了点,但至少说明了师生之间的关系是非常亲密的。在10年浩劫中,师生关系是倒置的;而现在,有些学生对老师不够尊敬,甚至冷漠,见了老师连招呼都不打一个,是很不应该的。

由于“文化大革命”的影响,教与学的关系,教师与学生的关系还有不少后遗症,因此,要反复强调注意这个基础性的工作。

2. 教考——教育与考试的关系

这里主要涉及自学考试以及继续教育范围的诸如职业考试、技能考试、水平考试等等的社会考试的教和考的关系。这种教的目的除自学考试要获得学历证书以外,还包括自学考试以及其他所有社会考试的目的是要获得一张职业或技术证书。所以,这种教和考的关系就更加直接和敏感。受教者千方百计的要获得证书,个别的甚至会采取不择手段获得证书。而教育管理和考试部门基于公平或质量,不允许存在舞弊或敷衍,于是,在考试环节就特别严格,例如考试命题者有作弊行为要承担法律责任,考生作弊者要取消考试资格等等。这样,就提出了所谓“教考分离”的原则,即考试机构不要管教育或培训,教育和培训的不要考虑考试,尤其是规定命题者不能参加培训。对于教考分离的原则除命题人不要培训以外,我认为不能分离。既然社会考试的目的是培养和选拔人才,那么考试单位(选拔机构)就必须考虑教学内容、教学方法、教学效果等等;而教学部门也必须研究考试方法、命题思路、录取标准等等,以便有的施教、提高取证率。由此可见,教考是不能分离的也不应该分离。教、考是一家,是为了同一个目的——培养(教)和选拔(考)为社会的建设和管理的人才。

3. 教用——“教”与“用”的关系

已如上述，教和考的根本目的是培养和选拔人才，也就是说教的目的是为了用，所以教育及其管理、考试部门，都要考虑所教内容是否适应社会需要，是否适合当前或未来需要和实际应用，包括文化的和科学的需要，精神的和物质的需要，一句话就是所教的东西是否有用。例如，当前的经济建设和社会发展中急需的工业、农业、商业、科技、文化、卫生、环保、交通运输所需的知识和技能。从长远来说，还应考虑基础科学的远景发展，如高能粒子、天体物理、人类灵魂等等的研究。还应研究文学、历史、哲学、民族学、文字、考古等等。这些属于文化的研究似乎离现实远一些，但它们对现实却起着根深蒂固的作用，例如儒家文化就是如此。在那荒唐的年代里，“打倒孔老二”的恶果，使全社会文明下降、道德沦丧。哲学的丢弃，使形而上学猖獗。谈到这里似乎有些扯远了，我们无非是强调了容易不太被人注意的人文知识的用的问题。“教”考虑“用”就要求教师不仅有“教为用”的观念，还要“为教者”本人了解“用”，最好还自己会“用”，即要求教师要和实际结合，具有实践知识和实践能力。反过来，“用”的单位也应当考虑教，主动的和教学单位配合，提出要求，创造学生实践条件，甚至于亲自参加教学工作，支持教学机构，包括办学条件和经费的支持，吸收学生到生产实践中实际练习等等。现在，教和用的关系最为薄弱，学非所用，学用脱节比较严重。所以，一方面，大学生找不到工作，另一方面有些用人单位却找不到员工。所以，现在培训部门和用人单位尤其要注意“教”和“用”的结合。

* 这是作者于2010年2月5日和ITAT的有关人士讨论时的教育培训思想。

166 继往开来，做好更高层次的教育培训工作

各位领导、各位来宾，大家好！

ITAT 10 年来充分利用“天、地、人”网络进行教育培训，为我国信息化事业作出了巨大贡献。到现在为止，我们已培训了 IT 人员 260 多万人次，认证 70 多万人，编写教材 100 多本，建设课件 80 多个，400 多个培训基地遍布在全国各省市区，进行了 5 次全国性的 ITAT 就业技能竞赛，取得了巨大的社会效益和经济效益。良好的声誉，高质量的服务，及时提供了适合社会需要的培训内容，使 ITAT 成为我国一支重要的教育培训力量。

在未来的 10 年，甚至更长的时间内，我们要继续贯彻“求新、求快、求实用”的方针，与时代同步，以更高的要求，负责、有为地做好教育培训工作。我们要继续办好我国最大的“平民大学”，以最快的速度培训最实用和最新的知识。“实用”是基础，一切要从最现实、最实际的需要设置课程。

我们要为我国转变经济发展方式、调整产业结构服务；要为我国的医疗、教育、社保、就业等现代化服务。我们要为我国进行工业化、信息化、城镇化和低碳化需要而设置课程：如政府和机关的电子办公、中小型企业的信息化、农村和社区的信息化以及其他的经济和社会信息化所需的课程。

求新才能开阔我们的眼界，才能与时俱进。在继续建设好传统的课程以外，应及时、适当增设新知识的课程，如有关三网融合和移动电子商务的知识，有关 3G、云计算、RFID 和物联网的知识等。

社会变革和技术进步正以前所未有的速度发生着变化，往往使人们还没有察觉和掌握的时候就变得过时了，所以 ITAT 团队丝毫不能懈怠。紧跟社会的变革，紧盯技术的进步，及时调整我们长盛不衰的培训内容。

总之，ITAT 任重而道远，在新的 10 年开始的时候，我们将有更多的事情需要去做，我想我们会努力的。我的发言完了，谢谢大家。

* 本文是作者作为专家组组长在《全国信息技术应用培训教育工程》十周年庆典大会上的讲话，2010 年 5 月 26 日。

167 中国企业信息管理师面临的形势

在一个大企业中，首席信息官(chief of information officer，CIO)是企业最高领导(chief of executive officer，CEO)最重要的战略伙伴之一。在经济全球化和我国改革开放瞬息万变的形势下，首席信息官以及企业信息管理师们，再也没有比了解和认清当前国内外政治、经济、技术以及企业本身形势的重要了。

一、政治经济形势

当前国际政治、军事斗争十分复杂严峻。国际金融危机对世界经济的影响仍然仍在，它也必然在较长时间内影响我国的经济建设和社会发展。但是，我国仍然有一个战略机遇期。"十二五"期间是我国全面建设小康社会的关键时期；深化改革开放、转变经济增长方式、改革经济结构的攻坚时期。这个五年规划的主题是科学发展，主线是转变经济增长方式。主要目标是经济发展，经济结构调正，提高居民收入，社会建设和改革开放。主要任务是扩大内需、农业现代化、发展现代产业体系、城镇化和节资环保。

1. 改革在深入

(1) 改变经济增长方式、改革经济结构

经过30多年的发展，我们取得了震惊世界的伟大成就，但我们也十分清醒地认识到，我们已不可能如前30年那样的发展方式了，为了能持续平稳较快发展，我们必须转变经济发展方式、改革经济结构。

(2) 进行新四化——工业化、信息化、城镇化、低碳化

我国正在进行工业化、信息化、城镇化的过程，在这个过程中，我们必须十分谨慎地节约资源、保护生态环境，为人类及我们的子孙后代留下丰硕的财富和美好家园。为此，我们必须响应2009年在丹麦哥本哈根召开的全球气候会议的精神，努力实行低碳化。

(3) 建设创新型国家——在战略性新型产业占领制高点

低碳化以及实现我国的社会主义现代化，我们必须努力抢占创新产业的战略高地，在战略型新型产业上有所创新。这些产业是：新能源产业、新材料产业、节能环保产业、生物医药产业、信息网络产业、新能源汽车产业、高端制造产业、航空航天产业、海洋产业等。

(4) 深入改革二元结构经济体制

在经济体制改革和社会改革中，最困难的是如何改变二元结构的问题。我国城市和乡村的二元结构带来的是社会最大的不均衡。城乡不均衡、区域不均衡、行业不均衡。不平衡为我国的发展改革带来巨大困难，稍不注意就可能影响社会稳定。

(5) "刘易斯拐点"到来

经过30多年发展，我国经济总量已超过日本，仅次于美国。我国人均国内生产总值也

将接近4 000美元。从2008年开始，我国东部地区已明显感到了劳动力紧张，尤其缺少高技能劳动力。我国劳动力无限供应的时代已一去不复返了，从而造成劳动力工资的大幅上涨，企业产品的成本升高。按照英国发展经济学家、诺贝尔奖金获得者刘易斯的观点，这是一个经济发展的转折点，被称为“刘易斯拐点”。实际上，中国已经到达甚至超过这个拐点了，所以说我国已经进入了经济建设和改革开放的“关键”时期和“攻坚”时期。

二、技术形势

1. 第三次信息浪潮的到来

业界对信息化分为三次浪潮。第一次浪潮是以计算机为工具的信息处理。从1946年第一台计算机开始，经过大型机、微型机直至超级计算机发展的今天，这个浪潮一直在汹涌澎湃地推进。第二次浪潮是起始于20世纪60年代末，勃发于20世纪90年代中的互联网技术的信息传输。第三次浪潮是集自动化、信息化和智能化为一体的物联网的信息获取。这个浪潮还在孕育之中，更高更大的浪潮还难以预测。

2. 信息处理的新进展

计算机信息处理技术发展从来就没有停止过，从器件、系统结构，到运算速度的发展，都叫人目瞪口呆。第一台计算机的运算速度只有5 000次/秒，现在已发展到每秒运行千万亿次的计算机了，例如2010年上半年出现了美国IBM公司的名为“走鹃”的超级计算机，运算速度达1 270万亿次/秒，与此同时，我国名为“曙光星云”的超级计算机，运算速度也达1 250万亿次/秒。可是，一到下半年，情况有了戏剧性的变化，中国超级计算机有了新的突破，据2010年10月29日《人民日报》刊登的记者赵永新于10月28日的报导：

“今天举行的中国高性能计算机TOP100组织的2010年度前100强排行榜发布会上获悉：技术升级化后的‘天河一号’超级计算机系统，以峰值性能每秒4 700万亿次、持续性能每秒2 507万亿次的表现，双超世界记录。”

目前“天河一号”已投入中国第一个具有千万亿次计算能力的天津滨海新区超级计算中心使用。据《环球时报》2010年10月29日的报导，“天河一号”的运算速度是美国橡树岭国家实验室的“美洲虎”系统的1.425倍。“天河一号”荣登了超级计算机榜首，使美国的心情比较复杂。

在信息处理方面，近年来盛行于业界的“云计算”值得关注和应用，所谓云计算，其理念是：这种计算模式具有无限计算能力和无限计算空间。“云计算”是许多概念之集大成：如所谓面向用户的架构(SOA)、基础架构就是服务(IaaS)、平台就是服务(PaaS)、软件就是服务(SaaS)、应用就是服务(AaaS)等等。

“云计算”的最大问题是安全，包括计算模式、存储模式、运营模式的安全。但最近另一种说法认为，“云计算”更安全，因为利用云和终端之间称为“云梯(实际上是一个应用服务)”的联接，用户不必考虑系统本身是否安全，只要身份认证就可以实现高效安全的接入应用。

3. 信息网络新进展

信息网络技术总是在飞速发展。互联网继续在技术上突破，Web2.0向“物联网”发展，第二代网络已升级到第三代，又正向第四代升级，在第三代移动通信标准中，TD-SCDMA

为中国所有知识产权的三大国际标准之一。IPV6 的应用,中国也站在世界的前列。

值得注意的是三网融合。所谓三网融合是指电信(电话)、广电(电视)和数字(电脑)三网融合在一起,同一个设备既可以打电话又可以看视频,还可以当计算机使用,实际上现在的手机、计算机已经具有了融合功能。我国三网融合正在 12 个城市或城市集试点,三网融合不仅节省投资,资源共享,还极大地方便用户,具有巨大的经济和社会效益。已经确定 12 个试点城市(集群)为:北京,上海,南京,杭州,武汉,深圳,大连,青岛,厦门,绵阳,哈尔滨,长、株、潭地区。

4. 物联网

物联网概念有各种各样的提法。如互联网之上的网(Internet of things);信息化、自动化、智能化的网;人-人、人-物,物-物联接的网;联接人、物、事的网等等。最简单的理解认为物联网是由感知层、通信层、应用层组成的三层网络。如果分得细一些,则物联网是由传感层、传输层、智能层、应用层、运营层和监管层组成的六层网络。其中传感层的功能是信息的获取;传输层的功能是信息的传送;智能层的功能为进行海量数据的运算、分析和存储;可能需要采用云计算、云存储等技术。而应用层应包括各种行业的解决方案。运营层表示电信运营商提供的服务。监管层包括政府的、法律法规的监管。

各国对物联网的称呼不同,提出的时间也不尽相同,物联网的应用基本上各国都处于起步阶段。下面是各国对物联网的称呼和提出背景:

美国:智慧地球,2009 年 1 月由奥巴马政府提出。

中国:感知中国,2009 年 8 月由温家宝提出。

日本:U-Japan,2004 年提出(U-泛的意思)。

欧洲:e-Europe 计划,2010 年提出。

韩国:U-Korea 规划,2009 年提出。

这里 U 是 Ubiquitous 的缩写,表示 Anytime、Anywhere、Anyone、Anything 的意思。

物联网应用将影响或涉及一个广泛的新型产业链的发展,比如涉及信息采集的传感技术、无线射频(RFID)、嵌入式系统、自动化仪器仪表、条码等产业,规模非常之大;而传输层的通信网络产业,据测未来 6 年将有 2 万亿元的规模;在信息处理方面,采用云计算、高性能计算机,软硬件必然有更大的发展需求;在应用层,工业自动化、工控技术也将有广泛的新需求;此外,在信息的海量存储以及信息分析、综合应用云等方面将极大地促进信息咨询和信息服务业的发展。

实际上一些具有物联网概念的应用已经不少了,如美国用于智能电网、铁路、桥梁、隧道、供水系统、大坝、油气管道、公路、建筑等等。美国惠普公司要实现安装 1 万亿个传感器。在欧洲,物联网大量用于智能电网,瑞典装了 85 万个智能电表。

中国也有许多应用,如无锡太湖装了 86 个智能排污监测点,浦东机场装了 3 万多个安防传感节点,上海世博会门票管理,交通部的高速公路联网收费、水上交通管理、船舶动态识别、交通 GPS 监控等。在“5.12”汶川地震中,物联网用于堰塞湖、大坝监控等,起到了至关重要的作用。值得注意的是物联网在日常公共安全中的应用。2009—2010 年供暖期,北京市朝阳区将 3 万户使用煤球炉的出租屋进行 24 小时的一氧化碳监控,保证了居民安度取暖期。其他如烟花爆竹营业点的监控、煤矿的瓦斯、风、水、塌方、人员定位的监控,北京也正在研究应用物联网技术。

中国在物联网中的发展中应有一个整体战略和顶层设计。目前北京、上海、无锡、杭州、广东、福建、山东、江西、湖南、湖北、重庆、四川、黑龙江等省、市都在部署研究物联网产业的发展,但总的感到有序不够。目前我国影响物联网发展的主要障是成本太高而造成应用不足,其次是缺乏核心技术,包括传感器技术、识别技术、RFID 等。产业链也不完整。此外在标准化、法律法规等建设也显滞后。

三、中国企业信息化的形势

1. 关于企业信息化的现状

现在我们简单谈一谈中国企业信息化的现状。首先是中央企业的信息化的现状。中央企业财大气粗,信息化进步很大,但是不平衡,有些企业问题较大。工业和信息化部近日公布对 7 大重化工业关于两化融合调查,结论如表 1 所示。

表 1 7 大重化工业关于两化融合的调查数据

融合阶段	起步阶段	局部覆盖	初期完成	深度创新
比例	24.5%	43.0%	22.2%	10.3%

2010 年 5 月,中央企业第三次信息化工作会议提供数据:2008 年信息化 A 级的中央企业只占 12.7%。

有些企业问题确实较大,如系统复杂,硬件庞杂,缺乏顶层设计;存储容量激增、没有采用虚拟技术;信息智能技术不足,存在信息安全隐患。还有些企业投资盲目,CIO“钱袋子”捂得不紧。甚至某些部门在信息化实施中,信息部门领导接受回扣和商业贿赂而走向犯罪。总之,从总体上来说,中央企业信息化工作仍然任重而道远。

其次是中小企业信息化的现状。中小企业信息化的空间很大。工业转型需要用信息化拉动,中小企业大有作为。据调查,金融危机的 2009 年,绝大多数利润增长率高于营业额增长率的中小企业信息化水平都很高。我国有中小企业 4 200 万个(也有说 4 300 万个),80.4%的中小企业已有互联网接入能力;44.8%已用互联网信息化;2009 年中小企业电子商务达 1.99 万亿元。但是与国外相比,中国中小企业的信息化差距仍很大:美国 33.4%经济由信息化拉动;欧洲 91.3%中小企业进行了信息化,而据我估计中国中小企业信息化不到 10%。要知道中小企业是创新的生力军,所以我们必须重视中小企业的信息化!

2. 关于企业信息管理师和 CIO 角色

IBM 说 CIO 是“舞动智慧”进行变革的“加速器”,2009 年 10 月 21 日,IBM 发布《CIO 的时代新声》,调查了 2 598 个 CIO,他们做创新工作的时间占整个工作时间的 55%,做传统工作的时间仅 45%!中国的 CIO(包括企业信息管理师)更要多做创新工作!问题是:中国企业信息化的瓶颈是缺乏信息化复合型人才,如企业信息管理师和 CIO 那样的人才,所以我们要加快企业信息管理师的培训和认证,这是我下一部分要讲的。

* 这是 2010 年 7 月 11 日、9 月 12 日和 11 月 21 日为国资委举办的“企业信息管理师”培训班上讲座的第一部分。

168 关于"华夏儒商国学院"管理哲学班博士生的培养

博士生的培养和本科生、硕士研究生的培养不同。尤其是如"华夏儒商国学院"、"中华研修大学"等培训机构，以及和"普莱斯登大学"合办的博士班在培养目标与方法上更有其特殊性。

一、关于培养目标

对于管理学和工商管理博士班的学员来说，顾名思义，其培养目标是应在管理学或工商管理某一方面达到博士水平，并取得博士学位。什么叫博士水平？这是很难量化的指标，总体上来说，博士水平高低最终将落实到博士论文上，由博士论文来衡量。而博士论文水平的高低，最终又由导师和答辩委员会来评价。当然，导师对自己学生的评价，可能有一定的主观性。所以，要经过由 5 人或以上的专家组成答辩委员会进行论文答辩，最终，还要经过学校主管部门和学位委员会批准。由此可见，论文的写作及其答辩对博士生来说是那么的重要。

二、关于培养方式

"华夏儒商国学院"的管理学和工商管理博士生，在培养方式上和普通大学有很大的不同。这两个博士班的培养方式大体上有这么几种：一是请有关领域专家、学者作专题讲座，如经济和管理方面的专家，传统文化方面的专家，社会和形势方面的专家等按教学计划到学校来讲课，目的是开阔眼界，扩大知识面；其二是聘请指导老师指导，通过与导师见面，由导师指导研究方向、研究方法和研究内容，以减少研究弯路；其三是群体互学，通过博士班平台和桥梁，学员之间相互切磋知识，交流经验，以提高认知能力和研究能力；最后，也是最重要的，是博士生自己的努力，通过博士生本人大量阅读文献资料，将研究所需要的信息、知识系统化，理清所要研究的问题，从而为写作博士论文打下良好的基础。

三、华夏儒商国学院在职博士生培养的优势和劣势

1. 优势：目标明确，动力充盈

大多数学员都有较长的工作经历，具有比较丰富的经验，这是他们最大的优势。但是，他们会在工作中遇到这样那样的问题，所以愿意拿出巨大的学费，参加这个博士班，他们迫切感到需要提高自己的知识水平；他们希望通过聆听专家学者的报告、导师的指导，以开阔眼界，提高学术和理论水平；他们希望在这个博士班集体中，与同学们交流切磋，提高认知能力、分析问题与解决问题的能力；他们希望通过这个平台，与同学建立工作和业务交流网

络，以便更好地开拓他们的事业；当然，最后他们憧憬取得博士学历和博士学位，以提高社会地位和职务的进一步提升。所以，他们的目的非常明确，动力十分充盈，这也是他们的优势。

2. 劣势：基础不一、不脱产和论文选题困难

这种博士班的劣势也非常明显。首先是基础不一。大多数学员没有经过硕士研究生学习，缺乏系统的学科知识和研究经验，这和普通大学里的博士研究生培养有很大的不同，培养的困难要大些。

其次，他们基本上是不脱产学习，这是一个比较大的问题，尤其是机关或企业的领导或业务骨干，他们的工作很忙，平时就有很大的压力，他们不可能有很多时间去查资料、看文献，而撰写博士论文需要投入更多的时间和精力，这对他们来说是一个最大的挑战。

第三，选题难。有些学员在工作实际中难以找到合适的论文选题，而选择纯粹理论课题或者他不熟悉的实际课题，那么论文工作就非常困难，这是一个巨大的挑战。

四、导师的作用

显然，在博士生的培养中，尤其是这种不脱产的培训机构的博士生的培养，对指导教授来说也是一种挑战。但是，也很明显，导师的指导具有举足轻重的地位。那么，导师的工作是什么呢？首先，导师应对所指导的学生，从思想和精神上给予鼓励和支持，使他坚定完成博士学习和获得博士学位的决心；其次是指导其获取系统知识的路线，必要时与其一起讨论和研究问题，释疑解难；第三，介绍研究方法，帮助他从实践中抽象出要解决的问题，尽可能从其本人实践和熟悉的领域中选择论文题目；第四，指导其论文写作。这是一个极具重要而艰苦的工作，论文能否顺利完成，最终的考验应在这个阶段，从一定意义上来说，在这一阶段导师的作用是起决定性的。

五、关于博士论文的写作

1. 对博士论文的一般要求

在普通大学的博士论文的答辩中，答辩委员会根据国家规定的一些规范性要求对博士论文进行审核，这些要求包括如下几个方面：(1)论文的选题是否有理论意义或实用价值；(2)论文是否反映作者在本门学科上掌握了坚实宽广的基础理论和系统深入的专门知识；(3)论文是否表明作者具有独立从事科学研究工作的能力；(4)论文所研究的成果是否有创新见解；此外，还要审查论文写作是否科学、规范，也就是说论文作者是否有严谨的科学作风等等。

2. 论文研究的准备工作

在进行论文的选题和研究之前必须有一个准备过程，这些过程包括如下内容：

(1) 确定研究目标：结合工作中重要实际问题、前沿的国内外发展动向、本人的实践经验，初步确定论文题目。

(2) 调查研究项目的背景与意义：本项目在国内外的地位、重要性与意义，在此基础上

修正论文题目。

(3) 制定研究方案：研究策略和路线、研究计划、研究方法。

(4) 填写开题报告：包括选题依据及意义、论文基本内容、研究方法、写作进度计划等。

3. 论文研究工作

论文研究工作也包括若干有序的过程，这些过程是：

(1) 文献阅读与评价：收集与论文有关的已有研究成果和著作，广泛阅读文献资料，然后对上述信息和资料进行分析评价并总结出若干问题，明确所研究课题的意义。

(2) 开展研究工作：研究工作有多种形式，如进行调查统计、理论论证和实验研究等。

(3) 总结撰写研究结果及结论：

通过研究，进行论文的写作，博士论文应不少于5万字。这是博士生最后收获的时期，这个过程对博士生来说，既有激动的心情，又有辛苦的煎熬。论文应有结论性和创新性内容；应有科学发展及社会进步意义的内容；论文应提出还存在的问题及进一步工作的展望。要达到这样的要求，必然会经过若干次反复，请导师修改指导，至少三易其稿，甚至更多次反复修改。论文写作应按学校规定的格式撰写、印刷、装订。

* 这是2010年11月25日在“华夏儒商国学院”的讲稿。

169 对信息系统专业的新认识

一、问题的提出

近年来不少学校反映信息系统(IS)专业不太景气，例如，第一个设置IS专业的清华大学经济管理学院，本科生不愿意选择这个专业，他们热衷于选择金融、经济、会计等，信息系统专业很少有人问津；有一年在经管学院中报名选择专业时，居然没有一个第一志愿选择信息系统专业的。其他一些学校也有类似的情况。有些学校这个专业的毕业生分配比较困难，有些用人单位也不看好这个专业，感到该专业在计算机应用能力上并不比计算机专业强多少。在这样的形势下，一些学校的教师有些灰心，甚至感到无所适从。于是，不少人提出了“信息系统专业向何处去”的问题。

二、再谈信息系统专业的特征及其发展

现在基本上谁都承认，信息系统是一个人机系统，是一个复杂的社会经济系统。从而要求信息系统的建设和管理者具有复合型知识。尤其是信息系统开发的项目负责人、系统分析师、系统设计师等，更应该是复合型人才。实践已经证明，纯技术人员负责信息系统开发，失败的风险很大。最早设计信息系统专业的指导思想也是根据上述考虑的。

随着时代的发展、信息技术的飞速进步、新的技术和使用工具的出现，人们逐渐熟悉和掌握了计算机的一般应用，于是人们似乎有一种概念：只要懂得一些计算机应用技术就可以了，没有必要选择需要那么多知识的信息系统专业，免得费劲和吃力。这里有两种思想，一是认识问题，认为在信息化社会中仅仅会使用计算机就可以了，这对一般人员也可以这样说，但对信息系统的建设和管理人员来说，却是一种误导。另一个问题是，有些原来学习文科的学生怕课程多，怕数学、计算机等较“硬”的课程，所以不选择这个专业。但是，对立志从事信息化的人员，尤其是希望成为首席信息官(CIO)的人来说，就必须掌握复合型知识，也就是具有信息系统专业的知识结构。

在中国，信息系统专业已经有30年的历史了。可惜，在这么长的时间内，专业思想和模式没有较大结构性的变化，没有在学科的核心知识上有所创新，这与我国经济、社会的飞速发展以及信息技术的进步很不相称。所以，这个专业显得知识陈旧和观念落后，缺乏生气。为此，进一步深入理解信息系统(或信息技术/信息系统(IT/IS))是非常必要的。

信息技术在经济和社会中起着“倍增器”的作用，是当今社会最活跃的技术，其特点如下。

1. IT/IS是一个“服务性”的技术和系统

伴随着IT/IS的飞速发展，它也始终同步地为工业、农业、国防、科学、教育、政府、社会

事业等其他行业提升服务。IT/IS 和其他服务性行业不同，它是全方位的，覆盖所有部门的服务。相应地，信息系统专业实际上就是一个“服务性”专业。之前，我们已经反复强调了信息系统专业的综合性和实践性，现在我们要突出强调其服务性，这是由当前我国经济和社会发展所决定的。

既然信息系统专业已突出为一个特殊的服务性专业了，那么，如何确定这种服务性专业的核心知识就十分重要了。可惜，业界还没有认识到和去研究这个特色。

2. IT/IS 已成为基础性技术和基础性专业

当前，任何一个行业和一项工作都离不开信息技术和信息系统，所以说它是一个基础性技术。这一点大家容易理解，因为没有一个现代技术能够离开信息技术。相应的信息系统专业也就成为一个基础性专业了。因为该专业的毕业生，不少人会在其他专业深造，例如选择经济、管理、金融、会计等专业攻读硕士、博士学位。显然，他们比原来读经济等专业的本科生有明显的优势，因为他们有较强的理工基础和逻辑思维能力，以后无论在金融工程还是数量经济或成本管理等模型和定量研究中，都有较大的后劲和较强的计算机应用能力。不少从清华大学当时称为“管理信息系统”专业毕业的学生已经成为知名的经济学家、管理学家、金融专家，这就是证明。例如中国人民银行货币委员会委员李稻葵、上海市金融办主任方星海、中国人民银行研究局局长张建华，分别是清华大学管理信息系统专业 1985 年、1986 年、1987 年的毕业生。

3. IT/IS 已成“融合剂”和“熔化剂”

当代任何一个行业、技术、应用都必须和信息技术融合。不仅工业化和信息化融合，其他如政府、社会、国防、科技、教育、卫生、物流、交通、航天等，哪一样不融合呢？另一方面，信息技术和信息系统还是一个“熔化剂”，也就是说，任何一个复杂问题、困难问题，最终需要用信息技术解决，有些问题也只能用信息系统解决。例如银行系统、民航售票和运输系统、航天系统、钢铁生产企业等，只有用信息技术和信息系统才能将极为复杂的业务迎刃而解，将不能解决的困难“熔化”。

三、试述信息系统核心专业知识和培养目标

早先，信息系统核心专业知识集中于信息系统的开发，包括一系列的开发思想、开发方法、开发项目管理等。现在，信息系统的开发思想相对比较成熟，也有许多有效的开发工具和专门的开发队伍。而且，现在用户普遍采用外包方式建设系统，所以只强调系统开发专业知识就显得太单薄了。所以，除了保持信息系统开发这个核心专业知识以外，还应根据信息系统的“服务性”特征，增加一些新内容，如：

(1) 信息系统规划与顶层设计；

(2) 信息系统安全设计与管理；

(3) 信息系统监理与审计；

(4) 信息技术与信息系统治理；

(5) 信息系统增值分析与效益评价。

当然，信息系统专业比传统的理工科专业更具活跃性，变化的周期更短，需要与时俱进，

随时根据管理和技术的变化、进步而改变核心专业知识内容和结构。

相应地，随着信息系统核心专业知识的内容和结构的变化，信息系统专业的培养目标和专业方向也应适当变化。早先我们提出MIS的培养目标是系统分析师，而专业方向却非常广泛。现在，我想培养目标更广泛一些为好，除系统分析师以外，还可以有企业信息管理师、系统架构师、系统监理师、系统测评师、系统规划咨询师、系统安全工程师、信息系统项目经理、甚至是首席信息官(CIO)，而专业方向可能更加广泛，这里不再描述。

四、结论和改革管理信息系统专业的建议

毫无疑问，信息技术总是在不断进步，信息化水平也在不断提高。因此，对信息化人才的要求也越来越高，尤其是对高层次复合型人才的需求也越来越多，也就是前述的那些复合型人才越来越受到青睐，这恰恰是信息系统专业所能和所要做的强项，纯计算机专业或理工类、工商管理类专业都难以达到复合型要求。所以，我认为，信息系统专业仍然具有强大的生命力和市场前景。一切停止的论点和悲观的论调都是站不住脚的。

为此，我想提出一些改革信息系统专业的不成熟的意见，请有关部门参考：

(1) 根据信息技术和信息系统发展的现状，全面检查信息系统专业的教育计划和教材。

(2) 根据信息系统专业的服务性特点，研究该专业的核心知识和核心课程，同时，修改教学计划。

(3) 加强实践环节，尤其是加强最新技术的实践，如物联网、三网融合、移动电子商务、3G等技术，并注重其在信息系统中的应用。

当然，这样的改革动作较大，困难很多，也不可能一步到位。但我们相信，只要锲而不舍、与信息化发展同步地循序渐进，一定能做好这个专业的改革和发展，专业的生命力也一定会越来越强。

＊本文根据2010年12月26日我在"管理决策与信息系统学会"理事会上的发言整理而成。

附　录

附录A：曾任职或兼职目录

序号	职务名称	任职开始年份
1.	清华大学教授	1993
2.	中华研修大学教授、博士生导师	2002
3.	美国普莱斯登(Preston)大学教授、博士生导师	2002
4.	美国夏威夷大学(深圳)讲课教授	2001
5.	中国管理科学研究院教授	1992
6.	深圳职业技术学院教授	1994
7.	中关村创新研修学院教授	2004
8.	北京“商帅天诚”管理学院教授	2003
9.	北京联合大学商务学院教授	2000
10.	亚洲(澳门)国际公开大学教授	2002
11.	云南财经大学教授	2008
12.	南通“紫琅技术学院”客座教授	2009
13.	清华大学专业课程委员会委员	1992
14.	清华大学经管学院本科生教学委员会副主任	1992
15.	国务院电子办电子信息应用教育中心教学委员会主任	1992
16.	国务院电子办“企业管理信息系统应用工作指导小组”成员	1991
17.	教育部、机械部全国管理信息系统专业教学指导小组副组长	1987
18.	教育部全国高教自考电工电子与信息类专业委员会委员	1993
19.	教育部全国计算机等级考试委员(共二届)	1994
20.	教育部管理信息中心 ITAT 专家组长	2000
21.	教育部管理信息中心 IT-PRO 专家组长	2006
22.	教育部全国计算机数字图形图像等级证书考试专家组长	2005
23.	教育部全国计算机证书考试(NIT)考试委员	1997
24.	教育部考试中心非学历社会考试发展与建设专家	2007
25.	信息产业部全国电子信息应用教育中心教学指导委员会主任	1993
26.	原能源部电力建设信息系统建设顾问	1986
27.	劳动部国家职业技能鉴定专家企业信息管理师专业主任委员	2003
28.	原石油部管道局信息管理系统顾问	1986
29.	国家税务局金税工程(二期)专家组成员	1995
30.	原国家环保局信息系统建设顾问	1994

31. 交通部科技信息资源共享平台专家咨询组组长 2009
32. 财政部政府采购评标专家 2004
33. 商务部政府采购评标专家 2004
34. 原国家科委办公厅办公自动化专家组成员 1992
35. 国家信息中心信息资源管理丛书编委会副主任 1999
36. 信产部"国家信息化技术证书教育考试"专家委员会主任 2001
37. 北京市信息办电子信息应用教育中心教学指导委员会主任 1993
38. 北京电子信息应用教育中心教学委员会主任 1993
39. 高教自考北京市计算机信息管理专业委员会主任 1993
40. 北京市劳动局劳动力市场信息网络系统建设顾问 1999
41. 河北省信息化专家委员会委员 2004
42. 海门市经济技术高级顾问 1993
43. 东莞市科技经济信息网络顾问 1996
44. 中央电视大学计算机应用专业信息管理方向专家组长 1999
45. 中国信息大学顾问 1999
46. 中国管理软件学院董事长 2000
47. 北京信息工程研修学院董事 1999
48. 全国计算机模拟学会副理事长 1995
49. 全国管理决策与信息系统学会副理事长 1995
50. 全国计算机基础教育研究会财经分会副理事长 1989
51. 中国社会经济系统分析研究会决策支持系统专委会理事 1991
52. 中国优选法统筹法与经济数学研究会理事 2001
53. 中国计算机学会软件水平考试分委员会委员 1990
54. 中韩信息产业合作委员会中方委员 1995
55. 中国软件行业协会培训分会理事 1994
56. 北京软件行业协会理事 1994
57. 国际华人信息系统协会会员 1994
58. 中国计算机软件技术资格和水平考试中心考试命题委员 1992
59. 《亚太信息管理杂志》编委 1994
60. 《工业工程》编委 1995
61. 《电子展望与决策》专家顾问 1994
62. 《电子与信息化》编委 1995
63. 《管理信息系统》专家顾问 1995
64. 《信息与电脑》编委 1995
65. 《中国信息化》顾问 2004
66. 科学出版社计算机图书业务部顾问 2002
67. 清华大学出版社顾问 1987
68. 人民邮电出版社计算机软件丛书编委 1995
69. 机械工业出版社信息管理与信息系统专业教材编委 2007

70. 高等教育出版社高等学校计算机基础系列教材编委 1989
71. 高教自考工业工程专业管理信息系统课程责任教师 1996
72. 清华同方股份有限公司顾问 1999
73. 北京锦华信息技术研究所技术顾问 1990
74. 中国信息大学高级顾问 1999
75. “英普斯公司”顾问 2003
76. 北京闻达尔公司顾问 2001
77. “中国企赢网”高级顾问 2006
78. 常州市信息化服务联盟顾问 2010

附录 B：著译作品目录

序号	书名	出版社	属性	年份
1.	中国企业管理百科全书(增补卷)	企业管理出版社	分主编	1990
2.	管理系统模拟	清华大学出版社	主编	1989
3.	计算机原理与系统结构(第一版)	清华大学出版社	主编	1992
4.	系统分析员教程(第一版)	清华大学出版社	主编	1992
5.	离散事件系统模拟	清华大学出版社	主译	1987
6.	模拟系统的建模与分析	清华大学出版社	主译	1987
7.	电力施工企业管理	河海大学出版社	参编	1989
8.	资讯科技新论	商务印书馆	参编	1993
9.	微机 GPSS 及其应用	清华大学出版社	主编	1987
10.	COBOL 程序设计	清华大学出版社	主编	1982
11.	计算机原理与系统结构	电子工业出版社	主编	1993
12.	计算机原理(第一版)	经济科学出版社	主编	1996
13.	计算机原理与系统结构(第二版)	清华大学出版社	主编	2003
14.	系统分析员教程(第二版)	清华大学出版社	主编	2003
15.	计算机原理(第二版)	经济科学出版社	主编	2002
16.	信息管理系统	中央电视大学出版社	主编	2003
17.	企业信息管理师教程(上册)	机械工业出版社	主编	2004
18.	企业信息管理师教程(下册)	机械工业出版社	主编	2004
19.	全国计算机等级考试指导(4 级)	高等教育出版社	参编	1996
20.	企业信息化领导手册	北京出版社	主编	1999
21.	GPSS/H 实例分析	清华大学出版社	主编	1995
22.	GPSS 模拟简述	清华大学出版社	主译	1983
23.	运筹学入门	清华大学出版社	参译	1984
24.	运筹学的计算机方法	清华大学出版社	参译	1986
25.	计算机信息管理专业毕业设计案例选	清华大学出版社	主编	1998
26.	信息技术与信息产业	新华出版社	参编	2000

27. 理论研究与实践	中国人民公安大学出版社	参编	2007
28. 中国信息化进程	海洋出版社	参编	1992
29. 计算机模拟与信息技术	国防工业出版社	参编	1997
30. 当代计算机技术与应用	计算机世界	参编	1994
31. 20世纪知识创新、质量创新	论文集	参编	2000
32. 海门游子(第一册)	吉林人民出版社	参编	2004
33. 海门游子(第二册)	吉林人民出版社	参编	2004
34. GPSS与离散系统模拟(上、下册)	经管学院讲义	主编	1986
35. 管理系统模型概论	电建所讲义	主编	1986
36. 计算机原理自学考试指导	清华大学出版社	主编	2000
37. 啊,清华	清华大学出版社	参编	2007
38. 企业信息管理	中央电视大学出版社	主编	2008
39. 曲径偶拾	民间印刷	著	2009
40. 计算机等级考试三级信息管理技术	高等教育出版社	参编	2008
41. 宏观经济调控	中国计划出版社	参编	1995
42. 21世纪知识创新、质量创新TCL杯有奖征文	论文集	参编	2000

附录C：科研项目目录

1. “七五”规划项目：京津唐水资源决策分析及决策支持系统，1989—1990年，校内合作项目负责人，国家科委鉴定，国际先进水平。

2. 国务院技术经济研究发展项目：国家宏观经济短期模型研究，1987—1989年，项目领导小组成员，通过鉴定，国内先进水平。

3. 国务院电子信息系统推广应用办公室软科学项目：我国电子信息系统总体结构及开发策略研究，项目负责人，1991—1992年，通过鉴定，国内领先水平。1998年6月6日《文汇报》寄来入选“世界华人重大科技成果公报”通知。

4. 863项目，新材料数据库总体设计及其实现，校内合作项目负责人。

5. “七五”规划项目，能源指标数据库系统，校内合作项负责人，完成并使用。

6. 天津市项目，天津长城电子公司综合信息系统研究与开发，项目负责人，1989—1990年，天津市鉴定，国内先进水平。

7. 湖南省任务，湖南省政府办公厅办公自动化系统总体方案及公文子系统的实现，项目负责人，1988—1989年，省政府组织鉴定，国内先进水平。

8. 能源部项目，能源部北京送变电公司MIS总体规划，1987—1988年，项目负责人，通过能源部基建司、华北电管局评审，同行业先进水平。

9. 能源部项目，能源部北京送变电公司MIS二期工程，项目负责人，1988年验收使用。

10. 北京市煤炭四厂项目，煤炭调用决策支持系统，项目负责人，1993年鉴定验收。

11. 聋儿康复专家系统，项目负责人，1993年鉴定。

12. 北大医院MIS总体设设计，项目负责人，1993年评审。

13. 清华大学校办项目，清华大学校机关办公自动化管理信息系统，项目负责人，1993年

6月通过评审。

14. 北京互感器厂 MIS,领导小组成员,1992年通过鉴定,同行业先进水平。

15. 渤海造船厂 MIS 详细设计,主要参加者,1990年设计完成。

16. 北京电机总厂 MIS 可行性研究,项目负责人,1985年完成。

17. 清河毛纺厂项目,清河毛纺厂现代化管理研究,项目负责人,1985年完成。

18. 清华财务处项目,预算分配决策支持系统的研究,1990年完成。

19. 国营农场项目,农场猪再生产系统的 GPSS 模拟,1985年完成,交付"柴厂屯"农场使用。

20. 深圳供电局项目,深圳供电局物资管理信息系统,项目负责人,1993年完成,已使用。

21. 世行贷款项目,常州市财政信息系统总体设计,1993年完成。

22. 国家科委火炬计划项目,发展我国软件产业的战略与对策研究,分项目负责人,1997年,已通过鉴定,被评为国家科委成果三等奖。

附录 D: 入编大典目录

序号 名 称	出版社	日期	页码
1. 中国实用科技成果大辞典	西南交通大学出版社	1994	1157
2. 当代中国科学家发明家大辞典(第二卷)	当代中国出版社	1993.5	256
3. 中国当代高级专业人才大辞典	中国华侨出版社	1995.6	1264
4. 中国高等教育专家名典	香港中国国际交流出版社	1997	188
5. 世界名人录(中国卷)	中国经贸出版社	1997.12	289
6. 中国专家人才库	人民日报出版社	1998.10	1111
7. 中国当代著作家大辞典	大众文艺出版社	1999.1	159
8. 中国专家大辞典	中国文联出版社	1998.8	230
9. 海门县志	江苏科技出版社	1996.1	1015

附录 E: 荣誉证书的目录

序号 证书名称	发证单位	发证日期
1. 系级先进工作者	清华大学经管系	1979
2. 系级先进工作者	清华大学经管系	1980
3. 从教三十周年荣誉证书	北京市教育局、清华大学	1990
4. 院级先进工作者	清华大学经管系	1990
5. 研究生教学优良工作者	清华大学研究生处	1979
6. 清华大学优秀教材 (《COBOL 程序设计》二等奖)	清华大学教务处	1988
7. 清华大学优秀教材 (《计算机原理与系统结构》二等奖)	清华大学教务处	1996
8. 清华大学优秀教学成果 (本科生毕业设计二等奖)	清华大学教务处	1980

奖项	授予单位	年份
9. 国家教委优秀教材（《管理系统模拟》二等奖）	国家教委	1992
10. 华中理工大学优秀教材（《管理系统模拟》一等奖）	华中理工大学	1991
11. 先进教育工作者	北京市电子信息应用教育中心	1993—1994
12. 先进教育工作者	北京市电子信息应用教育中心	1997—1998
13. 先进教育工作者	北京市电子信息应用教育中心	1999—2000
14. 先进教育工作者	北京市电子信息应用教育中心	2001—2002
15. 全国高等教育自学考试先进个人	高等教育自学考试指导委员会	2007
16. 北京市高等教育自学考试先进命题教师	北京市教育考试院	2000
17. 中国优秀图书(COBOL)	中国优秀科技图书要览	1990
18. 全国电力系统继续教育优秀教材奖（《电力施工企业管理》）		1991
19. 国家科委火炬计划项目三等奖（《发展我国软件产业的战略与对策研究》）	国家科委	1997
20. 质量管理优秀论文二等奖（《信息时代的质量管理》）	中国质量管理协会	2002
21. MV 计算机用户协会优秀论文奖（《计算机综合信息系统及其建造与开发》）		1991
22. 优秀论文二等奖（《信息时代的质量管理》）	中国电子质量协会	2000

附录 F：学术报告(或讲座)目录

1. 预测技术的计算机方法，清华校庆科研报告，1980.4，北京
2. MIS 的现状与未来展望，北方交通大学，1985.5，北京
3. 试论管理信息系统的分类，清华大学信息系，1986，北京
4. MIS 的分类问题及其开发策略，兼论 MIS 的效益评价，在能源部电建信息系统会议上的报告，1987.3.3，北京
5. 北京送变电公司 MIS，清华大学信息系，1988，北京
6. 目前我国 MIS 概况，在水电部电力建设 MIS 会议上的报告，1988，北京
7. 试论管理信息系统专业，对北方交通大学 MIS 专业的报告，1988.5.20，北京
8. 办公与管理自动化，在北方交通大学对高教系统管理会议的报告，1988.5.22，北京
9. 谈谈计算机信息系统的开发，在华北电管局系统开发组上的报告，1989.1.3，北京
10. 计算机信息系统的若干问题，在北京市机械局的报告 1990.7.20，北京
11. MIS 及其开发策略，在中国迅达电梯公司的报告，1990.7，北京
12. MIS 开发方法，在北京医科大学附属第一医院的报告，1990.9，北京
13. 我国信息系统基本结构及开发策略研究，清华校庆科研报告会，1992.4，北京
14. IS 及其开发，在江苏省环保局召开的 10 省市环保局信息人员现场会上的报告，

1992.3.18，南京

15. 管理信息系统开发中的若干问题，在石油天然气总公司干部会上的报告，1992.4.10，廊坊

16. 计算机管理信息系统及其开发策略，为清华大学铸造专业 MIS 开发小组的报告，1992，北京

17. 我国信息系统的现状与应用，在北京市软件行业协会上的报告，1992.11，北京

18. 九十年代信息系统发展趋势，清华大学校庆科研报告，1993.4，北京

19. MIS 及其开发，对北京机电研究院干部的报告，1993.4.5，北京

20. 开发 MIS 的非技术因素，在航天部 204 所的报告，1993.8.24—28，北京

21. MIS 及其开发中的几个问题，在深圳供电局干部会上的报告，深圳

22. MIS 的非技术因素，在大连国家自然科学基金会召开的"信息工程学术交流及发展战略研讨会"上的发言，1994.2.25，大连

23. 中国 MIS 开发与 MIS 民族产业，在中国 CPICS 成立大会上的报告，1994.10.28

24. 迎接信息革命的新纪元——献给我国信息化实现者们，给经管学院经 1993，1 班的报告，1994.12.16，北京

25. "九五"中国信息系统发展形势，在香港中文大学的报告，1995.6.7，香港

26. 中国信息产业的现状及发展，在"中韩信息产业合作委员会"第一次会议上的发言，1995.10.11，韩国首尔

27. 我国企业信息化若干问题，在电子企业管理年会上的报告，1995.10.29，北京怀柔

28. 我国大中型医院综合信息系统开发，在北京邮电总医院干部大会上的报告，1996.5.8，北京

29. 中国大陆开发信息人才的战略措施，在台湾中央大学，海峡两岸资讯发展战略第二次会议上的发言，1996.5.22，台北中枥市

30. 管理信息系统的理论与教育，在教育部管理信息中心召开的管理信息系统研讨会上的报告，1996.8.6，大连

31. 中国大陆开发信息人才的战略措施，在 ACME 会议上的报告，1996.8.18，美国芝加哥

32. 办好民办大学要找路子、创牌子和熬日子，在美华人陈乃骥创办的北京新世纪科贸学院开学典礼上的发言，1996.9.16，北京

33. 建设中国特色的 MIS，在苏州新技术局的报告，1997.4.22，苏州

34. MIS 及其开发，在上海市劳动局的报告，1997.4.23，上海

35. MIS 及其开发，给山西维尼龙集团领导干部的报告，1997.7.24，山西临汾

36. MIS 理论，公安部人口信息培训班上的讲课，1997.9.9，北京

37. 关于计算机信息管理专业，在北京联合大学自动化学院的报告，1997.10.9，北京

38. 中国国家信息化的现状与发展，日本大阪第 36 届办公自动化会议上的报告，1997.10.26，日本大阪

39. 现代信息技术与信息化，为天津 CRIS GROUP 家具市场作讲座，1998.4.19，天津

40. 企业管理与 UFERP 解决方案，在计算机世界组织的企业管理软件发展研讨会上的发言，1998.4.27，北京

41. 知识与人才,对贵族中学"雨来中学"学生的报告,1998.11.10,北京

42. 信息化与信息系统建设,为劳动部省、市、厅局长讲课,共两次:1998.11.30;12月还有一次,北京

43. MIS原理与开发,为北京市劳动局培训,1999.4.3,北京

44. CEO与MIS,在深圳为平安保险公司总部领导作报告,1999.4.12,深圳

45. 企业领导与管理信息系统,在北京长安戏院为泰国"正大集团"总部领导作报告,1999.4.24,北京

46. 政府上网与政务信息化,为河北省涿州市代表团作报告,1999.7.14,北京清华大学

47. 信息化与信息类专业教育,对中国农业大学继续教育学院的报告,1999.12.2,北京

48. 应用——电子信息产业的动力和归宿,在大连"软件园"卦牌仪式会上的讲话,1999.12.11,大连

49. 长春市信息化建设的理解与建议,在长春市信息化研讨会上的报告,2000.3.24,长春

50. 知识经济、教育与信息人才,在IT&AT成立大会上的报告,2000.5.26,北京

51. ERP与企业信息化,在石油部石化ERP技术研讨会上的报告,2000.6.4,北京

52. 企业信息化与电子商务,在山东"田横岛"为山东省委研究室培训中心组织的"企业信息化暨电子商务研讨班"上作的报告,并答记者问,2000.7.5,山东青岛

53. 为什么要进行需求分析,在福州为公安部"全国治安管理信息系统需求分析论证会"的报告,并任需求分析总体组成员,2000.8.9—14,福州

54. MIS的本质及领导人的责任,为"中国民航总局信息系统总体方案编写及咨询"所作的报告,2000.8.17,北京

55. 质量与创新,为信息产业部在成都召开的"全国电子信息应用教育中心工作会议"上的报告,并建议将信息化技术证书教育考试改为"国家信息化技术证书教育考试",2000.9.22,成都

56. 知识经济与现代化管理,为海门常乐建筑集团(中南公司)作讲座,2000.10.3,江苏海门常乐镇

57. 试论大网络教育,在南京参加教育部IT&AT培训基地授牌仪式上的报告,2000.11.16,南京

58. 信息系统开发中的组织行为问题,在亚运村国际会议中心参加"OA2000办公自动化国际学术研讨会暨展览会"时的报告,2000.11.22,北京

59. 全国信息化教育,受清华紫光之邀去无锡,在锡山中学"名校名企"合作仪式上,为中学生所作的报告,2000.12.1,江苏无锡

60. 问题与对策,在常熟"尚湖度假村",参加上海市2000年电子信息应用教育中心工作会议上的发言,2000.12.4,江苏常熟

61. 信息化与信息系统建设,为广州市电器科学研究所MBA研究班的讲座,2000.12.22—25,广州

62. 企业信息化与电子商务,在江阴市为江阴干部作序列报告,2001.1.6,江苏江阴

63. 关于大开放教育,在北京理工大学召开IT&AT第四次授牌仪式上的报告,2001.4.14,北京

64. 中国企业信息化若干问题,在北京大学光华管理学院所作的讲座,2001.4.21,北京

65. 入世与企业信息化,在北京市科协组织的报告会上所作的报告,2001.5.21,北京

66. 组织领导与信息化,在扬州为国家税务总局局长班及信息中心负责人的报告,2001.6.5,扬州

67. 企业领导与信息化,在北京梅地亚中心,由北京市信息办组织市的委、办、局主管经济的领导所作的报告,2001.6.8,北京

68. 组织领导与信息化,为中科院心理所硕士班的讲座,2001.6.9,北京

69. 中国企业信息化若干问题,为天津塘沽泰达开发区作的报告,2001.8.23,天津

70. 信息化态势与我国信息化教育,在中国农业大学成教学院的报告,2001.9.6,北京

71. 企业竞争与企业信息化,在深圳檀香山大学深圳分校硕士、博士班所作的讲座,2001.11.10—11,深圳

72. 试论开放大网络教育,在北京长城饭店IT&AT召开的数字化教育高峰会议上的报告,2001.11.17—18,北京

73. 信息管理与信息系统专业的建立、发展与展望,在北京林业大学信息学院的报告,2001.11.22,北京

74. 入世机遇与企业信息化、企业信息系统概念、企业信息化战略战术,在广州大学科贸学院培训中心所作的报告,2002.2.22—24,广州

75. 这一代人的责任——为祖国现代化而奋斗,在江苏海门中学90周年校庆时对中学生的讲话,2002.3.19,江苏海门

76. 管理信息系统概论,在昌平虎峪村对公安部的培训,2002.4.21—22,北京

77. 企业信息化的战略战术,在河北省信息化论坛上的报告,2002.4.28—29,石家庄

78. 人尽其才,e尽其用——试论企业领导在信息化中的作用,在福建省企业信息化论坛上的报告,2002.6.19—21,福州

79. 有所为有所不为,在福州答福建日报记者问,2002.6.20,福州

80. 试论开放大网络教育,在西安参加IT&AT召开的会议上的报告,2002.6.21—22,西安

81. 试论IT复合型人才的社会培养,在钓鱼台国宾馆参加用友公司"ERP人才工程阶段性成果发布会"上的发言,2002.7.15,北京

82. 企业管理信息化——本质、要素与风险,在北京"天地登"企业咨询公司组织的培训班的报告,2002.7,北京

83. 企业管理信息化的实施,在国家行政学院第一期"央企干部高级企业信息化研修班"的讲座,2002.7.19,北京

84. 管理信息系统的理论,为石油部管道局所作的报告,2002.8.21—22,河北廊坊

85. 企业信息化本质、要素与风险,为北京市局、区信息办主任的报告,2002.8.29,北京

86. 企业管理信息化的实施,在国家行政学院对第二期"央企干部高级企业信息化研修班"的讲座,2002.8.30,北京

87. 信息时代青年的方向,在中国管理软件学院开学典礼上的讲话,2002.9.10,北京

88. 远程教育还是远程辅导教育?——再论开放大网络教育,在IT&AT组织的数字化教育的高峰论坛上的讲话,2002.11.15,北京

89. 再论提高效益是硬道理，在哈尔滨市中小企业信息化论坛上的主题发言，2002.12.9，哈尔滨

90. 管理信息系统的理论，在廊坊中国人民解放军武装警察学院为公安部治安管理信息系统建设培训班的讲座，2002.12.20，河北廊坊

91. 关于新型工业化的三点意见，接待《财经界》记者黄蕾及尹海琼的谈话，2003.1.1，北京

92. 计算机信息管理教学计划及信息技术发展趋势，为黑龙江工程学院作咨询报告，2003.2.23—25，哈尔滨

93.《企业信息管理师标准》诠释，为第一次企业信息管理师培 训班的讲座，2003.3.11，北京

94. 信息时代与信息管理，为燕京神学院的讲座，2003.8.19，北京

95. 关于企业信息化的全员培训，在国家经贸委信息中心召集的企业信息化理论研讨会上的发言，2003.3.27，北京

96.《企业信息管理师标准》诠释，为企业信息管理师培训班的讲座，2003.4.16，北京

97. 企业战略与企业信息化，在延庆八达岭度假村，为“商帅天诚”与美夏威夷大学合办的博士班的讲座，2003.6.26—28，北京

98. 信息化及其基础概念，在北戴河为河北省公安厅交通民 警培训中心的讲座，2003.7.26—28，河北北戴河

99. 企业信息化与电子商务，在海门中南建筑集团公司 MBA 学习班的讲座，2003.8.21—22，江苏海门

100. 拼搏 成才 奉献，在中国管理软件学院开学典礼上的报告，2003.8.25，北京

101. MIS——识别与对策，在国家统计局的讲座，2003.10.14，北京

102. 信息化复合型人才的职业培训与职业鉴定，在中国信息协会 CIO 分会成立大会暨 2003 年中国企业信息化高峰论坛上的发言，2003.11.7，北京

103. 企业战略与企业信息化，在北京九华山庄，为市信息办组织的北京医药集团公司信息中心主任培训班的讲座，2003.11.14，北京

104. MIS 导论与 MIS 识别与认识，在廊坊武警学院为全国派出所综合管理信息系统培训班讲座，2003.12.28，河北廊坊

105. 信息化的宏观问题——信息化战略：效益/创新/人才，在北京林业大学所作的学术报告，2004.1.6，北京

106. 企业战略与企业信息化，为“世纪之尚”公司所作的讲座，2004.1.10，北京

107. 国家信息化与治安管理，由公安部推荐，在内蒙古公安厅科技会议上的学术报告，2004.4.3，呼和浩特

108. 企业战略与企业信息化，在北大光华管理学院“现代经济人”研修班上的学术讲演，2004.4.18，北京

109. 企业战略与 CIO 定位，在福建福州为“2004 福建省企业信息化与 CIO 发展论坛”的学术讲演，2004.4.23，福州

110. 信息化及就业理念，在中国管理软件学院成立 20 周年的学术讲演，2004.5.6，北京

111. 企业战略与信息化管理，在浙江温州市“现代工商企业管理信息化高层论坛”会上的学术讲演，2004.5.19，温州

112. 企业信息管理师职业定位与认证鉴定，在哈尔滨工业大学培训中心的学术讲演，2004.5.28，哈尔滨

113. 学做人、争成才、作贡献，在中国管理软件学院开学典礼上的讲话，204.9.1，北京

114. 中高级软件人员的技能需求与培训考核，在北京中国大饭店参加“第一届日本企业投资发展研讨洽谈会中高级软件人才开发研讨会”上的发言，2004.10.20，北京

115. 信息化概述，在《中国信息化》杂志社所作的报告，2004.10.24，北京

116. 信息时代的MBA，在清华大学讨论MBA教材建设会上的发言，2004.11.14，北京

117. 关于信息管理与信息系统的指导思想，为常州技术师范学院信息管理与信息系统专业师生的学术讲座，2005.3.18，常州

118. 我国信息化建设与信息管理教育，参加常州技术师范学院成立20周年庆典，在计算机系所作学术报告，2005.5.17，常州

119. 为了在数字化海洋中遨游，在教育部考试中心“全国计算机数字图形图像应用技术等级证书教育考试”新闻发布会上的讲话，2005.7.6，北京

120. 清醒的头脑、坚强的意志，在中国管理软件学院开学典礼上的发言，2005.8.22，北京

121. 信息化也要按规律办事，在河北三河县天下第一城召开的金蝶BOS产品研讨会上的发言，2005.8.28，河北三河

122. 系统分析师的定位、培训和选拔，在信息产业部“赛迪网站”对记者的谈话，2005.11.11，北京

123. 企业信息化综谈，在国家行政学院对中国铝业公司山西分公司的讲演，2005.12.13，北京

124 企业信息管理师的培训与考核，在中国建筑装饰行业信息化建设工作会议上的讲演，2006.11.14，北京

125. 孝顺父母、勤俭节约和诚实守信，在中国管理软件学院开学典礼上的发言，2007.8.28，北京

126. 管理信息系统概述，为燕京神学院作讲座，2007.10.12，北京

127.《企业信息管理师标准》诠释，在中央企业“企业信息管理师培训班”上的讲座，2008.11.16，北京

128. IT人才需求与培养，在青岛大学、青岛滨海学院、青岛黄海学院的报告，2008.12.1—5，青岛

129. 信息化设计艺术人才的需求与培养，在云南财经大学设计艺术学院的报告，2008.12.21，昆明

130.《企业信息管理师标准》诠释，在中央企业“企业信息管理师培训班”上的讲座，2009.5.10，北京

131.《企业信息管理师标准》诠释，在中央企业“企业信息管理师培训班”上的讲座，2009.7.12，北京

132. IT 人才就业问题，为教育部管理信息中心举办的 ITAT 竞赛教师培训班上的报告，2009.7.13，北京

133. 对 IT 培训的一些看法，在教育部管理信息中心大兴基地开学典礼上的发言，2009.9.20，北京

134. 关于信息化服务联盟的建议，在“常州信息化服务联盟”座谈会上的发言，2010.5.19 常州

135. 继往开来做好更高层次的培训教育，在“全国信息化及其应用远程培训教育工程(IT&AT)”成立 10 周年庆祝大会上的发言，2010.5.26，北京

136. 关于浙江、安徽、吉林 3 省“交通科技信息子平台验收会”上的讲话，2010.6.23，杭州

137. 中国企业信息管理师面临的形势和任务，在中央企业“企业信息管理师”培训班上的报告，2010.7.11，北京

138. 关于交通部中交集团和公路科学研究院两个“交通科技信息子平台验收会”上的发言，2010.7.15，北京

139. 关于江苏、福建、四川 3 省“交通科技信息子平台验收会”上的讲话，2010.7.22，福州

140. 中国企业信息管理师面临的形势和任务，在中央企业“企业信息管理师”培训班上的报告，2010.9.12，北京

141. 中国企业信息管理师面临的形势和任务，在中央企业“企业信息管理师”培训班上的报告，2010.11.21，北京

142. 关于“华夏儒商国学院”管理哲学班博士生的培养和论文写作，2010.11.25，北京

后　记

当我完成第169篇文章的时候，我决定打住。于是，我似乎感到一阵轻松。确实，这本书的付梓，前后花了我一年多时间。我十分钦佩清华大学出版社编辑高超的编辑艺术和执著的敬业精神。我也十分感谢赵正青和谢敬，他们不厌其烦地帮我收集、整理文档，其耐心和真诚，令人感动。

早先，我们准备尽可能收集更多的文章，约有180多篇。后来发现有些文章重复内容较多，责任编辑认为，这些文章放在同一本书内，反而冲淡了全书的整体逻辑，于是拿掉了10多篇文章。

信息技术覆盖和渗透到经济和社会的各个方面，没有信息化就谈不上现代化。所以，从现代意义上来说，信息化历程也反映了民族复兴的历程。华夏民族复兴的历程是如此的伟大、艰险和严峻！

仰仗坚强的领导和良好的制度，我国13亿人正仰望着星空，脚踏着实地，在华夏复兴的历程上留下密密麻麻的脚印——奔赴民富国强的全面小康。谁也不能阻挡我们前进的步伐！

我也没有必要计较年龄和精力，在信息化历程上，也就是在中华民族复兴的历程上，没有必要也不可能停止自己小小的脚印。

2011年1月于清华大学东南小区